Python 金融分析

第二版

Python for Finance

Mastering Data-Driven Finance

SECOND EDITION

Yves Hilpisch 著
賴屹民 譯

O'REILLY®

目錄

第四部分 演算法交易

前言

近來，Python 無疑是金融產業的主流策略技術平台之一。自從我在 2013 年寫了本書的第一版以來，我在許多談話與演說中，堅定地認為 Python 在金融領域的競爭優勢遠超過其他語言及平台。這個看法在 2018 年末已經成為無庸置疑的事實了，如今，世界各地的金融機構都直接充分利用 Python 程式，以及強大的資料分析、視覺化與機器學習程式包組成的 Python 生態系統。

除了金融領域之外，Python 通常也是程式語言入門課程（例如計算機科學程式）的首選，主要的原因除了 Python 的語法容易閱讀、可用許多範式（paradigm）來編寫之外，它也是人工智慧（AI）、機器學習（ML）和深度學習（DL）領域的一級公民。這些領域有許多流行的程式包和程式庫，它們要不是直接用 Python 編寫的（比如 ML 的 `scikit-learn`），就是提供 Python 包裝器（比如 DL 的 `TensorFlow`）。

金融界因為兩股力量的推動，正演變為新的時代。第一種，基本上，你已經可以用程式來取得所有金融資料了，一般來說，這是即時的，因此，它也是促成**數據驅動金融**（*data-driven finance*）的主因。在幾十年前，大多數的交易或投資決策都是由交易員及投資組合經理人透過報章雜誌或個人訪問所收集的資訊決定的，後來終端機出現了，可以透過電腦與電子通訊，將金融資料即時顯示在交易者和投資組合經理的面前。如今，個人（或團隊）甚至無法應付在一分鐘之內大量生成的金融資料，只有不斷提升處理速度與計算能力的電腦，才跟得上金融資料的數量與速度，換句話說，如今全世界絕大多數的股票交易量都是演算法和電腦執行的，不是人類交易員執行的。

第二股主要力量是在金融領域中日益重要的人工智慧。越來越多金融機構試著利用 ML 與 DL 演算法來改善業務，以及它們的交易和投資績效。在 2018 年初，第一本關於“金融機器學習”專書的出版，更是突顯了這一個趨勢，毫無疑問，未來還會有更多這類書籍的出版，這導致了所謂的 *AI 優先金融*（*AI-first finance*），這種做法使用靈活的、可參數化的 ML 與 DL 演算法來取代傳統的金融理論。傳統的理論或許很優雅，但是它們在數據驅動的 AI 優先金融時代只能發揮有限的作用。

Python 是應付這個金融時代挑戰的正確語言和生態系統。雖然本書也介紹基本的無監督和監督學習（以及深度神經網路）等 ML 演算法，但我們的重點仍然是 Python 的資料處理和分析能力。人工智慧在金融領域的重要性（包括現在與未來）必須用另一本書才能充分說明。然而，大多數的 AI、ML 與 DL 技術都需要大量的資料，因此，你絕對要先掌握數據驅動金融。

《*Python for Finance*》的第二版傾向升級，而非更新，例如，這一版加入完整的演算法交易（第 4 部分），這一個主題近來在金融界相當重要，也很受散戶的歡迎。這一版也加入比較入門的部分（第 2 部分），我先介紹基本的 Python 程式設計與資料分析主題，以便在本書稍後的部分加以應用。並且完全刪除第一版的一些章節，例如，我將關於 web 技術與程式包（例如 `Flask`）的部分移除了，因為坊間已經有許多專門探討這些主題的書籍可供參考了。

我想要在第二版探討更多關於金融的主題，將重點放在對金融數據科學、演算法交易和計算金融而言特別實用的 Python 技術上。如同第一版，這一版介紹的都是很實用的做法，我會先提供實作與說明，再介紹理論的細節。我通常會把焦點放在全局，而不是某個類別、方法或函式的神秘參數上。

介紹了第二版的基本做法之後，我想要強調的是，本書既不是 Python 語言的介紹書籍，也不是一般的金融理財書籍，你可以自己找到許多介紹這兩個領域的優秀資源。本書處於這兩個令人興奮的領域的交會點，我假設讀者有一些程式設計（不一定是 Python）與金融方面的背景知識，準備教這些讀者將 Python 及其生態系統應用在金融領域上。

你可以到 *http://py4fi.pqp.io* 免費註冊 Quant Platform，並從它那裡取得並執行本書的 Jupyter Notebooks 及程式碼。

我的公司（The Python Quants）與我本人都提供許多其他的資源，以協助你掌握金融資料科學、人工智慧、演算法交易及計算金融。你可以先瀏覽下列網站：

- 我們公司的網站（*http://tpq.io*）

- 我的個人網站（*http://hilpisch.com*）
- 我們的 Python 書籍網站（*http://books.tpq.io*）
- 我們的線上訓練網站（*http://training.tpq.io*）
- Certificate Program 網站（*http://certificate.tpq.io*）

在我們過去幾年的產品中，我最自豪的是 *Certificate Program in Python for Algorithmic Trading*。它提供超過 150 個小時的實時和預錄教學課程、超過 1,200 頁的文件，超過 5,000 行的 Python 程式碼，以及超過 50 個 Jupyter Notebooks。我們每年舉辦這項專案多次，而且與每一位合夥人一起更新及改善它。這個線上專案是這類產品的創始者，並且與薩蘭高等技術學院（*http://htwsaar.de*）合作，取得正式的大學認證。

此外，我最近成立了 The AI Machine（*http://aimachine.io*）公司與專案，準備將自動化、演算法交易策略的部署方式標準化。我們希望透過這個專案，以系統化、可擴展的方式來實作我們在這個領域教過的東西，以活用演算法交易領域的許多機會。多虧 Python（與數據驅動及 AI 優先金融），即使我們團隊規模不大，仍然可以進行這項專案。

我在第一版的前言結尾寫道：

> 我真的很興奮 Python 已經成為金融業的重要技術。我也相信，它將會在衍生商品、風險分析或高性能計算等領域發揮更重要的作用。希望這本書能幫助專業人士、研究人員和學生在面對這個迷人領域之中的挑戰時，充分運用 Python。

當我在 2014 年寫下這段文字時，根本無法預測 Python 在金融領域會變得多麼重要。讓我開心的是，在 2018 年的今天，這種狀況已經大大超過我當初的預期了。或許本書的第一版在過程中也盡了一點棉薄之力。無論如何，非常感謝所有堅持不懈的開放原始碼開發人員，如果沒有他們，Python 就不可能寫下成功的故事。

本書編排慣例

本書使用下列的編排規則：

斜體

　代表新術語、URL 與 email 地址，中文以楷體表示。

定寬字體

代表程式，也在文章中代表程式包、程式語言、副檔名、檔名、程式元素，例如變數、函式名稱、資料庫、資料型態、環境變數、陳述式與關鍵字等。

定寬斜體字

代表應換成使用者提供的值，或依上下文而決定的值。

這個圖示代表提示或建議。

這個圖示代表一般注意事項。

這個圖示代表警告或小心。

使用範例程式

你可以到 *http://py4fi.pqp.io* 使用及下載支援教材（具體來說，就是 Jupyter Notebooks 與 Python 腳本 / 模組）。

本書的目的是協助你完成工作。一般來說，你可以在自己的程式或文件中使用本書的程式碼而不需要聯繫出版社取得許可，除非你更動了程式的重要部分。舉例而言，為了撰寫程式，而使用本書中數段程式碼，不需要取得授權，但是將 O'Reilly 書籍的範例製成光碟來銷售或散布，就絕對需要我們的授權。引用這本書的內容與範例程式碼來回答問題不需要取得許可。在你的產品文件中加入本書大量的程式碼需要取得許可。

如果你在引用它們時能標明出處，我們會非常感激（但不強制要求）。出處一般包含書名、作者、出版社和 ISBN。例如："*Python for Finance*, 2nd Edition, by Yves Hilpisch (O'Reilly).Copyright 2019 Yves Hilpisch, 978-1-492-02433-0"。

如果你覺得自己使用範例程式的程度超出上述的允許範圍，歡迎隨時與我們聯繫：*permissions@oreilly.com*。

誌謝

感謝成就本書的所有人，尤其是用盡各種方式改善我的手稿的 O'Reilly 團隊。感謝技術校閱 Hugh Brown 與 Jake VanderPlas，他們寶貴的回饋和建議讓本書受益良多。當然，任何未被發現的錯誤都算在我頭上。

特別感謝密切合作了十餘年的 Michael Schwed。多年來，他的工作成果、支持和 Python know-how 讓我受益匪淺。

感謝 Refinitiv（前身是 Thomson Reuters）的 Jason Ramchandani 和 Jorge Santos，他們不但繼續支持我的工作，也支持整個開放原始碼社群。

如同第一版，第二版也從我多年來舉辦的數十次 "Python for finance" 講座，以及數百小時的 "Python for finance" 培訓中受益匪淺，參與者的回饋經常協助我改善教材，那些教材往往成為本書的章節。

第一版花了我大約一年的時間，總的來說，第二版的編寫和升級也花了大約一年的時間，比我預想的要長很多。主要是因為這個主題本身讓我必須頻繁地四處移動，以及忙於處理商務層面，對此我深深感激。

寫書需要許多獨處的時間，無法陪伴家人。因此，感謝 Sandra、Lilli、Henry、Adolf、Petra 與 Heinz 的體諒與支持（包括本書之外的事項）。

我將第二版當成第一版，獻給我可愛、堅強、富有同情心的太太 Sandra，您多年來賦予家庭新的含意，謝謝您。

— Yves

2018 年 11 月，於德國薩爾蘭

第一部分

Python 與金融

這個部分介紹金融 Python，包含兩章：

- 第 1 章簡介 Python 的概況，並詳細說明為何 Python 極適合處理金融業及金融數據分析的技術層面挑戰。
- 第 2 章介紹 Python 基礎設施，概述管理 Python 環境的重要層面，以便用 Python 來進行互動式財務分析，以及開發理財應用程式。

第一章

為何在金融領域使用 Python

銀行其實是技術公司。

—Hugo Banziger

Python 程式語言

Python 是一種高階、多用途的程式語言，被用在技術領域以及其他廣泛的領域。你可以在 Python 的網站（*https://www.python.org/doc/essays/blurb*）看到下列的行動綱要：

> Python 是一種直譯式、物件導向、高階的程式語言，具備動態語意。由於 Python 有高階的內建資料結構，以及動態型態及動態綁定，它非常適合用來快速開發應用程式，也很適合當成膠水語言，將既有的元件連結起來。Python 的語法特別強調易讀性，既簡單且容易學習，因此可以降低程式的維護成本。Python 支援模組與程式包，鼓勵程式碼模組化與復用。Python 有原始碼與二進制形式的解譯器與廣泛的標準程式庫，可在所有平台上免費使用及發表。

這段話很好地指出 Python **為何**成為現今主流的程式語言之一。如今，許多初學者與技術高超的專業開發者都在學校、大學、web 公司、大型企業、金融機構，以及任何一種科學領域廣泛地使用 Python。

Python 有以下幾項重要的特性：

開放原始碼

Python 及多數的支援程式庫和工具都開放原始碼，它們的使用條款通常相當靈活且開放。

直譯的

CPython 這個參考作品也是這種語言的直譯器，可在執行期將 Python 程式碼轉換成可執行的位元組碼（byte code）。

多範式

Python 支援各種不同的編程及實作範式，例如物件導向與指令式、泛函或程序編程。

多用途

Python 可讓你快速、互動地開發程式碼，以及建構大型的應用程式；它可以用來進行低階的系統操作，以及高階的分析工作。

跨平台

Python 可在多數重要的作業系統中使用，例如 Windows、Linux、macOS 等。它可以用來建構桌上型及 web 應用程式，也可以在最大型的叢集和最強大的伺服器上使用，以及 Raspberry Pi 這種小型裝置（*http://www.raspberrypi.org*）。

動態型態

Python 的型態通常是在執行期推斷出來的，而非多數的編譯語言那樣靜態地宣告。

運用縮排

相較於多數其他程式語言，Python 使用縮排來標記程式段落，而不是使用小括號、中括號，或是分號。

資源回收

Python 使用自動化資源回收機制，所以程式員不需要管理記憶體。

關於 Python 語法以及 Python 究竟是怎麼一回事，Python Enhancement Proposal 20（也就是所謂的 "Zen of Python"）提出主要的方針。你可以在每一個互動式 shell（殼層）使用 `import this` 來顯示它：

```
In [1]: import this
        The Zen of Python, by Tim Peters

        Beautiful is better than ugly.
        Explicit is better than implicit.
        Simple is better than complex.
        Complex is better than complicated.
        Flat is better than nested.
        Sparse is better than dense.
```

```
Readability counts.
Special cases aren't special enough to break the rules.
Although practicality beats purity.
Errors should never pass silently.
Unless explicitly silenced.
In the face of ambiguity, refuse the temptation to guess.
There should be one-- and preferably only one --obvious way to do it.
Although that way may not be obvious at first unless you're Dutch.
Now is better than never.
Although never is often better than *right* now.
If the implementation is hard to explain, it's a bad idea.
If the implementation is easy to explain, it may be a good idea.
Namespaces are one honking great idea -- let's do more of those!
```

Python 簡史

雖然 Python 對一些人來說仍然是新鮮的事物，但它已經問世一段時間了。事實上，荷蘭人 Guido van Rossum 早在 1980 年代就開始開發它了，他目前還在積極地開發 Python，Python 社群授予他終身仁慈獨裁者（*Benevolent Dictator for Life*）頭銜。van Rossum 在擔任 Python 核心開發工作的積極推動者數十年後，於 2018 年 7 月退出這個職位。以下是 Python 的開發里程碑（*http://bit.ly/2DYWqCW*）：

- **Python 0.9.0** 在 1991 年發表（第一次發表）
- **Python 1.0** 在 1994 發表
- **Python 2.0** 在 2000 發表
- **Python 2.6** 在 2008 發表
- **Python 3.0** 在 2008 發表
- **Python 3.1** 在 2009 發表
- **Python 2.7** 在 2010 發表
- **Python 3.2** 在 2011 發表
- **Python 3.3** 在 2012 發表
- **Python 3.4** 在 2014 發表
- **Python 3.5** 在 2015 發表
- **Python 3.6** 在 2016 發表
- **Python 3.7** 在 2018 年 6 月發表

值得注意的是，自 2008 年以來，Python 有兩個主要的版本可供使用，它們依然被持續開發，更重要的是，我們可以平行使用它們，有時這會讓 Python 新手摸不著頭緒。在寫這本書時，我認為這種情況可能還會持續一段時間，因為有大量可供使用或位於生產環境中的程式碼仍然是 Python 2.6/2.7。本書的第一版使用 Python 2.7，第二版則完全使用 Python 3.7。

Python 生態系統

Python 生態系統並非只是個程式語言，它的主要特性在於，它有大量的程式包與工具可用。這些程式包與工具，要不是必須在你需要時**匯入**（例如畫圖程式庫），不然就是獨立的系統程序（例如 Python 的互動式開發環境）。匯入的意思，就是讓該程式包就緒，可供目前的名稱空間與 Python 直譯器程序使用。

Python 本身就有大量的程式包與模組，可在各方面增強基本直譯器的功能，它們統稱為 *Python 標準程式庫*（*Python Standard Library*）（*https://docs.python.org/3/library/index.html*）。例如，你不需要做任何匯入就可以執行基本的數學計算，但如果你需要更專門的數學函數，就必須透過 `math` 模組匯入它們：

```
In [2]: 100 * 2.5 + 50
Out[2]: 300.0

In [3]: log(1)  ❶

        ---------------------------------------------------------------
        NameError                        Traceback (most recent call last)
        <ipython-input-3-74f22a2fd43b> in <module>
        ----> 1 log(1)  ❶

        NameError: name 'log' is not defined

In [4]: import math  ❷

In [5]: math.log(1)  ❷
Out[5]: 0.0
```

❶ 如果沒有匯入程式包，就會出現錯誤。

❷ 匯入 `math` 模組之後，就可以執行計算了。

`math` 是每個 Python 版本都有的標準模組，你也可以單獨安裝許多其他程式包，並且像標準模組一樣使用它們。你可以從各種（web）資源取得這種程式包。但建議你使用

Python 程式包管理器，來確保所有程式庫彼此維持一致（第 2 章會進一步說明這個主題）。

截至目前為止的程式範例都是用互動式 Python 環境來展示的，它們是 IPython（*http://www.ipython.org*）與 Jupyter（*http://jupyter.org*）。在寫這本書時，它們是最流行的互動式 Python 環境。雖然 IPython 最初只是增強型互動式 Python shell，但它現在已經有許多一般只能在整合開發環境（IDE）看到的功能，例如剖析（profiling）與除錯。高階的文字 / 程式碼編譯器通常具備 IPython 缺乏的功能，例如 Vim（*http://vim.org*），它也可以和 IPython 整合。因此，我經常在開發 Python 的過程中，使用包含 IPython 與文字 / 程式碼編譯器的基本工具鏈。

IPython 在許多方面增強標準的互動式 shell，它提供改善的命令列歷史功能，也可以讓你輕鬆地檢視物件。例如，你只要在函式名稱的前面或後面加上一個 `?`，就可以印出輔助說明（`docstring`）（加上 `??` 可印出更多資訊）。

IPython 原本有兩個流行的版本：*shell* 版本，以及瀏覽器版本（*Notebook*）。由於 Notebook 版本如此實用且流行，它已經演變成獨立的、與語言無關的專案，目前稱為 Jupyter。在這個背景之下，Jupyter Notebook 繼承 IPython 大部分的優點就不足為奇了，它也提供了其他的好處，例如視覺化。

關於如何使用 IPython，請參考 VanderPlas（2016 年，第 1 章）。

Python 用戶頻譜

Python 不僅深受專業軟體開發者的喜愛，也獲得一般的開發者，以及領域專家及科學開發者的青睞。

專業軟體開發者發現，只要使用 Python 即可高效地建構大型的應用程式。它幾乎支援所有的程式設計範式、有許多強大的開發工具可用，而且理論上，任何工作都可以用 Python 來處理。這類用戶通常會建構自己的框架與類別，也會大量使用基本的 Python 及科學堆疊（scientific stack），並且充分活用生態系統。

科學開發者或領域專家通常大量使用某些程式包與框架，他們會建構自己的應用程式，並且隨著時間而不斷增強與優化它，也會根據自己的特殊需求來定制生態系統。這些用戶族群經常會執行較長的互動式對話（session）、快速地建立新程式的原型，以及探索他們的研究成果或領域資料集，或將它們視覺化。

一般的程式員喜歡用 Python 來處理他們認為很適合用 Python 處理的問題。例如，他們會造訪 `matplotlib` 展示網頁、複製並修改那裡的視覺化程式碼來滿足他們的特殊需求，這應該是對這個族群的成員而言，很有幫助的使用案例。

另一個重要的 Python 用戶族群是**程式初學者**，也就是剛開始學習編寫程式的人。現今，Python 已經成為大學、專科學校、甚至一般學校在教授編程時經常選擇的語言了[1]。主要的原因在於，它的基本語法非常容易學習與瞭解，即使對非開發者而言也是如此。此外，Python 支援幾乎所有編程風格，這一點也很有幫助[2]。

科學堆疊

有一組程式包被統稱為**科學堆疊**（*scientific stack*），其中有許多程式包，茲列出幾項如下：

`NumPy`（*http://www.numpy.org*）
: `NumPy` 有一個多維陣列物件，可用來儲存同質或異質的資料。`NumPy` 也提供優化的函式 / 方法來處理這個陣列物件。

`SciPy`（*http://www.scipy.org*）
: `SciPy` 包含一組子程式包及函式，它們實作了科學或金融界常用的標準功能，例如，三次樣條插值（cubic splines interpolation）或數值積分。

`matplotlib`（*http://www.matplotlib.org*）
: 這是最受歡迎的 Python 繪圖及視覺化程式包，提供 2D 與 3D 視覺化功能。

`pandas`（*http://pandas.pydata.org*）
: `pandas` 以 `NumPy` 為基礎，提供更豐富的類別，可用來管理與分析時間序列及表格資料；`pandas` 也和 `matplotlib` 的繪圖功能，以及和 `PyTables` 的資料儲存及取回功能緊密整合。

---

1 例如，Python 是紐約城市大學巴魯克學院金融工程碩士課程（*http://mfe.baruch.cuny.edu*）所使用的主要語言。世界各地有許多大學都用本書的第一版來教授如何用 Python 進行財務分析，以及建構應用程式。

2 見 *http://wiki.python.org/moin/BeginnersGuide*，你可以在那裡找到許多協助剛開始學習 Python 的開發者及非開發者的寶貴資源。

`scikit-learn`（*http://scikit-learn.org*）

　　`scikit-learn` 是流行的機器學習（ML）程式包，為許多 ML 演算法（例如用來估計、分類或聚類的演算法）提供統一的應用程式設計介面（API）。

`PyTables`（*http://www.pytables.org*）

　　`PyTables` 是 HDF5 資料儲存包裝（*http://www.hdfgroup.org/HDF5/*）的包裝器（wrapper），這種程式包使用階層式資料庫 / 檔案格式來實作優化的磁碟 I/O 操作。

視特定的領域或問題而定，你可以在這個堆疊中加入其他的程式包，那些程式包往往是以上述的一或多個程式包為基礎的。但是，`NumPy` `ndarray` 類別（見第 4 章）與 `pandas` `DataFrame` 類別（見第 5 章）通常都是*最大公分母或最基本的元素*。

即使只將 Python 視為一種程式語言，世上也沒有太多語言可以在語法與優雅性等方面和它並駕齊驅。例如，Ruby 是一種經常被拿來與 Python 比較的流行語言，這項語言的網站（*http://www.ruby-lang.org*）這樣形容它：

> 它是一種開放原始碼的動態程式語言，把焦點放在簡單性與生產力。它具備優雅的語法，讀起來很自然，寫起來也很容易。

用過 Python 的人應該認同 Python 也可以用同一段文字來介紹自己。但是，對大部分的使用者來說，Python 與具備同樣特點的語言之間最大的差異在於 Python 提供的科學堆疊。所以，Python 不但是好用且優雅的語言，也可以取代專業領域的語言及工具，例如 Matlab 或 R。如果你是專業的 web 開發者或系統管理員，它也內建了許多你期望的東西。此外，Python 也擅長與領域專用語言（例如 R）互動，因此我們通常不需要決定*究竟要使用 Python 還是另一種語言*，只要決定讓哪一種語言成為主要語言即可。

金融界的技術

有了以上關於 Python 的“粗略概念”之後，我們要退一步，簡單地思考一下技術在金融扮演的角色，這可以讓我們更認識 Python 曾經扮演的角色，更重要的是，它在未來的金融產業中，可能扮演的角色。

在某種意義上，技術對於金融機構（例如，與生物技術公司相比）或財務部門（與物流等其他的企業職能相比）而言*沒有什麼特別的作用*。但是，近年來，在創新與監管（regulation）的刺激之下，銀行與其他金融機構（例如對沖基金）變得越來越像技術公司，而*不僅僅*是金融仲介機構。技術已經成為世界上幾乎所有金融機構的重要資產，可能帶來競爭優勢，也可能導致劣勢。我們可以用一些背景資訊來說明事態為何如此發展。

技術開銷

銀行和金融機構是每年對技術投注最多資源的行業。因此，下面這段話不僅說明技術對金融業的重要性，也指出金融業對技術行業的重要性：

> FRAMINGHAM, Mass., 2018 年 7 月 14 日—根據國際資料公司（IDC）最新公布的金融服務 IT 支出指南數據，全球金融服務公司於資訊技術（IT）方面的支出，在 2021 年，將從 2018 年的 4,400 億美元成長至接近 5,000 億美元。
>
> —IDC（*http://bit.ly/2RUAV8Y*）

講明白一點，銀行和其他金融機構正爭先恐後地將他們的業務與運維模式數位化：

> 據預測，在 2017 年，北美的銀行對新技術的投資將到達 199 億美元。
>
> 這些銀行致力開發既有的系統，以及新的技術解決方案，來提高它們在全球市場的競爭力，並吸引對新的線上和移動技術感興趣的客戶。對提供新創意和軟體解決方案給銀行的全球金融技術公司來說，這是個大好機會。
>
> —Statista（*http://bit.ly/2Q04KYr*）

如今，大型的跨國銀行通常會聘僱數千名開發人員來維護既有的系統和建構新系統。具備高度技術需求的大型投資銀行，往往每年編列數十億美元的技術預算。

用技術來推動

技術的發展也促進了金融部門的創新和效率的提高。通常，這個領域的專案都是在**數位化**的保護傘之下運行的。

> 過去幾年來，金融服務業在技術的主導之下，已經經歷了一場巨變。許多主管期望他們的 IT 部門提升效率，促進可以改變遊戲規則的創新，同時以某種方式降低成本，繼續支援舊有系統。與此同時，金融技術初創企業正蠶食著成熟的市場，它們從無到有，藉由不受舊有系統阻礙的解決方案來協助顧客，並取得領先地位。
>
> —普華永道 2016 年第 19 次全球 CEO 年度調查（*https://pwc.to/1OYTO2d*）

效率的提高，也迫使企業在越來越複雜的產品或交易中尋找競爭優勢。這反過來又實質增加風險，讓風險的管理以及監管變得越來越困難。在 2007 年和 2008 年發生的金融危機展示了這種發展帶來的風險。類似的情況，“演算法與電腦大暴走” 也是金融市場可能出現的風險，2010 年 5 月發生的所謂 “閃崩（*flash crash*）事件” 戲劇性地體現這種情況（*http://en.wikipedia.org/wiki/2010_Flash_Crash*），當時，許多股票與指數因為自動拋售機制而大幅下跌。第 4 部分將討論與金融商品演算法交易有關的主題。

技術與人才，是入場的門檻

一方面，**在其他條件都不變的情況下**，提升技術可隨著時間降低成本。另一方面，金融機構持續大量投資技術，除了意圖獲得市佔率之外，也為了捍衛目前的地位。現代企業若要積極參與某些金融領域，往往需要對技術與熟練的員工進行大規模投資。例如，考慮衍生商品分析領域：

> 採用內部策略進行 OTC（衍生商品）交易定價的公司，在整個軟體生命週期中，僅建立、維護和增強一個完整的衍生商品資料庫，就需要投資 2,500 萬至 3,600 萬美元。
>
> —Ding（2010）

建立完整的衍生商品分析資料庫不僅成本高、耗時長，還需要**足夠的專家**來做這件事，況且專家們還必須擁有合適的工具和技術來完成任務。隨著 Python 生態系統的發展，這種工作已經變得越來越有效率，而且這方面的預算與 10 年前相較之下已經精簡許多了。第 5 部分會介紹衍生商品分析，並且僅用 Python 和 Python 標準程式包來建構小型但強大且靈活的衍生商品定價程式庫。

長期資本管理公司（LTCM）在早期談到的一段話也進一步支持這種關於技術和人才的觀點。長期資本管理公司曾經是最受尊敬的定量對沖基金之一，但是在 1990 年代末破產了。

> Meriwether 花了 2,000 萬美元購置一套最先進的計算機系統，並聘請頂尖的金融工程師團隊來管理位於美國康乃狄克州格林威治的 LTCM。這是在產業層面進行風險管理。
>
> —Patterson（2010）

當初 Meriwether 需要耗資數千萬美元購買的計算能力，如今可能只要用數千美元就可以購得，甚至可以用靈活付款方案，向雲端提供商租用。第 2 章會展示如何在雲端設置基礎設施，藉以使用 Python 進行互動式金融分析、應用程式開發和部署。這種專業基礎設施的預算每個月只要幾美元起跳。另一方面，對大型金融機構來說，交易、定價和風險管理變得極其複雜，以致於他們必須部署具備數萬個計算核心的 IT 基礎設施。

不斷提升的速度、頻率與資料量

技術的進步對金融行業造成許多影響，其中最大的層面就是決定一項金融交易並執行它的*速度*和*頻率*。Lewis（2014）用生動的細節描述所謂的*閃電交易*（也就是以最快的速度進行交易）。

一方面，為了讓資料在更短暫的時間之內有效，我們必須即時做出反應；另一方面，交易速度與頻率的提升，讓資料量進一步地增加。這導致各種因素互相強化，將金融交易的平均時間尺度系統性地降低。這個趨勢在十年前就開始了：

> Renaissance 的 Medallion 基金在 2008 年利用閃電般快速的電腦，以及市場的極度波動，獲得驚人的 80% 收益。Jim Simons 是該年度全球對沖基金收入最高的人，淨賺 25 億美元。
>
> —Patterson（2010）

一檔股票在 30 年期間的逐日股價資料相當於 7,500 個收盤價，這種資料是當今大多數金融理論的基礎。例如，現代（或標準差）投資組合理論（MPT）、資本資產定價模型（CAPM）和風險值（VaR）都使用逐日股價資料。

相較之下，在一個典型的交易日中，蘋果公司（AAPL）的股價在一小時之內可能會報價 15,000 次左右，這大約是 30 年日收盤價的兩倍（見第 23 頁，“數據驅動與 AI 優先金融”之中的例子）。這種情況帶來一些挑戰：

資料處理

你再也不能只考慮與處理股票或其他金融商品的收盤價了，它們有“太多”資訊在一天之內出現，有些商品會每週 7 天，每天 24 小時出現龐大資訊。

分析速度

你往往必須在幾毫秒之內，甚至更快的時間內做出決策，這需要建構相應的分析功能，並即時分析大量的資料。

理論基礎

雖然傳統的金融理論與概念遠非完美無缺，但隨著時間的推移，它們也受到充分的測試（有時被很好的理由推翻）；就現今重要的毫秒及微秒時間尺度而言，仍然沒有在傳統概念上一致的金融概念與理論已被證實是穩健的。

這些挑戰通常只能透過現代技術來解決。另一件可能讓你驚訝的事實是，“缺乏一致的理論”這個問題往往是用技術方法來解決的，因為高速的演算法利用的是市場微觀結構元素（例如下單流（order flow）、買賣價差），而不是某種金融推理（reasoning）。

即時分析的興起

在金融產業中，有一門學科的重要性已經大幅提升：**金融和資料分析**。這個現象與業界對速度、頻率與資料量快速成長的認知密切相關。事實上，即時分析可視為業界對這一項趨勢做出的回應。

粗略地說，“金融和資料分析”是利用軟體和技術，結合（可能是先進的）演算法和其他方法來收集、處理和分析資料，藉以獲得見解、做出決策或滿足監管要求的學科。例如，評估銀行零售部門調整金融商品的定價結構，或是為投資銀行複雜的衍生商品投資組合大規模地隔夜計算信用評價調整（CVA）對銷售造成什麼影響。

在這個背景之下，金融機構面臨兩大挑戰：

大數據

早在“大數據”這個名詞出現之前，銀行與其他金融機構就必須處理大量的資料了；然而，單次分析任務需要處理的資料量已經隨著時間的過去有了巨幅成長，需要更高的計算能力，使用更大的記憶體和儲存容量。

即時

決策者以前可以依靠有組織的、定期的規劃，以及決策和（風險）管理程序，但是現今他們必須即時處理這些工作；以前必須在後台辦公室通宵達旦完成批次處理的工作，有一些都已經移至前端辦公室即時執行了。

我們同樣可以在此看到技術的進步與金融 / 商業實踐法之間的相互作用。一方面，我們運用現代技術，不斷改善分析方法的速度和能力；另一方面，技術的進步使得幾年前甚至幾個月前被認為不可能的（或是由於預算的限制而不可行）分析方法成為可行。

分析領域有一個主流趨勢是在中央處理器（CPU）端使用平行架構，並且在通用圖形處理單元（GPGPU）端使用大規模的平行架構。目前的 GPGPU 有成千上萬個計算核心，這讓我們必須徹底地反思“平行”對不同的演算法究竟有什麼意義。用戶往往需要學習新的編程範式與技術，才能充分運用這些硬體，這是技術方面的障礙之一。

在金融領域使用 Python

上一節提出技術在金融領域發揮作用的幾個層面：

- 金融產業的技術成本
- 技術是新業務與創新的促進因素
- 技術與人才是金融產業的門檻
- 提升速度、頻率與資料量
- 即時分析的興起

這一節要分析 Python 如何協助解決這些挑戰。但首先，在基本的層面上，我們要從語言與語法的角度來簡要地分析 Python 在金融領域的使用情況。

金融與 Python 語法

在金融背景之下第一次使用 Python 的人經常需要克服演算法問題，這一點和想要解出微分公式，計算積分，或將一些資料視覺化的科學家很像。一般來說，在這個階段，他們不太需要考慮諸如正式的開發程序、測試、製作文件，或部署之類的問題，但人們往往在這個階段愛上 Python。造成這種情況的主因，應該是 Python 的語法整體上和描述科學問題或金融演算法的數學語法非常接近。

我們可以用一個金融演算法來說明這一點：用蒙地卡羅模擬來評估歐式看漲選擇權的價格。我們使用 Black-Scholes-Merton（BSM）模型，這種模型的標的物風險因子遵循幾何布朗運動（Brownian motion）。

假設我們使用這些**參數值**來估價：

- 初始股票指數 $S_0 = 100$
- 歐式看漲選擇權的履約價 $K = 105$
- 選擇權有效期 $T = 1$ 年
- 固定無風險短期收益率 $r = 0.05$
- 固定波動率 $\sigma = 0.2$

在 BSM 模型中，到期日價格是用公式 1-1 算出來的隨機變數，其中的 z 是標準常態分布的隨機變數。

公式 1-1 *Black-Scholes-Merton*（1973）到期日指數

$$S_T = S_0 \exp\left(\left(r - \frac{1}{2}\sigma^2\right)T + \sigma\sqrt{T}z\right)$$

這是蒙地卡羅估價過程的演算法說明：

1. 從標準常態分布取 I 個偽亂數 $z(i), i \in \{1, 2, \ldots, I\}$。
2. 用 $z(i)$ 與公式 1-1 算出所有到期日指數 $S_T(i)$。
3. 計算選擇權在到期日的所有內在價值 $h_T(i) = \max\left(S_T(i) - K, 0\right)$。
4. 用公式 1-2 的蒙地卡羅公式估計選擇權現值。

公式 1-2 歐式選擇權蒙地卡羅估計式

$$C_0 \approx e^{-rT}\frac{1}{I}\sum_{I} h_T(i)$$

我們將這個問題與演算法轉換成 Python。下面的程式碼實作了所需的步驟：

```
In [6]: import math
        import numpy as np  ❶

In [7]: S0 = 100.  ❷
        K = 105.  ❷
        T = 1.0  ❷
        r = 0.05  ❷
        sigma = 0.2  ❷

In [8]: I = 100000  ❷

In [9]: np.random.seed(1000)  ❸

In [10]: z = np.random.standard_normal(I)  ❹

In [11]: ST = S0 * np.exp((r - sigma ** 2 / 2) * T + sigma * math.sqrt(T) * z)  ❺

In [12]: hT = np.maximum(ST - K, 0)  ❻

In [13]: C0 = math.exp(-r * T) * np.mean(hT)  ❼

In [14]: print('Value of the European call option: {:5.3f}.'.format(C0))  ❽
         Value of the European call option: 8.019.
```

❶ 本例使用 NumPy 程式包。

❷ 定義模型與模擬參數值。

❸ 使用固定的亂數產生器種子值。

❹ 取得標準常態分布的亂數。

❺ 模擬到期價。

❻ 算出選擇權到期日報酬。

❼ 計算蒙地卡羅估計式。

❽ 印出估計結果值。

這段程式有三個地方值得一提：

語法

Python 的語法非常接近數學語法，例如指派參數值的部分。

翻譯

每一段數學與（或）演算法通常都可以轉換成單行 Python 程式碼。

向量化

NumPy 的一大優點是它有紮實的、向量化的語法，例如可以用單行程式碼執行 100,000 次計算。

你可以在 IPython 或 Jupyter Notebook 等互動式環境使用這段程式。但是，準備供人重複使用的程式通常會用所謂的**模組**（或**腳本**）來整理，它們是一個使用 *.py* 副檔名的 Python 檔案（技術上是個文字檔）。你可以將這個例子寫成範例 1-1 這種模組，並且將它存成名為 *bsm_mcs_euro.py* 的檔案。

範例 1-1 歐式看漲選擇權蒙地卡羅估價

```
#
# 歐式看漲選擇權蒙地卡羅估價
# 使用 Black-Scholes-Merton 模型
# bsm_mcs_euro.py
#
# Python for Finance, 2nd ed.
# (c) Dr.Yves J. Hilpisch
```

```
#
import math
import numpy as np

# 參數值
S0 = 100. # 初始指數值
K = 105. # 履約價
T = 1.0 # 到期日
r = 0.05 # 無風險短期收益率
sigma = 0.2 # 波動率

I = 100000 # 模擬數

# 估價演算法
z = np.random.standard_normal(I) # 偽亂數
# 到期日價格
ST = S0 * np.exp((r - 0.5 * sigma ** 2) * T + sigma * math.sqrt(T) * z)
hT = np.maximum(ST - K, 0) # 到期日報酬
C0 = math.exp(-r * T) * np.mean(hT) # 蒙地卡羅估計式

# 結果輸出
print('Value of the European call option %5.3f.' % C0)
```

你可以從本節的演算法範例看到，Python 及其語法非常適合支援經典科學語言雙人組一英語及數學。在科學語言組合中加入 Python 可讓這個組合更全面：

- 用**英語**來撰寫與討論科學與金融等問題。
- 用**數學**來簡潔、準確地描述與建構抽象層面、演算法、複數等。
- 用 **Python** 來建立科學模型與實作抽象層面、演算法、複數等。

數學與 Python 語法

除了 Python 之外，其他程式語言的語法幾乎都無法如此接近數學語法。因此，你通常可以輕鬆地將數學翻譯成 Python 實作，寫出數值演算法，並且在金融領域中，高效地運用 Python 來建立原型、進行開發，與維護程式碼。

有些領域也經常使用**虛擬碼**，因此我們可以加入第 4 個語言家族成員。虛擬碼可以用比較技術化的方式來表示（舉例）金融演算法，它除了接近數學表示法之外，也很接近技術實作。虛擬碼除了考慮演算法本身之外，也考慮電腦的運作方式。

之所以採取這種做法，原因是使用大部分的程式語言（編譯式的）寫出來的實作與正式的數學表示法“相去甚遠”。大多數的程式語言都必須加入許多只在技術上需要的元素，因此，我們很難看出數學與程式碼指的是同一個東西。

如今，人們經常以**虛擬碼風格**來使用 Python，因為它的語法幾乎與數學相同，因此可將技術“開銷”維持在最低程度。之所以可以做到這一點，是因為這種語言內建一些高階概念，這些概念有其優勢，但往往也伴隨著風險與（或）其他成本。 但是，我們可以肯定地說，在必要時，你也可以在使用 Python 時，遵守在其他語言中，從一開始就嚴格要求的實作與編寫方式。在這個意義上，Python 可以同時提供最棒的**高階抽象與嚴謹實作**。

用 Python 來提升效率與生產力

從高層次來看，使用 Python 的好處可以用三個維度來衡量：

效率

Python 如何幫助你更快得到結果，節省成本與時間？

生產力

Python 如何用同樣的資源（人員、資產等）完成更多事情？

品質

Python 如何幫助人們完成其他技術無法完成的工作？

我們無法全面地討論這些層面，但是，它們可以指出一些可作為起點的論點。

用更短的時間得到結果

互動式資料分析是比較容易看出 Python 效率的領域之一。這個領域從 IPython、Jupyter Notebook 與 pandas 程式包等強大的工具獲益良多。

假設有一位正在撰寫碩士論文的財金系學生，他對標普 500 指數很有興趣。他想要分析過去幾年的歷史指數值，看看該指數的波動性是如何隨著時間變動，並且希望證明它的波動性與一些典型的模型假設相反，是隨著時間震盪，絕對不是固定的。他也想要將結果視覺化。這位學生主要工作是：

- 從網路取得指數值資料
- 計算對數報酬率年化滾動標準差（波動率）

- 畫出指數價格資料與波動率結果

這些工作非常複雜，甚至在不久前，一般認為只有專業金融分析師可以處理它們。現在就連財金系學生都可以輕鬆地處理這種問題。下面的程式展示它是如何運作的，此時你還不需要操心語法的細節（後續章節會詳細解釋每一個地方）：

```
In [16]: import numpy as np  ❶
         import pandas as pd  ❶
         from pylab import plt, mpl  ❷

In [17]: plt.style.use('seaborn')  ❷
         mpl.rcParams['font.family'] = 'serif'  ❷
         %matplotlib inline

In [18]: data = pd.read_csv('../../source/tr_eikon_eod_data.csv',
                            index_col=0, parse_dates=True)  ❸
         data = pd.DataFrame(data['.SPX'])  ❹
         data.dropna(inplace=True)  ❹
         data.info()  ❺
         <class 'pandas.core.frame.DataFrame'>
         DatetimeIndex: 2138 entries, 2010-01-04 to 2018-06-29
         Data columns (total 1 columns):
         .SPX    2138 non-null float64
         dtypes: float64(1)
         memory usage:33.4 KB

In [19]: data['rets'] = np.log(data / data.shift(1))  ❻
         data['vola'] = data['rets'].rolling(252).std() * np.sqrt(252)  ❼

In [20]: data[['.SPX', 'vola']].plot(subplots=True, figsize=(10, 6));  ❽
```

❶ 匯入 NumPy 與 pandas。

❷ 匯入 matplotlib 並且為 Jupyter 設置繪圖風格與方法。

❸ pd.read_csv() 可以讀取遠端或本地的逗號分隔值（CSV）資料集。

❹ 讀取資料的子集合，並移除 NaN（"not a number"）值。

❺ 展示資料集的一些詮釋資訊（metainformation）。

❻ 以向量化的方式計算對數報酬率（在 Python 層面上"看不到迴圈"）。

❼ 計算滾動年化波動率。

❽ 最後，畫出兩個時間序列。

圖 1-1 是這個簡短的互動式對話畫出來的圖表。不可思議的是，我們只要用幾行程式，就可以完成金融分析領域常見的複雜工作：收集資料、執行複雜且重複的數學計算，以及將結果視覺化。這個例子說明使用 pandas 來處理整個時間序列幾乎與處理浮點數運算一樣簡單。

轉換成專業的金融背景，這個例子意味著，一旦金融分析師使用正確的 Python 工具，以及擁有高階抽象的程式包，他們就可以把注意力放在他們的專業領域上，而不是複雜的技術上。分析師也可以更快速地做出反應，近乎即時地提供有價值的見解，確保領先競爭對手一步。這個**提高效率**的例子也可以輕鬆地轉換成可測量的底線效應（measurable bottom-line effects）。

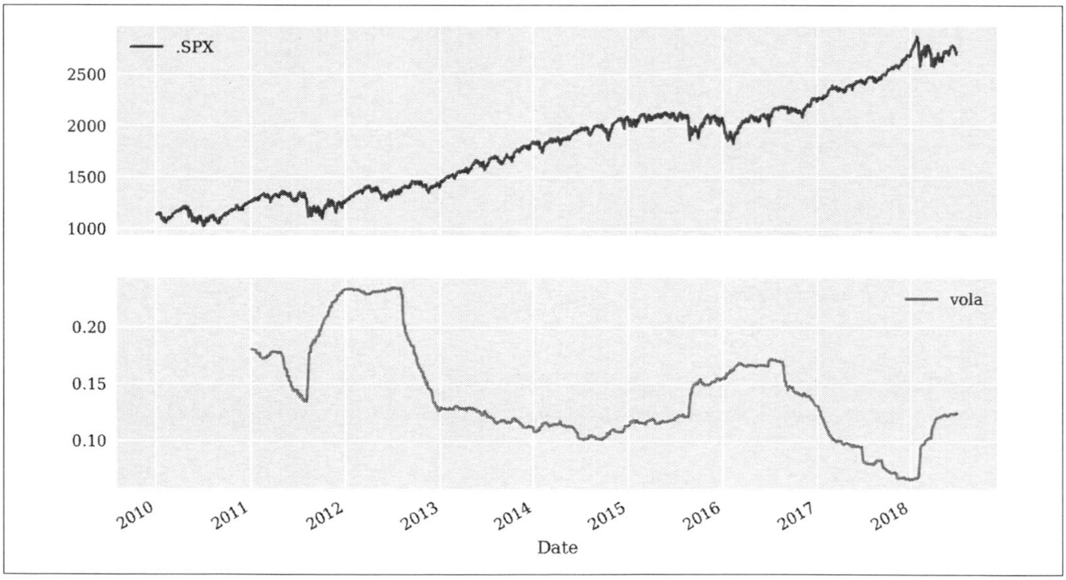

圖 1-1 標普 500 收盤價與年化波動率

確保高性能

一般認為 Python 的語法相當簡潔，用它來編寫程式的效率相對較高。但是，因為 Python 本身是一種直譯語言，人們經常認為 Python 處理計算密集的金融工作太慢了。事實上，當你使用某些實作方式時，Python 確實非常緩慢，但它**並非總是那麼慢**，它在幾乎任何一個應用領域都可以展現很高的性能。原則上，我們至少可以採取三種不同的策略來取得更好的性能：

採取慣用寫法與範式

一般來說，使用 Python 時，你可以用不同的做法來產生同樣的結果，但它們之間的性能特性有很大的不同，你"只要"選擇正確的方式（例如採取特定的實作法：正確地使用資料結構、避免迭代向量、或使用 pandas 之類的程式包），就可以明顯改善結果。

編譯

現在有許多性能程式包提供重要函式的已編譯版本，或靜態 / 動態地（在執行期或呼叫期）將 Python 程式碼編譯成機器碼。它們可讓這些函式的執行速度比單純使用 Python 程式碼快好幾個數量級；比較流行的程式包有 Cython 與 Numba。

平行化

許多計算工作，尤其是金融領域的，都可以透過平行執行來取得明顯的好處。平行執行對 Python 而言稀鬆平常，可以輕鬆地實作。

用 Python 來執行高性能計算

Python 本身不是一種高性能的計算技術。但是，Python 已經演變成一種理想的平台，可透過它來使用許多性能技術。也就是說，Python 已經變成一種使用高性能計算技術的膠水語言了。

本節舉一個簡單卻很實際的例子，這個例子涉及上述的三種策略（後續章節會詳細說明這些策略）。金融分析領域經常使用複雜的數學運算式來計算大型的數字陣列，Python 本身提供了這種工作所需的一切元素：

```
In [21]: import math
         loops = 2500000
         a = range(1, loops)
         def f(x):
             return 3 * math.log(x) + math.cos(x) ** 2
         %timeit r = [f(x) for x in a]
         1.59 s ± 41.2 ms per loop (mean ± std. dev. of 7 runs, 1 loop each)
```

在這個例子中，Python 直譯器大約用 1.6 秒來計算 f() 函式 2,500,000 次。我們也可以用 NumPy 完成同一項工作。NumPy 提供優化的（即預先編譯的）函式來處理這種陣列運算：

```
In [22]: import numpy as np
         a = np.arange(1, loops)
         %timeit r = 3 * np.log(a) + np.cos(a) ** 2
         87.9 ms ± 1.73 ms per loop (mean ± std. dev. of 7 runs, 10 loops each)
```

使用 NumPy 可將執行時間顯著地減少至大約 88 毫秒。但是，還有一種程式包是專門為了處理這種工作而設計的，它稱為 numexpr，意思是 "numerical expressions"。它藉著編譯運算式來進一步改善 NumPy 功能的性能，例如，避免在記憶體內複製 ndarray 物件：

```
In [23]: import numexpr as ne
         ne.set_num_threads(1)
         f = '3 * log(a) + cos(a) ** 2'
         %timeit r = ne.evaluate(f)
         50.6 ms ± 4.2 ms per loop (mean ± std. dev. of 7 runs, 10 loops each)
```

這種更專用的方法可以進一步將執行時間減少至大約 50 毫秒。但是，numexpr 的內建功能也可以平行執行個別的運算。所以我們可以利用 CPU 的多執行緒：

```
In [24]: ne.set_num_threads(4)
         %timeit r = ne.evaluate(f)
         22.8 ms ± 1.76 ms per loop (mean ± std. dev. of 7 runs, 10 loops each)
```

使用四個執行緒進一步將這個例子的執行時間減少至 23 毫秒以下，整體上，它將性能改善了 90 幾倍。特別要注意的是，進行這種改善時，你不需要修改基本的問題 / 演算法，也不需要知道任何關於編譯或平行化的細節，即使你不是專家，也可以在高層次上使用這些功能。只不過，在使用它們之前，你必須知道有哪些功能及選項可用。

這個例子展示 Python 提供許多選項，可讓你從既有的資源中得到更多好處，也就是*提升你的生產力*。當你執行平行化時，可以用同樣的時間完成循序法三倍的計算量—在這個例子中，你只要告訴 Python 使用多個 CPU 執行緒，而不是只有一個即可。

從原型製作到生產

從執行速度的角度來看，互動式分析的效率與性能絕對是 Python 值得考慮的兩大優點。然而，用 Python 來處理金融問題的另一個好處不容易在第一時間察覺，但經過仔細研究，你將發現它很有可能是金融機構的重大戰略要素。你可以端對端（*從原型製作階段到生產階段*）使用 Python。

現今全球的金融機構在進行金融開發時，通常採取分離式的雙步驟程序。一方面，他們讓*量化分析師*（"quants，寬客"）開發模型與製作技術原型，量化分析師喜歡使用 Matlab（*http://mathworks.com*）與 R（*https://www.r-project.org*）等工具與環境，來進行快速、互動式應用程式開發。在這個開發階段，性能、穩定性、部署、訪問管理、版本控制等問題沒那麼重要，他們主要的目標是尋找概念的證明與（或）原型，來展示演算法或整體應用程式的主要期望功能。

完成原型之後，IT 部門及其開發人員接管工作，將既有的原型程式轉換成可靠的、易維護的、高性能的生產程式。這個階段通常會出現範式轉換（paradigm shift），因為他們通常使用 C++ 或 Java 等編譯語言來滿足部署與生產需求。他們通常也會在正式的開發過程中，使用專業工具、版本控制系統等等。

這種雙步驟的做法通常會產生一些意外的後果：

低效

原型碼無法重複使用、演算法必須實作兩次、浪費時間與資源的重複工作、轉換期間的風險

需要許多技能

不同的部門需要具備不同的技能，並且使用不同的語言來實作“同樣的東西”，他們不僅用不同的語言寫程式，也說著不同的語言

過時的程式碼

程式碼以不同的語言來提供與維護，通常使用不同的實作風格

但是使用 Python 可以將這個端對端流程簡化，包括最初的互動式原型製作，到寫出高度可靠、高效、易維護的生產程式。Python 可以簡化部門之間的溝通，也可以簡化員工培訓，因為公司只要使用一種主要語言，就可以涵蓋建構金融應用程式時的所有領域了。它也可以避免在不同的開發步驟中使用不同的技術造成的低效與麻煩。總之，Python 可以為金融分析、金融應用程式開發，以及演算法實作過程中的幾乎所有工作提供一致的技術框架。

數據驅動與 AI 優先金融

基本上，本書第一版在 2014 年所提出的關於技術與金融業的所有看法，在 2018 年 8 月修改本書的這一章時，看起來仍然非常實際且重要。不過，本節仍然要探討金融業的兩大趨勢，它們將會從根本上改造金融業，這兩大趨勢在過去幾年中已經成形了。

數據驅動金融

有些重要的金融理論，例如現代投資組合理論，以及資本資產定價模型，都是早在 1950 及 1960 年代就被提出的，但是，它們仍然是經濟、金融、金融工程、企業管理等領域教育學生的基礎。這一點令人驚訝，因為這些理論充其量只有微薄的實證支持，而且證據往往與理論的建議和暗示完全相反。但它們如此流行是可以理解的，因為它們接近人們所預期的金融市場行為，也是優雅的數學理論，建立在一些吸引人的假設之上，儘管整體而言，那些假設過於簡單。

舉例而言，在物理領域中，**科學方法**是先透過實驗或觀察等方式取得**資料**，接著進行**假設與提出理論**，再用資料來**測試**。如果測試結果是正面的，我們或許可以用研究論文的形式，好好地將假設及理論寫下來並發表。如果測試結果是負面的，就捨棄假設與理論，重新尋找與資料相符的假設與理論。因為物理定律不會隨著時間變動，一旦有定律被發現，並且被妥善地測試，它通常會持續存在，在最好的情況下，它會永遠存在。

（量化）金融的歷史在很大程度上與科學方法互相牴觸。在許多情況下，金融理論與模型都是以簡化數學假設為基礎，"從零開始" 發展起來的，它們的目標是為金融領域的核心問題找到優雅的解答。金融領域流行許多假設，其中包括金融商品的常態分布報酬，以及利息之間的線性關係等，這些現象在金融市場很難發生，所以優雅的理論往往缺乏經驗證據。許多金融理論與模型都是先制定、證明與發表，後來才實證檢驗的。在某個程度上，這是因為 1950 至 1970 年代（甚至更晚期）的人們無法以現代的形式取得金融資料，就連今日剛開始攻讀財金學士學位的學生拿到的資料都比當時完善。

自從 1990 年代初期至中期以來，金融機構可以取得的資料開始急劇增加，如今，即使是從事金融研究或演算法交易的散戶，都可以透過串流服務取得大量的 tick（分筆成交）量級的歷史數據，甚至即時交易數據。這種情況讓我們能夠重新採取科學方法，一般來說，科學方法是先取得資料，再發展概念、假設、模型與策略。

舉一個簡單的例子來讓你知道，即使在本地機器上，你也可以使用 Python 向 Eikon Data API（*http://bit.ly/eikon_data_api*）訂閱專業資料，取得大規模的專業資料。下面的範例可以取得蘋果公司股票在一個一般交易日中，一小時的 tick 資料。它取得大約 15,000 個 tick 報價，包括成交量資訊。雖然這檔股票的代號是 `AAPL`，但它的 Reuters Instrument Code（RIC）是 `AAPL.O`：

```
In [26]: import eikon as ek  ❶

In [27]: data = ek.get_timeseries('AAPL.O', fields='*',
                                  start_date='2018-10-18 16:00:00',
```

```
                                     end_date='2018-10-18 17:00:00',
                                     interval='tick')  ❷

In [28]: data.info()  ❷
         <class 'pandas.core.frame.DataFrame'>
         DatetimeIndex: 35350 entries, 2018-10-18 16:00:00.002000 to 2018-10-18
          16:59:59.888000
         Data columns (total 2 columns):
         VALUE     35285 non-null float64
         VOLUME    35350 non-null float64
         dtypes: float64(2)
         memory usage: 828.5 KB

In [29]: data.tail()  ❸
Out[29]: AAPL.O                        VALUE  VOLUME
         Date
         2018-10-18 16:59:59.433  217.13    10.0
         2018-10-18 16:59:59.433  217.13    12.0
         2018-10-18 16:59:59.439  217.13   231.0
         2018-10-18 16:59:59.754  217.14   100.0
         2018-10-18 16:59:59.888  217.13   100.0
```

❶ 你要先訂閱並連接 API 才能使用 Eikon Data API。

❷ 取得 Apple（AAPL.O）股票的 tick 資料。

❸ 顯示最後五列 tick 資料。

你不僅可用 Eikon Data API 取得結構化的金融資料，例如歷史價格資料，也可以取得非結構化的資料，例如新聞標題。接下來的範列取得一小部分新聞文章的詮釋資料，並且以全文的形式，顯示其中一篇文章的開頭。

```
In [30]: news = ek.get_news_headlines('R:AAPL.O Language:LEN',
                                      date_from='2018-05-01',
                                      date_to='2018-06-29',
                                      count=7)  ❶

In [31]: news  ❶
Out[31]:
                                          versionCreated \
    2018-06-28 23:00:00.000 2018-06-28 23:00:00.000
    2018-06-28 21:23:26.526 2018-06-28 21:23:26.526
    2018-06-28 19:48:32.627 2018-06-28 19:48:32.627
    2018-06-28 17:33:10.306 2018-06-28 17:33:10.306
    2018-06-28 17:33:07.033 2018-06-28 17:33:07.033
    2018-06-28 17:31:44.960 2018-06-28 17:31:44.960
```

```
    2018-06-28 17:00:00.000 2018-06-28 17:00:00.000

                                                                          text \
    2018-06-28 23:00:00.000  RPT-FOCUS-AI ambulances and robot doctors: Chi ...
    2018-06-28 21:23:26.526  Why Investors Should Love Apple's (AAPL) TV En ...
    2018-06-28 19:48:32.627  Reuters Insider - Trump: We're reclaiming our  ...
    2018-06-28 17:33:10.306  Apple v. Samsung ends not with a whimper but a ...
    2018-06-28 17:33:07.033  Apple's trade-war discount extended for anothe ...
    2018-06-28 17:31:44.960  Other Products: Apple's fast-growing island of ...
    2018-06-28 17:00:00.000  Pokemon Go creator plans to sell the tech behi ...

                                                                   storyId \
    2018-06-28 23:00:00.000  urn:newsml:reuters.com:20180628:nL4N1TU4F8:6
    2018-06-28 21:23:26.526  urn:newsml:reuters.com:20180628:nNRA6e2vft:1
    2018-06-28 19:48:32.627  urn:newsml:reuters.com:20180628:nRTV1vNw1p:1
    2018-06-28 17:33:10.306  urn:newsml:reuters.com:20180628:nNRA6e1oza:1
    2018-06-28 17:33:07.033  urn:newsml:reuters.com:20180628:nNRA6e1pmv:1
    2018-06-28 17:31:44.960  urn:newsml:reuters.com:20180628:nNRA6e1m3n:1
    2018-06-28 17:00:00.000  urn:newsml:reuters.com:20180628:nL1N1TU0PC:3

                            sourceCode
    2018-06-28 23:00:00.000   NS:RTRS
    2018-06-28 21:23:26.526 NS:ZACKSC
    2018-06-28 19:48:32.627   NS:CNBC
    2018-06-28 17:33:10.306 NS:WALLST
    2018-06-28 17:33:07.033 NS:WALLST
    2018-06-28 17:31:44.960 NS:WALLST
    2018-06-28 17:00:00.000   NS:RTRS

In [32]: story_html = ek.get_news_story(news.iloc[1, 2])  ❷

In [33]: from bs4 import BeautifulSoup  ❸

In [34]: story = BeautifulSoup(story_html, 'html5lib').get_text()  ❹

In [35]: print(story[83:958])  ❺
         Jun 28, 2018 For years, investors and Apple AAPL have been beholden to
          the iPhone, which is hardly a negative since its flagship product is
          largely responsible for turning Apple into one of the world's biggest
          companies. But Apple has slowly pushed into new growth areas, with
          streaming television its newest frontier. So let's take a look at what
          Apple has planned as it readies itself to compete against the likes of
          Netflix NFLX and Amazon AMZN in the battle for the new age of
          entertainment. Apple's second-quarter revenues jumped by 16% to reach
          $61.14 billion, with iPhone revenues up 14%. However, iPhone unit sales
          climbed only 3% and iPhone revenues accounted for over 62% of total Q2
          sales. Apple knows this is not a sustainable business model, because
```

```
rare is the consumer product that can remain in vogue for decades. This
is why Apple has made a big push into news,
```

❶ 取得一小部分新聞文章的詮釋資料。

❷ 以 HTML 文件的形式取得一篇文章的完整文字。

❸ 匯入 `BeautifulSoup` HTML 解析程式包，並且…

❹ …以純文字的形式（`str` 物件）取出內容。

❺ 印出新聞的開頭。

雖然這兩個例子只展示皮毛，但我要講的是，你可以用標準化且高效的方式，透過 Python 包裝器程式包與資料訂閱服務來取得結構化與非結構化的金融歷史資料。通常就連一般人都可以使用 FXCM Group, LLC 等公司提供的交易平台（將在第 14 章介紹，在第 16 章使用它）來免費取得類似的資料。一旦你將資料轉換成 Python 層級（與原始來源分開），你就可以充分利用 Python 資料分析生態系統的功能了。

數據驅動金融

近來，數據已經成為金融的驅動因素了，有些規模最大，通常也最成功的對沖基金也聲稱自己是“數據驅動”，而不是“金融驅動”。越來越多商品向大大小小的機構與個人提供大量的數據。與 API 互動，以及處理和分析數據的首選程式語言通常是 Python。

AI 優先金融

可以透過程式 API 取得大量的金融資料，讓我們更容易運用*人工智慧*（AI）與*機器及深度學習*（ML、DL）來處理金融問題（例如演算法交易），並且取得更好的成果。

Python 也可以說是人工智慧世界的第一把交椅，它通常是人工智慧研究者與從業者首選的程式語言。在這個意義上，金融領域的問題從各種其他領域的發展受益良多，其中有些領域甚至與金融業沒什麼關係。舉例而言，`TensorFlow` 深度學習開放原始碼程式包（*http://tensorflow.org*）是由 Google 開發與維護，讓它的母公司 Alphabet 用來製作、生產和銷售自動駕駛汽車的。

雖然 `TensorFlow` 與自動演算法股票交易絕對沒有任何關係，但它可以用來預測金融市場的走勢。第 15 章有一些這方面的範例。

scikit-learn 是最流行的 Python 程式包之一。接下來的程式將展示如何以非常簡單的方式，使用 ML 的分類演算法來預測未來市場的價格走勢，並根據這些預測來制定演算法交易策略。第 15 章會解釋所有細節，因此這個例子相當簡潔。首先，我們匯入資料，並且準備特徵資料（方向性落後（directional lagged）對數報酬率資料）：

```
In [36]: import numpy as np
         import pandas as pd

In [37]: data = pd.read_csv('../../source/tr_eikon_eod_data.csv',
                            index_col=0, parse_dates=True)
         data = pd.DataFrame(data['AAPL.O'])  ❶
         data['Returns'] = np.log(data / data.shift())  ❷
         data.dropna(inplace=True)

In [38]: lags = 6

In [39]: cols = []
         for lag in range(1, lags + 1):
             col = 'lag_{}'.format(lag)
             data[col] = np.sign(data['Returns'].shift(lag))  ❸
             cols.append(col)
         data.dropna(inplace=True)
```

❶ 選擇 Apple 股票（AAPL.O）的日收盤價歷史資料。

❷ 計算完整的歷史對數報酬率。

❸ 用方向性落後對數報酬率資料（+1 或 -1）來產生 DataFrame 欄。

接下來，我們實例化一個**支援向量機**（SVM）演算法的模型物件、擬合模型，以及執行預測步驟。圖 1-2 是根據預測來進行交易的策略，它根據預測的結果來做多或放空 Apple 股票，其表現優於被動投資股票本身的基準方式：

```
In [40]: from sklearn.svm import SVC

In [41]: model = SVC(gamma='auto')  ❶

In [42]: model.fit(data[cols], np.sign(data['Returns']))  ❷
Out[42]: SVC(C=1.0, cache_size=200, class_weight=None, coef0=0.0,
           decision_function_shape='ovr', degree=3, gamma='auto', kernel='rbf',
           max_iter=-1, probability=False, random_state=None, shrinking=True,
           tol=0.001, verbose=False)

In [43]: data['Prediction'] = model.predict(data[cols])  ❸
```

```
In [44]: data['Strategy'] = data['Prediction'] * data['Returns']  ❹

In [45]: data[['Returns', 'Strategy']].cumsum().apply(np.exp).plot(
             figsize=(10, 6));  ❺
```

❶ 初始化模型物件。

❷ 用特徵與標籤資料（都是方向性的）擬合模型。

❸ 使用擬合的模型來進行預測（in-sample），這些預測就是交易策略在同一時間建立的部位（多或空）。

❹ 用預測值與基準對數報酬率來計算交易策略的對數報酬率。

❺ 畫出 ML 交易策略 vs. 基準被動投資的績效比較圖。

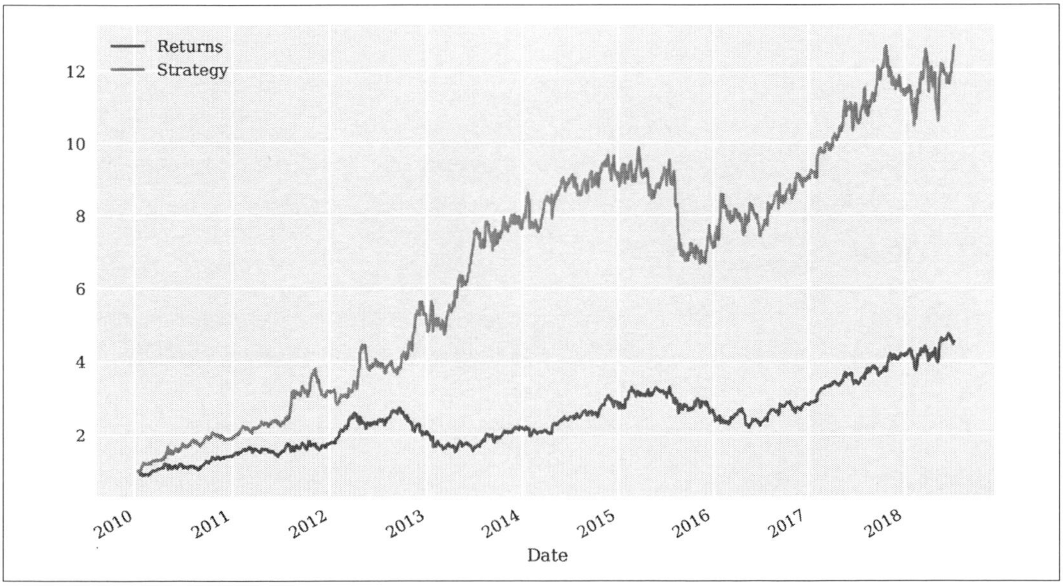

圖 1-2 對 Apple 股票採取 ML 演算法交易策略 vs. 基準被動投資

這個範例不考慮交易成本，也沒有將資料集合拆成訓練與測試子集合。但是，你可以從中看出運用 ML 演算法來處理金融資料有多麼簡單，至少在技術上如此；在實際運用時，我們還必須考慮許多重要的主題（見 López de Prado（2018））。

AI 優先金融

AI 即將重塑金融領域，就像它重塑其他領域那樣。透過程式 API 取得的金融資料在這個背景之下扮演推動者的角色。我會在第 13 章介紹基本的 AI、ML 與 DL 方法，並且在第 15 與 16 章應用演算法交易。但是，適當地應用 *AI 優先金融*這個主題需要整本書來討論。

在金融界運用 AI 是數據驅動金融的延伸，無論從研究的角度，還是從實踐者的觀點來看，它都是一個既迷人且令人興奮的領域。雖然本書將在不同的背景下，使用 AI、ML 與 DL 的幾種方法，但整體的重點（正如同本書的副標題所述）是**數據驅動金融**所需的基本 Python 技術與做法。然而，它們對 AI 優先金融而言同樣重要。

小結

Python 這種語言（甚至作為一個生態系統），無論對整個金融業，還是金融從業者來說，都是非常理想的技術框架。它具備許多優點，例如優雅的語法、高效的開發方法，以及製作原型及投入生產的能力。由於 Python 擁有大量的程式包、程式庫與工具，它足以解決金融界近來在分析、資料量及頻率、合規性及監管，以及技術本身等層面面臨的大部分問題。它也提供單一、強大、一致的框架，即使在大型金融機構中，也可以簡化端對端的開發及生產工作。

此外，Python 已經是人工智慧的首選語言了，特別是機器及深度學習領域。數據驅動金融與 AI 優先金融這兩種新興的趨勢將從根本上重塑金融業，Python 就是實踐它們的正解。

其他資源

下列書籍更深入地說明本章介紹的幾個層面（例如 Python 工具、衍生商品分析、一般的機器學習，以及金融領域機器學習）：

- Hilpisch, Yves (2015). *Derivatives Analytics with Python (http://dawp.tpq.io)*. Chichester, England: Wiley Finance.
- López de Prado, Marcos (2018). *Advances in Financial Machine Learning*. Hoboken, NJ: John Wiley & Sons.
- VanderPlas, Jake (2016). *Python Data Science Handbook*. Sebastopol, CA: O'Reilly.

關於演算法交易，作者的公司提供許多線上訓練計畫，把焦點放在 Python 以及這個快速成長的領域所需的其他工具與技術：

- *http://pyalgo.tpq.io*
- *http://certificate.tpq.io*

本章參考的資源包括：

- Ding, Cubillas (2010). "Optimizing the OTC Pricing and Valuation Infrastructure." Celent.
- Lewis, Michael (2014). *Flash Boys*. New York: W. W. Norton & Company.
- Patterson, Scott (2010). *The Quants*. New York: Crown Business.

第二章

Python 基本工具

木材的選擇非常重要。

木匠必須攜帶鋒利的器材，並且在有空時磨礪它們。

—宮本武藏（五輪書）

對剛接觸 Python 的人來說，部署 Python 看起來非常簡單，安裝選用的程式庫與程式包也是如此。但首先，Python 並非只有一種。Python 有許多不同的版本，例如 CPython、Jython、IronPython 與 PyPy，此外，Python 2.7 與 Python 3.x 也是兩個不同的世界[1]。

在你決定版本之後，出於幾項原因，部署不是一件簡單的工作：

- 直譯器（標準 CPython 版本）只附帶所謂的**標準程式庫**（例如，涵蓋典型數學函數的）
- 你必須一個一個安裝選用的 Python 程式包，它們有上百種之多
- 因為有依賴關係，與作業系統專屬的需求，自行編譯 / 組建這種非標準的程式包可能很麻煩
- 隨著時間的過去，處理這些依賴項目與版本的一致性（也就是維護工作）通常很枯燥且浪費時間
- 當你更新與升級某些程式包時，可能需要重新編譯許多其他程式包
- 更改或替換一個程式包可能會在（許多）地方造成其他的問題

1 這一版使用 CPython 3.7 版（在寫這本書時的最新主要版本），它是原始且最流行的 Python 程式語言版本。。

幸運的是，坊間有許多工具與策略可提供幫助。本章將討論以下幾種可以協助部署 Python 技術：

程式包管理器

pip（*https://pypi.python.org/pypi/pip*）與 conda（*http://conda.pydata.org/docs/intro.html*）等程式包管理器可協助你安裝、更新與移除 Python 程式包，也可以協助維持不同程式包之間的版本一致性。

虛擬環境管理器

virtualenv（*https://pypi.python.org/pypi/virtualenv*）或 conda 等虛擬環境管理器可讓你平行管理多個 Python 安裝版本（例如，在同一台電腦同時安裝 Python 2.7 與 3.7，或無風險地測試最炫的新版 Python 程式包）[2]。

容器

Docker（*http://docker.com*）容器可呈現完整的檔案系統，內含執行軟體所需的所有系統元素，例如程式碼、執行環境，或系統工具。舉例而言，你可以在 macOS 或 Windows 10 電腦上，在 Docker 容器內安裝 Ubuntu 18.04 作業系統，並在它上面執行 Python 3.7 及相應的 Python 程式。

雲端實例

金融應用 Python 程式的部署需要高妥善性、安全性與性能；這些需求通常只能透過專業的計算與儲存設施來滿足，但現在我們可以在極吸引人的條件下，透過相當小型，或極大規模的雲端實例來使用它們。與長期租用的專用伺服器相較之下，使用雲端實例的好處是用戶通常只要按照實際的使用時間付費即可，另一個好處是，這種雲端實例可在一兩分鐘之內備妥，對於敏捷開發與可擴展性有很大的幫助。

本章的架構如下：

本節將介紹 Python 的程式包管理器 conda。

本節的主題是 conda 虛擬環境管理器的功能。

---

2 最近有個稱為 pipenv（*https://github.com/pypa/pipenv*）的專案，將程式包管理器 pip 與虛擬環境管理器 virtualenv 的功能結合起來。

"使用 *Docker* 容器"，第 46 頁

本節簡介容器技術 Docker，並且建立一個以 Ubuntu 為基礎，安裝 Python 3.7 的容器。

"使用雲端實例"，第 51 頁

本節告訴你如何在雲端部署 Python 與 Jupyter Notebook（一種強大、透過瀏覽器來使用的 Python 開發工具組）。

本章的目標是妥善地安裝 Python，包含在專業的基礎設施上安裝最重要的工具，以及數值、資料分析和視覺化程式包。稍後的章節將以這個組合作為實作與部署 Python 程式碼的骨幹，無論它是互動式金融分析程式，還是腳本與模組形式的程式碼。

用 conda 來管理程式包

雖然你可以單獨安裝 `conda`，但比較高效的做法是使用 Miniconda，Miniconda 是精簡的 Python 發表版本，內含 `conda` 這種程式包及虛擬環境管理器。

安裝 Miniconda

Miniconda 可在 Windows、macOS 與 Linux 上使用。你可以從 Miniconda 網站下載不同的版本（*https://conda.io/miniconda.html*）。接下來的內容都內定使用 Python 3.7 64-bit 版本。本節的主範例是在一個安裝了 Ubuntu 的 Docker 容器裡面執行的對話，我們用 `wget` 下載 Linux 64-bit 安裝程式，再安裝 Miniconda。本節的程式應該（或許需要稍微修改）也可以在任何其他 Linux 或 macOS 電腦上運行：

```
$ docker run -ti -h py4fi -p 11111:11111 ubuntu:latest /bin/bash

root@py4fi:/# apt-get update; apt-get upgrade -y
...
root@py4fi:/# apt-get install -y bzip2 gcc wget
...
root@py4fi:/# cd root
root@py4fi:~# wget \
> https://repo.continuum.io/miniconda/Miniconda3-latest-Linux-x86_64.sh \
> -O miniconda.sh
...
HTTP request sent, awaiting response... 200 OK
Length: 62574861 (60M) [application/x-sh]
Saving to: 'miniconda.sh'
```

```
miniconda.sh         100%[===================>]  59.68M  5.97MB/s   in 11s

2018-09-15 09:44:28 (5.42 MB/s) - 'miniconda.sh' saved [62574861/62574861]

root@py4fi:~# bash miniconda.sh

Welcome to Miniconda3 4.5.11

In order to continue the installation process, please review the license
agreement.
Please, press ENTER to continue
>>>
```

你只要按下 Enter 鍵就可以開始執行安裝程序了。閱讀許可合約之後，回答 yes 來認同合約：

```
...
Do you accept the license terms? [yes|no]
[no] >>> yes

Miniconda3 will now be installed into this location:
/root/miniconda3

  - Press ENTER to confirm the location
  - Press CTRL-C to abort the installation
  - Or specify a different location below

[/root/miniconda3] >>>
PREFIX=/root/miniconda3
installing: python-3.7. ...
...
installing: requests-2.19.1-py37_0 ...
installing: conda-4.5.11-py37_0 ...
installation finished.
```

同意許可合約並確認安裝位置之後，再次回答 yes 來將 Miniconda 的安裝位置加到 PATH 環境變數：

```
Do you wish the installer to prepend the Miniconda3 install location
to PATH in your /root/.bashrc ? [yes|no]
[no] >>> yes

Appending source /root/miniconda3/bin/activate to /root/.bashrc
A backup will be made to: /root/.bashrc-miniconda3.bak
```

```
For this change to become active, you have to open a new terminal.

Thank you for installing Miniconda3!
root@py4fi:~#
```

接下來升級 conda 以及 Python[3]：

```
root@py4fi:~# export PATH="/root/miniconda3/bin/:$PATH"
root@py4fi:~# conda update -y conda python
...
root@py4fi:~# echo ". /root/miniconda3/etc/profile.d/conda.sh" >> ~/.bashrc
root@py4fi:~# bash
```

完成這個相當簡單的安裝程序之後，你就可以使用基本的 Python 與 conda 了。基本的 Python 版本內建一些不錯的元件，例如 SQLite3 資料庫引擎（*https://sqlite.org*）。將路徑附加到相應的環境變數之後，你可以試試看能不能在新的 shell 實例啟動 Python（與之前一樣）：

```
root@py4fi:~# python
Python 3.7.0 (default, Jun 28 2018, 13:15:42)
[GCC 7.2.0] :: Anaconda, Inc. on linux
Type "help", "copyright", "credits" or "license" for more information.
>>> print('Hello Python for Finance World.')
Hello Python for Finance World.
>>> exit()
root@py4fi:~#
```

基本的 conda 操作

conda 可用來高效地安裝、更新及移除 Python 程式包，以及進行其他工作。它的主要功能如下：

安裝 Python x.x

```
conda install python=x.x
```

更新 Python

```
conda update python
```

3 Miniconda 安裝程式通常不會像 conda 與 Python 本身那樣定期更新。

安裝程式包

```
conda install $PACKAGE_NAME
```

更新程式包

```
conda update $PACKAGE_NAME
```

移除程式包

```
conda remove $PACKAGE_NAME
```

更新 *conda* 本身

```
conda update conda
```

搜尋程式包

```
conda search $SEARCH_TERM
```

列出已經安裝的程式包

```
conda list
```

使用這些功能，我們只要用一行命令就可以安裝（舉例）NumPy 了（它是所謂的“科學堆疊”中，最重要的程式庫之一）。當你在裝載 Intel 處理器的電腦上進行安裝時，安裝程序會自動安裝 Intel Math Kernel Library（mkl）（*https://docs.continuum.io/mkloptimizations/*），它可以為 NumPy 與一些其他的 Python 科學程式包提升數值運算速度[4]：

```
root@py4fi:~# conda install numpy
Solving environment: done

## Package Plan ##

environment location: /root/miniconda3

added / updated specs:
    - numpy

The following packages will be downloaded:
```

4 安裝中介程式包 nomkl（例如使用 conda install numpy nomkl），可避免自動安裝及使用 mkl 與和它相關的程式包。

```
    package                    |            build
    ---------------------------|-----------------
    mkl-2019.0                 |              117       204.4 MB
    intel-openmp-2019.0        |              117         721 KB
    mkl_random-1.0.1           |  py37h4414c95_1         372 KB
    libgfortran-ng-7.3.0       |      hdf63c60_0         1.3 MB
    numpy-1.15.1               |  py37h1d66e8a_0          37 KB
    numpy-base-1.15.1          |  py37h81de0dd_0         4.2 MB
    blas-1.0                   |              mkl           6 KB
    mkl_fft-1.0.4              |  py37h4414c95_1         149 KB
    ------------------------------------------------------------
                                           Total:       211.1 MB

The following NEW packages will be INSTALLED:

    blas:            1.0-mkl
    intel-openmp:    2019.0-117
    libgfortran-ng: 7.3.0-hdf63c60_0
    mkl:             2019.0-117
    mkl_fft:         1.0.4-py37h4414c95_1
    mkl_random:      1.0.1-py37h4414c95_1
    numpy:           1.15.1-py37h1d66e8a_0
    numpy-base:      1.15.1-py37h81de0dd_0

Proceed ([y]/n)? y

Downloading and Extracting Packages
mkl-2019.0           | 204.4 MB  | ######################################## | 100%
...
numpy-1.15.1         | 37 KB     | ######################################## | 100%
numpy-base-1.15.1    | 4.2 MB    | ######################################## | 100%
...
root@py4fi:~#
```

你也可以一次安裝多個程式包。**-y** 旗標代表所有（可能出現的）問題的答案都是 **yes**：

```
root@py4fi:/# conda install -y ipython matplotlib pandas pytables scikit-learn \
> scipy
...
pytables-3.4.4       | 1.5 MB   | ######################################## | 100%
kiwisolver-1.0.1     | 83 KB    | ######################################## | 100%
icu-58.2             | 22.5 MB  | ######################################## | 100%
Preparing transaction: done
Verifying transaction: done
Executing transaction: done
root@py4fi:~#
```

完成安裝程序之後，你就可以使用標準程式庫以及一些重要的金融分析程式庫了，包括：

`IPython`（*http://ipython.org*）
: 加強版的互動式 Python shell

`matplotlib`（*http://matplotlib.org*）
: 標準的 Python 繪圖程式庫

`NumPy`（*http://numpy.org*）
: 可有效地處理數值陣列

`pandas`（*http://pandas.pydata.org*）
: 管理表格資料，例如金融時間序列資料

`PyTables`（*http://pytables.org*）
: HDF5（*http://hdfgroup.org*）的 Python 程式包

`scikit-learn`（*http://scikit-learn.org*）
: 機器學習及相關工作的程式包。

`SciPy`（*http://scipy.org*）
: 科學類別與函式集（當成依賴項目來安裝）

它們是資料分析（特別是金融分析）的基本工具組。下面的範例使用 IPython，並以 NumPy 取得一組偽亂數：

```
root@py4fi:~# ipython
Python 3.7.0 (default, Jun 28 2018, 13:15:42)
Type 'copyright', 'credits' or 'license' for more information
IPython 6.5.0 -- An enhanced Interactive Python. Type '?' for help.

In [1]: import numpy as np

In [2]: np.random.seed(100)

In [3]: np.random.standard_normal((5, 4))
Out[3]:
array([[-1.74976547, 0.3426804 ,  1.1530358 , -0.25243604],
       [ 0.98132079, 0.51421884,  0.22117967, -1.07004333],
       [-0.18949583, 0.25500144, -0.45802699,  0.43516349],
       [-0.58359505, 0.81684707,  0.67272081, -0.10441114],
       [-0.53128038, 1.02973269, -0.43813562, -1.11831825]])
```

```
In [4]: exit
root@py4fi:~#
```

執行 conda list 可顯示你已經安裝了哪些程式包：

```
root@py4fi:~# conda list
# packages in environment at /root/miniconda3:
#
# Name                    Version                   Build  Channel
asn1crypto                0.24.0                 py37_0
backcall                  0.1.0                  py37_0
blas                      1.0                       mkl
blosc                     1.14.4             hdbcaa40_0
bzip2                     1.0.6              h14c3975_5
...
python                    3.7.0              hc3d631a_0
...
wheel                     0.31.1                 py37_0
xz                        5.2.4              h14c3975_4
yaml                      0.1.7              had09818_2
zlib                      1.2.11             ha838bed_2
root@py4fi:~#
```

如果你不需要某個程式包，可以用 conda remove 移除它：

```
root@py4fi:~# conda remove scikit-learn
Solving environment: done

## Package Plan ##
environment location: /root/miniconda3

removed specs:
  - scikit-learn


The following packages will be REMOVED:

    scikit-learn: 0.19.1-py37hedc7406_0

Proceed ([y]/n)? y

Preparing transaction: done
Verifying transaction: done
Executing transaction: done
root@py4fi:~#
```

程式包管理器 conda 本身已經相當好用了，但是，它的威力唯有在你加入虛擬環境管理功能時，才能充分彰顯。

> **輕鬆地管理程式包**
>
> 使用 conda 來管理程式包可以讓你輕鬆愉快地安裝、更新與移除 Python 程式包。你不需要自行組建與編譯程式包一有時這些工作很麻煩，因為你必須考慮許多依賴項目，以及在不同的作業系統特有的細節。

用 conda 來管理虛擬環境

Miniconda 提供預設的 Python 2.7 或 3.7 安裝版本，依你選擇的安裝程式版本而定。conda 的虛擬環境管理功能可讓你（舉例）在預設安裝的 Python 3.7 版本之外，加入一個完全獨立的 Python 2.7.x 安裝版本。conda 提供下列功能：

建立虛擬環境

```
conda create --name $ENVIRONMENT_NAME
```

啟動環境

```
conda activate $ENVIRONMENT_NAME
```

撤銷環境

```
conda deactivate $ENVIRONMENT_NAME
```

移除環境

```
conda env remove --name $ENVIRONMENT_NAME
```

匯出至環境檔

```
conda env export > $FILE_NAME
```

用檔案建立環境

```
conda env create -f $FILE_NAME
```

列出所有環境

```
conda info --envs
```

舉個例子，下面的程式建立一個名為 py27 的環境，安裝 IPython，並執行一行 Python 2.7.x 程式碼：

```
root@py4fi:~# conda create --name py27 python=2.7
Solving environment: done

## Package Plan ##

  environment location: /root/miniconda3/envs/py27

  added / updated specs:
    - python=2.7


The following NEW packages will be INSTALLED:

    ca-certificates: 2018.03.07-0
...
    python:          2.7.15-h1571d57_0
...
    zlib:            1.2.11-ha838bed_2

Proceed ([y]/n)? y

Preparing transaction: done
Verifying transaction: done
Executing transaction: done
#
# 若要啟動這個環境，使用：
# > conda activate py27
#
# 若要停用已啟動的環境，使用：
# > conda deactivate
#

root@py4fi:~#
```

注意，在啟動環境之後，提示符號改為加入 (py27)：

```
root@py4fi:~# conda activate py27
(py27) root@py4fi:~# conda install ipython
Solving environment: done
...
Executing transaction: done
(py27) root@py4fi:~#
```

最後，這樣做可以用 Python 2.7 的語法來使用 IPython：

```
(py27) root@py4fi:~# ipython
Python 2.7.15 |Anaconda, Inc.| (default, May  1 2018, 23:32:55)
Type "copyright", "credits" or "license" for more information.

IPython 5.8.0 -- An enhanced Interactive Python.
?         -> Introduction and overview of IPython's features.
%quickref -> Quick reference.
help      -> Python's own help system.
object?   -> Details about 'object', use 'object??' for extra details.

In [1]: print "Hello Python for Finance World!"
Hello Python for Finance World!

In [2]: exit
(py27) root@py4fi:~#
```

從這個例子可以看到，用 conda 來管理虛擬環境可讓我們同時安裝不同的 Python 版本，以及安裝同一個程式包的不同版本。這種做法不影響預設的 Python 安裝版本，也不影響同一台電腦的其他環境。你可以用 conda env list 來列出所有可用的環境：

```
(py27) root@py4fi:~# conda env list
# conda 環境：
#
base                     /root/miniconda3
py27                  *  /root/miniconda3/envs/py27

(py27) root@py4fi:~#
```

有時你需要和別人共享環境資訊，或在多台電腦上使用某個環境資訊，此時，你可以使用 conda env export 來匯出已安裝的程式包清單。在預設情況下，這種做法只在電腦使用同一種作業系統時有效，因為組建版本是在 YAML 檔案裡面指定的，但它們可能被刪除，變成只指定程式包版本：

```
(py27) root@py4fi:~# conda env export --no-builds > py27env.yml
(py27) root@py4fi:~# cat py27env.yml
name: py27
channels:
  - defaults
dependencies:
  - backports=1.0
...
  - python=2.7.15
...
```

```
  - zlib=1.2.11
prefix: /root/miniconda3/envs/py27

(py27) root@py4fi:~#
```

在技術上，虛擬環境只不過是個（子）資料夾結構，建立它們的目的，通常是為了快速地做一些測試[5]。此時，你可以在停用它之後，用 `conda env remove` 移除它：

```
(py27) root@py4fi:/# conda deactivate
root@py4fi:~# conda env remove -y --name py27

Remove all packages in environment /root/miniconda3/envs/py27:


## Package Plan ##

  environment location: /root/miniconda3/envs/py27


The following packages will be REMOVED:

    backports:                        1.0-py27_1
...
    zlib:                             1.2.11-ha838bed_2

root@py4fi:~#
```

以上就是用 conda 來管理虛擬環境的介紹。

輕鬆地管理環境

conda 可以管理程式包，也可以管理 Python 虛擬環境。它可以簡化各種 Python 環境的建立工作，讓你在同一台電腦上使用多個 Python 版本以及選用的程式包，而且它們不會以任何方式互相影響。你也可以用 conda 匯出環境資訊，在不同的電腦上複製它，或是與別人共享。

---

5 你可以在官方文件（*https://packaging.python.org/installing/#creating-virtual-environments*）找到下列的解釋："Python'虛擬環境'可讓你將 Python 程式包安裝在獨立的位置，而非全域安裝，讓特定的應用程式使用。"

使用 Docker 容器

Docker 容器（*http://docker.com*）已在 IT 領域掀起一股浪潮，雖然這項技術相對年輕，但它已成為高效開發和部署幾乎任何一種軟體應用程式的標竿之一。

對本書而言，我們可以單純地將 Docker 容器視為一種獨立的（"容器化的"）檔案系統，裡面有作業系統（例如 Ubuntu Server 18.04）、（Python）執行環境、其他的系統與開發工具，以及視需求加入的其他（Python）程式庫與程式包。舉例而言，這種 Docker 容器可以在使用 Windows 10 的本地電腦上執行，或是在使用 Linux 的雲端實例上運行。

本節不打算討論 Docker 容器的所有細節，我用相當簡單的方式來說明在 Python 部署的背景之下，Docker 技術可發揮什麼作用[6]。

Docker 映像與容器

但是，在正式說明之前，我們要先釐清兩個關於 Docker 的基本概念。第一個是 ***Docker 映像***，你可以將它想像成 Python 類別。第二個是 ***Docker 容器***，你可以將它想像成 Python 類別的實例[7]。

在技術層面上，你可以在 Docker 詞彙表找到這個關於**映像**的定義（*https://docs.docker.com/engine/reference/glossary/*）：

> Docker 映像是容器的基礎。映像是個有序的集合，包含許多 root 檔案系統的變更情況，及其對應的執行參數，這些參數是在容器的執行環境中使用的。映像裡面通常有一個堆疊形式的檔案系統。映像沒有狀態，而且絕不改變。

你也可以在 Docker 詞彙表找到**容器**的定義，從這個定義，你可以知道為何它們可以比喻成 Python 類別與類別實例：

> 容器是 Docker 映像的執行期實例。Docker 容器包含：Docker 映像、執行環境，以及一套標準指令。

Docker 的安裝方式根據作業系統而略有不同。這就是本節不討論細節的原因。你可以在 About Docker CE 網頁（*https://docs.docker.com/install/*）找到更多資訊與連結。

---

6 Matthias and Kane（2015）詳盡地介紹 Docker 技術。

7 如果你還不明白這兩個詞彙，第 6 章會詳細介紹。

建立 Ubuntu 與 Python Docker 映像

本節說明如何用最新版的 Ubuntu 來建立 Docker 映像，並且在裡面加入 Miniconda 以及重要的 Python 程式包。此外，我們也做一些 Linux 管理工作，包括更新 Linux 程式包索引、在必要時升級程式包，以及安裝一些額外的系統工具。為此，我們需要兩個腳本，一個是在 Linux 層面上執行所有工作的 bash 腳本[8]。另一個是所謂的 *Dockerfile*，用來控制映像本身的組建程序。

範例 2-1 是個執行安裝的 bash 腳本，它有三個主要的部分，第一個部分進行 Linux 管理，第二個部分安裝 Miniconda，第三個部分安裝選用的 Python 程式包。腳本之中也有詳細的註解。

範例 2-1 安裝 *Python* 與選用程式包的腳本

```
#!/bin/bash
#
# 安裝 Linux 系統工具與
# 基本 Python 元件的腳本
#
# Python for Finance, 2nd ed.
# (c) Dr.Yves J. Hilpisch
#
# 一般 LINUX
apt-get update # 更新程式包索引快取
apt-get upgrade -y # 更新程式包
# 安裝系統工具
apt-get install -y bzip2 gcc git htop screen vim wget
apt-get upgrade -y bash # 在必要時升級 bash
apt-get clean # 清理程式包索引快取

# 安裝 MINICONDA
# 下載 Miniconda
wget https://repo.continuum.io/miniconda/Miniconda3-latest-Linux-x86_64.sh -O \
  Miniconda.sh
bash Miniconda.sh -b # 安裝它
rm -rf Miniconda.sh # 移除安裝程式
export PATH="/root/miniconda3/bin:$PATH" # 在前面附加新路徑

# 安裝 PYTHON 程式庫
conda update -y conda python # 更新 conda & Python（若需要）
conda install -y pandas # 安裝 pandas
conda install -y ipython # 安裝 IPython shell
```

8 參考 Robbins（2016）對於 bash 腳本的簡要介紹及概述。亦見 *https://www.gnu.org/software/bash*。

範例 2-2 的 *Dockerfile* 使用範例 2-1 的 bash 腳本來建立新的 Docker 映像。它也在行內註解主要的部分。

範例 2-2 組建映像的 *Dockerfile*

```
#
# 用最新版的 Ubuntu
# 以及基本的 Python 版本
# 來建立 Docker 映像
#
# Python for Finance, 2nd ed.
# (c) Dr. Yves J. Hilpisch
#

# 最新版的 Ubuntu
FROM ubuntu:latest

# 維護者資訊
MAINTAINER yves

# 加入 bash 腳本
ADD install.sh /

# 更改腳本的權限
RUN chmod u+x /install.sh

# 執行 bash 腳本
RUN /install.sh

# 在前面附加新路徑
ENV PATH /root/miniconda3/bin:$PATH

# 在容器運行時執行 IPython
CMD ["ipython"]
```

安裝 Docker 並將這兩個檔案放在同一個資料夾裡面之後，你就可以輕鬆地建立新的 Docker 映像了。我用 `ubuntupython` 來標記映像，當我們引用這個映像時必須使用這個標籤，例如在執行用它製作的容器時：

```
~/Docker$ docker build -t py4fi:basic .

...

Removing intermediate container 5fec0c9b2239
 ---> accee128d9e9
Step 6/7 : ENV PATH /root/miniconda3/bin:$PATH
```

```
 ---> Running in a2bb97686255
Removing intermediate container a2bb97686255
 ---> 73b00c215351
Step 7/7 : CMD ["ipython"]
 ---> Running in ec7acd90c991
Removing intermediate container ec7acd90c991
 ---> 6c36b9117cd2
Successfully built 6c36b9117cd2
Successfully tagged py4fi:basic
~/Docker$
```

我們可以用 `docker images` 來列出既有的 Docker 映像，新的映像應該會出現在清單的最上面：

```
(py4fi) ~/Docker$ docker images
REPOSITORY      TAG            IMAGE ID         CREATED              SIZE
py4fi           basic          f789dd230d6f     About a minute ago   1.79GB
ubuntu          latest         cd6d8154f1e1     9 days ago           84.1MB
(py4fi) ~/Docker$
```

成功組建 `py4fi:basic` 後，你可以用 `docker run` 來執行相應的 Docker 容器。要在 Docker 容器裡面執行互動程序，例如 shell 程序，你要使用參數 `-ti`（見 `docker run` 參考網頁（*https://docs.docker.com/engine/reference/run/*））：

```
~/Docker$ docker run -ti py4fi:basic
Python 3.7.0 (default, Jun 28 2018, 13:15:42)
Type 'copyright', 'credits' or 'license' for more information
IPython 6.5.0 -- An enhanced Interactive Python. Type '?' for help.

In [1]: import numpy as np

In [2]: a = np.random.standard_normal((5, 3))

In [3]: import pandas as pd

In [4]: df = pd.DataFrame(a, columns=['a', 'b', 'c'])

In [5]: df
Out[5]:

          a         b        c
0 -1.412661 -0.881592 1.704623
1 -1.294977  0.546676 1.027046
2  1.156361  1.979057 0.989772
3  0.546736 -0.479821 0.693907
```

```
4 -1.972943 -0.193964 0.769500

In [6]:
```

退出 IPython 也會退出容器，因為在容器內只有這個應用程式正在運行。但是，你可以輸入 Ctrl-P+Ctrl-Q 來與容器脫離（*detach*）。

脫離正在運行的容器之後，`docker ps` 命令仍然會顯示它（與任何其他目前正在運行的容器）：

```
~/Docker$ docker ps
CONTAINER ID  IMAGE          COMMAND       CREATED             STATUS
e815df8f0f4d  py4fi:basic    "ipython"     About a minute ago  Up About a minute
4518917de7dc  ubuntu:latest  "/bin/bash"   About an hour ago   Up About an hour
d081b5c7add0  ubuntu:latest  "/bin/bash"   21 hours ago        Up 21 hours
~/Docker$
```

你可以用 `docker attach $CONTAINER_ID`（注意，你只要用 `$CONTAINER_ID` 的幾個字母即可）來連接 Docker 容器：

```
~/Docker$ docker attach e815d

In [6]: df.info()
<class 'pandas.core.frame.DataFrame'>
RangeIndex: 5 entries, 0 to 4
Data columns (total 3 columns):
a    5 non-null float64
b    5 non-null float64
c    5 non-null float64
dtypes: float64(3)
memory usage:200.0 bytes

In [7]: exit
~/Docker$
```

`exit` 命令會終止 IPython 並停止 Docker 容器。容器可以用 `docker rm` 來移除：

```
~/Docker$ docker rm e815d
e815d
~/Docker$
```

當你再也不需要 Docker 映像 `py4fi:basic` 時，可以用 `docker rmi` 來移除它。雖然容器相對輕量，但一個映像可能會占用許多儲存空間。例如，`py4fi:basic` 映像接近 2 GB。所以你可能要定期清理 Docker 映像：

```
~/Docker$ docker rmi 6c36b9117cd2
```

Docker 容器還有許多其他的好處與應用情境，但是對本書而言，你只要知道它們提供現代化的 Python 部署方式，可讓你在完全獨立（容器化）的環境中進行開發，以及提供演算法交易程式，這樣就夠了。

Docker 容器的好處

如果你還沒有用過 Docker 容器，你應該試著使用它。它們提供許多與 Python 部署及開發有關的好處，不僅在本地工作時如此，在使用遠端雲端實例與伺服器來部署演算法交易程式時更是如此。

使用雲端實例

本節展示如何在 DigitalOcean（*http://digitalocean.com*）雲端實例上，設置完整的 Python 基礎設施。坊間有許多雲端供應商，其中的龍頭是 Amazon Web Services（AWS）（*http://aws.amazon.com*），但是 DigitalOcean 以小型雲端實例聞名，這種雲端實例稱為 *Droplets*，它是相對簡單，且速率較低的實例，它提供的最小型 Droplet 每個月只收費 5 美元，或每小時 0.007 美元，通常已足以用來進行探索與開發了。它提供“以小時計費”的選項，所以舉例而言，如果你啟動 Droplet 2 個小時，並且在用完之後銷毀它的話，只需要支付 0.014 美元[9]。

本節的目標是在 DigitalOcean 設置一個 Droplet，並且在上面安裝 Python 3.7 以及常用的程式包（即 `NumPy`、`pandas`），以及使用密碼來保護並且用安全資料傳輸層（SSL）來加密的 Jupyter Notebook（*http://jupyter.org*）伺服器。我們安裝的伺服器將提供三項主要工具，可以透過一般的瀏覽器來使用：

Jupyter Notebook

熱門的互動式開發環境，內建各種語言核心（例如 Python、R 與 Julia）。

9 透過這個推薦連結（*http://bit.ly/do_sign_up*）註冊的新用戶可以獲得 10 美元的 DigitalOcean 初始使用額度。

終端機

可透過瀏覽器訪問的系統 shell 實作，可用來執行所有典型的系統管理工作，以及使用 Vim（*http://www.vim.org/download.php*）與 git（*https://git-scm.com/*）等好用的工具。

編輯器

這種在瀏覽器上面使用的檔案編譯器，為許多程式語言與檔案類型提供語法突顯功能，並且具備典型的文字 / 程式碼編輯功能。

在 Droplet 安裝 Jupyter Notebook 可讓你透過瀏覽器來進行 Python 開發與部署，免除透過安全外殼協定（SSH）來登入雲端實例的需求。

為了完成本節的目標，我們需要幾個檔案：

伺服器啟動腳本

用這個腳本來協調所有必要的步驟，舉例而言，將其他檔案複製到 Droplet，並且在 Droplet 上面執行它們。

Python 與 *Jupyter* 安裝腳本

安裝 Python、額外的程式包，與 Jupyter Notebook，並啟動 Jupyter Notebook 伺服器。

Jupyter Notebook 組態檔

用這個檔案來設置 Jupyter Notebook 伺服器，例如關於密碼保護的設定。

RSA 公用與私用金鑰檔

用這兩個檔案來做 Jupyter Notebook 伺服器的 SSL 加密。

接下來的小節將從這個清單的最後一個項目開始往前處理。

RSA 公用與私用金鑰

為了可以用任何一種瀏覽器安全地與 Jupyter Notebook 伺服器連接，我們需要一個含有 RSA 公用與私用金鑰（*http://bit.ly/2ONvjvw*）的 SSL 憑證。這種憑證通常是由所謂的數位憑證認證機構（CA）頒發的，但是，對本書而言，自製的憑證就“夠好了”[10]。OpenSSL（*http://openssl.org*）是經常被用來產生 RSA 金鑰對的工具，下面

10 使用自製的憑證時，你可能要讓瀏覽器做安全性例外提示。

這個簡短的對話可以產生 Jupyter Notebook 憑證（在提示符號後面插入你的國家名稱與其他欄位）：

```
~/cloud$ openssl req -x509 -nodes -days 365 -newkey \
> rsa:1024 -out cert.pem -keyout cert.key
Generating a 1024 bit RSA private key
..++++++
.......++++++
writing new private key to 'cert.key'
```

它會要求你輸入將要納入憑證請求的資訊。你要輸入所謂的 Distinguished Name 或 DN，它有許多欄位，但你可以讓一些欄位使用預設值，並且不需要填寫其他欄位。輸入 . 會讓該欄位留白。

```
Country Name (2 letter code) [AU]:DE
State or Province Name (full name) [Some-State]:Saarland
Locality Name (eg, city) []:Voelklingen
Organization Name (eg, company) [Internet Widgits Pty Ltd]:TPQ GmbH
Organizational Unit Name (eg, section) []:Python for Finance
Common Name (e.g. server FQDN or YOUR name) []:Jupyter
Email Address []:team@tpq.io
~/cloud$ ls
cert.key    cert.pem
~/cloud$
```

你要將 *cert.key* 與 *cert.pem* 這兩個檔案複製到 Droplet，並且讓 Jupyter Notebook 組態檔引用它們。接下來要展示這個檔案。

Jupyter Notebook 組態檔

文件（*http://bit.ly/2Ka0tfI*）提到，你可以安全地部署公用的 Jupyter Notebook 伺服器。你可以用密碼保護 Jupyter Notebook，並且使用許多其他功能。`notebook.auth` 程式包裡面有個名為 `passwd()` 的函式可產生密碼雜湊碼，下面程式用密碼 `jupyter` 本身來產生一個雜湊碼：

```
~/cloud$ ipython
Python 3.7.0 (default, Jun 28 2018, 13:15:42)
Type 'copyright', 'credits' or 'license' for more information
IPython 6.5.0 -- An enhanced Interactive Python. Type '?' for help.

In [1]: from notebook.auth import passwd

In [2]: passwd('jupyter')
Out[2]: 'sha1:d4d34232ac3a:55ea0ffd78cc3299e3e5e6ecc0d36be0935d424b'

In [3]: exit
```

你必須像範例 2-3 一樣，將這個雜湊碼放入 Jupyter Notebook 組態檔。這個組態檔假設 RSA 金鑰檔已經被複製到 Droplet 的 */root/.jupyter/* 資料夾了。

範例 2-3 *Jupyter Notebook* 組態檔

```
#
# Jupyter Notebook 組態檔
#
# Python for Finance, 2nd ed.
# (c) Dr. Yves J. Hilpisch
#
# SSL 加密
# 將下面的檔名（與使用的檔案）換成你的檔案
c.NotebookApp.certfile = u'/root/.jupyter/cert.pem'
c.NotebookApp.keyfile = u'/root/.jupyter/cert.key'

# IP 位址與連接埠
# 將 ip 設為 '*'，來綁定雲端實例的所有 IP 位址
c.NotebookApp.ip = '*'
# 設定已知、固定的預設伺服器訪問連接埠是很好的做法
c.NotebookApp.port = 8888

# 密碼保護
# 這裡的密碼使用 'jupyter'
# 將雜湊碼換成你的密碼的雜湊碼
c.NotebookApp.password = 'sha1:d4d34232ac3a:55ea0ffd78cc3299e3e5e6ecc0d36be0935d42
4b'

# 沒有瀏覽器選項
# 防止 Jupyter 試著打開瀏覽器
c.NotebookApp.open_browser = False
```

Jupyter 與安全防護

在雲端部署 Jupyter Notebook 會造成一些安全問題，因為它是可以透過瀏覽器訪問的完整開發環境。因此，使用 Jupyter Notebook 伺服器預設提供的安全措施是至關重要的事情，例如密碼保護與 SSL 加密，但是這只是開頭，你也可以根據你在雲端實例做哪些事情，採取其他的安全措施。

接下來要確保 Python 與 Jupyter Notebook 已經被安裝在 Droplet 上面了。

為 Python 與 Jupyter Notebook 安裝腳本

安裝 Python 與 Jupyter Notebook 的 bash 腳本類似第 46 頁的“使用 Docker 容器”中，透過 Miniconda 在 Docker 容器中安裝 Python 的腳本。但是在使用範例 2-4 的腳本時，你也必須啟動 Jupyter Notebook 伺服器。我在程式中使用註解來解釋所有主要的部分與程式碼。

範例 2-4 安裝 *Python* 與執行 *Jupyter Notebook* 伺服器的 *bash* 腳本

```
#!/bin/bash
#
# 安裝
# Linux 系統工具，
# 基本 Python 程式包，以及
# Jupyter Notebook 伺服器
#
# Python for Finance, 2nd ed.
# (c) Dr. Yves J. Hilpisch
#
# 一般 LINUX
apt-get update # 更新程式包索引快取
apt-get upgrade -y # 更新程式包
apt-get install -y bzip2 gcc git htop screen vim wget # 安裝系統工具
apt-get upgrade -y bash # 在必要時升級 bash
apt-get clean # 清理程式包索引快取

# 安裝 MINICONDA
wget https://repo.continuum.io/miniconda/Miniconda3-latest-Linux-x86_64.sh -O \
  Miniconda.sh
bash Miniconda.sh -b # 安裝 Miniconda
rm Miniconda.sh # 移除安裝程式
# 在前面為目前的對話附加新路徑
export PATH="/root/miniconda3/bin:$PATH"
# 在 shell 組態中，在前面附加新路徑
echo ". /root/miniconda3/etc/profile.d/conda.sh" >> ~/.bashrc
echo "conda activate" >> ~/.bashrc

# 安裝 PYTHON 程式庫
# 你可以根據使用案例，
# 加入更多程式包
conda update -y conda # 在必要時更新 conda
conda create -y -n py4fi python=3.7 # 建立環境
source activate py4fi # 啟動新環境
conda install -y jupyter # 在瀏覽器裡面的互動式資料分析
conda install -y pytables # HDF5 二進制儲存體的包裝
conda install -y pandas # 資料分析程式包
```

```
conda install -y matplotlib # 標準繪圖程式庫
conda install -y scikit-learn # 機器學習程式庫
conda install -y openpyxl # Excel 互動程式庫
conda install -y pyyaml # YAML 檔案管理程式庫

pip install --upgrade pip # 升級程式包管理器
pip install cufflinks # 結合 plotly 與 pandas

# 複製檔案並建立目錄
mkdir /root/.jupyter
mv /root/jupyter_notebook_config.py /root/.jupyter/
mv /root/cert.* /root/.jupyter
mkdir /root/notebook
cd /root/notebook

# 啟動 JUPYTER NOTEBOOK
jupyter notebook --allow-root

# 以背景程序
# 啟動 JUPYTER NOTEBOOK：
# jupyter notebook --allow-root &
```

你必須將這個腳本複製到 Droplet，並且像下一節的說明那樣，用協調（orchestration）腳本啟動它。

設定 Droplet 的協調腳本

第二個 bash 腳本是最短的一個，它的用途是設定 Droplet（範例 2-5），它的主要工作是將所有其他檔案複製到 Droplet，並且用參數傳遞 IP。它在最後一行啟動 *install.sh* bash 腳本，接著進行安裝，並啟動 Jupyter Notebook 伺服器。

範例 2-5 設定 *Droplet* 的 *bash* 腳本

```
#!/bin/bash
#
# 設定 DigitalOcean Droplet
# 包括基本 Python 堆疊
# 與 Jupyter Notebook
#
# Python for Finance, 2nd ed.
# (c) Dr Yves J Hilpisch
#

# 從參數取得的 IP 位址
MASTER_IP=$1
```

```
# 複製檔案
scp install.sh root@${MASTER_IP}:
scp cert.* jupyter_notebook_config.py root@${MASTER_IP}:

# 執行安裝腳本
ssh root@${MASTER_IP} bash /root/install.sh
```

一切就緒之後，我們試一下設定程式。在 DigitalOcean，用類似以下的選項來建立一個新的 Droplet：

作業系統
: Ubuntu 18.10 x64（在寫這本書時最新的版本）

大小
: 1 核心，1 GB，25 GB SSD（最小的 Droplet）

資料中心區域
: Frankfurt（因為本書作者住在德國）

SSH 金鑰
: 為無密碼登入加入（新的）SSH 金鑰[11]

Droplet 名稱
: 你可以使用預設的名稱，或選擇 py4fi 這類的名稱

按下 Create 按鈕即可開始 Droplet 建立程序，通常需要一分鐘左右。設定程序的結果主要是產生一個 IP 位址，它可能是（舉例）46.101.156.199，如果你的資料中心位置是 Frankfurt 的話。現在設定 Droplet 很簡單：

```
(py3) ~/cloud$ bash setup.sh 46.101.156.199
```

這個程序需要幾分鐘才能完成。當你的 Jupyter Notebook 伺服器顯示這個訊息時，它就完成了：

```
The Jupyter Notebook is running at: https://[all ip addresses on your system]:8888/
```

11 如果你需要協助，可造訪 "How to Add SSH Keys to Droplets"（*https://do.co/2DIqnH9*）或 "How to Create SSH Keys with PuTTY on Windows"（*https://do.co/2A0EAL0*）。

在任何一種瀏覽器，透過下列的位址即可訪問正在運行的 Jupyter Notebook 伺服器（注意 https 協定）：

```
https://46.101.156.199:8888
```

Jupyter Notebook 可能會要求你加入安全例外，接著 Jupyter Notebook 登入畫面應該會提示你輸入密碼（這個例子的密碼是 jupyter）。現在你可以在瀏覽器裡面使用 Jupyter Notebook、在終端機視窗裡面使用 IPython，或是用文字檔編輯器來進行 Python 開發了。你也可以使用其他的檔案管理功能，例如上傳檔案、刪除檔案、建立資料夾等等。

雲端的好處

雲端實例，例如 DigitalOcean 與 Jupyter Notebook，是很強大的組合，可讓 Python 開發者使用專業的電腦與儲存設施。專業的雲端與資料中心供應商可確保你的（虛擬）機器在物理上是安全的，而且有高妥善性。使用雲端實例也可以讓探索與開發階段的成本相當低，因為使用期間通常是按小時計費的，不需要簽訂長期協議。

小結

Python 是首選的程式語言和技術平台，不僅適用於本書，也適用於幾乎所有取得領先地位的金融機構。但是部署 Python 可能相當麻煩，有時甚至是枯燥且傷腦筋的工作。幸運的是，近年來已經出現一些解決部署問題的技術了。開放原始碼的 conda 可協助你管理 Python 程式包與虛擬環境。Docker 容器更上一層樓，可讓你在具備技術屏蔽特性的“沙箱”（即容器）裡面，輕鬆地建立完整的檔案系統與執行環境。更棒的是，DigitalOcean 等雲端提供商可在幾分鐘內，提供專業地管理的計算與儲存功能，以及安全的資料中心，而且是按小時計費的。再加上 Python 3.7 與安全的 Jupyter Notebook 伺服器，你擁有一個專業的 Python 金融專案開發與部署環境。

其他資源

要瞭解 *Python 程式包管理*，可參考以下資源：

- pip 程式包管理器網頁（*https://pypi.python.org/pypi/pip*）
- conda 程式包管理器網頁（*http://conda.pydata.org*）
- Installing Packages 網頁（*https://packaging.python.org/installing/*）

要瞭解虛擬環境管理，可參考這些資源：

- virtualenv 環境管理器網頁（*https://pypi.python.org/pypi/virtualenv*）
- conda Managing Environments 網頁（*http://bit.ly/2KDObMM*）
- pipenv 程式包與環境管理器（*https://github.com/pypa/pipenv*）

下列的資源提供關於 *Docker* 容器的資訊：

- Docker 首頁（*http://docker.com*）
- Matthias, Karl, and Sean Kane (2015). *Docker: Up and Running*. Sebastopol, CA: O'Reilly.

要取得 bash 腳本語言的簡介與概述，可參考：

- Robbins, Arnold (2016). *Bash Pocket Reference*. Sebastopol, CA: O'Reilly.

關於如何安全地執行公用的 *Jupyter Notebook* 伺服器，可參考 Jupyter Notebook 文件（*http://bit.ly/2Ka0tfI*）。此外還有一種 hub 可讓你管理在一個 Jupyter Notebook 伺服器上的多位用戶，稱為 JupyterHub（*https://jupyterhub.readthedocs.io/en/stable/*）。

要註冊 DigitalOcean，並且讓新帳戶擁有 10 美元的初始額度，可前往網頁 *http://bit.ly/do_sign_up*，這個額度可以讓你使用最小型的 Droplet 兩個月。

第二部分

掌握基本知識

本書的這個部分把焦點放在 Python 編程的基本知識，這個部分的主題對後續所有章節，以及一般的 Python 用法而言，都是基本的概念。

這個部分的章節是按照特定的主題來安排的，如此一來，讀者可以將它們當成參考文件，從中找到感興趣主題的例子及細節：

- 第 3 章的重點是 Python 的資料型態與結構。
- 第 4 章介紹 NumPy 與它的 ndarray 類別。
- 第 5 章討論 pandas 及其 DataFrame 類別。
- 第 6 章討論 Python 的物件導向程式設計（OOP）。

第三章

資料型態與結構

差勁的程式員關心程式碼的品質，優秀的程式員關心資料結構，與它們之間的關係。

—Linus Torvalds

本章介紹 Python 的基本資料型態與資料結構，包含以下小節：

"基本資料型態"，第 64 頁

第一節介紹 `int`、`float`、`bool` 與 `str` 等基本資料型態。

"基本資料結構"，第 78 頁

第二節介紹 Python 的基本資料結構（例如 `list` 物件），並說明控制結構、泛函編程法、匿名函式等等。

本章的目標是介紹 Python 的資料型態與結構等層面，如果讀者具備其他程式語言的背景（例如 C 或 Matlab），應該可以輕鬆地掌握 Python 的差異。本章介紹的主題與習慣寫法是後續章節非常重要的基礎。

本章介紹下列的資料型態與結構：

物件型態	含義	用途
`int`	整數值	自然數
`float`	浮點數	實數
`bool`	布林值	非 true 即 flase 的東西
`str`	字串物件	字元、單字、文字

物件型態	含義	用途
tuple	不可變容器	固定的物件、紀錄集合
list	可變容器	可改變的物件集合
dict	可變容器	儲存鍵 / 值
set	可變容器	獨特物件的集合

基本資料型態

Python 是一種**動態型態**語言，也就是說，Python 直譯器在執行期推斷物件型態，相較之下，C 等編譯語言通常是**靜態型態**的。使用這類語言時，你必須在編譯之前指定物件的型態 [1]。

整數

整數（或 int）是最基本的資料型態之一：

```
In [1]: a = 10
        type(a)
Out[1]: int
```

內建函式 type 可印出標準與內建型態的所有物件，以及新建立的類別與物件的型態資訊。如果查詢後者，這個函式提供程式員連同類別一起儲存的敘述。有人說 "Python 的任何東西都是物件"，意思就是，舉例而言，就算是我們剛才定義的 int 這種簡單的物件都有內建的方法，例如，你可以呼叫 bit_length() 來取得 int 物件在記憶體中佔據的位元數：

```
In [2]: a.bit_length()
Out[2]: 4
```

這個位元數會隨著指派給物件的值增大而增大：

```
In [3]: a = 100000
        a.bit_length()
Out[3]: 17
```

Python 有許多不同的方法，因此你很難記住所有類別與物件的方法。IPython 這類高階的 Python 環境提供 tab 完成功能，可展示一個物件的所有方法，你只要輸入物件名稱，

1 Cython 程式包（*http://www.cython.org*）讓 Python 可以使用相當於 C 的靜態型態及編譯功能。事實上，Cython 不僅是個**程式包**，也是成熟的混合式**程式語言**，融合了 Python 與 C。

再加上一個句點（例如 `a.`），再按下 Tab 按鍵，它就會顯示可對著該物件呼叫的方法。或者，Python 內建函式 `dir` 可提供任何物件的完整屬性及方法。

Python 的特點是它的整數可為任意大小，例如，考慮 googol 數（10^{100}），Python 可以易如反掌地處理這麼大的數字：

```
In [4]: googol = 10 ** 100
        googol
Out[4]: 10000000000000000000000000000000000000000000000000000000000000000000000000
        000000000000000000000000000

In [5]: googol.bit_length()
Out[5]: 333
```

大整數

Python 整數可為任意大小，直譯器會使用剛好足以表示該數字的 bits/bytes。

編寫整數的算術運算也很簡單：

```
In [6]: 1 + 4
Out[6]: 5

In [7]: 1 / 4
Out[7]: 0.25

In [8]: type(1 / 4)
Out[8]: float
```

浮點數

上一個運算式回傳正確的數學結果 0.25[2]，它正是下一個基本資料型態，`float`。當你將整數值加上一個句點時，例如 `1.` 或 `1.0`，Python 會將這個物件解讀為 `float`。一般來說，含有 `float` 的運算式也會回傳一個 `float` 物件[3]：

---

2 這一點與 Python 2.x 不同，它預設使用 floor 除法（向下取整數）。在 Python 3.x，floor 除法是用 `3 // 4` 來執行的，它內定的結果是 `0`。

3 在這裡與接下來的討論中，我會交換使用 `float`、`float` 物件等詞彙，請記得每一個 `float` 也都是個物件。其他物件型態亦然。

```
In [9]: 1.6 / 4
Out[9]: 0.4

In [10]: type (1.6 / 4)
Out[10]: float
```

float 比較複雜，因為電腦表達有理數或實數的方式通常不準確，而且會因所採用的特定技術而異。為了解釋這種情況，我們定義另一個 float 物件 b，這種 float 物件在內部的準確度永遠都只會到達某個程度。將 b 加上 0.1 可以清楚地展現這一點：

```
In [11]: b = 0.35
         type(b)
Out[11]: float

In [12]: b + 0.1
Out[12]: 0.44999999999999996
```

原因在於，float 物件在內部是以二進制格式來表示的，也就是說，十進制數字 $0 < n < 1$ 會被表示成這種形式的級數 $n = \frac{x}{2} + \frac{y}{4} + \frac{z}{8} + \ldots$。有些二進制浮點數表示法有大量的元素，甚至是個無窮級數，但因為 Python 使用固定數量的位元來表示這種數字（也就是使用固定的級數項數），所以結果必然不準確。使用有限的位元數也可以**完美地**表示一些數字，並且將它存為完全相符的值，例如：

```
In [13]: c = 0.5
         c.as_integer_ratio()
Out[13]: (1, 2)
```

Python 可以無誤地儲存二分之一，即 0.5，因為這個數字有一致（有限）的二進制表示法，即 $0.5 = \frac{1}{2}$。但是，在 b = 0.35 的情況下，我們無法得到預期的有理數 $0.35 = \frac{7}{20}$：

```
In [14]: b.as_integer_ratio()
Out[14]: (3152519739159347, 9007199254740992)
```

浮點數的精確度與表示該數字的位元數量有關，運行 Python 的所有平台通常都在內部使用 IEEE 754 雙精確度標準（*http://bit.ly/2S0un95*）來表示，亦即 64 位元，相當於 15 位數的相對精確度。

因為這個主題對金融領域的幾項應用而言非常重要，有時我們必須確保數字被精確地表示，或盡量用最好的精確度來表示。例如，當我們計算大量數字的總和時，這個問題可能就至關重要。在這種情況下，某種表示上的錯誤，與 / 或錯誤的大小，都會導致與基準值之間的明顯偏差。

decimal 模組提供一種處理浮點數的任意精確度物件，以及幾個處理這類精確度問題的選項：

```
In [15]: import decimal
         from decimal import Decimal

In [16]: decimal.getcontext()
Out[16]: Context(prec=28, rounding=ROUND_HALF_EVEN, Emin=-999999, Emax=999999,
          capitals=1, clamp=0, flags=[], traps=[InvalidOperation, DivisionByZero,
          Overflow])

In [17]: d = Decimal(1) / Decimal (11)
         d
Out[17]: Decimal('0.09090909090909090909090909091')
```

你可以更改 Context 物件的相應屬性值來改變表示法的精確度：

```
In [18]: decimal.getcontext().prec = 4  ❶

In [19]: e = Decimal(1) / Decimal (11)
         e
Out[19]: Decimal('0.09091')

In [20]: decimal.getcontext().prec = 50  ❷

In [21]: f = Decimal(1) / Decimal (11)
         f
Out[21]: Decimal('0.090909090909090909090909090909090909090909090909091')
```

❶ 低於預設的精確度。

❷ 高於預設的精確度。

如果需要，你可以這樣按照具體的問題調整精確度，用不同精確度的浮點數物件來進行運算：

```
In [22]: g = d + e + f
         g
Out[22]: Decimal('0.27272818181818181818181818181909090909090909090909')
```

> **任意精確度浮點數**
>
> decimal 模組提供了任意精確度浮點數物件。在金融領域，有時我們必須確保高精確度，甚至超越 64 位元雙精確度標準。

布林

在程式中，進行比較或邏輯運算式（例如 `4 > 3`、`4.5 <= 3.25` 或 `(4 > 3)` 與 `(3 > 2)`）都會產生 `True` 或 `False` 這兩個重要的 Python 關鍵字。其他的關鍵字還有 `def`、`for` 與 `if`。`keyword` 模組含有完整的 Python 關鍵字清單：

```
In [23]: import keyword

In [24]: keyword.kwlist
Out[24]: ['False',
          'None',
          'True',
          'and',
          'as',
          'assert',
          'async',
          'await',
          'break',
          'class',
          'continue',
          'def',
          'del',
          'elif',
          'else',
          'except',
          'finally',
          'for',
          'from',
          'global',
          'if',
          'import',
          'in',
          'is',
          'lambda',
          'nonlocal',
          'not',
          'or',
          'pass',
          'raise',
          'return',
          'try',
          'while',
          'with',
          'yield']
```

True 與 False 的資料型態都是 bool，代表布林值（*Boolean value*）。下面的程式對同一種型態的運算元使用各種**比較運算子**，得到 bool 物件：

```
In [25]: 4 > 3  ❶
Out[25]: True

In [26]: type(4 > 3)
Out[26]: bool

In [27]: type(False)
Out[27]: bool

In [28]: 4 >= 3  ❷
Out[28]: True

In [29]: 4 < 3  ❸
Out[29]: False

In [30]: 4 <= 3  ❹
Out[30]: False

In [31]: 4 == 3  ❺
Out[31]: False

In [32]: 4 != 3  ❻
Out[32]: True
```

❶ 大於。

❷ 大於或等於。

❸ 小於。

❹ 小於或等於。

❺ 等於。

❻ 不等於。

通常**邏輯運算子**都被用在 bool 物件上，產生另一個 bool 物件：

```
In [33]: True and True
Out[33]: True

In [34]: True and False
Out[34]: False
```

```
In [35]: False and False
Out[35]: False

In [36]: True or True
Out[36]: True

In [37]: True or False
Out[37]: True

In [38]: False or False
Out[38]: False

In [39]: not True
Out[39]: False

In [40]: not False
Out[40]: True
```

當然，我們經常同時使用這兩種運算子：

```
In [41]: (4 > 3) and (2 > 3)
Out[41]: False

In [42]: (4 == 3) or (2 != 3)
Out[42]: True

In [43]: not (4 != 4)
Out[43]: True

In [44]: (not (4 != 4)) and (2 == 3)
Out[44]: False
```

有一種常見的用法是使用其他的 Python 關鍵字來控制程式碼的流程，例如 `if` 或 `while`（本章稍後會列出更多範例）：

```
In [45]: if 4 > 3:  ❶
             print('condition true')  ❷
         condition true

In [46]: i = 0  ❸
         while i < 4:  ❹
             print('condition true, i = ', i)  ❺
             i += 1  ❻
         condition true, i = 0
         condition true, i = 1
         condition true, i = 2
         condition true, i = 3
```

❶ 如果這個條件為 true，執行下面的程式碼。

❷ 當條件為 true 時執行的程式碼。

❸ 將參數 i 的初始值設為 0。

❹ 只要條件為 true，執行並重複下面的程式碼。

❺ 印出文字與參數 i 的值。

❻ 將參數值遞增 1；i += 1 與 i = i + 1 一樣。

在數字上，Python 將 False 設為 0 值，將 True 設為 1 值。當你用 bool() 函式將數字轉換成 bool 物件時，傳入 0 會得到 False，傳入其他值都會得到 True：

```
In [47]: int(True)
Out[47]: 1

In [48]: int(False)
Out[48]: 0

In [49]: float(True)
Out[49]: 1.0

In [50]: float(False)
Out[50]: 0.0

In [51]: bool(0)
Out[51]: False

In [52]: bool(0.0)
Out[52]: False

In [53]: bool(1)
Out[53]: True

In [54]: bool(10.5)
Out[54]: True

In [55]: bool(-2)
Out[55]: True
```

字串

學會如何顯示自然與浮點數之後，本節要討論文字。Python 表示文字的基本型態是 str。str 物件有許多實用的內建方法。事實上，一般認為 Python 這種語言非常適合處理文字，以及各式各樣與各種大小的文字檔。我們通常用單或雙引號來定義 str 物件，或是用 str() 函式來轉換其他的物件（也就是使用物件的標準，或用戶定義的 str 表示法）：

```
In [56]: t = 'this is a string object'
```

藉由內建方法，你可以（舉例）將這個物件的第一個字母設為大寫：

```
In [57]: t.capitalize()
Out[57]: 'This is a string object'
```

或是將它拆成單字元件，以取得以所有單字組成的 list 物件（稍後會更詳細討論 list 物件）：

```
In [58]: t.split()
Out[58]: ['this', 'is', 'a', 'string', 'object']
```

你也可以搜尋一個單字，並在成功找到它時，取得該單字的第一個字母的位置（也就是索引值）：

```
In [59]: t.find('string')
Out[59]: 10
```

如果 str 物件裡面沒有那一個單字，這個方法會回傳 -1：

```
In [60]: t.find('Python')
Out[60]: -1
```

你可以用 replace() 方法來輕鬆地替換字串裡面的字元：

```
In [61]: t.replace(' ', '|')
Out[61]: 'this|is|a|string|object'
```

我們也經常需要移除部分的字串，也就是刪除某些開頭 / 結尾的字元：

```
In [62]: 'http://www.python.org'.strip('htp:/')
Out[62]: 'www.python.org'
```

表 3-1 是 str 物件的一些實用的方法。

表 3-1 一些字串方法

方法	引數	回傳 / 結果
`capitalize`	`()`	複製字串，並將第一個字母改為大寫
`count`	`(`*`sub`*`[, `*`start`*`[, `*`end`*`]])`	子字串出現的次數
`decode`	`([`*`encoding`*`[, `*`errors`*`]])`	解碼版的字串，使用 *encoding* 編碼（例如 UTF-8）
`encode`	`([`*`encoding+`*`[, `*`errors`*`]])`	編碼版的字串
`find`	`(`*`sub`*`[, `*`start`*`[, `*`end`*`]])`	找到子字串的索引（最小的）
`join`	`(`*`seq`*`)`	將 *seq* 序列裡面的字串串接
`replace`	`(`*`old`*`, `*`new`*`[, `*`count`*`])`	將前 *count* 個 *old* 換成 *new*
`split`	`([`*`sep`*`[, `*`maxsplit`*`]])`	將字串內的單字做成串列，並且用 *sep* 來隔離單字
`splitlines`	`([`*`keepends`*`])`	當 *keepends* 為 True 時，用換行符號來拆開各行
`strip`	`(`*`chars`*`)`	複製字串，並將開頭 / 結尾的 *chars* 移除
`upper`	`()`	複製並將所有字母改為大寫

Unicode 字串

Python 2.7（本書的第一版使用的）與 Python 3.7（這本第二版使用的）最大的差異是字串物件的編碼與解碼，以及 Unicode（*http://bit.ly/1x41ytu*）的加入。本章不討論這個主題的細節，對這一本主要處理數字資料以及標準字串（英文）的書籍而言，省略這些細節應該不算過分。

簡介：列印與替換字串

我們通常使用 `print()` 函式來印出 `str` 物件或是以其他 Python 物件來表示的字串：

```
In [63]: print('Python for Finance')  ❶
         Python for Finance

In [64]: print(t)  ❷
         this is a string object

In [65]: i = 0
         while i < 4:
             print(i)  ❸
             i += 1
         0
         1
         2
         3
```

```
In [66]: i = 0
         while i < 4:
             print(i, end='|')  ❹
             i += 1
         0|1|2|3|
```

❶ 印出 str 物件。

❷ 印出以變數名稱來參考的 str 物件。

❸ 印出 int 物件的字串形式。

❹ 指定列印時的最後（幾個）字元，如前所示，預設的字元是換行（\n）。

Python 提供強大的字串替換功能。我們可以採取舊方法，使用 % 字元，也可以採取新方法，使用大括號（{}）與 format()。它們在實務上都是有效的。本節無法詳細說明所有選項。但是下面的程式段落展示一些重要的選項。首先是舊方法：

```
In [67]: 'this is an integer %d' % 15  ❶
Out[67]: 'this is an integer 15'

In [68]: 'this is an integer %4d' % 15  ❷
Out[68]: 'this is an integer   15'

In [69]: 'this is an integer %04d' % 15  ❸
Out[69]: 'this is an integer 0015'

In [70]: 'this is a float %f' % 15.3456  ❹
Out[70]: 'this is a float 15.345600'

In [71]: 'this is a float %.2f' % 15.3456  ❺
Out[71]: 'this is a float 15.35'

In [72]: 'this is a float %8f' % 15.3456  ❻
Out[72]: 'this is a float 15.345600'

In [73]: 'this is a float %8.2f' % 15.3456  ❼
Out[73]: 'this is a float    15.35'

In [74]: 'this is a float %08.2f' % 15.3456  ❽
Out[74]: 'this is a float 00015.35'

In [75]: 'this is a string %s' % 'Python'  ❾
Out[75]: 'this is a string Python'

In [76]: 'this is a string %10s' % 'Python'  ❿
Out[76]: 'this is a string     Python'
```

❶ 替換 `int` 物件。

❷ 使用固定數量的字元。

❸ 在必要時，在開頭加上 0。

❹ 替換 `float` 物件。

❺ 使用固定的小數位數。

❻ 使用固定的字元數（與填補小數）。

❼ 使用固定數量的字元與小數 …

❽ … 並且在必要時，在開頭使用 0。

❾ 替換 `str` 物件。

❿ 使用固定數量的字元。

下面是用新方式實作的同一組範例。注意有些地方的輸出稍微不同：

```
In [77]: 'this is an integer {:d}'.format(15)
Out[77]: 'this is an integer 15'

In [78]: 'this is an integer {:4d}'.format(15)
Out[78]: 'this is an integer   15'

In [79]: 'this is an integer {:04d}'.format(15)
Out[79]: 'this is an integer 0015'

In [80]: 'this is a float {:f}'.format(15.3456)
Out[80]: 'this is a float 15.345600'

In [81]: 'this is a float {:.2f}'.format(15.3456)
Out[81]: 'this is a float 15.35'

In [82]: 'this is a float {:8f}'.format(15.3456)
Out[82]: 'this is a float 15.345600'

In [83]: 'this is a float {:8.2f}'.format(15.3456)
Out[83]: 'this is a float    15.35'

In [84]: 'this is a float {:08.2f}'.format(15.3456)
Out[84]: 'this is a float 00015.35'
```

```
In [85]: 'this is a string {:s}'.format('Python')
Out[85]: 'this is a string Python'

In [86]: 'this is a string {:10s}'.format('Python')
Out[86]: 'this is a string Python    '
```

“字串替換”在進行多次列印，而且印出來的資料會不斷更新（例如在 `while` 迴圈中）的情況下特別實用：

```
In [87]: i = 0
         while i < 4:
             print('the number is %d' % i)
             i += 1
         the number is 0
         the number is 1
         the number is 2
         the number is 3

In [88]: i = 0
         while i < 4:
             print('the number is {:d}'.format(i))
             i += 1
         the number is 0
         the number is 1
         the number is 2
         the number is 3
```

簡介：正規表達式

正規表達式是很強大的 `str` 物件處理工具。Python 用 `re` 模組提供這種功能：

```
In [89]: import re
```

假設有位金融分析師要處理一個大型的文字檔案，例如 CSV 檔，裡面有一些時間序列，以及相應的日期時間資訊。這種資訊通常是以 Python 無法直接解讀的格式來傳遞的。但是，日期時間資訊通常可以用正規表達式來描述。考慮下列的 `str` 物件，它裡面有三個日期時間元素，三個整數，以及三個字串。我們可以用三引號來定義多列的 `str` 物件：

```
In [90]: series = """
         '01/18/2014 13:00:00', 100, '1st';
         '01/18/2014 13:30:00', 110, '2nd';
         '01/18/2014 14:00:00', 120, '3rd'
         """
```

下列的正規表達式描述 str 物件裡面的日期時間格式 [4]：

```
In [91]: dt = re.compile("'[0-9/:\s]+'") # datetime
```

有了這個正規表達式之後，我們就可以繼續尋找所有的日期時間元素。一般來說，對 str 物件使用正規表達式也可以改善典型解析工作的性能：

```
In [92]: result = dt.findall(series)
         result
Out[92]: ["'01/18/2014 13:00:00'", "'01/18/2014 13:30:00'", "'01/18/2014
          14:00:00'"]
```

正規表達式

當你需要解析 str 物件時，可以考慮使用正規表達式，因為它可以方便你進行這類的操作並提高性能。

接著我們可以解析得到的 str 物件，來產生 Python datetime 物件（附錄 A 介紹如何用 Python 來處理日期與時間）。為了解析含有日期時間資訊的 str 物件，你必須提供關於 “如何解析它們” 的資訊，這同樣是個 str 物件：

```
In [93]: from datetime import datetime
         pydt = datetime.strptime(result[0].replace("'", ""),
                                  '%m/%d/%Y %H:%M:%S')
         pydt
Out[93]: datetime.datetime(2014, 1, 18, 13, 0)

In [94]: print(pydt)
         2014-01-18 13:00:00

In [95]: print(type(pydt))
         <class 'datetime.datetime'>
```

後續的章節會詳細說明日期時間資料、處理這種資料的方式，和 datetime 物件及其方法。現在只是瞭解金融這個重要主題之前的開胃菜而已。

4 我們無法在此說明所有細節，但網路上有豐富的資源介紹一般的正規表達式，以及 Python 專屬的正規表達式。Fitzgerald（2012）簡介這個主題。

基本資料結構

一般來說，“資料結構”是可能含有大量其他物件的物件。Python 內建的資料結構包括：

`tuple`
: 這是一種不可變的集合，可包含任何物件，只提供少數的方法

`list`
: 可變的集合，可包含任何物件，提供許多方法

`dict`
: 鍵 / 值儲存物件

`set`
: 無序的集合物件，儲存其他獨特的物件

tuple

`tuple` 是一種進階的資料結構，但它也相當簡單，而且用途有限。定義它的方式是在小括號內放入物件：

```
In [96]: t = (1, 2.5, 'data')
         type(t)
Out[96]: tuple
```

你也可以不使用小括號，只提供多個物件，並且用逗號隔離它們：

```
In [97]: t = 1, 2.5, 'data'
         type(t)
Out[97]: tuple
```

如同幾乎所有 Python 資料結構，`tuple` 具備索引，可以用來取出 `tuple` 的一或多個元素。切記，Python 的編號是從零開始的，所以 `tuple` 的第三個元素的索引位置是 2：

```
In [98]: t[2]
Out[98]: 'data'

In [99]: type(t[2])
Out[99]: str
```

從零開始編號

相較於 Matlab 等其他的程式語言，Python 的編號系統是從零開始的。例如，`tuple` 物件的第一個元素的索引值是 0。

這個物件型態只有兩個特殊方法：`count()` 與 `index()`。第一個方法可回傳物件出現的次數，第二個方法可提供它第一次出現處的索引值：

```
In [100]: t.count('data')
Out[100]: 1

In [101]: t.index(1)
Out[101]: 0
```

`tuple` 物件是**不可變**物件，也就是說一旦它們被定義之後，你就無法輕易地改變它們了。

list

`list` 型態的物件比 `tuple` 物件靈活許多，而且功能更強大。從財金的角度來看，你光是使用 `list` 物件就可以完成許多工作了，例如儲存股價與附加新資料。`list` 物件是用中括號來定義的，它的基本功能與行為很像 `tuple` 物件：

```
In [102]: l = [1, 2.5, 'data']
          l[2]
Out[102]: 'data'
```

你也可以使用 `list()` 函式來定義或轉換 `list` 物件。下面的程式將上一個範例的 `tuple` 物件轉換成新的 `list` 物件：

```
In [103]: l = list(t)
          l
Out[103]: [1, 2.5, 'data']

In [104]: type(l)
Out[104]: list
```

`list` 物件除了具備 `tuple` 物件的特性之外，也可以讓你用各種方法來擴展或刪減它。換句話說，雖然 `str` 與 `tuple` 物件是**不可變**的物件序列（具備索引），一旦被建立就無法改變了，但 `list` 物件是**可變的**，可以用各種不同的方式來改變。你可以將許多 `list` 物件附加至既有的 `list` 物件，也可以做其他事情：

```
In [105]: l.append([4, 3])  ❶
          l
Out[105]: [1, 2.5, 'data', [4, 3]]

In [106]: l.extend([1.0, 1.5, 2.0])  ❷
          l
Out[106]: [1, 2.5, 'data', [4, 3], 1.0, 1.5, 2.0]

In [107]: l.insert(1, 'insert')  ❸
          l
Out[107]: [1, 'insert', 2.5, 'data', [4, 3], 1.0, 1.5, 2.0]

In [108]: l.remove('data')  ❹
          l
Out[108]: [1, 'insert', 2.5, [4, 3], 1.0, 1.5, 2.0]

In [109]: p = l.pop(3)  ❺
          print(l, p)
          [1, 'insert', 2.5, 1.0, 1.5, 2.0] [4, 3]
```

❶ 將 `list` 物件附加至結尾。

❷ 附加 `list` 物件的元素。

❸ 在索引位置前面插入物件。

❹ 移除某個物件的第一個實例。

❺ 移除並回傳索引位置的物件。

你也可以輕鬆地進行**切片**（*slicing*），切片的意思是將一個資料集合切成你感興趣的較小部分：

```
In [110]: l[2:5]  ❶
Out[110]: [2.5, 1.0, 1.5]
```

❶ 回傳第三到第五個元素。

表 3-2 是 `list` 物件的一些操作與方法。

表 3-2 list 物件的一些操作與方法

方法	引數	回傳 / 結果
`l[i] = x`	`[i]`	將第 *i* 個元素換成 *x*
`l[i:j:k] = s`	`[i:j:k]`	將從 *i* 到 *j* - *1* 之間，每 *k* 個元素換成 *s*
`append`	`(x)`	將 *x* 附加至物件
`count`	`(x)`	*x* 物件出現的次數
`del l[i:j:k]`	`[i:j:k]`	將索引值 *i* 到 *j* - *1* 的元素刪除
`extend`	`(s)`	將 *s* 的所有元素附加至物件
`index`	`(x[, i[, j]])`	取得從第 *i* 到第 *j* - *1* 個元素之間，第一個 *x* 的索引
`insert`	`(i, x)`	將 *x* 插入索引 *i*（之前）
`remove`	`(i)`	將索引 *i* 的元素移除
`pop`	`(i)`	將索引 *i* 的元素移除並回傳它
`reverse`	`()`	將所有項目就地反向排序
`sort`	`([cmp[, key[, reverse]]])`	將所有項目就地排序

簡介：控制結構

雖然 for 迴圈之類的控制結構本身就可以作為一個主題，但是在介紹 Python 的 list 物件時介紹它們或許是最好的做法，原因是迴圈的執行對象通常是 list 物件，與其他語言的標準做法有很大的差異。舉個例子，下面的 for 迴圈遍歷 list 物件 l 的索引值 2 至 4，並印出各個元素的平方值。注意，第二行的縮排（空格）非常重要：

```
In [111]: for element in l[2:5]:
              print(element ** 2)
          6.25
          1.0
          2.25
```

這種做法的彈性比典型的計數器迴圈高很多。Python 也提供計數器迴圈，但它是用 range 物件來完成的：

```
In [112]: r = range(0, 8, 1)  ❶
          r
Out[112]: range(0, 8)

In [113]: type(r)
Out[113]: range
```

❶ 這些參數是 start、end 與 step-size。

為了進行比較，我們用 `range()` 來實作同一個迴圈：

```
In [114]: for i in range(2, 5):
              print(l[i] ** 2)
          6.25
          1.0
          2.25
```

遍歷 list

在 Python 中，你可以遍歷任意的 `list` 物件，無論該物件的內容是什麼。這種做法通常可以避免使用計數器。

Python 也提供典型的（條件）控制元素 `if`、`elif` 與 `else`。它們的用法與其他語言差不多：

```
In [115]: for i in range(1, 10):
              if i % 2 == 0:  ❶
                  print("%d is even" % i)
              elif i % 3 == 0:
                  print("%d is multiple of 3" % i)
              else:
                  print("%d is odd" % i)
          1 is odd
          2 is even
          3 is multiple of 3
          4 is even
          5 is odd
          6 is even
          7 is odd
          8 is even
          9 is multiple of 3
```

❶ % 代表模數。

`while` 是另一種控制流程的做法：

```
In [116]: total = 0
          while total < 100:
              total += 1
          print(total)
          100
```

Python 有一種所謂的 *list 生成式*（*comprehension*）的特殊功能，這種做法不是遍歷既有的 `list` 物件，而是使用迴圈，以相當緊湊的方式產生 `list` 物件：

```
In [117]: m = [i ** 2 for i in range(5)]
          m
Out[117]: [0, 1, 4, 9, 16]
```

在某種意義上，這種產生寫法“類似”向量化程式碼，因為迴圈是隱性的，而不是顯性的（第 4 章與第 5 章會更詳細討論程式碼向量化）。

簡介：泛函編程

Python 也提供一些支援泛函編程的工具，也就是對整組輸入（在我們的例子中，就是 `list` 物件）應用一個函式。這些工具包括 `filter()`、`map()` 與 `reduce()`。但是你必須先定義一個函式。我們從很簡單的東西看起，考慮有個函式 `f()`，它會回傳輸入 `x` 的平方：

```
In [118]: def f(x):
              return x ** 2
          f(2)
Out[118]: 4
```

當然，你可以使用任何一種複雜的函式，並且使用多個輸入 / 參數物件，甚至多個輸出（回傳物件）。但是，考慮這個函式：

```
In [119]: def even(x):
              return x % 2 == 0
          even(3)
Out[119]: False
```

它回傳布林物件。你可以藉由 `map()`，對整個 `list` 執行這個函式：

```
In [120]: list(map(even, range(10)))
Out[120]: [True, False, True, False, True, False, True, False, True, False]
```

你也可以用 `lambda` 或*匿名*函式，將函式定義式直接當成 `map()` 的引數：

```
In [121]: list(map(lambda x: x ** 2, range(10)))
Out[121]: [0, 1, 4, 9, 16, 25, 36, 49, 64, 81]
```

你也可以用函式來篩選 `list` 物件。在下面的例子中，filter 將回傳 `list` 物件中，符合 `even` 函式定義的布林條件的元素：

```
In [122]: list(filter(even, range(15)))
Out[122]: [0, 2, 4, 6, 8, 10, 12, 14]
```

list 生成式、泛函編程、匿名函式

一般認為，我們應該盡量避免在 Python 層面上使用迴圈。list 生成式與 `filter()`、`map()` 及 `reduce()` 等泛函編程工具可讓你寫出無（顯性）迴圈的程式，這種程式不但更緊湊，一般而言也更容易閱讀。`lambda` 或匿名函式在這種情況下也是很強大的工具。

dict

`dict` 物件就是字典，它也是可變序列，可以讓你用鍵（舉例而言，或許是 `str` 物件）來取出資料。它們也是所謂的**鍵 / 值儲存體**（*key-value store*）。`list` 物件是有序且可排序的，但 `dict` 物件一般是無序的，而且不可排序的[5]。我們用一個例子來說明它與 `list` 物件的差異。`dict` 物件是用大括號來定義的 ：

```
In [123]: d = {
               'Name' : 'Angela Merkel',
               'Country' : 'Germany',
               'Profession' : 'Chancelor',
               'Age' : 64
               }
          type(d)
Out[123]: dict

In [124]: print(d['Name'], d['Age'])
          Angela Merkel 64
```

這個物件的類別一樣有許多內建的方法：

```
In [125]: d.keys()
Out[125]: dict_keys(['Name', 'Country', 'Profession', 'Age'])

In [126]: d.values()
Out[126]: dict_values(['Angela Merkel', 'Germany', 'Chancelor', 64])

In [127]: d.items()
```

5 `dict` 標準物件有許多不同的版本，其中包括 `OrderedDict` 子類別，它可以記得項目被加入的順序。見 *https://docs.python.org/3/library/collections.html*。

```
Out[127]: dict_items([('Name', 'Angela Merkel'), ('Country', 'Germany'),
           ('Profession', 'Chancelor'), ('Age', 64)])

In [128]: birthday = True
          if birthday:
              d['Age'] += 1
          print(d['Age'])
          65
```

你可以用許多方法從 dict 物件取得 iterator 物件。當你迭代 iterator 物件時，它的行為很像 list 物件：

```
In [129]: for item in d.items():
              print(item)
          ('Name', 'Angela Merkel')
          ('Country', 'Germany')
          ('Profession', 'Chancelor')
          ('Age', 65)

In [130]: for value in d.values():
              print(type(value))
          <class 'str'>
          <class 'str'>
          <class 'str'>
          <class 'int'>
```

表 3-3 是 dict 物件的一些操作與方法。

表 3-3 dict 物件的一些操作與方法

方法	引數	回傳 / 結果
d[*k*]	[*k*]	在 *d* 裡面，鍵為 *k* 的項目
d[*k*] = *x*	[*k*]	將鍵為 *k* 的項目設為 *x*
del d[*k*]	[*k*]	將鍵為 *k* 的項目刪除
clear	()	將所有項目刪除
copy	()	製作複本
has_key	(*k*)	有 *k* 鍵時為 True
items	()	迭代所有項目
keys	()	迭代所有鍵
values	()	迭代所有值
popitem	(*k*)	回傳並移除鍵為 *k* 的項目
update	([*e*])	將項目更新為 *e* 的項目

set

本節討論的最後一個資料結構是 set 物件。雖然集合（set）理論是數學與金融理論的基石，但 set 物件沒有太多實際的應用。這種物件是其他物件的無序集合，裡面的每一個元素都只有一個：

```
In [131]: s = set(['u', 'd', 'ud', 'du', 'd', 'du'])
          s
Out[131]: {'d', 'du', 'u', 'ud'}

In [132]: t = set(['d', 'dd', 'uu', 'u'])
```

你可以使用 set 物件來實作數學集合理論中，針對集合的基本運算。例如，你可以產生聯集、交集與差集：

```
In [133]: s.union(t)  ❶
Out[133]: {'d', 'dd', 'du', 'u', 'ud', 'uu'}

In [134]: s.intersection(t)  ❷
Out[134]: {'d', 'u'}

In [135]: s.difference(t)  ❸
Out[135]: {'du', 'ud'}

In [136]: t.difference(s)  ❹
Out[136]: {'dd', 'uu'}

In [137]: s.symmetric_difference(t)  ❺
Out[137]: {'dd', 'du', 'ud', 'uu'}
```

❶ s 與 t 的所有元素。

❷ 在 s 與 t 裡面都存在的項目。

❸ 在 s 裡面存在，但是在 t 裡面不存在的項目。

❹ 在 t 裡面存在，但是在 s 裡面不存在的項目。

❺ 在 s 或 t 裡面存在，但只有在其中一個集合裡面都存在的項目。

set 物件的用途之一就是移除 list 物件裡面重複的項目：

```
In [138]: from random import randint
          l = [randint(0, 10) for i in range(1000)]  ❶
          len(l)  ❷
```

```
Out[138]: 1000

In [139]: l[:20]
Out[139]: [4, 2, 10, 2, 1, 10, 0, 6, 0, 8, 10, 9, 2, 4, 7, 8, 10, 8, 8, 2]

In [140]: s = set(l)
          s
Out[140]: {0, 1, 2, 3, 4, 5, 6, 7, 8, 9, 10}
```

❶ 1,000 個介於 0 與 10 之間的亂數。

❷ l 的元素數目。

小結

基本的 Python 直譯器提供豐富的彈性資料結構。從金融的觀點來看，以下幾項是最重要的結構：

基本資料型態

　在一般與金融 Python 中，`int`、`float`、`bool` 與 `str` 類別是最基本的資料型態。

標準資料結構

　`tuple`、`list`、`dict` 與 `set` 在金融領域有許多用處，在許多使用案例中，`list` 都是靈活的全能工具。

其他資源

關於資料型態與結構，本章的重點是對金融演算法與應用而言特別重要的主題。但是，本章只是探索 Python 資料結構與建立資料模型的起點。

此外還有許多寶貴的資源可讓你繼續深入研究。你可以在 *https://docs.python.org/3/tutorial/datastructures.html* 閱讀 Python 資料結構的官方文件。

優秀的參考書籍有：

- Goodrich, Michael, et al. (2013). *Data Structures and Algorithms in Python.* Hoboken, NJ: John Wiley & Sons.
- Harrison, Matt (2017). *Illustrated Guide to Python 3.* CreateSpace Treading on Python Series.

- Ramalho, Luciano (2016). *Fluent Python.* Sebastopol, CA: O’Reilly.

關於正規表達式，可參考：

- Fitzgerald, Michael (2012). *Introducing Regular Expressions.* Sebastopol, CA: O’Reilly.

第四章

使用 NumPy 做數值計算

電腦無啥作用，只能提供解答。

—Pablo Picasso

雖然 Python 直譯器本身已經內建各式各樣的資料結構了，但 NumPy 與其他的程式庫更是為它們附加更多價值。本章專門討論 NumPy，它提供多維的陣列物件，可儲存同質與異質的資料陣列，並支援程式碼的向量化。

本章將介紹下列的資料結構：

物件型態	含義	用途
ndarray（一般）	*n* 維陣列物件	大型的數值資料陣列
ndarray（紀錄）	2 維陣列物件	以欄（column）來組織的表格資料

本章的小節包括：

本節介紹如何使用純 Python 程式碼來處理資料陣列。

本節介紹一般的 NumPy ndarray 類別，它是與幾乎所有數值資料密集型 Python 使用案例有關的工具。

這個簡短的小節介紹結構化（或紀錄）ndarray 物件，可用來處理含有欄的表格資料。

"程式碼的向量化"，第 111 頁

本節介紹程式碼向量化與它的好處，並討論在一些情境之下，記憶體布局的重要性。

資料陣列

上一章談到，Python 提供一些相當實用且彈性的泛用資料結構，具體來說，`list` 具備許多方便的特性以及應用領域，我們可將它視為重要的工具。但是使用這種靈活（可變）的資料結構是要付出代價的，例如較多的記憶體使用量、性能較慢，或兩者兼具。但是，科學與金融應用通常需要高效地操作特殊的資料結構，其中最重要的資料結構就是**陣列**（*array*）。陣列通常是以**資料型態相同的**（基本）物件組成列與欄的結構。

我們暫時假設它裡面只有數字，不過這個概念也適用於其他型態的資料。在最簡單的情況下，就數學而言，一維陣列代表一個（一般是）實數**向量**，在內部，它是用 `float` 物件來表示的，所以它只包含**一列**或**一欄**。比較常見的情況是用一個陣列代表一個 $i \times j$ 的元素**矩陣**。這個概念可以推廣到三維的 $i \times j \times k$ 元素**立方體**，以及一般性的 n 維陣列，其形狀為 $i \times j \times k \times l \times \cdots$。

我們可以從線性代數與向量空間理論等數學領域知道，這種數學結構在許多科學與領域中非常重要。因此，使用專用的資料結構類別，有助於輕鬆且高效地處理陣列，這就是 Python 程式庫 `NumPy` 及其強大的 `ndarray` 類別發揮作用之處。我會在下一節介紹這個類別，但是在此之前，本節要先介紹兩種處理陣列的替代方案。

將 Python list 當成陣列

我們可以用上一章介紹的內建資料結構來建構陣列，`list` 物件特別適合用來完成這項工作，我們可以直接將一個簡單的 `list` 視為一維陣列：

```
In [1]: v = [0.5, 0.75, 1.0, 1.5, 2.0]  ❶
```

❶ 容納數字的 `list` 物件。

`list` 物件可以容納任何其他物件，所以它們也可以容納其他的 `list` 物件，因此，我們可以嵌套 `list` 物件來建構二維或更高維度的陣列：

```
In [2]: m = [v, v, v]  ❶
        m  ❷
Out[2]: [[0.5, 0.75, 1.0, 1.5, 2.0],
         [0.5, 0.75, 1.0, 1.5, 2.0],
         [0.5, 0.75, 1.0, 1.5, 2.0]]
```

❶ 含有 list 物件的 list 物件⋯

❷ ⋯會變成一個數字矩陣。

你可以用索引來選擇某一列，或是使用兩個索引來選擇一個元素（但是不容易指定特定欄位）：

```
In [3]: m[1]
Out[3]: [0.5, 0.75, 1.0, 1.5, 2.0]

In [4]: m[1][0]
Out[4]: 0.5
```

我們可以進一步嵌套，組成更廣泛的結構：

```
In [5]: v1 = [0.5, 1.5]
        v2 = [1, 2]
        m = [v1, v2]
        c = [m, m]  ❶
        c
Out[5]: [[[0.5, 1.5], [1, 2]], [[0.5, 1.5], [1, 2]]]

In [6]: c[1][1][0]
Out[6]: 1
```

❶ 數字組成的立方體。

注意，上述組合物件的方式通常使用“指向原始物件的參考”。這句話在實際操作時是什麼意思？看一下這項操作：

```
In [7]: v = [0.5, 0.75, 1.0, 1.5, 2.0]
        m = [v, v, v]
        m
Out[7]: [[0.5, 0.75, 1.0, 1.5, 2.0],
         [0.5, 0.75, 1.0, 1.5, 2.0],
         [0.5, 0.75, 1.0, 1.5, 2.0]]
```

接著修改 v 物件的第一個元素的值，看看 m 物件會變怎樣：

```
In [8]: v[0] = 'Python'
        m
Out[8]: [['Python', 0.75, 1.0, 1.5, 2.0],
         ['Python', 0.75, 1.0, 1.5, 2.0],
         ['Python', 0.75, 1.0, 1.5, 2.0]]
```

你可以用 copy 模組的 deepcopy() 函式來避免這種情況：

```
In [9]: from copy import deepcopy
        v = [0.5, 0.75, 1.0, 1.5, 2.0]
        m = 3 * [deepcopy(v), ]  ❶
        m
Out[9]: [[0.5, 0.75, 1.0, 1.5, 2.0],
         [0.5, 0.75, 1.0, 1.5, 2.0],
         [0.5, 0.75, 1.0, 1.5, 2.0]]

In [10]: v[0] = 'Python'  ❷
         m  ❸
Out[10]: [[0.5, 0.75, 1.0, 1.5, 2.0],
          [0.5, 0.75, 1.0, 1.5, 2.0],
          [0.5, 0.75, 1.0, 1.5, 2.0]]
```

❶ 我們使用實際的副本，而不是參考指標。

❷ 因此，原始物件的變動…

❸ …不會造成任何影響。

Python array 類別

Python 有一種專門的 array 模組。以下是它的文件的說法（*https://docs.python.org/3/library/array.html*）：

> 這個模組定義一種物件型態，可以紮實地代表基本值（字元、整數、浮點數）陣列。陣列是序列型態，它的行為很像 list，但是它裡面的物件的型態是有限制的。物件的型態是在物件建立期間以型態碼指定的，型態碼只有一個字元。

下列程式用一個 list 物件來實例化一個 array 物件：

```
In [11]: v = [0.5, 0.75, 1.0, 1.5, 2.0]

In [12]: import array

In [13]: a = array.array('f', v)  ❶
         a
Out[13]: array('f', [0.5, 0.75, 1.0, 1.5, 2.0])

In [14]: a.append(0.5)  ❷
         a
Out[14]: array('f', [0.5, 0.75, 1.0, 1.5, 2.0, 0.5])
```

```
In [15]: a.extend([5.0, 6.75])  ❷
         a
Out[15]: array('f', [0.5, 0.75, 1.0, 1.5, 2.0, 0.5, 5.0, 6.75])

In [16]: 2 * a  ❸
Out[16]: array('f', [0.5, 0.75, 1.0, 1.5, 2.0, 0.5, 5.0, 6.75, 0.5, 0.75, 1.0,
          1.5, 2.0, 0.5, 5.0, 6.75])
```

❶ 使用 float 型態碼來實例化 array 物件。

❷ 它的主要方法的運作方式類似 list 物件。

❸ 雖然"純量乘法"在理論上是可行的，但無法產生預期的數學結果，而且產生重複的元素。

試著附加與之前指定的資料型態不同的物件會產生 TypeError：

```
In [17]: a.append('string')  ❶

         ---------------------------------------
         TypeErrorTraceback (most recent call last)
         <ipython-input-17-14cd6281866b> in <module>()
         ----> 1 a.append('string')  ❶

         TypeError: must be real number, not str

In [18]: a.tolist()  ❷
Out[18]: [0.5, 0.75, 1.0, 1.5, 2.0, 0.5, 5.0, 6.75]
```

❶ 只能附加 float 物件，其他的資料型態 / 型態碼都會產生錯誤。

❷ 但是可以將 array 物件輕鬆地轉換回去 list 物件，如果你需要這種彈性的話。

array 類別有一種優點是它內建了儲存與取回功能：

```
In [19]: f = open('array.apy', 'wb')  ❶
         a.tofile(f)  ❷
         f.close()  ❸

In [20]: with open('array.apy', 'wb') as f:  ❹
             a.tofile(f)  ❹

In [21]: !ls -n arr*  ❺
         -rw-r--r--@ 1 503 20 32 Nov 7 11:46 array.apy
```

❶ 打開磁碟內的一個檔案，來寫入二進制資料。

❷ 將 array 資料寫入檔案。

❸ 關閉檔案。

❹ 另一種做法：使用 with 背景來做同樣的操作。

❺ 顯示寫入磁碟的檔案。

與之前一樣，當你從磁碟讀取資料時，array 物件的資料型態很重要：

```
In [22]: b = array.array('f')  ❶

In [23]: with open('array.apy', 'rb') as f:  ❷
             b.fromfile(f, 5)  ❸

In [24]: b  ❹
Out[24]: array('f', [0.5, 0.75, 1.0, 1.5, 2.0])

In [25]: b = array.array('d')  ❹

In [26]: with open('array.apy', 'rb') as f:
             b.fromfile(f, 2)  ❺

In [27]: b  ❻
Out[27]: array('d', [0.0004882813645963324, 0.12500002956949174])
```

❶ 用型態碼 float 來實例化一個新的 array 物件。

❷ 打開檔案，來讀取二進制資料 …

❸ … 並且讀取 b 物件裡面的五個元素。

❹ 用型態碼 double 來實例化一個新的 array 物件。

❺ 從檔案讀取兩個元素。

❻ 型態碼的差異會造成“錯誤”的數字。

一般的 NumPy 陣列

組合 list 物件來產生陣列結構雖然在某種程度上可行，但不太方便，而且 list 類別在設計上有它專屬的目的，它的應用範圍非常廣泛且一般化。array 類別比較專用，它提供一些實用的功能，來讓你使用資料陣列，但是，當你需要處理陣列型式的結構時，使用真正專用的類別有很大的好處。

基礎

numpy.ndarray 就是這種類別，它的設計目標，就是專門用來方便且高效地處理 *n* 維陣列。同樣的，用範例來說明這種類別實例的基本處理方式是最好的做法：

```
In [28]: import numpy as np  ❶

In [29]: a = np.array([0, 0.5, 1.0, 1.5, 2.0])  ❷
         a
Out[29]: array([0. , 0.5, 1. , 1.5, 2. ])

In [30]: type(a)  ❷
Out[30]: numpy.ndarray

In [31]: a = np.array(['a', 'b', 'c'])  ❸
         a
Out[31]: array(['a', 'b', 'c'], dtype='<U1')

In [32]: a = np.arange(2, 20, 2)  ❹
         a
Out[32]: array([ 2,  4,  6,  8, 10, 12, 14, 16, 18])

In [33]: a = np.arange(8, dtype=np.float)  ❺
         a
Out[33]: array([0., 1., 2., 3., 4., 5., 6., 7.])

In [34]: a[5:]  ❺
Out[34]: array([5., 6., 7.])

In [35]: a[:2]  ❻
Out[35]: array([0., 1.])
```

❶ 匯入 numpy 程式包。

❷ 用 float 的 list 物件來建立一個 ndarray 物件。

❸ 用 str 的 list 物件來建立一個 ndarray 物件。

❹ np.arange() 的工作方式類似 range()…

❺ … 但是接收一個額外的 dtype 輸入參數。

❻ 在使用一維的 `ndarray` 物件時，索引的運作方式與一般的情況一樣。

`ndarray` 類別的主要特徵是它有**大量的內建方法**。例如：

```
In [36]: a.sum()  ❶
Out[36]: 28.0

In [37]: a.std()  ❷
Out[37]: 2.29128784747792

In [38]: a.cumsum()  ❸
Out[38]: array([ 0.,  1.,  3.,  6., 10., 15., 21., 28.])
```

❶ 所有元素的總和。

❷ 元素的標準差。

❸ 所有元素的累計和（從索引位置 0 開始）。

`ndarray` 物件定義的主要功能還有（向量化的）**數學運算**：

```
In [39]: l = [0., 0.5, 1.5, 3., 5.]
         2 * l  ❶
Out[39]: [0.0, 0.5, 1.5, 3.0, 5.0, 0.0, 0.5, 1.5, 3.0, 5.0]

In [40]: a
Out[40]: array([0., 1., 2., 3., 4., 5., 6., 7.])

In [41]: 2 * a  ❷
Out[41]: array([ 0.,  2.,  4.,  6.,  8., 10., 12., 14.])

In [42]: a ** 2  ❸
Out[42]: array([ 0.,  1.,  4.,  9., 16., 25., 36., 49.])

In [43]: 2 ** a  ❹
Out[43]: array([  1.,   2.,   4.,   8.,  16.,  32.,  64., 128.])

In [44]: a ** a  ❺
Out[44]: array([1.00000e+00, 1.00000e+00, 4.00000e+00, 2.70000e+01, 2.56000e+02,
                3.12500e+03, 4.66560e+04, 8.23543e+05])
```

❶ 對 `list` 物件執行純量乘法。

❷ 相較之下，使用 `ndarray` 物件可得到正確的純量乘法。

❸ 計算每一個元素的平方值。

❹ 將 ndarray 的元素當成乘方。

❺ 計算每一個元素將自己的值當成乘方的結果。

通用函式是 NumPy 程式包的另一種重要功能。它們稱為“通用”的原因是，它們可以處理 ndarray 物件以及基本的 Python 資料型態。但是，當你用通用函式來處理（舉例）Python float 物件時，應注意它的性能比 math 模組的同一種功能降低多少：

```
In [45]: np.exp(a)  ❶
Out[45]: array([1.00000000e+00, 2.71828183e+00, 7.38905610e+00, 2.00855369e+01,
                5.45981500e+01, 1.48413159e+02, 4.03428793e+02, 1.09663316e+03])

In [46]: np.sqrt(a)  ❷
Out[46]: array([0.        , 1.        , 1.41421356, 1.73205081, 2.        ,
                2.23606798, 2.44948974, 2.64575131])

In [47]: np.sqrt(2.5)  ❸
Out[47]: 1.5811388300841898

In [48]: import math  ❹

In [49]: math.sqrt(2.5)  ❹
Out[49]: 1.5811388300841898

In [50]: math.sqrt(a)  ❺

         ---------------------------------------
         TypeErrorTraceback (most recent call last)
         <ipython-input-50-b39de4150838> in <module>()
         ----> 1 math.sqrt(a)  ❺

         TypeError: only size-1 arrays can be converted to Python scalars

In [51]: %timeit np.sqrt(2.5)  ❻
         722 ns ± 13.7 ns per loop (mean ± std. dev. of 7 runs, 1000000 loops
          each)

In [52]: %timeit math.sqrt(2.5)  ❼
         91.8 ns ± 4.13 ns per loop (mean ± std. dev. of 7 runs, 10000000 loops
          each)
```

❶ 計算每個元素的指數值。

❷ 計算每一個元素的平方根。

❸ 計算 Python float 物件的平方根。

❹ 做同樣的計算，這一次使用 math 模組。

❺ math.sqrt() 函式無法直接處理 ndarray。

❻ 用通用函式 np.sqrt() 來處理 Python float 物件 …

❼ … 的速度比使用 math.sqrt() 函式做的同一個運算慢很多。

多維

你可以無縫地轉換成多個維度，並且將介紹過的功能應用在更常見的案例。所有維度的索引系統都是一樣的：

```
In [53]: b = np.array([a, a * 2])  ❶
         b
Out[53]: array([[ 0.,  1.,  2.,  3.,  4.,  5.,  6.,  7.],
                [ 0.,  2.,  4.,  6.,  8., 10., 12., 14.]])

In [54]: b[0]  ❷
Out[54]: array([0., 1., 2., 3., 4., 5., 6., 7.])

In [55]: b[0, 2]  ❸
Out[55]: 2.0

In [56]: b[:, 1]  ❹
Out[56]: array([1., 2.])

In [57]: b.sum()  ❺
Out[57]: 84.0

In [58]: b.sum(axis=0)  ❻
Out[58]: array([ 0.,  3.,  6.,  9., 12., 15., 18., 21.])

In [59]: b.sum(axis=1)  ❼
Out[59]: array([28., 56.])
```

❶ 用一維的 ndarray 物件來建構二維的 ndarray 物件。

❷ 選擇第一列。

❸ 選擇第一列的第三個元素，在方括號內指定索引值，並且用逗號隔開它們。

❹ 選擇第二欄。

❺ 計算所有值的總和。

❻ 計算第一軸（axis）的總和，也就是欄。

❼ 計算第二軸的總和，也就是列。

將 ndarray 物件初始化（實例化）的方式有很多種，之前展示過其中一種，也就是使用 np.array，但是，這種做法預設所有陣列元素都已經存在了，或許你想要先將 ndarray 物件實例化，之後再將程式的執行結果填入，此時，你可以用這個函式：

```
In [60]: c = np.zeros((2, 3), dtype='i', order='C')  ❶
         c
Out[60]: array([[0, 0, 0],
                [0, 0, 0]], dtype=int32)

In [61]: c = np.ones((2, 3, 4), dtype='i', order='C')  ❷
         c
Out[61]: array([[[1, 1, 1, 1],
                 [1, 1, 1, 1],
                 [1, 1, 1, 1]],

                [[1, 1, 1, 1],
                 [1, 1, 1, 1],
                 [1, 1, 1, 1]]], dtype=int32)

In [62]: d = np.zeros_like(c, dtype='f16', order='C')  ❸
         d
Out[62]: array([[[0., 0., 0., 0.],
                 [0., 0., 0., 0.],
                 [0., 0., 0., 0.]],

                [[0., 0., 0., 0.],
                 [0., 0., 0., 0.],
                 [0., 0., 0., 0.]]], dtype=float128)

In [63]: d = np.ones_like(c, dtype='f16', order='C')  ❸
         d
Out[63]: array([[[1., 1., 1., 1.],
                 [1., 1., 1., 1.],
                 [1., 1., 1., 1.]],

                [[1., 1., 1., 1.],
                 [1., 1., 1., 1.],
                 [1., 1., 1., 1.]]], dtype=float128)

In [64]: e = np.empty((2, 3, 2))  ❹
```

```
        e
Out[64]: array([[[0.00000000e+000, 0.00000000e+000],
                 [0.00000000e+000, 0.00000000e+000],
                 [0.00000000e+000, 0.00000000e+000]],

                [[0.00000000e+000, 0.00000000e+000],
                 [0.00000000e+000, 7.49874326e+247],
                 [1.28822975e-231, 4.33190018e-311]]])

In [65]: f = np.empty_like(c)  ❹
         f
Out[65]: array([[[          0,          0,          0,          0],
                 [          0,          0,          0,          0],
                 [          0,          0,          0,          0]],

                [[          0,          0,          0,          0],
                 [          0,          0,  740455269, 1936028450],
                 [          0,  268435456, 1835316017,       2041]]], dtype=int32)

In [66]: np.eye(5)  ❺
Out[66]: array([[1., 0., 0., 0., 0.],
                [0., 1., 0., 0., 0.],
                [0., 0., 1., 0., 0.],
                [0., 0., 0., 1., 0.],
                [0., 0., 0., 0., 1.]])

In [67]: g = np.linspace(5, 15, 12)  ❻
         g
Out[67]: array([ 5.        ,  5.90909091 , 6.81818182,  7.72727273,  8.63636364,
                 9.54545455, 10.45454545, 11.36363636, 12.27272727, 13.18181818,
                14.09090909, 15.        ])
```

❶ 建立一個預先填入 0 的 ndarray 物件。

❷ 建立一個預先填入 1 的 ndarray 物件。

❸ 一樣，但是用另一個 ndarray 物件來設定形狀。

❹ 建立一個未預先填入任何東西的 ndarray 物件（數字是記憶體內的位元）。

❺ 建立一個方陣 ndarray 物件，並且將對角線填上 1。

❻ 建立一維的 ndarray 物件，並且讓各個數字有一樣的間隔，三個參數分別代表開始、結束與數目（元素數目）。

在這些函式中，你可以使用這些參數：

shape
: int 或 int 物件序列，或是另一個 ndarray 的參考

dtype（選用）
: dtype 是 NumPy 專屬的 ndarray 物件資料型態

order（選用）
: 將元素儲存在記憶體裡面的順序：C 代表 C 式（即逐列），F 代表 Fortran 式（即逐欄）

我們可以從這裡清楚地看到，相較於 list 做法，NumPy 藉由 ndarray 類別，以專門的方式建構 array：

- ndarray 物件有內建的**維度**（軸）。
- ndarray 物件是**不可變的**，它的長度（大小）是固定的。
- 它只允許整個陣列使用**單一資料型態**（np.dtype）。

array 類別與 ndarray 一樣的特性只有"允許單一資料型態"（型態碼，dtype）。

本章稍後會說明 order 參數的功能。表 4-1 是一些 np.dtype 物件的簡介（即 NumPy 可用的基本資料型態）。

表 4-1 NumPy dtype 物件

dtype	說明	範例
?	布林	?（True 或 False）
i	帶正負號整數	i8（64 位元）
u	無正負號整數	u8（64 位元）
f	浮點數	f8（64 位元）
c	複數浮點數	c32（256 位元）
m	timedelta	m（64 位元）
M	datetime	M（64 位元）
O	物件	O（物件指標）
U	Unicode	U24（24 Unicode 字元）
V	原始資料（void）	V12（12-byte 資料區塊）

詮釋資訊

每一個 ndarray 物件都有一些實用的屬性可供讀取：

```
In [68]: g.size  ❶
Out[68]: 12

In [69]: g.itemsize  ❷
Out[69]: 8

In [70]: g.ndim  ❸
Out[70]: 1

In [71]: g.shape  ❹
Out[71]: (12,)

In [72]: g.dtype  ❺
Out[72]: dtype('float64')

In [73]: g.nbytes  ❻
Out[73]: 96
```

❶ 元素數量。

❷ 一個元素的 byte 數量。

❸ 維數。

❹ ndarray 物件的外形。

❺ 元素的 dtype。

❻ 使用的記憶體總 byte 數。

變更外形與大小

雖然 ndarray 在預設的情況下是不可變的，但你可以用一些選項來變更物件的外形與大小。改變外形只是讓同樣資料有另一種外觀，但改變大小通常會建立新的（暫時性）物件。我們先來看一些改變外形的例子：

```
In [74]: g = np.arange(15)

In [75]: g
Out[75]: array([ 0,  1,  2,  3,  4,  5,  6,  7,  8,  9, 10, 11, 12, 13, 14])
```

```
In [76]: g.shape  ❶
Out[76]: (15,)

In [77]: np.shape(g)  ❶
Out[77]: (15,)

In [78]: g.reshape((3, 5))  ❷
Out[78]: array([[ 0,  1,  2,  3,  4],
                [ 5,  6,  7,  8,  9],
                [10, 11, 12, 13, 14]])

In [79]: h = g.reshape((5, 3))  ❸
         h
Out[79]: array([[ 0,  1,  2],
                [ 3,  4,  5],
                [ 6,  7,  8],
                [ 9, 10, 11],
                [12, 13, 14]])

In [80]: h.T  ❹
Out[80]: array([[ 0, 3, 6,  9, 12],
                [ 1, 4, 7, 10, 13],
                [ 2, 5, 8, 11, 14]])

In [81]: h.transpose()  ❹
Out[81]: array([[ 0, 3, 6,  9, 12],
                [ 1, 4, 7, 10, 13],
                [ 2, 5, 8, 11, 14]])
```

❶ 原始 ndarray 物件的外形。

❷ 改成二維的外形（記憶體的觀點）。

❸ 建立新物件。

❹ 將新的 ndarray 物件轉置。

在更改外形期間，ndarray 物件的元素總數是不變的，在更改大小期間，數量會改變—要不是減少（“縮小”），就是增加（“擴大”）。下面是更改大小的範例：

```
In [82]: g
Out[82]: array([ 0,  1,  2,  3,  4,  5,  6,  7,  8, 9, 10, 11, 12, 13, 14])

In [83]: np.resize(g, (3, 1))  ❶
Out[83]: array([[0],
                [1],
                [2]])
```

```
In [84]: np.resize(g, (1, 5))  ❶
Out[84]: array([[0, 1, 2, 3, 4]])

In [85]: np.resize(g, (2, 5))  ❶
Out[85]: array([[0, 1, 2, 3, 4],
               [5, 6, 7, 8, 9]])

In [86]: n = np.resize(g, (5, 4))  ❷
         n
Out[86]: array([[ 0,  1,  2,  3],
               [ 4,  5,  6,  7],
               [ 8,  9, 10, 11],
               [12, 13, 14,  0],
               [ 1,  2,  3,  4]])
```

❶ 二維，縮小。

❷ 二維，擴大。

疊加（*Stacking*）是一種特殊的操作，可將兩個 ndarray 物件橫向或直向結合，但是它們互相“連接”的維度必須有相同的大小：

```
In [87]: h
Out[87]: array([[ 0,  1,  2],
               [ 3,  4,  5],
               [ 6,  7,  8],
               [ 9, 10, 11],
               [12, 13, 14]])

In [88]: np.hstack((h, 2 * h))  ❶
Out[88]: array([[ 0,  1,  2,  0,  2,  4],
               [ 3,  4,  5,  6,  8, 10],
               [ 6,  7,  8, 12, 14, 16],
               [ 9, 10, 11, 18, 20, 22],
               [12, 13, 14, 24, 26, 28]])

In [89]: np.vstack((h, 0.5 * h))  ❷
Out[89]: array([[ 0. ,  1. ,  2. ],
               [ 3. ,  4. ,  5. ],
               [ 6. ,  7. ,  8. ],
               [ 9. , 10. , 11. ],
               [12. , 13. , 14. ],
               [ 0. ,  0.5,  1. ],
               [ 1.5,  2. ,  2.5],
               [ 3. ,  3.5,  4. ],
               [ 4.5,  5. ,  5.5],
               [ 6. ,  6.5,  7. ]])
```

❶ 橫向疊加兩個 ndarray 物件。

❷ 直向疊加兩個 ndarray 物件。

另一種特殊的操作是將多維的 ndarray 物件壓扁成一維物件：你可以選擇逐列（C 順序）或逐欄（F 順序）壓扁：

```
In [90]: h
Out[90]: array([[ 0,  1,  2],
               [ 3,  4,  5],
               [ 6,  7,  8],
               [ 9, 10, 11],
               [12, 13, 14]])

In [91]: h.flatten()  ❶
Out[91]: array([ 0,  1,  2,  3,  4,  5,  6,  7,  8,  9, 10, 11, 12, 13, 14])

In [92]: h.flatten(order='C')  ❶
Out[92]: array([ 0,  1,  2,  3,  4,  5,  6,  7,  8,  9, 10, 11, 12, 13, 14])

In [93]: h.flatten(order='F')  ❷
Out[93]: array([ 0,  3,  6,  9, 12,  1,  4,  7, 10, 13,  2,  5,  8, 11, 14])

In [94]: for i in h.flat:  ❸
             print(i, end=',')
         0,1,2,3,4,5,6,7,8,9,10,11,12,13,14,
In [95]: for i in h.ravel(order='C'):  ❹
             print(i, end=',')
         0,1,2,3,4,5,6,7,8,9,10,11,12,13,14,
In [96]: for i in h.ravel(order='F'):  ❹
             print(i, end=',')
         0,3,6,9,12,1,4,7,10,13,2,5,8,11,14,
```

❶ 預設的壓扁順序是 C。

❷ 用 F 順序壓扁。

❸ flat 屬性提供一個 flat 迭代器（C 順序）。

❹ 你也可以將 flatten() 換成 ravel() 方法。

布林陣列

比較與邏輯運算一般都是逐元素以一致的方式處理 ndarray 物件，與處理標準的 Python 資料型態一樣。在預設情況下，條件式會產生一個布林 ndarray 物件（dtype 是 bool）：

```
In [97]: h
Out[97]: array([[ 0,  1,  2],
                [ 3,  4,  5],
                [ 6,  7,  8],
                [ 9, 10, 11],
                [12, 13, 14]])

In [98]: h > 8  ❶
Out[98]: array([[False, False, False],
                [False, False, False],
                [False, False, False],
                [ True,  True,  True],
                [ True,  True,  True]])

In [99]: h <= 7  ❷
Out[99]: array([[ True,  True,  True],
                [ True,  True,  True],
                [ True,  True, False],
                [False, False, False],
                [False, False, False]])

In [100]: h == 5  ❸
Out[100]: array([[False, False, False],
                 [False, False,  True],
                 [False, False, False],
                 [False, False, False],
                 [False, False, False]])

In [101]: (h == 5).astype(int)  ❹
Out[101]: array([[0, 0, 0],
                 [0, 0, 1],
                 [0, 0, 0],
                 [0, 0, 0],
                 [0, 0, 0]])

In [102]: (h > 4) & (h <= 12)  ❺
Out[102]: array([[False, False, False],
                 [False, False,  True],
                 [ True,  True,  True],
                 [ True,  True,  True],
                 [ True, False, False]])
```

❶ 值是否大於 …？

❷ 值是否小於或等於 …？

❸ 值是否等於 …？

❹ 將 True 與 False 表示成整數值 0 與 1。

❺ 值是否大於 … 並且小於或等於 …？

你可以使用這種布林陣列來檢索或選擇資料，這些操作會將資料壓平：

```
In [103]: h[h > 8]  ❶
Out[103]: array([ 9, 10, 11, 12, 13, 14])

In [104]: h[(h > 4) & (h <= 12)]  ❷
Out[104]: array([ 5,  6,  7,  8,  9, 10, 11, 12])

In [105]: h[(h < 4) | (h >= 12)]  ❸
Out[105]: array([ 0,  1,  2,  3, 12, 13, 14])
```

❶ 給我大於 … 的所有值。

❷ 給我大於 … 且小於或等於 … 的所有值。

❸ 給我大於 … 或小於或等於 … 的所有值。

np.where() 函式是一種強大的工具，可讓你根據條件的結果為 True 或 False 來定義動作 / 運算。使用 np.where() 會得到一個外形與原始物件一樣的新 ndarray 物件：

```
In [106]: np.where(h > 7, 1, 0)  ❶
Out[106]: array([[0, 0, 0],
                 [0, 0, 0],
                 [0, 0, 1],
                 [1, 1, 1],
                 [1, 1, 1]])

In [107]: np.where(h % 2 == 0, 'even', 'odd')  ❷
Out[107]: array([['even', 'odd', 'even'],
                 ['odd', 'even', 'odd'],
                 ['even', 'odd', 'even'],
                 ['odd', 'even', 'odd'],
                 ['even', 'odd', 'even']], dtype='<U4')

In [108]: np.where(h <= 7, h * 2, h / 2)  ❸
Out[108]: array([[ 0. ,  2. ,  4. ],
```

```
           [ 6. ,  8. , 10. ],
           [12. , 14. ,  4. ],
           [ 4.5,  5. ,  5.5],
           [ 6. ,  6.5,  7. ]])
```

❶ 在新物件中，若元素為 True，則它設為 1，否則設為 0。

❷ 在新物件中，若元素為 True，則將它設為 even，否則 odd。

❸ 在新物件中，若元素為 True，則將 h 的元素乘以 2，否則除以 2。

後續的章節會提出更多關於 ndarray 物件的操作範例。

比較速度

我們很快就會介紹 NumPy 的結構化陣列了，不過目前先繼續討論一般的陣列，看看專門化對性能造成什麼影響。

舉個簡單的例子，考慮我們要產生一個 5,000 × 5,000 外形的矩陣 / 陣列，並在裡面填入標準常態分布的偽亂數，接著計算所有元素的總和。首先，我們採取純 Python 做法，使用 list 生成式：

```
In [109]: import random
          I = 5000

In [110]: %time mat = [[random.gauss(0, 1) for j in range(I)] \
                          for i in range(I)]  ❶
          CPU times: user 17.1 s, sys:361 ms, total: 17.4 s
          Wall time: 17.4 s

In [111]: mat[0][:5]  ❷
Out[111]: [-0.40594967782329183,
           -1.357757478015285,
           0.05129566894355976,
           -0.8958429976582192,
           0.6234174778878331]

In [112]: %time sum([sum(l) for l in mat])  ❸
          CPU times: user 142 ms, sys:1.69 ms, total: 144 ms
          Wall time: 143 ms

Out[112]: -3561.944965714259

In [113]: import sys
          sum([sys.getsizeof(l) for l in mat])  ❹
Out[113]: 215200000
```

❶ 用嵌套的 list 生成式來建立矩陣。

❷ 顯示一些得到的亂數。

❸ 先用 list 生成式計算單一 list 物件的總和，再計算總和的總和。

❹ 計算所有 list 物件使用的記憶體的總和。

我們接著來用 NumPy 解決同一個問題。NumPy 子程式包 random 有許多方便的函式，可用來實例化 ndarray 物件，同時對它填入偽亂數：

```
In [114]: %time mat = np.random.standard_normal((I, I))  ❶
          CPU times: user 1.01 s, sys: 200 ms, total: 1.21 s
          Wall time: 1.21 s

In [115]: %time mat.sum()  ❷
          CPU times: user 29.7 ms, sys: 1.15 ms, total: 30.8 ms
          Wall time: 29.4 ms

Out[115]: -186.12767026606448

In [116]: mat.nbytes  ❸
Out[116]: 200000000

In [117]: sys.getsizeof(mat)  ❸
Out[117]: 200000112
```

❶ 用標準常態分布的亂數來建立 ndarray 物件，它的速度快了大約 14 倍。

❷ 計算 ndarray 物件的所有值的總和，它的速度快了大約 4.5 倍。

❸ 使用 NumPy 也節省一些記憶體空間，ndarray 物件使用的記憶體比資料本身還要小。

使用 NumPy 陣列

使用 NumPy 來執行陣列相關的操作與演算法，通常可以寫出緊湊且容易閱讀的程式碼，與純 Python 程式相較之下，性能也有顯著的提升。

結構化的 NumPy 陣列

專門化的 ndarray 類別顯然有很多寶貴的好處。但是，對大多數陣列相關的演算法或應用來說，這種過於狹隘的專門化可能會帶來很大的負擔。因此，NumPy 提供結構化的

ndarray 與紀錄型的 recarray 物件（*http://bit.ly/2DHsXgn*），可讓你在每一欄使用不同的 dtype。"每一欄" 是什麼意思？考慮將下列的結構化 ndarray 物件初始化的情形：

```
In [118]: dt = np.dtype([('Name', 'S10'), ('Age', 'i4'),
                         ('Height', 'f'), ('Children/Pets', 'i4', 2)])  ❶

In [119]: dt  ❶
Out[119]: dtype([('Name', 'S10'), ('Age', '<i4'), ('Height', '<f4'),
           ('Children/Pets', '<i4', (2,))])

In [120]: dt = np.dtype({'names': ['Name', 'Age', 'Height', 'Children/Pets'],
                        'formats':'O int float int,int'.split()})  ❷

In [121]: dt  ❷
Out[121]: dtype([('Name', 'O'), ('Age', '<i8'), ('Height', '<f8'),
           ('Children/Pets', [('f0', '<i8'), ('f1', '<i8')])])

In [122]: s = np.array([('Smith', 45, 1.83, (0, 1)),
                        ('Jones', 53, 1.72, (2, 2))], dtype=dt)  ❸

In [123]: s  ❸
Out[123]: array([('Smith', 45, 1.83, (0, 1)), ('Jones', 53, 1.72, (2, 2))],
          dtype=[('Name', 'O'), ('Age', '<i8'), ('Height', '<f8'),
           ('Children/Pets', [('f0', '<i8'), ('f1', '<i8')])])

In [124]: type(s)  ❹
Out[124]: numpy.ndarray
```

❶ 組合複式的 dtype。

❷ 用另一種取法來產生同樣的結果。

❸ 用兩筆紀錄來實例化一個結構化的 ndarray。

❹ 物件型態仍然是 ndarray。

這種建構方式很像在 SQL 資料庫裡面初始化資料表，資料表有欄名稱與欄資料型態，可能還有一些額外的資訊（例如，每個 str 物件的最大字元數）。現在你可以用名稱來存取欄，以及用索引值來存取列：

```
In [125]: s['Name']  ❶
Out[125]: array(['Smith', 'Jones'], dtype=object)

In [126]: s['Height'].mean()  ❷
Out[126]: 1.775
```

```
In [127]: s[0]  ❸
Out[127]: ('Smith', 45, 1.83, (0, 1))

In [128]: s[1]['Age']  ❹
Out[128]: 53
```

❶ 用名稱來選擇一欄。

❷ 對你選擇的欄呼叫一個方法。

❸ 選擇一筆紀錄。

❹ 選擇一筆紀錄中的一欄。

總之，結構化陣列是常規的 `ndarray` 物件型態的泛化版本，因為每欄內的資料型態都必須一樣，如同 SQL 資料庫的資料表。結構化陣列的優點之一在於，欄的單一元素可以是另一個多維物件，而且不必是基本的 NumPy 資料型態。

> **結構化陣列**
>
> 除了一般的陣列之外，NumPy 也提供結構化（與紀錄）陣列，可讓你在每一欄（有名稱）使用各種不同的資料型態來描述與處理表格式資料結構。它們可讓你用 Python 來處理類似 SQL 表的資料結構，並且可以得到常規的 `ndarray` 物件大多數的好處（語法、方法、性能）。

程式碼的向量化

向量化是寫出更紮實，而且執行速度更快的程式碼的策略。它的基本概念是“一次”對複式物件執行一項操作或應用函式，而不是藉由迭代物件的單一元素。Python 的 `map()` 與 `filter()` 等泛函編程工具都提供了基本的向量化手段。但 NumPy 則深深地在核心建立向量化的概念。

基本向量化

如上一節所示，我們可以直接使用 `ndarray` 物件，透過方法或通用函式，來實現簡單的數學運算（例如計算所有元素的總和），我們也可以進行更一般性的向量化操作。例如，將兩個 NumPy 陣列逐元素相加：

```
In [129]: np.random.seed(100)
          r = np.arange(12).reshape((4, 3))  ❶
          s = np.arange(12).reshape((4, 3)) * 0.5  ❷

In [130]: r  ❶
Out[130]: array([[ 0,  1,  2],
                 [ 3,  4,  5],
                 [ 6,  7,  8],
                 [ 9, 10, 11]])

In [131]: s  ❷
Out[131]: array([[0. , 0.5, 1. ],
                 [1.5, 2. , 2.5],
                 [3. , 3.5, 4. ],
                 [4.5, 5. , 5.5]])

In [132]: r + s  ❸
Out[132]: array([[ 0. ,  1.5,  3. ],
                 [ 4.5,  6. ,  7.5],
                 [ 9. , 10.5, 12. ],
                 [13.5, 15. , 16.5]])
```

❶ 第一個含有亂數的 ndarray 物件。

❷ 第二個含有亂數的 ndarray 物件。

❸ 用向量化運算（沒有迴圈）來逐元素相加。

NumPy 也支援所謂的廣播（*broadcasting*）。它可讓你用一次操作將不同外形的物件結合起來。上面的範例已經使用這種做法了。考慮這個範例：

```
In [133]: r + 3  ❶
Out[133]: array([[ 3,  4,  5],
                 [ 6,  7,  8],
                 [ 9, 10, 11],
                 [12, 13, 14]])

In [134]: 2 * r  ❷
Out[134]: array([[ 0,  2,  4],
                 [ 6,  8, 10],
                 [12, 14, 16],
                 [18, 20, 22]])

In [135]: 2 * r + 3  ❸
Out[135]: array([[ 3,  5,  7],
                 [ 9, 11, 13],
```

```
               [15, 17, 19],
               [21, 23, 25]])
```

❶ 在做純量加法時，純量會被廣播並加至每一個元素。

❷ 在做純量乘法時，純量也會被廣播並乘以每一個元素。

❸ 這個線性轉換結合上述的兩項運算。

這些操作也可以處理不同外型的 ndarray 物件，甚至：

```
In [136]: r
Out[136]: array([[ 0,  1,  2],
                 [ 3,  4,  5],
                 [ 6,  7,  8],
                 [ 9, 10, 11]])

In [137]: r.shape
Out[137]: (4, 3)

In [138]: s = np.arange(0, 12, 4)  ❶
          s  ❶
Out[138]: array([0, 4, 8])

In [139]: r + s  ❷
Out[139]: array([[ 0,  5, 10],
                 [ 3,  8, 13],
                 [ 6, 11, 16],
                 [ 9, 14, 19]])

In [140]: s = np.arange(0, 12, 3)  ❸
          s  ❸
Out[140]: array([0, 3, 6, 9])

In [141]: r + s  ❹

          ---------------------------------------
          ValueErrorTraceback (most recent call last)
          <ipython-input-141-1890b26ec965> in <module>()
          ----> 1 r + s  ❹

          ValueError: operands could not be broadcast together
                      with shapes (4,3) (4,)

In [142]: r.transpose() + s  ❺
Out[142]: array([[ 0, 6, 12, 18],
```

```
                   [ 1,  7, 13, 19],
                   [ 2,  8, 14, 20]])

In [143]: sr = s.reshape(-1, 1)  ❻
          sr
Out[143]: array([[0],
                 [3],
                 [6],
                 [9]])

In [144]: sr.shape  ❻
Out[144]: (4, 1)

In [145]: r + s.reshape(-1, 1)  ❻
Out[145]: array([[ 0,  1,  2],
                 [ 6,  7,  8],
                 [12, 13, 14],
                 [18, 19, 20]])
```

❶ 長度為 3 的新一維 `ndarray` 物件。

❷ 你可以直接將 `r`（矩陣）與 `s`（向量）相加。

❸ 另一個長度為 4 的一維 `ndarray` 物件。

❹ 新物件 `s`（向量）的長度與二維的 `r` 物件的長度是不同的。

❺ 轉置 `r` 物件即可執行向量加法。

❻ 或者，你可以將 `s` 的外形改成 `(4, 1)`，來讓加法可行（但是結果會不同）。

通常自訂的 Python 函式也可以處理 `ndarray` 物件。如果實作允許，函式可以像使用 `int` 或 `float` 物件一樣使用陣列。考慮下列的函式：

```
In [146]: def f(x):
              return 3 * x + 5  ❶

In [147]: f(0.5)  ❷
Out[147]: 6.5

In [148]: f(r)  ❸
Out[148]: array([[ 5,  8, 11],
                 [14, 17, 20],
                 [23, 26, 29],
                 [32, 35, 38]])
```

❶ 對參數 x 進行線性轉換的 Python 函式。

❷ 用函式 f() 來處理 Python float 物件。

❸ 用同一個函式來處理 ndarray 物件時，會以向量化且逐元素的方式來求值。

NumPy 的做法是直接對每一個物件元素執行函式 f。這種操作方式並非不必使用迴圈，它只是在 Python 層面上避免迴圈，將迴圈委託給 NumPy。在 NumPy 層面上，它是用優化的程式碼來遍歷 ndarray 物件，這些程式碼大部分都是用 C 寫成的，因此通常比純 Python 程式還要快。這也是使用 NumPy 來處理陣列時，可以改善效能的“秘密”。

記憶體布局

當你像第 98 頁“多維”介紹的那樣，使用 np.zeros() 來初始化 ndarray 物件時，會傳入一個選用的記憶體布局引數，簡單地說，這個引數指定了要將陣列的哪些元素彼此相鄰地（鄰接地）儲存在記憶體中。在處理小型的陣列時，這個引數對陣列操作的性能幾乎沒有什麼影響。但是當陣列變大時，根據處理它們的（金融）演算法，可能會出現不同的結果。這就是**記憶體布局**發揮作用的地方（例如，見 Eli Bendersky 的文章“Memory Layout of Multi-Dimensional Arrays”（*http://bit.ly/2K8rujN*））。

為了說明陣列的記憶體布局在科學與金融領域的重要性，考慮下列建立多維 ndarray 物件的做法：

```
In [149]: x = np.random.standard_normal((1000000, 5))  ❶

In [150]: y = 2 * x + 3  ❷

In [151]: C = np.array((x, y), order='C')  ❸

In [152]: F = np.array((x, y), order='F')  ❹

In [153]: x = 0.0; y = 0.0  ❺

In [154]: C[:2].round(2)  ❻
Out[154]: array([[[-1.75, 0.34,  1.15, -0.25, 0.98],
                  [ 0.51, 0.22, -1.07, -0.19, 0.26],
                  [-0.46, 0.44, -0.58,  0.82, 0.67],
                  ...,
                  [-0.05,  0.14,  0.17,  0.33,  1.39],
                  [ 1.02,  0.3 , -1.23, -0.68, -0.87],
                  [ 0.83, -0.73,  1.03,  0.34, -0.46]],
                 [[-0.5 , 3.69, 5.31, 2.5 , 4.96],
```

```
       [ 4.03, 3.44, 0.86, 2.62, 3.51],
       [ 2.08, 3.87, 1.83, 4.63, 4.35],
       ...,
       [ 2.9 , 3.28, 3.33, 3.67, 5.78],
       [ 5.04, 3.6 , 0.54, 1.65, 1.26],
       [ 4.67, 1.54, 5.06, 3.69, 2.07]]])
```

❶ 這個 ndarray 物件的兩個維度極不對稱。

❷ 對原始物件資料進行線性轉換。

❸ 用 C 順序（列為主）建立一個二維的 ndarray 物件。

❹ 用 F 順序（欄為主）建立一個二維的 ndarray 物件。

❺ 釋出記憶體（取決於記憶體回收機制）。

❻ 用一些數字組成 C 物件。

我們來看兩種 ndarray 物件的基本範例與使用案例，並觀察在執行它們時，使用不同的記憶體布局產生的速度：

```
In [155]: %timeit C.sum()  ❶
          4.36 ms ± 89.3 µs per loop (mean ± std. dev. of 7 runs, 100 loops each)

In [156]: %timeit F.sum()  ❶
          4.21 ms ± 71.4 µs per loop (mean ± std. dev. of 7 runs, 100 loops each)

In [157]: %timeit C.sum(axis=0)  ❷
          17.9 ms ± 776 µs per loop (mean ± std. dev. of 7 runs, 100 loops each)

In [158]: %timeit C.sum(axis=1)  ❸
          35.1 ms ± 999 µs per loop (mean ± std. dev. of 7 runs, 10 loops each)

In [159]: %timeit F.sum(axis=0)  ❷
          83.8 ms ± 2.63 ms per loop (mean ± std. dev. of 7 runs, 10 loops each)

In [160]: %timeit F.sum(axis=1)  ❸
          67.9 ms ± 5.16 ms per loop (mean ± std. dev. of 7 runs, 10 loops each)


In [161]: F = 0.0; C = 0.0
```

❶ 計算所有元素的總和。

❷ 計算每一列（“多”）的總和。

❸ 計算每一欄（“少”）的總和。

我們可以將性能結果歸納如下：

- 在計算所有元素的總和時，記憶體布局的影響不大。
- 加總 C 順序的 ndarray 物件的速度比加總列與欄還要快（壓倒性的的速度優勢）。
- ndarray 陣列是 C 順序（列為主）時，加總列的速度比加總欄還要快。
- ndarray 陣列是 F 順序（欄為主）時，加總欄的速度比加總列還要快。

小結

NumPy 是進行 Python 數值計算的首選。ndarray 類別是專門為了方便且有效地處理（大型）數值資料而設計的。你可以使用許多強大的方法與 NumPy 通用函式來編寫向量化的程式碼，在 Python 層面上避開大部分緩慢的迴圈。本章介紹的許多做法也適用於 pandas 及其 DataFrame 類別（見第 5 章）。

其他資源

NumPy 的網站有許多實用的資源：

- *http://www.numpy.org/*

優秀的 NumPy 書籍有：

- McKinney, Wes (2017). *Python for Data Analysis.* Sebastopol, CA: O'Reilly.
- VanderPlas, Jake (2016). *Python Data Science Handbook.* Sebastopol, CA: O'Reilly.

第五章

用 pandas 分析資料

資料！資料！資料！沒有黏土就無法做磚！

—Sherlock Holmes

本章的主題是 pandas，這是一種專門分析表格資料的程式庫，它不但提供許多實用的類別與函式，也非常妥善地包裝了其他程式包的功能。所以它是一種很方便的使用者介面，可以幫助我們高效地分析資料，尤其是分析金融資料。

本章討論這些基本資料結構：

物件型態	含義	用途
DataFrame	含索引的二維資料物件	以欄來組織的表格資料
Series	含索引的一維資料物件	單一（時間）序列資料

本章包含這些小節：

"*DataFrame* 類別"，第 120 頁

本節先使用簡單且小型的資料集來探索 pandas 的 DataFrame 類別的基本特性與功能，接著展示如何將 NumPy ndarray 物件轉換成 DataFrame 物件。

"基本分析"，第 129 頁；與"基本視覺化"，第 132 頁

這幾節將介紹基本的分析與視覺化功能（後續的章節會更深入探討這些主題）。

"*Series* 類別"，第 135 頁
: 這個相當簡短的小節介紹 pandas 的 Series 類別，它只有一欄資料，在某種意義上代表 DataFrame 的一個特例。

"*GroupBy* 操作"，第 137 頁
: 根據一或多欄的內容來將資料分組是 DataFrame 類別的長處之一。本節介紹 pandas 的分組功能。

"複式選擇"，第 139 頁
: 本節介紹如何使用（複式）條件，輕鬆地從 DataFrame 物件中選取資料。

"串接、連接與合併"，第 142 頁
: 在分析資料時，將不同的資料集結合成一個是非常重要的操作。pandas 提供許多選項來完成這項工作，本節將加以說明。

"性能"，第 148 頁
: 如同一般的 Python，pandas 通常有多個選項可完成同一個目標。本節將簡介不同選項潛在的性能差異。

DataFrame 類別

pandas（與本章）的核心是 DataFrame 類別，它的設計上是為了高效地處理表格形式的資料，也就是用欄來組織的資料。舉例而言，為此，DataFrame 類別提供了欄位標示功能，以及靈活的列（紀錄）檢索功能，它們很像關聯式資料庫或 Excel 試算表的表格。

本節討論 pandas DataFrame 類別的一些基本層面。因為這個類別既複雜且強大，所以在此只能介紹它的部分功能。後續的章節會提供更多範例，並且解釋不同的層面。

踏出使用 DataFrame 類別的第一步

DataFrame 的設計，基本上是為了管理具備索引和標籤的資料，它與 SQL 資料庫的表格，或試算表的工作表沒有太大的差異。考慮這段建立 DataFrame 物件的程式：

```
In [1]: import pandas as pd  ❶

In [2]: df = pd.DataFrame([10, 20, 30, 40],  ❷
                          columns=['numbers'],  ❸
                          index=['a', 'b', 'c', 'd'])  ❹
```

```
In [3]: df  ❺
Out[3]:    numbers
        a       10
        b       20
        c       30
        d       40
```

❶ 匯入 pandas。

❷ 用 list 物件來定義資料。

❸ 指定欄標籤。

❹ 指定索引值 / 標籤。

❺ 展示 DataFrame 物件的資料，以及欄與索引標籤。

這個簡單的範例展示了 DataFrame 類別在儲存資料時的一些主要特徵：

- 你可以用不同的外形與型態（可用的有 list、tuple、ndarray 與 dict 物件）來提供資料本身。
- 資料是用欄來組織的，欄可以使用自訂的名稱（標籤）。
- 有一個索引，可以使用各種格式（例如數字、字串、時間資訊）。

DataFrame 物件用起來通常比較方便且高效，相較之下，一般的 ndarray 物件比較專用，當你想要擴大既有的物件時，限制也比較多。同時，DataFrame 物件的計算效率通常與 ndarray 物件相當。下面的範例展示如何對 DataFrame 物件進行典型的操作：

```
In [4]: df.index  ❶
Out[4]: Index(['a', 'b', 'c', 'd'], dtype='object')

In [5]: df.columns  ❷
Out[5]: Index(['numbers'], dtype='object')

In [6]: df.loc['c']  ❸
Out[6]: numbers    30
        Name: c, dtype: int64

In [7]: df.loc[['a', 'd']]  ❹
Out[7]:    numbers
        a       10
        d       40

In [8]: df.iloc[1:3]  ❺
```

```
Out[8]:    numbers
        b       20
        c       30

In [9]: df.sum()  ❻
Out[9]: numbers    100
        dtype: int64

In [10]: df.apply(lambda x: x ** 2)  ❼
Out[10]:    numbers
         a      100
         b      400
         c      900
         d     1600

In [11]: df ** 2  ❽
Out[11]:    numbers
         a      100
         b      400
         c      900
         d     1600
```

❶ index 屬性與 Index 物件。

❷ columns 屬性與 Index 物件。

❸ 選擇索引 c 對應的值。

❹ 選擇索引 a 與 d 對應的值。

❺ 用索引位置來選擇第二與第三列。

❻ 計算單欄的總和。

❼ 使用 apply() 方法，以向量化的方式計算平方值。

❽ 像 ndarray 物件一樣直接套用向量化。

與 NumPy ndarray 物件不同的是，我們可以擴大 DataFrame 物件的兩個維度：

```
In [12]: df['floats'] = (1.5, 2.5, 3.5, 4.5)  ❶

In [13]: df
Out[13]:    numbers  floats
         a       10     1.5
         b       20     2.5
```

```
          c       30    3.5
          d       40    4.5

In [14]: df['floats']  ❷
Out[14]: a    1.5
         b    2.5
         c    3.5
         d    4.5
         Name: floats, dtype: float64
```

❶ 以 tuple 物件提供 float 物件，來加入新的一欄。

❷ 選擇這一欄，並展示它的資料與索引標籤。

你也可以用整個 DataFrame 物件來定義新欄。在這種情況下，索引會自動對齊：

```
In [15]: df['names'] = pd.DataFrame(['Yves', 'Sandra', 'Lilli', 'Henry'],
                                    index=['d', 'a', 'b', 'c'])  ❶

In [16]: df
Out[16]:    numbers  floats   names
         a       10     1.5  Sandra
         b       20     2.5   Lilli
         c       30     3.5   Henry
         d       40     4.5    Yves
```

❶ 使用 DataFrame 物件來建立一個新欄。

附加資料與上面的做法很像，但是，下面的例子有一個應該避免的副作用—索引被換成值域（range）索引了。

```
In [17]: df.append({'numbers': 100, 'floats': 5.75, 'names': 'Jil'},
                   ignore_index=True)  ❶
Out[17]:    numbers  floats    names
         0       10    1.50   Sandra
         1       20    2.50    Lilli
         2       30    3.50    Henry
         3       40    4.50     Yves
         4      100    5.75      Jil

In [18]: df = df.append(pd.DataFrame({'numbers' :100, 'floats' :5.75,
                                      'names': 'Jil'}, index=['y',]))  ❷

In [19]: df
Out[19]:    numbers  floats    names
         a       10    1.50   Sandra
```

```
         b       20    2.50    Lilli
         c       30    3.50    Henry
         d       40    4.50     Yves
         y      100    5.75      Jil

In [20]: df = df.append(pd.DataFrame({'names': 'Liz'}, index=['z',]),
                        sort=False)  ❸

In [21]: df
Out[21]:    numbers   floats   names
         a     10.0     1.50  Sandra
         b     20.0     2.50   Lilli
         c     30.0     3.50   Henry
         d     40.0     4.50    Yves
         y    100.0     5.75     Jil
         z      NaN      NaN     Liz

In [22]: df.dtypes  ❹
Out[22]: numbers    float64
         floats     float64
         names       object
         dtype: object
```

❶ 用 dict 物件來附加新列，這是一次暫時性的操作，在這期間，索引資訊遺失了。

❷ 使用 DataFrame 物件和索引資訊來附加一列；原始的索引資訊被保留下來了。

❸ 將不完整的資料列附加至 DataFrame，產生 NaN 值。

❹ 回傳單欄 dtypes，這很像使用結構化 ndarray 物件時的結果。

雖然目前有一些值不存在，但大部分的方法呼叫式仍然是有效的：

```
In [23]: df[['numbers', 'floats']].mean()  ❶
Out[23]: numbers    40.00
         floats      3.55
         dtype: float64

In [24]: df[['numbers', 'floats']].std()  ❷
Out[24]: numbers    35.355339
         floats      1.662077
         dtype: float64
```

❶ 計算指定的兩欄的平均值（忽略值為 NaN 的列）。

❷ 計算指定的兩欄的標準差（忽略值為 NaN 的列）。

使用 DataFrame 類別的第二步

這一小節的範例使用內含標準常態分布的亂數的 ndarray 物件，進一步探索關於管理時間序列資料的 DatetimeIndex 等功能：

```
In [25]: import numpy as np

In [26]: np.random.seed(100)

In [27]: a = np.random.standard_normal((9, 4))

In [28]: a
Out[28]: array([[-1.74976547, 0.3426804 ,  1.1530358 , -0.25243604],
               [ 0.98132079, 0.51421884,  0.22117967, -1.07004333],
               [-0.18949583, 0.25500144, -0.45802699,  0.43516349],
               [-0.58359505, 0.81684707,  0.67272081, -0.10441114],
               [-0.53128038, 1.02973269, -0.43813562, -1.11831825],
               [ 1.61898166, 1.54160517, -0.25187914, -0.84243574],
               [ 0.18451869, 0.9370822 ,  0.73100034,  1.36155613],
               [-0.32623806, 0.05567601,  0.22239961, -1.443217  ],
               [-0.75635231, 0.81645401,  0.75044476, -0.45594693]])
```

雖然你可以直接建構 DataFrame 物件（與之前一樣），但使用 ndarray 物件通常比較好，因為 pandas 會保留基本結構，而且“只”會加入詮釋資訊（例如索引值），這也是金融應用程式與科學研究的典型用法。例如：

```
In [29]: df = pd.DataFrame(a)  ❶

In [30]: df
Out[30]:          0         1         2         3
         0 -1.749765  0.342680  1.153036 -0.252436
         1  0.981321  0.514219  0.221180 -1.070043
         2 -0.189496  0.255001 -0.458027  0.435163
         3 -0.583595  0.816847  0.672721 -0.104411
         4 -0.531280  1.029733 -0.438136 -1.118318
         5  1.618982  1.541605 -0.251879 -0.842436
         6  0.184519  0.937082  0.731000  1.361556
         7 -0.326238  0.055676  0.222400 -1.443217
         8 -0.756352  0.816454  0.750445 -0.455947
```

❶ 用 ndarray 物件來建立 DataFrame 物件。

表 5-1 是 DataFrame() 函式的參數。在表中，“類似陣列” 的意思是資料結構類似 ndarray 物件—例如，list。Index 是 pandas Index 類別的實例。

表 5-1 DataFrame() 函式的參數

參數	格式	說明
data	ndarray/dict/DataFrame	DataFrame 的資料；dict 可以儲存 Series、ndarray、list
index	Index / 類似陣列	要使用的索引；預設為 range(*n*)
columns	Index / 類似陣列	要使用的欄標頭；預設為 range(*n*)
dtype	dtype，預設 None	要使用 / 強制採用的資料型態；否則以推斷的方式得出
copy	bool，預設 None	從輸入複製資料

DataFrame 物件與之前的結構化陣列一樣有個欄位名稱，你可以指派一個含有正確數量的元素的 list 物件來直接定義它，這意味著，你可以輕鬆地定義 / 修改 DataFrame 物件的屬性：

```
In [31]: df.columns = ['No1', 'No2', 'No3', 'No4']  ❶

In [32]: df
Out[32]:
         No1       No2       No3       No4
0 -1.749765  0.342680  1.153036 -0.252436
1  0.981321  0.514219  0.221180 -1.070043
2 -0.189496  0.255001 -0.458027  0.435163
3 -0.583595  0.816847  0.672721 -0.104411
4 -0.531280  1.029733 -0.438136 -1.118318
5  1.618982  1.541605 -0.251879 -0.842436
6  0.184519  0.937082  0.731000  1.361556
7 -0.326238  0.055676  0.222400 -1.443217
8 -0.756352  0.816454  0.750445 -0.455947

In [33]: df['No2'].mean()  ❷
Out[33]: 0.7010330941456459
```

❶ 用 list 物件來指定欄標籤。

❷ 現在選擇欄變成一件簡單的工作。

為了有效地使用金融時間序列資料，我們也必須處理時間索引，這也是 pandas 的長處之一。例如，假設我們有 9 筆 4 欄的月底資料，日期從 2019 年 1 月開始。我們可以用 date_range() 函式來產生 DatetimeIndex 物件：

```
In [34]: dates = pd.date_range('2019-1-1', periods=9, freq='M')  ❶

In [35]: dates
Out[35]: DatetimeIndex(['2019-01-31', '2019-02-28', '2019-03-31', '2019-04-30',
                        '2019-05-31', '2019-06-30', '2019-07-31', '2019-08-31',
                        '2019-09-30'],
                       dtype='datetime64[ns]', freq='M')
```

❶ 建立 DatetimeIndex 物件。

表 5-2 是 date_range() 函式的參數。

表 5-2 date_range() 函式的參數

參數	格式	說明
start	string/datetime	產生日期的左邊界
end	string/datetime	產生日期的右邊界
periods	integer/None	週期數
freq	string/DateOffset	頻率字串，例如 5D 代表 5 天
tz	string/None	地區化索引的時區名稱
normalize	bool，預設 None	將 start 與 end 標準化為午夜
name	string，預設 None	產生的索引的名稱

下面的程式將剛才建立的 DatetimeIndex 定義成索引物件，製作原始資料集的時間序列：

```
In [36]: df.index = dates

In [37]: df
Out[37]:                  No1       No2       No3       No4
         2019-01-31 -1.749765 0.342680  1.153036 -0.252436
         2019-02-28  0.981321 0.514219  0.221180 -1.070043
         2019-03-31 -0.189496 0.255001 -0.458027  0.435163
         2019-04-30 -0.583595 0.816847  0.672721 -0.104411
         2019-05-31 -0.531280 1.029733 -0.438136 -1.118318
         2019-06-30  1.618982 1.541605 -0.251879 -0.842436
         2019-07-31  0.184519 0.937082  0.731000  1.361556
         2019-08-31 -0.326238 0.055676  0.222400 -1.443217
         2019-09-30 -0.756352 0.816454  0.750445 -0.455947
```

當你使用 date_range() 函式來產生 DatetimeIndex 物件時，可將頻率參數 freq 設為各種值。表 5-3 是所有選項。

表 5-3 date_range() 函式的頻率參數值

代號	說明
B	營業日頻率
C	自訂營業日頻率（實驗性的）
D	日曆日頻率
W	週頻率
M	月底頻率

代號	說明
BM	營業月底頻率
MS	月初頻率
BMS	營業月初頻率
Q	季末頻率
BQ	營業季末頻率
QS	季初頻率
BQS	營業季初頻率
A	年底頻率
BA	營業年底頻率
AS	年初頻率
BAS	營業年初頻率
H	小時頻率
T	分鐘頻率
S	秒頻率
L	毫秒
U	微秒

有時以 ndarray 物件的形式來讀取原始資料集有很大的好處，你可以用 values 屬性來直接讀取它：

```
In [38]: df.values
Out[38]: array([[-1.74976547, 0.3426804 ,  1.1530358 , -0.25243604],
               [ 0.98132079, 0.51421884,  0.22117967, -1.07004333],
               [-0.18949583, 0.25500144, -0.45802699,  0.43516349],
               [-0.58359505, 0.81684707,  0.67272081, -0.10441114],
               [-0.53128038, 1.02973269, -0.43813562, -1.11831825],
               [ 1.61898166, 1.54160517, -0.25187914, -0.84243574],
               [ 0.18451869, 0.9370822 ,  0.73100034,  1.36155613],
               [-0.32623806, 0.05567601,  0.22239961, -1.443217  ],
               [-0.75635231, 0.81645401,  0.75044476, -0.45594693]])

In [39]: np.array(df)
Out[39]: array([[-1.74976547, 0.3426804 ,  1.1530358 , -0.25243604],
               [ 0.98132079, 0.51421884,  0.22117967, -1.07004333],
               [-0.18949583, 0.25500144, -0.45802699,  0.43516349],
               [-0.58359505, 0.81684707,  0.67272081, -0.10441114],
               [-0.53128038, 1.02973269, -0.43813562, -1.11831825],
               [ 1.61898166, 1.54160517, -0.25187914, -0.84243574],
               [ 0.18451869, 0.9370822 ,  0.73100034,  1.36155613],
               [-0.32623806, 0.05567601,  0.22239961, -1.443217  ],
               [-0.75635231, 0.81645401,  0.75044476, -0.45594693]])
```

陣列與 DataFrame

你可以用 `ndarray` 物件來產生 `DataFrame` 物件，也可以用 `DataFrame` 類別的 `values` 屬性或 NumPy 的 `np.array()` 函式，來用 `DataFrame` 產生 `ndarray` 物件。

基本分析

如同 NumPy `ndarray` 類別，pandas `DataFrame` 類別也有許多方便的內建方法。首先是 `info()` 與 `describe()` 方法：

```
In [40]: df.info()  ❶
         <class 'pandas.core.frame.DataFrame'>
         DatetimeIndex: 9 entries, 2019-01-31 to 2019-09-30
         Freq: M
         Data columns (total 4 columns):
         No1    9 non-null float64
         No2    9 non-null float64
         No3    9 non-null float64
         No4    9 non-null float64
         dtypes: float64(4)
         memory usage: 360.0 bytes

In [41]: df.describe()  ❷
Out[41]:             No1       No2       No3       No4
         count  9.000000  9.000000  9.000000  9.000000
         mean  -0.150212  0.701033  0.289193 -0.387788
         std    0.988306  0.457685  0.579920  0.877532
         min   -1.749765  0.055676 -0.458027 -1.443217
         25%   -0.583595  0.342680 -0.251879 -1.070043
         50%   -0.326238  0.816454  0.222400 -0.455947
         75%    0.184519  0.937082  0.731000 -0.104411
         max    1.618982  1.541605  1.153036  1.361556
```

❶ 提供關於資料、欄，與索引的詮釋資訊。

❷ 提供實用的各欄統計摘要（數值資料）。

此外，你可以輕鬆地取得欄或列的總和、平均值與累計和：

```
In [43]: df.sum()  ❶
Out[43]: No1   -1.351906
         No2    6.309298
```

```
         No3    2.602739
         No4   -3.490089
         dtype: float64

In [44]: df.mean()  ❷
Out[44]: No1   -0.150212
         No2    0.701033
         No3    0.289193
         No4   -0.387788
         dtype: float64

In [45]: df.mean(axis=0)  ❷
Out[45]: No1   -0.150212
         No2    0.701033
         No3    0.289193
         No4   -0.387788
         dtype: float64

In [46]: df.mean(axis=1)  ❸
Out[46]: 2019-01-31  -0.126621
         2019-02-28   0.161669
         2019-03-31   0.010661
         2019-04-30   0.200390
         2019-05-31  -0.264500
         2019-06-30   0.516568
         2019-07-31   0.803539
         2019-08-31  -0.372845
         2019-09-30   0.088650
         Freq:M, dtype: float64

In [47]: df.cumsum()  ❹
Out[47]:                  No1       No2       No3       No4
         2019-01-31 -1.749765 0.342680 1.153036 -0.252436
         2019-02-28 -0.768445 0.856899 1.374215 -1.322479
         2019-03-31 -0.957941 1.111901 0.916188 -0.887316
         2019-04-30 -1.541536 1.928748 1.588909 -0.991727
         2019-05-31 -2.072816 2.958480 1.150774 -2.110045
         2019-06-30 -0.453834 4.500086 0.898895 -2.952481
         2019-07-31 -0.269316 5.437168 1.629895 -1.590925
         2019-08-31 -0.595554 5.492844 1.852294 -3.034142
         2019-09-30 -1.351906 6.309298 2.602739 -3.490089
```

❶ 欄總和。

❷ 欄平均值。

❸ 列平均值。

❹ 欄累計和（從第一個索引位置開始）。

如你所料，NumPy 的通用函式也認識 DataFrame 物件：

```
In [48]: np.mean(df)  ❶
Out[48]: No1   -0.150212
         No2    0.701033
         No3    0.289193
         No4   -0.387788
         dtype: float64

In [49]: np.log(df)  ❷
Out[49]:                  No1       No2       No3       No4
         2019-01-31       NaN -1.070957  0.142398       NaN
         2019-02-28 -0.018856 -0.665106 -1.508780       NaN
         2019-03-31       NaN -1.366486       NaN -0.832033
         2019-04-30       NaN -0.202303 -0.396425       NaN
         2019-05-31       NaN  0.029299       NaN       NaN
         2019-06-30  0.481797  0.432824       NaN       NaN
         2019-07-31 -1.690005 -0.064984 -0.313341  0.308628
         2019-08-31       NaN -2.888206 -1.503279       NaN
         2019-09-30       NaN -0.202785 -0.287089       NaN

In [50]: np.sqrt(abs(df))  ❸
Out[50]:                  No1       No2       No3       No4
         2019-01-31  1.322787  0.585389  1.073795  0.502430
         2019-02-28  0.990616  0.717091  0.470297  1.034429
         2019-03-31  0.435311  0.504977  0.676777  0.659669
         2019-04-30  0.763934  0.903796  0.820196  0.323127
         2019-05-31  0.728890  1.014757  0.661918  1.057506
         2019-06-30  1.272392  1.241614  0.501876  0.917843
         2019-07-31  0.429556  0.968030  0.854986  1.166857
         2019-08-31  0.571173  0.235958  0.471593  1.201340
         2019-09-30  0.869685  0.903578  0.866282  0.675238

In [51]: np.sqrt(abs(df)).sum()  ❹
Out[51]: No1    7.384345
         No2    7.075190
         No3    6.397719
         No4    7.538440
         dtype: float64

In [52]: 100 * df + 100  ❺
Out[52]:                   No1         No2         No3        No4
         2019-01-31 -74.976547 134.268040 215.303580  74.756396
```

```
2019-02-28 198.132079 151.421884 122.117967  -7.004333
2019-03-31  81.050417 125.500144  54.197301 143.516349
2019-04-30  41.640495 181.684707 167.272081  89.558886
2019-05-31  46.871962 202.973269  56.186438 -11.831825
2019-06-30 261.898166 254.160517  74.812086  15.756426
2019-07-31 118.451869 193.708220 173.100034 236.155613
2019-08-31  67.376194 105.567601 122.239961 -44.321700
2019-09-30  24.364769 181.645401 175.044476  54.405307
```

❶ 欄平均值。

❷ 元素自然對數；它會發出警告，但可以完成計算，產生多個 NaN 值。

❸ 元素的絕對值平方根 …

❹ … 以及欄總和結果。

❺ 數值資料的線性轉換。

NumPy 通用函式

一般來說，你可以用 NumPy 的通用函式來處理 pandas DataFrame 物件，如果那個通用函式可以處理“含有同一種型態的 ndarray 物件”的話。

pandas 的容錯能力很高，因為它可以抓到錯誤，並且在數學運算失敗的地方放入 NaN 值。不僅如此，如同上面的例子，我們通常也可以處理這種不完整的資料集，彷彿它們是完整的一般，這是很方便的功能，因為在實際的情況下，不完整資料集比你預期的多很多。

基本視覺化

將資料放在 DataFrame 物件裡面之後，通常只要用一行程式就可以畫出資料了（見圖 5-1）：

```
In [53]: from pylab import plt, mpl  ❶
         plt.style.use('seaborn')  ❶
         mpl.rcParams['font.family'] = 'serif'  ❶
         %matplotlib inline

In [54]: df.cumsum().plot(lw=2.0, figsize=(10, 6));  ❷
```

❶ 自訂繪圖樣式。

❷ 將 4 欄的累計和畫成折線圖。

基本上，pandas 藉著包裝 matplotlib（見第 7 章）來提供專為 DataFrame 物件設計的功能。表 5-4 是 plot() 方法的參數。

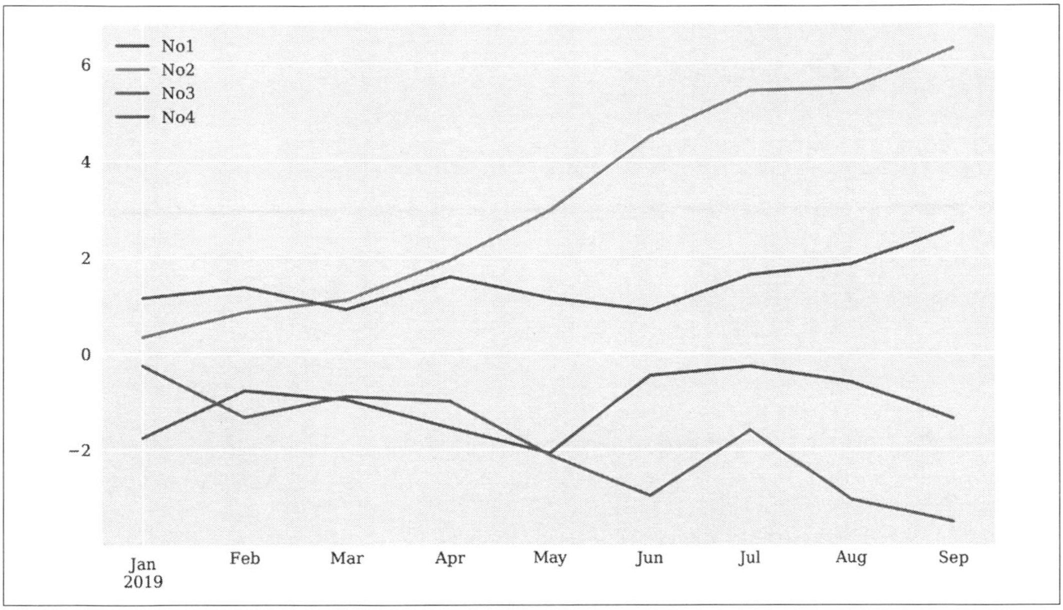

圖 5-1 DataFrame 物件的折線圖

表 5-4 plot() 方法的參數

參數	格式	說明
x	標籤 / 位置，預設 None	當欄的值是 x 刻度時才用得到
y	標籤 / 位置，預設 None	當欄的值是 y 刻度時才用得到
subplots	布林，預設 False	在子圖畫出各欄
sharex	布林，預設 True	共用 x 軸
sharey	布林，預設 False	共用 y 軸
use_index	布林，預設 True	將 DataFrame.index 當成 x 刻度
stacked	布林，預設 False	堆疊（只用於長條圖）
sort_columns	布林，預設 False	在畫圖前按字母順序排序欄
title	字串，預設 None	圖表的標題
grid	布林，預設 False	畫出橫的與直的網格線

參數	格式	說明
legend	布林，預設 True	顯示標籤的圖例（legend）
ax	matplotlib 軸物件	用 matplotlib 軸物件來畫圖
style	字串或 list / 字典	線條的樣式（各欄的）
kind	字串（例如 "line"、"bar"、"barh"、"kde"、"density"）	圖表類型
logx	布林，預設 False	使用對數刻度的 x 軸
logy	布林，預設 False	使用對數刻度的 y 軸
xticks	序列，預設 Index	圖的 x 刻度
yticks	序列，預設 Values	圖的 y 刻度
xlim	2-tuple，list	x 軸的邊界
ylim	2-tuple，list	y 軸的邊界
rot	整數，預設 None	旋轉 x 刻度
secondary_y	布林 / 序列，預設 False	在第二個 y 軸繪圖
mark_right	布林，預設 True	自動標記第二軸
colormap	字串 / colormap 物件，預設 None	用來繪圖的顏色表
kwds	關鍵字	傳給 matplotlib 的選項

舉另一個例子，考慮同一筆資料的長條圖（見圖 5-2）：

```
In [55]: df.plot.bar(figsize=(10, 6), rot=15);  ❶
         # df.plot(kind='bar', figsize=(10, 6))  ❷
```

❶ 用 .plot.bar() 來畫出長條圖。

❷ 另一種語法：使用 kind 參數來改變圖表種類。

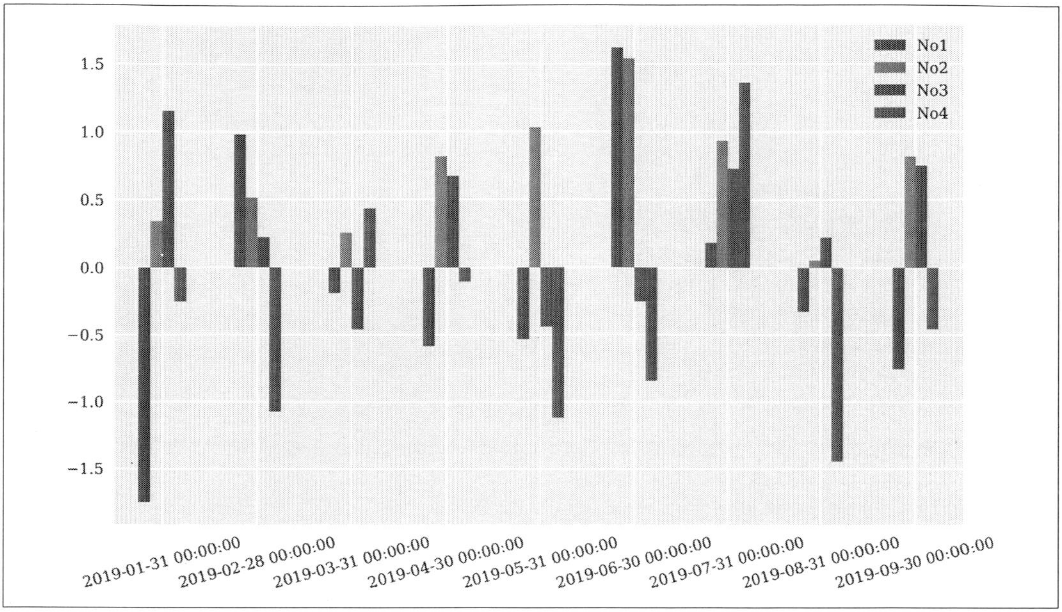

圖 5-2 DataFrame 物件的長條圖

Series 類別

本章到目前為止主要使用 pandas DataFrame 類別。Series 是 pandas 的另一個重要類別，它的特徵是，它只有單欄資料，因此，它是 DataFrame 類別的專門化類別，與 DataFrame 有許多共同的特性與功能，但並非全部相同。當你從多欄的 DataFrame 物件選取一欄時，就會得到一個 Series 物件：

```
In [56]: type(df)
Out[56]: pandas.core.frame.DataFrame

In [57]: S = pd.Series(np.linspace(0, 15, 7), name='series')

In [58]: S
Out[58]: 0     0.0
         1     2.5
         2     5.0
         3     7.5
         4    10.0
         5    12.5
         6    15.0
         Name: series, dtype: float64
```

```
In [59]: type(S)
Out[59]: pandas.core.series.Series

In [60]: s = df['No1']

In [61]: s
Out[61]: 2019-01-31    -1.749765
         2019-02-28     0.981321
         2019-03-31    -0.189496
         2019-04-30    -0.583595
         2019-05-31    -0.531280
         2019-06-30     1.618982
         2019-07-31     0.184519
         2019-08-31    -0.326238
         2019-09-30    -0.756352
         Freq: M, Name: No1, dtype: float64

In [62]: type(s)
Out[62]: pandas.core.series.Series
```

Series 物件也有 DataFrame 的主要方法，例如 mean() 與 plot() 方法（見圖 5-3）：

```
In [63]: s.mean()
Out[63]: -0.15021177307319458

In [64]: s.plot(lw=2.0, figsize=(10, 6));
```

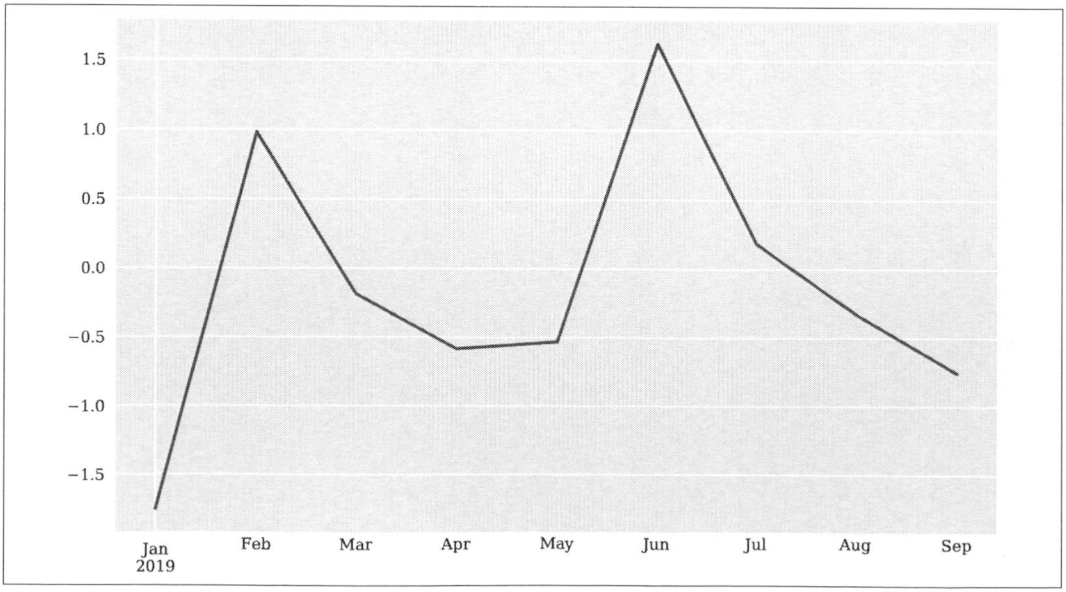

圖 5-3 Series 物件的折線圖

GroupBy 操作

pandas 有強大且靈活的分組功能，它們的工作方式很像 SQL 的分組，以及 Microsoft Excel 的樞紐分析表。為了有一個東西可用來分組，我們加入一欄來指示索引對應的季度：

```
In [65]: df['Quarter'] = ['Q1', 'Q1', 'Q1', 'Q2', 'Q2',
                          'Q2', 'Q3', 'Q3', 'Q3']
         df
Out[65]:                 No1       No2       No3       No4 Quarter
         2019-01-31 -1.749765 0.342680  1.153036 -0.252436      Q1
         2019-02-28  0.981321 0.514219  0.221180 -1.070043      Q1
         2019-03-31 -0.189496 0.255001 -0.458027  0.435163      Q1
         2019-04-30 -0.583595 0.816847  0.672721 -0.104411      Q2
         2019-05-31 -0.531280 1.029733 -0.438136 -1.118318      Q2
         2019-06-30  1.618982 1.541605 -0.251879 -0.842436      Q2
         2019-07-31  0.184519 0.937082  0.731000  1.361556      Q3
         2019-08-31 -0.326238 0.055676  0.222400 -1.443217      Q3
         2019-09-30 -0.756352 0.816454  0.750445 -0.455947      Q3
```

這段程式用 Quarter 欄來分組，並且輸出單一群組的統計數據：

```
In [66]: groups = df.groupby('Quarter')  ❶

In [67]: groups.size()  ❷
Out[67]: Quarter
         Q1    3
         Q2    3
         Q3    3
         dtype: int64

In [68]: groups.mean()  ❸
Out[68]:              No1       No2       No3       No4
         Quarter
         Q1      -0.319314  0.370634  0.305396 -0.295772
         Q2       0.168035  1.129395 -0.005765 -0.688388
         Q3      -0.299357  0.603071  0.567948 -0.179203

In [69]: groups.max()  ❹
Out[69]:              No1       No2       No3       No4
         Quarter
         Q1       0.981321  0.514219  1.153036  0.435163
         Q2       1.618982  1.541605  0.672721 -0.104411
         Q3       0.184519  0.937082  0.750445  1.361556
```

```
In [70]: groups.aggregate([min, max]).round(2)  ❺
Out[70]:          No1         No2          No3          No4
                  min   max   min   max    min   max    min   max
         Quarter
         Q1     -1.75  0.98  0.26  0.51  -0.46  1.15  -1.07  0.44
         Q2     -0.58  1.62  0.82  1.54  -0.44  0.67  -1.12 -0.10
         Q3     -0.76  0.18  0.06  0.94   0.22  0.75  -1.44  1.36
```

❶ 用 Quarter 欄來分組。

❷ 取得各組的列數。

❸ 取得各欄的平均值。

❹ 取得各欄的最大值。

❺ 取得各欄的最小與最大值。

我們也可以用多個欄位來分組，為此，我們加入另一欄，來指出索引日期是單數月還是偶數月。

```
In [71]: df['Odd_Even'] = ['Odd', 'Even', 'Odd', 'Even', 'Odd', 'Even',
                           'Odd', 'Even', 'Odd']

In [72]: groups = df.groupby(['Quarter', 'Odd_Even'])

In [73]: groups.size()
Out[73]: Quarter  Odd_Even
         Q1       Even        1
                  Odd         2
         Q2       Even        2
                  Odd         1
         Q3       Even        1
                  Odd         2
         dtype: int64

In [74]: groups[['No1', 'No4']].aggregate([sum, np.mean])
Out[74]:                        No1                  No4
                                sum      mean        sum      mean
         Quarter Odd_Even
         Q1      Even      0.981321  0.981321  -1.070043  -1.070043
                 Odd      -1.939261 -0.969631   0.182727   0.091364
         Q2      Even      1.035387  0.517693  -0.946847  -0.473423
                 Odd      -0.531280 -0.531280  -1.118318  -1.118318
         Q3      Even     -0.326238 -0.326238  -1.443217  -1.443217
                 Odd      -0.571834 -0.285917   0.905609   0.452805
```

以上就是關於 pandas 的介紹與 DataFrame 物件的使用方式。後續的章節會用這些工具來處理實際的金融資料集。

複式選擇

我們經常針對欄位值設定條件來選擇資料，有時也會用邏輯來結合多個條件。考慮這個資料集：

```
In [75]: data = np.random.standard_normal((10, 2))  ❶

In [76]: df = pd.DataFrame(data, columns=['x', 'y'])  ❷

In [77]: df.info()  ❷
         <class 'pandas.core.frame.DataFrame'>
         RangeIndex: 10 entries, 0 to 9
         Data columns (total 2 columns):
         x    10 non-null float64
         y    10 non-null float64
         dtypes: float64(2)
         memory usage: 240.0 bytes

In [78]: df.head()  ❸
Out[78]:          x         y
         0  1.189622 -1.690617
         1 -1.356399 -1.232435
         2 -0.544439 -0.668172
         3  0.007315 -0.612939
         4  1.299748 -1.733096

In [79]: df.tail()  ❹
Out[79]:          x         y
         5 -0.983310  0.357508
         6 -1.613579  1.470714
         7 -1.188018 -0.549746
         8 -0.940046 -0.827932
         9  0.108863  0.507810
```

❶ 含有標準常態分布亂數的 ndarray 物件。

❷ 含有同一組亂數的 DataFrame 物件。

❸ 用 head() 方法來取得前五列。

❹ 用 tail() 方法來取得最後五列。

下面展示如何對兩欄的值使用 Python 的比較運算子與邏輯運算子：

```
In [80]: df['x'] > 0.5  ❶
Out[80]: 0     True
         1    False
         2    False
         3    False
         4     True
         5    False
         6    False
         7    False
         8    False
         9    False
         Name: x, dtype: bool

In [81]: (df['x'] > 0) & (df['y'] < 0)  ❷
Out[81]: 0     True
         1    False
         2    False
         3     True
         4     True
         5    False
         6    False
         7    False
         8    False
         9    False
         dtype: bool

In [82]: (df['x'] > 0) | (df['y'] < 0)  ❸
Out[82]: 0     True
         1     True
         2     True
         3     True
         4     True
         5    False
         6    False
         7     True
         8     True
         9     True
         dtype: bool
```

❶ 檢查 x 欄的值是否大於 0.5。

❷ 檢查 x 欄的值是不是正數，且 y 欄的值是不是負數。

❸ 檢查 x 欄的值是不是正數，或 y 欄的值是不是負數。

我們可以用得到的布林 Series 物件來輕鬆地進行複式資料（列）選擇，也可以使用 query() 方法，並且用 str 物件傳入條件：

```
In [83]: df[df['x'] > 0]  ❶
Out[83]:           x         y
         0  1.189622 -1.690617
         3  0.007315 -0.612939
         4  1.299748 -1.733096
         9  0.108863  0.507810

In [84]: df.query('x > 0')  ❶
Out[84]:           x         y
         0  1.189622 -1.690617
         3  0.007315 -0.612939
         4  1.299748 -1.733096
         9  0.108863  0.507810

In [85]: df[(df['x'] > 0) & (df['y'] < 0)]  ❷
Out[85]:           x         y
         0  1.189622 -1.690617
         3  0.007315 -0.612939
         4  1.299748 -1.733096

In [86]: df.query('x > 0 & y < 0')  ❷
Out[86]:           x         y
         0  1.189622 -1.690617
         3  0.007315 -0.612939
         4  1.299748 -1.733096

In [87]: df[(df.x > 0) | (df.y < 0)]  ❸
Out[87]:           x         y
         0  1.189622 -1.690617
         1 -1.356399 -1.232435
         2 -0.544439 -0.668172
         3  0.007315 -0.612939
         4  1.299748 -1.733096
         7 -1.188018 -0.549746
         8 -0.940046 -0.827932
         9  0.108863  0.507810
```

❶ x 欄的值大於 0.5 的所有列。

❷ x 欄的值是正數，且 y 欄的值是負數的所有列。

❸ x 欄的值是正數，或 y 欄的值是負數的所有列（這裡用各自的屬性來讀取欄）。

你也可以一次對整個 DataFrame 物件使用比較運算子：

```
In [88]: df > 0  ❶
Out[88]:        x      y
         0   True  False
         1  False  False
         2  False  False
         3   True  False
         4   True  False
         5  False   True
         6  False   True
         7  False  False
         8  False  False
         9   True   True

In [89]: df[df > 0]  ❷
Out[89]:           x         y
         0  1.189622       NaN
         1       NaN       NaN
         2       NaN       NaN
         3  0.007315       NaN
         4  1.299748       NaN
         5       NaN  0.357508
         6       NaN  1.470714
         7       NaN       NaN
         8       NaN       NaN
         9  0.108863  0.507810
```

❶ DataFrame 物件裡面的哪些值是正數？

❷ 選擇所有這種值，並在所有其他地方放置 NaN。

串接、連接與合併

本節將介紹可將兩個 DataFrame 物件形式的資料集合併的各種做法。我們使用的資料集是：

```
In [90]: df1 = pd.DataFrame(['100', '200', '300', '400'],
                            index=['a', 'b', 'c', 'd'],
                            columns=['A',])

In [91]: df1
Out[91]:      A
         a  100
         b  200
```

```
        c  300
        d  400

In [92]: df2 = pd.DataFrame(['200', '150', '50'],
                            index=['f', 'b', 'd'],
                            columns=['B',])

In [93]: df2
Out[93]:      B
        f  200
        b  150
        d   50
```

串接

串接（*concatenation*）或附加（*appending*）基本上是將一個 DataFrame 物件的列加到另一個。我們可以用 append() 方法，或是用 pd.concat() 函式來做這件事。在過程中，請注意索引值的處理方式：

```
In [94]: df1.append(df2, sort=False)  ❶
Out[94]:      A    B
        a  100  NaN
        b  200  NaN
        c  300  NaN
        d  400  NaN
        f  NaN  200
        b  NaN  150
        d  NaN   50

In [95]: df1.append(df2, ignore_index=True, sort=False)  ❷
Out[95]:      A   B
        0  100 NaN
        1  200 NaN
        2  300 NaN
        3  400 NaN
        4  NaN 200
        5  NaN 150
        6  NaN  50

In [96]: pd.concat((df1, df2), sort=False)  ❸
Out[96]:      A    B
        a  100  NaN
        b  200  NaN
        c  300  NaN
        d  400  NaN
```

```
         f  NaN  200
         b  NaN  150
         d  NaN   50

In [97]: pd.concat((df1, df2), ignore_index=True, sort=False)  ❹
Out[97]:      A    B
         0  100  NaN
         1  200  NaN
         2  300  NaN
         3  400  NaN
         4  NaN  200
         5  NaN  150
         6  NaN   50
```

❶ 將 df2 的資料作為新列，附加至 df1。

❷ 做同一件事，但忽略索引。

❸ 與第一個附加操作的效果一樣。

❹ 與第二個附加操作的效果一樣。

連接

連接兩個資料集時，DataFrame 物件的順序也很重要，但只會使用第一個 DataFrame 物件的索引值。預設的行為稱為*左連接*（*left join*）：

```
In [98]: df1.join(df2)  ❶
Out[98]:      A    B
         a  100  NaN
         b  200  150
         c  300  NaN
         d  400   50

In [99]: df2.join(df1)  ❷
Out[99]:      B    A
         f  200  NaN
         b  150  200
         d   50  400
```

❶ df1 的索引值是對應的。

❷ df2 的索引值是對應的。

我們總共有四種不同的連接方法可用，每一種都以不同的方式來處理索引值與對應的資料列：

```
In [100]: df1.join(df2, how='left')  ❶
Out[100]:       A    B
          a   100  NaN
          b   200  150
          c   300  NaN
          d   400   50

In [101]: df1.join(df2, how='right')  ❷
Out[101]:       A    B
          f   NaN  200
          b   200  150
          d   400   50

In [102]: df1.join(df2, how='inner')  ❸
Out[102]:       A    B
          b   200  150
          d   400   50

In [103]: df1.join(df2, how='outer')  ❹
Out[103]:       A    B
          a   100  NaN
          b   200  150
          c   300  NaN
          d   400   50
          f   NaN  200
```

❶ left（左）連接是內定的操作。

❷ right（右）連接相當於把兩個 DataFrame 物件對調。

❸ inner（內）連接只保留在兩組索引中都存在的索引值。

❹ outer（外）連接會保留兩組索引中的所有索引值。

你也可以用空的 DataFrame 物件來連接，此時，欄會被循序建立，產生類似左連接的行為：

```
In [104]: df = pd.DataFrame()

In [105]: df['A'] = df1['A']  ❶

In [106]: df
Out[106]:       A
```

```
         a  100
         b  200
         c  300
         d  400

In [107]: df['B'] = df2  ❷

In [108]: df
Out[108]:      A    B
         a  100  NaN
         b  200  150
         c  300  NaN
         d  400   50
```

❶ 將 df1 當成第一欄 A。

❷ 將 df2 當成第二欄 B。

使用字典來結合資料集可以得到類似 outer 連接的結果，因為欄是同時建立的：

```
In [109]: df = pd.DataFrame({'A': df1['A'], 'B': df2['B']})  ❶

In [110]: df
Out[110]:      A    B
         a  100  NaN
         b  200  150
         c  300  NaN
         d  400   50
         f  NaN  200
```

❶ 將 DataFrame 物件的欄當成 dict 物件的值。

合併

"連接"使用 DataFrame 物件的索引來執行，但"合併"通常使用它們都有的欄。為了示範這個操作，我們在原始的 DataFrame 物件加入新欄 C：

```
In [111]: c = pd.Series([250, 150, 50], index=['b', 'd', 'c'])
          df1['C'] = c
          df2['C'] = c

In [112]: df1
Out[112]:      A      C
         a  100    NaN
         b  200  250.0
```

```
           c  300   50.0
           d  400  150.0

In [113]: df2
Out[113]:      B      C
           f  200    NaN
           b  150  250.0
           d   50  150.0
```

在內定的情況下，這個案例的合併操作使用唯一共享的 C 欄。但是你也可以選擇其他做法，例如，*outer* 合併：

```
In [114]: pd.merge(df1, df2)  ❶
Out[114]:      A      C    B
           0  100    NaN  200
           1  200  250.0  150
           2  400  150.0   50

In [115]: pd.merge(df1, df2, on='C')  ❶
Out[115]:      A      C    B
           0  100    NaN  200
           1  200  250.0  150
           2  400  150.0   50

In [116]: pd.merge(df1, df2, how='outer')  ❷
Out[116]:      A      C    B
           0  100    NaN  200
           1  200  250.0  150
           2  300   50.0  NaN
           3  400  150.0   50
```

❶ 內定用 C 欄合併。

❷ 你也可以做 outer 合併，保留所有資料列。

你還可以使用許多其他種類的合併操作，下列的程式列舉其中一些：

```
In [117]: pd.merge(df1, df2, left_on='A', right_on='B')
Out[117]:      A    C_x    B  C_y
           0  200  250.0  200  NaN

In [118]: pd.merge(df1, df2, left_on='A', right_on='B', how='outer')
Out[118]:      A    C_x    B    C_y
           0  100    NaN  NaN    NaN
           1  200  250.0  200    NaN
           2  300   50.0  NaN    NaN
```

```
         3  400  150.0  NaN    NaN
         4  NaN    NaN  150  250.0
         5  NaN    NaN   50  150.0

In [119]: pd.merge(df1, df2, left_index=True, right_index=True)
Out[119]:      A    C_x    B    C_y
         b  200  250.0  150  250.0
         d  400  150.0   50  150.0

In [120]: pd.merge(df1, df2, on='C', left_index=True)
Out[120]:      A      C    B
         f  100    NaN  200
         b  200  250.0  150
         d  400  150.0   50

In [121]: pd.merge(df1, df2, on='C', right_index=True)
Out[121]:      A      C    B
         a  100    NaN  200
         b  200  250.0  150
         d  400  150.0   50

In [122]: pd.merge(df1, df2, on='C', left_index=True, right_index=True)
Out[122]:      A      C    B
         b  200  250.0  150
         d  400  150.0   50
```

性能

你可以從本章的範例看到，pandas 通常提供許多方式來完成同一個目標。本節要藉著將兩欄的元素逐一相加來比較這些方式。我們先用 NumPy 產生資料集：

```
In [123]: data = np.random.standard_normal((1000000, 2))  ❶

In [124]: data.nbytes  ❶
Out[124]: 16000000

In [125]: df = pd.DataFrame(data, columns=['x', 'y'])  ❷

In [126]: df.info()  ❷
          <class 'pandas.core.frame.DataFrame'>
          RangeIndex: 1000000 entries, 0 to 999999
          Data columns (total 2 columns):
          x    1000000 non-null float64
          y    1000000 non-null float64
          dtypes: float64(2)
          memory usage: 15.3 MB
```

❶ 含有亂數的 ndarray 物件。

❷ 含有亂數的 DataFrame 物件。

接下來，我們用各種方式來完成這項工作，並顯示性能值：

```
In [127]: %time res = df['x'] + df['y']  ❶
          CPU times: user 7.35 ms, sys: 7.43 ms, total: 14.8 ms
          Wall time: 7.48 ms

In [128]: res[:3]
Out[128]: 0    0.387242
          1   -0.969343
          2   -0.863159
          dtype: float64

In [129]: %time res = df.sum(axis=1)  ❷
          CPU times: user 130 ms, sys: 30.6 ms, total: 161 ms
          Wall time: 101 ms

In [130]: res[:3]
Out[130]: 0    0.387242
          1   -0.969343
          2   -0.863159
          dtype: float64

In [131]: %time res = df.values.sum(axis=1)  ❸
          CPU times: user 50.3 ms, sys: 2.75 ms, total: 53.1 ms
          Wall time: 27.9 ms

In [132]: res[:3]
Out[132]: array([ 0.3872424 , -0.96934273, -0.86315944])

In [133]: %time res = np.sum(df, axis=1)  ❹
          CPU times: user 127 ms, sys: 15.1 ms, total: 142 ms
          Wall time: 73.7 ms

In [134]: res[:3]
Out[134]: 0    0.387242
          1   -0.969343
          2   -0.863159
          dtype: float64

In [135]: %time res = np.sum(df.values, axis=1)  ❺
          CPU times: user 49.3 ms, sys: 2.36 ms, total: 51.7 ms
          Wall time: 26.9 ms
```

```
In [136]: res[:3]
Out[136]: array([ 0.3872424 , -0.96934273, -0.86315944])
```

❶ 直接處理欄（Series 物件）是最快的方式。

❷ 呼叫 DataFrame 物件的 sum() 方法來計算總和。

❸ 呼叫 ndarray 物件的 sum() 方法來計算總和。

❹ 對 DataFrame 物件使用 np.sum() 函式來計算總和。

❺ 對 ndarray 物件使用 np.sum() 函式來計算總和。

最後這兩種選項分別使用 eval() 與 apply() 方法[1]：

```
In [137]: %time res = df.eval('x + y')  ❶
          CPU times: user 25.5 ms, sys: 17.7 ms, total: 43.2 ms
          Wall time: 22.5 ms

In [138]: res[:3]
Out[138]: 0    0.387242
          1   -0.969343
          2   -0.863159
          dtype: float64

In [139]: %time res = df.apply(lambda row: row['x'] + row['y'], axis=1)  ❷
          CPU times: user 19.6 s, sys: 83.3 ms, total: 19.7 s
          Wall time: 19.9 s

In [140]: res[:3]
Out[140]: 0    0.387242
          1   -0.969343
          2   -0.863159
          dtype: float64
```

❶ eval() 是專門用來計算（複數）數值運算的方法，它可以直接處理欄。

❷ 執行速度最慢的選項是逐列使用 apply() 方法，這就像是在 Python 層面上，對所有資料列執行迴圈遍歷。

1 你要先安裝 numexpr 程式包（*http://bit.ly/2qNWFrH*）才能使用 eval() 方法。

明智地選擇

pandas 通常有許多選項可完成同一個目標，如果你不確定該使用哪一種，請比較這些選項，以確認在時間緊迫的情況下，哪一種有最好的性能。在這個簡單的範例中，各種選項的執行時間之間的差距是以倍數計算的。

小結

pandas 是一種強大的資料分析工具，它已經成為所謂的 *PyData* 技術堆疊的核心程式包了。它的 DataFrame 類別特別適合處理各種表格資料。處理這種物件的方式大都是向量化的，因此我們不但可以寫出簡明的程式（如同在 NumPy 案例中），通常也可以得到很高的性能。此外，pandas 也可以讓我們輕鬆地處理不完整的資料集（使用 NumPy 則非如此）。pandas 與 DataFrame 類別是後續章節的主題，我們將會視情況使用並介紹它們的其他功能。

其他資源

pandas 是一種開放原始碼的專案，它不但提供線上文件，也有 PDF 版本可供下載[2]。它的網站提供兩者的連結，以及額外的資源：

- *http://pandas.pydata.org/*

至於 NumPy，我推薦的 pandas 書籍有：

- McKinney, Wes (2017). *Python for Data Analysis.* Sebastopol, CA: O'Reilly.
- VanderPlas, Jake (2016). *Python Data Science Handbook.* Sebastopol, CA: O'Reilly.

2 在著作本書時，PDF 版本有超過 2,500 頁。

第六章

物件導向程式設計

軟體工程的目的是控制複雜性，而不是製造複雜性。

—Pamela Zave

物件導向程式設計（OOP）是現今最流行的編程範式之一。如果使用得當，它可以提供許多（舉例）程序式設計沒有的優點。OOP 在許多情況下特別適合用來建構金融模型，以及實作金融演算法。但是也有很多人批評 OOP 的某個層面，甚至對整個範式抱持懷疑的態度。本章採取中立的立場，因為 OOP 是一種重要的工具，它或許不是處理任何問題的最佳工具，但金融領域的程式員與定量分析師應該將它視為一種隨時可以運用的工具。

OOP 帶來一些新的術語，本書與本章最重要的術語有（還有一些會在稍後介紹）：

類別
: 物件類別的抽象定義。例如人類。

物件
: 類別的實例。例如 Sandra。

屬性
: 類別（*類別屬性*）或類別實例（*實例屬性*）的特徵。例如，牠是哺乳動物、雄性或雌性、眼睛的顏色。

方法
: 類別可以實作的操作。例如走路。

參數

傳給方法來改變其行為的輸入。例如，三步。

實例化

用抽象類別建立特定物件的程序。

就 Python 而言，用一個簡單的類別來實作一個人的程式如下：

```
In [1]: class HumanBeing(object):  ❶
            def __init__(self, first_name, eye_color):  ❷
                self.first_name = first_name  ❸
                self.eye_color = eye_color  ❹
                self.position = 0  ❺
            def walk_steps(self, steps):  ❻
                self.position += steps  ❼
```

❶ 定義類別的陳述式，self 代表此類別目前的實例。

❷ 在實例化過程中呼叫的特殊方法。

❸ 將人名屬性的初始值設為參數值。

❹ 將眼睛顏色屬性的初始值設為參數值。

❺ 將位置屬性的初始值設為 0。

❻ 定義走路方法，並且使用 steps 參數。

❼ 根據 steps 來改變位置。

我們可以用這個類別定義來實例化一個新的 Python 物件，並使用它：

```
In [2]: Sandra = HumanBeing('Sandra', 'blue')  ❶

In [3]: Sandra.first_name  ❷
Out[3]:'Sandra'

In [4]: Sandra.position  ❷
Out[4]: 0

In [5]: Sandra.walk_steps(5)  ❸

In [6]: Sandra.position
Out[6]: 5  ❹
```

❶ 實例化。

❷ 讀取屬性值。

❸ 呼叫方法。

❹ 讀取更新後的 `position` 值。

使用 OOP 有幾個人類層面的理由：

自然的思考方式

人類通常是圍繞著真實世界或抽象物件（例如汽車或金融商品）來思考的。這些物件的模型很適合用 OOP，以其特徵來建立。

減少複雜度

可透過各種手段，藉由 OOP 的幫助來減少問題或演算法的複雜度，並且按照它們的特性建立模型。

更好的使用者介面

使用 OOP 經常可以寫出更好的使用者介面與更紮實的程式碼。例如，你可以從 `NumPy ndarray` 類別或 `pandas DataFrame` 類別清楚地看到這一點。

以 Python 風格建立模型

這一點與 OOP 的優缺點無關，它單純是 Python 的主要範式。這是“Python 的所有東西都是物件”這種說法的來源。OOP 也可以讓程式員建立自訂類別，讓他們的實例的行為與標準 Python 類別的實例一樣。

使用 OOP 也有幾個技術層面的理由：

抽象

使用屬性與方法可建構抽象、靈活的物件模型，把焦點放在相關的事物上，忽略不需要的部分。在金融領域，這一點可能代表用一個通用的類別，以抽象的方式建立金融商品的模型。這種類別的實例可能是具體的金融產品，例如某個投資銀行設計與提供的產品。

模組性

OOP 可簡化“將程式碼拆成多個模組，並且將模組連接起來，形成基礎程式”的過程。例如，要建立歐式股票選擇權的模型，我們可以使用一個類別，也可以使用兩個類別，一個代表標的股票，另一個代表選擇權本身。

繼承

繼承的意思是一個類別可以**繼承**另一個類別的屬性與方法。在金融領域，我們可以先製作一個一般性的金融商品，在下一層製作一般性的衍生商品，接著歐式選擇權，然後歐式看漲選擇權。每一個類別都可以從更高層的類別繼承屬性與方法。

聚合

聚合的意思是用多個獨立的其他物件組成一個物件。歐式看漲選擇權的模型類別可能有代表標的股票以及折現短期利率的物件屬性。其他的物件也可以使用這些代表股票與短期利率的物件。

組合

組合類似聚合，但是單個物件不能單獨存在。例如，假如有個自訂利率使用一個固定利率與一個浮動利率來做利率交換，那麼這兩種利率就無法脫離利率交換單獨存在。

多型

多型有很多種形式。在 Python 中，特別重要的形式就是所謂的 *duck typing*（鴨子定型），它的意思是，你可以用許多不同的類別與它們的實例來實作標準操作，而不需要知道你所處理的物件是什麼。對金融商品的類別而言，這可能代表無論物件的具體型態是什麼（股票、選擇權、交換契約），你都可以對它呼叫 `get_current_price()` 方法。

封裝

這個概念代表類別裡面的資料只能藉由公開的方法來存取。股票模型類別可能有個屬性 `current_stock_price`，封裝的意思是，使用者只能用 `get_current_stock_price()` 方法來讀取這個屬性值，不能直接接觸隱藏資料（也就是讓它是私用的），這種做法可以避免因為屬性值被使用或改變而造成的意外效果。但是，在 Python 類別裡面將資料設為私用有一些限制。

在較高層面上，我們可以將許多上述的面向歸納成兩個軟體工程的目標：

復用性

繼承與多型等概念可以改善程式碼的復用性，並提高程式員的效率與生產力。它們也簡化程式碼的維護工作。

精實

同時，這些做法可以讓你寫出最精實的程式碼，避免重複的工作、減少除錯、測試與維護工作。它們也可以讓基礎程式更小。

本章的小節包括：

探究 Python 物件

我們先從 OOP 程式員的觀點，簡單地看一些在之前的章節中遇過的標準物件。

int

我們從最簡單的看起，考慮一個整數物件。就連這麼簡單的 Python 物件都有主要的 OOP 特徵：

```
In [7]: n = 5  ❶

In [8]: type(n)  ❷
Out[8]: int

In [9]: n.numerator  ❸
Out[9]: 5

In [10]: n.bit_length()  ❹
Out[10]: 3

In [11]: n + n  ❺
```

```
Out[11]: 10

In [12]: 2 * n  ❻
Out[12]: 10

In [13]: n.__sizeof__()  ❼
Out[13]: 28
```

❶ 新實例 n。

❷ 物件的型態。

❸ 屬性。

❹ 方法。

❺ 使用 + 運算子（加法）。

❻ 使用 * 運算子（乘法）。

❼ 呼叫特殊方法 __sizeof__() 來取得所使用的記憶體，以 bytes 為單位[1]。

list

list 物件有更多方法，但基本上有一樣的行為：

```
In [14]: l = [1, 2, 3, 4]  ❶

In [15]: type(l)  ❷
Out[15]: list

In [16]: l[0]  ❸
Out[16]: 1

In [17]: l.append(10)  ❹

In [18]: l + l  ❺
Out[18]: [1, 2, 3, 4, 10, 1, 2, 3, 4, 10]

In [19]: 2 * l  ❻
Out[19]: [1, 2, 3, 4, 10, 1, 2, 3, 4, 10]
```

1 Python 的特殊屬性與方法都以雙底線開頭與結束，就像 __*XYZ*__*()*。例如，n.__sizeof__() 會在內部呼叫 import sys；sys.getsizeof(n)。

```
In [20]: sum(l)  ❼
Out[20]: 20

In [21]: l.__sizeof__()  ❽
Out[21]: 104
```

❶ 新實例 l。

❷ 物件的型態。

❸ 用索引來選擇元素。

❹ 方法。

❺ 使用 + 運算子（串接）。

❻ 使用 * 運算子（串接）。

❼ 使用標準 Python 函式 sum()。

❽ 呼叫特殊方法 __sizeof__() 來取得記憶體的 bytes 使用量。

ndarray

int 與 list 物件是標準 Python 物件。NumPy ndarray 物件是開放原始碼程式包的 “自訂” 物件：

```
In [22]: import numpy as np  ❶

In [23]: a = np.arange(16).reshape((4, 4))  ❷

In [24]: a  ❷
Out[24]: array([[ 0,  1,  2,  3],
                [ 4,  5,  6,  7],
                [ 8,  9, 10, 11],
                [12, 13, 14, 15]])

In [25]: type(a)  ❸
Out[25]: numpy.ndarray
```

❶ 匯入 numpy。

❷ 新實例 a。

❸ 物件的型態。

雖然 ndarray 物件不是標準物件，但是它在很多情況之下的行為宛如標準物件一般（拜 Python 資料模型之賜），本章稍後會加以解釋：

```
In [26]: a.nbytes  ❶
Out[26]: 128

In [27]: a.sum()  ❷
Out[27]: 120

In [28]: a.cumsum(axis=0)  ❸
Out[28]: array([[ 0,  1,  2,  3],
                [ 4,  6,  8, 10],
                [12, 15, 18, 21],
                [24, 28, 32, 36]])

In [29]: a + a  ❹
Out[29]: array([[ 0,  2,  4,  6],
                [ 8, 10, 12, 14],
                [16, 18, 20, 22],
                [24, 26, 28, 30]])

In [30]: 2 * a  ❺
Out[30]: array([[ 0,  2,  4,  6],
                [ 8, 10, 12, 14],
                [16, 18, 20, 22],
                [24, 26, 28, 30]])

In [31]: sum(a)  ❻
Out[31]: array([24, 28, 32, 36])

In [32]: np.sum(a)  ❼
Out[32]: 120

In [33]: a.__sizeof__()  ❽
Out[33]: 112
```

❶ 屬性。

❷ 方法（聚合）。

❸ 方法（無聚合）。

❹ 使用 + 運算子（加法）。

❺ 使用 * 運算子（乘法）。

❻ 使用標準 Python 函式 sum()。

❽ 使用 NumPy 通用函式 np.sum()。

❽ 呼叫特殊方法 __sizeof__() 來取得記憶體的 bytes 使用量。

DataFrame

最後，我們來看一下 pandas DataFrame 物件，它的行為類似 ndarray 物件。首先，使用 ndarray 物件來實例化 DataFrame 物件：

```
In [34]: import pandas as pd  ❶

In [35]: df = pd.DataFrame(a, columns=list('abcd'))  ❷

In [36]: type(df)  ❸
Out[36]: pandas.core.frame.DataFrame
```

❶ 匯入 pandas。

❷ 新實例 df。

❸ 物件的型態。

接著，我們來看一下屬性、方法與操作：

```
In [37]: df.columns  ❶
Out[37]: Index(['a', 'b', 'c', 'd'], dtype='object')

In [38]: df.sum()  ❷
Out[38]: a    24
         b    28
         c    32
         d    36
         dtype: int64

In [39]: df.cumsum()  ❸
Out[39]:     a   b   c   d
         0   0   1   2   3
         1   4   6   8  10
         2  12  15  18  21
         3  24  28  32  36
```

```
In [40]: df + df  ❹
Out[40]:     a   b   c   d
         0   0   2   4   6
         1   8  10  12  14
         2  16  18  20  22
         3  24  26  28  30

In [41]: 2 * df  ❺
Out[41]:     a   b   c   d
         0   0   2   4   6
         1   8  10  12  14
         2  16  18  20  22
         3  24  26  28  30

In [42]: np.sum(df)  ❻
Out[42]: a    24
         b    28
         c    32
         d    36
         dtype: int64

In [43]: df.__sizeof__()  ❼
Out[43]: 208
```

❶ 屬性。

❷ 方法（聚合）。

❸ 方法（無聚合）。

❹ 使用 + 運算子（加法）。

❺ 使用 * 運算子（乘法）。

❻ 使用 NumPy 通用函式 np.sum()。

❼ 呼叫特殊方法 __sizeof__() 來取得記憶體的 bytes 使用量。

Python 類別的基本概念

本節將介紹 Python OOP 的主要概念，以及具體語法，目的是建立自訂的類別，來為既有的 Python 物件型態無法輕鬆、有效、適當建模的物件型態建立模型，在過程中將以金融商品為例。

我們只要用兩行程式就可以建立新的 Python 類別了：

```
In [44]: class FinancialInstrument(object):  ❶
             pass  ❷

In [45]: fi = FinancialInstrument()  ❸

In [46]: type(fi)  ❹
Out[46]: __main__.FinancialInstrument

In [47]: fi  ❺
Out[47]: <__main__.FinancialInstrument at 0x116767278>

In [48]: fi.__str__()  ❺
Out[48]: '<__main__.FinancialInstrument object at 0x116767278>'

In [49]: fi.price = 100  ❻

In [50]: fi.price  ❻
Out[50]: 100
```

❶ 類別定義陳述式[2]。

❷ 一些程式碼，這裡只使用 `pass` 關鍵字。

❸ 新的類別實例，名為 `fi`。

❹ 物件的型態。

❺ 每一個 Python 物件都有一些“特殊”屬性與方法（來自 `object`），在此呼叫的特殊方法可取得字串表示法。

❻ 你可以為每一個物件動態定義所謂的資料屬性（與常規的屬性不同）。

`__init__` 是很重要的特殊方法，Python 在初始化每一個物件的過程中都會呼叫它。這個方法用參數來接收物件本身（通常使用 `self`），可能也有許多其他參數：

```
In [51]: class FinancialInstrument(object):
             author = 'Yves Hilpisch'  ❶
             def __init__(self, symbol, price):  ❷
```

2 我推薦使用 camel-case 名稱格式，但是你也可以使用小寫或 snake case（例如 `financial_instrument`），如果它們不會造成混淆的話。

```
                self.symbol = symbol  ❸
                self.price = price  ❸

In [52]: FinancialInstrument.author  ❶
Out[52]: 'Yves Hilpisch'

In [53]: aapl = FinancialInstrument('AAPL', 100)  ❹

In [54]: aapl.symbol  ❺
Out[54]: 'AAPL'

In [55]: aapl.author  ❻
Out[55]: 'Yves Hilpisch'

In [56]: aapl.price = 105  ❼

In [57]: aapl.price  ❼
Out[57]: 105
```

❶ 定義類別屬性（每一個實例都會繼承）。

❷ 在初始化期間呼叫的特殊方法 `__init__`。

❸ 定義實例屬性（屬於各個實例的）。

❹ 名為 `fi` 的新實例。

❺ 讀取實例屬性。

❻ 讀取類別屬性。

❼ 改變實例屬性值。

金融商品的價格會定期改變，但是金融商品的符號應該不會改變，為了在類別定義中引入封裝，我們定義兩個方法，`get_price()` 與 `set_price()`。下面的程式繼承之前的類別定義（而不是繼承 `object`）：

```
In [58]: class FinancialInstrument(FinancialInstrument):  ❶
             def get_price(self):  ❷
                 return self.price  ❷
             def set_price(self, price):  ❸
                 self.price = price  ❹

In [59]: fi = FinancialInstrument('AAPL', 100)  ❺
```

```
In [60]: fi.get_price()  ❻
Out[60]: 100

In [61]: fi.set_price(105)  ❼

In [62]: fi.get_price()  ❻
Out[62]: 105

In [63]: fi.price  ❽
Out[63]: 105
```

❶ 繼承之前的版本來定義類別。

❷ 定義 `get_price()` 方法。

❸ 定義 `set_price()` 方法 …

❹ … 並且用參數值來更改實例屬性值。

❺ 用新類別定義的新實例，名為 `fi`。

❻ 呼叫 `get_price()` 方法來讀取實例屬性值。

❼ 用 `set_price()` 來更改實例屬性值。

❽ 直接讀取實例屬性。

封裝的目的通常是隱藏資料，不讓使用類別的人直接看到。加入 *getter* 與 *setter* 方法是實現這個目標的做法之一。但是，這種做法無法防止使用者直接讀取與操作實例屬性。此時最適合使用**私用**實例屬性，定義的方式是在開頭使用雙底線：

```
In [64]: class FinancialInstrument(object):
             def __init__(self, symbol, price):
                 self.symbol = symbol
                 self.__price = price  ❶
             def get_price(self):
                 return self.__price
             def set_price(self, price):
                 self.__price = price

In [65]: fi = FinancialInstrument('AAPL', 100)

In [66]: fi.get_price()  ❷
Out[66]: 100
```

```
In [67]: fi.__price ❸

         ---------------------------------------------------------------
         AttributeError                    Traceback (most recent call last)
         <ipython-input-67-bd62f6cadb79> in <module>
         ----> 1 fi.__price ❸

         AttributeError: 'FinancialInstrument' object has no attribute '__price'

In [68]: fi._FinancialInstrument__price ❹
Out[68]: 100

In [69]: fi._FinancialInstrument__price = 105 ❹

In [70]: fi.set_price(100) ❺
```

❶ 將價格定義成私用實例屬性。

❷ 用 `get_price()` 方法回傳它的值。

❸ 試著直接讀取這個屬性會出現錯誤。

❹ 如果在類別名稱的開頭加上一個底線，我們仍然可以直接讀取與操作。

❺ 將價格設回它的原始值。

Python 的封裝

雖然基本上你可以用私用實例屬性，以及處理它們的方法來為 Python 類別實作封裝，但你無法完全強制隱藏資料，避免讓使用者接觸。在這個意義上，它比較像是 Python 的工程原則，而不是 Python 類別的技術功能。

考慮另一個類別，這個類別建立金融商品的投資組合部位的模型。將兩個類別聚合成一個概念比較容易讓人明白。下面的 `PortfolioPosition` 類別實例用屬性值來接收 `FinancialInstrument` 類別的實例。加入實例屬性（例如 `position_size`）可讓我們計算（舉例）部位值：

```
In [71]: class PortfolioPosition(object):
             def __init__(self, financial_instrument, position_size):
                 self.position = financial_instrument ❶
                 self.__position_size = position_size ❷
             def get_position_size(self):
```

```
            return self.__position_size
        def update_position_size(self, position_size):
            self.__position_size = position_size
        def get_position_value(self):
            return self.__position_size * \
                    self.position.get_price()  ❸

In [72]: pp = PortfolioPosition(fi, 10)

In [73]: pp.get_position_size()
Out[73]: 10

In [74]: pp.get_position_value()  ❸
Out[74]: 1000

In [75]: pp.position.get_price()  ❹
Out[75]: 100

In [76]: pp.position.set_price(105)  ❺

In [77]: pp.get_position_value()  ❻
Out[77]: 1050
```

❶ 使用 `FinancialInstrument` 類別實例的實例屬性。

❷ `PortfolioPosition` 類別的私用實例屬性。

❸ 用屬性來計算部位值。

❹ 被附加到實例屬性物件的方法是可以直接存取的（也可以隱藏）。

❺ 更新金融商品的價格。

❻ 用更新的價格來計算新的部位值。

Python 資料模型

上一節的範例展示了所謂的 Python 資料或物件模型（*https://docs.python.org/3/reference/datamodel.html*）的一些面向。使用 Python 資料模型，你可以設計與 Python 基本語言結構互動的類別。它也支援下列的工作與結構（見 Ramalho（2015），p.4）：

- 迭代
- 集合處理

- 屬性存取
- 運算子多載
- 函式與方法呼叫
- 物件建立與解構
- 字串表達（例如，用來列印）
- 管理背景（即，`with` 區塊）

因為 Python 資料模型太重要了，本節用一個範例（來自 Ramalho（2015），稍作修改）來探討它的一些面向。它實作了一個代表一維、三元素向量的類別（可將向量想成歐氏空間）。首先，特殊方法 `__init__`：

```
In [78]: class Vector(object):
             def __init__(self, x=0, y=0, z=0):  ❶
                 self.x = x  ❶
                 self.y = y  ❶
                 self.z = z  ❶

In [79]: v = Vector(1, 2, 3)  ❷

In [80]: v  ❸
Out[80]: <__main__.Vector at 0x1167789e8>
```

❶ 三個已初始化的實例屬性（可想成三維空間）。

❷ 名為 `v` 的新類別實例。

❸ 預設的字串表示法。

特殊方法 `__repr__` 可讓你自訂字串表示法：

```
In [81]: class Vector(Vector):
             def __repr__(self):
                 return 'Vector(%r, %r, %r)' % (self.x, self.y, self.z)

In [82]: v = Vector(1, 2, 3)

In [83]: v  ❶
Out[83]: Vector(1, 2, 3)

In [84]: print(v)  ❶
         Vector(1, 2, 3)
```

❶ 新字串表示法。

abs() 與 bool() 是兩個標準的 Python 函式，你可以用特殊方法 __abs__ 與 __bool__ 來定義它們在 Vector 類別的行為：

```
In [85]: class Vector(Vector):
             def __abs__(self):
                 return (self.x ** 2 + self.y ** 2 +
                         self.z ** 2) ** 0.5  ❶

             def __bool__(self):
                 return bool(abs(self))

In [86]: v = Vector(1, 2, -1)  ❷

In [87]: abs(v)
Out[87]: 2.449489742783178

In [88]: bool(v)
Out[88]: True

In [89]: v = Vector()  ❸

In [90]: v  ❸
Out[90]: Vector(0, 0, 0)

In [91]: abs(v)
Out[91]: 0.0

In [92]: bool(v)
Out[92]: False
```

❶ 用三個屬性值來回傳歐氏範數。

❷ 使用非 0 屬性值的新 Vector 物件。

❸ 只使用 0 屬性值的新 Vector 物件。

+ 與 * 運算子可以應用在幾乎所有 Python 物件上，它們的行為是用特殊方法 __add__ 與 __mul__ 來定義的：

```
In [93]: class Vector(Vector):
             def __add__(self, other):
                 x = self.x + other.x
                 y = self.y + other.y
                 z = self.z + other.z
                 return Vector(x, y, z)  ❶
```

```
            def __mul__(self, scalar):
                return Vector(self.x * scalar,
                              self.y * scalar,
                              self.z * scalar)  ❶

In [94]: v = Vector(1, 2, 3)

In [95]: v + Vector(2, 3, 4)
Out[95]: Vector(3, 5, 7)

In [96]: v * 2
Out[96]: Vector(2, 4, 6)
```

❶ 在這個例子中，每一個特殊方法都回傳一個它自己的型態的物件。

`len()` 是另一個 Python 標準函式，它可提供物件的長度，即元素的數量。當你對一個物件呼叫這個函式時，它會呼叫特殊方法 `__len__`。另一個特殊方法 `__getitem__` 可以用方括號表示法來檢索：

```
In [97]: class Vector(Vector):
             def __len__(self):
                 return 3  ❶

             def __getitem__(self, i):
                 if i in [0, -3]: return self.x
                 elif i in [1, -2]: return self.y
                 elif i in [2, -1]: return self.z
                 else: raise IndexError('Index out of range.')

In [98]: v = Vector(1, 2, 3)

In [99]: len(v)
Out[99]: 3

In [100]: v[0]
Out[100]: 1

In [101]: v[-2]
Out[101]: 2

In [102]: v[3]

          ----------------------------------------------------------------
          IndexError                        Traceback (most recent call last)
          <ipython-input-102-f998c57dcc1e> in <module>
          ----> 1 v[3]
```

```
<ipython-input-97-b0ca25eef7b3> in __getitem__(self, i)
      7         elif i in [1, -2]: return self.y
      8         elif i in [2, -1]: return self.z
----> 9         else: raise IndexError('Index out of range.')

IndexError:Index out of range.
```

❶ `Vector` 類別的所有實例的長度都是 3。

最後，特殊方法 `__iter__` 定義的是迭代物件元素時的行為。定義這項操作的物件稱為 *iterable*。例如，所有集合與容器都是 iterable：

```
In [103]: class Vector(Vector):
              def __iter__(self):
                  for i in range(len(self)):
                      yield self[i]

In [104]: v = Vector(1, 2, 3)

In [105]: for i in range(3):  ❶
              print(v[i])  ❶
          1
          2
          3

In [106]: for coordinate in v:  ❷
              print(coordinate)  ❷
          1
          2
          3
```

❶ 用索引值來間接迭代（透過 `__getitem__`）。

❷ 直接迭代類別實例（用 `__iter__`）。

增強 Python

你可以用 Python 資料模型來定義與 Python 標準運算子、函式等無縫互動的類別，它讓 Python 成為非常靈活的程式語言，可以用新類別與物件型態來輕鬆地增強。

最後一個小節將用單一程式段落來展示 `Vector` 類別的定義，作為總結。

Vector 類別

```
In [107]: class Vector(object):
              def __init__(self, x=0, y=0, z=0):
                  self.x = x
                  self.y = y
                  self.z = z

              def __repr__(self):
                  return 'Vector(%r, %r, %r)' % (self.x, self.y, self.z)

              def __abs__(self):
                  return (self.x ** 2 + self.y ** 2 + self.z ** 2) ** 0.5

              def __bool__(self):
                  return bool(abs(self))

              def __add__(self, other):
                  x = self.x + other.x
                  y = self.y + other.y
                  z = self.z + other.z
                  return Vector(x, y, z)

              def __mul__(self, scalar):
                  return Vector(self.x * scalar,
                                self.y * scalar,
                                self.z * scalar)

              def __len__(self):
                  return 3

              def __getitem__(self, i):
                  if i in [0, -3]: return self.x
                  elif i in [1, -2]: return self.y
                  elif i in [2, -1]: return self.z
                  else: raise IndexError('Index out of range.')

              def __iter__(self):
                  for i in range(len(self)):
                      yield self[i]
```

小結

本章介紹物件導向程式設計的概念與做法，包括理論以及 Python 範例。OOP 是 Python 使用的主要編程範式之一，它不但可以用來建模與實作非常複雜的應用程式，也可以讓你建立自訂物件，利用靈活的 Python 資料模型，讓它的行為類似標準的 Python 物件。雖然有很多人批評 OOP，但我們可以肯定的說，當 Python 程式員與定量分析師面臨的問題有相當程度的複雜性時，它是非常實用且強大的工具。第 5 部分會開發與討論衍生商品定價程式包，你將會在這個部分看到，當問題本身很複雜，並且需要抽象化時，OOP 應該是唯一合理的編程範式。

其他資源

以下是一般的 OOP，與 Python 程式設計及其專屬 OOP 的寶貴線上資源：

- Lecture Notes on Object-Oriented Programming（*http://bit.ly/2qLJU0S*）
- Object-Oriented Programming in Python（*http://bit.ly/2DKGZhB*）

關於 Python 物件導向與 Python 資料模型的優秀書籍有：

- Ramalho, Luciano (2016). *Fluent Python.* Sebastopol, CA: O'Reilly.

第三部分

金融資料科學

這個部分討論金融資料科學的基本技術、做法，與程式包。Python 資料科學有許多基本主題（例如視覺化）與程式包（例如 `scikit-learn`，*http://scikit-learn.org/stable/*）。這個部分提供希望成為**金融資料科學家**的定量分析師與金融分析師需要的 Python 工具。

如同第二部分，這個部分的章節是根據主題來安排的，以方便你視需求參考：

- 第 7 章介紹 `matplotlib` 與 `plotly`，它們可用來進行靜態與互動式視覺化。
- 第 8 章介紹 `pandas`，其用途是處理金融時間序列資料。
- 第 9 章的重點是正確且快速地進行輸入 / 輸出（I/O）操作。
- 第 10 章討論如何讓 Python 程式碼快速執行。
- 第 11 章的重點是常見的金融數學工具。
- 第 12 章使用 Python 來實作隨機學的方法。
- 第 13 章介紹統計與機器學習方法。

第七章

資料視覺化

一張圖勝過千言萬語。

—Arthur Brisbane (1911)

本章介紹 matplotlib（*http://www.matplotlib.org*）與 plotly（*http://plot.ly*）程式包的基本視覺化功能。

雖然坊間還有許多視覺化程式包可用，但 matplotlib 已經成為這個領域的標竿了，在許多情況下，它也是穩健且可靠的視覺化工具。你可以輕鬆地使用它來繪製標準的圖表，也可以靈活地繪製複雜和自訂的圖表。此外，它與 NumPy 及 pandas 還有它們提供的資料結構緊密地整合。

matplotlib 只能產生 bitmap 形式的圖表（例如 PNG 或 JPG 格式）。另一方面，現代的 web 技術—例如採取 Data-Driven Documents（D3.js）標準（*https://d3js.org/*）的技術—可讓我們製作具備良好互動性（例如可以放大，更仔細地查看某些區域）且可內嵌的圖表。plotly 程式包可讓你用 Python 輕鬆地建立這種 D3.js。此外還有一種較小型的程式庫，稱為 Cufflinks，可將 plotly 與 pandas DataFrame 物件緊密地整合，方便你建立流行的財金圖表（例如 K 線圖）。

本章主要討論以下主題：

"繪製靜態 2D 圖"，第 178 頁

這一節介紹 matplotlib 並展示一些典型的 2D 圖，從最簡單的，到包含兩個尺度或多張子圖的高階圖表。

"繪製靜態 3D 圖"，第 202 頁

本節介紹使用 `matplotlib` 繪製的 3D 圖，它們對一些金融應用程式而言很有幫助。

"繪製互動式 2D 圖"，第 205 頁

本節介紹如何以 `plotly` 和 `Cufflinks` 建立互動式 2D 圖。本節也會使用 `Cufflinks` 的 `QuantFigure` 功能來繪製典型的股票技術分析圖。

我不可能在本章全方位地探討 Python、`matplotlib` 或 `plotly` 的資料視覺化知識，但是會使用許多範例，介紹這些金融程式包基本且重要的功能。後續的章節也會提供其他的範例。例如，第 8 章將更深入探討如何使用 `pandas` 程式庫來將金融時間序列資料視覺化。

繪製靜態 2D 圖

在建立樣本資料，開始繪圖之前，我們必須匯入與設定一些東西：

```
In [1]: import matplotlib as mpl  ❶

In [2]: mpl.__version__  ❷
Out[2]: '3.0.0'

In [3]: import matplotlib.pyplot as plt  ❸

In [4]: plt.style.use('seaborn')  ❹

In [5]: mpl.rcParams['font.family'] = 'serif'  ❺

In [6]: %matplotlib inline
```

❶ 匯入 `matplotlib`，並使用常見的縮寫 `mpl`。

❷ 我們使用的 `matplotlib` 版本。

❸ 匯入主繪圖（子）程式包，並使用常見的縮寫 `plt`。

❹ 將繪圖樣式（*http://bit.ly/2KaPFhs*）設為 `seaborn`。

❺ 將所有圖表的字型都設為 `serif`。

一維資料集

`plt.plot()` 是最基本，但也相當強大的繪圖函式。原則上，它需要兩組數字：

x 值

含有 *x* 座標（橫座標的值）的 `list` 或陣列

y 值

含有 *y* 座標（縱座標的值）的 `list` 或陣列

當然，*x* 與 *y* 值的數量必須相符。見下列程式，圖 7-1 是它的輸出：

```
In [7]: import numpy as np

In [8]: np.random.seed(1000)  ❶

In [9]: y = np.random.standard_normal(20)  ❷

In [10]: x = np.arange(len(y))  ❸
         plt.plot(x, y);  ❹
```

❶ 為了重現結果，我們將亂數產生器的種子設為固定值。

❷ 抽取亂數（*y* 值）。

❸ 指定整數（*x* 值）。

❹ 呼叫 `plt.plot()` 函式並傳入 `x` 與 `y` 物件。

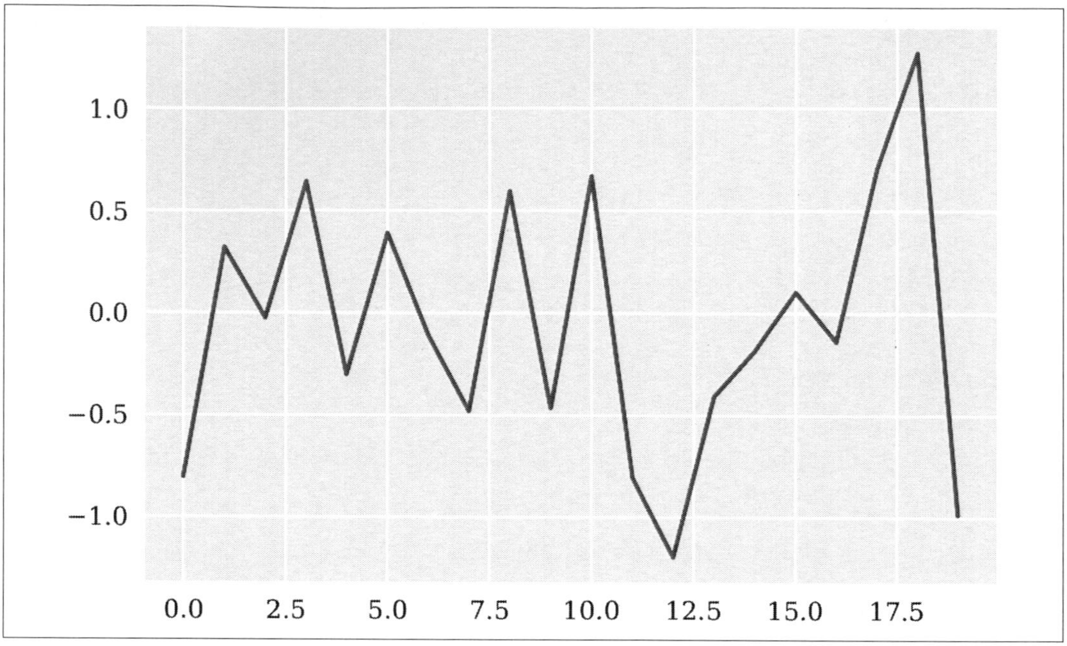

圖 7-1 用 x 與 y 值來繪圖

`plt.plot()` 可以知道它收到的是 `ndarray` 物件。在這個例子中，你不需要提供關於 *x* 值的“額外”資訊。當你只提供 *y* 值時，`plt.plot()` 會將索引值當成各自的 *x* 值。因此，這一行程式可以產生一模一樣的輸出（見圖 7-2）：

```
In [11]: plt.plot(y);
```

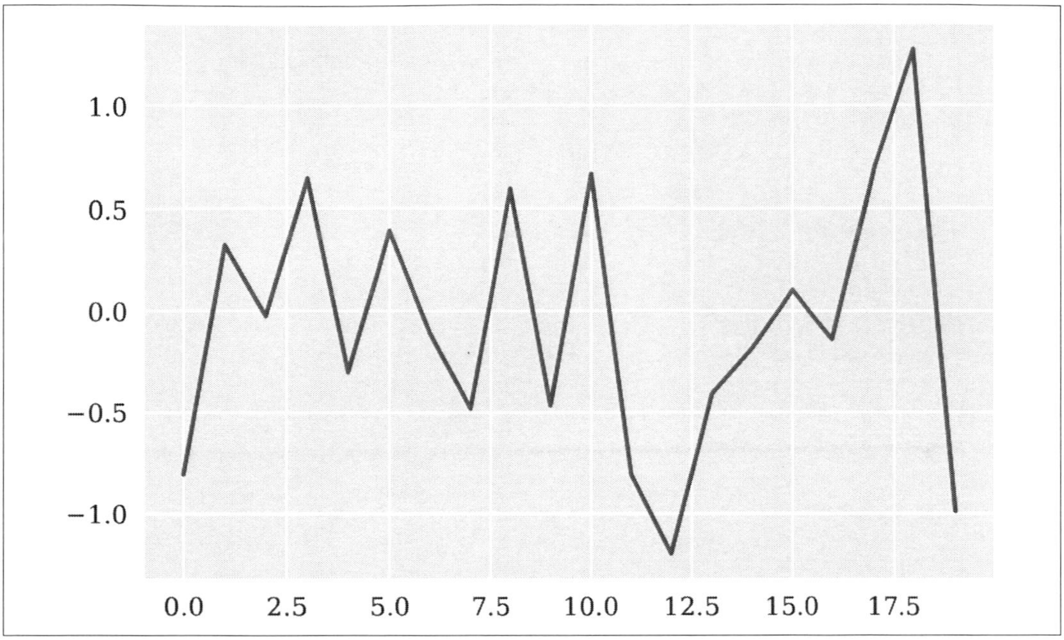

圖 7-2 提供一個 ndarray 資料物件時畫出來的圖

NumPy 陣列與 matplotlib

你可以直接將 NumPy ndarray 物件傳給 matplotlib 函式。matplotlib 能夠解讀資料結構來簡化繪圖程序，但是要注意的是，不要傳遞太大或太複雜的陣列。

因為大多數的 ndarray 方法都回傳 ndarray 物件，你也可以將這種物件及其方法傳入（有時甚至可以附加多個方法）。對著 ndarray 樣本資料物件呼叫 cumsum() 方法會得到這筆資料的累計和，一如預期，它會產生不同的輸出（見圖 7-3）：

```
In [12]: plt.plot(y.cumsum());
```

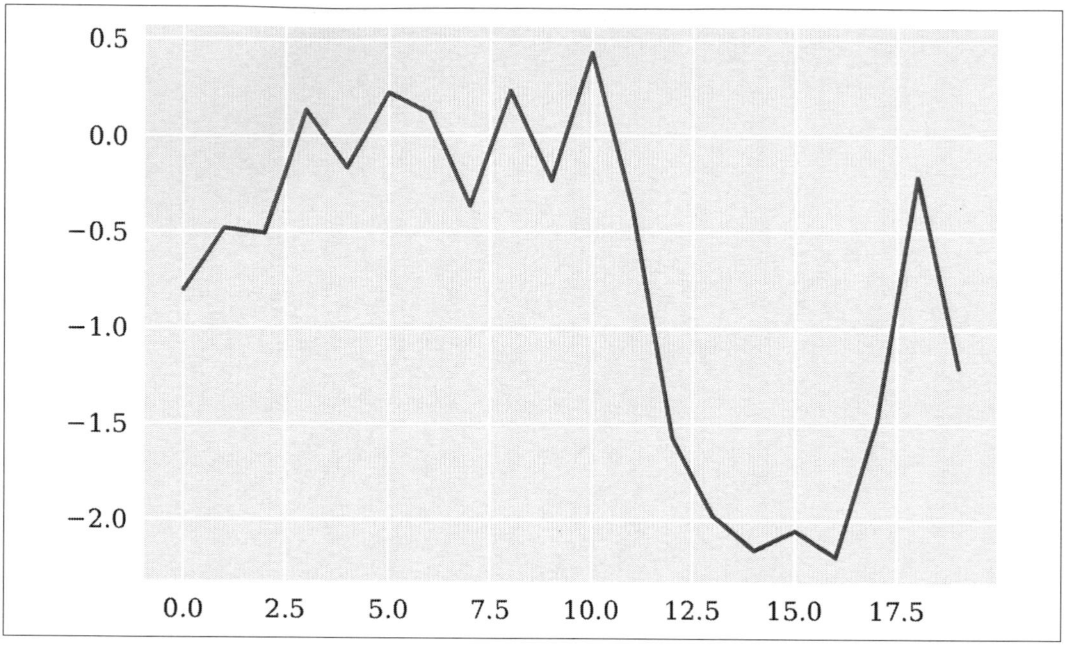

圖 7-3 使用 ndarray 物件並附加一個方法畫出的圖

一般來說，內定的繪圖樣式無法滿足報告、出版等典型工作需求。例如，你或許想要自訂字型（例如為了與 LaTeX 字型相容）、在兩軸加上標籤，或畫出網格來方便觀看，此時就要使用繪圖樣式。此外，`matplotlib` 也提供大量的函式供你自訂繪圖樣式，其中有些很容易使用，有些則需要更深入地研究。例如，容易使用的函式包括處理兩軸，以及網格及標籤的函式（見圖 7-4）：

```
In [13]: plt.plot(y.cumsum())
         plt.grid(False)  ❶
         plt.axis('equal');  ❷
```

❶ 關閉網格。

❷ 讓兩軸的縮放比例相同。

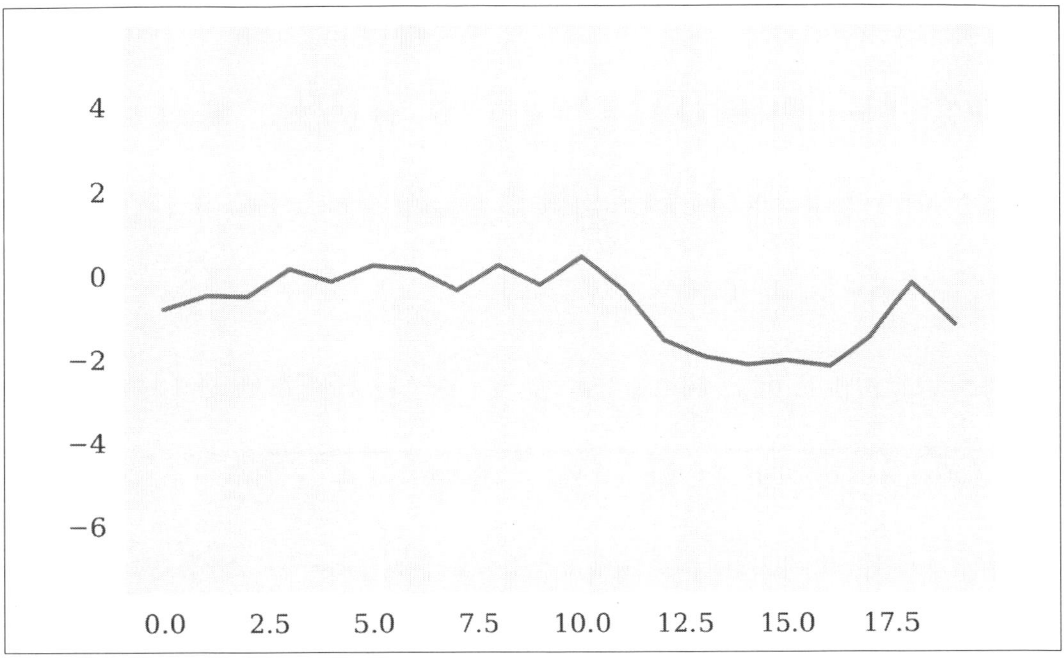

圖 7-4 無網格的圖表

表 7-1 是 plt.axis() 的其他選項，它們大部分都是用 str 物件來傳遞的。

表 7-1 plt.axis() 的選項

參數	說明
Empty	回傳目前的軸上限
off	關閉軸線與標籤
equal	讓縮放比例相同
scaled	藉由改變尺寸來讓縮放比例相同
tight	顯示所有資料（收緊限制）
image	顯示所有資料（使用資料限制）
[xmin, xmax, ymin, ymax]	提供值（list）來設定限制

你也可以用 plt.xlim() 與 plt.ylim() 來直接設定各軸的最小與最大值，以這段程式為例，圖 7-5 是它的輸出：

```
In [14]: plt.plot(y.cumsum())
         plt.xlim(-1, 20)
         plt.ylim(np.min(y.cumsum()) - 1,
                  np.max(y.cumsum()) + 1);
```

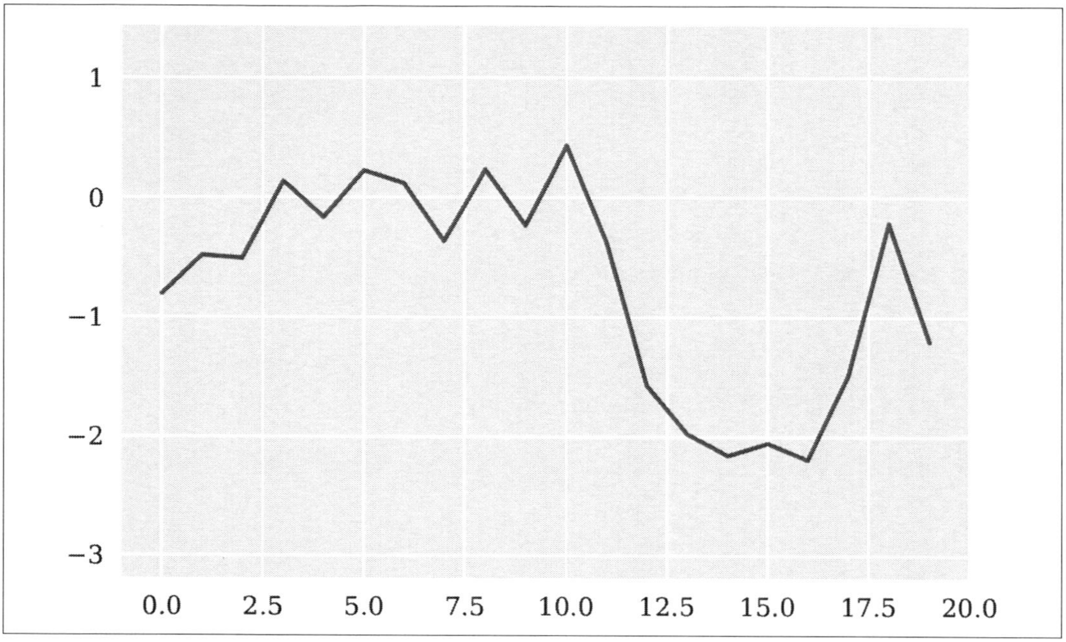

圖 7-5 用自訂的座標軸限制來繪圖

圖表通常會顯示一些標籤來方便閱讀，例如標題，與說明 *x* 與 *y* 值的性質的標籤，你可以分別使用 `plt.title()`、`plt.xlabel()` 與 `plt.ylabel()` 函式來加入它們。`plot()` 內定畫出連續的線條，即使你提供的資料點是離散的。你可以選擇不同的樣式選項來繪製離散點。圖 7-6 將紅點畫在藍線上面，並將線寬設為 1.5 點：

```
In [15]: plt.figure(figsize=(10, 6))  ❶
         plt.plot(y.cumsum(), 'b', lw=1.5)  ❷
         plt.plot(y.cumsum(), 'ro')  ❸
         plt.xlabel('index')  ❹
         plt.ylabel('value')  ❺
         plt.title('A Simple Plot');  ❻
```

❶ 增加圖的尺寸。

❷ 將資料畫成線寬 1.5 點的藍線。

❸ 將資料畫成紅（粗）點。

❹ 加上 x 軸標籤。

❺ 加上 y 軸標籤。

❻ 加上標題。

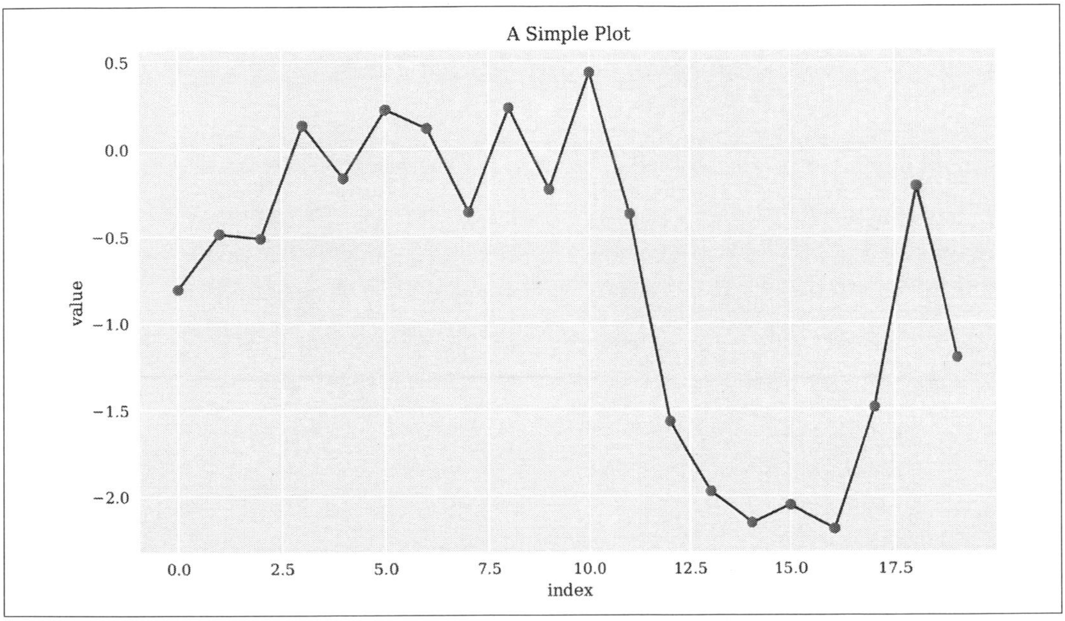

圖 7-6 包含典型標籤的圖表

`plt.plot()` 內定支援表 7-2 的顏色縮寫。

表 7-2 標準顏色縮寫

字元	顏色
b	藍
g	綠
r	紅
c	青
m	洋紅
y	黃
k	黑
w	白

`plt.plot()` 可用表 7-3 的字元來設定線條與 / 或點的樣式。

表 7-3 標準樣式字元

字元	符號
-	實線
--	以連續短線組成的線
-.	以一條短線與一點組成的線
:	以點組成的線
.	點記號
,	Pixel 記號
o	圓形記號
v	向下指的三角形記號
0	向上指的三角形記號
<	向左指的三角形記號
>	向右指的三角形記號
1	Tri_down 記號
2	Tri_up 記號
3	Tri_left 記號
4	Tri_right 記號
s	方塊記號
p	五角形記號
0	星號
h	Hexagon1 記號
H	Hexagon2 記號
0	加號
x	X 號
D	菱形記號
d	瘦菱形記號
|	直線記號
_	橫線記號

你可以組合任何顏色縮寫與樣式字元，藉此輕鬆地區分不同的資料集。繪圖樣式也會影響圖例。

二維資料集

繪製一維資料的情況並不常見，因為資料集通常都是由多個獨立的子集合組成的。使用 **matplotlib** 來處理這種資料集的規則與處理一維資料一樣，但是，在這種背景之下，你可能會遇到一些其他的問題，例如，兩個資料集的比例有很大的不同，因此無法畫在同一個 y 或 x 軸比例上，另一個問題是，你可能想要用不同的方式來將兩個不同的資料集視覺化，例如，一個使用折線圖，另一個使用長條圖。

下面的程式可產生一個二維的 NumPy ndarray 樣本資料集，它的外型是 20×2，內容是標準常態分布的偽亂數。我們對這個陣列呼叫 cumsum() 方法，來計算沿著 0 軸（即第一維）的樣本資料累計和：

```
In [16]: y = np.random.standard_normal((20, 2)).cumsum(axis=0)
```

通常你也可以將這種二維陣列傳給 plt.plot()。它會將裡面的資料自動視為不同的資料集（沿著軸 1，即第二維）。圖 7-7 是它們各自的折線圖：

```
In [17]: plt.figure(figsize=(10, 6))
         plt.plot(y, lw=1.5)
         plt.plot(y, 'ro')
         plt.xlabel('index')
         plt.ylabel('value')
         plt.title('A Simple Plot');
```

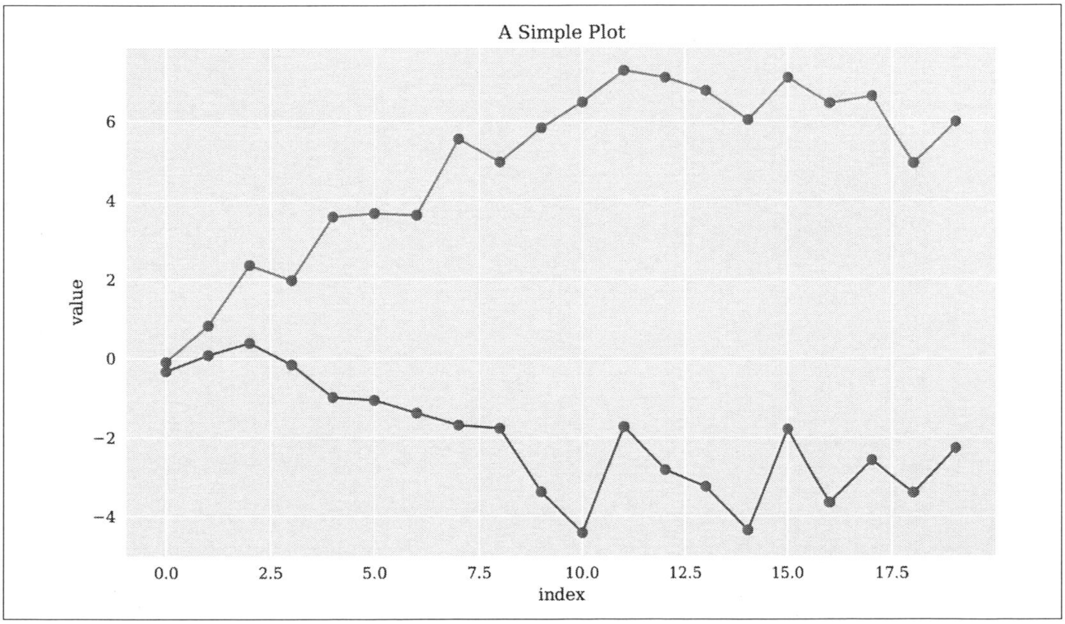

圖 7-7 畫出兩個資料集的圖表

你也可以用更多註解來協助讀者，例如為各個資料集分別加上標籤，並且在圖例裡面標示它們。函式 plt.legend() 可接收各種位置參數，0 代表最佳位置，也就是盡量不要讓圖例蓋到資料。

圖 7-8 是繪出兩個資料集的圖表，這次加上圖例。這個程式不是讀取整個 ndarray 物件，而是分別讀取兩個資料子集合（y[:, 0] 與 y[:, 1]），以便分別指派標籤給它們。

```
In [18]: plt.figure(figsize=(10, 6))
         plt.plot(y[:, 0], lw=1.5, label='1st')  ❶
         plt.plot(y[:, 1], lw=1.5, label='2nd')  ❶
         plt.plot(y, 'ro')
         plt.legend(loc=0)  ❷
         plt.xlabel('index')
         plt.ylabel('value')
         plt.title('A Simple Plot');
```

❶ 定義資料子集的標籤。

❷ 將圖例放在“最佳”位置。

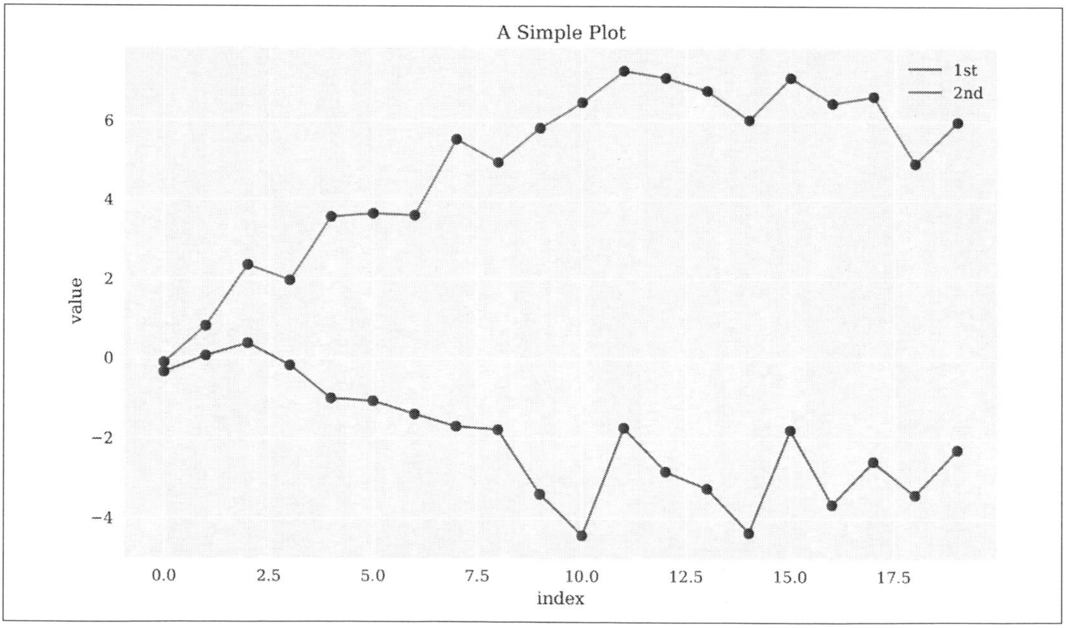

圖 7-8 畫出含有標籤的資料集

表 7-4 是 plt.legend() 的其他位置選項。

表 7-4 plt.legend() 的選項

Loc	說明
預設	右上角
0	最佳位置
1	右上
2	左上
3	左下
4	右下
5	右邊
6	左邊中間
7	右邊中間
8	下面中間
9	上面中間
10	中間

如果不同的資料集有類似的刻度，例如同一個金融風險因子的多個模擬走勢，你可以用一個 y 軸來繪製它們。但是，資料集通常有不同的刻度，用一個 y 尺度來繪製這種資料通常會遺失大量的視覺資訊，為了展示這種效應，下面的範例將兩個資料子集的第一個子集的尺度擴大 100 倍，並且再次畫出資料（見圖 7-9）：

```
In [19]: y[:, 0] = y[:, 0] * 100  ❶

In [20]: plt.figure(figsize=(10, 6))
         plt.plot(y[:, 0], lw=1.5, label='1st')
         plt.plot(y[:, 1], lw=1.5, label='2nd')
         plt.plot(y, 'ro')
         plt.legend(loc=0)
         plt.xlabel('index')
         plt.ylabel('value')
         plt.title('A Simple Plot');
```

❶ 擴大第一個資料子集。

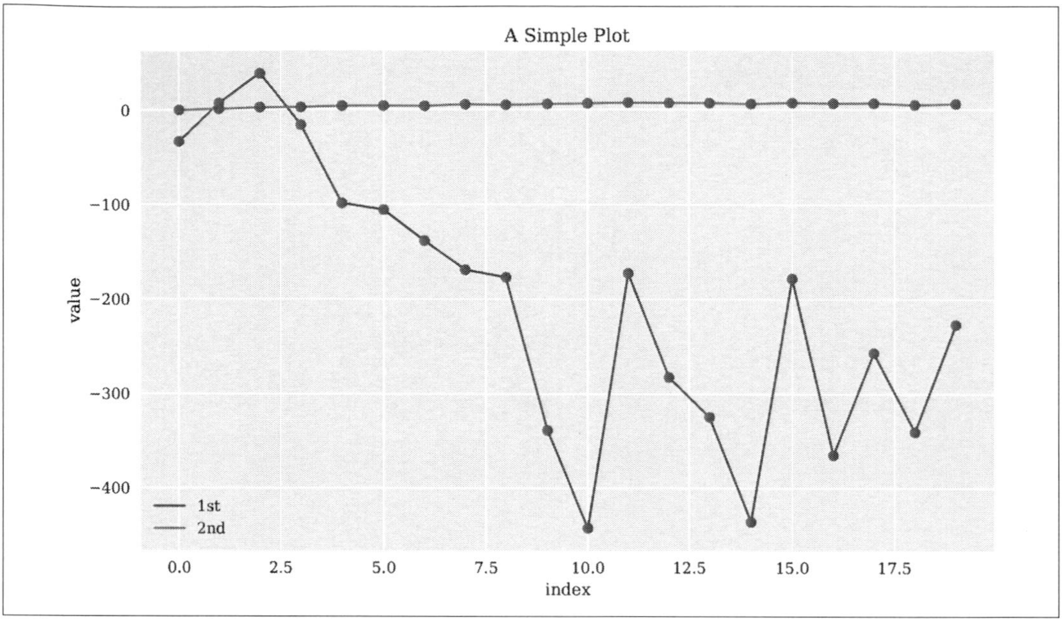

圖 7-9 畫出兩個尺度不同的資料集

從圖 7-9 可以看到，第一個資料集仍然是“視覺可讀的”，但是第二個資料集看起來就像一條直線，它的 y 軸有不同的尺度。在某種意義上，第二個資料集的資訊已經“在視覺上遺失”了。除了調整資料（例如透過縮放）之外，解決這種問題的基本繪圖方法有兩種：

- 使用兩個 y 軸（左 / 右）
- 使用兩張子圖（上 / 下、左 / 右）

下面的範例在圖中加入第二個 y 軸。圖 7-10 有兩個不同的 y 軸。左邊的 y 軸是第一個資料集的，右邊的 y 軸則是第二個的，因此我們使用兩個圖例：

```
In [21]: fig, ax1 = plt.subplots()  ❶
         plt.plot(y[:, 0], 'b', lw=1.5, label='1st')
         plt.plot(y[:, 0], 'ro')
         plt.legend(loc=8)
         plt.xlabel('index')
         plt.ylabel('value 1st')
         plt.title('A Simple Plot')
         ax2 = ax1.twinx()  ❷
         plt.plot(y[:, 1], 'g', lw=1.5, label='2nd')
         plt.plot(y[:, 1], 'ro')
         plt.legend(loc=0)
         plt.ylabel('value 2nd');
```

❶ 定義圖與軸物件。

❷ 建立共用 x 軸的第二個軸物件。

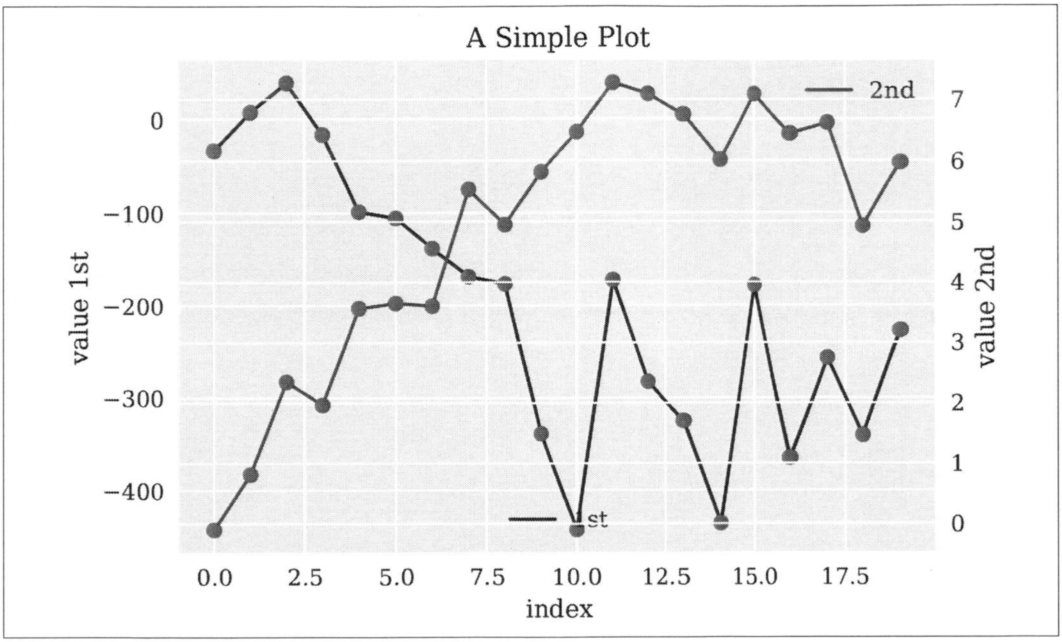

圖 7-10 畫出兩個資料集與兩個 y 軸

最關鍵的程式碼是協助管理座標軸的：

```
fig, ax1 = plt.subplots()
ax2 = ax1.twinx()
```

你可以使用 **plt.subplots()** 函式來直接訪問底層的繪圖物件（例如 figure、subplot 等）。例如，你可以用它來產生第二個子圖，並且與第一個子圖共用 x 軸。圖 7-10 的兩個子圖其實是互相**重疊**的。

接著，考慮有兩個**獨立**子圖的例子。這種做法可讓你更自由地處理兩個資料集，如圖 7-11 所示：

```
In [22]: plt.figure(figsize=(10, 6))
         plt.subplot(211)  ❶
         plt.plot(y[:, 0], lw=1.5, label='1st')
         plt.plot(y[:, 0], 'ro')
         plt.legend(loc=0)
```

```
plt.ylabel('value')
plt.title('A Simple Plot')
plt.subplot(212)  ❷
plt.plot(y[:, 1], 'g', lw=1.5, label='2nd')
plt.plot(y[:, 1], 'ro')
plt.legend(loc=0)
plt.xlabel('index')
plt.ylabel('value');
```

❶ 定義上面的子圖 1。

❷ 定義下面的子圖 2。

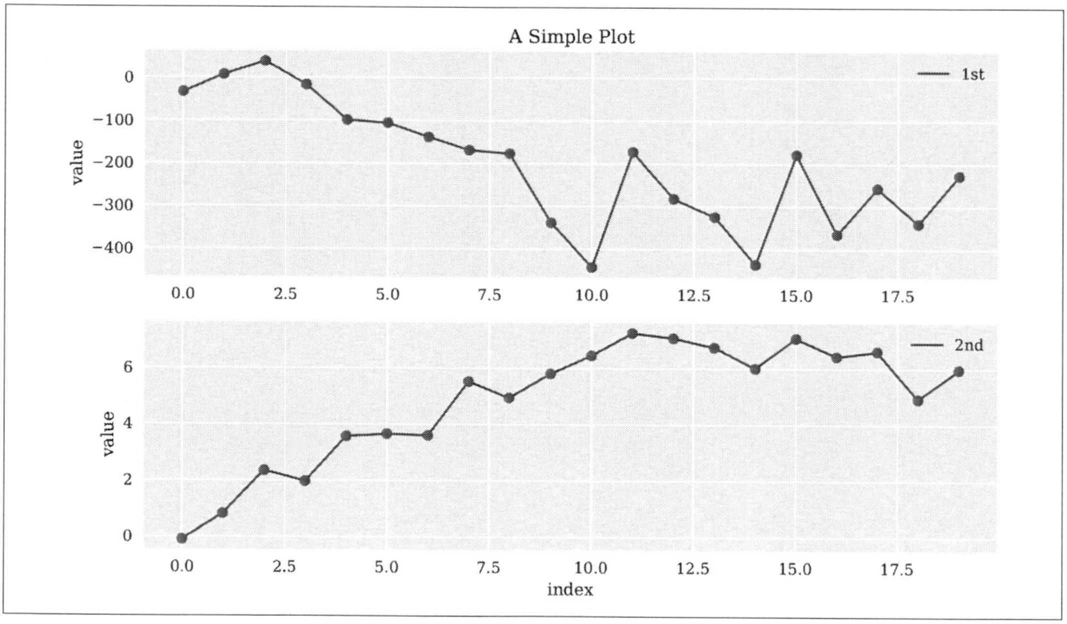

圖 7-11 繪製兩張子圖

matplotlib 圖表物件的子圖的位置是用特殊的座標系統來設定的。plt.subplot() 有三個整數引數，numrows、numcols 與 fignum（可用逗號隔開或不用）。numrows 是列數，numcols 是欄數，fignum 是子圖數，從 1 開始，到 numrows * numcols。例如，有 9 個同樣大小的子圖的圖表是 numrows=3，numcols=3，且 fignum=1,2,...,9。右下角那張子圖的“座標”是：plt.subplot(3, 3, 9)。

有時你必須選擇兩種不同的繪圖樣式來將這種資料視覺化。藉著使用子圖，你可以自由地組合 matplotlib 提供的各式圖表[1]。

圖 7-12 結合展示點線圖與長條圖。

```
In [23]: plt.figure(figsize=(10, 6))
         plt.subplot(121)
         plt.plot(y[:, 0], lw=1.5, label='1st')
         plt.plot(y[:, 0], 'ro')
         plt.legend(loc=0)
         plt.xlabel('index')
         plt.ylabel('value')
         plt.title('1st Data Set')
         plt.subplot(122)
         plt.bar(np.arange(len(y)), y[:, 1], width=0.5,
                 color='g', label='2nd')  ❶
         plt.legend(loc=0)
         plt.xlabel('index')
         plt.title('2nd Data Set');
```

❶ 建立長條子圖。

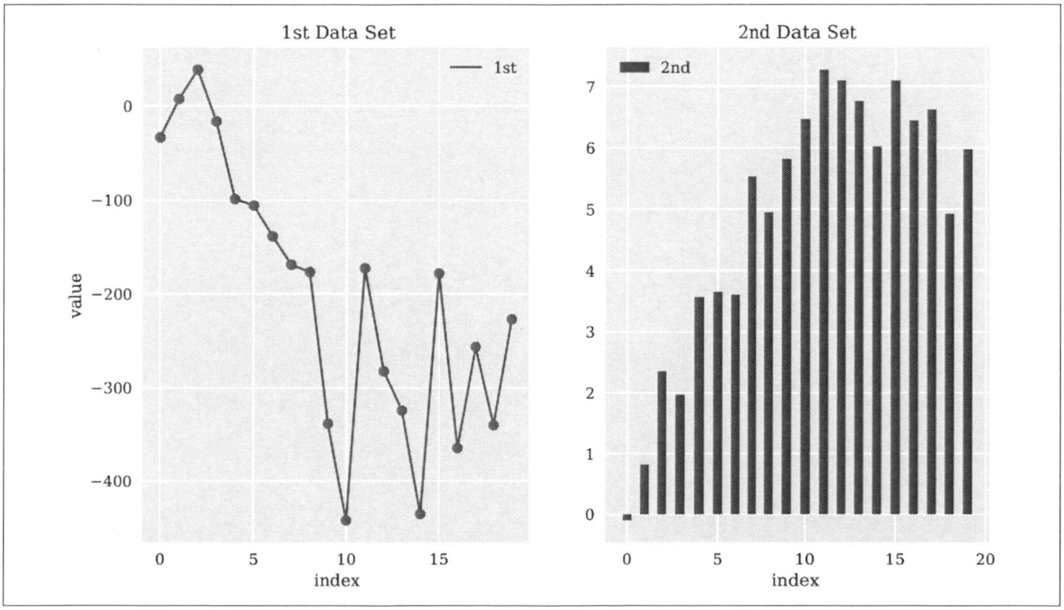

圖 7-12 結合點線子圖與長條子圖的圖表

1 要瞭解可用的圖表類型有哪些，可參考 matplotlib 展示網頁（*http://bit.ly/2RYvMwS*）。

其他的圖表樣式

關於二維繪圖，點線圖應該是金融領域最重要的圖表，原因是金融領域的許多資料集都有時間序列資料，人們經常用這種圖表來將時間序列資料視覺化，第 8 章會更詳細地處理金融時間序列資料。但是，本節將繼續使用二維亂數資料集來說明在金融領域中，很有幫助的其他視覺化方法。

第一種是**散布圖**，這種圖將一個資料集的值當成其他資料集的 *x* 值。圖 7-13 是這種圖表。舉例而言，這種圖表可用來繪製一個金融時間序列的報酬與另一個時間序列比較的情況。下面的範例使用新的二維資料集，它裡面有更多資料：

```
In [24]: y = np.random.standard_normal((1000, 2))  ❶

In [25]: plt.figure(figsize=(10, 6))
         plt.plot(y[:, 0], y[:, 1], 'ro')  ❷
         plt.xlabel('1st')
         plt.ylabel('2nd')
         plt.title('Scatter Plot');
```

❶ 用亂數建立更大的資料集。

❷ 用 `plt.plot()` 產生散布圖。

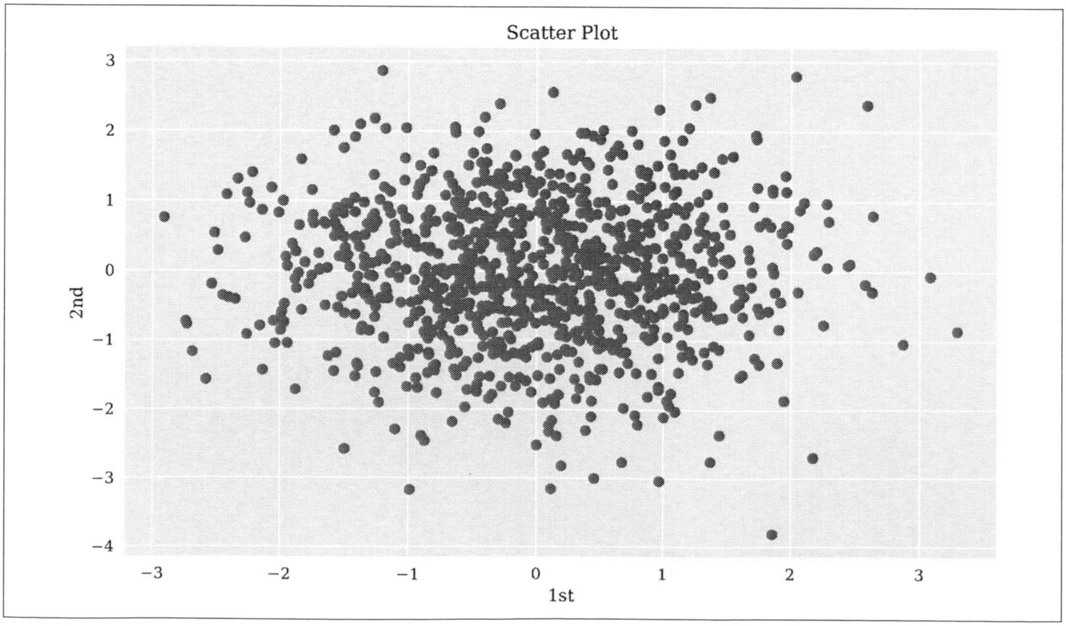

圖 7-13 用 plt.plot() 函式繪製散布圖

`matplotlib` 也有一個專門產生散布圖的函式。它的用法基本上相同，但提供一些額外的功能。圖 7-14 是與圖 7-13 一樣的散布圖，但這一次是用 `plt.scatter()` 函式來產生的：

```
In [26]: plt.figure(figsize=(10, 6))
         plt.scatter(y[:, 0], y[:, 1], marker='o')  ❶
         plt.xlabel('1st')
         plt.ylabel('2nd')
         plt.title('Scatter Plot');
```

❶ 用 `plt.scatter()` 函式產生的散布圖。

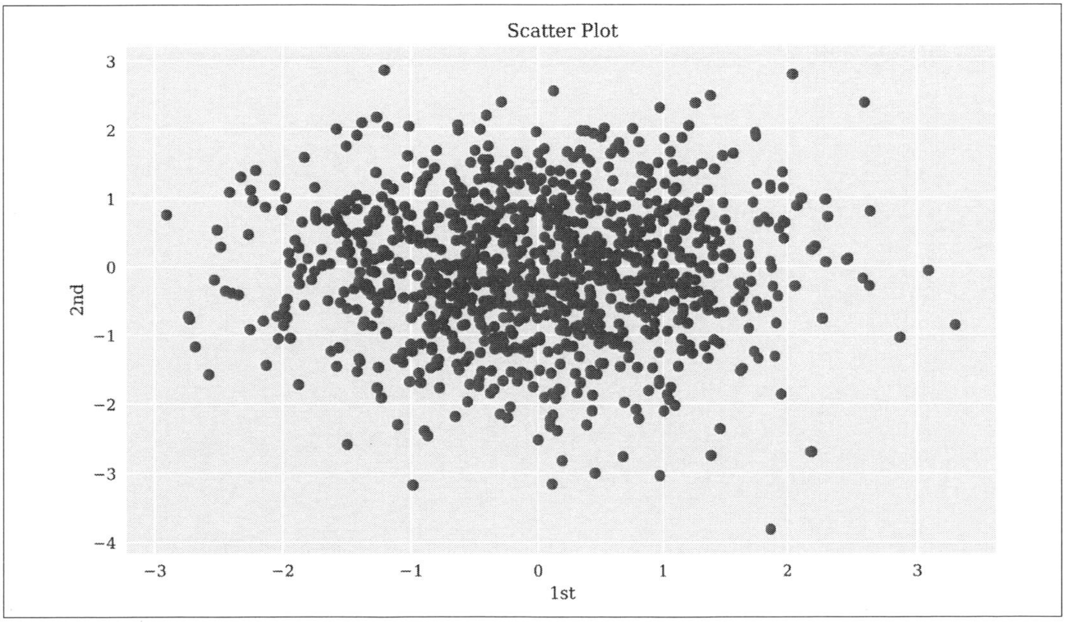

圖 7-14 用 plt.scatter() 函式產生的散布圖

`plt.scatter()` 繪圖函式也可以加入第三維，你可以用不同的顏色來顯示它，或是用顏色條來描述它。在圖 7-15 的散布圖有第三維，它用不同顏色的單點來描述它，並且用一個顏色條來當成顏色的圖例。為了畫出這張圖，我們用下面的程式產生第三個亂數資料集，這一次包含 0 至 10 之間的整數：

```
In [27]: c = np.random.randint(0, 10, len(y))

In [28]: plt.figure(figsize=(10, 6))
         plt.scatter(y[:, 0], y[:, 1],
```

```
                c=c,  ❶
                cmap='coolwarm',  ❷
                marker='o')  ❸
plt.colorbar()
plt.xlabel('1st')
plt.ylabel('2nd')
plt.title('Scatter Plot');
```

❶ 加入第三個資料集。

❷ 選擇色彩圖（color map）。

❸ 將標記定義成粗點。

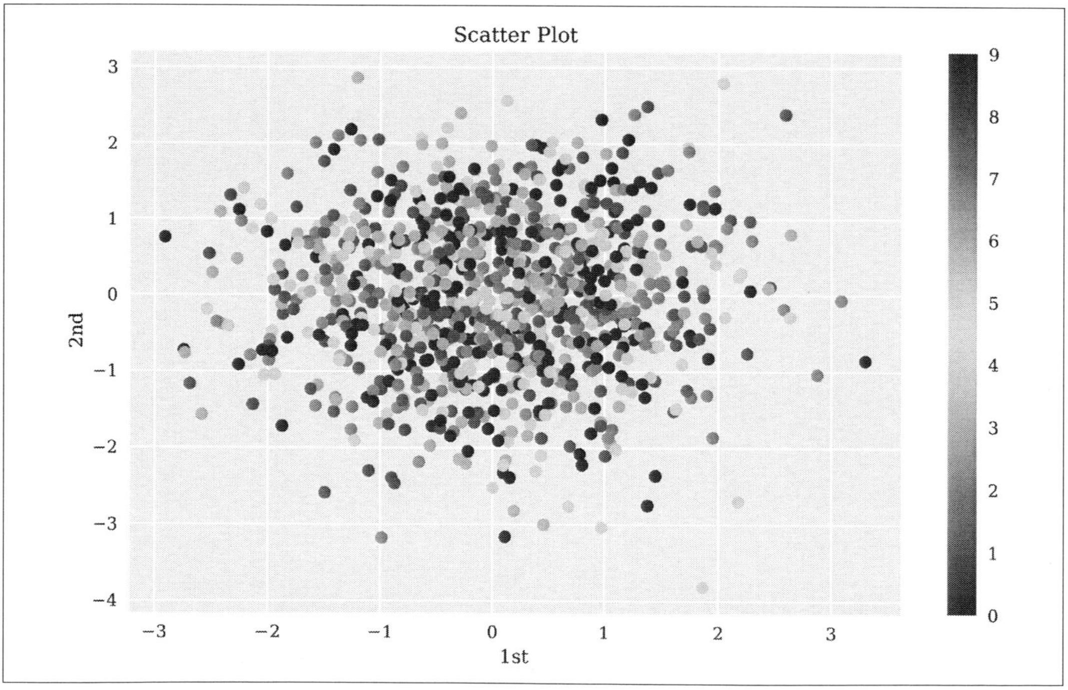

圖 7-15 有第三維的散布圖

另一種圖表，**直方圖**，在金融報酬領域中也很常見。圖 7-16 將兩個資料集的不同頻率值彼此相鄰地放在同一張圖裡面：

```
In [29]: plt.figure(figsize=(10, 6))
         plt.hist(y, label=['1st', '2nd'], bins=25)  ❶
         plt.legend(loc=0)
```

```
plt.xlabel('value')
plt.ylabel('frequency')
plt.title('Histogram');
```

❶ 用 `plt.hist()` 函式產生直方圖。

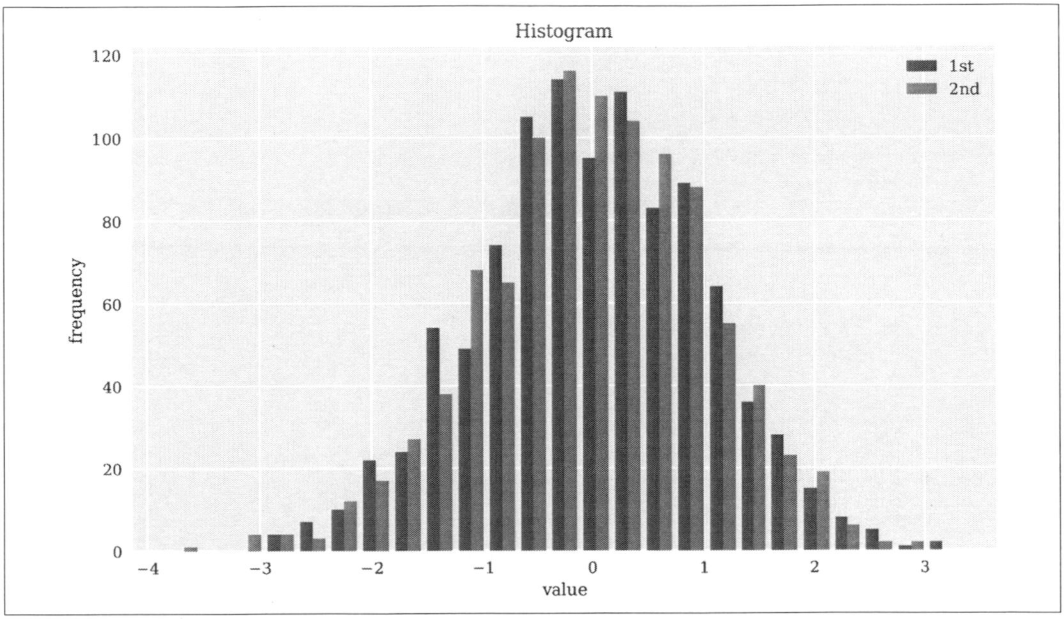

圖 7-16 兩個資料集的直方圖

因為直方圖在金融應用中是非常重要的圖表種類，我們來更深入地研究 `plt.hist()` 的用法。你可以從下面的範例看出它支援的參數：

```
plt.hist(x, bins=10, range=None, normed=False, weights=None, cumulative=False,
bottom=None, histtype='bar', align='mid', orientation='vertical', rwidth=None,
log=False, color=None, label=None, stacked=False, hold=None, **kwargs)
```

表 7-5 介紹 `plt.hist()` 函式的主要參數。

表 7-5 plt.hist() 參數

參數	說明
x	list 物件，ndarray 物件
bins	長條數量
range	長條的上下限
normed	規範，例如整數值是 1

參數	說明
weights	x 的每個值的權重
cumulative	每一個長條含有多少比它低的長條
histtype	選項（字串）：bar、barstacked、step、stepfilled
align	選項（字串）：left、mid、right
orientation	選項（字串）：horizontal、vertical
rwidth	長條的相對寬度
log	對數尺度
color	各個資料集的顏色（陣列形式）
label	標籤字串組成的字串或序列
stacked	重疊多個資料集

圖 7-17 是類似的圖表，這一次將兩個資料集重疊來顯示直方圖：

```
In [30]: plt.figure(figsize=(10, 6))
         plt.hist(y, label=['1st', '2nd'], color=['b', 'g'],
                  stacked=True, bins=20, alpha=0.5)
         plt.legend(loc=0)
         plt.xlabel('value')
         plt.ylabel('frequency')
         plt.title('Histogram');
```

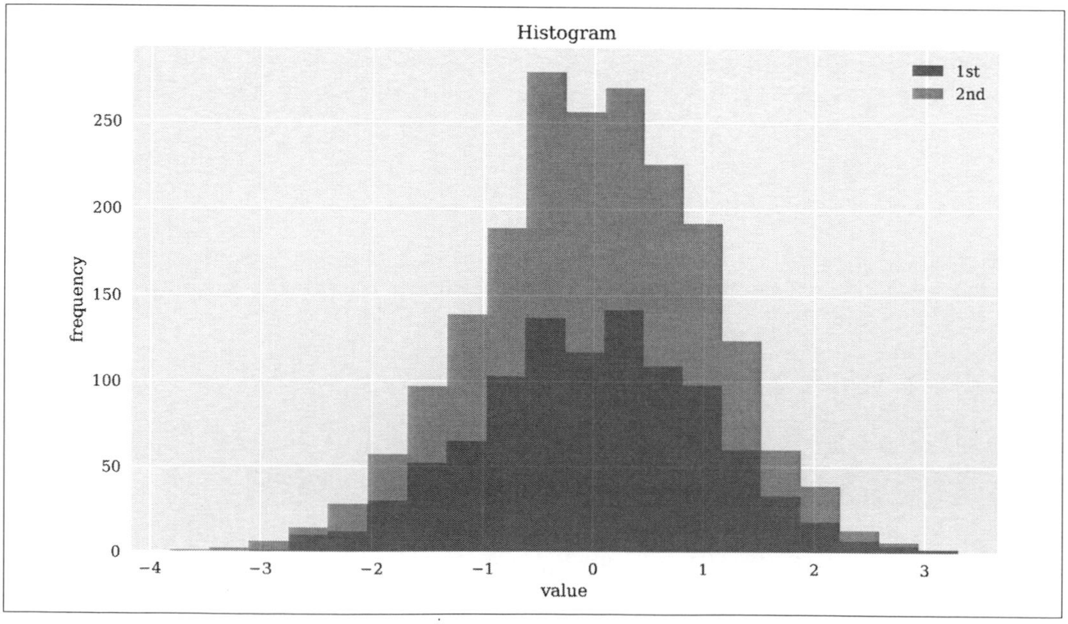

圖 7-17 兩個資料集的重疊直方圖

箱形圖是另一種實用的圖表。箱形圖類似直方圖，可以概述資料集的特性，並且可用來輕鬆地比較多個資料集。圖 7-18 是用四個資料集畫成的箱形圖：

```
In [31]: fig, ax = plt.subplots(figsize=(10, 6))
         plt.boxplot(y)  ❶
         plt.setp(ax, xticklabels=['1st', '2nd'])  ❷
         plt.xlabel('data set')
         plt.ylabel('value')
         plt.title('Boxplot');
```

❶ 用 `plt.boxplot()` 函式製作箱形圖。

❷ 設定各個 x 座標。

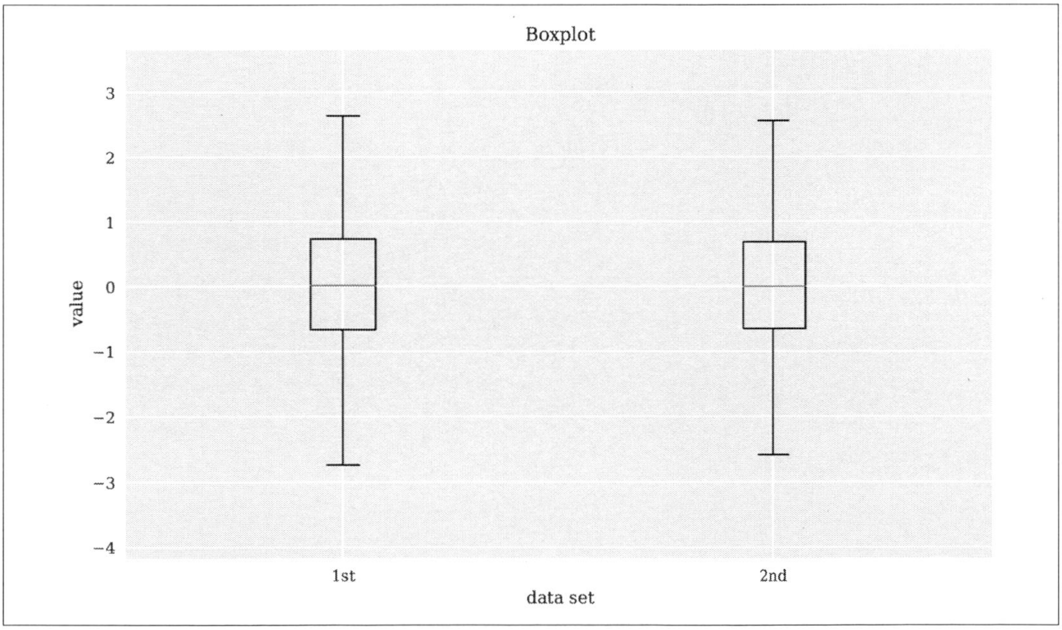

圖 7-18 用兩個資料集繪製的箱形圖

上一個範例使用函式 `plt.setp()`，它的功能是設定（一組）繪圖實例的屬性。例如，這段程式產生折線圖：

```
line = plt.plot(data, 'r')
```

下面的程式將線形改成“短線虛線”：

```
plt.setp(line, linestyle='--')
```

藉此，你可以在產生繪製實例（“artist 物件”）之後，輕鬆地改變參數。

在本節的最後，考慮一張以數學式計算畫出來的圖，你也可以在 matplotlib 展示網頁（*http://www.matplotlib.org/gallery.html*）找到這個範例。本例將畫出一個函數，並且在圖表中，顯示函式下方的區域，以及下限與上限值一換句話說，就是介於下限與上限之間的函數積分值。我們要繪出的積分值是 $\int_a^b f(x)dx$，其中，$f(x) = \frac{1}{2} \cdot e^x + 1$，$a = \frac{1}{2}$ 且 $b = \frac{3}{2}$。圖 7-19 是畫出來的圖表，展示 matplotlib 可以無縫地處理 LaTeX 排版，將數學公式放入圖表。首先，我們來定義函數、代表積分上下限的變數，以及 x 與 y 值的資料集：

```
In [32]: def func(x):
             return 0.5 * np.exp(x) + 1  ❶
         a, b = 0.5, 1.5  ❷
         x = np.linspace(0, 2)  ❸
         y = func(x)  ❹
         Ix = np.linspace(a, b)  ❺
         Iy = func(Ix)  ❻
         verts = [(a, 0)] + list(zip(Ix, Iy)) + [(b, 0)]  ❼
```

❶ 定義函數。

❷ 積分上下限。

❸ 用來繪製函數的 x 值。

❹ 用來繪製函數的 y 值。

❺ 在積分範圍之內的 x 值。

❻ 在積分範圍之內的 y 值。

❼ list 物件，裡面有將要繪製的多邊形座標的 tuple 物件。

接著是繪圖程式本身，因為我們需要明確地放置許多物件，所以看起來有點複雜：

```
In [33]: from matplotlib.patches import Polygon
         fig, ax = plt.subplots(figsize=(10, 6))
         plt.plot(x, y, 'b', linewidth=2)  ❶
         plt.ylim(bottom=0)  ❷
         poly = Polygon(verts, facecolor='0.7', edgecolor='0.5')  ❸
         ax.add_patch(poly)  ❸
         plt.text(0.5 * (a + b), 1, r'$\int_a^b f(x)\mathrm{d}x$',
                  horizontalalignment='center', fontsize=20)  ❹
```

```
plt.figtext(0.9, 0.075, '$x$') ❺
plt.figtext(0.075, 0.9, '$f(x)$') ❺
ax.set_xticks((a, b)) ❻
ax.set_xticklabels(('$a$', '$b$')) ❻
ax.set_yticks([func(a), func(b)]) ❼
ax.set_yticklabels(('$f(a)$', '$f(b)$')); ❼
```

❶ 將函數值畫成藍線。

❷ 定義縱座標軸的最小 y 值。

❸ 用灰色來繪製多邊形（積分區域）。

❹ 在圖中顯示積分公式。

❺ 顯示軸標籤。

❻ 顯示 x 標籤。

❼ 顯示 y 標籤。

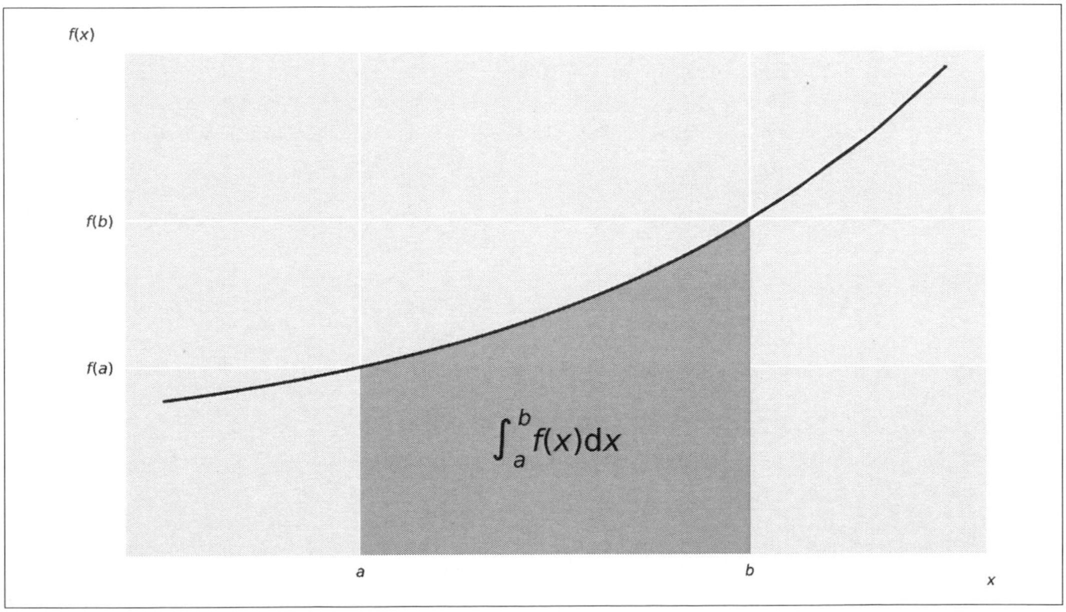

圖 7-19 指數函數、積分區域，以及 LaTeX 標籤

繪製靜態 3D 圖

許多金融領域都可以從三維視覺化得到很多好處，其中一個應用領域就是使用波動曲面來同時顯示許多選擇權隱含波動率（用許多“距到期日時間”與“履約價”計算出來的）。附錄 B 有一個將歐式看漲選擇權的價值與 vega 視覺化的範例可供參考。下面的程式以人為的方式產生一張類似波動曲面的圖表。我們使用這些參數來製作它：

- 介於 50 至 150 的履約價
- 介於 0.5 至 2.5 年的距到期日時間

這可以提供一個二維的座標系統。你可以用 NumPy np.meshgrid() 函式以及兩個一維 ndarray 物件來產生這種系統：

```
In [34]: strike = np.linspace(50, 150, 24)  ❶

In [35]: ttm = np.linspace(0.5, 2.5, 24)  ❷

In [36]: strike, ttm = np.meshgrid(strike, ttm)  ❸

In [37]: strike[:2].round(1)  ❸
Out[37]: array([[ 50. ,  54.3,  58.7,  63. ,  67.4,  71.7,  76.1,  80.4,  84.8,
                  89.1,  93.5,  97.8, 102.2, 106.5, 110.9, 115.2, 119.6, 123.9,
                 128.3, 132.6, 137. , 141.3, 145.7, 150. ],
                [ 50. ,  54.3,  58.7,  63. ,  67.4,  71.7,  76.1,  80.4,  84.8,
                  89.1,  93.5,  97.8, 102.2, 106.5, 110.9, 115.2, 119.6, 123.9,
                 128.3, 132.6, 137. , 141.3, 145.7, 150. ]])

In [38]: iv = (strike - 100) ** 2 / (100 * strike) / ttm  ❹

In [39]: iv[:5, :3]  ❹
Out[39]: array([[1.        , 0.76695652, 0.58132045],
                [0.85185185, 0.65333333, 0.4951989 ],
                [0.74193548, 0.56903226, 0.43130227],
                [0.65714286, 0.504     , 0.38201058],
                [0.58974359, 0.45230769, 0.34283001]])
```

❶ 儲存履約價的 ndarray 物件。

❷ 儲存“距到期日時間”的 ndarray 物件。

❸ 建立兩個二維的 ndarray 物件（網格）。

❹ 虛擬隱含波動率。

下面的程式可產生圖 7-20：

```
In [40]: from mpl_toolkits.mplot3d import Axes3D  ❶
         fig = plt.figure(figsize=(10, 6))
         ax = fig.gca(projection='3d')  ❷
         surf = ax.plot_surface(strike, ttm, iv, rstride=2, cstride=2,
                                cmap=plt.cm.coolwarm, linewidth=0.5,
                                antialiased=True)  ❸
         ax.set_xlabel('strike')  ❹
         ax.set_ylabel('time-to-maturity')  ❺
         ax.set_zlabel('implied volatility')  ❻
         fig.colorbar(surf, shrink=0.5, aspect=5);  ❼
```

❶ 匯入相關的 3D 繪圖功能，雖然我們沒有直接使用 Axes3D，但這是必須的動作。

❷ 設定 3D 繪圖畫布。

❸ 建立 3D 圖。

❹ 加上 x 軸標籤。

❺ 加上 y 軸標籤。

❻ 加上 z 軸標籤。

❼ 建立顏色條。

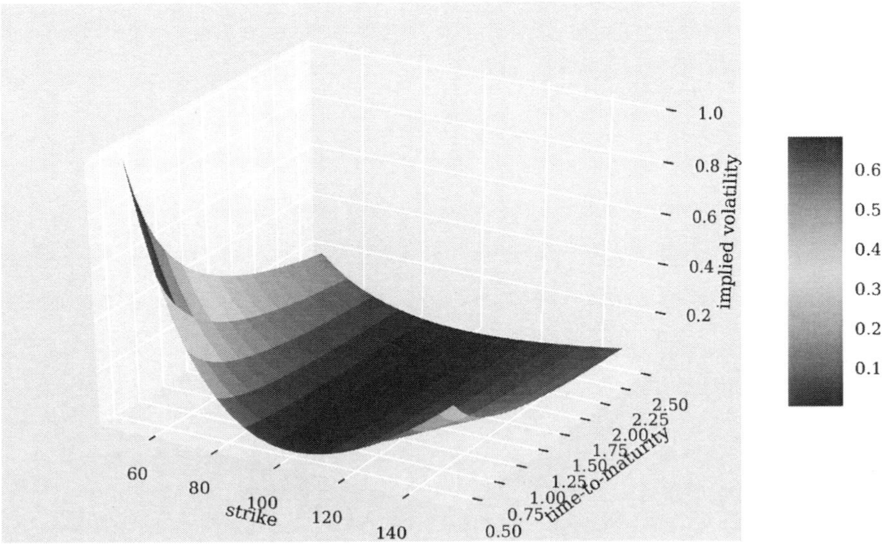

圖 7-20 （虛擬）隱含波動率的 3D 曲面圖

表 7-6 介紹 `plt.plot_surface()` 函式的各種參數。

表 7-6 plot_surface() 的參數

參數	說明
`X, Y, Z`	以 2D 陣列傳入的資料值
`rstride`	陣列的列跨幅
`cstride`	陣列的欄跨幅
`color`	表面圖塊的顏色
`cmap`	表面圖塊的色彩圖
`facecolors`	各個圖塊的表面顏色
`norm`	`Normalize` 實例，用來將值對映至顏色
`vmin`	對映的最小值
`vmax`	對映的最大值
`shade`	是否對表面顏色遮光

與二維圖表一樣，你可以將線條樣式換成單點虛線，或者單三角形，像下圖這樣。圖 7-21 將同樣的資料畫成 3D 散布圖，但現在也使用 `view_init()` 方法來設定不同的視角：

```
In [41]: fig = plt.figure(figsize=(10, 6))
         ax = fig.add_subplot(111, projection='3d')
         ax.view_init(30, 60)  ❶
         ax.scatter(strike, ttm, iv, zdir='z', s=25,
                    c='b', marker='^')  ❷
         ax.set_xlabel('strike')
         ax.set_ylabel('time-to-maturity')
         ax.set_zlabel('implied volatility');
```

❶ 設定視角。

❷ 建立 3D 散布圖。

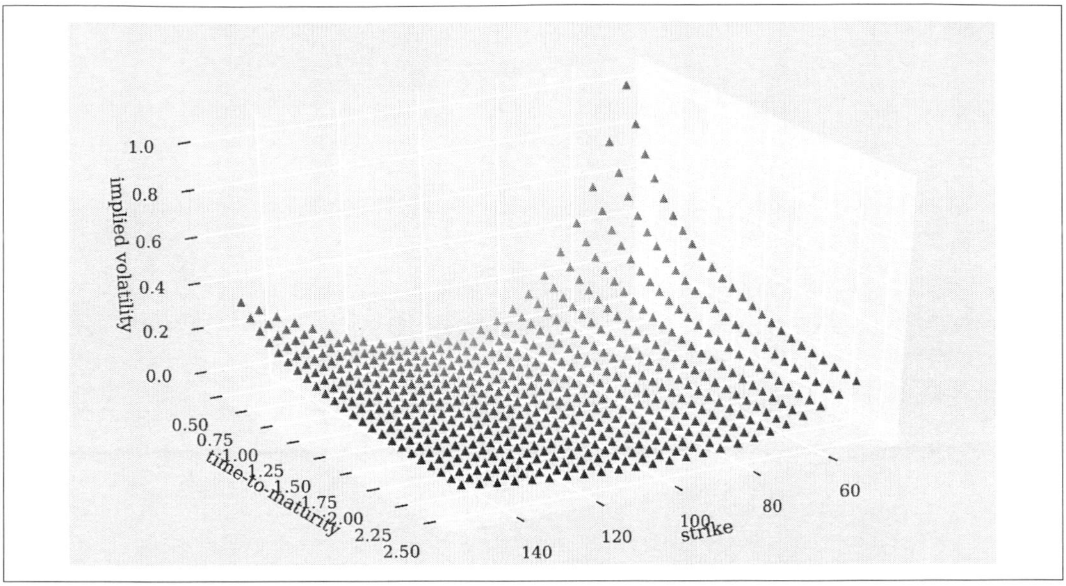

圖 7-21 （虛擬）隱含波動率的 3D 散布圖

繪製互動式 2D 圖

`matplotlib` 可讓你建立靜態 bitmap 物件圖表，或 PDF 格式的圖表。現在有很多程式庫可以根據 D3.js 標準來建立互動式圖表，這種圖表可讓你放大與縮小、提供懸停效果來檢視資料，也提供其他功能。它們一般也可以輕鬆地嵌入網頁。

`plotly` 是一種熱門的平台與繪圖程式庫（*http://plot.ly*），專門處理資料科學視覺化，許多資料科學社群都廣泛地使用它。`plotly` 主要的優點是它與 Python 生態系統緊密地整合，而且很容易使用一尤其是與 `pandas` `DataFrame` 物件及包裝套件 `Cufflinks`（*http://github.com/santosjorge/cufflinks*）一起使用時。

你必須註冊免費帳號（*https://plot.ly/accounts/login/?action=login#/*）才能使用它的一些功能，當你取得憑證之後，必須將它存放在你的電腦上，才可以永久使用。關於這方面的詳情，請參考 "Getting Started with Plotly for Python" 指南（*https://plot.ly/python/getting-started/*）。

因為 `Cufflinks` 的功能純粹是使用 `DataFrame` 物件內的資料來建立互動式圖表，因此本節只討論一些層面。

基本圖表

為了在 Jupyter Notebook 環境中執行程式，我們必須匯入一些東西，並且打開 *notebook* 模式：

```
In [42]: import pandas as pd

In [43]: import cufflinks as cf  ❶
In [44]: import plotly.offline as plyo  ❷

In [45]: plyo.init_notebook_mode(connected=True)  ❸
```

❶ 匯入 `Cufflinks`。

❷ 匯入 `plotly` 的離線繪圖功能。

❸ 打開 notebook 繪圖模式。

> **遠端或本地算繪**
>
> 使用 `plotly` 時，你也可以選擇在 `plotly` 伺服器算繪圖表。但是 notebook 模式通常比較快，尤其是在處理大型資料集時。話雖如此，有些功能，例如 `plotly` 的串流繪圖服務，只能透過與伺服器進行通訊來使用。

接下來的範例同樣使用偽亂數，這一次連同 `DatetimeIndex` 一起儲存在 `DataFrame` 物件裡面（也就是時間序列資料）：

```
In [46]: a = np.random.standard_normal((250, 5)).cumsum(axis=0)  ❶

In [47]: index = pd.date_range('2019-1-1',  ❷
                               freq='B',  ❸
                               periods=len(a))  ❹

In [48]: df = pd.DataFrame(100 + 5 * a,  ❺
                           columns=list('abcde'),  ❻
                           index=index)  ❼

In [49]: df.head()  ❽
Out[49]:                     a           b           c          d           e
         2019-01-01  109.037535   98.693865  104.474094  96.878857  100.621936
         2019-01-02  107.598242   97.005738  106.789189  97.966552  100.175313
         2019-01-03  101.639668  100.332253  103.183500  99.747869  107.902901
         2019-01-04   98.500363  101.208283  100.966242  94.023898  104.387256
         2019-01-07   93.941632  103.319168  105.674012  95.891062   86.547934
```

❶ 標準常態分布的偽亂數。

❷ `DatetimeIndex` 物件的開始日期。

❸ 頻率（"營業日"）。

❹ 所需的週期數。

❺ 將原始資料線性轉換。

❻ 將欄標頭設為單字元。

❼ `DatetimeIndex` 物件。

❽ 前五列資料。

`Cufflinks` 為 `DataFrame` 類別加入一個新方法：`df.iplot()`，這個方法在後端使用 `plotly` 來建立互動式圖表。本節的所有範例都以靜態 bitmap 的方式下載互動式圖表，接著將它嵌入文字。在 Jupyter Notebook 環境中，建立出來的圖表都是互動式的。圖 7-22 是下列程式的執行結果：

```
In [50]: plyo.iplot(  ❶
             df.iplot(asFigure=True),  ❷
             # image='png',  ❸
             filename='ply_01'  ❹
         )
```

❶ 使用 `plotly` 的離線（notebook 模式）功能。

❷ 呼叫 `df.iplot()` 方法並使用參數 `asFigure=True` 來做本地繪圖與內嵌。

❸ `image` 選項提供圖表的靜態 bitmap 版本。

❹ 指定儲存 bitmap 時使用的檔名（檔案類型副檔名會被自動加上）。

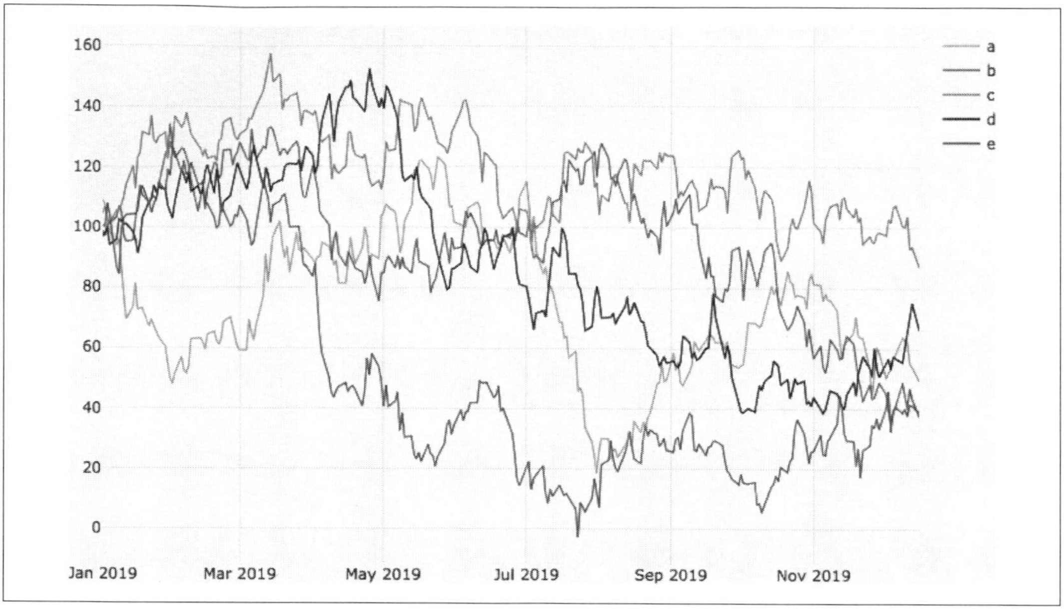

圖 7-22 用 plotly、pandas 與 Cufflinks 畫出時間序列資料折線圖

如同 matplotlib 函式以及 pandas 繪圖功能，你可以用許多參數來自訂這種圖表（見圖 7-23）：

```
In [51]: plyo.iplot(
             df[['a', 'b']].iplot(asFigure=True,
                      theme='polar',  ❶
                      title='A Time Series Plot',  ❷
                      xTitle='date',  ❸
                      yTitle='value',  ❹
                      mode={'a': 'markers', 'b': 'lines+markers'},  ❺
                      symbol={'a': 'circle', 'b': 'diamond'},  ❻
                      size=3.5,  ❼
                      colors={'a': 'blue', 'b': 'magenta'},  ❽
                                   ),
             # image='png',
             filename='ply_02'
         )
```

❶ 選擇圖表的主題（繪圖樣式）。

❷ 加上標題。

❸ 加上 x 軸標籤。

❹ 加上 y 軸標籤。

❺ 用欄來定義繪圖模式（線條、標記等）。

❻ 用欄來定義標記。

❼ 固定所有標記的大小。

❽ 用欄來指定繪圖顏色。

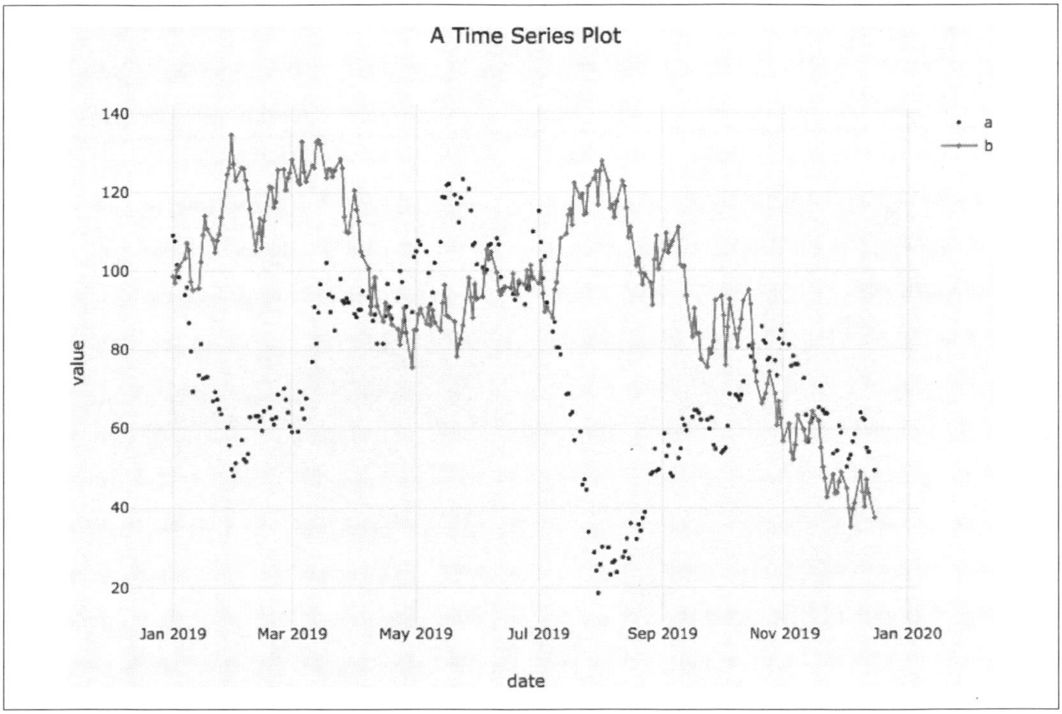

圖 7-23 自訂一些屬性，繪製 DataFrame 物件的兩欄資料的折線圖

類似 matplotlib，plotly 可以使用一些不同的繪圖樣式。Cufflinks 提供的繪圖類型包括 chart、scatter、bar、box、spread、ratio、heatmap、surface、histogram、bubble、bubble3d、scatter3d、scattergeo、ohlc、candle、pie、choropleth。為了展示與折線圖不同的繪圖樣式，我們來畫直方圖（見圖 7-24）：

```
In [52]: plyo.iplot(
             df.iplot(kind='hist',  ❶
                    subplots=True,  ❷
```

```
                  bins=15,  ❸
                  asFigure=True),
        # image='png',
        filename='ply_03'
    )
```

❶ 指定繪圖類型。

❷ 將每一欄畫成不同的子圖。

❸ 設定 bins 參數（要繪製的長條）。

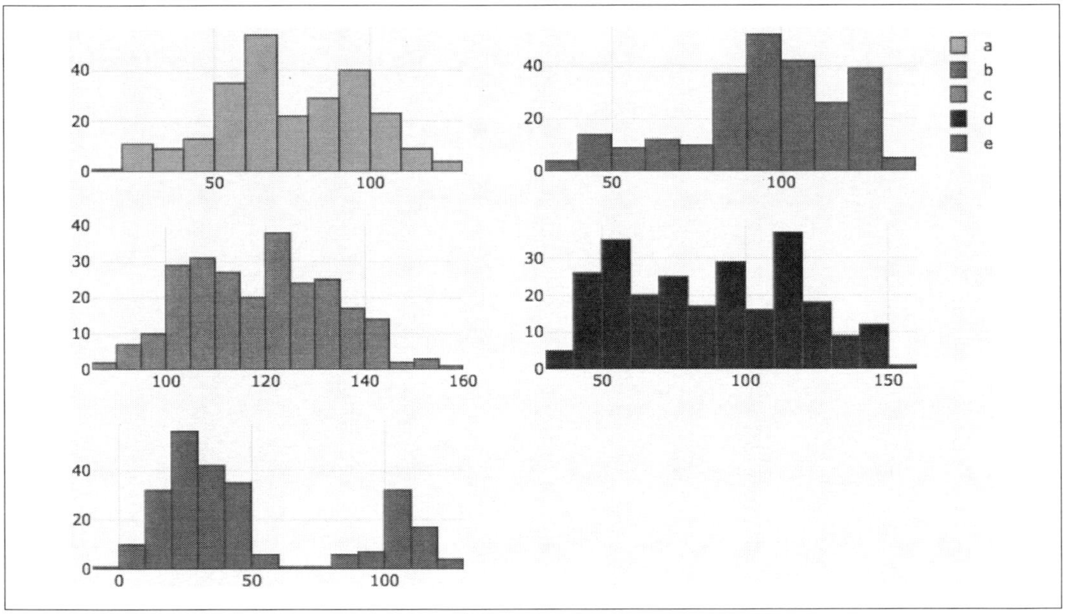

圖 7-24 DataFrame 各欄的直方圖

財金圖表

plotly、Cufflinks 與 pandas 這個組合特別適合處理金融時間序列資料。Cufflinks 有專門建立典型金融圖表的功能，也可以加入典型的金融繪圖元素，例如相對強弱指標（RSI）等等。我們將建立一個 QuantFig 持久保存物件並繪製它，就像使用 DataFrame 物件以及 Cufflinks 一般。

這一節將使用真實的金融資料集，它是歐元 / 美元匯率的時間序列資料（來源：FXCM Forex Capital Markets Ltd.）：

```
In [54]: raw = pd.read_csv('../../source/fxcm_eur_usd_eod_data.csv',
                           index_col=0, parse_dates=True)  ❶

In [55]: raw.info()  ❷
         <class 'pandas.core.frame.DataFrame'>
         DatetimeIndex: 1547 entries, 2013-01-01 22:00:00 to 2017-12-31 22:00:00
         Data columns (total 8 columns):
         BidOpen     1547 non-null float64
         BidHigh     1547 non-null float64
         BidLow      1547 non-null float64
         BidClose    1547 non-null float64
         AskOpen     1547 non-null float64
         AskHigh     1547 non-null float64
         AskLow      1547 non-null float64
         AskClose    1547 non-null float64
         dtypes: float64(8)
         memory usage: 108.8 KB

In [56]: quotes = raw[['AskOpen', 'AskHigh', 'AskLow', 'AskClose']]  ❸
         quotes = quotes.iloc[-60:]  ❹
         quotes.tail()  ❺
Out[56]:                      AskOpen  AskHigh   AskLow  AskClose
         2017-12-25 22:00:00  1.18667  1.18791  1.18467   1.18587
         2017-12-26 22:00:00  1.18587  1.19104  1.18552   1.18885
         2017-12-27 22:00:00  1.18885  1.19592  1.18885   1.19426
         2017-12-28 22:00:00  1.19426  1.20256  1.19369   1.20092
         2017-12-31 22:00:00  1.20092  1.20144  1.19994   1.20144
```

❶ 從 CSV 檔讀取金融資料。

❷ 產生的 `DataFrame` 物件是以多個欄位以及超過 1,500 資料列組成的。

❸ 從 `DataFrame` 選出四欄（Open-High-Low-Close，或 OHLC（即開盤價、最高價、最低價、收盤價））。

❹ 只用一些資料列來做視覺化。

❺ 回傳 `quotes` 資料集的最後五列。

在實例化時，你要將 `DataFrame` 物件傳給 `QuantFig` 物件，也可以視情況做一些基本的自訂，接著就可以用 `qf.iplot()` 方法來繪製 `QuantFig` 物件 `qf` 裡面的資料了（見圖 7-25）：

```
In [57]: qf = cf.QuantFig(
                  quotes,  ❶
                  title='EUR/USD Exchange Rate',  ❷
                  legend='top',  ❸
                  name='EUR/USD'  ❹
         )

In [58]: plyo.iplot(
              qf.iplot(asFigure=True),
              # image='png',
              filename='qf_01'
         )
```

❶ 將 DataFrame 物件傳給 QuantFig 建構式。

❷ 加上圖表標題。

❸ 將圖例放在圖表上方。

❹ 幫資料集取個名稱。

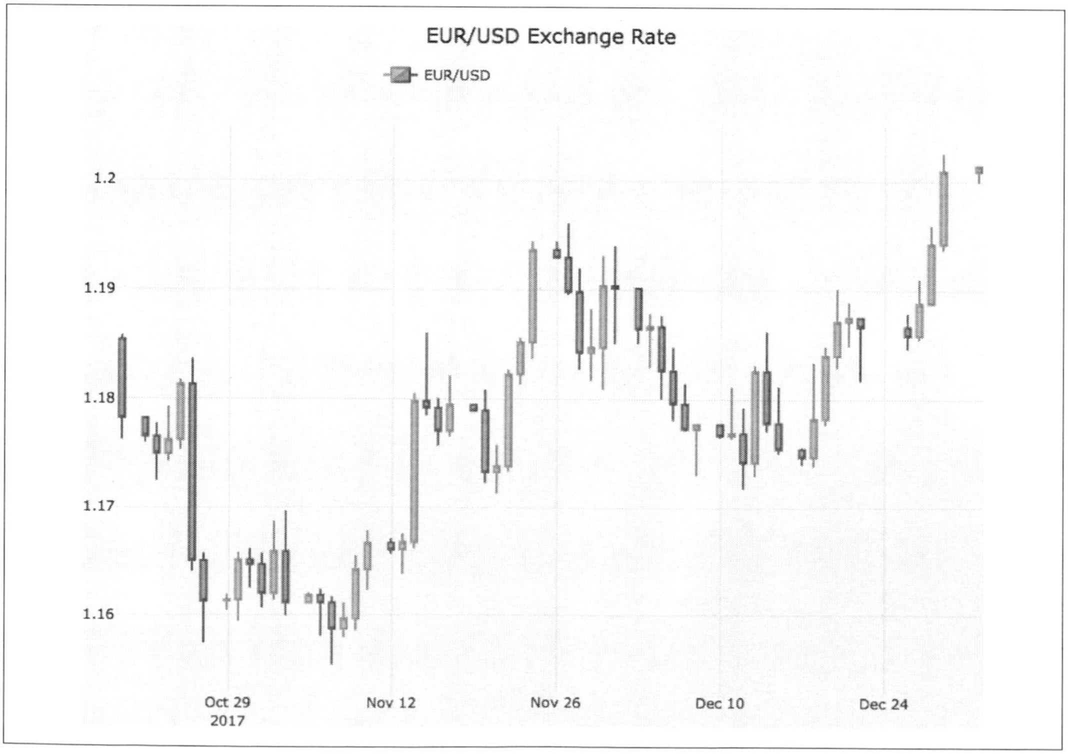

圖 7-25 歐元 / 美元資料的 OHLC 圖

你也可以透過 `QuantFig` 物件的其他方法加入其他的典型金融圖表元素，例如布林通道（Bollinger bands）（見圖 7-26）：

```
In [59]: qf.add_bollinger_bands(periods=15,  ❶
                                boll_std=2)  ❷

In [60]: plyo.iplot(qf.iplot(asFigure=True),
                    # image='png',
                    filename='qf_02'
         )
```

❶ 布林通道的週期數。

❷ 布林通道的標準差。

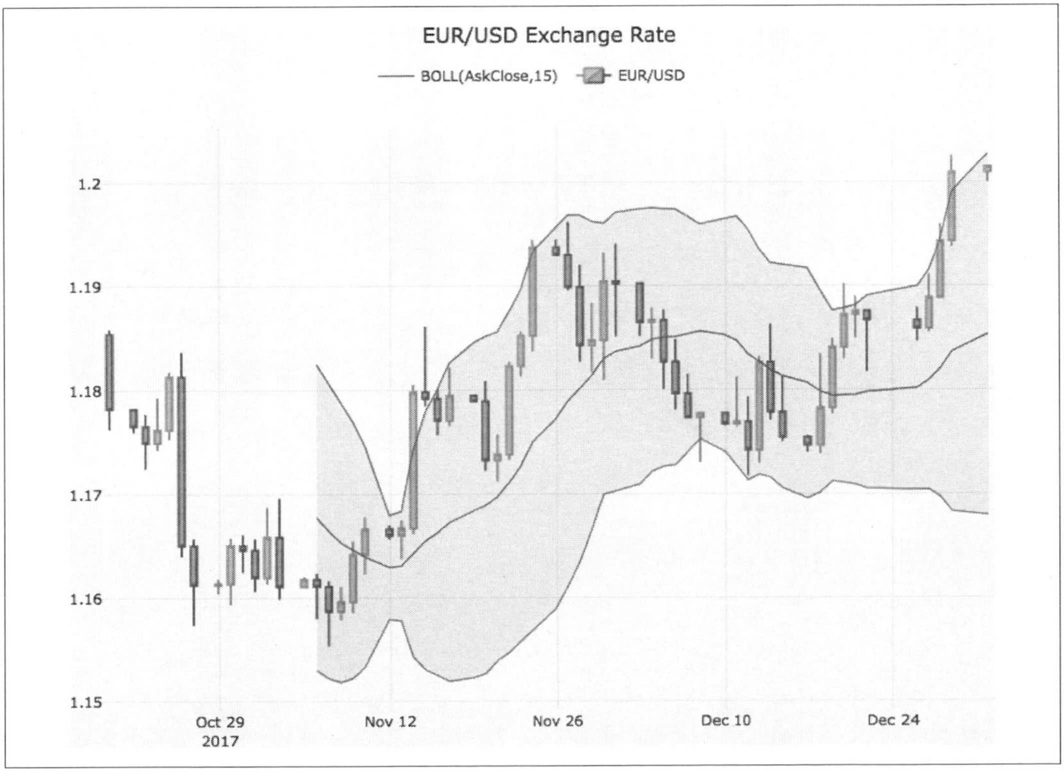

圖 7-26 含布林通道的歐元 / 美元資料 OHLC 圖

你也可以在子圖繪製一些金融指標，例如 RSI（見圖 7-27）：

```
In [61]: qf.add_rsi(periods=14,  ❶
                    showbands=False)  ❷

In [62]: plyo.iplot(
             qf.iplot(asFigure=True),
             # image='png',
             filename='qf_03'
         )
```

❶ 固定 RSI 週期。

❷ 不顯示上限或下限。

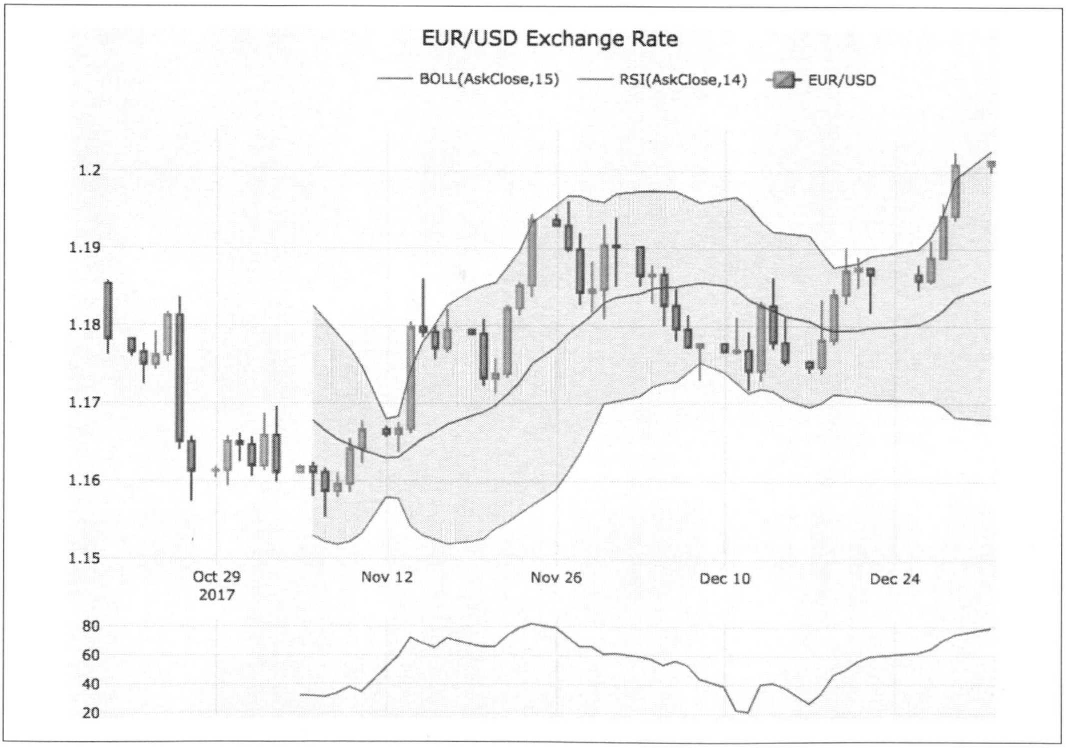

圖 7-27 含布林通道與 RSI 的歐元 / 美元資料 OHLC 圖

小結

當你要在 Python 之中將資料視覺化時，可以將 matplotlib 視為標竿以及全面的工具。它與 NumPy 和 pandas 緊密整合，基本功能用起來既輕鬆且方便。但是由於 matplotlib 是個功能強大的程式庫，它的 API 比較複雜。因此本章不可能全面介紹 matplotlib 的所有功能。

本章介紹經常在許多金融背景之下使用的 matplotlib 基本函式，可用來繪製 2D 及 3D 圖。其他的章節會提供更多範例，進一步介紹如何使用這個程式包來做視覺化。

本章也介紹了 plotly 與 Cufflinks 的組合。這個組合可讓你輕鬆地建立互動式 D3.js 圖，因為你的工作通常只是對著 DataFrame 物件呼叫一個方法，它會在後端處理所有的技術細節。此外，Cufflinks 有個 QuantFig 物件可以輕鬆地建立包含流行的金融指標的典型財金圖表。

其他資源

你可以在網路上找到各種關於 matplotlib 的資源，包括：

- 首頁（*http://matplotlib.org*），它應該是最好的起點
- 展示網頁（*http://matplotlib.org/gallery.html*），裡面有許多實用的範例
- 2D 繪圖教學（*http://matplotlib.org/users/pyplot_tutorial.html*）
- 3D 繪圖教學（*http://matplotlib.org/mpl_toolkits/mplot3d/tutorial.html*）

參考展示網頁（gallery）是一種標準的做法，你可以在那裡尋找適當的視覺化範例，並且從相應的範例程式開始學習。

你也可以在網路上找到 plotly 與 Cufflinks 程式包的主要資源，包括：

- plotly 首頁（*http://plot.ly*）
- Python plotly 的入門教學（*https://plot.ly/python/getting-started/*）
- Cufflinks GitHub 首頁（*https://github.com/santosjorge/cufflinks*）

第八章

金融時間序列

時間是避免所有事情同時發生的因素。

—Ray Cummings

金融時間序列資料是最重要的金融資料類型之一，這種資料是用日期與 / 或時間來檢索的，股票隨著時間改變的價格就是一種金融時間序列資料，隨著時間改變的歐元 / 美元匯率也是一種金融時間序列；匯率的報價時間間隔很短，匯率的時間序列就是這些市價的集合。

所有金融操作技術都將時間視為重要因素，物理及其他學科也是如此。Python pandas 是處理時間序列資料的主要工具，pandas 的創始暨主要作者 Wes McKinney 是在大型對沖基金公司 AQR Capital Management 任職時開發這種程式庫的，我們可以肯定地說，pandas 根本就是為了處理金融時間序列資料而創造的。

本章主要使用兩種金融時間序列資料集，它們的形式是 CSV（以逗號隔開值）檔案。本章的內容為：

"金融資料"，第 218 頁

本節討論如何使用 pandas 來處理金融時間序列資料：資料匯入、推導統計摘要、計算隨著時間的變化，以及再抽樣。

"滾動數據"，第 230 頁

在金融分析中，滾動（統計）數據扮演極重要的角色。它們是固定的時段之內的統計數據，並且會在整個資料集**往前滾動**，簡單移動平均是最流行的例子。本節介紹 pandas 如何支援這種統計數據的計算。

"相關分析"，第 235 頁

本節使用 S&P 500 股票指數與 VIX 波動率指數的金融時間序列資料來展示一個案例研究。它提供一些統計數據來支持這兩種指數負相關的典型（經驗）事實（stylized fact）。

"高頻資料"，第 242 頁

本節介紹高頻資料，或 *tick* 資料，這種資料在金融業已經隨處可見了。pandas 再次證明它充分具備處理這種資料集的能力。

金融資料

本節將處理以 CSV 檔案形式在本地儲存的金融資料集。在技術上，這種檔案只是簡單的文字檔案，它的資料列結構是以逗號來分隔每一個值。在匯入資料之前，我們要先匯入一些套件，並且做一些設定：

```
In [1]: import numpy as np
        import pandas as pd
        from pylab import mpl, plt
        plt.style.use('seaborn')
        mpl.rcParams['font.family'] = 'serif'
        %matplotlib inline
```

匯入資料

pandas 有許多不同的函式與 DataFrame 方法，可以匯入以不同格式儲存的資料（CSV、SQL、Excel 等），以及將資料匯出至不同的格式（詳情見第 9 章）。下面的程式使用 pd.read_csv() 函式，從 CSV 檔匯入時間序列資料集[1]：

```
In [2]: filename = '../../source/tr_eikon_eod_data.csv'  ❶

In [3]: f = open(filename, 'r')  ❷
        f.readlines()[:5]  ❷
Out[3]: ['Date,AAPL.O,MSFT.O,INTC.O,AMZN.O,GS.N,SPY,.SPX,.VIX,EUR=,XAU=,GDX,
        ,GLD\n',
         '2010-01-01,,,,,,,,,1.4323,1096.35,,\n',
         '2010-01-04,30.57282657,30.95,20.88,133.9,173.08,113.33,1132.99,20.04,
        ,1.4411,1120.0,47.71,109.8\n',
         '2010-01-05,30.625683660000004,30.96,20.87,134.69,176.14,113.63,1136.52,
```

1 這個檔案是用 Thomson Reuters Eikon Data API 取得的，它裡面有各種金融商品的 end-of-day（EOD）資料。

```
,19.35,1.4368,1118.65,48.17,109.7\n',
 '2010-01-06,30.138541290000003,30.77,20.8,132.25,174.26,113.71,1137.14,
,19.16,1.4412,1138.5,49.34,111.51\n']

In [4]: data = pd.read_csv(filename,  ❸
                           index_col=0,  ❹
                           parse_dates=True)  ❺

In [5]: data.info()  ❻
        <class 'pandas.core.frame.DataFrame'>
        DatetimeIndex:2216 entries, 2010-01-01 to 2018-06-29
        Data columns (total 12 columns):
        AAPL.O    2138 non-null float64
        MSFT.O    2138 non-null float64
        INTC.O    2138 non-null float64
        AMZN.O    2138 non-null float64
        GS.N      2138 non-null float64
        SPY       2138 non-null float64
        .SPX      2138 non-null float64
        .VIX      2138 non-null float64
        EUR=      2216 non-null float64
        XAU=      2211 non-null float64
        GDX       2138 non-null float64
        GLD       2138 non-null float64
        dtypes: float64(12)
        memory usage: 225.1 KB
```

❶ 指定路徑與檔名。

❷ 展示原始資料的前五列（Linux/Mac）。

❸ 將檔名傳給 `pd.read_csv()` 函式。

❹ 將第一欄視為索引。

❺ 指定索引值的型態是 `datetime`。

❻ 做出來的 `DataFrame` 物件。

在這個階段，金融分析師可能會先簡單地看一下資料，他們可以直接檢視，或將它視覺化（見圖 8-1）：

```
In [6]: data.head() ❶
Out[6]:
                AAPL.O  MSFT.O INTC.O  AMZN.O    GS.N     SPY     .SPX   .VIX \
    Date
    2010-01-01        NaN     NaN    NaN     NaN     NaN     NaN      NaN    NaN
    2010-01-04  30.572827  30.950  20.88  133.90  173.08  113.33  1132.99  20.04
    2010-01-05  30.625684  30.960  20.87  134.69  176.14  113.63  1136.52  19.35
    2010-01-06  30.138541  30.770  20.80  132.25  174.26  113.71  1137.14  19.16
    2010-01-07  30.082827  30.452  20.60  130.00  177.67  114.19  1141.69  19.06

                  EUR=     XAU=    GDX     GLD
    Date
    2010-01-01  1.4323  1096.35    NaN     NaN
    2010-01-04  1.4411  1120.00  47.71  109.80
    2010-01-05  1.4368  1118.65  48.17  109.70
    2010-01-06  1.4412  1138.50  49.34  111.51
    2010-01-07  1.4318  1131.90  49.10  110.82

In [7]: data.tail() ❷
Out[7]:
             AAPL.O MSFT.O INTC.O   AMZN.O    GS.N     SPY     .SPX   .VIX \
    Date
    2018-06-25  182.17  98.39  50.71  1663.15  221.54  271.00  2717.07  17.33
    2018-06-26  184.43  99.08  49.67  1691.09  221.58  271.60  2723.06  15.92
    2018-06-27  184.16  97.54  48.76  1660.51  220.18  269.35  2699.63  17.91
    2018-06-28  185.50  98.63  49.25  1701.45  223.42  270.89  2716.31  16.85
    2018-06-29  185.11  98.61  49.71  1699.80  220.57  271.28  2718.37  16.09

                  EUR=     XAU=    GDX     GLD
    Date
    2018-06-25  1.1702  1265.00  22.01  119.89
    2018-06-26  1.1645  1258.64  21.95  119.26
    2018-06-27  1.1552  1251.62  21.81  118.58
    2018-06-28  1.1567  1247.88  21.93  118.22
    2018-06-29  1.1683  1252.25  22.31  118.65

In [8]: data.plot(figsize=(10, 12), subplots=True); ❸
```

❶ 顯示前五列…

❷ …與最後五列。

❸ 用多個子圖將完整的資料集視覺化。

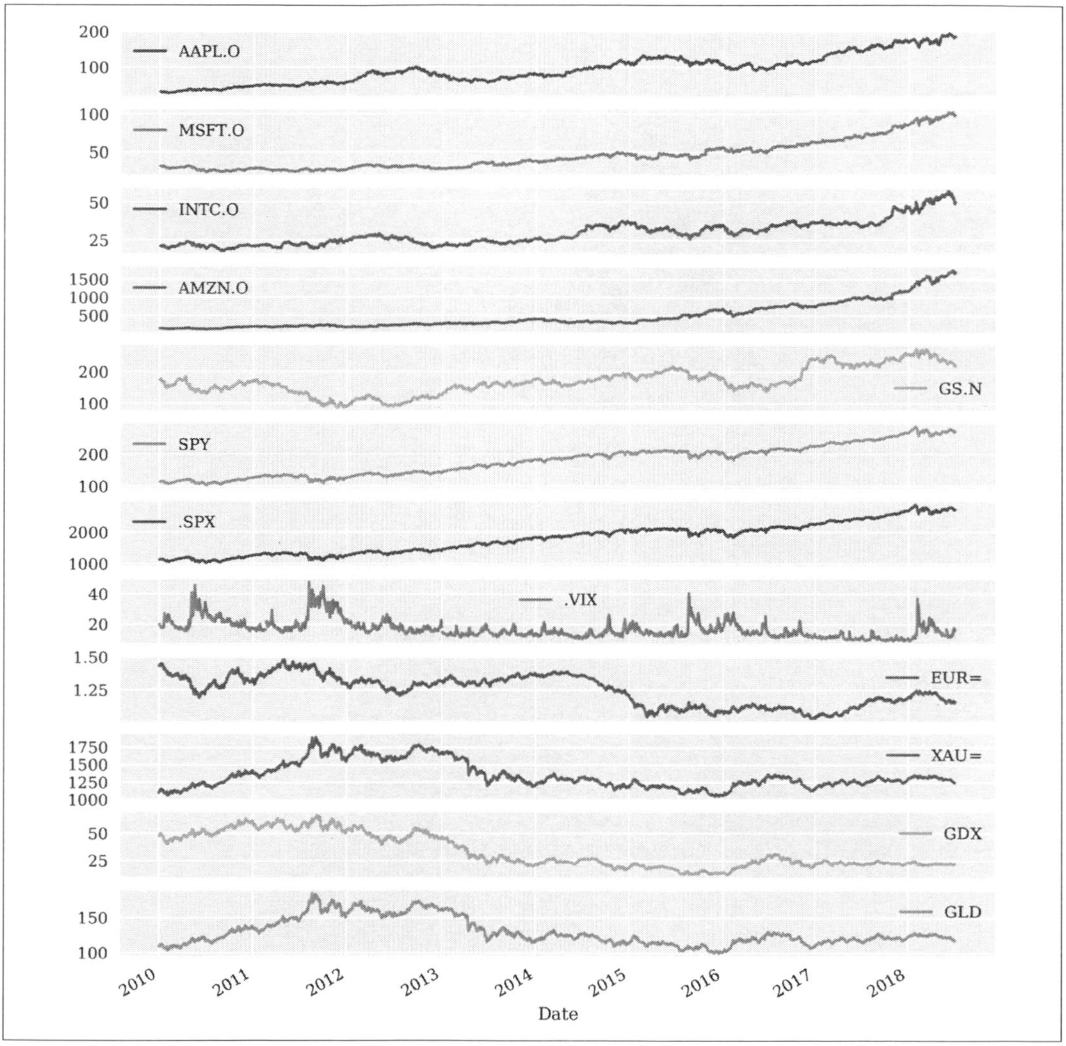

圖 8-1 將金融時間序列資料畫成折線圖

我們使用的資料來自 Thomson Reuters（TR）Eikon Data API。在 TR 世界，金融商品的符號稱為**路透商品代號**（*Reuters Instrument Codes*（*RICs*）），這段程式展示一些金融商品的 RIC：

```
In [9]: instruments = ['Apple Stock', 'Microsoft Stock',
                       'Intel Stock', 'Amazon Stock', 'Goldman Sachs Stock',
                       'SPDR S&P 500 ETF Trust', 'S&P 500 Index',
                       'VIX Volatility Index', 'EUR/USD Exchange Rate',
```

```
                    'Gold Price', 'VanEck Vectors Gold Miners ETF',
                    'SPDR Gold Trust']

In [10]: for ric, name in zip(data.columns, instruments):
             print('{:8s} | {}'.format(ric, name))
         AAPL.O   | Apple Stock
         MSFT.O   | Microsoft Stock
         INTC.O   | Intel Stock
         AMZN.O   | Amazon Stock
         GS.N     | Goldman Sachs Stock
         SPY      | SPDR S&P 500 ETF Trust
         .SPX     | S&P 500 Index
         .VIX     | VIX Volatility Index
         EUR=     | EUR/USD Exchange Rate
         XAU=     | Gold Price
         GDX      | VanEck Vectors Gold Miners ETF
         GLD      | SPDR Gold Trust
```

統計摘要

金融分析師的下一個動作可能是查看資料集的各種統計摘要，來“感受”它傳達什麼訊息：

```
In [11]: data.info()  ❶
         <class 'pandas.core.frame.DataFrame'>
         DatetimeIndex: 2216 entries, 2010-01-01 to 2018-06-29
         Data columns (total 12 columns):
         AAPL.O    2138 non-null float64
         MSFT.O    2138 non-null float64
         INTC.O    2138 non-null float64
         AMZN.O    2138 non-null float64
         GS.N      2138 non-null float64
         SPY       2138 non-null float64
         .SPX      2138 non-null float64
         .VIX      2138 non-null float64
         EUR=      2216 non-null float64
         XAU=      2211 non-null float64
         GDX       2138 non-null float64
         GLD       2138 non-null float64
         dtypes: float64(12)
         memory usage: 225.1 KB

In [12]: data.describe().round(2)  ❷
Out[12]:
          AAPL.O   MSFT.O   INTC.O   AMZN.O     GS.N      SPY     .SPX     .VIX \
   count 2138.00  2138.00  2138.00  2138.00  2138.00  2138.00  2138.00  2138.00
```

```
mean     93.46    44.56    29.36   480.46   170.22   180.32  1802.71     17.03
std      40.55    19.53     8.17   372.31    42.48    48.19   483.34      5.88
min      27.44    23.01    17.66   108.61    87.70   102.20  1022.58      9.14
25%      60.29    28.57    22.51   213.60   146.61   133.99  1338.57     13.07
50%      90.55    39.66    27.33   322.06   164.43   186.32  1863.08     15.58
75%     117.24    54.37    34.71   698.85   192.13   210.99  2108.94     19.07
max     193.98   102.49    57.08  1750.08   273.38   286.58  2872.87     48.00

            EUR=     XAU=      GDX      GLD
count   2216.00  2211.00  2138.00  2138.00
mean       1.25  1349.01    33.57   130.09
std        0.11   188.75    15.17    18.78
min        1.04  1051.36    12.47   100.50
25%        1.13  1221.53    22.14   117.40
50%        1.27  1292.61    25.62   124.00
75%        1.35  1428.24    48.34   139.00
max        1.48  1898.99    66.63   184.59
```

❶ `info()` 可提供 `DataFrame` 物件的一些詮釋資訊。

❷ `describe()` 可提供各欄的標準統計數據。

> **快速洞察**
>
> pandas 有許多方法可讓你初步瞭解新匯入的金融時間序列資料集，例如 `info()` 與 `describe()`。你也可以用它們來快速檢查匯入程序是否正常運作（例如，`DataFrame` 物件是否確實有個 `DatetimeIndex` 型態的索引）。

當然，你也可以用一些選項來自訂想要推導與顯示的統計數據類型：

```
In [13]: data.mean()  ❶
Out[13]: AAPL.O       93.455973
         MSFT.O       44.561115
         INTC.O       29.364192
         AMZN.O      480.461251
         GS.N        170.216221
         SPY         180.323029
         .SPX       1802.713106
         .VIX         17.027133
         EUR=          1.248587
         XAU=       1349.014130
         GDX          33.566525
         GLD         130.086590
         dtype: float64
```

```
In [14]: data.aggregate([min,  ❷
                         np.mean,  ❸
                         np.std,  ❹
                         np.median,  ❺
                         max]  ❻
         ).round(2)
Out[14]:
         AAPL.O  MSFT.O INTC.O   AMZN.O    GS.N     SPY     .SPX   .VIX  EUR= \
min       27.44   23.01  17.66   108.61   87.70  102.20  1022.58   9.14  1.04
mean      93.46   44.56  29.36   480.46  170.22  180.32  1802.71  17.03  1.25
std       40.55   19.53   8.17   372.31   42.48   48.19   483.34   5.88  0.11
median    90.55   39.66  27.33   322.06  164.43  186.32  1863.08  15.58  1.27
max      193.98  102.49  57.08  1750.08  273.38  286.58  2872.87  48.00  1.48

            XAU=    GDX     GLD
min      1051.36  12.47  100.50
mean     1349.01  33.57  130.09
std       188.75  15.17   18.78
median   1292.61  25.62  124.00
max      1898.99  66.63  184.59
```

❶ 每一欄的平均值。

❷ 每一欄的最小值。

❸ 每一欄的平均值。

❹ 每一欄的標準差。

❺ 每一欄的中位數。

❻ 每一欄的最大值。

`aggregate()` 方法也可以接收自訂函式。

隨著時間而改變

統計分析方法處理的資料通常是隨著時間改變的，而它們本身不是絕對值。你可以用許多方法計算時間序列隨著時間的變化，包括絕對差量（absolute differences）、變動率（percentage changes），以及對數報酬率（logarithmic（log）returns）。

首先，pandas 提供一種特殊方法來計算絕對差量：

```
In [15]: data.diff().head()  ❶
Out[15]:
                AAPL.O  MSFT.O INTC.O AMZN.O   GS.N   SPY  .SPX  .VIX    EUR= \
    Date
    2010-01-01      NaN     NaN    NaN    NaN    NaN   NaN   NaN   NaN     NaN
    2010-01-04      NaN     NaN    NaN    NaN    NaN   NaN   NaN   NaN  0.0088
    2010-01-05  0.052857  0.010  -0.01   0.79   3.06  0.30  3.53 -0.69 -0.0043
    2010-01-06 -0.487142 -0.190  -0.07  -2.44  -1.88  0.08  0.62 -0.19  0.0044
    2010-01-07 -0.055714 -0.318  -0.20  -2.25   3.41  0.48  4.55 -0.10 -0.0094

               XAU=   GDX   GLD
    Date
    2010-01-01   NaN   NaN   NaN
    2010-01-04 23.65   NaN   NaN
    2010-01-05 -1.35  0.46 -0.10
    2010-01-06 19.85  1.17  1.81
    2010-01-07 -6.60 -0.24 -0.69

In [16]: data.diff().mean()  ❷
Out[16]: AAPL.O    0.064737
         MSFT.O    0.031246
         INTC.O    0.013540
         AMZN.O    0.706608
         GS.N      0.028224
         SPY       0.072103
         .SPX      0.732659
         .VIX     -0.019583
         EUR=     -0.000119
         XAU=      0.041887
         GDX      -0.015071
         GLD      -0.003455
         dtype: float64
```

❶ `diff()` 可算出兩組索引值之間的絕對變動。

❷ 當然，你也可以加上聚合操作。

從統計的觀點來看，絕對變動不是很好的數據，因為它們與時間序列資料本身的尺度有關，比較好的選擇通常是變動率。下面的程式可算出金融背景的變動率，或報酬率（亦即簡單報酬率），並且將每一欄的平均值視覺化（見圖 8-2）：

```
In [17]: data.pct_change().round(3).head()  ❶
Out[17]:
             AAPL.O  MSFT.O  INTC.O  AMZN.O   GS.N   SPY  .SPX  .VIX  EUR= \
    Date
    2010-01-01  NaN     NaN     NaN     NaN    NaN   NaN   NaN   NaN   NaN
```

```
2010-01-04     NaN     NaN     NaN     NaN     NaN    NaN    NaN     NaN   0.006
2010-01-05   0.002   0.000  -0.000   0.006   0.018  0.003  0.003  -0.034  -0.003
2010-01-06  -0.016  -0.006  -0.003  -0.018  -0.011  0.001  0.001  -0.010   0.003
2010-01-07  -0.002  -0.010  -0.010  -0.017   0.020  0.004  0.004  -0.005  -0.007

              XAU=     GDX     GLD
Date
2010-01-01     NaN     NaN     NaN
2010-01-04   0.022     NaN     NaN
2010-01-05  -0.001   0.010  -0.001
2010-01-06   0.018   0.024   0.016
2010-01-07  -0.006  -0.005  -0.006

In [18]: data.pct_change().mean().plot(kind='bar', figsize=(10, 6));  ❷
```

❶ pct_change() 可算出兩組索引值之間的變動率。

❷ 將結果的平均值畫成長條圖。

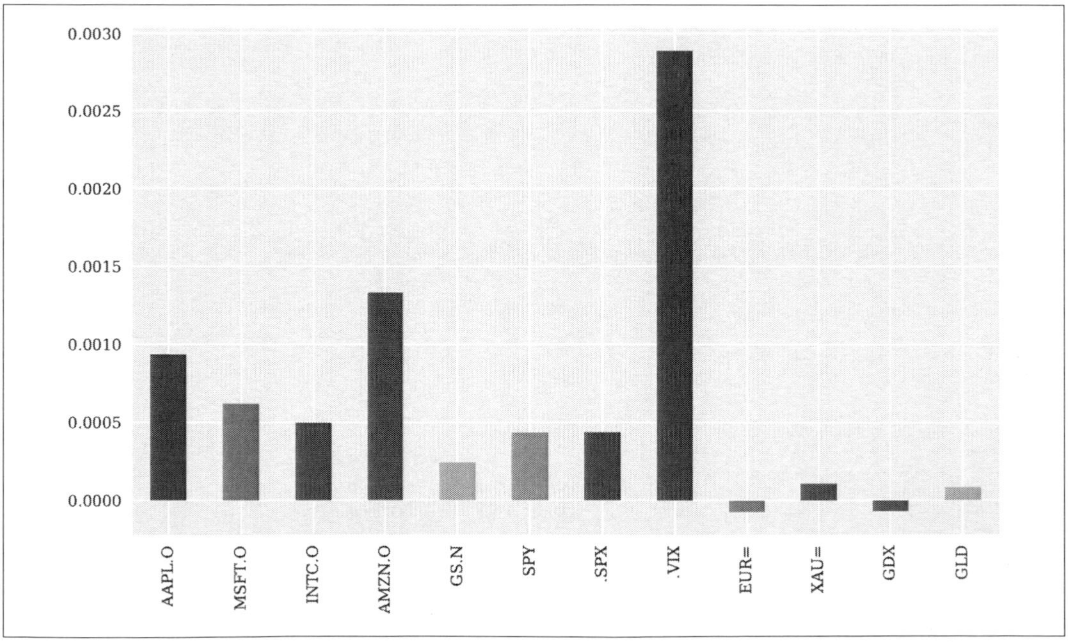

圖 8-2 畫成長條圖的變動率平均值

關於報酬率的另一種數據是對數報酬率。它們往往比較容易處理，因此金融領域比較喜歡使用它們[2]。圖 8-3 是單一金融時間序列的累計對數報酬率。我們心須做一些標準化才能畫出這種圖表：

```
In [19]: rets = np.log(data / data.shift(1))  ❶

In [20]: rets.head().round(3)  ❷
Out[20]:
              AAPL.O  MSFT.O  INTC.O  AMZN.O    GS.N    SPY   .SPX   .VIX    EUR= \
    Date
    2010-01-01     NaN     NaN     NaN     NaN     NaN    NaN    NaN    NaN     NaN
    2010-01-04     NaN     NaN     NaN     NaN     NaN    NaN    NaN    NaN   0.006
    2010-01-05   0.002   0.000  -0.000   0.006   0.018  0.003  0.003 -0.035  -0.003
    2010-01-06  -0.016  -0.006  -0.003  -0.018  -0.011  0.001  0.001 -0.010   0.003
    2010-01-07  -0.002  -0.010  -0.010  -0.017   0.019  0.004  0.004 -0.005  -0.007

                 XAU=    GDX    GLD
    Date
    2010-01-01     NaN    NaN    NaN
    2010-01-04   0.021    NaN    NaN
    2010-01-05  -0.001  0.010 -0.001
    2010-01-06   0.018  0.024  0.016
    2010-01-07  -0.006 -0.005 -0.006

In [21]: rets.cumsum().apply(np.exp).plot(figsize=(10, 6));  ❸
```

❶ 以向量化的形式來計算對數報酬率。

❷ 結果的子集合。

❸ 畫出一段時間的累計對數報酬率；先呼叫 cumsum() 方法，再對結果執行 np.exp()。

2　它的其中一個優點是可以將不同時間的資料相加，這是使用簡單的變動／報酬率無法做到的。

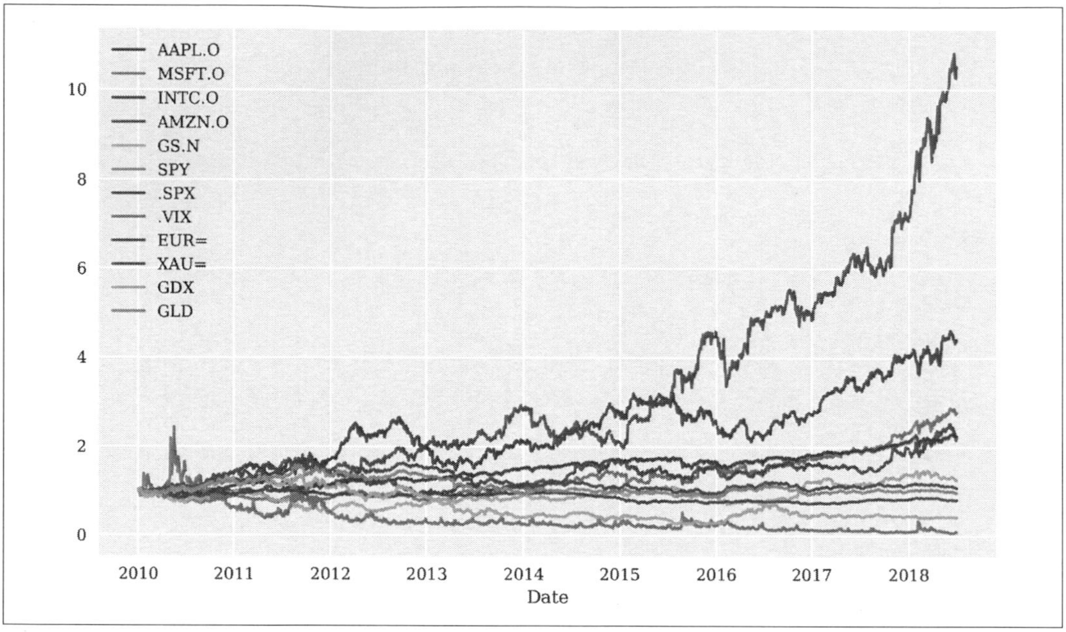

圖 8-3 一段時間的累計對數報酬率

再抽樣

再抽樣（resampling）是很重要的金融時間序列資料操作，它的做法通常是**降低抽樣頻率**（*downsampling*），例如，將 tick 資料序列再抽樣，取得每隔一分鐘的資料，或將逐日觀察的時間序列再抽樣，取得逐週或逐月觀察的樣本（如圖 8-4 所示）：

```
In [22]: data.resample('1w', label='right').last().head()  ❶
Out[22]:
                AAPL.O MSFT.O INTC.O  AMZN.O    GS.N     SPY     .SPX   .VIX \
   Date
   2010-01-03        NaN    NaN    NaN     NaN     NaN     NaN      NaN    NaN
   2010-01-10  30.282827  30.66  20.83  133.52  174.31  114.57  1144.98  18.13
   2010-01-17  29.418542  30.86  20.80  127.14  165.21  113.64  1136.03  17.91
   2010-01-24  28.249972  28.96  19.91  121.43  154.12  109.21  1091.76  27.31
   2010-01-31  27.437544  28.18  19.40  125.41  148.72  107.39  1073.87  24.62

                EUR=     XAU=    GDX     GLD
   Date
   2010-01-03  1.4323  1096.35    NaN     NaN
   2010-01-10  1.4412  1136.10  49.84  111.37
   2010-01-17  1.4382  1129.90  47.42  110.86
   2010-01-24  1.4137  1092.60  43.79  107.17
```

```
    2010-01-31  1.3862  1081.05  40.72  105.96

In [23]: data.resample('1m', label='right').last().head()  ❷
Out[23]:
                   AAPL.O   MSFT.O INTC.O  AMZN.O    GS.N       SPY     .SPX \
    Date
    2010-01-31  27.437544  28.1800  19.40  125.41  148.72  107.3900  1073.87
    2010-02-28  29.231399  28.6700  20.53  118.40  156.35  110.7400  1104.49
    2010-03-31  33.571395  29.2875  22.29  135.77  170.63  117.0000  1169.43
    2010-04-30  37.298534  30.5350  22.84  137.10  145.20  118.8125  1186.69
    2010-05-31  36.697106  25.8000  21.42  125.46  144.26  109.3690  1089.41

                 .VIX    EUR=     XAU=    GDX      GLD
    Date
    2010-01-31  24.62  1.3862  1081.05  40.72  105.960
    2010-02-28  19.50  1.3625  1116.10  43.89  109.430
    2010-03-31  17.59  1.3510  1112.80  44.41  108.950
    2010-04-30  22.05  1.3295  1178.25  50.51  115.360
    2010-05-31  32.07  1.2305  1215.71  49.86  118.881

In [24]: rets.cumsum().apply(np.exp). resample('1m', label='right').last(
                                  ).plot(figsize=(10, 6));  ❸
```

❶ 將 EOD 資料再抽樣成逐週頻率 …

❷ … 以及逐月頻率。

❸ 畫出一段時間的累計對數報酬率：先呼叫 cumsum() 方法，再對結果執行 np.exp()，最後進行再抽樣。

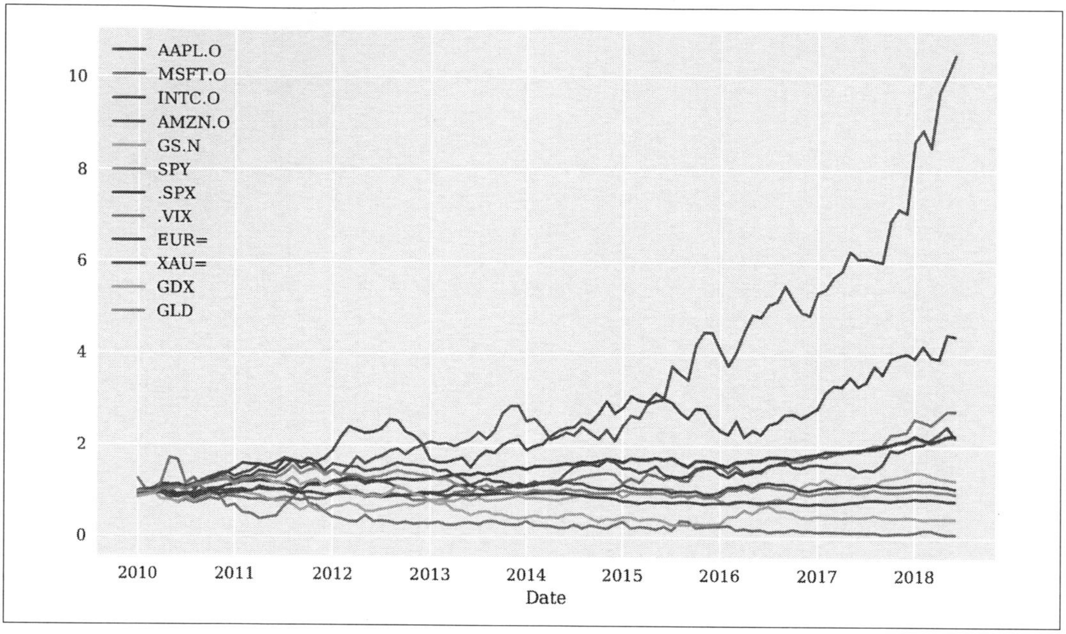

圖 8-4 將一段時間內的累計對數報酬率再抽樣（逐月）

避免預見偏差

在再抽樣時，pandas 內定使用每一個時段的左標籤（或索引值）。為了與金融領域保持一致，務必使用右標籤（索引值），一般它是每一個時段的最後一個資料點。否則，你的金融分析可能會隱含預見偏差（foresight bias）[3]。

滾動數據

使用**滾動數據**是金融界的傳統，它通常也稱為**金融指標**（*financial indicators*）或**金融研究**（*financial studies*）。這種滾動數據是金融圖表分析師與技術交易者的基本工具。本節只用一個金融時間序列：

3 **預見偏差**（或者更嚴重的說法，**完美預料**）的意思是在做金融分析時，用了將來才會出現的資料。這會導致“好得誇張”的結果，例如，在回測一項交易測略時。

```
In [25]: sym = 'AAPL.O'

In [26]: data = pd.DataFrame(data[sym]).dropna()

In [27]: data.tail()
Out[27]:             AAPL.O
         Date
         2018-06-25  182.17
         2018-06-26  184.43
         2018-06-27  184.16
         2018-06-28  185.50
         2018-06-29  185.11
```

概要

用 pandas 計算標準滾動數據很簡單：

```
In [28]: window = 20  ❶

In [29]: data['min'] = data[sym].rolling(window=window).min()  ❷

In [30]: data['mean'] = data[sym].rolling(window=window).mean()  ❸

In [31]: data['std'] = data[sym].rolling(window=window).std()  ❹

In [32]: data['median'] = data[sym].rolling(window=window).median()  ❺

In [33]: data['max'] = data[sym].rolling(window=window).max()  ❻

In [34]: data['ewma'] = data[sym].ewm(halflife=0.5, min_periods=window).mean()
```

❶ 定義窗口，也就是想要涵蓋的索引數量。

❷ 計算滾動最小值。

❸ 計算滾動平均值。

❹ 計算滾動標準差。

❺ 計算滾動平均值。

❻ 計算滾動最大值。

❼ 計算指數加權移動平均，使用 0.5 半衰期。

如果你要推導出更專用的金融指標，通常需要使用其他的程式包（例如使用第 205 頁的“繪製互動式 2D 圖”介紹的 `Cufflinks` 來繪製金融圖表）。你也可以使用 `apply()` 方法來套用自訂的指標。

下面的程式展示結果的子集合，並且將一些算出來的滾動數據視覺化（見圖 8-5）：

```
In [35]: data.dropna().head()
Out[35]:
                AAPL.O        min       mean       std     median        max \
    Date
    2010-02-01  27.818544  27.437544  29.580892  0.933650  29.821542  30.719969
    2010-02-02  27.979972  27.437544  29.451249  0.968048  29.711113  30.719969
    2010-02-03  28.461400  27.437544  29.343035  0.950665  29.685970  30.719969
    2010-02-04  27.435687  27.435687  29.207892  1.021129  29.547113  30.719969
    2010-02-05  27.922829  27.435687  29.099892  1.037811  29.419256  30.719969

                     ewma
    Date
    2010-02-01  27.805432
    2010-02-02  27.936337
    2010-02-03  28.330134
    2010-02-04  27.659299
    2010-02-05  27.856947

In [36]: ax = data[['min', 'mean', 'max']].iloc[-200:].plot(
             figsize=(10, 6), style=['g--', 'r--', 'g--'], lw=0.8)  ❶
         data[sym].iloc[-200:].plot(ax=ax, lw=2.0);  ❷
```

❶ 畫出最後 200 筆資料列的滾動數據。

❷ 將原始時間序列資料畫在圖中。

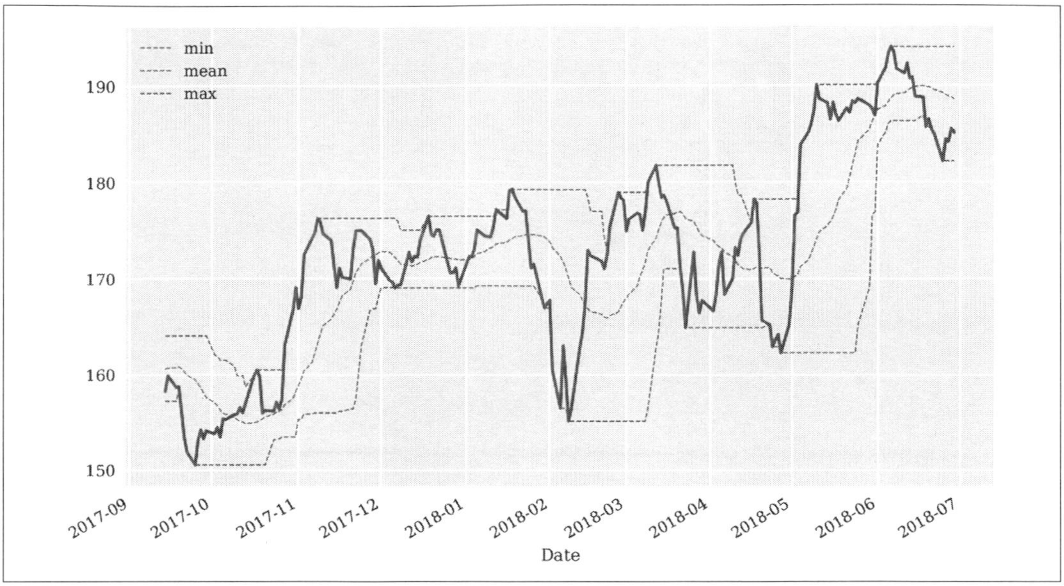

圖 8-5 最小、平均、最大值的滾動數據

技術分析範列

滾動數據是所謂的**技術分析**的主要工具，相較之下，基本分析則是將注意力放在（舉例）財務報表與公司的戰略地位上面。

技術分析有一種已有數十年歷史的交易策略：使用兩條**簡單移動平均線**（SAM）。這種做法主張，當短期 SMA 向上穿越長期 SMA 時，應作多股票（或一般的金融商品），出現相反的情況時則放空。我們可以藉由 `pandas` 與 `DataFrame` 物件提供的功能，輕鬆地寫出這種概念。

滾動數據通常在窗口裡面有足夠的資料時才開始計算，例如在圖 8-6 中，SMA 時間序列只會在到了足夠的天數（用參數指定）的那一天開始出現：

```
In [37]: data['SMA1'] = data[sym].rolling(window=42).mean()  ❶

In [38]: data['SMA2'] = data[sym].rolling(window=252).mean()  ❷

In [39]: data[[sym, 'SMA1', 'SMA2']].tail()
Out[39]:              AAPL.O        SMA1        SMA2
         Date
         2018-06-25   182.17  185.606190  168.265556
         2018-06-26   184.43  186.087381  168.418770
```

```
2018-06-27  184.16  186.607381  168.579206
2018-06-28  185.50  187.089286  168.736627
2018-06-29  185.11  187.470476  168.901032

In [40]: data[[sym, 'SMA1', 'SMA2']].plot(figsize=(10, 6));  ❸
```

❶ 計算短期 SMA。

❷ 計算長期 SMA。

❸ 將股價資料與兩個 SMA 時間序列視覺化。

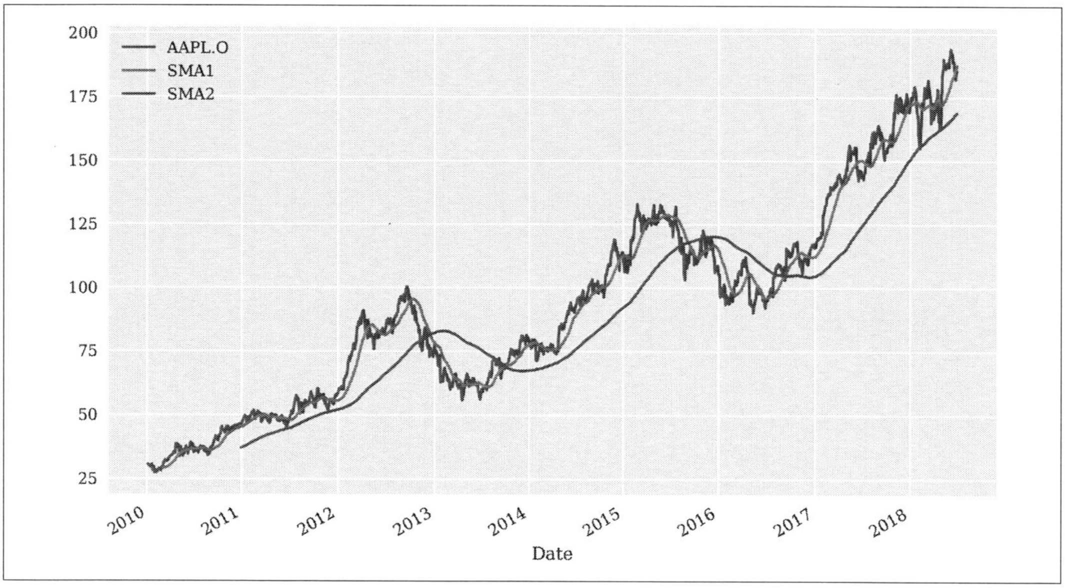

圖 8-6 Apple 的股價與兩條簡單的移動平均線

在這個例子中，SMA 只是達成目的的手段，我們用它來找出執行交易策略的部位。圖 8-7 將作多部位設為 **1**，將放空部位設為 **-1**，這是為了將它們視覺化。我們可以看到，當兩條 SMA 線交叉時，就會觸發這兩種部位的改變。

```
In [41]: data.dropna(inplace=True)  ❶

In [42]: data['positions'] = np.where(data['SMA1'] > data['SMA2'],  ❷
                                      1,  ❸
                                      -1)  ❹
```

```
In [43]: ax = data[[sym, 'SMA1', 'SMA2', 'positions']].plot(figsize=(10, 6),
                                                     secondary_y='positions')
         ax.get_legend().set_bbox_to_anchor((0.25, 0.85));
```

❶ 只保留完整的資料列。

❷ 如果短期 SMA 值大於長期的 …

❸ … 就作多股票（放入 1）。

❹ 否則，放空股票（放入 -1）。

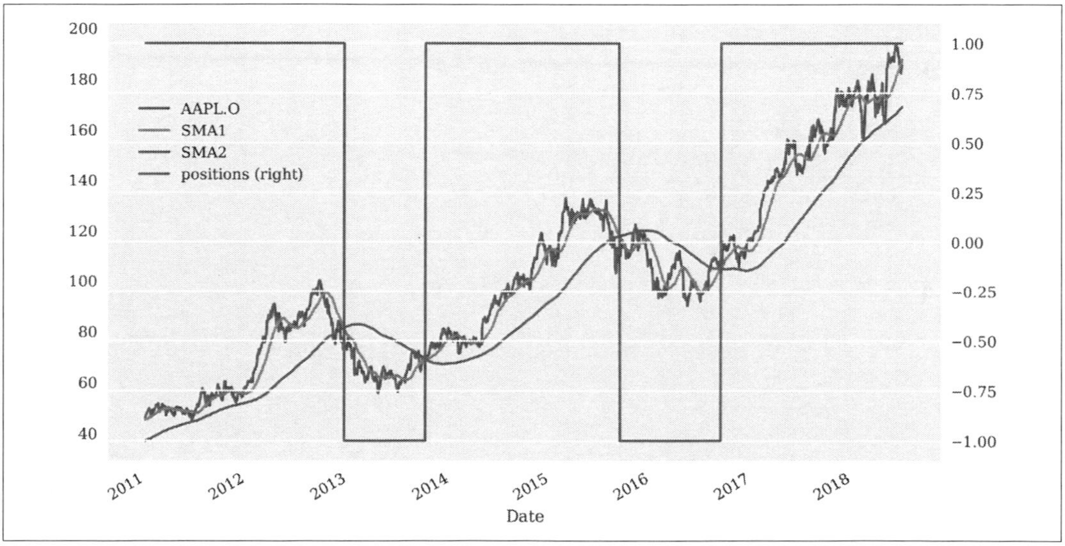

圖 8-7 Apple 股票價格、兩條簡單的移動平均線，以及部位

這種交易策略本身只會導致少量的交易：只有當部位值改變時（也就是發生交叉時），交易才會發生。這個策略包含最初與結束的交易總共只有六次交易。

相關分析

為了進一步說明如何運用 pandas 及金融時間序列資料，我們來考慮 S&P 500 股票指數與 VIX 波動率指數。有一個典型事實是，當 S&P 500 上漲時，VIX 通常都會下跌，反之亦然，這件事談的是**相關性**，而不是**因果關係**。本節將介紹如何提出統計數據來支持“S&P 500 與 VIX（高度）負相關”這個典型事實[4]。

資料

我們的資料集是由兩組金融時間序列組成的，圖 8-8 將它們視覺化：

```
In [44]: raw = pd.read_csv('../../source/tr_eikon_eod_data.csv',
                           index_col=0, parse_dates=True)  ❶

In [45]: data = raw[['.SPX', '.VIX']].dropna()

In [46]: data.tail()
Out[46]:                 .SPX   .VIX
         Date
         2018-06-25  2717.07  17.33
         2018-06-26  2723.06  15.92
         2018-06-27  2699.63  17.91
         2018-06-28  2716.31  16.85
         2018-06-29  2718.37  16.09

In [47]: data.plot(subplots=True, figsize=(10, 6));
```

❶ 從 CSV 檔讀取 EOD（來自 Thomson Reuters Eikon Data API）。

4 這種情況幕後的理由之一就是，當股票指數下跌時（例如，發生危機時），交易量就會增加，波動率也隨之增加。當股票指數上漲時，投資者通常比較冷靜，沒有什麼動力進行大規模交易，而且只作多的投資者會進一步利用這個趨勢。

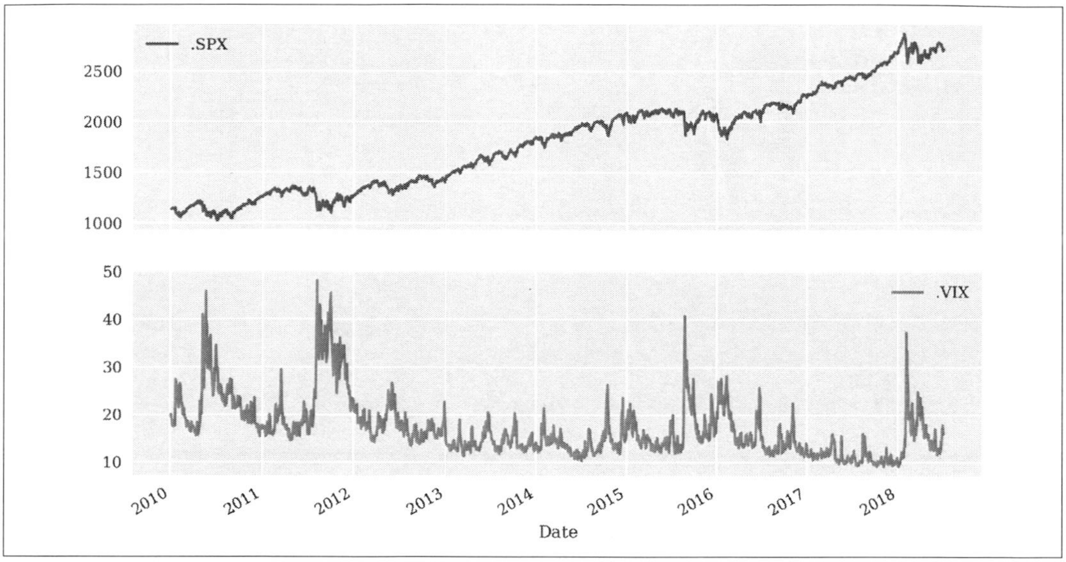

圖 8-8 S&P 500 與 VIX 時間序列資料（不同的子圖）

將兩個（部分的）時間序列畫在同一張圖裡面，調整刻度之後，我們一眼就可以看到“這兩個指標負相關”典型事實（圖 8-9）：

```
In [48]: data.loc[:'2012-12-31'].plot(secondary_y='.VIX', figsize=(10, 6)); ❶
```

❶ `.loc[:DATE]` 會選擇指定值 `DATE` 之前的資料。

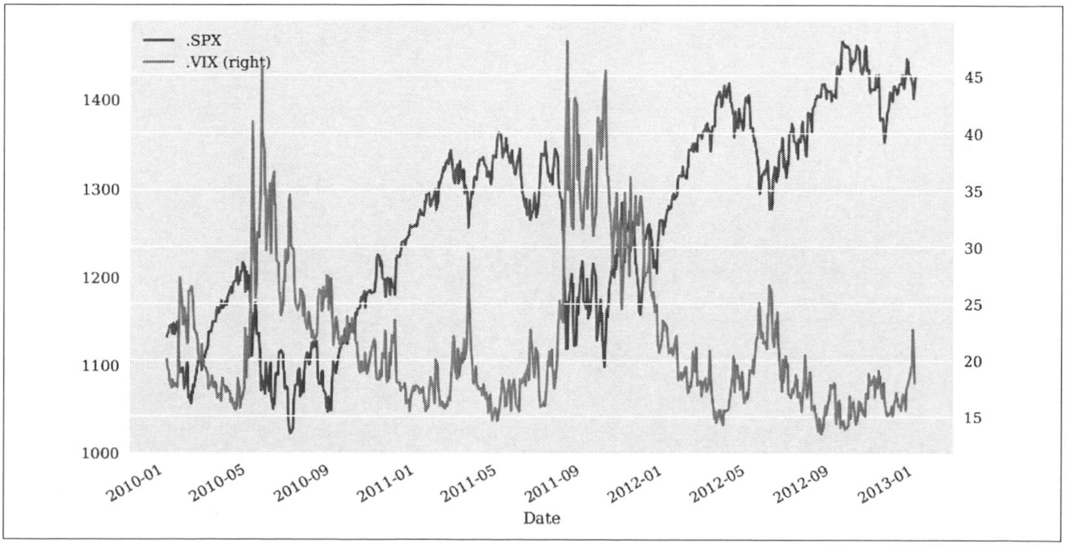

圖 8-9 S&P 500 與 VIX 時間序列資料（同一張圖）

對數報酬率

前面談過，統計分析一般著重收益，而不是絕對變動，甚至絕對值。因此，在進行進一步分析之前，我們要先計算對數報酬率。你可以從圖 8-10 看到，對數報酬率在一段時間有高度易變性，我們可以從這兩個指數看到所謂的“波動叢聚”。一般來說，股票指數劇烈波動期間，波動率指數也有同樣的現象：

```
In [49]: rets = np.log(data / data.shift(1))

In [50]: rets.head()
Out[50]:                  .SPX       .VIX
         Date
         2010-01-04       NaN        NaN
         2010-01-05  0.003111  -0.035038
         2010-01-06  0.000545  -0.009868
         2010-01-07  0.003993  -0.005233
         2010-01-08  0.002878  -0.050024

In [51]: rets.dropna(inplace=True)

In [52]: rets.plot(subplots=True, figsize=(10, 6));
```

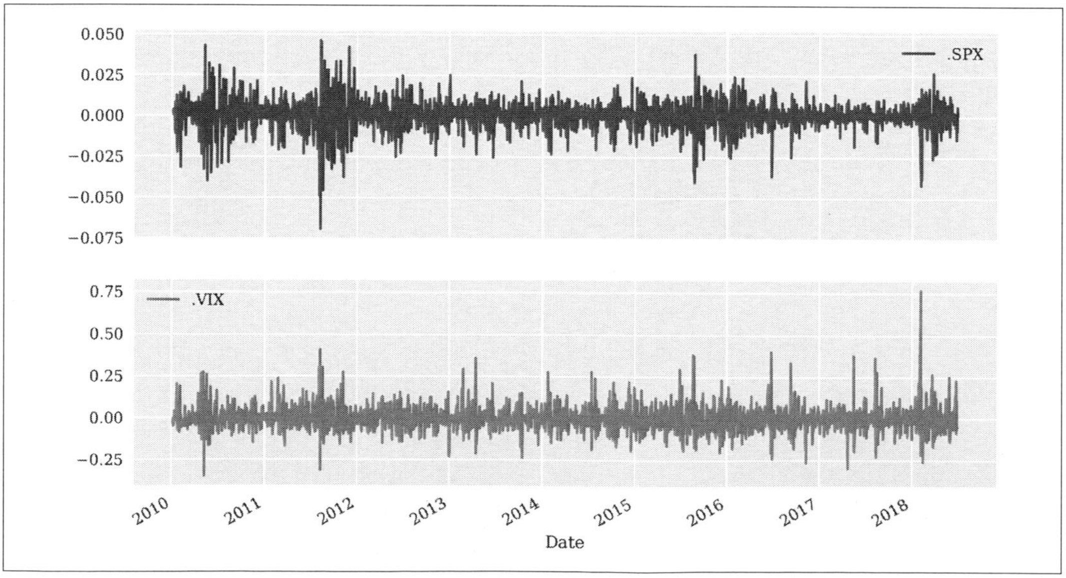

圖 8-10 S&P 500 與 VIX 在一段時間內的對數報酬率

pandas scatter_matrix() 繪圖函式很適合處理這種背景之下的視覺化，它將兩個序列的對數報酬率畫在一起，你也可以在對角加上直方圖，或核密度估計圖（KDE）（見圖 8-11）：

```
In [53]: pd.plotting.scatter_matrix(rets,  ❶
                                    alpha=0.2,  ❷
                                    diagonal='hist',  ❸
                                    hist_kwds={'bins': 35},  ❹
                                    figsize=(10, 6));
```

❶ 要繪製的資料集。

❷ 資料點的 alpha 不透明度參數。

❸ 指定將什麼東西放在對角，在此是欄資料的直方圖。

❹ 傳給直方圖繪製函式的關鍵字。

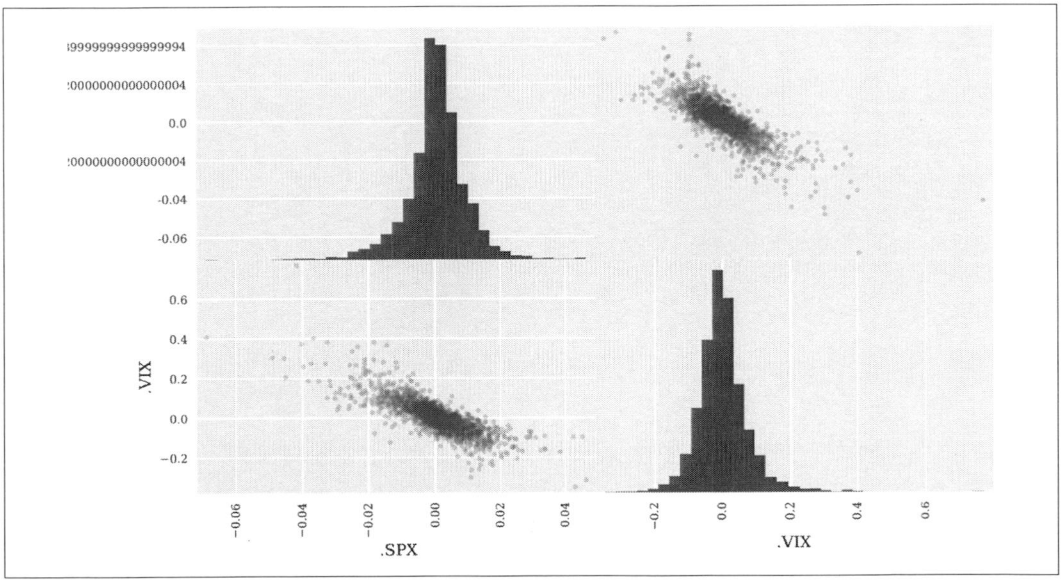

圖 8-11 用散布矩陣來繪製 S&P 500 與 VIX 的對數報酬率

普通最小平方回歸

完成這些準備工作之後，執行普通最小平方（OLS）回歸分析就易如反掌了。圖 8-12 是對數報酬率散布圖，裡面有一條線性回歸線穿越一群資料點，它的斜率明顯是負的，支持這兩個指標負相關的典型事實：

```
In [54]: reg = np.polyfit(rets['.SPX'], rets['.VIX'], deg=1)  ❶

In [55]: ax = rets.plot(kind='scatter', x='.SPX', y='.VIX', figsize=(10, 6))  ❷
         ax.plot(rets['.SPX'], np.polyval(reg, rets['.SPX']), 'r', lw=2);  ❸
```

❶ 實作線性 OLS 回歸。

❷ 將對數報酬率畫成散布圖 …

❸ … 並且在裡面加入線性回歸線。

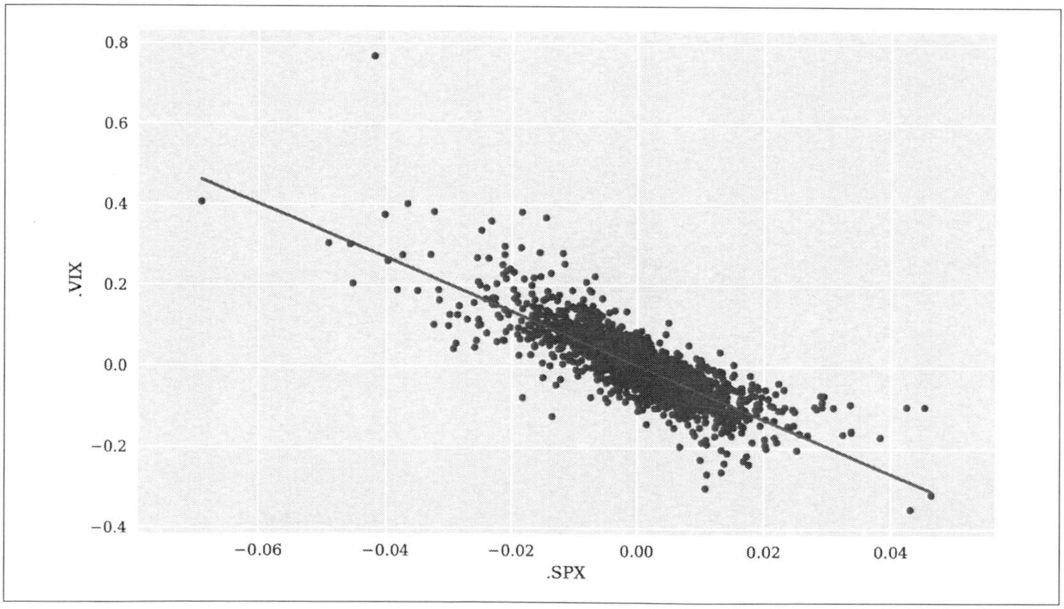

圖 8-12 用散布矩陣來繪製 S&P 500 與 VIX 的對數報酬率

相關性

最後，我們來直接考慮相關性度量。我們考慮的度量有兩種：靜態的，考慮完整的資料集，以及滾動的，考慮每一段固定時間窗口之中的相關性。圖 8-13 展示相關性確實會隨著時間變化，但是使用這些參數時，它永遠是負的。這充分證明 S&P 500 與 VIX 指數（強烈）負相關這個印象中的典型事實：

```
In [56]: rets.corr()  ❶
Out[56]:            .SPX      .VIX
         .SPX  1.000000 -0.804382
         .VIX -0.804382  1.000000

In [57]: ax = rets['.SPX'].rolling(window=252).corr(
                           rets['.VIX']).plot(figsize=(10, 6))  ❷
         ax.axhline(rets.corr().iloc[0, 1], c='r');  ❸
```

❶ 整個 DataFrame 的相關矩陣。

❷ 畫出滾動相關性 …

❸ … 並加入靜態值，畫出橫線。

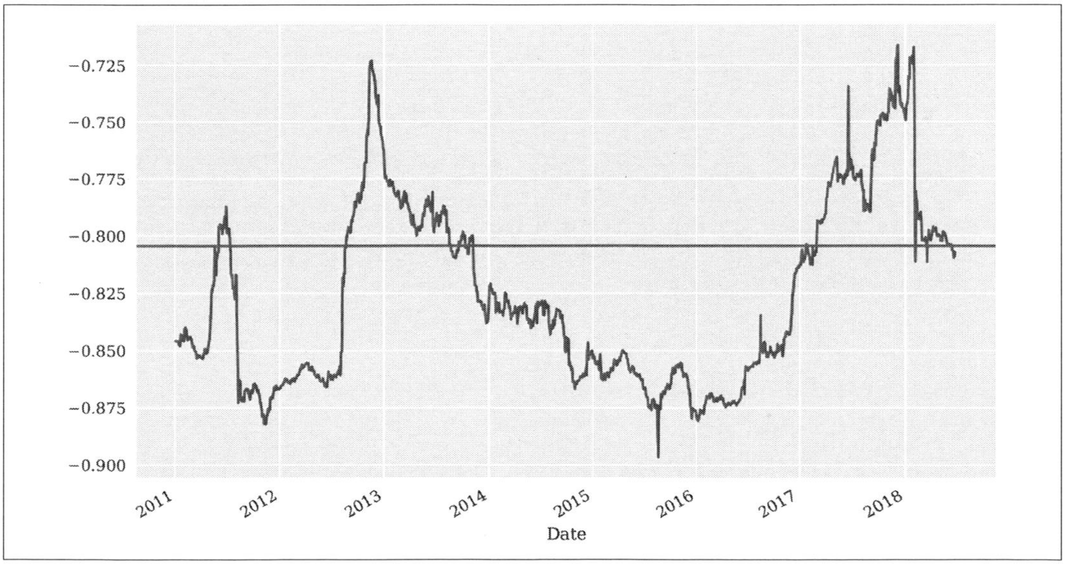

圖 8-13 S&P 500 與 VIX 的相關性（靜態與滾動）

高頻資料

本章的主題是使用 pandas 來分析時間序列資料。tick 資料集是金融時間序列的特例，它們或多或少可以用與處理 EOD 資料集一樣的方式來處理。用 pandas 來匯入這種資料集通常也很快。我們使用的資料集包含 17,352 筆資料列（亦見圖 8-14）：

```
In [59]: %%time
         # 資料來自 FXCM Forex Capital Markets Ltd。
         tick = pd.read_csv('../../source/fxcm_eur_usd_tick_data.csv',
                            index_col=0, parse_dates=True)
         CPU times: user 1.07 s, sys: 149 ms, total: 1.22 s
         Wall time: 1.16 s

In [60]: tick.info()
         <class 'pandas.core.frame.DataFrame'>
         DatetimeIndex: 461357 entries, 2018-06-29 00:00:00.082000 to 2018-06-29
          20:59:00.607000
         Data columns (total 2 columns):
         Bid    461357 non-null float64
         Ask    461357 non-null float64
         dtypes: float64(2)
         memory usage: 10.6 MB

In [61]: tick['Mid'] = tick.mean(axis=1)  ❶

In [62]: tick['Mid'].plot(figsize=(10, 6));
```

❶ 計算每一個資料列的 Mid 價格。

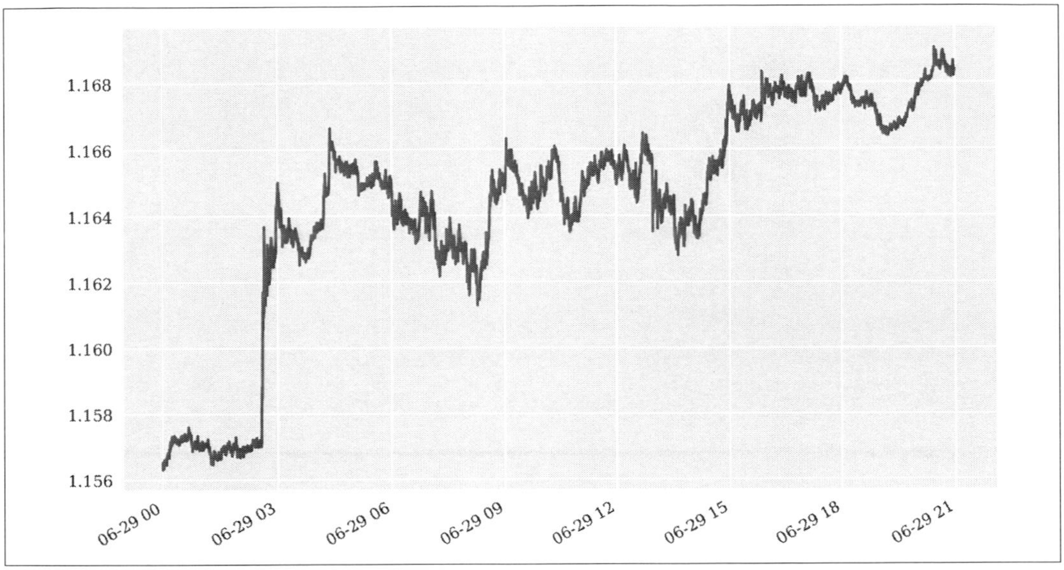

圖 8-14 歐元 / 美元匯率的 tick 資料

當你處理 tick 資料時，通常都要對金融時間序列資料進行再抽樣。下面的程式將 tick 資料再抽樣成頻率為五分鐘的資料（見圖 8-15），接著，你可以用它來回測演算法交易策略，或實作技術分析：

```
In [63]: tick_resam = tick.resample(rule='5min', label='right').last()

In [64]: tick_resam.head()
Out[64]:                          Bid      Ask       Mid
         2018-06-29 00:05:00  1.15649  1.15651  1.156500
         2018-06-29 00:10:00  1.15671  1.15672  1.156715
         2018-06-29 00:15:00  1.15725  1.15727  1.157260
         2018-06-29 00:20:00  1.15720  1.15722  1.157210
         2018-06-29 00:25:00  1.15711  1.15712  1.157115

In [65]: tick_resam['Mid'].plot(figsize=(10, 6));
```

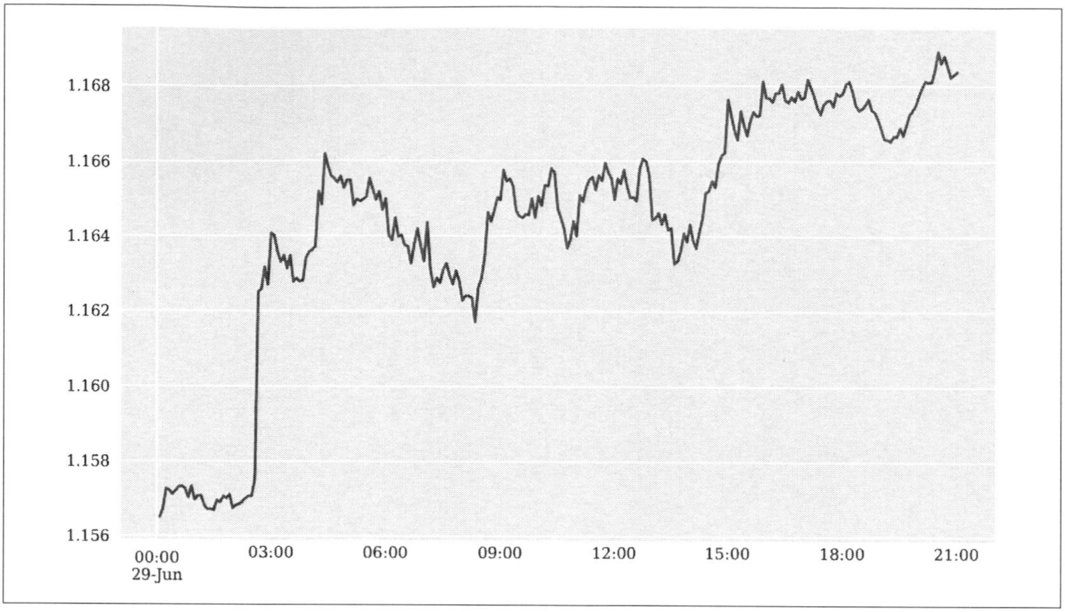

圖 8-15 歐元 / 美元匯率的五分鐘資料

小結

本章的主題是處理金融時間序列，它應該是金融領域中最重要的資料類型。pandas 很擅長處理這種資料集，不但可以高效率地分析資料，也很容易進行視覺化。pandas 也可以協助你從各種來源讀取這種資料集，以及將資料集匯出至各種技術檔案格式，後續的章節將會介紹這個主題。

其他資源

本章討論的主題有下列優秀的參考書籍：

- McKinney, Wes (2017). *Python for Data Analysis.* Sebastopol, CA: O'Reilly.
- VanderPlas, Jake (2016). *Python Data Science Handbook.* Sebastopol, CA: O'Reilly.

第九章

輸入 / 輸出操作

在取得資料之前就建立理論是嚴重的錯誤。

—Sherlock Holmes

一般來說，大多數的資料，無論是金融領域的，還是任何其他應用領域的，都會被儲存在硬碟（HDD）或其他形式的永久儲存設備上，例如固態磁碟（SSD）或混合式磁碟。多年來，儲存容量一直在穩步增長，每個儲存單元（例如每 megabyte）的成本也一直穩步下降。

與此同時，被儲存起來的資料量的成長速度也比典型的 RAM 快得多，即使在最大型的機器上也是如此。所以我們不僅要將資料存入磁碟以便永久儲存，也要在 RAM 和磁碟之間交換資料，來彌補 RAM 的不足。

因此，當你的工作涉及金融應用，和一般的資料密集型應用時，輸入 / 輸出（I/O）操作是很重要的事項。它們通常是性能的瓶頸，因為 I/O 操作通常無法夠快速地將資料移入 RAM[1]，以及從 RAM 移到磁碟，緩慢的 I/O 操作經常讓 CPU“望穿秋水”。

儘管現在大多數的金融和企業分析工作都面臨大數據（例如，peta 規模）的挑戰，但是單項分析工作通常只要使用“中等”規模的資料子集合即可。Microsoft Research 的一項研究得到這個結論：

1 我們在此不區分各種級別的 RAM 與處理器快取，“如何以最好的方式使用記憶體結構”本身就是一個值得研究的主題了。

> 根據測量的結果以及近來的研究，我們發現，分析工作的輸入資料，實際上幾乎都少於 100 GB，然而熱門的基礎設施，例如 Hadoop/MapReduce，最初的設計都是為了處理 peta 規模的資料。
>
> —Appuswamy 等人（2013）

就頻率而言，單一金融分析工作處理的資料通常不超過幾個 GB，對 Python 及其科學堆疊程式庫（例如 NumPy、pandas 與 PyTables）而言，這正是最得心應手的量級。這種大小的資料集也可以放在記憶體裡面分析，輔以現代的 CPU 與 GPU，通常有很快的執行速度。但是，你必須將資料讀入 RAM，並將結果寫回磁碟，同時滿足現今的性能需求。

本章將討論下列的主題：

"用 *Python* 來處理基本 *I/O*"，第 246 頁
: Python 有一些內建的函式可將任何物件序列化並儲存在磁碟之中，以及從磁碟讀至 RAM，Python 也很擅長處理文字檔與 SQL 資料庫。NumPy 也提供專用的函式來快速儲存二進制檔，以及取出 ndarray 物件。

"用 *pandas* 來處理 *I/O*"，第 259 頁
: pandas 程式庫提供大量方便的函式與方法，可讀取各種格式的資料（例如 CSV、JSON），以及將資料寫入各種格式的檔案內。

"用 *PyTables* 來處理 *I/O*"，第 268 頁
: PyTables 使用 HDF5 標準（*http://www.hdfgroup.org*）的階層式資料庫結構以及二進制儲存器，來實現大型資料集的快速 I/O 操作，速度可達硬體的上限。

"用 *TsTables* 來處理 *I/O*"，第 283 頁
: TsTables 程式包以 PyTables 為基礎，可讓你快速儲存與取回時間序列資料。

用 Python 來處理基本 I/O

Python 本身已經內建許多 I/O 功能了，其中有些將性能優化，有些提供更多彈性。但是，一般來說，它們都很容易在互動與生產設定中使用。

將物件寫入磁碟

為了在將來繼續使用 Python 物件、將它歸檔，或與別人分享，你可以將它存入磁碟。其中一種做法是使用 `pickle` 模組。這種模組可以將大部分的 Python 物件序列化。**序列化**的意思是將物件（階層）轉換成位元組流（byte stream）；**反序列化**則是反向的操作。

一如往常，我們必須先匯入與設定一些與繪圖有關的東西：

```
In [1]: from pylab import plt, mpl
        plt.style.use('seaborn')
        mpl.rcParams['font.family'] = 'serif'
        %matplotlib inline
```

下面的範例使用（偽）亂數資料，這一次儲存在 `list` 物件裡面：

```
In [2]: import pickle  ❶
        import numpy as np
        from random import gauss  ❷

In [3]: a = [gauss(1.5, 2) for i in range(1000000)]  ❸

In [4]: path = '/Users/yves/Temp/data/'  ❹

In [5]: pkl_file = open(path + 'data.pkl', 'wb')  ❺
```

❶ 從標準程式庫匯入 `pickle` 模組。

❷ 匯入 `gauss` 來產生常態分布的亂數。

❸ 用亂數建立大型的 `list` 物件。

❹ 指定儲存資料檔的路徑。

❺ 打開一個檔案，來以二進制模式（`wb`）寫入。

將 Python 物件序列化與反序列化的主要函式是 `pickle.dump()` 以及 `pickle.load()`，前者的功能是寫入物件，後者則是將物件載入記憶體：

```
In [6]: %time pickle.dump(a, pkl_file)  ❶
        CPU times: user 37.2 ms, sys: 15.3 ms, total: 52.5 ms
        Wall time: 50.8 ms

In [7]: pkl_file.close()  ❷

In [8]: ll $path*  ❸
```

```
        -rw-r--r--  1 yves  staff  9002006 Oct 19 12:11
         /Users/yves/Temp/data/data.pkl

In [9]: pkl_file = open(path + 'data.pkl', 'rb')  ❹

In [10]: %time b = pickle.load(pkl_file)  ❺
         CPU times: user 34.1 ms, sys: 16.7 ms, total: 50.8 ms
         Wall time: 48.7 ms

In [11]: a[:3]
Out[11]: [6.517874180585469, -0.5552400459507827, 2.8488946310833096]

In [12]: b[:3]
Out[12]: [6.517874180585469, -0.5552400459507827, 2.8488946310833096]

In [13]: np.allclose(np.array(a), np.array(b))  ❻
Out[13]: True
```

❶ 將物件 a 序列化，並將它存入檔案。

❷ 關閉檔案。

❸ 展示磁碟內的檔案及其大小（Mac/Linux）。

❹ 打開檔案，以便以二進制模式讀取（rb）。

❺ 從磁碟讀取物件，並且將它反序列化。

❻ 將 a 與 b 轉換成 ndarrary 物件，用 np.allclose() 確認它們保存相同的資料（數字）。

用 pickle 儲存與取回單一物件顯然相當簡單。兩個物件呢？

```
In [14]: pkl_file = open(path + 'data.pkl', 'wb')

In [15]: %time pickle.dump(np.array(a), pkl_file)  ❶
         CPU times: user 58.1 ms, sys: 6.09 ms, total: 64.2 ms
         Wall time: 32.5 ms

In [16]: %time pickle.dump(np.array(a) ** 2, pkl_file)  ❷
         CPU times: user 66.7 ms, sys: 7.22 ms, total: 73.9 ms
         Wall time: 39.3 ms

In [17]: pkl_file.close()

In [18]: ll $path*  ❸
```

```
-rw-r--r--  1 yves  staff  16000322 Oct 19 12:11
 /Users/yves/Temp/data/data.pkl
```

❶ 將 ndarray 版本的 a 序列化並儲存它。

❷ 將平方之後的 ndarray 版本的 a 序列化，並儲存它。

❸ 現在的檔案大約比之前大兩倍。

將兩個 ndarray 物件讀回記憶體的情況呢？

```
In [19]: pkl_file = open(path + 'data.pkl', 'rb')

In [20]: x = pickle.load(pkl_file)  ❶
         x[:4]
Out[20]: array([ 6.51787418, -0.55524005, 2.84889463, 5.94489175])

In [21]: y = pickle.load(pkl_file)  ❷
         y[:4]
Out[21]: array([42.48268383, 0.30829151, 8.11620062, 35.34173791])

In [22]: pkl_file.close()
```

❶ 取回第一個儲存的物件。

❷ 取回第二個儲存的物件。

顯然，pickle 採取**先進先出**（FIFO）原則儲存物件。這種做法有一個主要的問題：使用者沒有詮釋資訊可事先知道 pickle 檔案裡面存了什麼。

有時你可以藉著儲存一個含有所有其他物件的 dict 物件，而非儲存單一物件來處理這個問題：

```
In [23]: pkl_file = open(path + 'data.pkl', 'wb')
         pickle.dump({'x': x, 'y': y}, pkl_file)  ❶
         pkl_file.close()

In [24]: pkl_file = open(path + 'data.pkl', 'rb')
         data = pickle.load(pkl_file)  ❷
         pkl_file.close()
         for key in data.keys():
             print(key, data[key][:4])
         x [ 6.51787418 -0.55524005 2.84889463 5.94489175]
         y [42.48268383 0.30829151 8.11620062 35.34173791]

In [25]: !rm -f $path*
```

❶ 儲存一個含有兩個 ndarray 物件的 dict 物件。

❷ 取回 dict 物件。

採取這種做法需要一次寫入與讀取所有物件，但是因為它很方便，所以我們經常需要妥協。

相容性問題

使用 pickle 來將物件序列化通常很直觀，但是它可能也會造成問題，例如，當 Python 程式包升級之後，新版的程式包無法使用舊版的序列化物件。它也有可能難以在不同的平台與作業系統之間共享。因此，一般建議使用 NumPy 與 pandas 等程式包內建的讀取與寫入功能，見接下來幾節的說明。

讀取與寫入文字檔

處理文字可謂 Python 的強項之一，事實上，許多公司與科學用戶就是為了執行這項工作而使用 Python 的。Python 提供多種方式來處理 str 物件，以及一般的文字檔。

假設我們需要用 CSV 檔案的形式來共享一個大型的資料集，這種檔案有特殊的內部結構，但是它基本上仍然是個純文字檔。下面的程式建立一個 ndarray 物件形式的虛擬資料集，也建立一個 DatetimeIndex 物件，結合這兩個物件，並將資料存為 CSV 文字檔：

```
In [26]: import pandas as pd

In [27]: rows = 5000  ❶
         a = np.random.standard_normal((rows, 5)).round(4)  ❷

In [28]: a  ❷
Out[28]: array([[-0.0892, -1.0508, -0.5942,  0.3367, 1.508 ],
               [ 2.1046,  3.2623,  0.704 , -0.2651, 0.4461],
               [-0.0482, -0.9221,  0.1332,  0.1192, 0.7782],
               ...,
               [ 0.3026, -0.2005, -0.9947,  1.0203, -0.6578],
               [-0.7031, -0.6989, -0.8031, -0.4271,  1.9963],
               [ 2.4573,  2.2151,  0.158 , -0.7039, -1.0337]])

In [29]: t = pd.date_range(start='2019/1/1', periods=rows, freq='H')  ❸

In [30]: t  ❸
Out[30]: DatetimeIndex(['2019-01-01 00:00:00', '2019-01-01 01:00:00',
```

```
                               '2019-01-01 02:00:00', '2019-01-01 03:00:00',
                               '2019-01-01 04:00:00', '2019-01-01 05:00:00',
                               '2019-01-01 06:00:00', '2019-01-01 07:00:00',
                               '2019-01-01 08:00:00', '2019-01-01 09:00:00',
                               ...
                               '2019-07-27 22:00:00', '2019-07-27 23:00:00',
                               '2019-07-28 00:00:00', '2019-07-28 01:00:00',
                               '2019-07-28 02:00:00', '2019-07-28 03:00:00',
                               '2019-07-28 04:00:00', '2019-07-28 05:00:00',
                               '2019-07-28 06:00:00', '2019-07-28 07:00:00'],
                              dtype='datetime64[ns]', length=5000, freq='H')

In [31]: csv_file = open(path + 'data.csv', 'w')  ❹

In [32]: header = 'date,no1,no2,no3,no4,no5\n'  ❺

In [33]: csv_file.write(header)  ❺
Out[33]: 25

In [34]: for t_, (no1, no2, no3, no4, no5) in zip(t, a):  ❻
             s = '{},{},{},{},{},{}\n'.format(t_, no1, no2, no3, no4, no5)  ❼
             csv_file.write(s)  ❽

In [35]: csv_file.close()

In [36]: ll $path*
         -rw-r--r--  1 yves  staff  284757 Oct 19 12:11
          /Users/yves/Temp/data/data.csv
```

❶ 定義資料集的列數。

❷ 用亂數來建立 ndarray 物件。

❸ 建立一個有適當長度的 DatetimeIndex 物件（間隔一小時）。

❹ 打開檔案來寫入（w）。

❺ 定義標頭列（欄標籤），並且將它寫入為第一列。

❻ 逐列結合資料 …

❼ … 成為 str 物件 …

❽ … 並且逐列寫入（附加至 CSV 文字檔）。

另一種做法類似上面的做法。首先，打開既有的 CSV 檔。接下來，使用 `file` 物件的 `.readline()` 或 `.readlines()` 方法來逐列讀取它的內容。

```
In [37]: csv_file = open(path + 'data.csv', 'r')  ❶

In [38]: for i in range(5):
             print(csv_file.readline(), end='')  ❷
         date,no1,no2,no3,no4,no5
         2019-01-01 00:00:00,-0.0892,-1.0508,-0.5942,0.3367,1.508
         2019-01-01 01:00:00,2.1046,3.2623,0.704,-0.2651,0.4461
         2019-01-01 02:00:00,-0.0482,-0.9221,0.1332,0.1192,0.7782
         2019-01-01 03:00:00,-0.359,-2.4955,0.6164,0.712,-1.4328

In [39]: csv_file.close()

In [40]: csv_file = open(path + 'data.csv', 'r')  ❶

In [41]: content = csv_file.readlines()  ❸

In [42]: content[:5]  ❹
Out[42]: ['date,no1,no2,no3,no4,no5\n',
          '2019-01-01 00:00:00,-0.0892,-1.0508,-0.5942,0.3367,1.508\n',
          '2019-01-01 01:00:00,2.1046,3.2623,0.704,-0.2651,0.4461\n',
          '2019-01-01 02:00:00,-0.0482,-0.9221,0.1332,0.1192,0.7782\n',
          '2019-01-01 03:00:00,-0.359,-2.4955,0.6164,0.712,-1.4328\n']

In [43]: csv_file.close()
```

❶ 打開檔案來讀取（`r`）。

❷ 逐列讀取檔案內容，並印出它們。

❸ 用一個步驟讀取檔案內容 …

❹ … 的結果是得到一個 `list` 物件，裡面有 `str` 物件形式的每一列。

因為 CSV 檔如此重要且常見，Python 標準程式庫有個 `csv` 模組可以讓我們更容易處理這些檔案。`csv` 模組有兩個好用的讀取（迭代）物件，其中一個可回傳由 `list` 物件組成的 `list`，另一個可回傳由 `dict` 物件組成的 `list`：

```
In [44]: import csv

In [45]: with open(path + 'data.csv', 'r') as f:
             csv_reader = csv.reader(f)  ❶
             lines = [line for line in csv_reader]
```

```
In [46]: lines[:5]  ❶
Out[46]: [['date', 'no1', 'no2', 'no3', 'no4', 'no5'],
          ['2019-01-01 00:00:00', '-0.0892', '-1.0508', '-0.5942', '0.3367',
           '1.508'],
          ['2019-01-01 01:00:00', '2.1046', '3.2623', '0.704', '-0.2651',
           '0.4461'],
          ['2019-01-01 02:00:00', '-0.0482', '-0.9221', '0.1332', '0.1192',
           '0.7782'],
          ['2019-01-01 03:00:00', '-0.359', '-2.4955', '0.6164', '0.712',
           '-1.4328']]

In [47]: with open(path + 'data.csv', 'r') as f:
             csv_reader = csv.DictReader(f)  ❷
             lines = [line for line in csv_reader]

In [48]: lines[:3]  ❷
Out[48]: [OrderedDict([('date', '2019-01-01 00:00:00'),
                       ('no1', '-0.0892'),
                       ('no2', '-1.0508'),
                       ('no3', '-0.5942'),
                       ('no4', '0.3367'),
                       ('no5', '1.508')]),
          OrderedDict([('date', '2019-01-01 01:00:00'),
                       ('no1', '2.1046'),
                       ('no2', '3.2623'),
                       ('no3', '0.704'),
                       ('no4', '-0.2651'),
                       ('no5', '0.4461')]),
          OrderedDict([('date', '2019-01-01 02:00:00'),
                       ('no1', '-0.0482'),
                       ('no2', '-0.9221'),
                       ('no3', '0.1332'),
                       ('no4', '0.1192'),
                       ('no5', '0.7782')])]

In [49]: !rm -f $path*
```

❶ csv.reader() 以 list 物件的形式回傳每一列。

❷ csv.DictReader() 以 OrderedDict 的形式回傳每一列。OrderedDict 是 dict 物件的特例。

使用 SQL 資料庫

Python 可以搭配任何一種結構化查詢語言（SQL）資料庫，一般來說，也可以搭配任何一種 NoSQL 資料庫。SQLite3（*http://www.sqlite.org*）是 Python 內建的 SQL 或關聯式資料庫。用它來說明以 Python 使用 SQL 資料庫的基本做法很簡單[2]：

```
In [50]: import sqlite3 as sq3

In [51]: con = sq3.connect(path + 'numbs.db')  ❶

In [52]: query = 'CREATE TABLE numbs (Date date, No1 real, No2 real)'  ❷

In [53]: con.execute(query)  ❸
Out[53]: <sqlite3.Cursor at 0x102655f10>

In [54]: con.commit()  ❹

In [55]: q = con.execute  ❺

In [56]: q('SELECT * FROM sqlite_master').fetchall()  ❻
Out[56]: [('table',
           'numbs',
           'numbs',
           2,
           'CREATE TABLE numbs (Date date, No1 real, No2 real)')]
```

❶ 打開資料庫連結，如果沒有那個檔案，就建立它。

❷ 使用 SQL query 來建立一個資料表，並且讓它有三個欄位[3]。

❸ 執行 query …

❹ … 並且送出變更。

❺ 定義 `con.execute()` 方法的簡稱。

❻ 抓取資料庫的詮釋資訊，以單一物件形式展示剛才建立的資料表。

---

2 若要初步瞭解 Python 的資料庫連結器，可前往 *https://wiki.python.org/moin/DatabaseInterfaces*。使用 SQLAlchemy（*https://www.sqlalchemy.org/*）之類的物件關係對映器通常比直接使用關聯式資料庫還要好，因為它們加入一個抽象層，可讓你寫出更符合 Python 風格的物件導向程式，也可以讓你更輕鬆地在後端將關聯式資料庫換成另一個。

3 你可以到 *https://www.sqlite.org/lang.html* 查看 SQLite3 方言概要。

製作資料庫檔案以及資料表之後，就可以對這個資料表填入資料了，我們讓資料表的每一列都有一個 `datetime` 物件，與兩個 `float` 物件：

```
In [57]: import datetime

In [58]: now = datetime.datetime.now()
         q('INSERT INTO numbs VALUES(?, ?, ?)', (now, 0.12, 7.3))  ❶
Out[58]: <sqlite3.Cursor at 0x102655f80>

In [59]: np.random.seed(100)

In [60]: data = np.random.standard_normal((10000, 2)).round(4)  ❷

In [61]: %%time
         for row in data:  ❸
             now = datetime.datetime.now()
             q('INSERT INTO numbs VALUES(?, ?, ?)', (now, row[0], row[1]))
         con.commit()
         CPU times: user 115 ms, sys: 6.69 ms, total: 121 ms
         Wall time: 124 ms

In [62]: q('SELECT * FROM numbs').fetchmany(4)  ❹
Out[62]: [('2018-10-19 12:11:15.564019', 0.12, 7.3),
          ('2018-10-19 12:11:15.592956', -1.7498, 0.3427),
          ('2018-10-19 12:11:15.593033', 1.153, -0.2524),
          ('2018-10-19 12:11:15.593051', 0.9813, 0.5142)]

In [63]: q('SELECT * FROM numbs WHERE no1 > 0.5').fetchmany(4)  ❺
Out[63]: [('2018-10-19 12:11:15.593033', 1.153, -0.2524),
          ('2018-10-19 12:11:15.593051', 0.9813, 0.5142),
          ('2018-10-19 12:11:15.593104', 0.6727, -0.1044),
          ('2018-10-19 12:11:15.593134', 1.619, 1.5416)]

In [64]: pointer = q('SELECT * FROM numbs')  ❻

In [65]: for i in range(3):
             print(pointer.fetchone())  ❼
         ('2018-10-19 12:11:15.564019', 0.12, 7.3)
         ('2018-10-19 12:11:15.592956', -1.7498, 0.3427)
         ('2018-10-19 12:11:15.593033', 1.153, -0.2524)

In [66]: rows = pointer.fetchall()  ❽
         rows[:3]
Out[66]: [('2018-10-19 12:11:15.593051', 0.9813, 0.5142),
          ('2018-10-19 12:11:15.593063', 0.2212, -1.07),
          ('2018-10-19 12:11:15.593073', -0.1895, 0.255)]
```

❶ 將一列資料（或紀錄）寫入 numbs 表。

❷ 建立更大型的虛擬資料集 ndarray 物件。

❸ 迭代 ndarray 物件的資料列。

❹ 從表中取出幾列資料。

❺ 同樣的動作，但是使用 No1 的值來指定條件。

❻ 定義 pointer 物件 …

❼ … 它的行為就像個 generator 物件。

❽ 取出其餘的每一列。

最後，當你再也不需要資料表物件時，可能想要刪除它：

```
In [67]: q('DROP TABLE IF EXISTS numbs')  ❶
Out[67]: <sqlite3.Cursor at 0x1187a7420>

In [68]: q('SELECT * FROM sqlite_master').fetchall()  ❷
Out[68]: []

In [69]: con.close()  ❸

In [70]: !rm -f $path*  ❹
```

❶ 從資料庫移除資料表。

❷ 完成這個操作之後就沒有資料表物件了。

❸ 關閉資料庫連結。

❹ 移除磁碟中的資料庫檔案。

SQL 資料庫是既廣泛且複雜的主題，因此本章無法完全探討。但基本上，你應該知道的是：

- 在技術上，Python 可以和幾乎任何資料庫良好地整合。
- 基本的 SQL 語法主要是由你使用的資料庫決定的；接下來需要注意的只有所謂的 "Python 風格"。

本章稍後會介紹更多 SQLite3 範例。

寫入與讀取 NumPy 陣列

NumPy 本身提供許多函式可讓你用方便且高效的方式寫入與讀取 ndarray 物件。它們有時可以為你節省許多工作量，例如將 NumPy dtype 物件轉換成特定的資料庫資料型態（例如 SQLite3 的）。為了證明 NumPy 可以有效地取代 SQL，下面的程式將使用 NumPy 再度執行上一節的同一個範例。

這段程式不使用 pandas，而是用 NumPy 的 np.arange() 函式來產生一個 ndarray 物件，並且在裡面儲存 datetime 物件（*http://bit.ly/2DnwAqZ*）：

```
In [71]: dtimes = np.arange('2019-01-01 10:00:00', '2025-12-31 22:00:00',
                            dtype='datetime64[m]')  ❶

In [72]: len(dtimes)
Out[72]: 3681360

In [73]: dty = np.dtype([('Date', 'datetime64[m]'),
                          ('No1', 'f'), ('No2', 'f')])  ❷

In [74]: data = np.zeros(len(dtimes), dtype=dty)  ❸

In [75]: data['Date'] = dtimes  ❹

In [76]: a = np.random.standard_normal((len(dtimes), 2)).round(4)  ❺

In [77]: data['No1'] = a[:, 0]  ❻
         data['No2'] = a[:, 1]  ❻

In [78]: data.nbytes  ❼
Out[78]: 58901760
```

❶ 建立一個 ndarray 物件，並將 dtype 設為 datetime。

❷ 為結構化的陣列定義特殊的 dtype 物件。

❸ 用特殊的 dtype 實例化一個 ndarray 物件。

❹ 填寫 Date 欄。

❺ 虛擬資料集 …

❻ … 填寫 No1 與 No2 欄。

❼ 結構化的陣列的 bytes 大小。

ndarray 物件的儲存動作是高度優化的，因此相當快速，不到一秒就可以將 60 MB 的資料存入磁碟（使用 SSD）。將較大型的 480 MB ndarray 物件存入磁碟則需要半秒的時間[4]：

```
In [79]: %time np.save(path + 'array', data)  ❶
         CPU times: user 37.4 ms, sys: 58.9 ms, total: 96.4 ms
         Wall time: 77.9 ms

In [80]: ll $path*  ❷
         -rw-r--r--  1 yves  staff  58901888 Oct 19 12:11
          /Users/yves/Temp/data/array.npy

In [81]: %time np.load(path + 'array.npy')  ❸
         CPU times: user 1.67 ms, sys: 44.8 ms, total: 46.5 ms
         Wall time: 44.6 ms

Out[81]: array([('2019-01-01T10:00',  1.5131,  0.6973),
                ('2019-01-01T10:01', -1.722 , -0.4815),
                ('2019-01-01T10:02',  0.8251,  0.3019), ...,
                ('2025-12-31T21:57',  1.372 ,  0.6446),
                ('2025-12-31T21:58', -1.2542,  0.1612),
                ('2025-12-31T21:59', -1.1997, -1.097 )],
               dtype=[('Date', '<M8[m]'), ('No1', '<f4'), ('No2', '<f4')])

In [82]: %time data = np.random.standard_normal((10000, 6000)).round(4)  ❹
         CPU times: user 2.69 s, sys: 391 ms, total: 3.08 s
         Wall time: 2.78 s

In [83]: data.nbytes  ❹
Out[83]: 480000000

In [84]: %time np.save(path + 'array', data)  ❹
         CPU times: user 42.9 ms, sys: 300 ms, total: 343 ms
         Wall time: 481 ms

In [85]: ll $path*  ❹
         -rw-r--r--  1 yves  staff  480000128 Oct 19 12:11
          /Users/yves/Temp/data/array.npy

In [86]: %time np.load(path + 'array.npy')  ❹
         CPU times: user 2.32 ms, sys: 363 ms, total: 365 ms
         Wall time: 363 ms
```

4 注意，即使在同一台電腦上，每一次的執行時間可能也有很大的差異，因為它們與當時的電腦 CPU 和 I/O 的使用情況，以及許多其他因素有關。

```
Out[86]: array([[ 0.3066,  0.5951,  0.5826, ...,  1.6773,  0.4294, -0.2216],
                [ 0.8769,  0.7292, -0.9557, ...,  0.5084,  0.9635, -0.4443],
                [-1.2202, -2.5509, -0.0575, ..., -1.6128,  0.4662, -1.3645],
                ...,
                [-0.5598,  0.2393, -2.3716, ...,  1.7669,  0.2462,  1.035 ],
                [ 0.273 ,  0.8216, -0.0749, ..., -0.0552, -0.8396,  0.3077],
                [-0.6305,  0.8331,  1.3702, ...,  0.3493,  0.1981,  0.2037]])

In [87]: !rm -f $path*
```

❶ 將結構化的 ndarray 物件存入磁碟。

❷ 在磁碟裡面的大小不太可能大於在記憶體內的大小（因為二進制儲存體的關係）。

❸ 從磁碟載入結構化的 ndarray 物件。

❹ 更大型的一般 ndarray 物件。

從這些例子可以發現，在本例中寫入磁碟的時間主要受限於硬體，因為我們看到的速度大致上與目前的標準 SSD 宣傳的寫入速度（大約 500 MB/s）差不多。

無論如何，與使用 SQL 資料庫，或使用 pickle 來進行序列化相較之下，以這種方式來儲存與取回資料的速度比較快。主要的原因有兩個，首先，資料主要是數字，第二，NumPy 使用二進制儲存，讓開銷幾乎是零。當然，這種做法無法使用 SQL 資料庫提供的功能，但是 PyTables 可以協助處理這個部分，見後續小節的說明。

用 pandas 來處理 I/O

pandas 的主要優勢是它天生能夠讀取與寫入各種資料格式，這些格式包括：

- CSV（以逗號分隔值）
- SQL（結構化查詢語言）
- XLS/XSLX（Microsoft Excel 檔案）
- JSON（JavaScript 物件表示法）
- HTML（超文字標記語言）

表 9-1 是 pandas 支援的格式及其相應的匯入函式 / 方法，以及 DataFrame 類別的匯出函式 / 方法。舉例而言，pd.read_csv() 匯入函式的參數可在 pandas.read_csv 的文件（*http://bit.ly/2DaB9C7*）中找到。

表 9-1 匯入 / 匯出函式與方法

格式	輸入	輸出	說明
CSV	pd.read_csv()	.to_csv()	文字檔
XLS/XLSX	pd.read_excel()	.to_excel()	試算表
HDF	pd.read_hdf()	.to_hdf()	HDF5 資料庫
SQL	pd.read_sql()	.to_sql()	SQL 資料表
JSON	pd.read_json()	.to_json()	JavaScript 物件表示法
MSGPACK	pd.read_msgpack()	.to_msgpack()	可攜二進制格式
HTML	pd.read_html()	.to_html()	HTML 碼
GBQ	pd.read_gbq()	.to_gbq()	Google Big Query 格式
DTA	pd.read_stata()	.to_stata()	格式 104、105、108、113-115、117
任何	pd.read_clipboard()	.to_clipboard()	例如，來自 HTML 網頁
任何	pd.read_pickle()	.to_pickle()	（結構化的）Python 物件

我們的測試案例一樣是個較大型的 `float` 物件集合：

```
In [88]: data = np.random.standard_normal((1000000, 5)).round(4)

In [89]: data[:3]
Out[89]: array([[ 0.4918,  1.3707,  0.137 ,  0.3981, -1.0059],
                [ 0.4516,  1.4445,  0.0555, -0.0397,  0.44  ],
                [ 0.1629, -0.8473, -0.8223, -0.4621, -0.5137]])
```

為此，本節將再度使用 SQLite3，並且比較它與使用 `pandas` 的各種格式的性能。

使用 SQL 資料庫

你應該已經很熟悉下列的 SQLite3 相關程式了：

```
In [90]: filename = path + 'numbers'

In [91]: con = sq3.Connection(filename + '.db')

In [92]: query = 'CREATE TABLE numbers (No1 real, No2 real,\
                  No3 real, No4 real, No5 real)'  ❶

In [93]: q = con.execute
         qm = con.executemany

In [94]: q(query)
Out[94]: <sqlite3.Cursor at 0x1187a76c0>
```

❶ 建立一個資料表，裡面有五個實數（`float` 物件）欄位。

這次我們可以使用 `.executemany()` 方法，因為資料來自單一 `ndarray` 物件。讀取與使用資料的做法與之前一樣。我們也可以輕鬆地將查詢結果視覺化（見圖 9-1）：

```
In [95]: %%time
         qm('INSERT INTO numbers VALUES (?, ?, ?, ?, ?)', data)  ❶
         con.commit()
         CPU times: user 7.3 s, sys: 195 ms, total: 7.49 s
         Wall time: 7.71 s

In [96]: ll $path*
         -rw-r--r--  1 yves  staff  52633600 Oct 19 12:11
          /Users/yves/Temp/data/numbers.db

In [97]: %%time
         temp = q('SELECT * FROM numbers').fetchall()  ❷
         print(temp[:3])
         [(0.4918, 1.3707, 0.137, 0.3981, -1.0059), (0.4516, 1.4445, 0.0555,
          -0.0397, 0.44), (0.1629, -0.8473, -0.8223, -0.4621, -0.5137)]
         CPU times: user 1.7 s, sys: 124 ms, total: 1.82 s
         Wall time: 1.9 s

In [98]: %%time
         query = 'SELECT * FROM numbers WHERE No1 > 0 AND No2 < 0'
         res = np.array(q(query).fetchall()).round(3)  ❸
         CPU times: user 639 ms, sys: 64.7 ms, total: 704 ms
         Wall time: 702 ms

In [99]: res = res[::100]  ❹
         plt.figure(figsize=(10, 6))
         plt.plot(res[:, 0], res[:, 1], 'ro')  ❹
```

❶ 用一個步驟將整個資料集插入資料表。

❷ 用一個步驟從資料表取出所有資料列。

❸ 取出一些資料列，並將它轉換成 `ndarray` 物件。

❹ 畫出查詢結果的子集合。

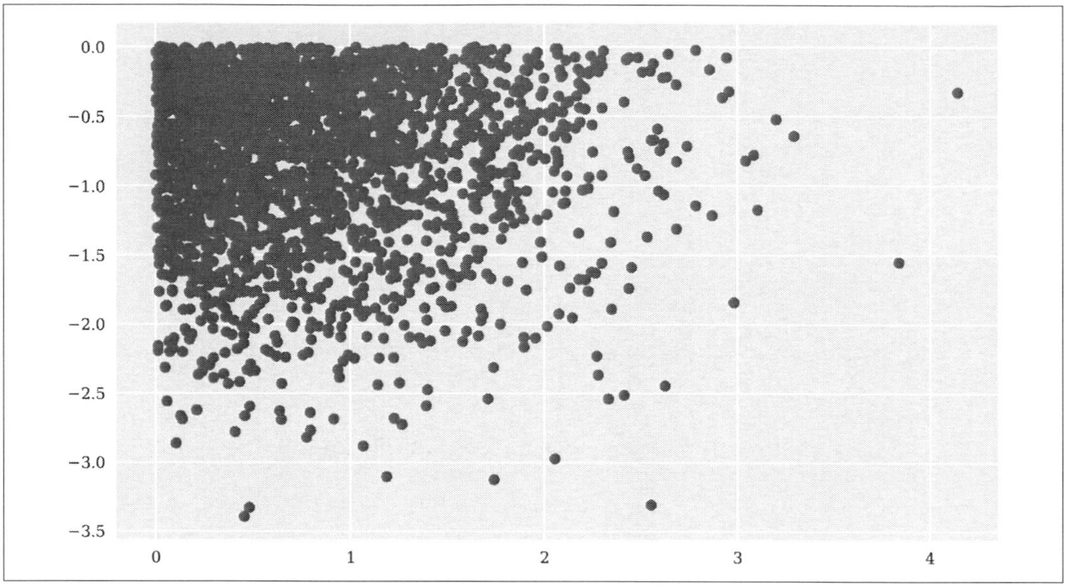

圖 9-1 （一些）查詢結果的散布圖

從 SQL 至 pandas

但是比較有效率的做法通常是使用 pandas 讀取整個資料表或查詢結果。將整個資料表讀入記憶體之後，查詢速度通常比 SQL 那種使用磁碟的（在記憶體外面）做法快得多。

用 pandas 讀取整個資料表所需的時間大約跟將它讀入 NumPy ndarray 物件一樣多。因此，SQL 資料庫是性能瓶頸：

```
In [100]: %time data = pd.read_sql('SELECT * FROM numbers', con)  ❶
          CPU times: user 2.17 s, sys: 180 ms, total: 2.35 s
          Wall time: 2.32 s

In [101]: data.head()
Out[101]:       No1     No2     No3     No4     No5
          0  0.4918  1.3707  0.1370  0.3981 -1.0059
          1  0.4516  1.4445  0.0555 -0.0397  0.4400
          2  0.1629 -0.8473 -0.8223 -0.4621 -0.5137
          3  1.3064  0.9125  0.5142 -0.7868 -0.3398
          4 -0.1148 -1.5215 -0.7045 -1.0042 -0.0600
```

❶ 將資料表的所有資料列讀入 DataFrame 物件 data。

將資料放在記憶體裡面可提高分析的速度。速度通常是成倍增長的。pandas 也可以處理較複雜的 query，儘管它既無意取代 SQL，也因為有複雜的關聯式資料結構而沒有能力取代 SQL。圖 9-2 是結合多個條件來查詢的結果：

```
In [102]: %time data[(data['No1'] > 0) & (data['No2'] < 0)].head()  ❶
          CPU times: user 47.1 ms, sys: 12.3 ms, total: 59.4 ms
          Wall time: 33.4 ms

Out[102]:        No1      No2      No3      No4      No5
          2   0.1629  -0.8473  -0.8223  -0.4621  -0.5137
          5   0.1893  -0.0207  -0.2104   0.9419   0.2551
          8   1.4784  -0.3333  -0.7050   0.3586  -0.3937
          10  0.8092  -0.9899   1.0364  -1.0453   0.0579
          11  0.9065  -0.7757  -0.9267   0.7797   0.0863

In [103]: %%time
          q = '(No1 < -0.5 | No1 > 0.5) & (No2 < -1 | No2 > 1)'  ❷
          res = data[['No1', 'No2']].query(q)  ❷
          CPU times: user 95.4 ms, sys: 22.4 ms, total: 118 ms
          Wall time: 56.4 ms

In [104]: plt.figure(figsize=(10, 6))
          plt.plot(res['No1'], res['No2'], 'ro');
```

❶ 以邏輯運算子來結合兩個條件。

❷ 以邏輯運算子來結合四個條件。

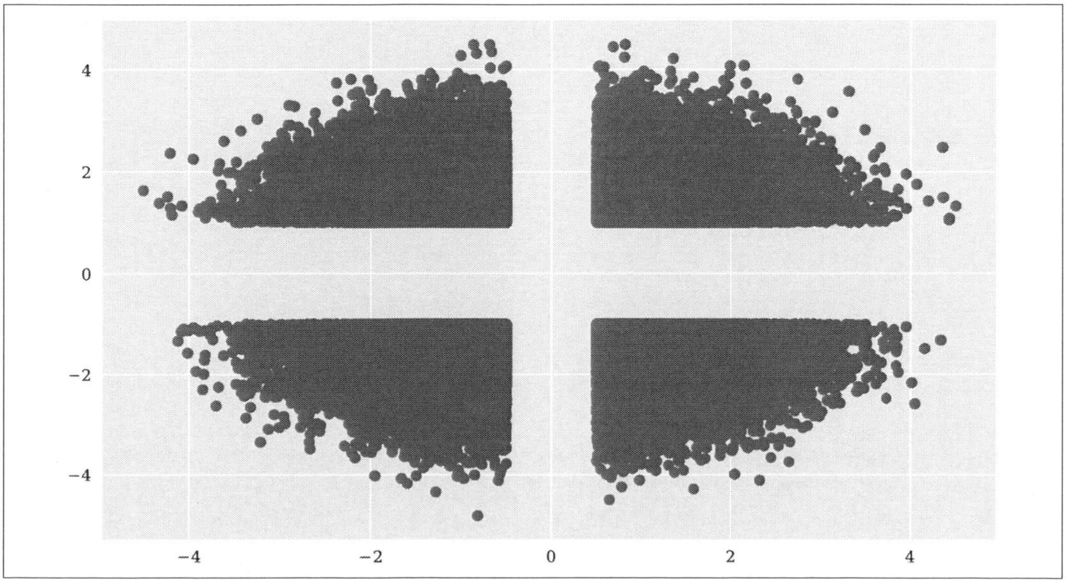

圖 9-2 （一些）查詢結果的散布圖

一如預期，使用 pandas 的 in-memory 分析功能可明顯提升速度，但前提是 pandas 能夠複製各自的 SQL 陳述式。

使用 pandas 還有其他好處，因為它與許多其他的程式包緊密整合（包括 PyTables，這是接下來的小節的主題）。我們現在只要知道兩者的組合可以明顯提升 I/O 速度就可以了，下面的程式展示這一點：

```
In [105]: h5s = pd.HDFStore(filename + '.h5s', 'w')  ❶

In [106]: %time h5s['data'] = data  ❷
          CPU times: user 46.7 ms, sys: 47.1 ms, total: 93.8 ms
          Wall time: 99.7 ms

In [107]: h5s  ❸
Out[107]: <class 'pandas.io.pytables.HDFStore'>
          File path: /Users/yves/Temp/data/numbers.h5s

In [108]: h5s.close()  ❹
```

❶ 打開 HDF5 資料庫檔案來寫入，這會在 pandas 中，建立一個 HDFStore 物件。

❷ 用二進制儲存體，將完整的 DataFrame 物件存放在資料庫檔案。

❸ HDFStore 物件的資訊。

❹ 關閉資料庫檔案。

與使用 SQLite3 相較之下，將整個 DataFrame 寫入的速度快多了（它含有原始 SQL 資料表的所有資料），而且讀取的速度更快：

```
In [109]: %%time
          h5s = pd.HDFStore(filename + '.h5s', 'r')  ❶
          data_ = h5s['data']  ❷
          h5s.close()  ❸
          CPU times: user 11 ms, sys: 18.3 ms, total: 29.3 ms
          Wall time: 29.4 ms

In [110]: data_ is data  ❹
Out[110]: False

In [111]: (data_ == data).all()  ❺
Out[111]: No1    True
          No2    True
          No3    True
          No4    True
```

```
        No5     True
        dtype: bool

In [112]: np.allclose(data_, data)  ❺
Out[112]: True

In [113]: ll $path*  ❻
          -rw-r--r--  1 yves  staff  52633600 Oct 19 12:11
           /Users/yves/Temp/data/numbers.db
          -rw-r--r--  1 yves  staff  48007240 Oct 19 12:11
           /Users/yves/Temp/data/numbers.h5s
```

❶ 打開 HDF5 資料庫檔案來讀取。

❷ 讀取 DataFrame，並且作為 data_ 存入記憶體。

❸ 關閉資料庫檔案。

❹ 這兩個 DataFrame 物件不一樣 …

❺ … 但是它們現在含有相同的資料。

❻ 與 SQL 資料表相較之下，二進制儲存體的開銷通常比較小。

使用 CSV 檔案

CSV 格式是最流行的金融資料交換格式之一，雖然它沒有被真正的標準化，但是任何一種平台，以及大部分進行資料與金融分析的應用程式都可以處理它。你已經看過如何使用標準 Python 功能來從 CSV 檔讀取與寫入資料了（見第 250 頁的 “讀取與寫入文字檔”），pandas 可讓這個程序更方便、程式碼更簡潔，而且執行速度更快（亦見圖 9-3）：

```
In [114]: %time data.to_csv(filename + '.csv')  ❶
          CPU times: user 6.44 s, sys: 139 ms, total: 6.58 s
          Wall time: 6.71 s

In [115]: ll $path
          total 283672
          -rw-r--r--  1 yves  staff  43834157 Oct 19 12:11 numbers.csv
          -rw-r--r--  1 yves  staff  52633600 Oct 19 12:11 numbers.db
          -rw-r--r--  1 yves  staff  48007240 Oct 19 12:11 numbers.h5s

In [116]: %time df = pd.read_csv(filename + '.csv')  ❷
          CPU times: user 1.12 s, sys: 111 ms, total: 1.23 s
          Wall time: 1.23 s

In [117]: df[['No1', 'No2', 'No3', 'No4']].hist(bins=20, figsize=(10, 6));
```

❶ `.to_csv()` 方法用 CSV 格式將 `DataFrame` 資料寫入磁碟。

❷ `pd.read_csv()` 將它讀回記憶體內，成為新的 `DataFrame` 物件。

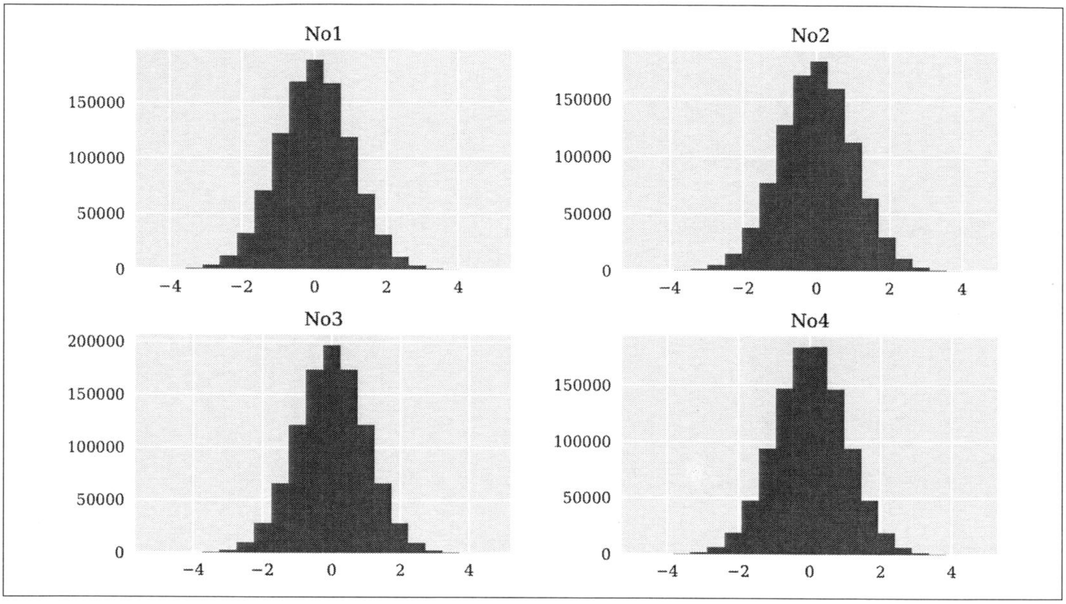

圖 9-3 一些欄位的直方圖

使用 Excel 檔案

下面的程式簡單地展示如何用 pandas 將資料寫成 Excel 格式，以及從 Excel 試算表讀取資料。這個例子將資料集限制為 100,000 列（亦見圖 9-4）：

```
In [118]: %time data[:100000].to_excel(filename + '.xlsx')  ❶
          CPU times: user 25.9 s, sys: 520 ms, total: 26.4 s
          Wall time: 27.3 s

In [119]: %time df = pd.read_excel(filename + '.xlsx', 'Sheet1')  ❷
          CPU times: user 5.78 s, sys: 70.1 ms, total: 5.85 s
          Wall time: 5.91 s

In [120]: df.cumsum().plot(figsize=(10, 6));

In [121]: ll $path*
          -rw-r--r--  1 yves  staff  43834157 Oct 19 12:11
           /Users/yves/Temp/data/numbers.csv
```

```
    -rw-r--r--  1 yves  staff  52633600 Oct 19 12:11
     /Users/yves/Temp/data/numbers.db
    -rw-r--r--  1 yves  staff  48007240 Oct 19 12:11
     /Users/yves/Temp/data/numbers.h5s
    -rw-r--r--  1 yves  staff   4032725 Oct 19 12:12
     /Users/yves/Temp/data/numbers.xlsx

In [122]: rm -f $path*
```

❶ `.to_excel()` 方法以 XLSX 格式將 `DataFrame` 資料寫入磁碟。

❷ `pd.read_excel()` 方法可以將它讀回記憶體，成為新的 `DataFrame` 物件，並指定要讀取的試算表。

使用小型的資料子集合產生 Excel 試算表檔案需要相當長的時間。這就是試算表結構帶來的開銷。

我們可以從產生的檔案看到，`DataFrame` 與 `HDFStore` 的組合是最紮實的替代方案（使用壓縮可以進一步增加好處，見下一節的說明）。在資料量相同的情況下，CSV 檔（即作為文字檔）的大小比較大。這也是 CSV 檔案的性能較低的原因之一，另一個原因是它們“只是”一般的文字檔。

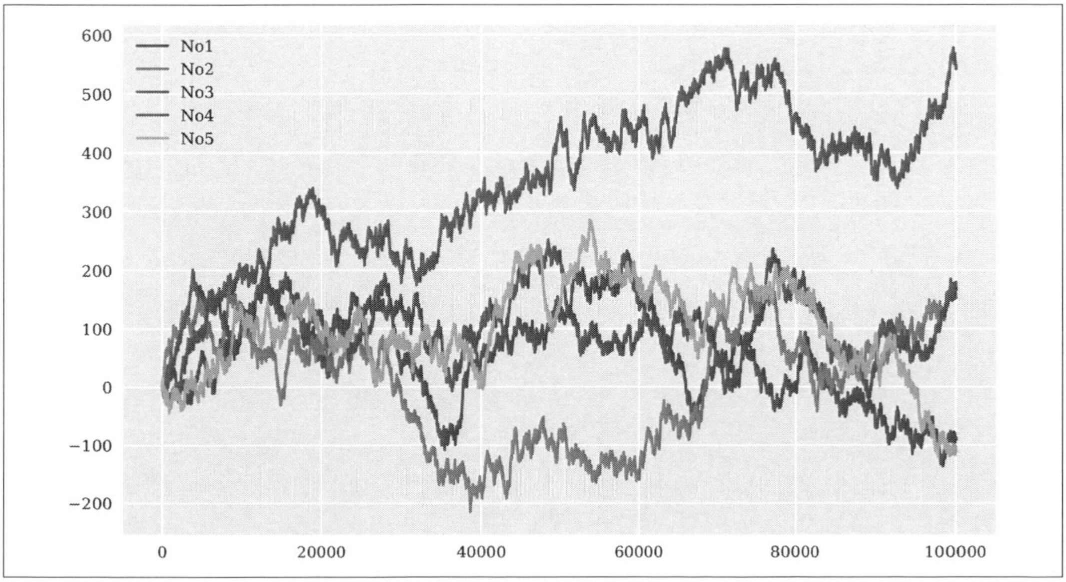

圖 9-4 所有欄位的折線圖

用 PyTables 來處理 I/O

PyTables 程式庫可讓 Python 使用 HDF5 資料庫標準，它是專門為了優化 I/O 操作的性能，以及充分利用硬體而設計的。這個程式庫的匯入名稱是 tables，與 pandas 一樣，在 in-memory 分析方面，PyTables 不打算完全取代 SQL 資料庫，但是它有一些功能可以進一步縮小差距，例如，PyTables 資料庫可以擁有多個資料表，它也支援壓縮與檢索，以及有相當難度的資料表查詢，此外，它也可以快速地儲存 NumPy 陣列，也有自己的陣列式資料結構。

我們先來做一些匯入：

```
In [123]: import tables as tb  ❶
          import datetime as dt
```

❶ 程式包的名稱是 PyTables，匯入名稱是 tables。

使用資料表

PyTables 提供一種基於檔案的資料庫格式，類似 SQLite3[5]。下面的程式開啟一個資料庫檔案並建立一個資料表：

```
In [124]: filename = path + 'pytab.h5'

In [125]: h5 = tb.open_file(filename, 'w')  ❶

In [126]: row_des = {
              'Date': tb.StringCol(26, pos=1),  ❷
              'No1': tb.IntCol(pos=2),  ❸
              'No2': tb.IntCol(pos=3),  ❸
              'No3': tb.Float64Col(pos=4),  ❹
              'No4': tb.Float64Col(pos=5)  ❹
              }

In [127]: rows = 2000000

In [128]: filters = tb.Filters(complevel=0)  ❺

In [129]: tab = h5.create_table('/', 'ints_floats',  ❻
                                row_des,  ❼
                                title='Integers and Floats',  ❽
```

5 許多其他資料庫都需要伺服器 / 用戶端架構。在處理互動式資料與進行金融分析時，以檔案為基礎的資料庫比較方便，在大多數的情況下，它也夠用了。

```
                                   expectedrows=rows,  ❾
                                   filters=filters)  ❿

In [130]: type(tab)
Out[130]: tables.table.Table

In [131]: tab
Out[131]: /ints_floats (Table(0,)) 'Integers and Floats'
            description := {
            "Date": StringCol(itemsize=26, shape=(), dflt=b'', pos=0),
            "No1": Int32Col(shape=(), dflt=0, pos=1),
            "No2": Int32Col(shape=(), dflt=0, pos=2),
            "No3": Float64Col(shape=(), dflt=0.0, pos=3),
            "No4": Float64Col(shape=(), dflt=0.0, pos=4)}
            byteorder := 'little'
            chunkshape := (2621,)
```

❶ 以 HDF5 二進制儲存格式開啟資料庫檔案。

❷ 日期時間資訊（`str` 物件）的 `Date` 欄。

❸ 用來儲存 `int` 物件的兩欄。

❹ 儲存 `float` 物件的兩欄。

❺ 你可以用 `Filters` 物件指定壓縮程度，以及做其他事情。

❻ 表的節點（路徑）與技術名稱。

❼ 列資料結構的敘述。

❽ 資料庫的名稱（標題）。

❾ 預計的列數，允許優化。

❿ 處理資料庫的 `Filters` 物件。

為了將數字資料填入表中，我們產生兩個含有亂數的 `ndarray` 物件，一個含有整數亂數，另一個含有浮點數亂數。我們用一個簡單的 Python 迴圈來填寫資料表：

```
In [132]: pointer = tab.row  ❶

In [133]: ran_int = np.random.randint(0, 10000, size=(rows, 2))  ❷

In [134]: ran_flo = np.random.standard_normal((rows, 2)).round(4)  ❸
```

```
In [135]: %%time
          for i in range(rows):
              pointer['Date'] = dt.datetime.now()  ❹
              pointer['No1'] = ran_int[i, 0]  ❹
              pointer['No2'] = ran_int[i, 1]  ❹
              pointer['No3'] = ran_flo[i, 0]  ❹
              pointer['No4'] = ran_flo[i, 1]  ❹
              pointer.append()  ❺
          tab.flush()  ❻
          CPU times: user 8.16 s, sys: 78.7 ms, total: 8.24 s
          Wall time: 8.25 s

In [136]: tab  ❼
Out[136]: /ints_floats (Table(2000000,)) 'Integers and Floats'
            description := {
            "Date": StringCol(itemsize=26, shape=(), dflt=b'', pos=0),
            "No1": Int32Col(shape=(), dflt=0, pos=1),
            "No2": Int32Col(shape=(), dflt=0, pos=2),
            "No3": Float64Col(shape=(), dflt=0.0, pos=3),
            "No4": Float64Col(shape=(), dflt=0.0, pos=4)}
            byteorder := 'little'
            chunkshape := (2621,)

In [137]: ll $path*
          -rw-r--r--  1 yves  staff  100156248 Oct 19 12:12
           /Users/yves/Temp/data/pytab.h5
```

❶ 建立一個指標物件。

❷ 建立含有亂數 `int` 物件的 `ndarray` 物件。

❸ 建立含有亂數 `float` 物件的 `ndarray` 物件。

❹ 逐列寫入 `datetime` 物件以及兩個 `int` 和兩個 `float` 物件。

❺ 附加新列。

❻ flush 所有已寫入的資料列，也就是提交為永遠變更。

❼ 前面的變更已經反映在 `Table` 物件的敘述上。

這個例子的 Python 迴圈相當緩慢。藉著使用 `NumPy` 結構化陣列，我們可以用一種性能更高，而且更符合 Python 風格的方式來實現相同的結果。將完整的資料集儲存在結構化的陣列之後，我們只要用一行程式就可以建立資料表了。請注意，我們不需要資料列敘述了，`PyTables` 會用結構化陣列的 `dtype` 物件來推斷資料型態：

```
In [138]: dty = np.dtype([('Date', 'S26'), ('No1', '<i4'), ('No2', '<i4'),
                                          ('No3', '<f8'), ('No4', '<f8')])  ❶

In [139]: sarray = np.zeros(len(ran_int), dtype=dty)  ❷

In [140]: sarray[:4]  ❸
Out[140]: array([(b'', 0, 0, 0., 0.), (b'', 0, 0, 0., 0.), (b'', 0, 0, 0., 0.),
                 (b'', 0, 0, 0., 0.)],
          dtype=[('Date', 'S26'), ('No1', '<i4'), ('No2', '<i4'), ('No3', '<f8'),
          ('No4', '<f8')])

In [141]: %%time
          sarray['Date'] = dt.datetime.now()  ❹
          sarray['No1'] = ran_int[:, 0]  ❹
          sarray['No2'] = ran_int[:, 1]  ❹
          sarray['No3'] = ran_flo[:, 0]  ❹
          sarray['No4'] = ran_flo[:, 1]  ❹
          CPU times: user 161 ms, sys: 42.7 ms, total: 204 ms
          Wall time: 207 ms

In [142]: %%time
          h5.create_table('/', 'ints_floats_from_array', sarray,
                                title='Integers and Floats',
                                expectedrows=rows, filters=filters)  ❺
          CPU times: user 42.9 ms, sys: 51.4 ms, total: 94.3 ms
          Wall time: 96.6 ms

Out[142]: /ints_floats_from_array (Table(2000000,)) 'Integers and Floats'
            description := {
            "Date": StringCol(itemsize=26, shape=(), dflt=b'', pos=0),
            "No1": Int32Col(shape=(), dflt=0, pos=1),
            "No2": Int32Col(shape=(), dflt=0, pos=2),
            "No3": Float64Col(shape=(), dflt=0.0, pos=3),
            "No4": Float64Col(shape=(), dflt=0.0, pos=4)}
            byteorder := 'little'
            chunkshape := (2621,)
```

❶ 定義特殊的 dtype 物件。

❷ 用 0（與空字串）來建立結構化陣列。

❸ ndarray 物件的幾筆紀錄。

❹ 一次填寫 ndarray 物件的各欄。

❺ 建立 Table 物件並填入資料。

這種做法可將速度提高一個數量級、讓程式更簡潔，並且產生相同的結果：

```
In [143]: type(h5)
Out[143]: tables.file.File

In [144]: h5  ❶
Out[144]: File(filename=/Users/yves/Temp/data/pytab.h5, title='', mode='w',
           root_uep='/', filters=Filters(complevel=0, shuffle=False,
           bitshuffle=False, fletcher32=False, least_significant_digit=None))
          / (RootGroup) ''
          /ints_floats (Table(2000000,)) 'Integers and Floats'
            description := {
            "Date": StringCol(itemsize=26, shape=(), dflt=b'', pos=0),
            "No1": Int32Col(shape=(), dflt=0, pos=1),
            "No2": Int32Col(shape=(), dflt=0, pos=2),
            "No3": Float64Col(shape=(), dflt=0.0, pos=3),
            "No4": Float64Col(shape=(), dflt=0.0, pos=4)}
            byteorder := 'little'
            chunkshape := (2621,)
          /ints_floats_from_array (Table(2000000,)) 'Integers and Floats'
            description := {
            "Date": StringCol(itemsize=26, shape=(), dflt=b'', pos=0),
            "No1": Int32Col(shape=(), dflt=0, pos=1),
            "No2": Int32Col(shape=(), dflt=0, pos=2),
            "No3": Float64Col(shape=(), dflt=0.0, pos=3),
            "No4": Float64Col(shape=(), dflt=0.0, pos=4)}
            byteorder := 'little'
            chunkshape := (2621,)

In [145]: h5.remove_node('/', 'ints_floats_from_array')  ❷
```

❶ File 物件的說明，該物件含有兩個 Table 物件。

❷ 移除含有多餘資料的第二個 Table 物件。

多數情況下，Table 物件的行為與 NumPy 結構化 ndarray 物件非常相似（亦見圖 9-5）：

```
In [146]: tab[:3]  ❶
Out[146]: array([(b'2018-10-19 12:12:28.227771', 8576, 5991, -0.0528, 0.2468),
                 (b'2018-10-19 12:12:28.227858', 2990, 9310, -0.0261, 0.3932),
                 (b'2018-10-19 12:12:28.227868', 4400, 4823,  0.9133, 0.2579)],
          dtype=[('Date', 'S26'), ('No1', '<i4'), ('No2', '<i4'), ('No3', '<f8'),
           ('No4', '<f8')])

In [147]: tab[:4]['No4']  ❷
Out[147]: array([ 0.2468, 0.3932, 0.2579, -0.5582])
```

```
In [148]: %time np.sum(tab[:]['No3'])  ❸
          CPU times: user 76.7 ms, sys: 74.8 ms, total: 151 ms
          Wall time: 152 ms

Out[148]: 88.8542999999997

In [149]: %time np.sum(np.sqrt(tab[:]['No1']))  ❸
          CPU times: user 91 ms, sys: 57.9 ms, total: 149 ms
          Wall time: 164 ms

Out[149]: 133349920.3689251

In [150]: %%time
          plt.figure(figsize=(10, 6))
          plt.hist(tab[:]['No3'], bins=30);  ❹
          CPU times: user 328 ms, sys: 72.1 ms, total: 400 ms
          Wall time: 456 ms
```

❶ 用索引選擇資料列。

❷ 用索引選擇欄位值。

❸ 使用 NumPy 通用函式。

❹ 畫出 Table 物件的一欄。

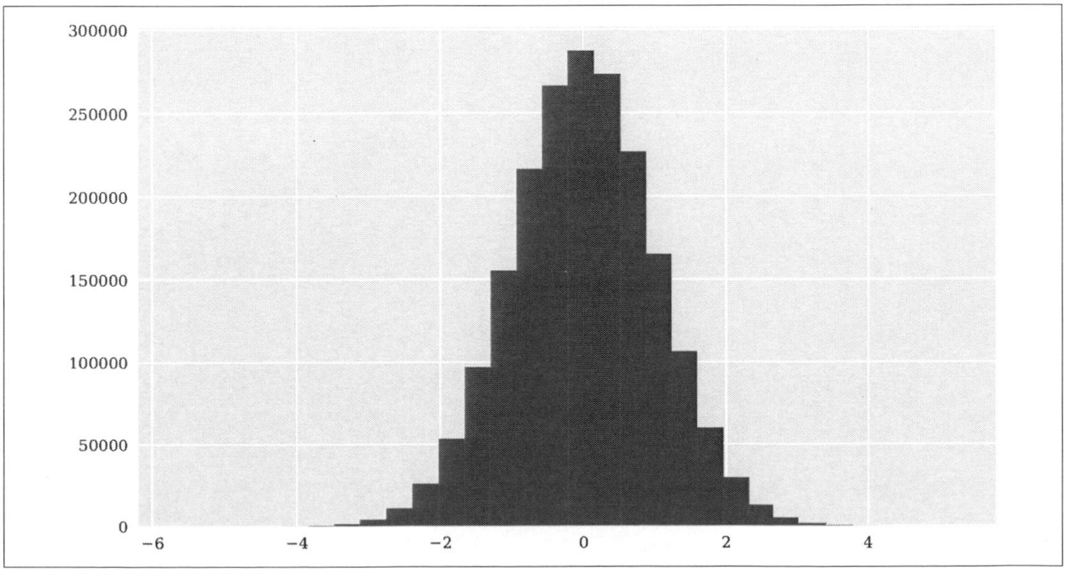

圖 9-5 一欄資料的直方圖

PyTables 也有靈活的工具可讓你用類似典型 SQL 的陳述式來查詢資料，例如下面的範例（圖 9-6 是它的結果，可以和圖 9-2，使用 pandas query 的結果比較）：

```
In [151]: query = '((No3 < -0.5) | (No3 > 0.5)) & ((No4 < -1) | (No4 > 1))'  ❶

In [152]: iterator = tab.where(query)  ❷

In [153]: %time res = [(row['No3'], row['No4']) for row in iterator]  ❸
          CPU times: user 269 ms, sys: 64.4 ms, total: 333 ms
          Wall time: 294 ms

In [154]: res = np.array(res)  ❹
          res[:3]
Out[154]: array([[0.7694, 1.4866],
                 [0.9201, 1.3346],
                 [1.4701, 1.8776]])

In [155]: plt.figure(figsize=(10, 6))
          plt.plot(res.T[0], res.T[1], 'ro');
```

❶ 用 str 物件來表示 query，裡面有四個條件，使用邏輯運算子結合。

❷ 使用 query 建立 iterator 物件。

❸ 用串列生成式來收集查詢得到的列結果 …

❹ … 並轉換成 ndarray 物件。

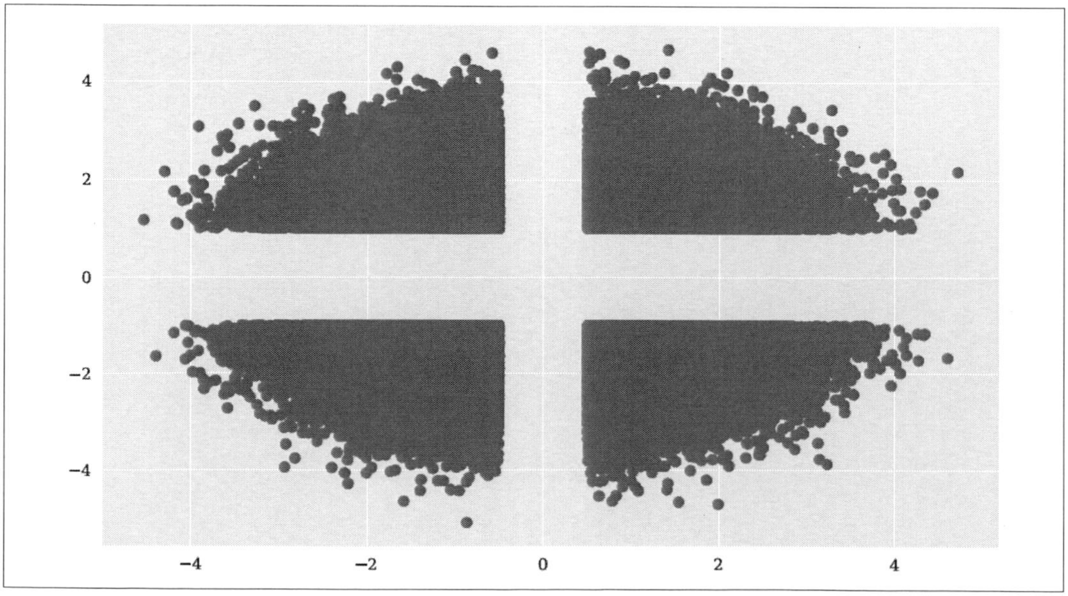

圖 9-6 一欄資料的直方圖

> **快速查詢**
>
> pandas 與 PyTables 都可以處理較複雜，類似 SQL 的 query 與選擇。這些操作的速度都經過優化。雖然與關聯式資料庫相較之下，這些做法都有一些限制，但是那些限制不影響大部分的數值與金融應用案例。

如下面的例子所示，從語法和性能的角度來看，使用以 Table 物件的形式儲存在 PyTables 裡面的資料給人一種使用在記憶體內的 NumPy 或 panda 物件的感覺：

```
In [156]: %%time
          values = tab[:]['No3']
          print('Max %18.3f' % values.max())
          print('Ave %18.3f' % values.mean())
          print('Min %18.3f' % values.min())
          print('Std %18.3f' % values.std())
          Max             5.224
          Ave             0.000
          Min            -5.649
          Std             1.000
          CPU times: user 163 ms, sys: 70.4 ms, total: 233 ms
          Wall time: 234 ms

In [157]: %%time
          res = [(row['No1'], row['No2']) for row in
                  tab.where('((No1 > 9800) | (No1 < 200)) \
                          & ((No2 > 4500) & (No2 < 5500))')]
          CPU times: user 165 ms, sys: 52.5 ms, total: 218 ms
          Wall time: 155 ms

In [158]: for r in res[:4]:
              print(r)
          (91, 4870)
          (9803, 5026)
          (9846, 4859)
          (9823, 5069)

In [159]: %%time
          res = [(row['No1'], row['No2']) for row in
                  tab.where('(No1 == 1234) & (No2 > 9776)')]
          CPU times: user 58.9 ms, sys: 40.5 ms, total: 99.4 ms
          Wall time: 81 ms

In [160]: for r in res:
              print(r)
```

```
(1234, 9841)
(1234, 9821)
(1234, 9867)
(1234, 9987)
(1234, 9849)
(1234, 9800)
```

使用壓縮的資料表

使用 PyTables 的主要好處之一在於它的壓縮方式，它不但使用壓縮來節省磁碟空間，也用壓縮來改善某些硬體背景下的 I/O 操作性能。這是怎麼做到的？當 I/O 是瓶頸，而且 CPU 能夠快速（解）壓縮資料時，壓縮在速度方面的淨效應應該是正面的。因為下面的範例使用標準 SSD 的 I/O，所以無法展示壓縮帶來的速度優勢。但是，使用壓縮也幾乎沒有任何壞處：

```
In [161]: filename = path + 'pytabc.h5'

In [162]: h5c = tb.open_file(filename, 'w')

In [163]: filters = tb.Filters(complevel=5,  ❶
                               complib='blosc')  ❷

In [164]: tabc = h5c.create_table('/', 'ints_floats', sarray,
                                  title='Integers and Floats',
                                  expectedrows=rows, filters=filters)

In [165]: query = '((No3 < -0.5) | (No3 > 0.5)) & ((No4 < -1) | (No4 > 1))'

In [166]: iteratorc = tabc.where(query)  ❸

In [167]: %time res = [(row['No3'], row['No4']) for row in iteratorc]  ❹
          CPU times: user 300 ms, sys: 50.8 ms, total: 351 ms
          Wall time: 311 ms

In [168]: res = np.array(res)
          res[:3]
Out[168]: array([[0.7694, 1.4866],
                 [0.9201, 1.3346],
                 [1.4701, 1.8776]])
```

❶ `complevel`（壓縮程度）參數的值可以設為 `0`（沒有壓縮）至 `9`（最高壓縮程度）。

❷ 使用 Blosc 壓縮引擎（*http://blosc.org*），它的性能是經過優化的。

❸ 使用之前的 query 來建立 iterator 物件。

❹ 用串列生成式來收集查詢到的資料列結果。

用原始資料來產生壓縮過的 `Table` 物件並且用它來進行分析的速度，比使用未壓縮的 `Table` 稍微慢一些。那將資料讀入 `ndarray` 物件呢？我們來檢查一下：

```
In [169]: %time arr_non = tab.read()  ❶
          CPU times: user 63 ms, sys: 78.5 ms, total: 142 ms
          Wall time: 149 ms

In [170]: tab.size_on_disk
Out[170]: 100122200

In [171]: arr_non.nbytes
Out[171]: 100000000

In [172]: %time arr_com = tabc.read()  ❷
          CPU times: user 106 ms, sys: 55.5 ms, total: 161 ms
          Wall time: 173 ms

In [173]: tabc.size_on_disk
Out[173]: 41306140

In [174]: arr_com.nbytes
Out[174]: 100000000

In [175]: ll $path*  ❸
          -rw-r--r--  1 yves  staff  200312336 Oct 19 12:12
           /Users/yves/Temp/data/pytab.h5
          -rw-r--r--  1 yves  staff   41341436 Oct 19 12:12
           /Users/yves/Temp/data/pytabc.h5

In [176]: h5c.close()  ❹
```

❶ 讀取未壓縮的 `Table` 物件 `tab`。

❷ 讀取壓縮的 `Table` 物件 `tabc`。

❸ 比較大小，壓縮的資料表明顯比較小。

❹ 關閉資料庫檔案。

從這個範例可以看到，與使用未壓縮的 Table 物件相比，使用壓縮的 Table 物件的速度幾乎沒有任何差異。但是，它在磁碟裡面的檔案大小可能明顯減少（取決於資料的品質），這有一些好處：

- 減少儲存成本。
- 減少備份成本。
- 減少網路流量。
- 改善網路速度（對著遠端伺服器儲存與取回資料比較快）。
- 提高 CPU 使用率，以克服 I/O 瓶頸。

使用陣列

第 246 頁的“用 Python 來處理基本 I/O”展示 NumPy 內建了快速寫入與讀取 ndarray 物件的功能。PyTables 儲存與取回 ndarray 的速度也很快而且很有效率，同時因為它的基礎是階層式資料庫結構，所以有許多方便的功能可用：

```
In [177]: %%time
          arr_int = h5.create_array('/', 'integers', ran_int)  ❶
          arr_flo = h5.create_array('/', 'floats', ran_flo)  ❷
          CPU times: user 4.26 ms, sys: 37.2 ms, total: 41.5 ms
          Wall time: 46.2 ms

In [178]: h5  ❸
Out[178]: File(filename=/Users/yves/Temp/data/pytab.h5, title='', mode='w',
           root_uep='/', filters=Filters(complevel=0, shuffle=False,
           bitshuffle=False, fletcher32=False, least_significant_digit=None))
          / (RootGroup) ''
          /floats (Array(2000000, 2)) ''
            atom := Float64Atom(shape=(), dflt=0.0)
            maindim := 0
            flavor := 'numpy'
            byteorder := 'little'
            chunkshape := None
          /integers (Array(2000000, 2)) ''
            atom := Int64Atom(shape=(), dflt=0)
            maindim := 0
            flavor := 'numpy'
            byteorder := 'little'
            chunkshape := None
          /ints_floats (Table(2000000,)) 'Integers and Floats'
            description := {
            "Date": StringCol(itemsize=26, shape=(), dflt=b'', pos=0),
            "No1": Int32Col(shape=(), dflt=0, pos=1),
```

```
                  "No2": Int32Col(shape=(), dflt=0, pos=2),
                  "No3": Float64Col(shape=(), dflt=0.0, pos=3),
                  "No4": Float64Col(shape=(), dflt=0.0, pos=4)}
                  byteorder := 'little'
                  chunkshape := (2621,)

In [179]: ll $path*
          -rw-r--r--  1 yves  staff  262344490 Oct 19 12:12
           /Users/yves/Temp/data/pytab.h5
          -rw-r--r--  1 yves  staff   41341436 Oct 19 12:12
           /Users/yves/Temp/data/pytabc.h5

In [180]: h5.close()

In [181]: !rm -f $path*
```

❶ 儲存 `ran_int ndarray` 物件。

❷ 儲存 `ran_flo ndarray` 物件。

❸ 變動會反映在物件敘述上。

將這些物件直接寫入 HDF5 資料庫比迭代物件並將資料逐列寫入 `Table` 物件，或使用結構化 `ndarray` 物件還要快。

> **使用 HDF5 的資料儲存體**
>
> 在處理結構化數值與金融資料方面，HDF5 階層式資料庫（檔案）格式是比（舉例）關聯式資料庫還要強大的選項。無論是單獨使用 `PyTables`，還是結合使用它與 `pandas` 的功能，你都可望取得硬體可以提供的最大 I/O 性能。

在記憶體外面計算

`PyTables` 支援 out-of-memory 操作，讓你可以執行無法在記憶體內進行的陣列計算。考慮下面這段使用 `EArray` 類別的程式。這種物件可以朝著一個維度（列）擴展，但是欄（每列的元素）數必須是固定的：

```
In [182]: filename = path + 'earray.h5'

In [183]: h5 = tb.open_file(filename, 'w')
```

```
In [184]: n = 500  ❶

In [185]: ear = h5.create_earray('/', 'ear',  ❷
                                 atom=tb.Float64Atom(),  ❸
                                 shape=(0, n))  ❹

In [186]: type(ear)
Out[186]: tables.earray.EArray

In [187]: rand = np.random.standard_normal((n, n))  ❺
          rand[:4, :4]
Out[187]: array([[-1.25983231,  1.11420699,  0.1667485 ,  0.7345676 ],
                 [-0.13785424,  1.22232417,  1.36303097,  0.13521042],
                 [ 1.45487119, -1.47784078,  0.15027672,  0.86755989],
                 [-0.63519366,  0.1516327 , -0.64939447, -0.45010975]])

In [188]: %%time
          for _ in range(750):
              ear.append(rand)  ❻
          ear.flush()
          CPU times: user 814 ms, sys: 1.18 s, total: 1.99 s
          Wall time: 2.53 s

In [189]: ear
Out[189]: /ear (EArray(375000, 500)) ''
            atom := Float64Atom(shape=(), dflt=0.0)
            maindim := 0
            flavor := 'numpy'
            byteorder := 'little'
            chunkshape := (16, 500)

In [190]: ear.size_on_disk
Out[190]: 1500032000
```

❶ 固定數量的欄。

❷ EArray 物件的路徑與技術名稱。

❸ 單一值的 atomic dtype 物件。

❹ 實例化的外形（沒有列，n 欄）。

❺ 含有亂數的 ndarray 物件 …

❻ … 被附加多次。

如果你要在記憶體外面執行與聚合無關的計算，就必須使用同一個外形（大小）的 `EArray` 物件。`PyTables` 有一種有效處理數值運算的特殊模組，稱為 `Expr`，它的基礎是數值運算程式庫 numexpr（*https://numexpr.readthedocs.io*）。下面的程式使用 `Expr` 來對著之前的整個 `EArray` 物件計算公式 9-1 的數學運算式。

公式 9-1 數學運算式範例

$$y = 3\sin(x) + \sqrt{|x|}$$

我們會逐區塊求值，並將結果存放在 `out EArray` 物件：

```
In [191]: out = h5.create_earray('/', 'out',
                                 atom=tb.Float64Atom(),
                                 shape=(0, n))

In [192]: out.size_on_disk
Out[192]: 0

In [193]: expr = tb.Expr('3 * sin(ear) + sqrt(abs(ear))')  ❶

In [194]: expr.set_output(out, append_mode=True)  ❷

In [195]: %time expr.eval()  ❸
          CPU times: user 3.08 s, sys: 1.7 s, total: 4.78 s
          Wall time: 4.03 s

Out[195]: /out (EArray(375000, 500)) ''
            atom := Float64Atom(shape=(), dflt=0.0)
            maindim := 0
            flavor := 'numpy'
            byteorder := 'little'
            chunkshape := (16, 500)

In [196]: out.size_on_disk
Out[196]: 1500032000

In [197]: out[0, :10]
Out[197]: array([-1.73369462,  3.74824436,  0.90627898,  2.86786818,
           1.75424957,
          -0.91108973, -1.68313885,  1.29073295, -1.68665599,  -1.71345309])

In [198]: %time out_ = out.read()  ❹
            CPU times: user 1.03 s, sys: 1.1 s, total: 2.13 s
            Wall time: 2.22 s

In [199]: out_[0, :10]
```

```
Out[199]: array([-1.73369462,  3.74824436,  0.90627898,  2.86786818,
           1.75424957,
          -0.91108973, -1.68313885,  1.29073295, -1.68665599, -1.71345309])
```

❶ 將 str 物件形式的運算式轉換成 Expr。

❷ 將輸出定義成 out EArray 物件。

❸ 開始運算式的求值。

❹ 將整個 EArray 讀入記憶體。

因為整個運算式是在記憶體外面執行的，這個速度可謂相當快，特別是因為它是在標準硬體上執行的。我們可以將 numexpr 模組（亦見第 10 章）的 in-memory 性能當成比較的基準，它比較快，但差距不大：

```
In [200]: import numexpr as ne  ❶

In [201]: expr = '3 * sin(out_) + sqrt(abs(out_))'  ❷

In [202]: ne.set_num_threads(1)  ❸
Out[202]: 4

In [203]: %time ne.evaluate(expr)[0, :10]  ❹
          CPU times: user 2.51 s, sys: 1.54 s, total: 4.05 s
          Wall time: 4.94 s

Out[203]: array([-1.64358578,  0.22567882,  3.31363043,  2.50443549,
           4.27413965,
          -1.41600606, -1.68373023,  4.01921805, -1.68117412, -1.66053597])

In [204]: ne.set_num_threads(4)  ❺
Out[204]: 1

In [205]: %time ne.evaluate(expr)[0, :10]  ❻
          CPU times: user 3.39 s, sys: 1.94 s, total: 5.32 s
          Wall time: 2.96 s

Out[205]: array([-1.64358578,  0.22567882,  3.31363043,  2.50443549,
           4.27413965,
          -1.41600606, -1.68373023,  4.01921805, -1.68117412, -1.66053597])

In [206]: h5.close()

In [207]: !rm -f $path*
```

❶ 匯入在記憶體內計算數值運算式的模組。

❷ str 物件形式的數值運算式。

❸ 將執行緒數量設為 1。

❹ 用 1 個執行緒在記憶體裡面計算數值運算式。

❺ 將執行緒數量設為 4。

❻ 用 4 個執行緒在記憶體裡面計算數值運算式。

用 TsTables 來處理 I/O

TsTables 程式包使用 PyTables 來為時間序列資料建立高性能的儲存體。它主要用在 "一次寫入，多次取回" 的情況，這也是在金融分析領域中典型的情境，因為它的資料是市場建立的，我們會即時或非同步地取得它們，並將它們存入磁碟以備後用。使用的方式或許是在大型的交易策略回測程式中，反復使用歷史金融時間序列的不同子集合。所以快速取回資料至關重要。

樣本資料

一如往常，我們的第一項工作是產生一個樣本資料集，它的大小必須足以說明 TsTables 的好處。下面的程式藉著模擬幾何布朗運動（見第 12 章）來產生三個很長的金融時間序列：

```
In [208]: no = 5000000  ❶
          co = 3  ❷
          interval = 1. / (12 * 30 * 24 * 60)  ❸
          vol = 0.2  ❹

In [209]: %%time
          rn = np.random.standard_normal((no, co))  ❺
          rn[0] = 0.0  ❻
          paths = 100 * np.exp(np.cumsum(-0.5 * vol ** 2 * interval +
                  vol * np.sqrt(interval) * rn, axis=0))  ❼
          paths[0] = 100  ❽
          CPU times: user 869 ms, sys: 175 ms, total: 1.04 s
          Wall time: 812 ms
```

❶ 時步（time step）數量。

❷ 時間序列數量。

❸ 將時間間隔設為一年。

❹ 波動率。

❺ 標準常態分布亂數。

❻ 將初始亂數設為 0。

❼ 用歐拉（Euler）離散化進行模擬。

❽ 將走勢的初始值設為 100。

因為 `TsTables` 可以和 `pandas DataFrame` 良好地配合使用，我們將資料轉換成這種物件（亦見圖 9-7）：

```
In [210]: dr = pd.date_range('2019-1-1', periods=no, freq='1s')

In [211]: dr[-6:]
Out[211]: DatetimeIndex(['2019-02-27 20:53:14', '2019-02-27 20:53:15',
                         '2019-02-27 20:53:16', '2019-02-27 20:53:17',
                         '2019-02-27 20:53:18', '2019-02-27 20:53:19'],
                        dtype='datetime64[ns]', freq='S')

In [212]: df = pd.DataFrame(paths, index=dr, columns=['ts1', 'ts2', 'ts3'])

In [213]: df.info()
          <class 'pandas.core.frame.DataFrame'>
          DatetimeIndex: 5000000 entries, 2019-01-01 00:00:00 to 2019-02-27
           20:53:19
          Freq: S
          Data columns (total 3 columns):
          ts1    float64
          ts2    float64
          ts3    float64
          dtypes: float64(3)
          memory usage: 152.6 MB

In [214]: df.head()
Out[214]:                             ts1         ts2         ts3
          2019-01-01 00:00:00  100.000000  100.000000  100.000000
          2019-01-01 00:00:01  100.018443   99.966644   99.998255
          2019-01-01 00:00:02  100.069023  100.004420   99.986646
          2019-01-01 00:00:03  100.086757  100.000246   99.992042
          2019-01-01 00:00:04  100.105448  100.036033   99.950618

In [215]: df[::100000].plot(figsize=(10, 6));
```

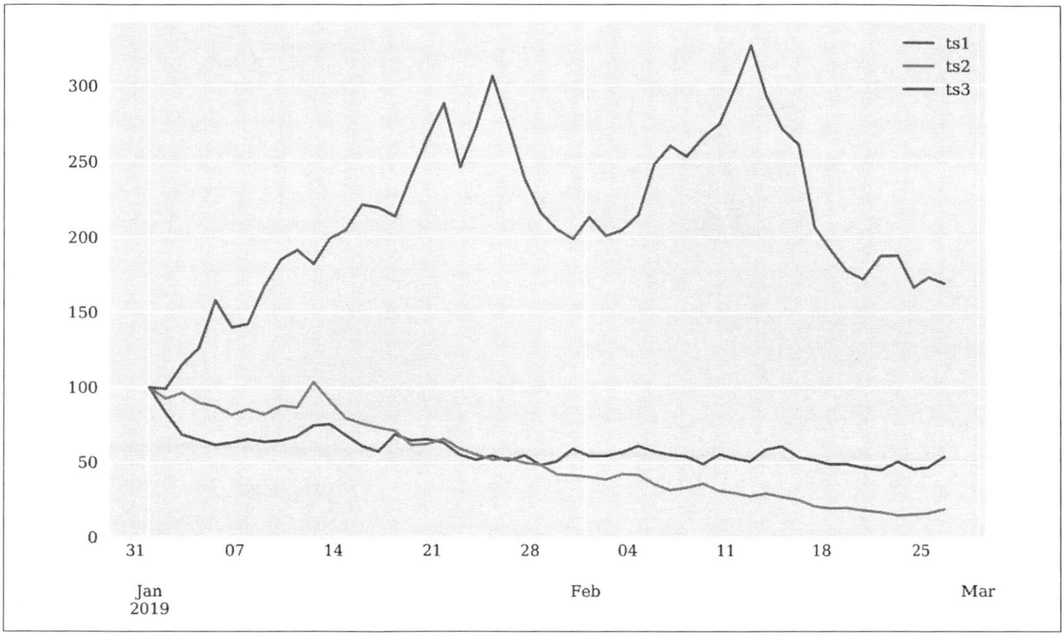

圖 9-7 從金融時間序列選出來的資料點

資料儲存體

TsTables 使用特定的區塊式結構來儲存金融時間序列資料，可讓你快速取出用時間間隔定義的任何資料子集合，所以程式包為 PyTables 加入一個 create_ts() 函式。下面的程式使用 PyTables 的 tb.IsDescription 類別的一個方法，來顯示資料表欄位的資料型態：

```
In [216]: import tstables as tstab

In [217]: class ts_desc(tb.IsDescription):
                timestamp = tb.Int64Col(pos=0)  ❶
                ts1 = tb.Float64Col(pos=1)  ❷
                ts2 = tb.Float64Col(pos=2)  ❷
                ts3 = tb.Float64Col(pos=3)  ❷

In [218]: h5 = tb.open_file(path + 'tstab.h5', 'w')  ❸

In [219]: ts = h5.create_ts('/', 'ts', ts_desc)  ❹

In [220]: %time ts.append(df)  ❺
          CPU times: user 1.36 s, sys: 497 ms, total: 1.86 s
```

```
         Wall time: 1.29 s

In [221]: type(ts)
Out[221]: tstables.tstable.TsTable

In [222]: ls -n $path
          total 328472
          -rw-r--r--  1 501  20  157037368 Oct 19 12:13 tstab.h5
```

❶ 時戳欄位。

❷ 儲存數值資料的欄位。

❸ 打開 HDF5 資料庫檔案來寫入（w）。

❹ 用 ts_desc 物件建立 TsTable 物件。

❺ 將 DataFrame 物件的資料附加至 TsTable 物件。

取回資料

用 TsTables 來寫入資料的速度明顯很快，雖然這與硬體有關，但將一段一段資料讀回記憶體也是如此。很方便的是，TsTables 回傳的是 DataFrame 物件（亦見圖 9-8）：

```
In [223]: read_start_dt = dt.datetime(2019, 2, 1, 0, 0)  ❶
          read_end_dt = dt.datetime(2019, 2, 5, 23, 59)  ❷

In [224]: %time rows = ts.read_range(read_start_dt, read_end_dt)  ❸
          CPU times: user 182 ms, sys: 73.5 ms, total: 255 ms
          Wall time: 163 ms

In [225]: rows.info()  ❹
          <class 'pandas.core.frame.DataFrame'>
          DatetimeIndex: 431941 entries, 2019-02-01 00:00:00 to 2019-02-05
            23:59:00
          Data columns (total 3 columns):
          ts1    431941 non-null float64
          ts2    431941 non-null float64
          ts3    431941 non-null float64
          dtypes: float64(3)
          memory usage: 13.2 MB

In [226]: rows.head()  ❹
Out[226]:                            ts1        ts2         ts3
          2019-02-01 00:00:00  52.063640  40.474580  217.324713
```

```
                     2019-02-01 00:00:01  52.087455  40.471911  217.250070
                     2019-02-01 00:00:02  52.084808  40.458013  217.228712
                     2019-02-01 00:00:03  52.073536  40.451408  217.302912
                     2019-02-01 00:00:04  52.056133  40.450951  217.207481

In [227]: h5.close()

In [228]: (rows[::500] / rows.iloc[0]).plot(figsize=(10, 6));
```

❶ 時間間隔的開始時間。

❷ 時間間隔的結束時間。

❸ 函式 `ts.read_range()` 回傳指定時間間隔的 `DataFrame` 物件。

❹ `DataFrame` 物件有幾十萬行資料。

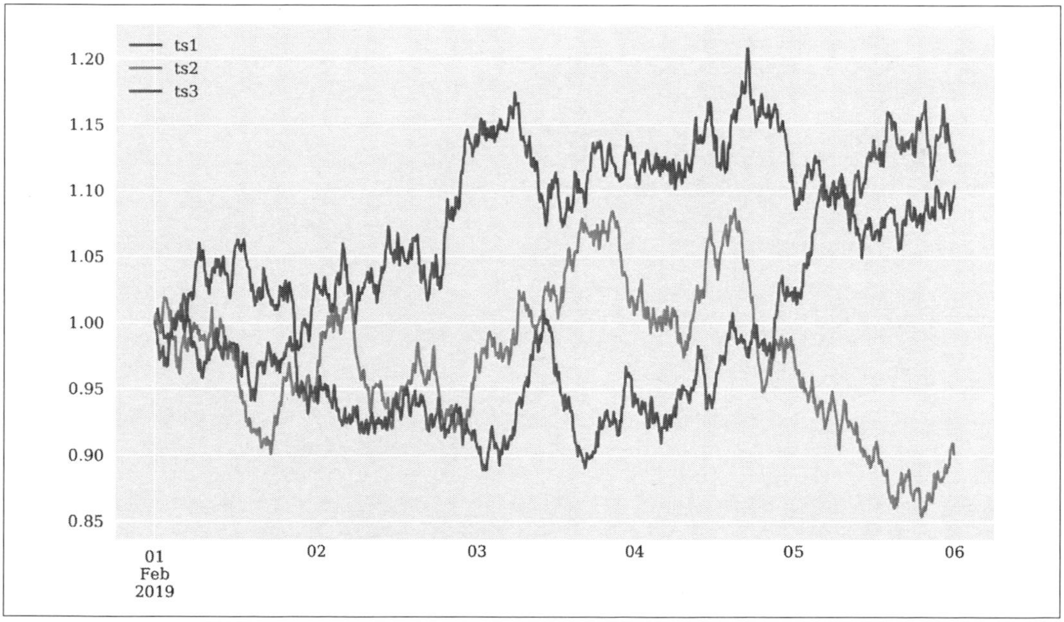

圖 9-8 金融時間序列（標準化）的特定時間間隔

為了更好地說明使用 `TsTables` 來取回資料的性能，考慮下面的比較基準，它取回 100 個資料區塊，這些資料是由 3 天的 1 秒資料組成的，我們只用不到 0.1 秒的時間，就取回含有 345,600 列資料的 `DataFrame`。

```
In [229]: import random

In [230]: h5 = tb.open_file(path + 'tstab.h5', 'r')

In [231]: ts = h5.root.ts._f_get_timeseries()  ❶

In [232]: %%time
          for _ in range(100):  ❷
              d = random.randint(1, 24)  ❸
              read_start_dt = dt.datetime(2019, 2, d, 0, 0, 0)
              read_end_dt = dt.datetime(2019, 2, d + 3, 23, 59, 59)
              rows = ts.read_range(read_start_dt, read_end_dt)
          CPU times: user 7.17 s, sys: 1.65 s, total: 8.81 s
          Wall time: 4.78 s

In [233]: rows.info()  ❹
          <class 'pandas.core.frame.DataFrame'>
          DatetimeIndex: 345600 entries, 2019-02-04 00:00:00 to 2019-02-07
            23:59:59
          Data columns (total 3 columns):
          ts1    345600 non-null float64
          ts2    345600 non-null float64
          ts3    345600 non-null float64
          dtypes: float64(3)
          memory usage: 10.5 MB

In [234]: !rm $path/tstab.h5
```

❶ 連接 TsTable 物件。

❷ 重複多次取回資料的動作。

❸ 開始時間值是隨機的。

❹ 取回最後一個 DataFrame 物件了。

小結

如果你的資料結構有大量的單一物件 / 資料表之間的關係，在處理這種複雜結構時，SQL 式或關聯式資料庫有很大的優勢。或許因為如此，有時它們的性能不如單純使用 NumPy ndarray 或 pandas DataFrame。

在金融或科學領域中，許多應用案例通常都可以藉著使用陣列式資料建模實現目標。在這些案例中，我們可以藉著使用原生的 NumPy I/O 功能、結合 NumPy 與 PyTables 的功能，或透過 HDF5 儲存體使用 `pandas`，來大大地提升性能。當我們處理大型（金融）時間序列資料集時，`TsTables` 可帶來很大的幫助，尤其是在“一次寫入，多次取回”的情境之下。

雖然雲端解決方案越來越流行了（雲端是由大量商品硬體做成的計算節點組成的），你應該謹慎地考慮哪種硬體架構最能夠滿足分析需求，尤其是在金融背景之下。Microsoft 的一項研究揭示了這個問題：

> 我們認為使用一個“向上擴展”的伺服器就可以處理這些工作了，而且在性能、成本、功耗與伺服器密度等方面可以和叢集並駕齊驅，甚至比它更好。
>
> —Appuswamy 等人（2013）

因此，需要分析資料的公司、研究機構及其他機構應該先分析他們通常需要完成哪些工作，再決定硬體 / 軟體架構，應考慮的因素包括：

橫向擴展

使用叢集，裡面有許多節點，這些節點使用標準的 CPU 與相對較少的記憶體。

直向擴展

使用一個或幾個強大的伺服器，讓伺服器使用多核 CPU，或許也可以加入 GPU，如果需要深度學習，甚至加入 TPU，以及大量的記憶體。

直向擴展硬體並採取適當的實作方法可以明顯影響性能，這是下一章的重點。

其他資源

在本章開頭與結尾引用的論文是很好的讀物，也是幫助你思考金融分析硬體架構的絕佳起點：

- Appuswamy, Raja, et al. (2013). “Nobody Ever Got Fired for Buying a Cluster” (*http://bit.ly/2RZOpR8*). Microsoft Technical Report.

一如既往，網路上有許多寶貴的資源探討本章介紹的主題與 Python 程式包：

- 要瞭解如何使用 `pickle` 將 Python 物件序列化，可參考文件（*http://docs.python.org/3/library/pickle.html*）。
- 這個網站概要介紹 `NumPy` 提供的 I/O 功能（*http://docs.scipy.org/doc/numpy/reference/routines.io.html*）。

- 關於如何使用 pandas 來處理 I/O，可參考線上文件相應的章節（*http://pandas.pydata.org/pandas-docs/stable/io.html*）。
- PyTables 的首頁（*http://www.pytables.org*）有教學與詳細的文件。
- 你可以到 TsTables 的 GitHub 網頁尋找關於它的其他資訊（*http://github.com/afiedler/tstables/*）。

你可以在 *http://github.com/yhilpisch/tstables* 取得方便的 TsTables 分支。你可以用 `pip install git+git://github.com/yhilpisch/tstables` 來安裝這個分支的程式包，這個程式包有專人維護，讓它與新版的 pandas 及其他 Python 程式包相容。

第十章

Python 的性能

不要縮小夢想來符合能力，應該要提升能力來實現夢想。

—Ralph Marston

一直以來，大家都認為 Python 是一種相對緩慢的語言，不適合處理金融領域的計算工作，除了 Python 是一種直譯式語言之外，這種觀點通常來自 Python 執行迴圈的速度很慢，但實作金融演算法經常需要使用迴圈，因此對實作金融演算法而言，Python 太慢了。另一個理由在於：其他的（編譯式）語言執行迴圈的速度很快（列如 C 或 C++），金融演算法經常用到迴圈，因此那些（編譯式）語言很適合金融領域，與實作金融演算法。

坦白說，我們的確可能寫出正確，但執行起來很慢的 Python 程式，但這種程式對許多應用領域而言可能都太慢了。本章將探討如何提升常見的金融工作與演算法的速度。你將會看到，藉著正確地使用資料結構、選擇正確的典型寫法與範式，以及使用正確的性能程式包，Python 甚至能夠與編譯式語言平起平坐。其中一個原因在於，這些程式本身已經編譯過了。

本章將介紹各種提升程式速度的做法：

向量化

之前的章節已經廣泛地使用 Python 的向量化功能了。

動態編譯

透過 Numba 程式包，你可以使用 LLVM 技術（*https://llvm.org/*）來動態編譯純 Python 程式碼。

靜態編譯

`Cython` 不但是個 Python 程式包，也是結合了 Python 與 C 的混合語言，使用它時，（舉例）你可以進行靜態型態宣告，並且靜態編譯這種調整過的程式碼。

多處理

Python 的 `multiprocessing` 模組可讓你輕鬆地平行執行程式碼。

本章將討論下列的主題：

迴圈

本節將處理 Python 迴圈問題。我們的工作相當簡單：寫一個函式來取得"大"量的亂數，並回傳平均值。我們感興趣的是執行時間，我們可以用 `%time` 與 `%timeit` 魔術函式來估計它。

Python

我們先“慢慢地”開始—請容許我使用這個雙關語。average_py() 是個純 Python 函式。

```
In [1]: import random

In [2]: def average_py(n):
            s = 0  ❶
            for i in range(n):
                s += random.random()  ❷
            return s / n  ❸

In [3]: n = 10000000  ❹

In [4]: %time average_py(n)  ❺
        CPU times: user 1.82 s, sys: 10.4 ms, total: 1.83 s
        Wall time: 1.93 s

Out[4]: 0.5000590124747943

In [5]: %timeit average_py(n)  ❻
        1.31 s ± 159 ms per loop (mean ± std. dev. of 7 runs, 1 loop each)

In [6]: %time sum([random.random() for _ in range(n)]) / n  ❼
        CPU times: user 1.55 s, sys: 188 ms, total: 1.74 s
        Wall time: 1.74 s

Out[6]: 0.49987031710661173
```

❶ 設定 s 變數的初始值。

❷ 將 s 加上 (0, 1) 區間的均勻分布亂數值。

❸ 回傳平均值。

❹ 定義迴圈的迭代次數。

❺ 執行一次函式的時間。

❻ 為了取得更可靠的估計而多次執行函式得到的時間。

❼ 使用 list 生成式來取代函式。

它是接下來要介紹的其他做法的比較基準。

NumPy

NumPy 的長處在於它的向量化能力。它可以在 Python 層面上讓迴圈消失；迴圈是在深一層的地方，使用 NumPy 提供的優化且編譯過的程序來執行的 [1]。average_np() 函式正是採用這種做法：

```
In [7]: import numpy as np

In [8]: def average_np(n):
            s = np.random.random(n)  ❶
            return s.mean()  ❷

In [9]: %time average_np(n)
        CPU times: user 180 ms, sys: 43.2 ms, total: 223 ms
        Wall time: 224 ms

Out[9]: 0.49988861556468317

In [10]: %timeit average_np(n)
         128 ms ± 2.01 ms per loop (mean ± std. dev. of 7 runs, 10 loops each)

In [11]: s = np.random.random(n)
         s.nbytes  ❸
Out[11]: 80000000
```

❶ 抽取亂數，“全部一次完成”（沒有 Python 迴圈）。

❷ 回傳平均值。

❸ 建立這個 ndarray 物件所使用的 bytes 數。

它提升的速度十分驚人，幾乎到十倍之多。但是它明顯使用更多記憶體，這是你必須付出的代價。原因在於，NumPy 是藉著預先配置可在編譯層（compiled layer）處理的資料來提升速度的，因此，這種做法絕對無法處理“串流”資料。而且這種做法使用的記憶體規模可能會因為特定演算法或問題的關係，而大得令人卻步。

1 NumPy 也可以使用專用的數學程式庫，例如 Intel Math Kernel Library（MKL）（*https://software.intel.com/en-us/mkl*）。

向量化與記憶體

為了寫出簡潔的語法，以及改善速度，我們往往盡量使用 NumPy 來編寫向量化程式碼，但是取得這些好處的代價是極高的記憶體使用量。

Numba

Numba（*https://numba.pydata.org/*）程式包可讓你使用 LLVM 來動態編譯純 Python 程式碼。你可以用它輕鬆地處理簡單的案例，例如目前的這個例子，而且可以直接在 Python 中呼叫動態編譯函式 average_nb()：

```
In [12]: import numba

In [13]: average_nb = numba.jit(average_py)  ❶

In [14]: %time average_nb(n)  ❷
         CPU times: user 204 ms, sys: 34.3 ms, total: 239 ms
         Wall time: 278 ms

Out[14]: 0.4998865391283664

In [15]: %time average_nb(n)  ❸
         CPU times: user 80.9 ms, sys: 457 µs, total: 81.3 ms
         Wall time: 81.7 ms

Out[15]: 0.5001357454250273

In [16]: %timeit average_nb(n)  ❸
         75.5 ms ± 1.95 ms per loop (mean ± std. dev. of 7 runs, 10 loops each)
```

❶ 建立 Numba 函式。

❷ 編譯會在執行期執行，產生一些開銷。

❸ 從第二次執行開始（使用同樣的輸入資料型態），執行速度就會變快。

純 Python 與 Numba 的組合可以勝過 NumPy 版本，同時保留最初使用迴圈那種做法的記憶體效率。而且在這麼簡單的案例中使用 Numba，顯然也不會造成任何編寫程式方面的負擔。

天下沒有白吃的午餐

有時拿 Python 程式碼的性能與編譯後的版本進行比較時，Numba 的效果看起來就像魔法般不可思議，特別是它非常容易使用。但是 Numba 也有許多不適合的情況，或是很難改善性能，甚至根本無法改善性能。

Cython

Cython（*http://cython.org*）可讓你靜態編譯 Python 程式碼。但是它的用法不像 Numba 那麼簡單，因為你通常需要更改程式碼，才能明顯地改善速度。我們先來看一下 Cython 函式 average_cy1()，這個函式將它使用的變數宣告成靜態型態：

```
In [17]: %load_ext Cython

In [18]: %%cython -a
         import random  ❶
         def average_cy1(int n):  ❷
             cdef int i  ❷
             cdef float s = 0  ❷
             for i in range(n):
                 s += random.random()
             return s / n
Out[18]: <IPython.core.display.HTML object>

In [19]: %time average_cy1(n)
         CPU times: user 695 ms, sys: 4.31 ms, total: 699 ms
         Wall time: 711 ms

Out[19]: 0.49997106194496155

In [20]: %timeit average_cy1(n)
         752 ms ± 91.1 ms per loop (mean ± std. dev. of 7 runs, 1 loop each)
```

❶ 在 Cython 背景之下匯入 random 模組。

❷ 將變數 n、i 與 s 宣告成靜態型態。

我們可以看到它稍微提升速度，但幅度遠不如 NumPy 版本。我們必須再做一些 Cython 優化，才能勝過 Numba 版本：

```
In [21]: %%cython
         from libc.stdlib cimport rand  ❶
         cdef extern from 'limits.h':  ❷
             int INT_MAX  ❷
         cdef int i
         cdef float rn
         for i in range(5):
             rn = rand() / INT_MAX  ❸
             print(rn)
         0.6792964339256287
         0.934692919254303
         0.3835020661354065
         0.5194163918495178
         0.8309653401374817

In [22]: %%cython -a
         from libc.stdlib cimport rand  ❶
         cdef extern from 'limits.h':  ❷
             int INT_MAX  ❷
         def average_cy2(int n):
             cdef int i
             cdef float s = 0
             for i in range(n):
                 s += rand() / INT_MAX  ❸
             return s / n
Out[22]: <IPython.core.display.HTML object>

In [23]: %time average_cy2(n)
         CPU times: user 78.5 ms, sys: 422 µs, total: 79 ms
         Wall time: 79.1 ms

Out[23]: 0.500017523765564

In [24]: %timeit average_cy2(n)
         65.4 ms ± 706 µs per loop (mean ± std. dev. of 7 runs, 10 loops each)
```

❶ 從 C 匯入亂數產生器。

❷ 匯入亂數的縮放值。

❸ 設定縮放值之後，加上 (0, 1) 之間的均勻分布亂數。

average_cy2() 這個進一步改善後的 Cython 版本比 Numba 版本快一些了，但是，我們也付出更多心力。與 NumPy 版本相較之下，Cython 也保留原本使用迴圈時的記憶體效率。

Cython = Python + C

Cython 可讓開發人員盡可能多（或盡可能少）地調整程式碼性能，例如，先寫出純 Python 版本，再將越來越多 C 元素加入程式碼。你也可以將編譯步驟本身參數化，來進一步優化編譯過的版本。

演算法

本節要將上一節的性能增強技術應用在一些著名的數學問題和演算法上面。這些演算法經常被當成性能評定基準。

質數

質數不僅在理論數學中扮演重要的角色，在許多應用計算機科學學科中也發揮很重要的作用，例如加密。**質數**是大於 1 的正自然數，它只能被 1 還有它自己整除，沒有其他的因數。雖然因為質數很稀有，較大的質數很難找到，但證明一個數字不是質數很簡單，只要找到不是 1 而且可以將它整除的因數就可以了。

Python

現在已經有很多演算法可以測試數字是不是質數了。從演算法的角度來看，下面這個 Python 版本的實作還不是最好的，但是它的效率已經非常好了。不過它處理較大的質數 p2 時的執行時間比較久：

```
In [25]: def is_prime(I):
             if I % 2 == 0: return False  ❶
             for i in range(3, int(I ** 0.5) + 1, 2):  ❷
                 if I % i == 0: return False  ❸
             return True  ❹

In [26]: n = int(1e8 + 3)  ❺
         n
Out[26]: 100000003

In [27]: %time is_prime(n)
         CPU times: user 35 µs, sys: 0 ns, total: 35 µs
         Wall time: 39.1 µs

Out[27]: False

In [28]: p1 = int(1e8 + 7)  ❺
```

```
        p1
Out[28]: 100000007

In [29]: %time is_prime(p1)
         CPU times: user 776 µs, sys: 1 µs, total: 777 µs
         Wall time: 787 µs

Out[29]: True

In [30]: p2 = 100109100129162907  ❻

In [31]: p2.bit_length()  ❻
Out[31]: 57

In [32]: %time is_prime(p2)
         CPU times: user 22.6 s, sys: 44.7 ms, total: 22.6 s
         Wall time: 22.7 s

Out[32]: True
```

❶ 如果數字是偶數，立刻回傳 False。

❷ 迴圈從 3 開始，直到 I 的平方根加 1 為止，步幅為 2。

❸ 只要找到因數，函式就回傳 False。

❹ 如果找不到因數，就回傳 True。

❺ 較小的非質數與質數。

❻ 較大的質數需要較長的時間。

Numba

is_prime() 函式的演算法迴圈結構很適合用 Numba 來動態編譯。使用它的代價很小，但可提升可觀的速度：

```
In [33]: is_prime_nb = numba.jit(is_prime)

In [34]: %time is_prime_nb(n)  ❶
         CPU times: user 87.5 ms, sys: 7.91 ms, total: 95.4 ms
         Wall time: 93.7 ms

Out[34]: False

In [35]: %time is_prime_nb(n)  ❷
```

```
         CPU times: user 9 µs, sys: 1e+03 ns, total: 10 µs
         Wall time: 13.6 µs

Out[35]: False

In [36]: %time is_prime_nb(p1)
         CPU times: user 26 µs, sys: 0 ns, total: 26 µs
         Wall time: 31 µs

Out[36]: True

In [37]: %time is_prime_nb(p2)  ❸
         CPU times: user 1.72 s, sys: 9.7 ms, total: 1.73 s
         Wall time: 1.74 s

Out[37]: True
```

❶ 第一次呼叫 `is_prime_nb()` 需要付出編譯開銷。

❷ 從第二次呼叫之後，速度就明顯提升了。

❸ 處理較大的質數時，提升大約一個數量級的速度。

Cython

使用 Cython 也很直觀。即使是未使用型態宣告的一般 Cython 版本就已經明顯提升速度了：

```
In [38]: %%cython
         def is_prime_cy1(I):
             if I % 2 == 0: return False
             for i in range(3, int(I ** 0.5) + 1, 2):
                 if I % i == 0: return False
             return True

In [39]: %timeit is_prime(p1)
         394 µs ± 14.7 µs per loop (mean ± std. dev. of 7 runs, 1000 loops each)

In [40]: %timeit is_prime_cy1(p1)
         243 µs ± 6.58 µs per loop (mean ± std. dev. of 7 runs, 1000 loops each)
```

但是唯有藉著宣告靜態型態，才能大幅提升速度。Cython 版本的速度甚至比 Numba 快一些：

```
In [41]: %%cython
         def is_prime_cy2(long I):  ❶
```

```
        cdef long i  ❶
        if I % 2 == 0: return False
        for i in range(3, int(I ** 0.5) + 1, 2):
            if I % i == 0: return False
        return True

In [42]: %timeit is_prime_cy2(p1)
         87.6 µs ± 27.7 µs per loop (mean ± std. dev. of 7 runs, 10000 loops each)

In [43]: %time is_prime_nb(p2)
         CPU times: user 1.68 s, sys: 9.73 ms, total: 1.69 s
         Wall time: 1.7 s

Out[43]: True

In [44]: %time is_prime_cy2(p2)
         CPU times: user 1.66 s, sys: 9.47 ms, total: 1.67 s
         Wall time: 1.68 s

Out[44]: True
```

❶ 為變數 I 與 i 宣告靜態型態。

多處理

到目前為止，我們的優化工作都把重心放在循序執行程式碼上面。特別是在處理質數時，我們可能要同時檢查多個數字。多處理模組（*https://docs.python.org/3/library/multiprocessing.html*）可以進一步提升程式的執行速度。它可以衍生多個平行執行的 Python 程序。用它來處理簡單的案例十分直觀，首先，將 mp.Pool 物件設為多個程序，接著，將要執行的函式對映（*map*）到要檢查的質數：

```
In [45]: import multiprocessing as mp

In [46]: pool = mp.Pool(processes=4)  ❶

In [47]: %time pool.map(is_prime, 10 * [p1])  ❷
         CPU times: user 1.52 ms, sys: 2.09 ms, total: 3.61 ms
         Wall time: 9.73 ms

Out[47]: [True, True, True, True, True, True, True, True, True, True]

In [48]: %time pool.map(is_prime_nb, 10 * [p2])  ❷
         CPU times: user 13.9 ms, sys: 4.8 ms, total: 18.7 ms
         Wall time: 10.4 s
```

```
Out[48]: [True, True, True, True, True, True, True, True, True, True]

In [49]: %time pool.map(is_prime_cy2, 10 * [p2])  ❷
         CPU times: user 9.8 ms, sys: 3.22 ms, total: 13 ms
         Wall time: 9.51 s

Out[49]: [True, True, True, True, True, True, True, True, True, True]
```

❶ 用多個程序初始化 mp.Pool 物件。

❷ 接著將各自的函式對映至含有質數的 list 物件。

我們可以看到速度顯著地提升。Python 函式 is_prime() 花了超過 20 秒來處理較大的質數 p2。is_prime_nb() 與 is_prime_cy2() 函式用四個程序，以少於 10 秒的時間來平行處理質數 p2 的 10 倍。

> **平行處理**
>
> 當你要處理同一類型的不同問題時，可以考慮採取平行處理。如果你有強大的硬體，具備多核心且高效的記憶體，這種做法可以發揮強大的效果。multiprocessing 是標準程式庫提供的模組，十分方便。

費氏數列

你只要使用簡單的演算法就可以算出費氏數列。它的開頭是兩個 1—1, 1，從第三個數字開始，後面的數字就是前兩個數字的總和：1, 1, 2, 3, 5, 8, 13, 21, …。本節將分析兩種做法，包括遞迴（recursive），以及迭代（iterative）。

遞迴演算法

眾所周知，與一般的 Python 迴圈一樣，Python 的常規遞迴函式相對而言比較慢，這種函式會多次呼叫它自己來產生最後的結果，函式 fib_rec_py1() 就是採取這種做法，在這個例子中，Numba 完全無法協助提升執行速度。但是只要用 Cython 來宣告靜態型態，速度就會明顯地提升：

```
In [50]: def fib_rec_py1(n):
             if n < 2:
                 return n
             else:
                 return fib_rec_py1(n - 1) + fib_rec_py1(n - 2)
```

```
In [51]: %time fib_rec_py1(35)
         CPU times: user 6.55 s, sys: 29 ms, total: 6.58 s
         Wall time: 6.6 s

Out[51]: 9227465

In [52]: fib_rec_nb = numba.jit(fib_rec_py1)

In [53]: %time fib_rec_nb(35)
         CPU times: user 3.87 s, sys: 24.2 ms, total: 3.9 s
         Wall time: 3.91 s

Out[53]: 9227465

In [54]: %%cython
         def fib_rec_cy(int n):
             if n < 2:
                 return n
             else:
                 return fib_rec_cy(n - 1) + fib_rec_cy(n - 2)

In [55]: %time fib_rec_cy(35)
         CPU times: user 751 ms, sys: 4.37 ms, total: 756 ms
         Wall time: 755 ms

Out[55]: 9227465
```

遞迴演算法的主要問題在於它的中間結果不會被快取儲存，必須重新計算。為了避免這個問題，你可以用 decorator 來處理中間結果的快取儲存，將執行速度提升好幾個數量級：

```
In [56]: from functools import lru_cache as cache

In [57]: @cache(maxsize=None)  ❶
         def fib_rec_py2(n):
             if n < 2:
                 return n
             else:
                 return fib_rec_py2(n - 1) + fib_rec_py2(n - 2)

In [58]: %time fib_rec_py2(35)  ❷
         CPU times: user 64 µs, sys: 28 µs, total: 92 µs
         Wall time: 98 µs

Out[58]: 9227465
```

```
In [59]: %time fib_rec_py2(80)  ❷
         CPU times: user 38 µs, sys: 8 µs, total: 46 µs
         Wall time: 51 µs

Out[59]: 23416728348467685
```

❶ 在這個例子中，快取中間結果 …

❷ … 可以大幅提升速度。

迭代演算法

可以用遞迴的方式來計算第 *n* 個費氏數字，不代表必須這麼做。即使使用純 Python 來實作，下面的這種迭代方式也比快取版的遞迴做法快。這個案例也可以用 Numba 來進一步改善，但是，Cython 版本才是最終的贏家：

```
In [60]: def fib_it_py(n):
             x, y = 0, 1
             for i in range(1, n + 1):
                 x, y = y, x + y
             return x

In [61]: %time fib_it_py(80)
         CPU times: user 19 µs, sys: 1e+03 ns, total: 20 µs
         Wall time: 26 µs

Out[61]: 23416728348467685

In [62]: fib_it_nb = numba.jit(fib_it_py)

In [63]: %time fib_it_nb(80)
         CPU times: user 57 ms, sys: 6.9 ms, total: 63.9 ms
         Wall time: 62 ms

Out[63]: 23416728348467685

In [64]: %time fib_it_nb(80)
         CPU times: user 7 µs, sys: 1 µs, total: 8 µs
         Wall time: 12.2 µs

Out[64]: 23416728348467685

In [65]: %%cython
         def fib_it_cy1(int n):
             cdef long i
             cdef long x = 0, y = 1
```

```
            for i in range(1, n + 1):
                x, y = y, x + y
            return x

In [66]: %time fib_it_cy1(80)
         CPU times: user 4 µs, sys: 1e+03 ns, total: 5 µs
         Wall time: 11 µs

Out[66]: 23416728348467685
```

每一段程式看起來都很快，可能有人會問，為什麼只算到第 80 個費氏數字，而不是第 150 個？問題出在我們使用的資料型態。雖然 Python 基本上可以處理任意大小的數字（見第 64 頁的"基本資料型態"），但對編譯語言來說通常不是如此。但是，使用 Cython 時，你可以使用特殊的資料型態，讓數字超出 64 位元雙浮點物件可以容納的大小：

```
In [67]: %%time
         fn = fib_rec_py2(150)  ❶
         print(fn)  ❶
         9969216677189303386214405760200
         CPU times: user 361 µs, sys: 115 µs, total: 476 µs
         Wall time: 430 µs

In [68]: fn.bit_length()  ❷
Out[68]: 103

In [69]: %%time
         fn = fib_it_nb(150)  ❸
         print(fn)  ❸
         6792540214324356296
         CPU times: user 270 µs, sys: 78 µs, total: 348 µs
         Wall time: 297 µs

In [70]: fn.bit_length()  ❹
Out[70]: 63

In [71]: %%time
         fn = fib_it_cy1(150)  ❸
         print(fn)  ❸
         6792540214324356296
         CPU times: user 255 µs, sys: 71 µs, total: 326 µs
         Wall time: 279 µs

In [72]: fn.bit_length()  ❹
Out[72]: 63
```

```
In [73]: %%cython
         cdef extern from *:
             ctypedef int int128 '__int128_t'  ❺
         def fib_it_cy2(int n):
             cdef int128 i  ❺
             cdef int128 x = 0, y = 1  ❺
             for i in range(1, n + 1):
                 x, y = y, x + y
             return x

In [74]: %%time
         fn = fib_it_cy2(150)  ❻
         print(fn)  ❻
         9969216677189303386214405760200
         CPU times: user 280 µs, sys: 115 µs, total: 395 µs
         Wall time: 328 µs

In [75]: fn.bit_length()  ❻
Out[75]: 103
```

❶ Python 版本既快速且正確。

❷ 產生的整數 bit 長度為 103（> 64）。

❸ Numba 與 Cython 比較快，但不正確。

❹ 因為 64-bit `int` 物件的限制，它們有溢位問題。

❺ 匯入特殊的 128-bit `int` 物件型態並使用它。

❻ Cython 版的 `fib_it_cy2()` 較快且正確。

數字 Pi

本節最後要分析的演算法是使用蒙地卡羅模擬演算法來推導數字 pi（π）[2]。這種做法基本上來自圓面積 $A = \pi r^2$，所以 $\pi = \frac{A}{r^2}$，對半徑 $r = 1$ 的單位圓而言，$\pi = A$。這個演算法的概念是模擬座標值為 (x, y)，且 $x, y \in [-1, 1]$ 的隨機點。以原點為中心，邊長為 2 的正方形的面積是 4，以原點為中心，單位圓的面積是這個正方形面積的一部分，我們可以用蒙地卡羅模擬來估算這個部分：先計算正方形裡面的點數，再計算圓形內的點數，接著將圓形內的點數除以正方形內的點數。見以下範例的做法（見圖 10-1）：

2 這個範例的靈感來自 Code Review Stack Exchange（*http://bit.ly/2DnzGeq*）。

```
In [76]: import random
         import numpy as np
         from pylab import mpl, plt
         plt.style.use('seaborn')
         mpl.rcParams['font.family'] = 'serif'
         %matplotlib inline

In [77]: rn = [(random.random() * 2 - 1, random.random() * 2 - 1)
               for _ in range(500)]

In [78]: rn = np.array(rn)
         rn[:5]
Out[78]: array([[ 0.45583018, -0.27676067],
                [-0.70120038,  0.15196888],
                [ 0.07224045,  0.90147321],
                [-0.17450337, -0.47660912],
                [ 0.94896746, -0.31511879]])

In [79]: fig = plt.figure(figsize=(7, 7))
         ax = fig.add_subplot(1, 1, 1)
         circ = plt.Circle((0, 0), radius=1, edgecolor='g', lw=2.0,
                           facecolor='None')  ❶
         box = plt.Rectangle((-1, -1), 2, 2, edgecolor='b', alpha=0.3)  ❷
         ax.add_patch(circ)  ❶
         ax.add_patch(box)  ❷
         plt.plot(rn[:, 0], rn[:, 1], 'r.')  ❸
         plt.ylim(-1.1, 1.1)
         plt.xlim(-1.1, 1.1)
```

❶ 畫出單位圓。

❷ 畫出邊長為 2 的正方形。

❸ 畫出常態分布的隨機點。

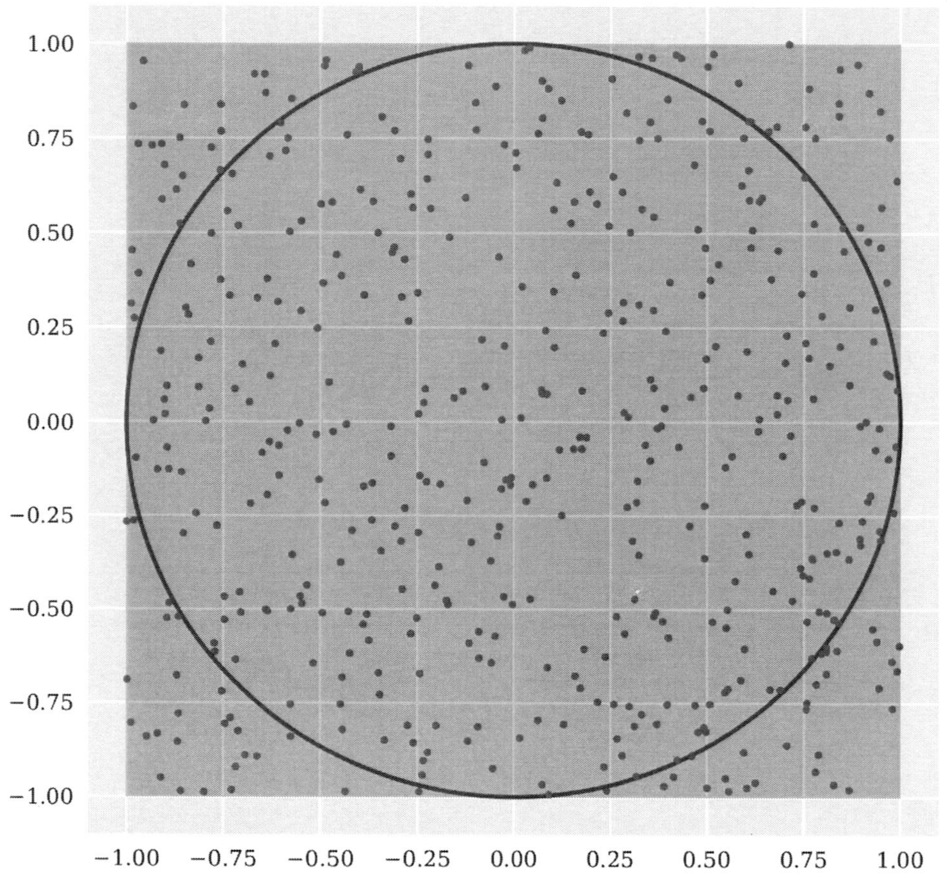

圖 10-1 單位圓與邊長為 2 的正方形，裡面有常態分布的隨機點

使用 NumPy 來實作這種演算法相當簡明，但需要大量記憶體。使用給定參數時，它的總執行時間大約 1 秒：

```
In [80]: n = int(1e7)

In [81]: %time rn = np.random.random((n, 2)) * 2 - 1
         CPU times: user 450 ms, sys: 87.9 ms, total: 538 ms
         Wall time: 573 ms

In [82]: rn.nbytes
Out[82]: 160000000

In [83]: %time distance = np.sqrt((rn ** 2).sum(axis=1))  ❶
```

```
         distance[:8].round(3)
         CPU times: user 537 ms, sys: 198 ms, total: 736 ms
         Wall time: 651 ms

Out[83]: array([1.181, 1.061, 0.669, 1.206, 0.799, 0.579, 0.694, 0.941])

In [84]: %time frac = (distance <= 1.0).sum() / len(distance)  ❷
         CPU times: user 47.9 ms, sys: 6.77 ms, total: 54.7 ms
         Wall time: 28 ms

In [85]: pi_mcs = frac * 4  ❸
         pi_mcs  ❸
Out[85]: 3.1413396
```

❶ 點與原點的距離（歐氏範數）。

❷ 在圓裡面的點相對於所有點數的分數。

❸ 用正方形面積 4 來估計圓面積，這個面積就是 π。

Python 函式 mcs_pi_py() 使用 for 迴圈，並且盡量減少記憶體的使用來實作蒙地卡羅模擬。注意，在這個例子中，亂數沒有縮放（scaled）。它的執行時間比使用 NumPy 的版本長，但是在這個例子中，Numba 比 NumPy 快：

```
In [86]: def mcs_pi_py(n):
             circle = 0
             for _ in range(n):
                 x, y = random.random(), random.random()
                 if (x ** 2 + y ** 2) ** 0.5 <= 1:
                     circle += 1
             return (4 * circle) / n

In [87]: %time mcs_pi_py(n)
         CPU times: user 5.47 s, sys: 23 ms, total: 5.49 s
         Wall time: 5.43 s

Out[87]: 3.1418964

In [88]: mcs_pi_nb = numba.jit(mcs_pi_py)

In [89]: %time mcs_pi_nb(n)
         CPU times: user 319 ms, sys: 6.36 ms, total: 326 ms
         Wall time: 326 ms

Out[89]: 3.1422012
```

```
In [90]: %time mcs_pi_nb(n)
         CPU times: user 284 ms, sys: 3.92 ms, total: 288 ms
         Wall time: 291 ms

Out[90]: 3.142066
```

使用靜態型態的一般 Cython 版本的執行速度沒有比 Python 版本快多少。但是，使用 C 的亂數產生功能可以進一步提升計算速度：

```
In [91]: %%cython -a
         import random
         def mcs_pi_cy1(int n):
             cdef int i, circle = 0
             cdef float x, y
             for i in range(n):
                 x, y = random.random(), random.random()
                 if (x ** 2 + y ** 2) ** 0.5 <= 1:
                     circle += 1
             return (4 * circle) / n
Out[91]: <IPython.core.display.HTML object>

In [92]: %time mcs_pi_cy1(n)
         CPU times: user 1.15 s, sys: 8.24 ms, total: 1.16 s
         Wall time: 1.16 s

Out[92]: 3.1417132

In [93]: %%cython -a
         from libc.stdlib cimport rand
         cdef extern from 'limits.h':
             int INT_MAX
         def mcs_pi_cy2(int n):
             cdef int i, circle = 0
             cdef float x, y
             for i in range(n):
                 x, y = rand() / INT_MAX, rand() / INT_MAX
                 if (x ** 2 + y ** 2) ** 0.5 <= 1:
                     circle += 1
             return (4 * circle) / n
Out[93]: <IPython.core.display.HTML object>

In [94]: %time mcs_pi_cy2(n)
         CPU times: user 170 ms, sys: 1.45 ms, total: 172 ms
         Wall time: 172 ms

Out[94]: 3.1419388
```

演算法類型

本節分析的演算法與金融演算法沒有直接的關係，它們的優點是很簡單且容易理解，我們也可以在這個簡化的環境中，探討在金融背景下的典型演算法問題。

二項樹

Cox、Ross 與 Rubinstein（1979）首創的二項式選擇權定價模型是一種流行的選擇權價值估算方法，這種方法使用（重組）樹狀結構來代表資產未來可能的變化。這種模型與 Black-Scholes-Merton（1973）模型一樣，有個**風險資產**（*risky asset*）、一個指數或股票，以及一個**無風險資產**（*riskless asset*），即債券。它將從今天到選擇權到期日的時間長度分成等距的子長度 Δt。根據時間 s 時的指數 S_s，我們可以用 $S_t = S_s \cdot m$ 算出 $t = s + \Delta t$ 的指數，其中 m 是從 $\{u, d\}$ 隨機選擇的，其中 $0 < d < e^{r\Delta t} < u = e^{\sigma\sqrt{\Delta t}}$，且 $u = \frac{1}{d}$. r 是無風險短期收益率常數。

Python

下面的 Python 程式使用模型的一些固定參數值來建立一個重組的樹：

```
In [95]: import math

In [96]: S0 = 36.  ❶
         T = 1.0  ❷
         r = 0.06  ❸
         sigma = 0.2  ❹

In [97]: def simulate_tree(M):
             dt = T / M  ❺
             u = math.exp(sigma * math.sqrt(dt))  ❻
             d = 1 / u  ❻
             S = np.zeros((M + 1, M + 1))
             S[0, 0] = S0
             z = 1
             for t in range(1, M + 1):
                 for i in range(z):
                 S[i, t] = S[i, t-1] * u
                 S[i+1, t] = S[i, t-1] * d
             z += 1
         return S
```

❶ 風險資產的初值。

❷ 二項樹模擬時間範圍。

❸ 固定短期利率。

❹ 固定波動因子。

❺ 時間區間長度。

❻ 往上與往下移動因子。

與典型的樹形圖不同的是，在 ndarray 物件中，向上移動是以側向移動來表示的，可大大地減少 ndarray 的大小：

```
In [98]: np.set_printoptions(formatter={'float':
                                         lambda x: '%6.2f' % x})

In [99]: simulate_tree(4)  ❶
Out[99]: array([[ 36.00,  39.79,  43.97,  48.59,  53.71],
               [  0.00,  32.57,  36.00,  39.79,  43.97],
               [  0.00,   0.00,  29.47,  32.57,  36.00],
               [  0.00,   0.00,   0.00,  26.67,  29.47],
               [  0.00,   0.00,   0.00,   0.00,  24.13]])

In [100]: %time simulate_tree(500)  ❷
          CPU times: user 148 ms, sys: 4.49 ms, total: 152 ms
          Wall time: 154 ms

Out[100]: array([[ 36.00,  36.32,  36.65, ..., 3095.69, 3123.50, 3151.57],
                [  0.00,  35.68,  36.00, ..., 3040.81, 3068.13, 3095.69],
                [  0.00,   0.00,  35.36, ..., 2986.89, 3013.73, 3040.81],
                ...,
                [  0.00,   0.00,   0.00, ...,    0.42,    0.42,    0.43],
                [  0.00,   0.00,   0.00, ...,    0.00,    0.41,    0.42],
                [  0.00,   0.00,   0.00, ...,    0.00,    0.00,    0.41]])
```

❶ 有 4 個時段的樹。

❷ 有 500 個時段的樹。

NumPy

我們可以善用一些技巧，藉著 NumPy 以完全向量化的程式來建立這種二項樹：

```
In [101]: M = 4

In [102]: up = np.arange(M + 1)
          up = np.resize(up, (M + 1, M + 1))  ❶
          up
Out[102]: array([[0, 1, 2, 3, 4],
                 [0, 1, 2, 3, 4],
                 [0, 1, 2, 3, 4],
                 [0, 1, 2, 3, 4],
                 [0, 1, 2, 3, 4]])

In [103]: down = up.T * 2  ❷
          down
Out[103]: array([[0, 0, 0, 0, 0],
                 [2, 2, 2, 2, 2],
                 [4, 4, 4, 4, 4],
                 [6, 6, 6, 6, 6],
                 [8, 8, 8, 8, 8]])

In [104]: up - down  ❸
Out[104]: array([[ 0,  1,  2,  3,  4],
                 [-2, -1,  0,  1,  2],
                 [-4, -3, -2, -1,  0],
                 [-6, -5, -4, -3, -2],
                 [-8, -7, -6, -5, -4]])

In [105]: dt = T / M

In [106]: S0 * np.exp(sigma * math.sqrt(dt) * (up - down))  ❹
Out[106]: array([[ 36.00,  39.79,  43.97,  48.59,  53.71],
                 [ 29.47,  32.57,  36.00,  39.79,  43.97],
                 [ 24.13,  26.67,  29.47,  32.57,  36.00],
                 [ 19.76,  21.84,  24.13,  26.67,  29.47],
                 [ 16.18,  17.88,  19.76,  21.84,  24.13]])
```

❶ 整體向上移動的 ndarray 物件。

❷ 整體向下移動的 ndarray 物件。

❸ 淨向上（正）與向下（負）移動的 ndarray 物件。

❹ 四個時段（右上三角區域的值）的樹。

使用 NumPy 的程式比較紮實。但是更重要的是，NumPy 向量化將速度提升一個數量級，並且不會使用更多記憶體：

```
In [107]: def simulate_tree_np(M):
              dt = T / M
              up = np.arange(M + 1)
              up = np.resize(up, (M + 1, M + 1))
              down = up.transpose() * 2
              S = S0 * np.exp(sigma * math.sqrt(dt) * (up - down))
              return S

In [108]: simulate_tree_np(4)
Out[108]: array([[ 36.00, 39.79, 43.97, 48.59, 53.71],
                 [ 29.47, 32.57, 36.00, 39.79, 43.97],
                 [ 24.13, 26.67, 29.47, 32.57, 36.00],
                 [ 19.76, 21.84, 24.13, 26.67, 29.47],
                 [ 16.18, 17.88, 19.76, 21.84, 24.13]])

In [109]: %time simulate_tree_np(500)
          CPU times: user 8.72 ms, sys: 7.07 ms, total: 15.8 ms
          Wall time: 12.9 ms

Out[109]: array([[ 36.00,   36.32,   36.65, ..., 3095.69, 3123.50, 3151.57],
                 [ 35.36,   35.68,   36.00, ..., 3040.81, 3068.13, 3095.69],
                 [ 34.73,   35.05,   35.36, ..., 2986.89, 3013.73, 3040.81],
                 ...,
                 [  0.00,    0.00,    0.00, ...,    0.42,    0.42,    0.43],
                 [  0.00,    0.00,    0.00, ...,    0.41,    0.41,    0.42],
                 [  0.00,    0.00,    0.00, ...,    0.40,    0.41,    0.41]])
```

Numba

Numba 動態編譯似乎更適合用來優化金融演算法，事實上，與 NumPy 版本比，它可以再將速度提升一個數量級。所以 Numba 版本比 Python（或混合式）版本快好幾個數量級：

```
In [110]: simulate_tree_nb = numba.jit(simulate_tree)

In [111]: simulate_tree_nb(4)
Out[111]: array([[ 36.00,  39.79,  43.97,  48.59,  53.71],
                 [  0.00,  32.57,  36.00,  39.79,  43.97],
                 [  0.00,   0.00,  29.47,  32.57,  36.00],
                 [  0.00,   0.00,   0.00,  26.67,  29.47],
                 [  0.00,   0.00,   0.00,   0.00,  24.13]])

In [112]: %time simulate_tree_nb(500)
          CPU times: user 425 µs, sys: 193 µs, total: 618 µs
```

```
         Wall time: 625 µs

Out[112]: array([[ 36.00,  36.32,  36.65, ..., 3095.69, 3123.50, 3151.57],
                 [  0.00,  35.68,  36.00, ..., 3040.81, 3068.13, 3095.69],
                 [  0.00,   0.00,  35.36, ..., 2986.89, 3013.73, 3040.81],
                 ...,
                 [  0.00,   0.00,   0.00, ...,    0.42,    0.42,    0.43],
                 [  0.00,   0.00,   0.00, ...,    0.00,    0.41,    0.42],
                 [  0.00,   0.00,   0.00, ...,    0.00,    0.00,    0.41]])

In [113]: %timeit simulate_tree_nb(500)
          559 µs ± 46.1 µs per loop (mean ± std. dev. of 7 runs, 1000 loops each)
```

Cython

與之前一樣，使用 Cython 時，我們必須調整程式才能看到明顯的改善。下面的版本主要使用靜態型態宣告，並且做一些匯入，與一般的 Python 匯入與函式相較之下，它們的性能都有所提升：

```
In [114]: %%cython -a
          import numpy as np
          cimport cython
          from libc.math cimport exp, sqrt
          cdef float S0 = 36.
          cdef float T = 1.0
          cdef float r = 0.06
          cdef float sigma = 0.2
          def simulate_tree_cy(int M):
              cdef int z, t, i
              cdef float dt, u, d
              cdef float[:, :] S = np.zeros((M + 1, M + 1),
                                            dtype=np.float32)  ❶
              dt = T / M
              u = exp(sigma * sqrt(dt))
              d = 1 / u
              S[0, 0] = S0
              z = 1
              for t in range(1, M + 1):
                  for i in range(z):
                      S[i, t] = S[i, t-1] * u
                      S[i+1, t] = S[i, t-1] * d
                  z += 1
              return np.array(S)
Out[114]: <IPython.core.display.HTML object>
```

❶ 將 ndarray 物件宣告成 C 陣列是提升性能的關鍵。

與 Numba 版本相較之下，Cython 可縮短 30% 的執行時間。

```
In [115]: simulate_tree_cy(4)
Out[115]: array([[ 36.00,  39.79,  43.97,  48.59,  53.71],
                 [  0.00,  32.57,  36.00,  39.79,  43.97],
                 [  0.00,   0.00,  29.47,  32.57,  36.00],
                 [  0.00,   0.00,   0.00,  26.67,  29.47],
                 [  0.00,   0.00,   0.00,   0.00,  24.13]], dtype=float32)

In [116]: %time simulate_tree_cy(500)
          CPU times: user 2.21 ms, sys: 1.89 ms, total: 4.1 ms
          Wall time: 2.45 ms

Out[116]: array([[ 36.00,  36.32,  36.65, ..., 3095.77, 3123.59, 3151.65],
                 [  0.00,  35.68,  36.00, ..., 3040.89, 3068.21, 3095.77],
                 [  0.00,   0.00,  35.36, ..., 2986.97, 3013.81, 3040.89],
                 ...,
                 [  0.00,   0.00,   0.00, ...,    0.42,    0.42,    0.43],
                 [  0.00,   0.00,   0.00, ...,    0.00,    0.41,    0.42],
                 [  0.00,   0.00,   0.00, ...,    0.00,    0.00,    0.41]],
                dtype=float32)

In [117]: %timeit S = simulate_tree_cy(500)
          363 µs ± 29.5 µs per loop (mean ± std. dev. of 7 runs, 1000 loops each)
```

蒙地卡羅模擬

蒙地卡羅模擬是計算金融學不可或缺的數值工具，早在現代電腦問世之前就有人使用它了。銀行和其他金融機構用它來進行定價與管理風險，及執行其他工作。它應該是金融領域中最靈活且最強大的一種數值方法，但是，它對計算資源的要求可能也是最高的。這就是 Python 一直被視為最適合實作蒙地卡羅模擬演算法的原因一至少在真實世界的應用場景之下的確如此。

本節將分析幾何布朗運動的蒙地卡羅模擬，這是一種簡單，但是受到廣泛使用的隨機過程，可模擬股價或指數的變化，Black-Scholes-Merton（1973）選擇權定價理論以及其他理論都借鑒這個過程。根據他們的模型，要估價的選擇權的標的物遵循隨機微分方程式（SDE），見公式 10-1，其中 S_t 是時間 t 時的標的物價格；r 是常數，代表無風險短期收益率；σ 是固定瞬時波動率；Z_t 是布朗運動。

公式 10-1 *Black-Scholes-Merton SDE*（幾何布朗運動）

$$dS_t = rS_t dt + \sigma S_t dZ_t$$

我們可以將這個 SDE 離散化至等距的時段上，並使用公式 10-2 的歐拉方法（Euler scheme）來模擬。在這個例子中，z 是標準常態分布亂數，如果有 M 個時段，時段的長度是 $\Delta t \equiv \frac{T}{M}$，其中 T 是模擬的時間範圍（例如，選擇權的到期日）。

公式 10-2 *Black-Scholes-Merton* 差分方程式

$$S_t = S_{t-\Delta t} \exp\left(\left(r - \frac{\sigma^2}{2}\right)\Delta t + \sigma\sqrt{\Delta t}z\right)$$

公式 10-3 是歐式看漲選擇權的蒙地卡羅估計式，其中 I 是模擬走勢數量，$i = [1, 2, \cdots, I]$；$S_T(i)$ 是標的物在到期日 T 時的第 i 個模擬價格。

公式 10-3 歐式看漲選擇權的蒙地卡羅模擬公式

$$C_0 = e^{-rT}\frac{1}{I}\sum_I \max\left(S_T(i) - K, 0\right)$$

Python

首先是根據公式 10-2 實作蒙地卡羅模擬的 Python（或混合）版本 `mcs_simulation_py()`。混合的原因是它用 Python 迴圈來處理 `ndarray` 物件。如前所示，這種做法可以建立一個良好的基礎，可讓我們進一步使用 `Numba` 來動態編譯程式碼。與之前一樣，我們將它的執行時間當成基準，用模擬的方式來對歐式看跌選擇權進行估價：

```
In [118]: M = 100  ❶
          I = 50000  ❷

In [119]: def mcs_simulation_py(p):
              M, I = p
              dt = T / M
              S = np.zeros((M + 1, I))
              S[0] = S0
              rn = np.random.standard_normal(S.shape)  ❸
              for t in range(1, M + 1):  ❹
                  for i in range(I):  ❹
                      S[t, i] = S[t-1, i] * math.exp((r - sigma ** 2 / 2) * dt +
                                           sigma * math.sqrt(dt) * rn[t, i])  ❹
              return S

In [120]: %time S = mcs_simulation_py((M, I))
          CPU times: user 5.55 s, sys: 52.9 ms, total: 5.6 s
          Wall time: 5.62 s

In [121]: S[-1].mean()  ❺
```

```
Out[121]: 38.22291254503985

In [122]: S0 * math.exp(r * T)  ❻
Out[122]: 38.22611567563295

In [123]: K = 40.  ❼

In [124]: C0 = math.exp(-r * T) * np.maximum(K - S[-1], 0).mean()  ❽

In [125]: C0 #  ❽
Out[125]: 3.860545188088036
```

❶ 離散化的時段數量。

❷ 模擬的走勢數量。

❸ 亂數，以單一向量化步驟抽取。

❹ 用歐拉方法來實作模擬的嵌套迴圈。

❺ 模擬產生的到期均值。

❻ 理論上的到期值。

❼ 歐式看跌選擇權的履約價。

❽ 蒙地卡羅選擇權估計式。

圖 10-2 是模擬期結束時的模擬值直方圖（歐式看跌選擇權的到期日）。

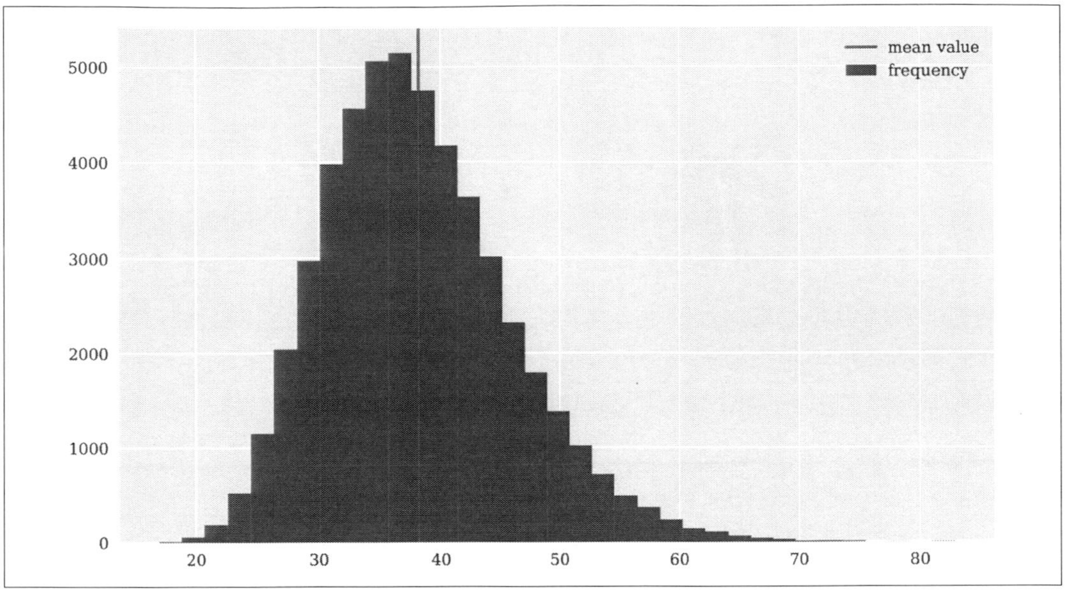

圖 10-2 模擬到期價值的頻率分布

NumPy

NumPy 版的 mcs_simulation_np() 沒有太大的不同。它仍然用一個 Python 迴圈執行時段，另一個維度是在所有走勢上用向量化的程式碼來處理的。它比第一版快大約 20 倍：

```
In [127]: def mcs_simulation_np(p):
              M, I = p
              dt = T / M
              S = np.zeros((M + 1, I))
              S[0] = S0
              rn = np.random.standard_normal(S.shape)
              for t in range(1, M + 1):  ❶
                  S[t] = S[t-1] * np.exp((r - sigma ** 2 / 2) * dt +
                                      sigma * math.sqrt(dt) * rn[t])  ❷
              return S

In [128]: %time S = mcs_simulation_np((M, I))
          CPU times: user 252 ms, sys: 32.9 ms, total: 285 ms
          Wall time: 252 ms

In [129]: S[-1].mean()
Out[129]: 38.235136032258595
```

```
In [130]: %timeit S = mcs_simulation_np((M, I))
          202 ms ± 27.7 ms per loop (mean ± std. dev. of 7 runs, 1 loop each)
```

❶ 對時段執行迴圈。

❷ 用向量化的 NumPy 程式與歐拉方法來一次處理所有走勢。

Numba

如你所料，我們也可以輕鬆地將 Numba 應用在這種演算法上，並大幅改善性能。Numba 版本 mcs_simulation_nb() 比 NumPy 版本快一些：

```
In [131]: mcs_simulation_nb = numba.jit(mcs_simulation_py)

In [132]: %time S = mcs_simulation_nb((M, I))  ❶
          CPU times: user 673 ms, sys: 36.7 ms, total: 709 ms
          Wall time: 764 ms

In [133]: %time S = mcs_simulation_nb((M, I))  ❷
          CPU times: user 239 ms, sys: 20.8 ms, total: 259 ms
          Wall time: 265 ms

In [134]: S[-1].mean()
Out[134]: 38.22350694016539

In [135]: C0 = math.exp(-r * T) * np.maximum(K - S[-1], 0).mean()

In [136]: C0
Out[136]: 3.8303077438193833

In [137]: %timeit S = mcs_simulation_nb((M, I))  ❷
          248 ms ± 20.6 ms per loop (mean ± std. dev. of 7 runs, 1 loop each)
```

❶ 第一次呼叫需要花費編譯時間。

❷ 第二次呼叫不需要花費編譯時間。

Cython

同樣如你所料的是，使用 Cython 時，我們需要付出更多工作量來提升速度，但是無法提升太多速度，甚至與 NumPy 和 Numba 版本相較之下，Cython 版的 mcs_simula tion_cy() 看起來更慢。這種情況的原因很多，其中一項是它需要花一些時間來將模擬結果轉換成 ndarray：

```
In [138]: %%cython
          import numpy as np
          cimport numpy as np
          cimport cython
          from libc.math cimport exp, sqrt
          cdef float S0 = 36.
          cdef float T = 1.0
          cdef float r = 0.06
          cdef float sigma = 0.2
          @cython.boundscheck(False)
          @cython.wraparound(False)
          def mcs_simulation_cy(p):
              cdef int M, I
              M, I = p
              cdef int t, i
              cdef float dt = T / M
              cdef double[:, :] S = np.zeros((M + 1, I))
              cdef double[:, :] rn = np.random.standard_normal((M + 1, I))
              S[0] = S0
              for t in range(1, M + 1):
                  for i in range(I):
                      S[t, i] = S[t-1, i] * exp((r - sigma ** 2 / 2) * dt +
                                                sigma * sqrt(dt) * rn[t, i])
              return np.array(S)

In [139]: %time S = mcs_simulation_cy((M, I))
          CPU times: user 237 ms, sys: 65.2 ms, total: 302 ms
          Wall time: 271 ms

In [140]: S[-1].mean()
Out[140]: 38.241735841791574

In [141]: %timeit S = mcs_simulation_cy((M, I))
          221 ms ± 9.26 ms per loop (mean ± std. dev. of 7 runs, 1 loop each)
```

多處理

蒙地卡羅模擬本身是個非常適合平行處理的工作，其中一種做法是將模擬 100,000 條走勢的部分分成 10 個程序，讓每個程序分別負責 10,000 個走勢。另一種做法是（舉例）將 100,000 條走勢的模擬分成多個程序，用每一個程序來模擬不同的金融商品，並平行執行。接下來要說明的第一個案例使用固定數量的程序來平行模擬大量的走勢。

以下的程式同樣使用 `multiprocessing` 模組，它將模擬的走勢總數 I 分成大小為 $\frac{I}{p}$ 的小區塊，其中 $p > 0$。完成每一項工作之後，使用 `np.hstack()` 將結果一起放入單一

ndarray 物件。這種做法可以用來處理之前展示過的任何版本。使用這個例子選擇的參數時，這種平行化方法並未提升速度：

```
In [142]: import multiprocessing as mp

In [143]: pool = mp.Pool(processes=4)  ❶

In [144]: p = 20  ❷

In [145]: %timeit S = np.hstack(pool.map(mcs_simulation_np,
                                         p * [(M, int(I / p))]))
          288 ms ± 10.2 ms per loop (mean ± std. dev. of 7 runs, 1 loop each)

In [146]: %timeit S = np.hstack(pool.map(mcs_simulation_nb,
                                         p * [(M, int(I / p))]))
          258 ms ± 8.69 ms per loop (mean ± std. dev. of 7 runs, 1 loop each)

In [147]: %timeit S = np.hstack(pool.map(mcs_simulation_cy,
                                         p * [(M, int(I / p))]))
          274 ms ± 11.9 ms per loop (mean ± std. dev. of 7 runs, 1 loop each)
```

❶ 要平行化的 Pool 物件。

❷ 將模擬分成幾個區塊。

多處理策略

金融界有許多適合平行化的演算法，有些甚至可以應用不同的策略來平行化。蒙地卡羅模擬是個很好的例子，你可以輕鬆地平行執行多個模擬，無論是在一台電腦上，還是在多台電腦上，而且這種演算法本身也可以讓你將單一模擬分散到多個程序。

pandas 遞迴演算法

本節要探討一個有點特殊，而且在金融分析領域很重要的主題：用遞迴函式來處理 pandas DataFrame 物件裡面的金融時間序列。雖然 pandas 可以對 DataFrame 物件執行先進的向量化操作，但有些遞迴演算法很難向量化，甚至完全做不到，因此金融分析師只能用緩慢的 Python 迴圈來處理 DataFrame 物件。下面的範例用簡單的形式來實作所謂的**指數加權移動平均**（EWMA）。

公式 10-4 是金融時間序列 $S_t, t \in \{0, \cdots, T\}$ 的 EWMA 的算法。

公式 10-4 指數加權移動平均（*EWMA*）

$$EWMA_0 = S_0$$
$$EWMA_t = \alpha \cdot S_t + (1 - \alpha) \cdot EWMA_{t-1}, t \in \{1, \cdots, T\}$$

雖然這種演算法實質上很簡單，也很容易實作，但它可能會讓程式跑起來相當緩慢。

Python

首先考慮 Python 版本，它的做法是迭代 `DataFrame` 物件的 `DatetimeIndex`；`DataFrame` 物件裡面有單一金融商品的金融時間序列資料（見第 8 章）。圖 10-3 將金融時間序列與 EWMA 時間序列視覺化：

```
In [148]: import pandas as pd

In [149]: sym = 'SPY'

In [150]: data = pd.DataFrame(pd.read_csv('../../source/tr_eikon_eod_data.csv',
                                      index_col=0, parse_dates=True)[sym]).dropna()
In [151]: alpha = 0.25

In [152]: data['EWMA'] = data[sym]  ❶

In [153]: %%time
          for t in zip(data.index, data.index[1:]):
              data.loc[t[1], 'EWMA'] = (alpha * data.loc[t[1], sym] +
                                        (1 - alpha) * data.loc[t[0], 'EWMA'])  ❷
          CPU times: user 588 ms, sys: 16.4 ms, total: 605 ms
          Wall time: 591 ms

In [154]: data.head()
Out[154]:                SPY        EWMA
          Date
          2010-01-04  113.33  113.330000
          2010-01-05  113.63  113.405000
          2010-01-06  113.71  113.481250
          2010-01-07  114.19  113.658438
          2010-01-08  114.57  113.886328

In [155]: data[data.index > '2017-1-1'].plot(figsize=(10, 6));
```

❶ 將 `EWMA` 欄初始化。

❷ 用 Python 迴圈來實作演算法。

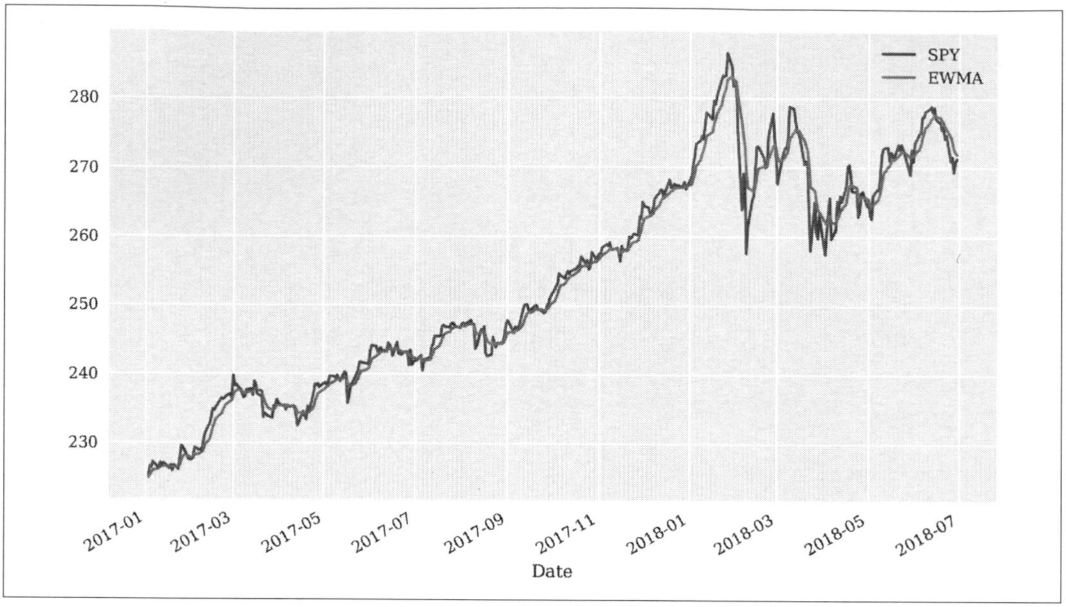

圖 10-3 金融時間序列與 EWMA

接著考慮較一般性的 Python 函式 `ewma_py()`。它可以直接處理欄，或 `ndarray` 物件形式的原始金融時間序列：

```
In [156]: def ewma_py(x, alpha):
              y = np.zeros_like(x)
              y[0] = x[0]
              for i in range(1, len(x)):
                  y[i] = alpha * x[i] + (1-alpha) * y[i-1]
              return y

In [157]: %time data['EWMA_PY'] = ewma_py(data[sym], alpha)  ❶
          CPU times: user 33.1 ms, sys: 1.22 ms, total: 34.3 ms
          Wall time: 33.9 ms

In [158]: %time data['EWMA_PY'] = ewma_py(data[sym].values, alpha)  ❷
          CPU times: user 1.61 ms, sys: 44 µs, total: 1.65 ms
          Wall time: 1.62 ms
```

❶ 直接用函式來處理 `Series` 物件（即欄）。

❷ 用函式來處理含有原始資料的 `ndarray` 物件。

這種做法已經大幅加快程式的執行速度了，從大約 20 倍到超過 100 倍。

Numba

這種演算法的結構加上 Numba 可以進一步提升速度。而且事實上，用函式 ewma_nb() 來處理 ndarray 版本的資料時，速度可以再次提升一個數量級：

```
In [159]: ewma_nb = numba.jit(ewma_py)

In [160]: %time data['EWMA_NB'] = ewma_nb(data[sym], alpha)  ❶
          CPU times: user 269 ms, sys: 11.4 ms, total: 280 ms
          Wall time: 294 ms

In [161]: %timeit data['EWMA_NB'] = ewma_nb(data[sym], alpha)  ❶
          30.9 ms ± 1.21 ms per loop (mean ± std. dev. of 7 runs, 10 loops each)

In [162]: %time data['EWMA_NB'] = ewma_nb(data[sym].values, alpha)  ❷
          CPU times: user 94.1 ms, sys: 3.78 ms, total: 97.9 ms
          Wall time: 97.6 ms

In [163]: %timeit data['EWMA_NB'] = ewma_nb(data[sym].values, alpha)  ❷
          134 µs ± 12.5 µs per loop (mean ± std. dev. of 7 runs, 10000 loops each)
```

❶ 直接用函式來處理 Series 物件（即欄）。

❷ 用函式來處理含有原始資料的 ndarray 物件。

Cython

Cython 版本 ewma_cy() 也可以提升可觀的速度，但是在這個案例中，它不像 Numba 版本那麼快：

```
In [164]: %%cython
          import numpy as np
          cimport cython
          @cython.boundscheck(False)
          @cython.wraparound(False)
          def ewma_cy(double[:] x, float alpha):
              cdef int i
              cdef double[:] y = np.empty_like(x)
              y[0] = x[0]
              for i in range(1, len(x)):
                  y[i] = alpha * x[i] + (1 - alpha) * y[i - 1]
              return y

In [165]: %time data['EWMA_CY'] = ewma_cy(data[sym].values, alpha)
          CPU times: user 2.98 ms, sys: 1.41 ms, total: 4.4 ms
```

```
        Wall time: 5.96 ms

In [166]: %timeit data['EWMA_CY'] = ewma_cy(data[sym].values, alpha)
        1.29 ms ± 194 µs per loop (mean ± std. dev. of 7 runs, 1000 loops each)
```

最後一個範例再次指出我們往往可以用許多種方式來實作（非標準）演算法，它們都可以產生相同的結果，但也會展現差異極大的性能特徵。這個範例的執行時間從 0.1 ms 到 500 ms 都有，相差 5,000 倍之多。

> **最佳 vs. 第一個最佳**
>
> 將演算法轉換成 Python 程式語言通常很簡單，但是因為有許多造成不同性能的做法可以選擇，我們也很容易寫出緩慢的演算法。如果你要做互動式金融分析，採取第一個最佳（*first-best*）解決方案（也就是雖然可以達成目的，但可能不是最快的，也不是最節省記憶體的）或許沒問題，但是如果你要製作金融應用程式產品，你就要堅持採取最佳解決方案，即使在過程中可能要進行更多研究，以及正式的基準測試。

小結

Python 生態系統提供許多改善程式性能的方式：

習慣寫法與範式

　　有些 Python 範式與習慣寫法的性能比較高，例如，向量化不但可以寫出更簡潔的程式，也可以產生更快的速度（但有時需要使用更多記憶體）。

程式包

　　你可以用許多程式包來處理各種問題，而且使用適合處理特定問題的程式包通常可以獲得更高的性能，例如 NumPy 的 ndarray 類別，以及 pandas 的 DataFrame 類別。

編譯

　　Numba 是提升金融演算法速度的強大程式包，而 Cython 可讓你動態與靜態編譯 Python 程式碼。

平行化

有些 Python 程式包，例如 multiprocessing，可讓你輕鬆地平行處理 Python 程式碼；本章的範例只在一台電腦上使用平行處理，但是 Python 生態系統也提供多台電腦（叢集）的平行化技術。

本章介紹的各種性能提升方式的主要好處是，它們通常都很容易實作，也就是說，你的額外工作負擔通常很少。換句話說，因為有這些性能程式包可用，你通常可以輕鬆地改善性能。

其他資源

網路上有許多實用的資源介紹本章的所有性能程式包：

- *http://cython.org* 是 Cython 程式包與編譯器專案的首頁。
- *https://docs.python.org/3/library/multiprocessing.html* 有 multiprocessing 模組的文件。
- 關於 Numba 的資訊可參考 *http://github.com/numba/numba* 與 *https://numba.pydata.org*。

參考書有：

- Gorelick, Misha, and Ian Ozsvald (2014). *High Performance Python.* Sebastopol, CA: O'Reilly.
- Smith, Kurt (2015). *Cython.* Sebastopol, CA: O'Reilly.

第十一章

數學工具

數學家是現代世界的祭司。

—Bill Gaede

自從 1980 至 1990 年代的華爾街出現所謂的火箭科學家（Rocket Scientists）以來，金融已經變成一門應用數學相關學科了。早期的金融論文的內容大部分都是文字，只有少數的數學運算式與公式，但現代論文的主要內容是數學運算式與公式，只穿插少量的解釋性文字。

本章將介紹一些實用的金融數學工具，但不提供它們的詳細背景。因為坊間已經有許多書籍介紹這方面的主題了，所以本章把重點放在如何使用 Python 的工具與技術上，具體來說，包含：

“近似法”，第 330 頁
回歸與插值是金融業常用的數值技術。

“凸優化”，第 347 頁
許多金融學科都需要凸優化工具（例如，衍生商品分析模型調校）。

“積分”，第 353 頁
估算金融（衍生商品）資產時，經常進行積分計算。

“符號計算”，第 356 頁
Python 提供 SymPy 這種強大的符號計算程式包，可用來（舉例）計算方程式（組）。

近似法

我們先執行一些匯入：

```
In [1]: import numpy as np
        from pylab import plt, mpl

In [2]: plt.style.use('seaborn')
        mpl.rcParams['font.family'] = 'serif'
        %matplotlib inline
```

下面是本節的主要範例函數，它包含一個三角函數項與一個線性項：

```
In [3]: def f(x):
            return np.sin(x) + 0.5 * x
```

我們的主要目的是使用**回歸**與**插值**技術，在指定的區間內求取函數的近似值。我們會先畫出這個函數，藉以瞭解近似法的結果。我們感興趣的區間是 $[-2\pi, 2\pi]$，將以 `np.linspace()` 函式來定義它，圖 11-1 是上述函式在這一段區間之內的情況。本章會經常使用 `create_plot()` 函式來建立圖表：

```
In [4]: def create_plot(x, y, styles, labels, axlabels):
            plt.figure(figsize=(10, 6))
            for i in range(len(x)):
                plt.plot(x[i], y[i], styles[i], label=labels[i])
                plt.xlabel(axlabels[0])
                plt.ylabel(axlabels[1])
            plt.legend(loc=0)

In [5]: x = np.linspace(-2 * np.pi, 2 * np.pi, 50)  ❶

In [6]: create_plot([x], [f(x)], ['b'], ['f(x)'], ['x', 'f(x)'])
```

❶ 用來繪圖與計算的 x 值。

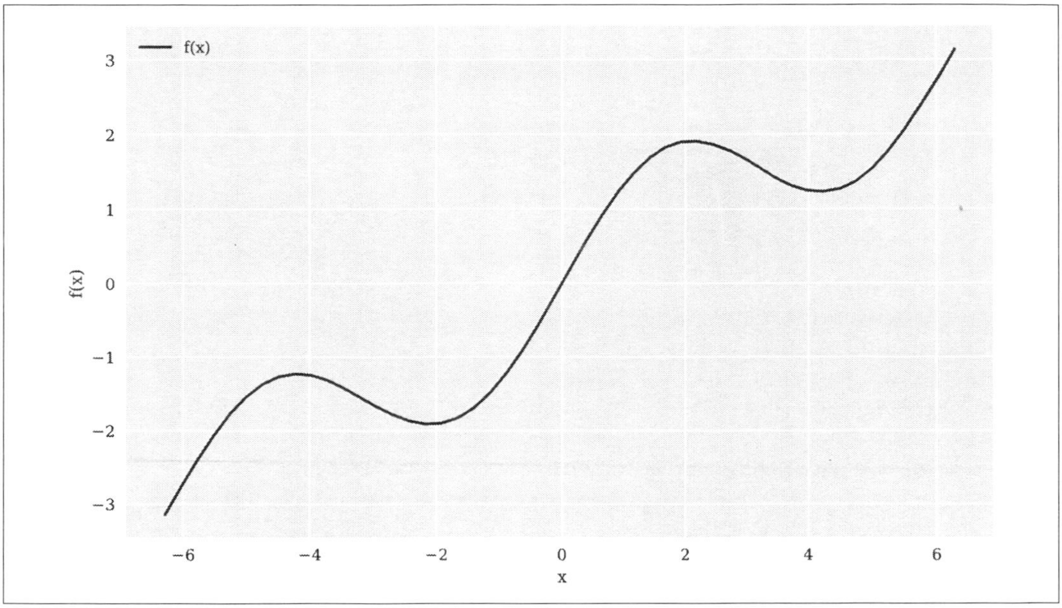

圖 11-1 範例函數圖

回歸

回歸是相當高效的函數近似工具。它不但適合用來求取一維函數的近似值，也可以處理更高維度。計算回歸結果的數值技術不但很容易實作，執行速度也很快。假設我們有一組所謂的基底函數 b_d，$d \in \{1, .\cdots, D\}$，回歸基本上是用公式 11-1 找出最佳參數 $\alpha_1^*, \cdots, \alpha_D^*$，其中對於 $i \in \{1, \cdots, I\}$ 觀察點，$y_i \equiv f(x_i)$。x_i 是自變觀察點，y_i 是因變觀察點（無論是在函數內，還是在統計意義上）。

公式 11-1 回歸的最小化問題

$$\min_{\alpha_1, \ldots, \alpha_D} \frac{1}{I} \sum_{i=1}^{I} \left(y_i - \sum_{d=1}^{D} \alpha_d \cdot b_d(x_i) \right)^2$$

當成基底函數的單項式

最簡單的例子是將單項式當成基底函數一也就是 $b_1 = 1$，$b_2 = x$，$b_3 = x^2$，$b_4 = x^3$，⋯。在這種情況下，NumPy 有內建的函式可以決定最佳參數（`np.polyfit()`）以及讓你使用一組輸入值來取得近似值（`np.polyval()`）。

表 11-1 是 np.polyfit() 函式的參數。你可以先用 np.polyfit() 來取得最佳回歸係數 p，再用 np.polyval(p, x) 來取得 *x* 座標的回歸值。

表 11-1 polyfit() 函式的參數

參數	說明
x	*x* 座標（自變數值）
y	*y* 座標（因變數值）
deg	擬合多項式的次數
full	若 True，另外回傳診斷資訊
w	套用至 *y* 座標的權重
cov	若 True，另外回傳共變異數矩陣

我們採取典型的向量化風格，使用 np.polyfit() 與 np.polyval()，以下列的形式來進行線性回歸（即 deg=1）。將回歸估計值存入 ry 陣列之後，我們比較回歸結果與原始函式，如圖 11-2 所示。當然，線性回歸無法處理範例函數的 sin 部分：

```
In [7]: res = np.polyfit(x, f(x), deg=1, full=True)  ❶

In [8]: res  ❷
Out[8]: (array([ 4.28841952e-01, -1.31499950e-16]),
         array([21.03238686]),
         2,
         array([1., 1.]),
         1.1102230246251565e-14)

In [9]: ry = np.polyval(res[0], x)  ❸

In [10]: create_plot([x, x], [f(x), ry], ['b', 'r.'],
                     ['f(x)', 'regression'], ['x', 'f(x)'])
```

❶ 線性回歸步驟。

❷ 完整的結果：回歸參數、殘差、有效秩、奇異值，與相對條件數。

❸ 使用回歸參數來求值。

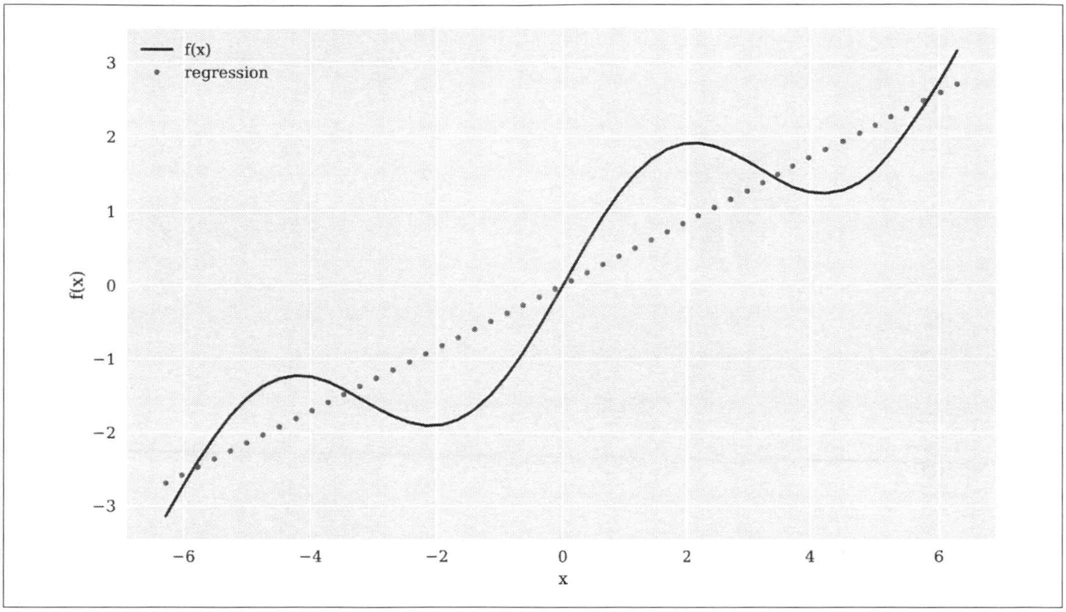

圖 11-2 線性回歸

為了處理範例函數的 `sin` 部分，我們必須使用更高次的多項式。接下來的回歸試著使用五次單項式作為基底函數，果然，回歸結果更接近原始函數，如圖 11-3 所示，但是，它還遠稱不上完美：

```
In [11]: reg = np.polyfit(x, f(x), deg=5)
         ry = np.polyval(reg, x)

In [12]: create_plot([x, x], [f(x), ry], ['b', 'r.'],
                     ['f(x)', 'regression'], ['x', 'f(x)'])
```

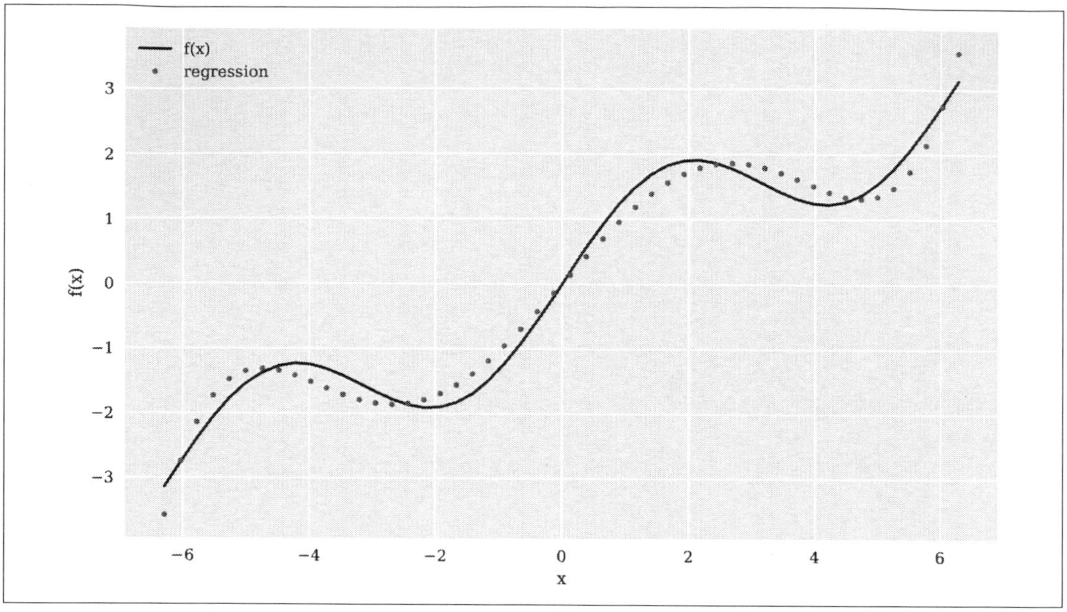

圖 11-3 用多達 5 次的單項式來回歸

最後一次使用多達 7 次的單項式來近似範例函數。如圖 11-4 所示，這次的結果相當有說服力：

```
In [13]: reg = np.polyfit(x, f(x), 7)
         ry = np.polyval(reg, x)

In [14]: np.allclose(f(x), ry)  ❶
Out[14]: False

In [15]: np.mean((f(x) - ry) ** 2)  ❷
Out[15]: 0.0017769134759517689

In [16]: create_plot([x, x], [f(x), ry], ['b', 'r.'],
                     ['f(x)', 'regression'], ['x', 'f(x)'])
```

❶ 檢查函數與回歸值是否相同（或至少是否很接近）。

❷ 用函數值計算回歸值的均方差（MSE）。

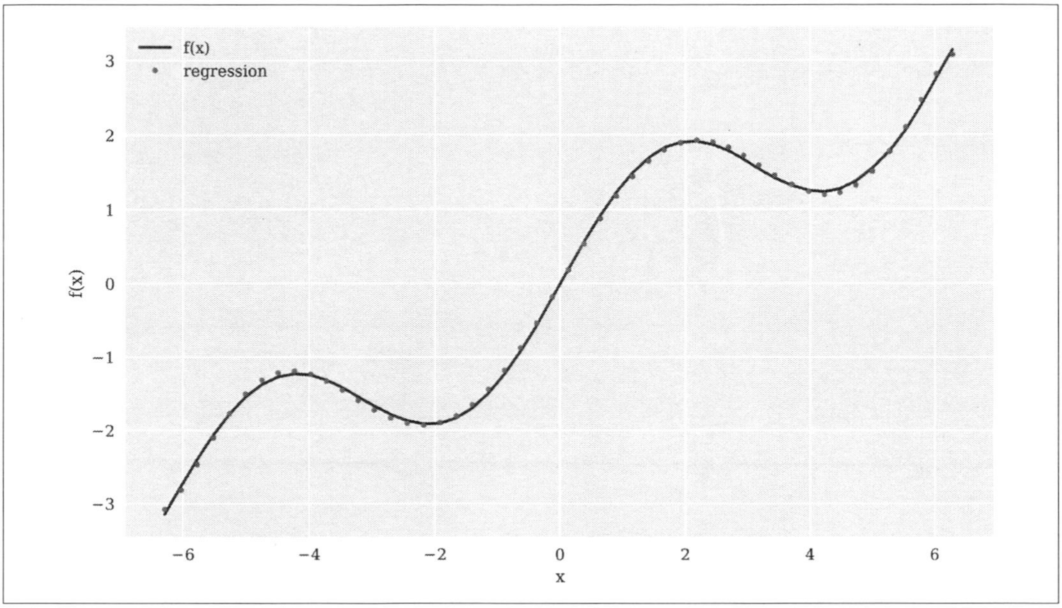

圖 11-4 用 7 次單項式來回歸

單獨的基底函數

一般來說，你可以選擇一組更好的基底函數來取得更好的回歸結果，例如，利用對函數的認識來計算近似值，在這種情況下，你可以使用矩陣（也就是使用 NumPy ndarray 物件）來定義個別的基底函數。下面的例子使用最高 3 次的多項式（圖 11-5），這個例子的主角函式是 np.linalg.lstsq()：

```
In [17]: matrix = np.zeros((3 + 1, len(x)))  ❶
         matrix[3, :] = x ** 3  ❷
         matrix[2, :] = x ** 2  ❷
         matrix[1, :] = x  ❷
         matrix[0, :] = 1  ❷

In [18]: reg = np.linalg.lstsq(matrix.T, f(x), rcond=None)[0]  ❸

In [19]: reg.round(4)  ❹
Out[19]: array([ 0.    ,  0.5628, -0.    , -0.0054])

In [20]: ry = np.dot(reg, matrix)  ❺

In [21]: create_plot([x, x], [f(x), ry], ['b', 'r.'],
                     ['f(x)', 'regression'], ['x', 'f(x)'])
```

❶ 代表基底函數值（矩陣）的 ndarray 物件。

❷ 從常數到三次方的基底函數值。

❸ 回歸步驟。

❹ 最佳回歸參數。

❺ 回歸估計函數值。

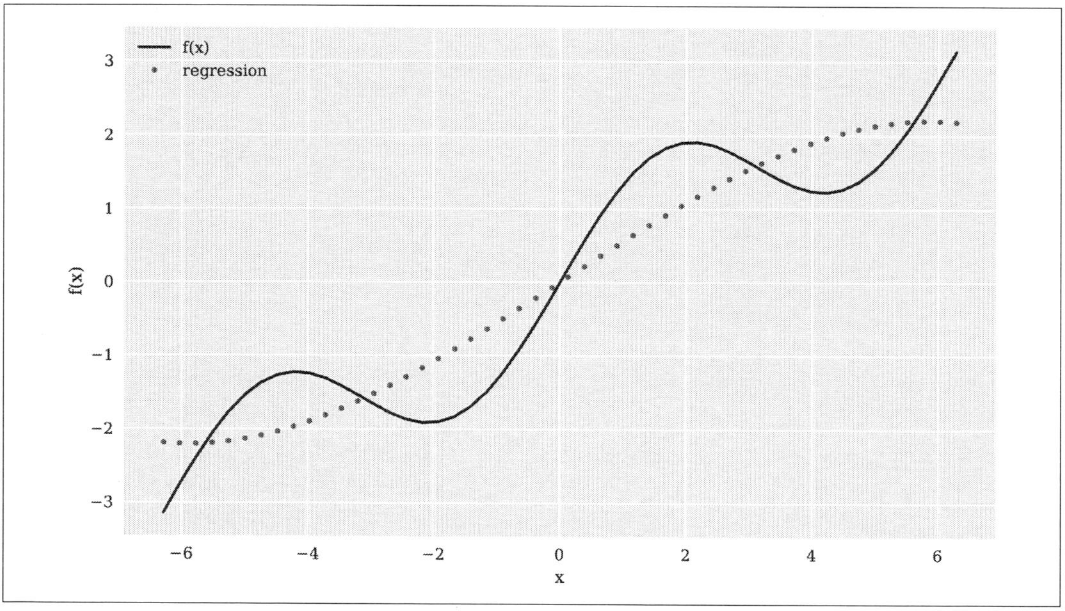

圖 11-5 使用個別基底函數進行回歸

與之前使用單項式相比，圖 11-5 的結果不如預期。我們可以用更通用的做法，利用對範例函數的認識（也就是函數有個 sin 的部分），將正弦函數加入基底函數組。為了簡化，我們將高次單項式換掉。從數據與圖 11-6 可以看到，這次的擬合很完美：

```
In [22]: matrix[3, :] = np.sin(x)  ❶

In [23]: reg = np.linalg.lstsq(matrix.T, f(x), rcond=None)[0]

In [24]: reg.round(4)  ❷
Out[24]: array([0. , 0.5, 0. , 1. ])

In [25]: ry = np.dot(reg, matrix)
```

```
In [26]: np.allclose(f(x), ry)  ❸
Out[26]: True

In [27]: np.mean((f(x) - ry) ** 2)  ❸
Out[27]: 3.404735992885531e-31

In [28]: create_plot([x, x], [f(x), ry], ['b', 'r.'],
                     ['f(x)', 'regression'], ['x', 'f(x)'])
```

❶ 利用對於範例函數的認識，來建立新的基底函數。

❷ 最佳回歸參數恢復成原始參數。

❸ 現在回歸完美擬合了。

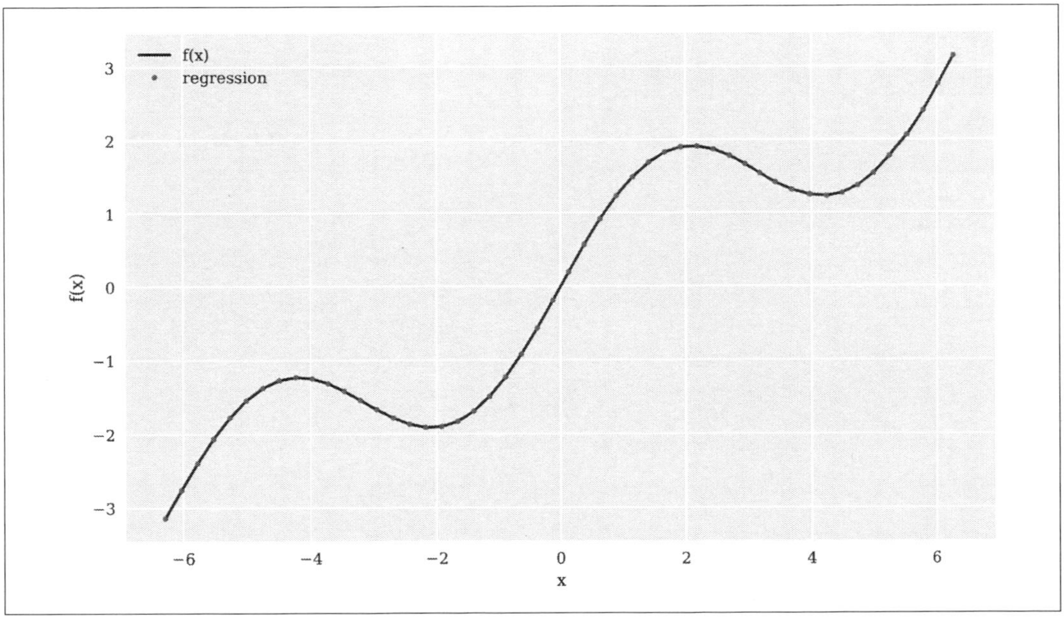

圖 11-6 用 sine 基底函數來回歸

有雜訊的資料

回歸也可以很好地處理有雜訊的資料，無論它是模擬的資料，還是測量到的（不完美的）資料。為了說明這一點，我們先來製作帶有雜訊的自變觀測值，與帶有雜訊的因變觀測值。在圖 11-7 中，回歸的結果比較接近原始函數，而不是雜訊資料點，回歸在一定程度上將雜訊平均掉了：

```
In [29]: xn = np.linspace(-2 * np.pi, 2 * np.pi, 50)  ❶
         xn = xn + 0.15 * np.random.standard_normal(len(xn))  ❷
         yn = f(xn) + 0.25 * np.random.standard_normal(len(xn))  ❸

In [30]: reg = np.polyfit(xn, yn, 7)
         ry = np.polyval(reg, xn)

In [31]: create_plot([x, x], [f(x), ry], ['b', 'r.'],
                     ['f(x)', 'regression'], ['x', 'f(x)'])
```

❶ 決定性的新 x 值。

❷ 將 x 值加上雜訊。

❸ 將 y 值加上雜訊。

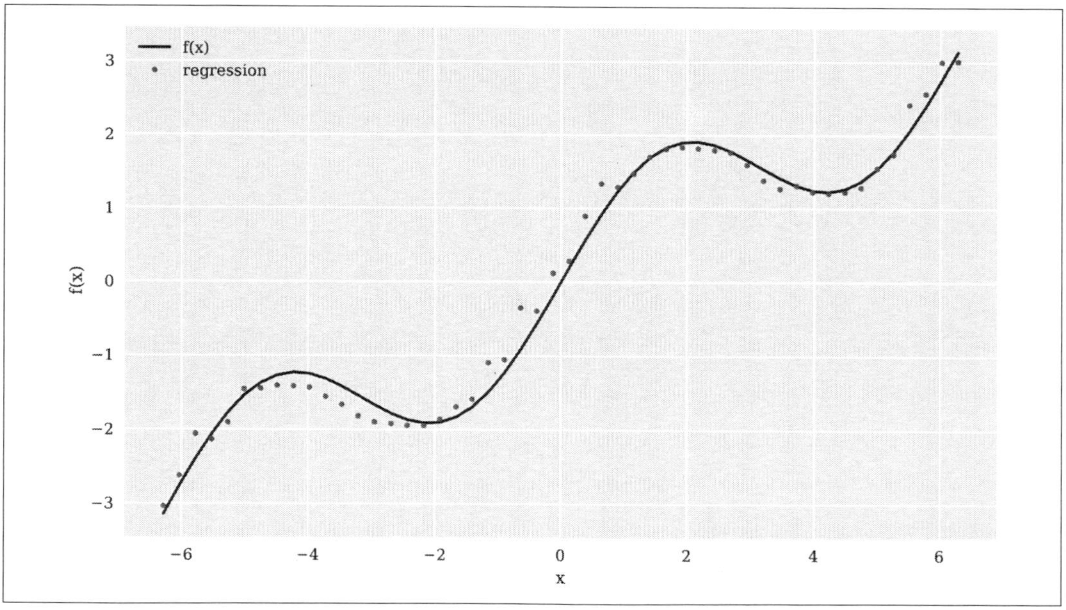

圖 11-7 回歸有雜訊的資料

未排序的資料

回歸的另一個重要特點是，它也可以很好地處理未排序的資料。之前的範例都使用已經排序過的 x 資料。但真實的情況未必如此。為了說明這一點，我們來看另一種將 x 值隨機化的方法。在這個例子中，我們很難用肉眼在原始資料中找出任何結構：

```
In [32]: xu = np.random.rand(50) * 4 * np.pi - 2 * np.pi ❶
         yu = f(xu)

In [33]: print(xu[:10].round(2)) ❶
         print(yu[:10].round(2)) ❶
         [-4.17 -0.11 -1.91 2.33 3.34 -0.96 5.81 4.92 -4.56 -5.42]
         [-1.23 -0.17 -1.9  1.89 1.47 -1.29 2.45 1.48 -1.29 -1.95]

In [34]: reg = np.polyfit(xu, yu, 5)
         ry = np.polyval(reg, xu)

In [35]: create_plot([xu, xu], [yu, ry], ['b.', 'ro'],
                     ['f(x)', 'regression'], ['x', 'f(x)'])
```

❶ 將 x 值隨機化。

與處理有雜訊的資料一樣，回歸不在乎觀測點的順序。從公式 11-1 的最小化問題的結構可以更清楚地看到這一點，從圖 11-8 的結果來看也很明顯。

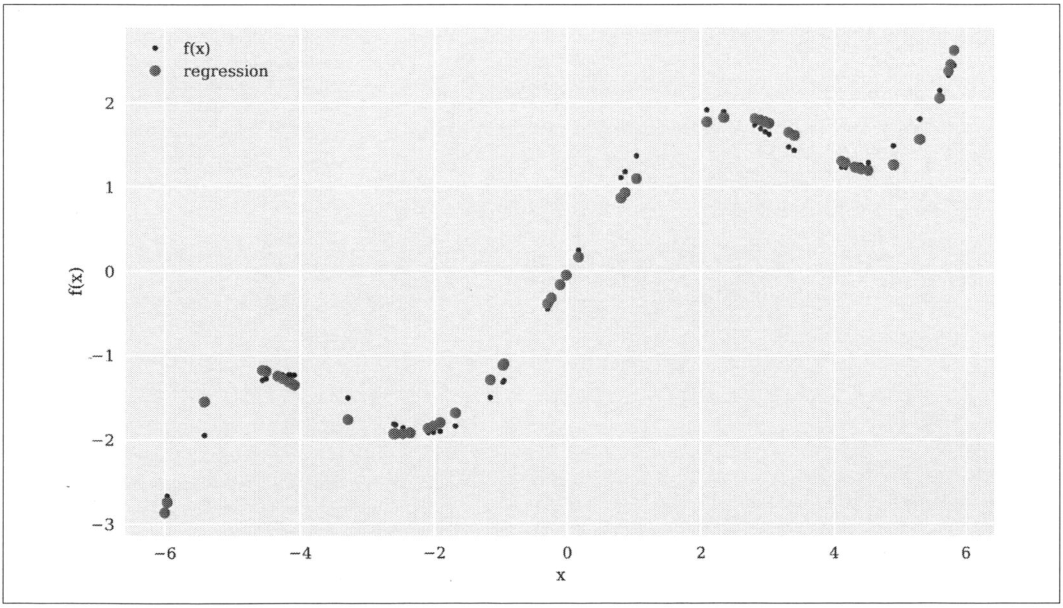

圖 11-8 對未排序的資料進行回歸

多維

最小平方回歸法的另一個方便性是它可以處理更多維度，而不需要太多修改。我們以下列的 `fm()` 函數為例：

```
In [36]: def fm(p):
             x, y = p
             return np.sin(x) + 0.25 * x + np.sqrt(y) + 0.05 * y ** 2
```

為了妥善地將這個函數視覺化，我們需要畫出各個自變資料點的網格（*grid*）（以二維形式）。圖 11-9 使用代表自變資料點與產生的因變資料點的 X、Y 與 Z 網格畫出函數 fm()：

```
In [37]: x = np.linspace(0, 10, 20)
         y = np.linspace(0, 10, 20)
         X, Y = np.meshgrid(x, y)  ❶

In [38]: Z = fm((X, Y))
         x = X.flatten()  ❷
         y = Y.flatten()  ❷

In [39]: from mpl_toolkits.mplot3d import Axes3D  ❸

In [40]: fig = plt.figure(figsize=(10, 6))
         ax = fig.gca(projection='3d')
         surf = ax.plot_surface(X, Y, Z, rstride=2, cstride=2,
                                cmap='coolwarm', linewidth=0.5,
                                antialiased=True)
         ax.set_xlabel('x')
         ax.set_ylabel('y')
         ax.set_zlabel('f(x, y)')
         fig.colorbar(surf, shrink=0.5, aspect=5)
```

❶ 用 1D ndarray 物件來產生 2D ndarray 物件（“網格”）。

❷ 用 2D ndarray 物件來產生 1D ndarray 物件。

❸ 從 matplotlib 匯入所需的 3D 繪圖功能。

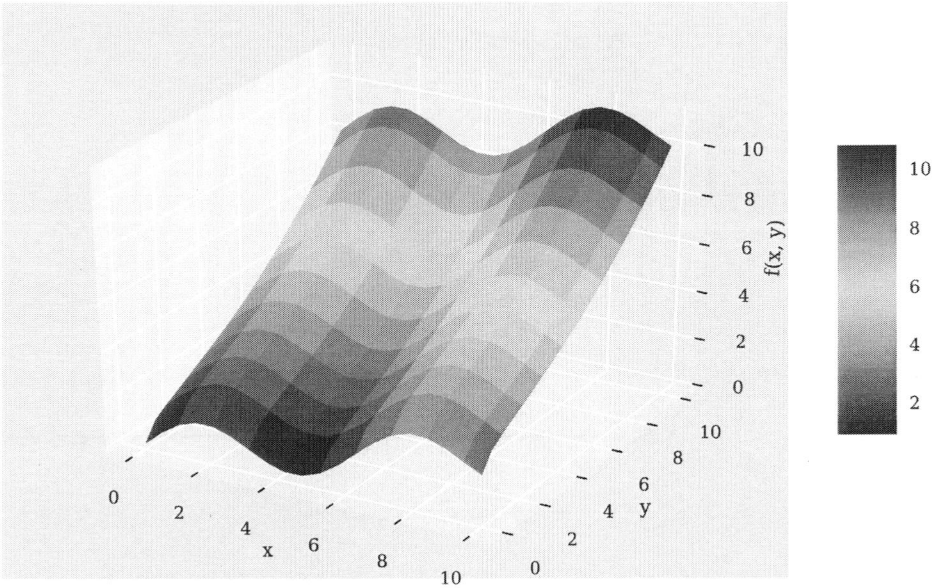

圖 11-9 有兩個參數的函數

為了得到良好的回歸結果，我們使用基底函數組，考慮從函式 `fm()` 得到的知識，我們加入 `np.sin()` 與 `np.sqrt()` 函式。圖 11-10 呈現完美的回歸結果：

```
In [41]: matrix = np.zeros((len(x), 6 + 1))
         matrix[:, 6] = np.sqrt(y)  ❶
         matrix[:, 5] = np.sin(x)  ❷
         matrix[:, 4] = y ** 2
         matrix[:, 3] = x ** 2
         matrix[:, 2] = y
         matrix[:, 1] = x
         matrix[:, 0] = 1

In [42]: reg = np.linalg.lstsq(matrix, fm((x, y)), rcond=None)[0]

In [43]: RZ = np.dot(matrix, reg).reshape((20, 20))  ❸

In [44]: fig = plt.figure(figsize=(10, 6))
         ax = fig.gca(projection='3d')
         surf1 = ax.plot_surface(X, Y, Z, rstride=2, cstride=2,
                     cmap=mpl.cm.coolwarm, linewidth=0.5,
                     antialiased=True)  ❹
         surf2 = ax.plot_wireframe(X, Y, RZ, rstride=2, cstride=2,
```

```
                                   label='regression')  ❺
    ax.set_xlabel('x')
    ax.set_ylabel('y')
    ax.set_zlabel('f(x, y)')
    ax.legend()
    fig.colorbar(surf, shrink=0.5, aspect=5)
```

❶ 處理 y 參數的 np.sqrt() 函式。

❷ 處理 x 參數的 np.sin() 函式。

❸ 將回歸結果轉換成網格結構。

❺ 畫出原始函數表面。

❺ 畫出回歸表面。

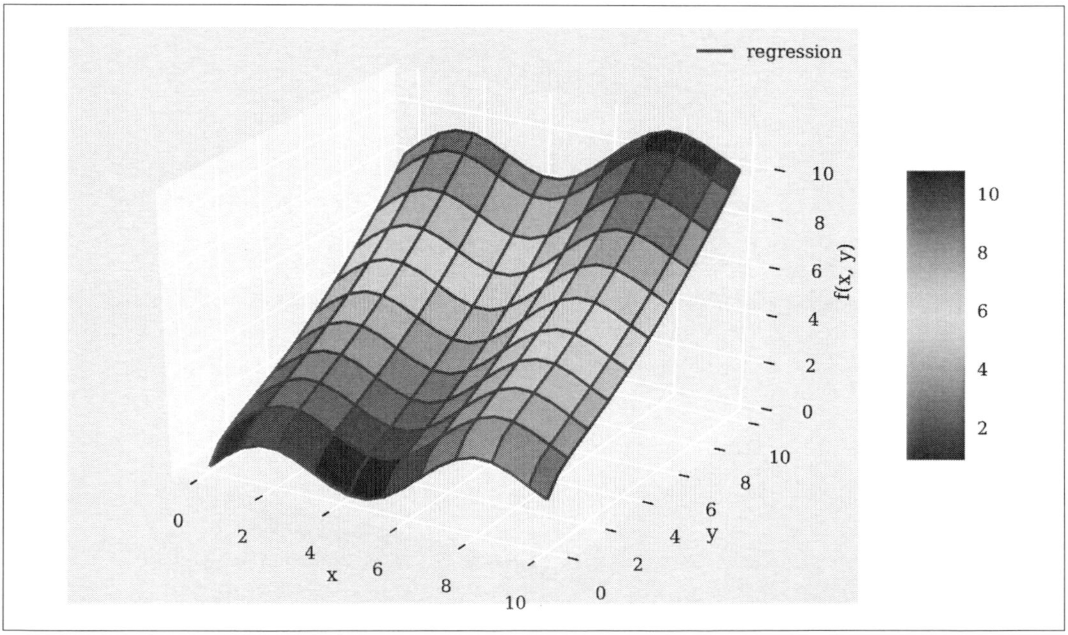

圖 11-10 使用兩個參數的函數的回歸表面

回歸

最小平方回歸法有許多應用領域，包括簡單的函數近似，以及基於帶雜訊或未排序資料的函式近似。這些方法可以應用在一維以及多維問題上。因為基礎數學理論使然，在一維和多維問題上的應用"幾乎相同"。

插值

與回歸相較之下，**插值**（即三次樣條）的數學更複雜。它也只能處理低維問題。假設有一組有序的觀測點（按照 *x* 維排序），插值的基本概念是在兩個相鄰的資料點之間進行回歸，不但讓產生的分段插值函數完全匹配資料點，而且函數在資料點上也是連續可微的。連續可微至少需要 3 階插值，也就是三次樣條插值。但是，這種做法通常也適用二次甚至線性樣條插值。

下面的程式實作線性樣條插值，圖 11-11 是它的結果：

```
In [45]: import scipy.interpolate as spi  ❶

In [46]: x = np.linspace(-2 * np.pi, 2 * np.pi, 25)

In [47]: def f(x):
         return np.sin(x) + 0.5 * x

In [48]: ipo = spi.splrep(x, f(x), k=1)  ❷

In [49]: iy = spi.splev(x, ipo)  ❸

In [50]: np.allclose(f(x), iy)  ❹
Out[50]: True

In [51]: create_plot([x, x], [f(x), iy], ['b', 'ro'],
                     ['f(x)', 'interpolation'], ['x', 'f(x)'])
```

❶ 從 SciPy 匯入程式包。

❷ 實作線性樣條插值。

❸ 求出插入的值。

❹ 確認插入的值是否（夠）接近函數值。

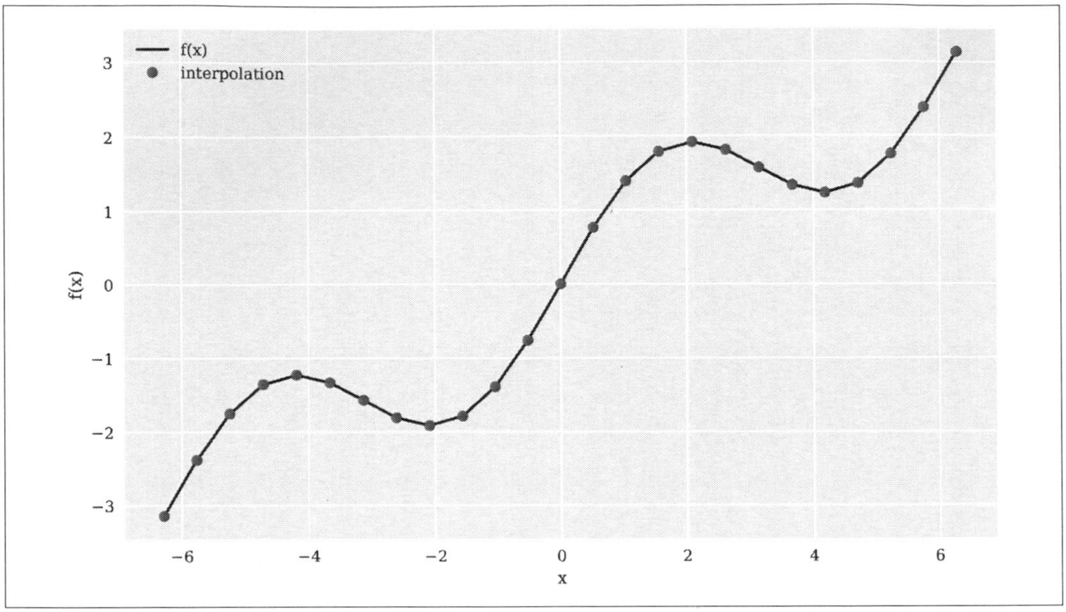

圖 11-11 線性樣條插值（完整的資料集）

如果資料集是以 x 排序的，做法與使用 `np.polyfit()` 與 `np.polyval()` 一樣簡單，它們的對應函式是 `sci.splrep()` 與 `sci.splev()`。表 11-2 是 `sci.splrep()` 函式的主要參數。

表 11-2 splrep() 函式的參數

參數	說明
`x`	（有序）x 座標（自變數值）
`y`	（x 有序）y 座標（因變數值）
`w`	套用至 y 座標的權重
`xb, xe`	擬合區間；None 代表 [x[0], x[-1]]
`k`	樣條擬合順序（$1 \le k \le 5$）
`s`	平滑因子（越大越平滑）
`full_output`	若 True 則回傳額外的輸出
`quiet`	若 True 則不顯示訊息

表 11-3 是 `sci.splev()` 函式的參數。

表 11-3 splev() 函式的參數

參數	說明
x	有序 *x* 座標（自變數值）
tck	splrep() 回傳的序列，長度為 3（結點、係數、次數）。
der	導數的階數（0 是函數，1 是一階導數）
ext	當 *x* 不在節點序列時的行為（0 = 外推，1 = return 0，2 = 發出 ValueError）

金融界經常使用樣條插值來估計不屬於原始觀測點的自變資料點的因變值。接下來的範例選擇一個小很多的區間，仔細觀察線性樣條插入的值。如圖 11-12 所示，插值函數確實在兩個觀測點之間**線性**地插入值，對某些應用領域而言，這個例子的做法可能不夠準確。此外，這個函數的另一個不足之處在於，在原始資料點上的函數顯然不是連續可微的：

```
In [52]: xd = np.linspace(1.0, 3.0, 50)  ❶
         iyd = spi.splev(xd, ipo)

In [53]: create_plot([xd, xd], [f(xd), iyd], ['b', 'ro'],
                     ['f(x)', 'interpolation'], ['x', 'f(x)'])
```

❶ 較小區間並使用較多點。

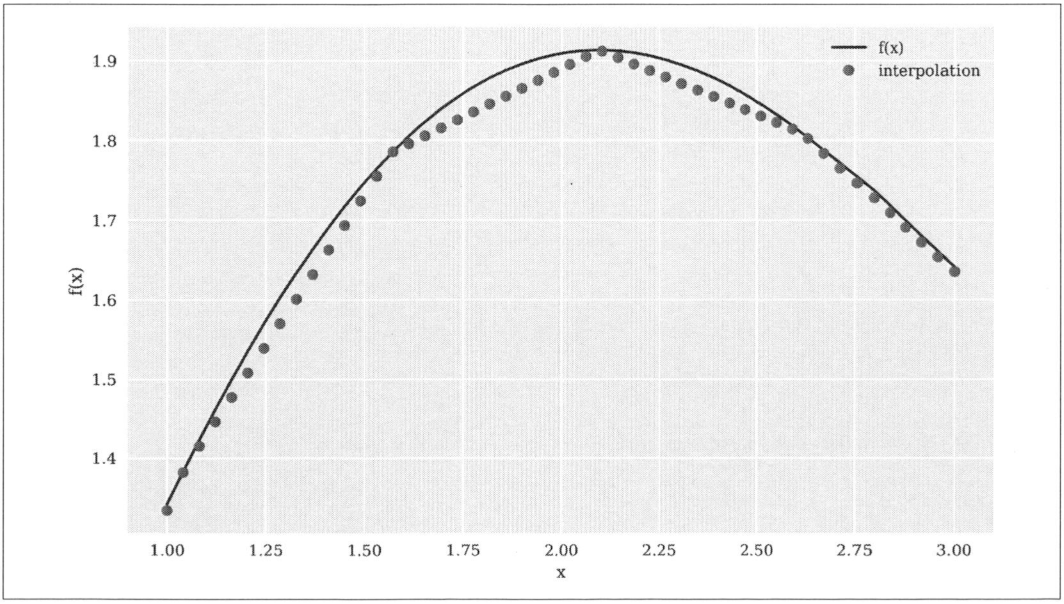

圖 11-12 線性樣條插值（資料子集合）

我們重複做這個練習，接下來使用三次樣條，它可以明顯改善結果（見圖 11-13）：

```
In [54]: ipo = spi.splrep(x, f(x), k=3)  ❶
         iyd = spi.splev(xd, ipo)  ❷

In [55]: np.allclose(f(xd), iyd)  ❸
Out[55]: False

In [56]: np.mean((f(xd) - iyd) ** 2)  ❹
Out[56]: 1.1349319851436892e-08

In [57]: create_plot([xd, xd], [f(xd), iyd], ['b', 'ro'],
                     ['f(x)', 'interpolation'], ['x', 'f(x)'])
```

❶ 對完整資料集進行三次樣條插值。

❷ 將結果應用在較小的區間。

❸ 插值的結果不算完美 …

❹ … 但已經比之前好了。

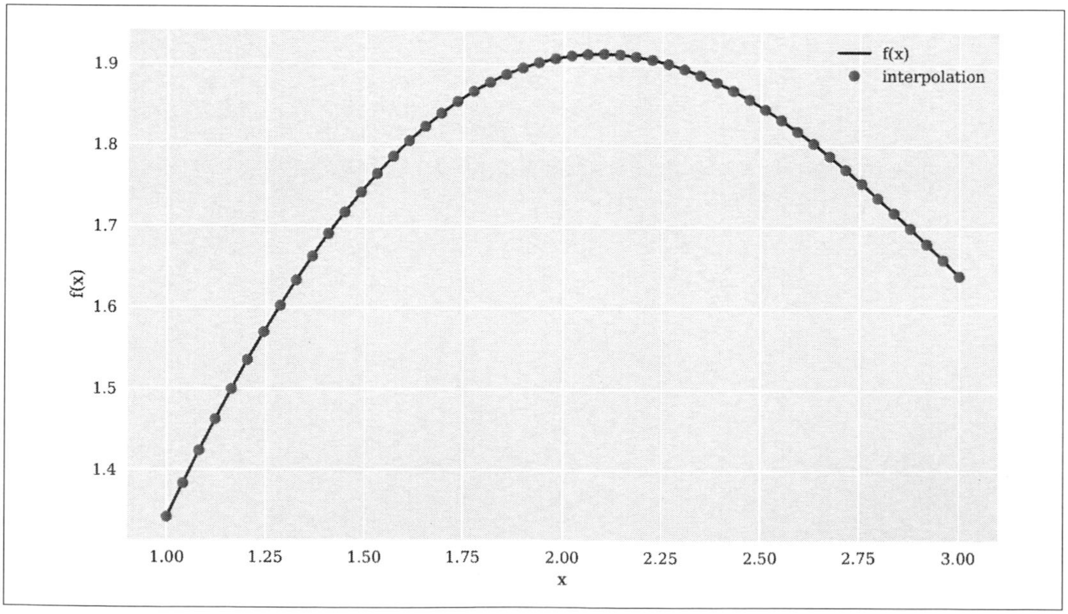

圖 11-13 三次樣條插值（資料子集合）

插值

在這些可以使用樣條插值的案例中，你可以預期它的近似結果比最小平方回歸法更好。但是，切記，你要使用已排序（而且“無雜訊”）的資料，而且這種做法只能處理低維問題。樣條插值的計算需求也比較高，因此在某些使用案例中，執行的時間可能比回歸還要長得多。

凸優化

凸優化（*convex optimization*）在財金與經濟領域扮演重要的角色。它的使用案例包括“用市場資料來調校選擇權定價模型”，以及“優化效用函數（utility function）”。例如函式 `fm()`：

```
In [58]: def fm(p):
             x, y = p
             return (np.sin(x) + 0.05 * x ** 2
                   + np.sin(y) + 0.05 * y ** 2)
```

圖 11-14 是這個函式在 `x` 與 `y` 區間的圖形。你可以看到這個函數有多個局部最小值，這種圖示無法證實整體最小值是否存在，但它似乎存在：

```
In [59]: x = np.linspace(-10, 10, 50)
         y = np.linspace(-10, 10, 50)
         X, Y = np.meshgrid(x, y)
         Z = fm((X, Y))

In [60]: fig = plt.figure(figsize=(10, 6))
         ax = fig.gca(projection='3d')
         surf = ax.plot_surface(X, Y, Z, rstride=2, cstride=2,
                                cmap='coolwarm', linewidth=0.5,
                                antialiased=True)
         ax.set_xlabel('x')
         ax.set_ylabel('y')
         ax.set_zlabel('f(x, y)')
         fig.colorbar(surf, shrink=0.5, aspect=5)
```

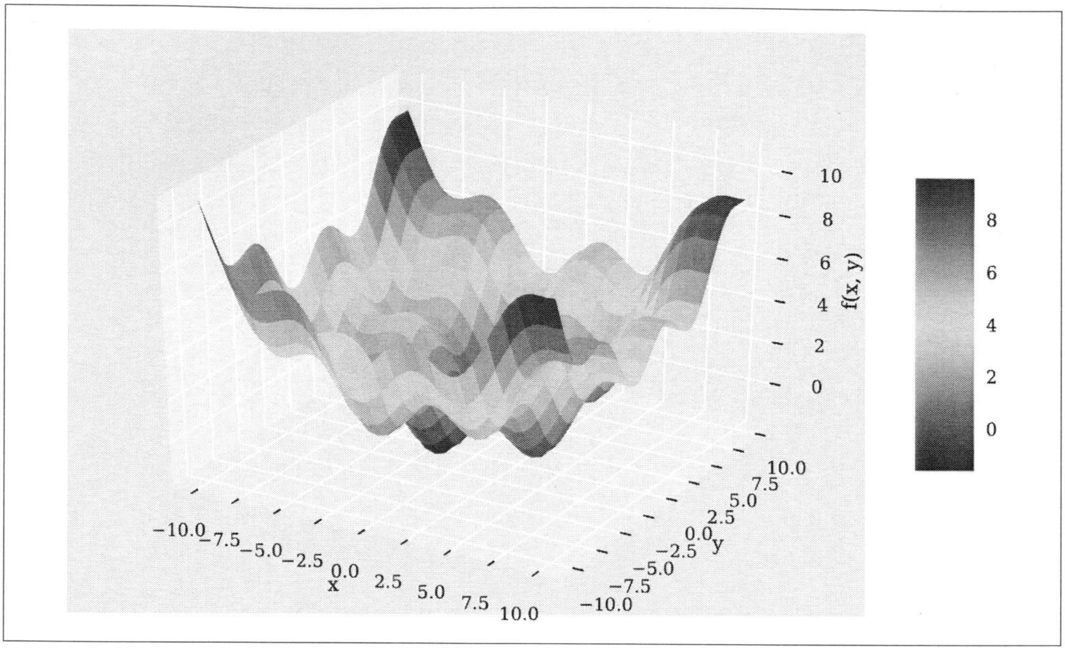

圖 11-14 線性樣條插值（資料子集合）

全域優化

接下來的程式同時實作**全域**最小化與**局部**最小化。我們使用的 sco.brute() 與 sco.fmin() 函式都來自 scipy.optimize。

為了仔細觀察最小化程序的幕後情況，下面的程式修改原始的函式，用一個選項來輸出目前的參數值以及函數值，以便追蹤過程的所有資訊：

```
In [61]: import scipy.optimize as sco  ❶

In [62]: def fo(p):
             x, y = p
             z = np.sin(x) + 0.05 * x ** 2 + np.sin(y) + 0.05 * y ** 2
             if output == True:
                 print('%8.4f | %8.4f | %8.4f' % (x, y, z))  ❷
             return z

In [63]: output = True
         sco.brute(fo, ((-10, 10.1, 5), (-10, 10.1, 5)), finish=None)  ❸
         -10.0000 | -10.0000 | 11.0880
         -10.0000 | -10.0000 | 11.0880
```

```
-10.0000 |  -5.0000 |   7.7529
-10.0000 |   0.0000 |   5.5440
-10.0000 |   5.0000 |   5.8351
-10.0000 |  10.0000 |  10.0000
 -5.0000 | -10.0000 |   7.7529
 -5.0000 |  -5.0000 |   4.4178
 -5.0000 |   0.0000 |   2.2089
 -5.0000 |   5.0000 |   2.5000
 -5.0000 |  10.0000 |   6.6649
  0.0000 | -10.0000 |   5.5440
  0.0000 |  -5.0000 |   2.2089
  0.0000 |   0.0000 |   0.0000
  0.0000 |   5.0000 |   0.2911
  0.0000 |  10.0000 |   4.4560
  5.0000 | -10.0000 |   5.8351
  5.0000 |  -5.0000 |   2.5000
  5.0000 |   0.0000 |   0.2911
  5.0000 |   5.0000 |   0.5822
  5.0000 |  10.0000 |   4.7471
 10.0000 | -10.0000 |  10.0000
 10.0000 |  -5.0000 |   6.6649
 10.0000 |   0.0000 |   4.4560
 10.0000 |   5.0000 |   4.7471
 10.0000 |  10.0000 |   8.9120

Out[63]: array([0., 0.])
```

❶ 從 `SciPy` 匯入所需的子程式包。

❷ 當 `output = True` 時印出資訊。

❸ 用蠻力法進行優化。

在使用函數的初始參數時，最佳化的參數值是 `x = y = 0`。從上面的輸出看來，產生的函數值也是 `0`。你或許會傾向接受它是全域最小值，但是，第一次參數化相當粗糙，它的兩個輸入參數都使用 5 這個步幅。這當然有很大的調整空間，可產生更好的結果，並且指出之前的答案不是最好的：

```
In [64]: output = False
         opt1 = sco.brute(fo, ((-10, 10.1, 0.1), (-10, 10.1, 0.1)), finish=None)

In [65]: opt1
Out[65]: array([-1.4, -1.4])

In [66]: fm(opt1)
Out[66]: -1.7748994599769203
```

現在最好的參數值是 `x = y = -1.4`，全域最小化的最小函數值大約是 –1.7749。

局部優化

下面的局部凸優化利用全域優化的結果。函式 `sco.fmin()` 的輸入是需要最小化的函式與起始參數值，它的選用參數值還有輸入參數寬容度與函數值寬容度，以及迭代與呼叫函式的最大次數。局部優化可進一步改善結果：

```
In [67]: output = True
         opt2 = sco.fmin(fo, opt1, xtol=0.001, ftol=0.001,
                         maxiter=15, maxfun=20)  ❶
          -1.4000 |  -1.4000 |  -1.7749
          -1.4700 |  -1.4000 |  -1.7743
          -1.4000 |  -1.4700 |  -1.7743
          -1.3300 |  -1.4700 |  -1.7696
          -1.4350 |  -1.4175 |  -1.7756
          -1.4350 |  -1.3475 |  -1.7722
          -1.4088 |  -1.4394 |  -1.7755
          -1.4438 |  -1.4569 |  -1.7751
          -1.4328 |  -1.4427 |  -1.7756
          -1.4591 |  -1.4208 |  -1.7752
          -1.4213 |  -1.4347 |  -1.7757
          -1.4235 |  -1.4096 |  -1.7755
          -1.4305 |  -1.4344 |  -1.7757
          -1.4168 |  -1.4516 |  -1.7753
          -1.4305 |  -1.4260 |  -1.7757
          -1.4396 |  -1.4257 |  -1.7756
          -1.4259 |  -1.4325 |  -1.7757
          -1.4259 |  -1.4241 |  -1.7757
          -1.4304 |  -1.4177 |  -1.7757
          -1.4270 |  -1.4288 |  -1.7757
         Warning: Maximum number of function evaluations has been exceeded.

In [68]: opt2
Out[68]: array([-1.42702972, -1.42876755])

In [69]: fm(opt2)
Out[69]: -1.7757246992239009
```

❶ 局部凸優化。

建議你在處理凸優化問題時，可以先進行全域優化，再進行局部優化。主要的原因是局部凸優化演算法很容易陷入局部最小值（或是做“盆地跳躍（basin hopping）”），完全忽略更好的局部最小值與（或）全域最小值。下面的程式將起始參數設為 `x = y = 2`，來提供大於零的“最小”值：

```
In [70]: output = False
         sco.fmin(fo, (2.0, 2.0), maxiter=250)
         Optimization terminated successfully.
                  Current function value: 0.015826
                  Iterations: 46
                  Function evaluations: 86

Out[70]: array([4.2710728 , 4.27106945])
```

約束優化

到目前為止，本節只考慮無約束優化問題，但是許多經濟或財金優化問題都被一或多個限制約束，這種約束可以用等式或不等式的形式來表示。

舉個簡單的例子，考慮一個效用最大化問題，有位（期望效用最大化的）投資者可以投資兩種高風險證券，這兩種證券的今日價值是 $q_a = q_b = 10$ 美元，一年之後，它們的報酬在 u 情況之下分別是 15 美元與 5 美元，在 d 情況之下分別是 5 美元與 12 美元，這兩種情況出現的可能性相同。我們分別用 r_a 和 r_b 來代表這兩種證券的向量報酬。

投資者的投資預算是 $w_0 = 100$ 美元，並且可以根據效用函數 $u(w) = \sqrt{w}$ 來推導未來財富效用，其中的 w 是可用的財富（美元計價）。公式 11-2 是個最大化問題公式，其中的 a 與 b 是投資者購買的證券數量。

公式 11-2 期望效用最大化問題（1）

$$
\begin{aligned}
\max_{a,b} \mathbf{E}(u(w_1)) &= p\sqrt{w_{1u}} + (1-p)\sqrt{w_{1d}} \\
w_1 &= a \cdot r_a + b \cdot r_b \\
w_0 &\geq a \cdot q_a + b \cdot q_b \\
a, b &\geq 0
\end{aligned}
$$

代入所有假設數字之後，可得到公式 11-3 的問題。注意，我們改為將負的期望效用最小化。

公式 11-3 期望效用最大化問題（2）

$$
\begin{aligned}
\min_{a,b} -\mathbf{E}(u(w_1)) &= -(0.5 \cdot \sqrt{w_{1u}} + 0.5 \cdot \sqrt{w_{1d}}) \\
w_{1u} &= a \cdot 15 + b \cdot 5 \\
w_{1d} &= a \cdot 5 + b \cdot 12 \\
100 &\geq a \cdot 10 + b \cdot 10 \\
a, b &\geq 0
\end{aligned}
$$

我們用 `scipy.optimize.minimize()` 函式來解答這個問題。除了需要最小化的函數之外，這個函式的輸入還有以等式與不等式表示的條件（`dict` 物件的 `list`），以及參數的範圍（`tuple` 物件組成的 `tuple`）[1]。我們將公式 11-3 的問題轉換成 Python 程式碼如下：

```
In [71]: import math

In [72]: def Eu(p):  ❶
             s, b = p
             return -(0.5 * math.sqrt(s * 15 + b * 5) +
                      0.5 * math.sqrt(s * 5 + b * 12))

In [73]: cons = ({'type': 'ineq',
                  'fun': lambda p: 100 - p[0] * 10 - p[1] * 10})  ❷

In [74]: bnds = ((0, 1000), (0, 1000))  ❸

In [75]: result = sco.minimize(Eu, [5, 5], method='SLSQP',
                               bounds=bnds, constraints=cons)  ❹
```

❶ 將要最小化的函數，目的是將期望效用最大化。

❷ `dict` 物件形式的不等式限制。

❸ 參數的範圍值（選擇夠寬的）。

❹ 約束優化。

`result` 物件裡面有所有相關資訊。為了取得最小函數值，你要記得將符號轉換回來：

```
In [76]: result
Out[76]:      fun: -9.700883611487832
              jac: array([-0.48508096, -0.48489535])
          message: 'Optimization terminated successfully.'
             nfev: 21
              nit: 5
             njev: 5
           status: 0
          success: True
                x: array([8.02547122, 1.97452878])
```

---

1 要更深入瞭解如何使用 `minimize` 函式及其範例，可參考文件（*http://bit.ly/using_minimize*）。

```
In [77]: result['x']  ❶
Out[77]: array([8.02547122, 1.97452878])

In [78]: -result['fun']  ❷
Out[78]: 9.700883611487832

In [79]: np.dot(result['x'], [10, 10])  ❸
Out[79]: 99.99999999999999
```

❶ 優化參數值（即最佳資產配置）。

❷ 負的最小化函數值是最佳解答值。

❸ 有預算限制，投資所有資產。

積分

在進行估價或選擇權定價時，積分是很重要的數學工具。這是因為衍生商品的風險中立（risk-neutral）值通常可以用"在風險中立（鞅（martingale））標準之下的期望折現報酬"來表示。這個期望在離散情況下是個總和，在連續情況下是個積分。scipy.integrate 程式包有各種數值積分函式，下面的範例函式來自第 330 頁的"近似法"：

```
In [80]: import scipy.integrate as sci

In [81]: def f(x):
             return np.sin(x) + 0.5 * x
```

積分區間是 [0.5, 9.5]，也就是公式 11-4 的積分。

公式 11-4 範例函數的積分

$$\int_{0.5}^{9.5} f(x)dx = \int_{0.5}^{9.5} \sin(x) + \frac{x}{2}dx$$

下面的程式是計算積分的 Python 物件：

```
In [82]: x = np.linspace(0, 10)
         y = f(x)
         a = 0.5  ❶
         b = 9.5  ❷
         Ix = np.linspace(a, b)  ❸
         Iy = f(Ix)  ❹
```

❶ 左積分邊界。

❷ 右積分邊界。

❸ 對區間值進行積分。

❹ 對函數值進行積分。

圖 11-15 將積分值視覺化，用函數底下的暗灰色區域來表示它[2]：

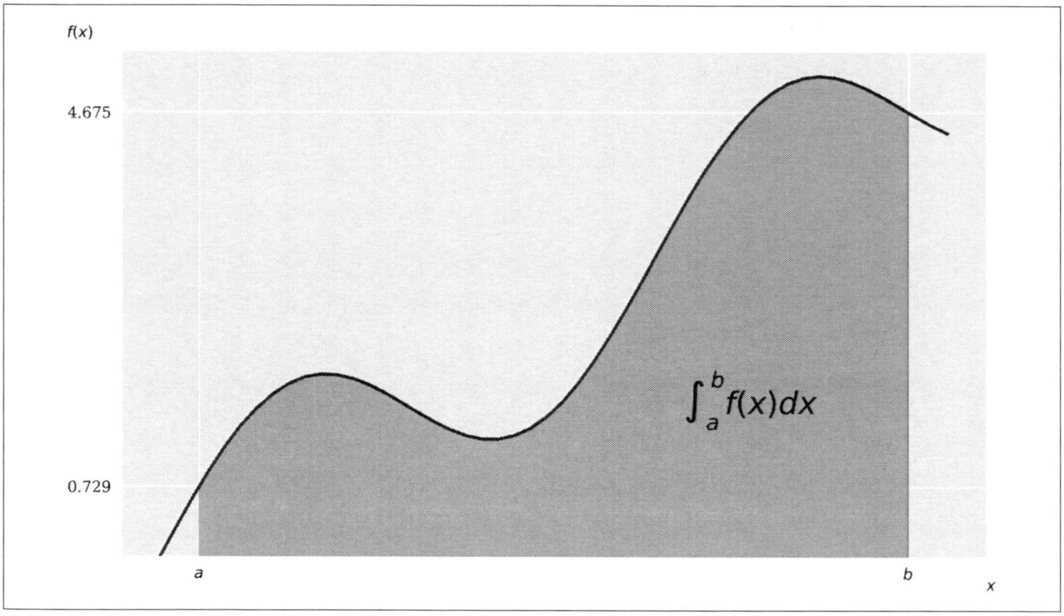

圖 11-15 用暗灰色區域代表積分值

```
In [83]: from matplotlib.patches import Polygon

In [84]: fig, ax = plt.subplots(figsize=(10, 6))
         plt.plot(x, y, 'b', linewidth=2)
         plt.ylim(bottom=0)
         Ix = np.linspace(a, b)
         Iy = f(Ix)
         verts = [(a, 0)] + list(zip(Ix, Iy)) + [(b, 0)]
         poly = Polygon(verts, facecolor='0.7', edgecolor='0.5')
```

2 要更深入瞭解這種圖表，可見第 7 章的說明。

```
        ax.add_patch(poly)
        plt.text(0.75 * (a + b), 1.5, r"$\int_a^b f(x)dx$",
                 horizontalalignment='center', fontsize=20)
        plt.figtext(0.9, 0.075, '$x$')
        plt.figtext(0.075, 0.9, '$f(x)$')
        ax.set_xticks((a, b))
        ax.set_xticklabels(('$a$', '$b$'))
        ax.set_yticks([f(a), f(b)]);
```

數值積分

scipy.integrate 子程式包有一組函式，可以計算指定了上下限的數學函數積分。這些函式包括執行固定高斯求積法的 sci.fixed_quad()、執行 *adaptive quadrature* 的 sci.quad()、執行 *Romberg* 積分的 sci.romberg()：

```
In [85]: sci.fixed_quad(f, a, b)[0]
Out[85]: 24.366995967084602

In [86]: sci.quad(f, a, b)[0]
Out[86]: 24.374754718086752

In [87]: sci.romberg(f, a, b)
Out[87]: 24.374754718086713
```

此外還有一些積分函式可接收 list 形式的函數值或 ndarray 物件形式的輸入值。其中包括使用梯形法則的 sci.trapz()，以及實作 *Simpson* 法則的 sci.simps()：

```
In [88]: xi = np.linspace(0.5, 9.5, 25)

In [89]: sci.trapz(f(xi), xi)
Out[89]: 24.352733271544516

In [90]: sci.simps(f(xi), xi)
Out[90]: 24.37496418455075
```

模擬積分

用蒙地卡羅模擬（見第 12 章）來估算選擇權與衍生商品價值的概念，來自我們可以藉由模擬來估算積分值。我們可以在積分區間內取 *I* 個隨機的 x 值，並計算每一個隨機 x 值的積分函數值，將所有函數值加總，並取其平均值，即可得到積分區間之內的平均函數值。將這個值乘以積分區間的長度，即可得到估計值。

下面的程式展示以蒙地卡羅法估計法算出來的積分值如何隨著隨機數字的增加而收斂（雖然不是 monotonically）到實際值。在使用相對少量的隨機數字時，估計的結果已經相當接近實際值了：

```
In [91]: for i in range(1, 20):
             np.random.seed(1000)
             x = np.random.random(i * 10) * (b - a) + a  ❶
             print(np.mean(f(x)) * (b - a))
         24.804762279331463
         26.522918898332378
         26.265547519223976
         26.02770339943824
         24.99954181440844
         23.881810141621663
         23.527912274843253
         23.507857658961207
         23.67236746066989
         23.679410416062886
         24.424401707879305
         24.239005346819056
         24.115396924962802
         24.424191987566726
         23.924933080533783
         24.19484212027875
         24.117348378249833
         24.100690929662274
         23.76905109847816
```

❶ 在每次迭代時增加隨機數字 x 的數量。

符號計算

之前的小節主要探討數值計算，本節將介紹符號計算，它可以在許多財金領域帶來很多幫助。SymPy 是專門進行符號計算，而且很多人使用的程式庫。

基本知識

SymPy 提供許多新類別，Symbol 類別是其中一種基礎類別：

```
In [92]: import sympy as sy

In [93]: x = sy.Symbol('x')  ❶
         y = sy.Symbol('y')  ❶
```

```
In [94]: type(x)
Out[94]: sympy.core.symbol.Symbol

In [95]: sy.sqrt(x)  ❷
Out[95]: sqrt(x)

In [96]: 3 + sy.sqrt(x) - 4 ** 2  ❸
Out[96]: sqrt(x) - 13

In [97]: f = x ** 2 + 3 + 0.5 * x ** 2 + 3 / 2  ❹

In [98]: sy.simplify(f)  ❺
Out[98]: 1.5*x**2 + 4.5
```

❶ 定義要處理的代號。

❷ 對符號執行函數。

❸ 用符號定義數值運算式。

❹ 以符號定義函數。

❺ 簡化函數運算式。

你可以從上面的程式看到它與一般 Python 程式碼的主要差異。雖然 x 沒有數值，但因為 x 是個 Symbol 物件，所以我們可以用 SymPy 來定義 x 的平方根。你可以將 sy.sqrt(x) 當成任何數學運算式的一部分。注意，SymPy 通常可以自動簡化數學運算式。你也可以用 Symbol 物件來定義任何函數。不要將它們與 Python 的函式混為一談。

SymPy 提供三種算繪數學運算式的程式：

- 使用 LaTeX 的
- 使用 Unicode 的
- 使用 ASCII 的

例如，當你僅使用 Jupyter Notebook 環境（基於 HTML）來工作時，LaTeX 算繪是很好（也就是很美觀）的選擇。下面的程式採取最簡單，不涉及手工排版的選項，ASCII，來描述：

```
In [99]: sy.init_printing(pretty_print=False, use_unicode=False)

In [100]: print(sy.pretty(f))
               2
```

```
        1.5*x + 4.5

In [101]: print(sy.pretty(sy.sqrt(x) + 0.5))

           ___
         \/ x  + 0.5
```

本節不介紹細節，但 SymPy 也提供許多其他實用的數學函數，例如，以數字估算 π。下面的範例展示 400,000 個位數的 π 的前 40 個字元與最後 40 個字元。這段程式也在裡面搜尋一個六位數—先顯示“日”的生日日期，有些數學與 IT 圈都很流行這項工作：

```
In [102]: %time pi_str = str(sy.N(sy.pi, 400000))  ❶
          CPU times: user 400 ms, sys: 10.9 ms, total: 411 ms
          Wall time: 501 ms

In [103]: pi_str[:42]  ❷
Out[103]:'3.1415926535897932384626433832795028841971'

In [104]: pi_str[-40:]  ❸
Out[104]:'8245672736856312185020980470362464176198'

In [105]: %time pi_str.find('061072')  ❹
          CPU times: user 115 µs, sys: 1e+03 ns, total: 116 µs
          Wall time: 120 µs
Out[105]: 80847
```

❶ 回傳代表 π 的前 400,000 位數的字串。

❷ 展示前 40 個位數 …

❸ … 與最後 40 個位數。

❹ 在字串裡面搜尋生日。

公式

SymPy 擅長解方程式，例如 $x^2 - 1 = 0$ 這種形式。一般來說，SymPy 假定你要找的是運算式等於零的方程解。因此，$x^2 - 1 = 3$ 這類的公式必須經過改寫才能得到想要的結果。SymPy 當然也可以處理複雜的公式，例如 $x^3 + 0.5x^2 - 1 = 0$。它也可以處理涉及虛數的問題，例如 $x^2 + y^2 = 0$：

```
In [106]: sy.solve(x ** 2 - 1)
Out[106]: [-1, 1]

In [107]: sy.solve(x ** 2 - 1 - 3)
```

```
Out[107]: [-2, 2]

In [108]: sy.solve(x ** 3 + 0.5 * x ** 2 - 1)
Out[108]: [0.858094329496553, -0.679047164748276 - 0.839206763026694*I,
           -0.679047164748276 + 0.839206763026694*I]

In [109]: sy.solve(x ** 2 + y ** 2)
Out[109]: [{x: -I*y}, {x: I*y}]
```

積分與微分

SymPy 也擅長處理積分與微分。下面的範例重新執行之前的數值與模擬積分用過的範例函數，來計算符號與數值的精確解。我們要先製作代表積分上下限的 Symbol 物件：

```
In [110]: a, b = sy.symbols('a b')  ❶

In [111]: I = sy.Integral(sy.sin(x) + 0.5 * x, (x, a, b))  ❷

In [112]: print(sy.pretty(I))  ❷
            b
           /
          |
          | (0.5*x + sin(x)) dx
          |
         /
         a

In [113]: int_func = sy.integrate(sy.sin(x) + 0.5 * x, x)  ❸

In [114]: print(sy.pretty(int_func))  ❸
                2
          0.25*x  - cos(x)

In [115]: Fb = int_func.subs(x, 9.5).evalf()  ❹
          Fa = int_func.subs(x, 0.5).evalf()  ❹

In [116]: Fb - Fa  ❺
Out[116]: 24.3747547180867
```

❶ 代表積分上下限的 Symbol 物件。

❷ 定義 Integral 物件並且將它悅目地印出。

❸ 計算反導數並且將它悅目地印出。

❹ 在上下限的反導數值，用 `.subs()` 與 `.evalf()` 方法來取得。

❺ 積分的精確數值。

你也可以用符號積分上下限來以符號的方式計算積分：

```
In [117]: int_func_limits = sy.integrate(sy.sin(x) + 0.5 * x, (x, a, b))  ❶

In [118]: print(sy.pretty(int_func_limits))  ❶
                   2          2
          - 0.25*a  + 0.25*b  + cos(a) - cos(b)

In [119]: int_func_limits.subs({a : 0.5, b : 9.5}).evalf()  ❷
Out[119]: 24.3747547180868

In [120]: sy.integrate(sy.sin(x) + 0.5 * x, (x, 0.5, 9.5))  ❸
Out[120]: 24.3747547180867
```

❶ 以符號的方式計算積分。

❷ 以數字的方式計算積分，使用 `dict` 物件來替換。

❸ 用一個步驟並且用數字方式算出積分。

微分

對反導函數求導數通常會得到原始的函數。我們對前面的符號反導數執行 `sy.diff()` 函式，來看看結果：

```
In [121]: int_func.diff()
Out[121]: 0.5*x + sin(x)
```

與積分的例子一樣，我們可以用微分來求出稍早的凸最小化問題的精確解。我們定義符號函數，求出偏導數，並找出根。

全域最小值的必要（但不充分）條件之一是兩個偏導數都是 0，但是這不能保證符號解的存在。此時演算法與（多）存在性問題可以派上用場。然而，我們可以藉由之前的全域與局部最小化結果來“有根據地”猜測，用數值方法求出這兩個一階條件的解：

```
In [122]: f = (sy.sin(x) + 0.05 * x ** 2
               + sy.sin(y) + 0.05 * y ** 2)  ❶

In [123]: del_x = sy.diff(f, x)  ❷
          del_x  ❷
```

```
Out[123]: 0.1*x + cos(x)

In [124]: del_y = sy.diff(f, y)  ❷
          del_y  ❷
Out[124]: 0.1*y + cos(y)

In [125]: xo = sy.nsolve(del_x, -1.5)  ❸
          xo  ❸
Out[125]: -1.42755177876459

In [126]: yo = sy.nsolve(del_y, -1.5)  ❸
          yo  ❸
Out[126]: -1.42755177876459

In [127]: f.subs({x : xo, y : yo}).evalf()  ❹
Out[127]: -1.77572565314742
```

❶ 符號版的函數。

❷ 計算並印出兩個偏導數。

❸ 有根據地猜測根與最佳值。

❹ 全域最小函數值。

如果使用沒根據、任意猜測值的值，可能會讓演算法陷入局部最小值，而不是全域最小值：

```
In [128]: xo = sy.nsolve(del_x, 1.5)  ❶
          xo
Out[128]: 1.74632928225285

In [129]: yo = sy.nsolve(del_y, 1.5)  ❶
          yo
Out[129]: 1.74632928225285

In [130]: f.subs({x : xo, y : yo}).evalf()  ❷
Out[130]: 2.27423381055640
```

❶ 無根據地猜測根。

❷ 局部最小函數值。

這個數字展示一階條件是必要但不充分的。

符號計算

當你用 Python 進行（財金）計算時，SymPy 與符號計算都是很寶貴的工具。尤其是當你做互動式財金分析時，符號計算比非符號方法有效率多了。

小結

本章探討一些對財金而言相當重要的數學主題與工具。例如，函數近似在許多金融領域都非常重要，例如因子模型、收益率曲線插值，以及美式選擇權的回歸式蒙地卡羅估價法。凸優化也是金融領域經常使用的技術，例如根據市價或選擇權隱含波動率來調校參數化選擇權定價模型。

數值積分是選擇權及衍生商品定價的核心工具。選擇權定價就是先算出一組隨機過程（stochastic process）的風險中立概率值，再將風險中立情況下的預期選擇權收益折算為今日的價值。第 12 章會介紹如何用風險中立量值來模擬一些隨機過程。

本章最後介紹 SymPy 符號計算。對許多數學運算而言，例如積分、微方、或求解公式，符號計算是一種實用且有效的工具。

其他資源

要更深入瞭解本章介紹的 Python 程式庫，可參考這些網路資源：

- NumPy Reference（*http://docs.scipy.org/doc/numpy/reference/*）詳細介紹本章使用的 NumPy 函式。
- 要瞭解如何使用 scipy.optimize 來優化與求根，可參考 SciPy 文件（*http://docs.scipy.org/doc/scipy/reference/optimize.html*）。
- “Integration and ODEs” 解釋如何用 scipy.integrate 來進行積分（*http://docs.scipy.org/doc/scipy/reference/integrate.html*）。
- SymPy 網站（*http://sympy.org*）有豐富的範例與詳細的文件。

關於本章主題的數學文獻，可參考：

- Brandimarte, Paolo (2006). *Numerical Methods in Finance and Economics*. Hoboken, NJ: John Wiley & Sons.

第十二章

推計學

可預測性指的不是事情的走向，而是它們可能的趨勢。

—Raheel Farooq

推計學（stochastics）已經成為金融理論最重要的數學及數值學科了。在現代金融的初期，主要是在 1970 至 1980 年代，金融研究的主要目標是（舉例）使用特定的金融模型，為選擇權價格提出封閉式的解決方案。不過近年來的需求已經發生巨大的變化，不僅要為單一金融商品進行正確的估價，也要對整個衍生商品系列進行一致地估價。類似的情況，為了在整個金融機構中提出一致的風險量值，例如風險值與信用評價調整，我們必須將整個機構與所有同業當成一個整體，這種艱巨的任務只能用靈活且高效的數值方法來解決。因此，推計學，特別是蒙地卡羅模擬，在金融領域的地位日益重要。

本章從 Python 的角度介紹下列主題：

"亂數"，第 364 頁

本節從偽亂數開始探討，它是所有模擬工作的基礎；雖然準亂數（例如基於 Sobol 序列的）在財金領域越來越流行了，但偽亂數仍然是標竿。

"模擬"，第 370 頁

金融領域有兩項特別重要的模擬工作：模擬隨機變數，以及模擬隨機過程。

"估價"，第 394 頁

與估價有關的兩項主要工作是評估採取歐式行使法（在特定日期）以及美式行使法（在特定時段）的衍生商品的價值；此外還有採取百慕達（*Bermudan*）行使法（在有限的特定日期行使）的金融工具。

"風險評估"，第 402 頁

模擬非常適合用來評估風險，例如風險值、信用風險值，與信用評價調整。

亂數

本章都會使用 numpy.random 程式包來產生亂數[1]：

```
In [1]: import math
        import numpy as np
        import numpy.random as npr  ❶
        from pylab import plt, mpl

In [2]: plt.style.use('seaborn')
        mpl.rcParams['font.family'] = 'serif'
        %matplotlib inline
```

❶ 從 NumPy 匯入亂數產生子程式包。

例如，rand() 函式可以根據參數提供的外形，回傳區間 [0,1) 內的亂數。它回傳的物件是個 ndarray 物件。你可以輕鬆地轉換這些數字，以涵蓋實線的其他區間。例如，如果你想要產生區間 $[a, b) = [5, 10)$ 內的亂數，可以像下面的例子一樣，轉換 npr.rand() 回傳的數字—藉助 NumPy 的廣播性，這種做法也可以處理多維：

```
In [3]: npr.seed(100)  ❶
        np.set_printoptions(precision=4)  ❶

In [4]: npr.rand(10)  ❷
Out[4]: array([0.5434, 0.2784, 0.4245, 0.8448, 0.0047, 0.1216, 0.6707, 0.8259,
               0.1367, 0.5751])

In [5]: npr.rand(5, 5)  ❸
Out[5]: array([[0.8913, 0.2092, 0.1853, 0.1084, 0.2197],
               [0.9786, 0.8117, 0.1719, 0.8162, 0.2741],
               [0.4317, 0.94  , 0.8176, 0.3361, 0.1754],
```

1 為了簡單起見，雖然我們使用的數字都是偽亂數，但我們姑且將它們稱為亂數。

```
                 [0.3728, 0.0057, 0.2524, 0.7957, 0.0153],
                 [0.5988, 0.6038, 0.1051, 0.3819, 0.0365]])

In [6]: a = 5.  ❹
        b = 10.  ❺
        npr.rand(10) * (b - a) + a  ❻
Out[6]: array([9.4521, 9.9046, 5.2997, 9.4527, 7.8845, 8.7124, 8.1509, 7.9092,
               5.1022, 6.0501])

In [7]: npr.rand(5, 5) * (b - a) + a  ❼
Out[7]: array([[7.7234, 8.8456, 6.2535, 6.4295, 9.262 ],
               [9.875 , 9.4243, 6.7975, 7.9943, 6.774 ],
               [6.701 , 5.8904, 6.1885, 5.2243, 7.5272],
               [6.8813, 7.964 , 8.1497, 5.713 , 9.6692],
               [9.7319, 8.0115, 6.9388, 6.8159, 6.0217]])
```

❶ 為了可重現而固定 seed 值，並固定印出的位數。

❷ 用一維 ndarray 物件來儲存均勻分布亂數。

❸ 用二維 ndarray 物件來儲存均勻分布亂數。

❹ 下限 …

❺ … 與上限 …

❻ … 用來轉換到另一個區間。

❼ 對二維物件進行同一項轉換。

表 12-1 是可產生簡單的亂數的函式（*http://bit.ly/2Fo39Yh*）。

表 12-1 簡單的亂數生成函式

函式	參數	回傳 / 結果
rand	d0, d1, ..., dn	將亂數放入指定的外形
randn	d0, d1, ..., dn	從標準常態分布取出一個或多個樣本
randint	low[, high, size]	從 low（包含）到 high（不包含）的整數亂數
random_integers	low[, high, size]	low 與 high 之間（皆包含）的整數亂數
random_sample	[size]	在半開區間 [0.0, 1.0) 之內的浮點亂數
random	[size]	在半開區間 [0.0, 1.0) 之內的浮點亂數
ranf	[size]	在半開區間 [0.0, 1.0) 之內的浮點亂數
sample	[size]	在半開區間 [0.0, 1.0) 之內的浮點亂數
choice	a[, size, replace, p]	從指定的 1D 陣列取出亂數樣本
bytes	length	隨機 bytes

將表 12-1 的函式產生的亂數視覺化相當簡單。圖 12-1 是將兩個連續分布與兩個離散分布畫出來的結果：

```
In [8]: sample_size = 500
        rn1 = npr.rand(sample_size, 3)  ❶
        rn2 = npr.randint(0, 10, sample_size)  ❷
        rn3 = npr.sample(size=sample_size)  ❶
        a = [0, 25, 50, 75, 100]  ❸
        rn4 = npr.choice(a, size=sample_size)  ❸

In [9]: fig, ((ax1, ax2), (ax3, ax4)) = plt.subplots(nrows=2, ncols=2,
                                                      figsize=(10, 8))
        ax1.hist(rn1, bins=25, stacked=True)
        ax1.set_title('rand')
        ax1.set_ylabel('frequency')
        ax2.hist(rn2, bins=25)
        ax2.set_title('randint')
        ax3.hist(rn3, bins=25)
        ax3.set_title('sample')
        ax3.set_ylabel('frequency')
        ax4.hist(rn4, bins=25)
        ax4.set_title('choice');
```

❶ 均勻分布的亂數。

❷ 指定區間的整數亂數。

❸ 從有限 `list` 物件隨機抽樣的值。

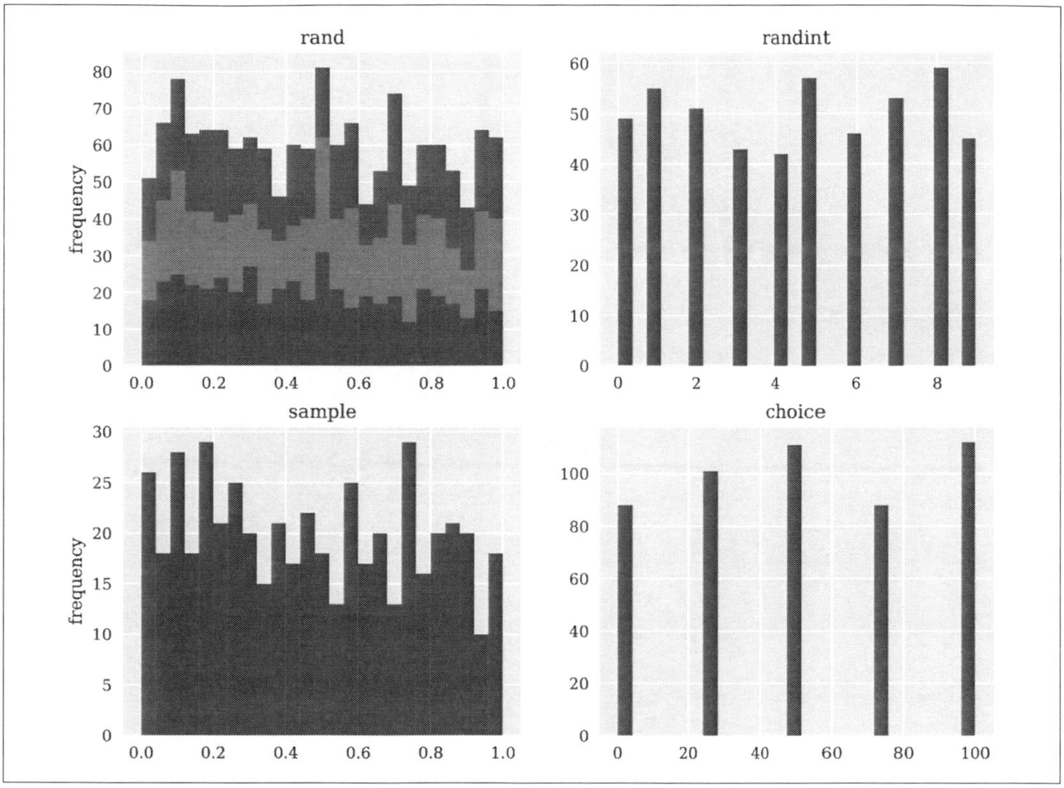

圖 12-1 用簡單的亂數繪製直方圖

表 12-2 是根據不同的分布來產生亂數的函式（*http://bit.ly/2A02jv5*）。

表 12-2 根據不同的分布規則來產生亂數的函式

函式	參數	回傳 / 結果
`beta`	`a, b[, size]`	從 [0, 1] 之間的 beta 分布抽樣
`binomial`	`n, p[, size]`	從二項式分布抽樣
`chisquare`	`df[, size]`	從卡方分布抽樣
`dirichlet`	`alpha[, size]`	從 Dirichlet 分布抽樣
`exponential`	`[scale, size]`	從指數分布抽樣
`f`	`dfnum, dfden[, size]`	從 F 分布抽樣
`gamma`	`shape[, scale, size]`	從 gamma 分布抽樣
`geometric`	`p[, size]`	從幾何分布抽樣
`gumbel`	`[loc, scale, size]`	從 Gumbel 分布抽樣
`hypergeometric`	`ngood, nbad, nsample[, size]`	從超幾何分布抽樣

函式	參數	回傳 / 結果
laplace	[loc, scale, size]	從 Laplace 或雙指數分布抽樣
logistic	[loc, scale, size]	從 logistic 分布抽樣
lognormal	[mean, sigma, size]	從對數常態分布抽樣
logseries	p[, size]	從對數級數分布抽樣
multinomial	n, pvals[, size]	從多項分布抽樣
multivariate_normal	mean, cov[, size]	從多變數分布抽樣
negative_binomial	n, p[, size]	從負二項分布抽樣
noncentral_chisquare	df, nonc[, size]	從非中心卡方分布抽樣
noncentral_f	dfnum, dfden, nonc[, size]	從非中心 F 分布抽樣
normal	[loc, scale, size]	從常態（高斯）分布抽樣
pareto	a[, size]	從指定外形的 Pareto II 或 Lomax 分布抽樣
poisson	[lam, size]	從帕松分布抽樣
power	a[, size]	從正指數 a - 1 的冪次分布的 [0, 1] 內抽樣
rayleigh	[scale, size]	從 Rayleigh 分布抽樣
standard_cauchy	[size]	從 mode = 0 的標準 Cauchy 分布抽樣
standard_exponential	[size]	從標準指數分布抽樣
standard_gamma	shape[, size]	從標準 gamma 分布抽樣
standard_normal	[size]	從標準常態分布抽樣（mean=0, stdev=1）
standard_t	df[, size]	從自由度為 df 的學生分布 t 抽樣
triangular	left, mode, right[, size]	從 [left, right] 區間的三角分布抽樣
uniform	[low, high, size]	從均匀分布抽樣
vonmises	mu, kappa[, size]	從 von Mises 分布抽樣
wald	mean, scale[, size]	從 Wald 或逆高斯分布抽樣
weibull	a[, size]	從 Weibull 分布抽樣
zipf	a[, size]	從 Zipf 分布抽樣

儘管有些人不認同在金融領域使用（標準）常態分布，但它們是不可或缺的工具，而且仍然是分析與數值應用中最流行的分布類型。原因之一是許多金融模型仍然直接使用常態或對數常態分布。另一個原因是，我們可以將許多未直接依賴（對數）常態假設的金融模型離散化，並且藉著使用常態分布來進行近似模擬。

為了說明，圖 12-2 將取自下列分布的亂數視覺化：

- 均值為 0，標準差為 1 的標準常態分布。
- 均值為 100，標準差為 20 的常態分布。
- 自由度為 0.5 的卡方分布。
- lambda 為 1 的帕松分布。

圖 12-2 是三個連續分布與一個離散（帕松）分布的結果。舉例而言，帕松分布可以用來模擬（罕見的）外部事件，例如金融商品價格暴漲或外部衝擊。這是產生亂數的程式：

```
In [10]: sample_size = 500
         rn1 = npr.standard_normal(sample_size)  ❶
         rn2 = npr.normal(100, 20, sample_size)  ❷
         rn3 = npr.chisquare(df=0.5, size=sample_size)  ❸
         rn4 = npr.poisson(lam=1.0, size=sample_size)  ❹

In [11]: fig, ((ax1, ax2), (ax3, ax4)) = plt.subplots(nrows=2, ncols=2,
                                                       figsize=(10, 8))
         ax1.hist(rn1, bins=25)
         ax1.set_title('standard normal')
         ax1.set_ylabel('frequency')
         ax2.hist(rn2, bins=25)
         ax2.set_title('normal(100, 20)')
         ax3.hist(rn3, bins=25)
         ax3.set_title('chi square')
         ax3.set_ylabel('frequency')
         ax4.hist(rn4, bins=25)
         ax4.set_title('Poisson');
```

❶ 標準常態分布的亂數。

❷ 常態分布亂數。

❸ 卡方分布亂數。

❹ 帕松分布亂數。

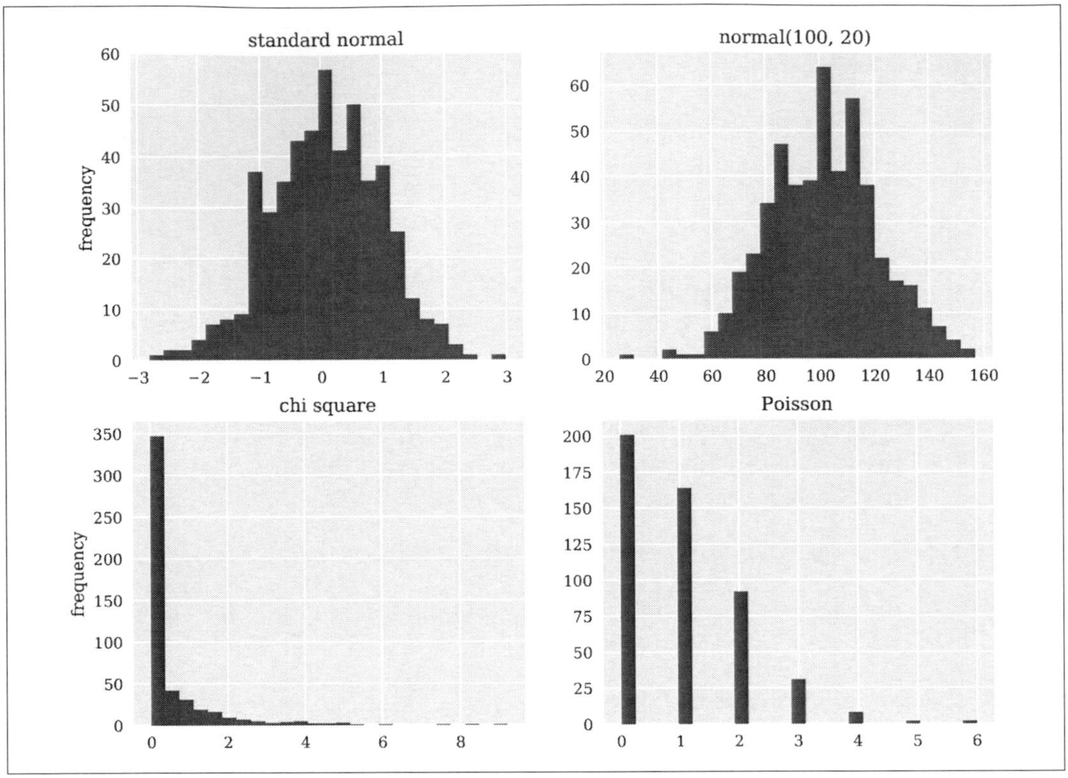

圖 12-2 取自不同分布的亂數樣本直方圖

NumPy 與亂數

如本節所示，若要在 Python 中產生偽亂數，NumPy 是一種強大（甚至不可或缺）的工具，它建立的小型或大型的 ndarray 亂數物件不但很方便，也很高效。

模擬

蒙地卡羅模擬（MCS）是財金領域最重要的數值模擬技術之一，或許也是用途最廣泛且最重要的模擬技術。這主要因為它是最靈活的數學運算式（例如積分）求值方法，特別適合估計金融衍生商品的價值。但是，這種彈性的代價是較高的計算負擔，因為估計一個值通常需要進行數十萬，甚至數百萬次複雜的計算。

隨機變數

舉個例子，考慮 Black-Scholes-Merton 選擇權定價模型。這個模型用公式 12-1，以今日指數 S_0 來算出未來日期 T 的指數 S_T。

公式 12-1 以 *Black-Scholes-Merton* 模型模擬未來指數

$$S_T = S_0 \exp\left(\left(r - \frac{1}{2}\sigma^2\right)T + \sigma\sqrt{T}z\right)$$

公式中的變數與參數的意義為：

S_T
　日期 T 的指數

r
　固定的無風險短期收益率

σ
　S 的固定波動率（= 報酬的標準差）

z
　標準常態分布隨機變數

我們用下面的程式來將這個金融模型參數化，並加以模擬。圖 12-3 是模擬程式的輸出：

```
In [12]: S0 = 100  ❶
         r = 0.05  ❷
         sigma = 0.25  ❸
         T = 2.0  ❹
         I = 10000  ❺
         ST1 = S0 * np.exp((r - 0.5 * sigma ** 2) * T +
                 sigma * math.sqrt(T) * npr.standard_normal(I))  ❻

In [13]: plt.figure(figsize=(10, 6))
         plt.hist(ST1, bins=50)
         plt.xlabel('index level')
         plt.ylabel('frequency');
```

❶ 初始指數。

❷ 無風險短期收益率常數。

❸ 固定波動因子。

❹ 以年為單位的期間。

❺ 模擬數。

❻ 模擬本身是用向量化的運算式來進行的，離散形式使用 `npr.standard_normal()` 函式。

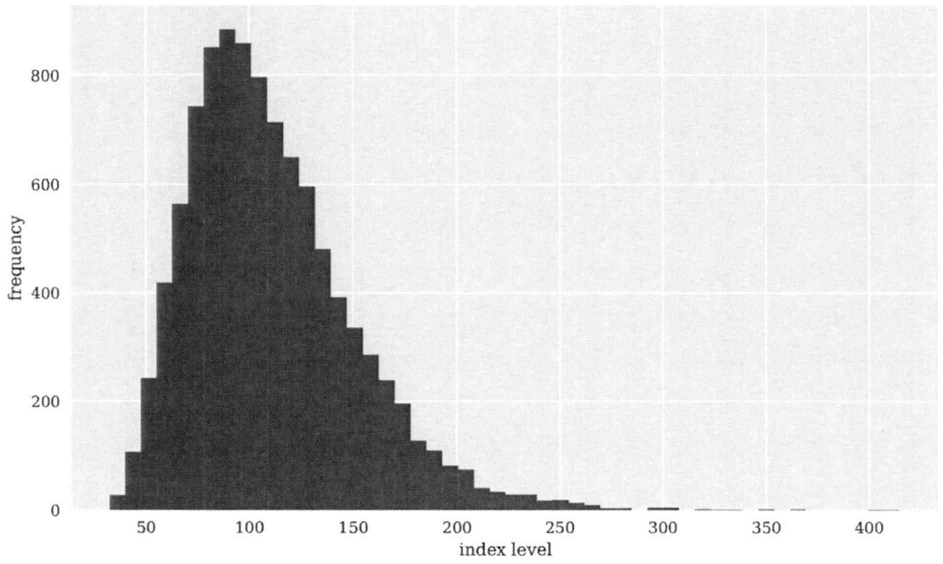

圖 12-3 靜態模擬幾何布朗運動（使用 npr.standard_normal()）

從圖 12-3 可以看到，公式 12-1 定義的隨機變數呈**對數常態**分布，因此你可以試著使用 `npr.lognormal()` 函式來直接推導隨機變數的值，在這種情況下，你必須傳遞均值與標準差給函式：

```
In [14]:ST2 = S0 * npr.lognormal((r - 0.5 * sigma ** 2) * T,
                                sigma * math.sqrt(T), size=I)  ❶

In [15]: plt.figure(figsize=(10, 6))
         plt.hist(ST2, bins=50)
         plt.xlabel('index level')
         plt.ylabel('frequency');
```

❶ 用向量化運算式來模擬；離散形式使用 `npr.lognormal()` 函式。

圖 12-4 是程式的結果。

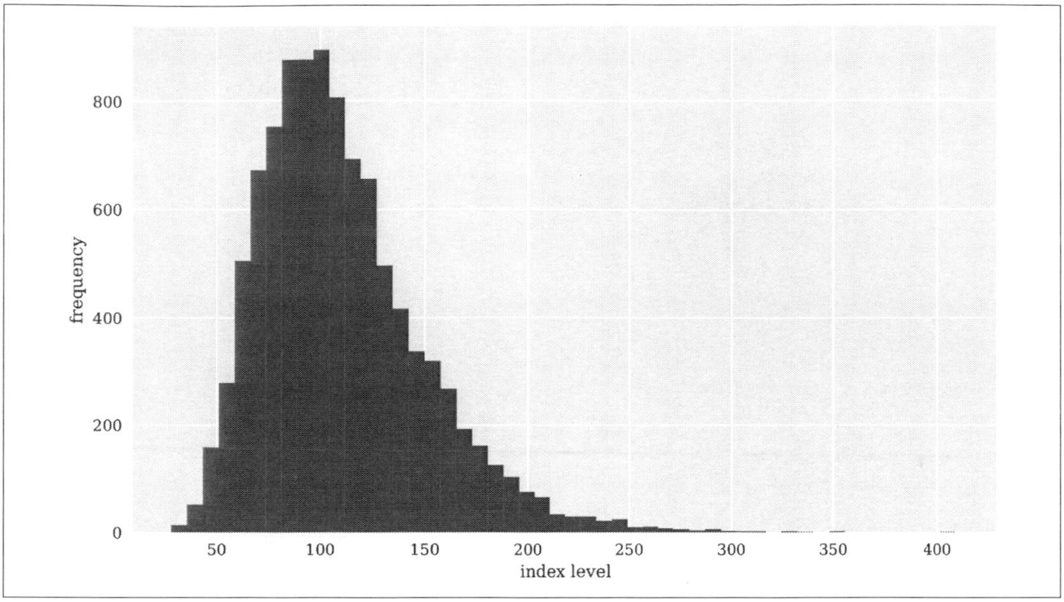

圖 12-4 靜態模擬幾何布朗運動（使用 npr.lognormal()）

圖 12-3 與 12-4 看起來非常相似。我們可以藉著比較分布的統計動差（statistical moment），來進行嚴格的檢驗。為了比較模擬結果的分布特性，我們可以使用實用的 `scipy.stats` 子程式包與下面的輔助函式 `print_statistics()`：

```
In [16]: import scipy.stats as scs

In [17]: def print_statistics(a1, a2):
             ''' Prints selected statistics.

             Parameters
             ==========
             a1, a2: ndarray objects
                 results objects from simulation
             '''
             sta1 = scs.describe(a1)  ❶
             sta2 = scs.describe(a2)  ❶
             print('%14s %14s %14s' %
                 ('statistic', 'data set 1', 'data set 2'))
             print(45 * "-")
             print('%14s %14.3f %14.3f' % ('size', sta1[0], sta2[0]))
             print('%14s %14.3f %14.3f' % ('min', sta1[1][0], sta2[1][0]))
             print('%14s %14.3f %14.3f' % ('max', sta1[1][1], sta2[1][1]))
             print('%14s %14.3f %14.3f' % ('mean', sta1[2], sta2[2]))
```

```
        print('%14s %14.3f %14.3f' % ('std', np.sqrt(sta1[3]),
                                      np.sqrt(sta2[3])))
        print('%14s %14.3f %14.3f' % ('skew', sta1[4], sta2[4]))
        print('%14s %14.3f %14.3f' % ('kurtosis', sta1[5], sta2[5]))

In [18]: print_statistics(ST1, ST2)
              statistic     data set 1     data set 2
         ---------------------------------------------
                   size      10000.000      10000.000
                    min         32.327         28.230
                    max        414.825        409.110
                   mean        110.730        110.431
                    std         40.300         39.878
                   skew          1.122          1.115
               kurtosis          2.438          2.217
```

❶ `scs.describe()` 函式回傳資料集的重要統計數據。

顯然這兩種模擬的統計數據很相似，它們的差異主要來自所謂的模擬**抽樣誤差**。當你用**離散**的方式模擬**連續**的隨機過程時，可能也會引入另一種誤差，即**離散化誤差**，但因為這種模擬方式的靜態性質，這個例子沒有這種情況。

隨機過程

大致來說，**隨機過程**（*stochastic process*）就是一個隨機變數序列，因此我們可能會認為模擬一個過程就像對隨機變數進行一系列重複的模擬，這種想法大致上沒有錯，只是抽樣通常不是獨立的，而是根據之前的抽樣結果。但是，一般來說，金融領域的隨機過程有**馬可夫特性**，它的主要含義是，過程的明日價格只與今日狀態有關，與任何其他更"歷史性"的狀態，甚至整個歷史走勢無關。所以這種過程被視為**無記憶性**的。

幾何布朗運動

考慮動態形式的 Black-Scholes-Merton 模型，如公式 12-2 的隨機微分方程式（SDE）所示。式子中的 Z_t 是標準布朗運動，SDE 稱為**幾何布朗運動**。S_t 的值呈對數常態分布，而且（邊際）報酬通常是 $\frac{dS_t}{S_t}$，呈常態分布。

公式 12-2 ***Black-Scholes-Merton* 模型的隨機微分方程式**

$$dS_t = rS_t dt + \sigma S_t dZ_t$$

公式 12-2 的 SDE 可以用歐拉方法離散化，公式 12-3 是這種方法，其中 Δ_t 是固定的離散化間隔，z_t 是標準常態分布隨機變數。

公式 12-3 動態模擬 *Black-Scholes-Merton* 模型的指數

$$S_t = S_{t-\Delta t} \exp\left(\left(r - \frac{1}{2}\sigma^2\right)\Delta t + \sigma\sqrt{\Delta t} z_t\right)$$

與之前一樣，我們可以輕鬆地將它轉換成 Python 與 NumPy 程式。我們得到的最終指數值仍然是對數常態分布的，如圖 12-5 所示。前四個動差也相當接近靜態模擬方法產生的結果：

```
In [19]: I = 10000  ❶
         M = 50  ❷
         dt = T / M  ❸
         S = np.zeros((M + 1, I))  ❹
         S[0] = S0  ❺
         for t in range(1, M + 1):
             S[t] = S[t - 1] * np.exp((r - 0.5 * sigma ** 2) * dt +
                     sigma * math.sqrt(dt) * npr.standard_normal(I))  ❻

In [20]: plt.figure(figsize=(10, 6))
         plt.hist(S[-1], bins=50)
         plt.xlabel('index level')
         plt.ylabel('frequency');
```

❶ 要模擬的走勢數量。

❷ 離散化的時段數量。

❸ 以年為單位的時段長度。

❹ 代表指數的二維 ndarray 物件。

❺ 時間 $t = 0$ 的初始點的初始值。

❻ 用半向量化運算式來模擬；迴圈從時間 $t = 1$ 開始，到 $t = T$ 為止遍歷各點。

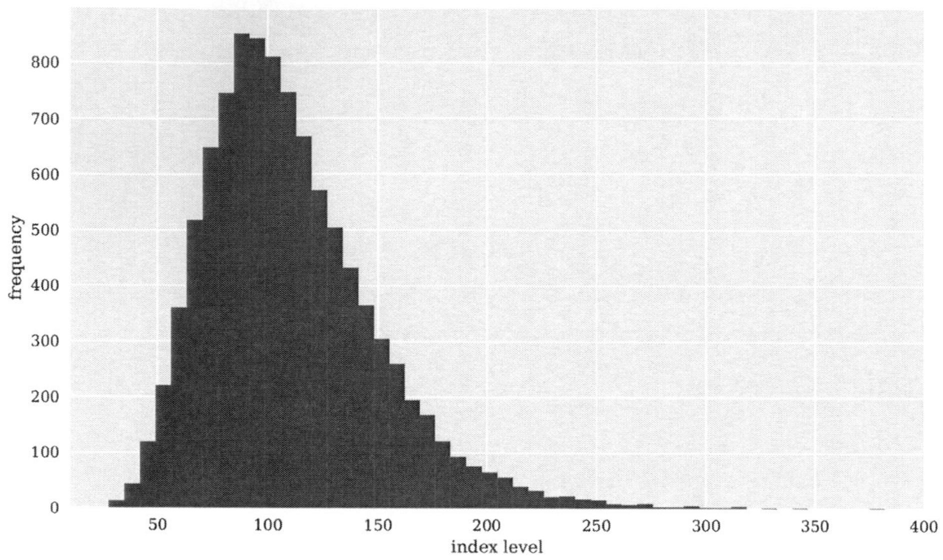

圖 12-5 動態模擬到期日的幾何布朗運動

接著我們比較動態模擬與靜態模擬的統計結果。圖 12-6 展示前 10 個模擬走勢：

```
In [21]: print_statistics(S[-1], ST2)
              statistic      data set 1      data set 2
         ---------------------------------------------
                   size       10000.000       10000.000
                    min          27.746          28.230
                    max         382.096         409.110
                   mean         110.423         110.431
                    std          39.179          39.878
                   skew           1.069           1.115
               kurtosis           2.028           2.217

In [22]: plt.figure(figsize=(10, 6))
         plt.plot(S[:, :10], lw=1.5)
         plt.xlabel('time')
         plt.ylabel('index level');
```

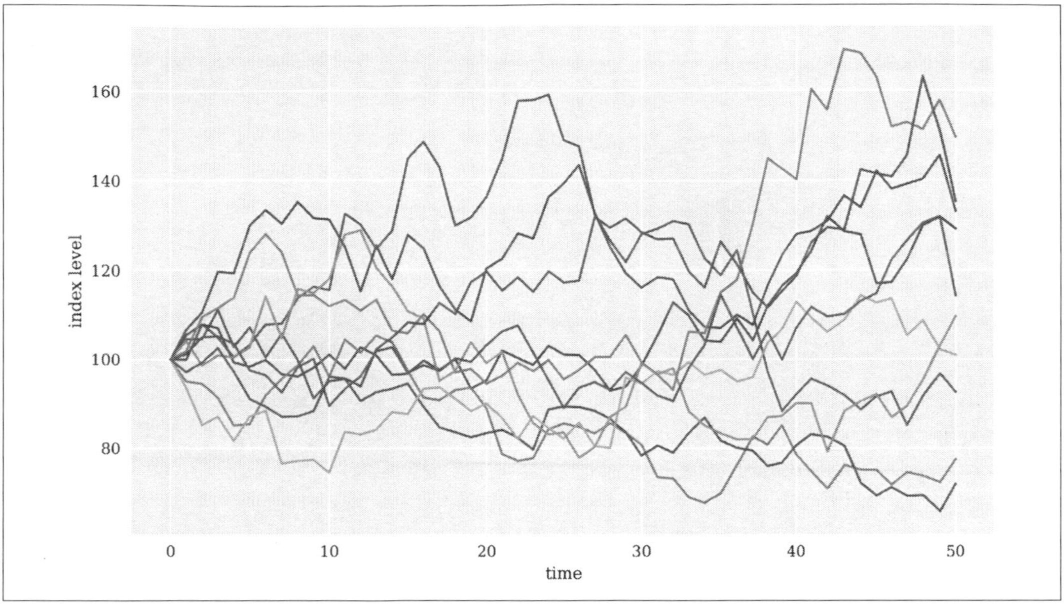

圖 12-6 動態模擬幾何布朗運動走勢

使用動態模擬不但可以像圖 12-6 一樣將走勢視覺化，也可以評估美式 / 百慕達選擇權的價值，或評估報酬與走勢有關的選擇權的價值。我們得到的是隨著時間變化的全動態圖像。

平方根擴散

均值回歸（*mean-reverting*）過程是金融領域另一項重要的過程，它可用來建立短期收益率或波動性過程模型，其中，Cox、Ingersoll 與 Ross（1985）提出的**平方根擴散**（*square-root diffusion*）是最流行的模型，公式 12-4 是其對應的 SDE。

公式 12-4 平方根擴散的隨機微分方程式

$$dx_t = \kappa(\theta - x_t)dt + \sigma\sqrt{x_t}dZ_t$$

方程式中的變數與參數的意義為：

x_t

　日期 t 時的過程值

κ

　均值回歸因子

θ

過程的長期均值

σ

固定波動率參數

Z_t

標準布朗運動

眾所周知，x_t 的值呈卡方分布。但是，之前說過，許多金融模型都可以用常態分布來進行離散化與近似（也就是使用所謂的歐拉離散化方法）。雖然歐拉法可以精確地處理幾何布朗運動，但它處理其他隨機過程會產生偏差。即使有精確的方法可用（稍後會介紹一種處理平方根擴散的方法），但出於數值與計算的原因，歐拉法仍然是理想的做法。公式 12-5 就是歐拉方法，其中 $s = t - \Delta t$，且 $x^+ \equiv \max(x, 0)$。在文獻中，這種特殊方法經常被稱為**完全截斷**（*full truncation*）（詳情及其他方法請參考 Hilpisch（2015））。

公式 12-5 對平方根擴散進行歐拉離散化

$$\tilde{x}_t = \tilde{x}_s + \kappa\left(\theta - \tilde{x}_s^+\right)\Delta t + \sigma\sqrt{\tilde{x}_s^+}\sqrt{\Delta t}z_t$$

$$x_t = \tilde{x}_t^+$$

平方根擴散有一種方便且實用的特性：x_t 的值絕對為正。當你用歐拉方法將它離散化時，無法排除負值。這就是大家處理的總是原始模擬過程的正值版本的原因。因此在模擬程式中，我們要使用兩個 ndarray 物件，而不是一個。圖 12-7 用直方圖來表示模擬的結果：

```
In [23]: x0 = 0.05  ❶
         kappa = 3.0  ❷
         theta = 0.02  ❸
         sigma = 0.1  ❹
         I = 10000
         M = 50
         dt = T / M

In [24]: def srd_euler():
             xh = np.zeros((M + 1, I))
             x = np.zeros_like(xh)
             xh[0] = x0
             x[0] = x0
             for t in range(1, M + 1):
                 xh[t] = (xh[t - 1] +
```

```
                     kappa * (theta - np.maximum(xh[t - 1], 0)) * dt +
                     sigma * np.sqrt(np.maximum(xh[t - 1], 0)) *
                     math.sqrt(dt) * npr.standard_normal(I))  ❺
        x = np.maximum(xh, 0)
        return x
    x1 = srd_euler()

In [25]: plt.figure(figsize=(10, 6))
         plt.hist(x1[-1], bins=50)
         plt.xlabel('value')
         plt.ylabel('frequency');
```

❶ 初始值（短期收益率）。

❷ 均值回歸因子。

❸ 長期均值。

❹ 波動因子。

❺ 用歐拉方法來模擬。

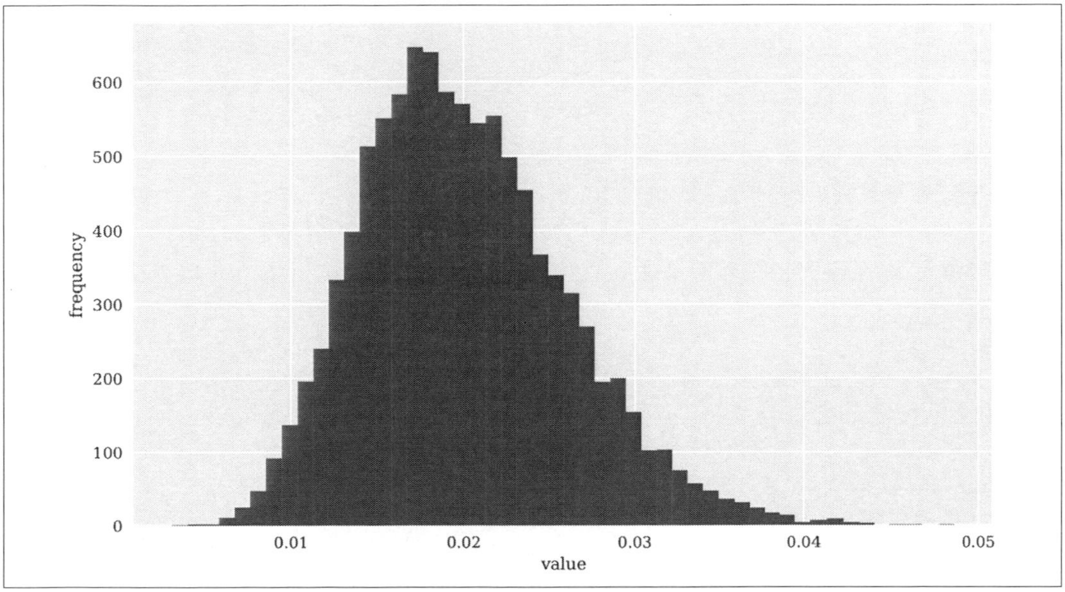

圖 12-7 動態模擬到期日平方根擴散（歐拉法）

圖 12-8 是前 10 個模擬走勢，你可以看到平均波動值是負的（因為 $x_0 > \theta$），並收斂至 $\theta = 0.02$：

```
In [26]: plt.figure(figsize=(10, 6))
         plt.plot(x1[:, :10], lw=1.5)
         plt.xlabel('time')
         plt.ylabel('index level');
```

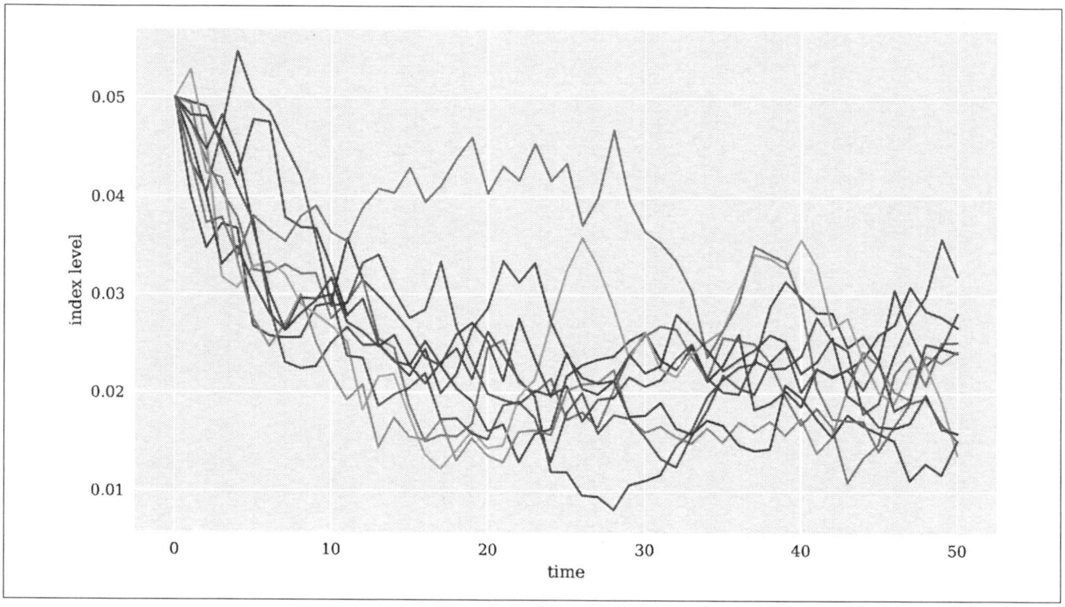

圖 12-8 動態模擬平方根擴散走勢（歐拉法）

公式 12-6 是處理平方根擴散的精確離散化方法，其非中心（noncentral）卡方分布 $\chi_d'^2$ 有

$$df = \frac{4\theta\kappa}{\sigma^2}$$

自由度與非中心參數

$$nc = \frac{4\kappa e^{-\kappa\Delta t}}{\sigma^2\left(1 - e^{-\kappa\Delta t}\right)} x_s$$

公式 12-6 平方根擴散的精確離散化

$$x_t = \frac{\sigma^2\left(1 - e^{-\kappa\Delta t}\right)}{4\kappa} \chi_d'^2 \left(\frac{4\kappa e^{-\kappa\Delta t}}{\sigma^2\left(1 - e^{-\kappa\Delta t}\right)} x_s\right)$$

用 Python 來實作這種離散式方法比較複雜，但仍然相當簡明。圖 12-9 用直方圖來畫出使用精確方法在模擬到期日時的輸出：

```
In [27]: def srd_exact():
             x = np.zeros((M + 1, I))
             x[0] = x0
             for t in range(1, M + 1):
                 df = 4 * theta * kappa / sigma ** 2  ❶
                 c = (sigma ** 2 * (1 - np.exp(-kappa * dt))) / (4 * kappa)  ❶
                 nc = np.exp(-kappa * dt) / c * x[t - 1]  ❶
                 x[t] = c * npr.noncentral_chisquare(df, nc, size=I)  ❶
             return x
         x2 = srd_exact()

In [28]: plt.figure(figsize=(10, 6))
         plt.hist(x2[-1], bins=50)
         plt.xlabel('value')
         plt.ylabel('frequency');
```

❶ 精確離散化方法，使用 `npr.noncentral_chisquare()`。

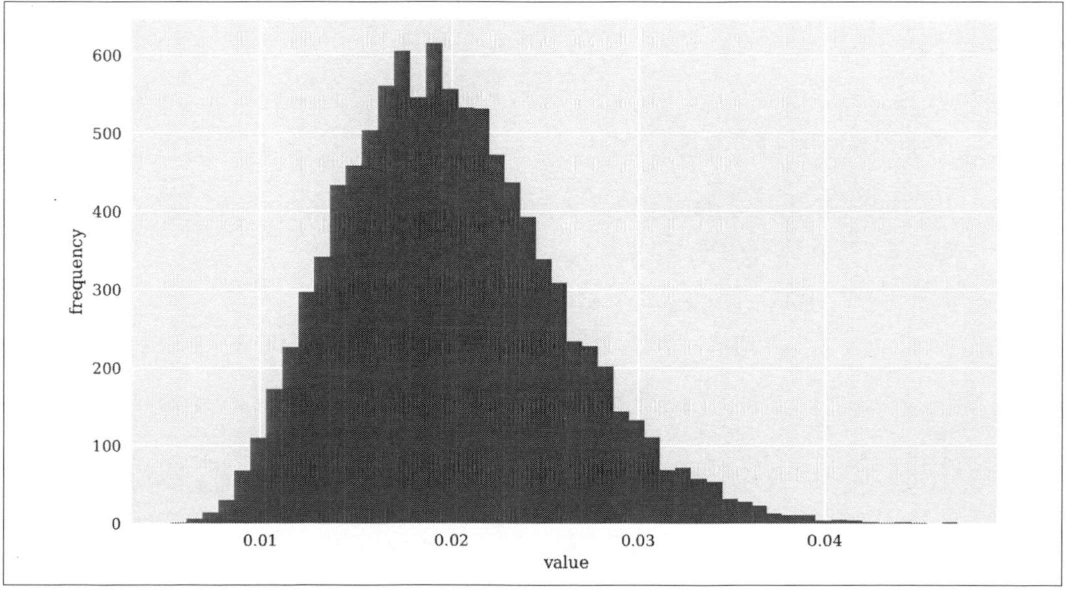

圖 12-9 動態模擬到期日的平方根擴散（精確方法）

與之前一樣，圖 12-10 是前 10 條模擬走勢，同樣顯示出負的平均波動，以及收斂至 θ：

```
In [29]: plt.figure(figsize=(10, 6))
         plt.plot(x2[:, :10], lw=1.5)
         plt.xlabel('time')
         plt.ylabel('index level');
```

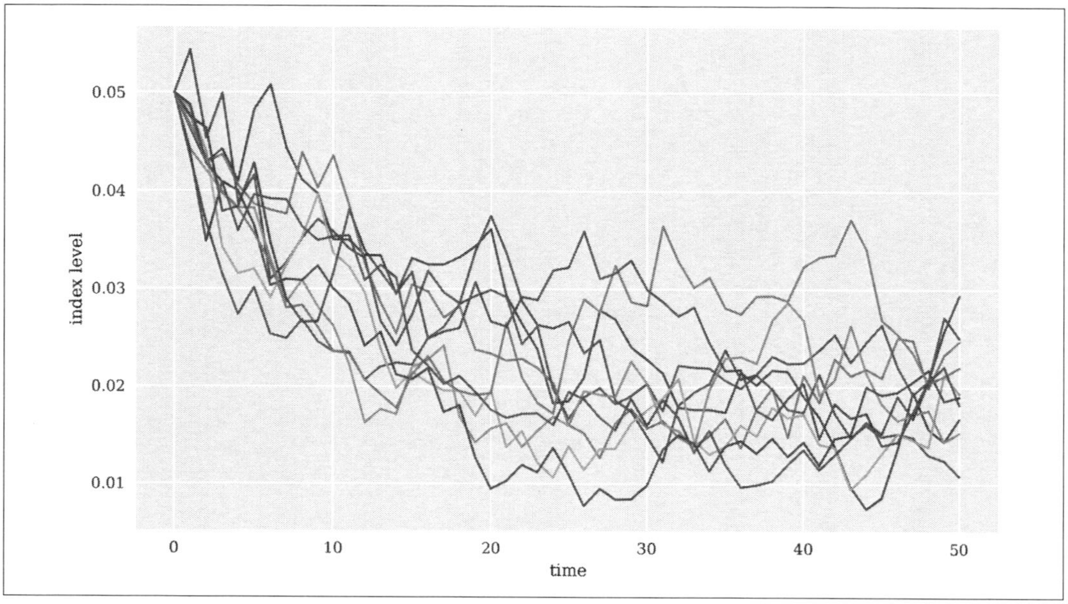

圖 12-10 動態模擬平方根擴散走勢（精確法）

比較以各種方法產生的統計數據之後，我們可以發現，在取得期望的統計特性方面，偏移（biased）歐拉法確實有很好的表現：

```
In [30]: print_statistics(x1[-1], x2[-1])
              statistic     data set 1     data set 2
         ---------------------------------------------
                   size      10000.000      10000.000
                    min          0.003          0.005
                    max          0.049          0.047
                   mean          0.020          0.020
                    std          0.006          0.006
                   skew          0.529          0.532
               kurtosis          0.289          0.273

In [31]: I = 250000
         %time x1 = srd_euler()
         CPU times: user 1.62 s, sys: 184 ms, total: 1.81 s
         Wall time: 1.08 s
```

```
In [32]: %time x2 = srd_exact()
         CPU times: user 3.29 s, sys: 39.8 ms, total: 3.33 s
         Wall time: 1.98 s

In [33]: print_statistics(x1[-1], x2[-1])
         x1 = 0.0; x2 = 0.0
              statistic     data set 1     data set 2
         ---------------------------------------------
                   size     250000.000     250000.000
                    min          0.002          0.003
                    max          0.071          0.055
                   mean          0.020          0.020
                    std          0.006          0.006
                   skew          0.563          0.579
               kurtosis          0.492          0.520
```

但是，你可以看到它們的速度有很大的不同，因為從非中心卡方分布中抽樣所需的計算資源遠多於從標準常態分布抽樣。精確法大約需要花費兩倍的時間，但結果與歐拉法幾乎相同。

隨機波動率

Black-Scholes-Merton 模型有一個主要的簡化假設—固定的波動率。但是波動率通常既非固定，也不是必然性的，它是**隨機的**。因此，在 1990 年代初，金融模型的重大進步之一，就是所謂的**隨機波動模型**的出現。其中一種最流行的模型是 Heston（1993），如公式 12-7 所示。

公式 12-7 *Heston* 隨機波動模型的隨機微分方程式

$$
\begin{aligned}
dS_t &= rS_t dt + \sqrt{v_t} S_t dZ_t^1 \\
dv_t &= \kappa_v(\theta_v - v_t)dt + \sigma_v \sqrt{v_t} dZ_t^2 \\
dZ_t^1 dZ_t^2 &= \rho
\end{aligned}
$$

你可以從幾何布朗運動與平方根擴散的說明輕鬆地推測公式中的變數與參數的意思。參數 ρ 代表兩個標準布朗運動 Z_t^1、Z_t^2 之間的瞬時相關性。我們可用它來解釋**槓桿效應**這種典型事實，這種效應的意思基本上是指，當壓力（市場下跌）出現時，波動率就會上升，在牛市（市場上漲）時，波動率就會下降。

考慮下列的模型參數。為了解釋兩個隨機過程之間的相關性，我們必須找出相關矩陣的 Cholesky 分解：

```
In [34]: S0 = 100.
         r = 0.05
         v0 = 0.1  ❶
         kappa = 3.0
         theta = 0.25
         sigma = 0.1
         rho = 0.6  ❷
         T = 1.0

In [35]: corr_mat = np.zeros((2, 2))
         corr_mat[0, :] = [1.0, rho]
         corr_mat[1, :] = [rho, 1.0]
         cho_mat = np.linalg.cholesky(corr_mat)  ❸

In [36]: cho_mat  ❸
Out[36]: array([[1. , 0. ],
                [0.6, 0.8]])
```

❶ 初始（瞬時）波動值。

❷ 兩個布朗運動之間的固定相關性。

❸ Cholesky 分解與產生的矩陣。

在開始模擬隨機過程之前，我們先為兩個過程製作整組的亂數，指數過程是第 0 組，波動過程是第 1 組。我們採取歐拉法，以平方根擴散來建立波動過程模型，並且用 Cholesky 矩陣來考量相關性：

```
In [37]: M = 50
         I = 10000
         dt = T / M

In [38]: ran_num = npr.standard_normal((2, M + 1, I))  ❶

In [39]: v = np.zeros_like(ran_num[0])
         vh = np.zeros_like(v)

In [40]: v[0] = v0
         vh[0] = v0

In [41]: for t in range(1, M + 1):
             ran = np.dot(cho_mat, ran_num[:, t, :])  ❷
             vh[t] = (vh[t - 1] +
                      kappa * (theta - np.maximum(vh[t - 1], 0)) * dt +
                      sigma * np.sqrt(np.maximum(vh[t - 1], 0)) *
                      math.sqrt(dt) * ran[1])  ❸
```

```
In [42]: v = np.maximum(vh, 0)
```

❶ 產生三維亂數資料集。

❷ 選出相關亂數子集合，並且用 Cholesky 矩陣來轉換它。

❸ 用歐拉法來模擬走勢。

我們在模擬指數過程時，也考慮相關性，並使用（在這個例子中）精確歐拉法來處理幾何布朗運動。圖 12-11 用指數過程與波動過程的直方圖來畫出到期日的模擬結果：

```
In [43]: S = np.zeros_like(ran_num[0])
         S[0] = S0
         for t in range(1, M + 1):
             ran = np.dot(cho_mat, ran_num[:, t, :])
             S[t] = S[t - 1] * np.exp((r - 0.5 * v[t]) * dt +
                             np.sqrt(v[t]) * ran[0] * np.sqrt(dt))

In [44]: fig, (ax1, ax2) = plt.subplots(1, 2, figsize=(10, 6))
         ax1.hist(S[-1], bins=50)
         ax1.set_xlabel('index level')
         ax1.set_ylabel('frequency')
         ax2.hist(v[-1], bins=50)
         ax2.set_xlabel('volatility');
```

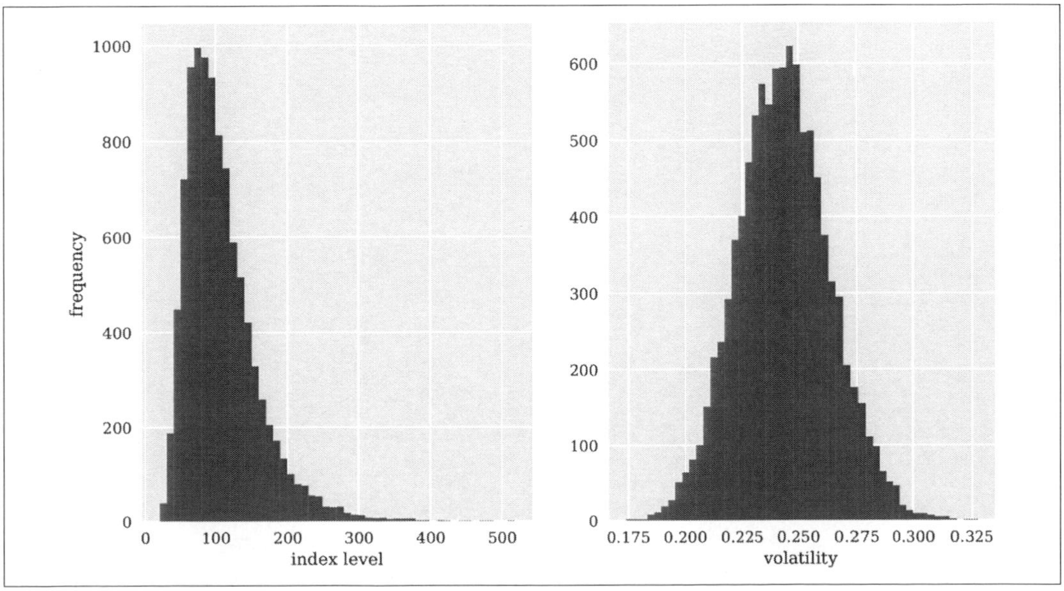

圖 12-11 動態模擬到期日的隨機波動過程

這個例子也展示以歐拉法處理平方根擴散的另一個優點：**更容易一致性地處理相關性**，因為我們只抽取標準常態分布亂數。我們很難用混搭的方式來完成同一件事（即使用歐拉來處理指數，以及使用非中心卡方精確法來處理波動過程）。

從每個過程的前 10 個模擬走勢可以看到（圖 12-12），波動過程大致上呈正向波動，而且，一如預期，收斂至 $\theta = 0.25$：

```
In [45]: print_statistics(S[-1], v[-1])
               statistic     data set 1     data set 2
         ---------------------------------------------
                    size      10000.000      10000.000
                     min         20.556          0.174
                     max        517.798          0.328
                    mean        107.843          0.243
                     std         51.341          0.020
                    skew          1.577          0.124
                kurtosis          4.306          0.048

In [46]: fig, (ax1, ax2) = plt.subplots(2, 1, sharex=True,
                                        figsize=(10, 6))
         ax1.plot(S[:, :10], lw=1.5)
         ax1.set_ylabel('index level')
         ax2.plot(v[:, :10], lw=1.5)
         ax2.set_xlabel('time')
         ax2.set_ylabel('volatility');
```

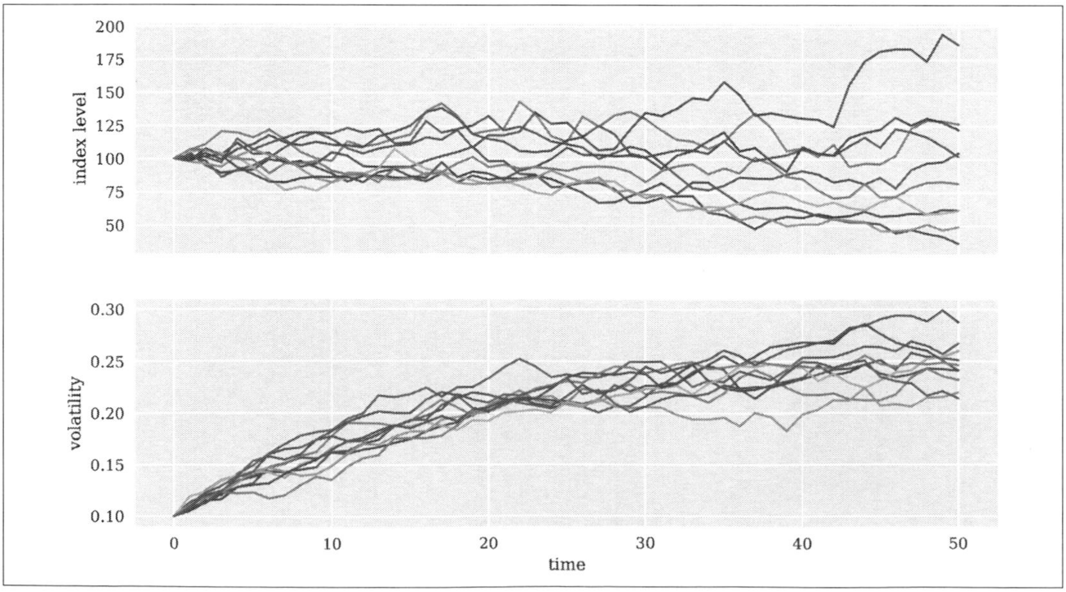

圖 12-12 動態模擬隨機波動過程走勢

簡單地看一下這兩個資料集的到期日統計數據，我們可以發現指數過程有相當高的最大值。事實上，在其他條件不變的情況下，這個最大值遠大於任何波動率固定的幾何布朗運動所能企及的最大值。

跳躍擴散

隨機波動與槓桿效應是可以在許多市場中看到的典型（經驗）事實。另一項重要的典型事實是資產價格以及（舉例）波動率的**跳躍**。Merton 在 1976 年發表跳躍擴散模型，用一個以對數常態分布來產生跳躍的組件來改善 Black-Scholes-Merton 模型。公式 12-8 是風險中立 SDE。

公式 12-8 *Merton* 跳躍擴散模型的隨機微分方程式

$$dS_t = \left(r - r_j\right)S_t dt + \sigma S_t dZ_t + J_t S_t dN_t$$

為了完整起見，以下大略解釋一下變數與參數的意思：

S_t

日期 t 時的指數值

t

固定的無風險短期收益率

$r_J \equiv \lambda \cdot \left(e^{\mu_J + \delta^2/2} - 1\right)$

維持風險中立性的跳躍漂移校正

σ

S 的固定波動率

Z_t

標準布朗運動

J_t

在 t 日呈下列分布的跳躍

- $\log\left(1 + J_t\right) \approx \mathbf{N}\left(\log\left(1 + \mu_J\right) - \frac{\delta^2}{2}, \delta^2\right)$ 其中 …

- … N 是標準常態隨機變數的累積分布函數

N_t

強度為 λ 的帕松過程

公式 12-9 是用於跳躍擴散的歐拉離散化公式，其中 z_t^n 呈標準常態分布，y_t 呈 λ 強度的帕松分布。

公式 12-9 將 *Merton* 跳躍擴散模型歐拉離散化

$$S_t = S_{t-\Delta t}\left(e^{\left(r - r_J - \sigma^2/2\right)\Delta t + \sigma\sqrt{\Delta t} z_t^1} + \left(e^{\mu_J + \delta z_t^2} - 1\right) y_t\right)$$

有了離散法之後，考慮下列的數值參數：

```
In [47]: S0 = 100.
         r = 0.05
         sigma = 0.2
         lamb = 0.75  ❶
         mu = -0.6  ❷
         delta = 0.25  ❸
         rj = lamb * (math.exp(mu + 0.5 * delta ** 2) - 1)  ❹

In [48]: T = 1.0
         M = 50
         I = 10000
         dt = T / M
```

❶ 跳躍強度。

❷ 平均跳躍大小。

❸ 跳躍波動率。

❹ 波動修正。

這一次我們需要三組亂數。留意圖 12-13 的第二個峰值（雙峰頻率分布），它是跳躍造成的：

```
In [49]: S = np.zeros((M + 1, I))
         S[0] = S0
         sn1 = npr.standard_normal((M + 1, I))  ❶
         sn2 = npr.standard_normal((M + 1, I))  ❶
```

```
        poi = npr.poisson(lamb * dt, (M + 1, I))  ❷
        for t in range(1, M + 1, 1):
            S[t] = S[t - 1] * (np.exp((r - rj - 0.5 * sigma ** 2) * dt +
                               sigma * math.sqrt(dt) * sn1[t]) +
                               (np.exp(mu + delta * sn2[t]) - 1) *
                               poi[t])  ❸
            S[t] = np.maximum(S[t], 0)

In [50]: plt.figure(figsize=(10, 6))
         plt.hist(S[-1], bins=50)
         plt.xlabel('value')
         plt.ylabel('frequency');
```

❶ 標準常態分布的亂數。

❷ 帕松分布的亂數。

❸ 用精確歐拉法來模擬。

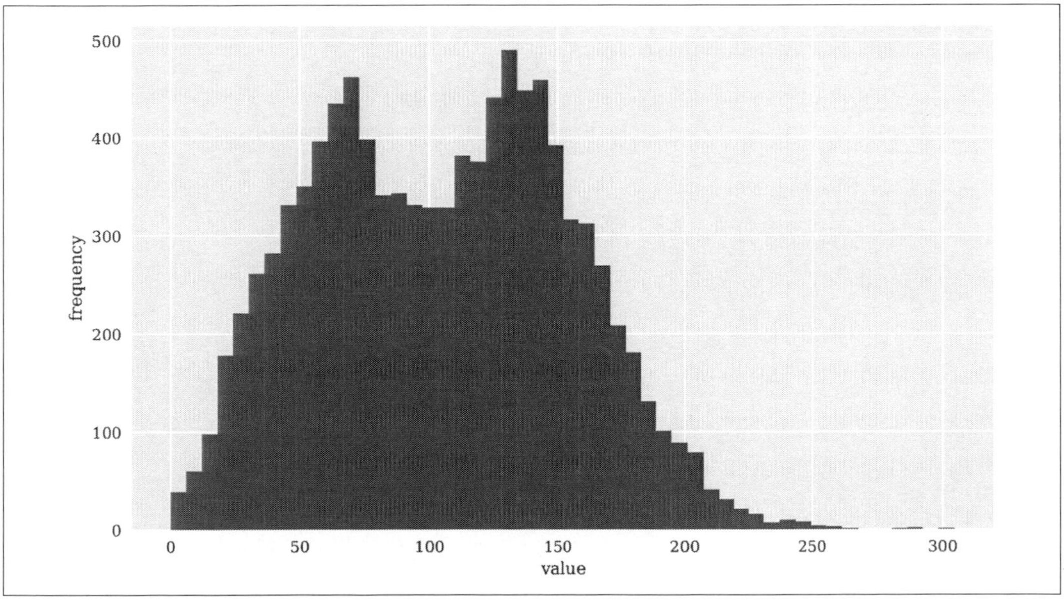

圖 12-13 動態模擬到期日的跳躍擴散過程

我們也可以從前 10 個模擬指數走勢看到負的跳躍，如圖 12-14 所示：

```
In [51]: plt.figure(figsize=(10, 6))
         plt.plot(S[:, :10], lw=1.5)
         plt.xlabel('time')
         plt.ylabel('index level');
```

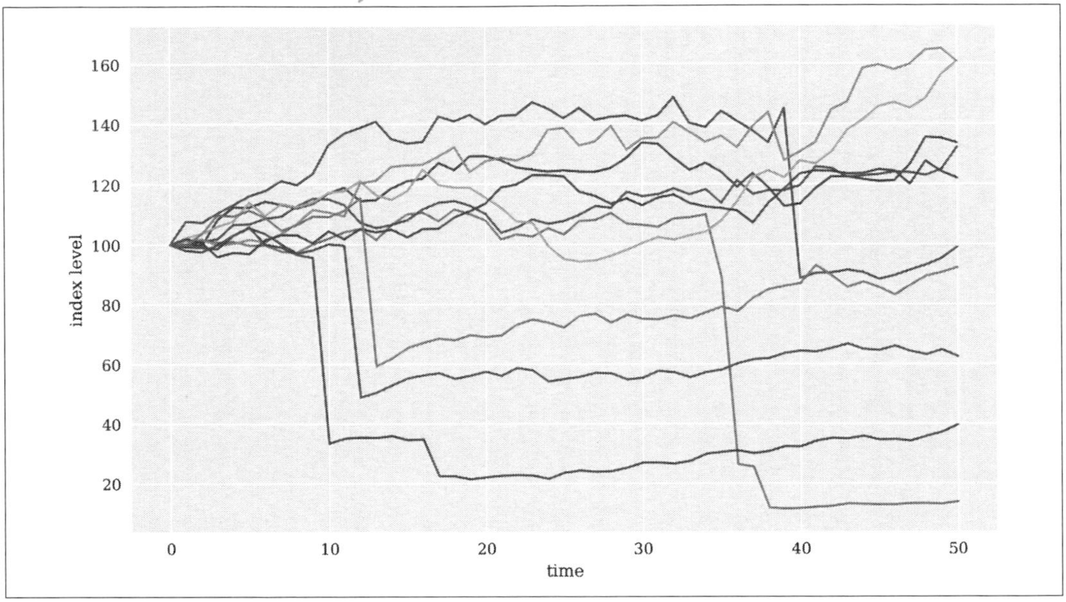

圖 12-14 動態模擬跳躍擴散過程走勢

變異數縮減

因為到目前為止，我們使用的 Python 函式產生的都是**偽亂數**，而且抽樣的樣本大小各不相同，所以我們得到的數字集合所展現的統計數值不夠接近預期或理想值。例如，有人可能認為會有一組均值為 0，標準差為 1 的標準常態分布亂數。我們來看看不同的亂數組合會展現怎樣的統計數據。為了逼真地比較，我們修改亂數產生器的種子值：

```
In [52]: print('%15s %15s' % ('Mean', 'Std.Deviation'))
         print(31 * '-')
         for i in range(1, 31, 2):
             npr.seed(100)
             sn = npr.standard_normal(i ** 2 * 10000)
             print('%15.12f %15.12f' % (sn.mean(), sn.std()))
                    Mean  Std. Deviation
         -------------------------------
          0.001150944833  1.006296354600
          0.002841204001  0.995987967146
```

```
 0.001998082016  0.997701714233
 0.001322322067  0.997771186968
 0.000592711311  0.998388962646
-0.000339730751  0.998399891450
-0.000228109010  0.998657429396
 0.000295768719  0.998877333340
 0.000257107789  0.999284894532
-0.000357870642  0.999456401088
-0.000528443742  0.999617831131
-0.000300171536  0.999445228838
-0.000162924037  0.999516059328
 0.000135778889  0.999611052522
 0.000182006048  0.999619405229

In [53]: i ** 2 * 10000
Out[53]: 8410000
```

結果顯示，隨著抽樣個數的增加，統計數據“莫名其妙”地變得更好了[2]。但是即使最大的樣本有超過 800 萬個亂數，統計數值也不是理想的數字。

幸運的是，我們可以用一些容易實作、通用的變異數縮減技術來改善（標準）常態分布的前兩個統計動差的匹配情況。第一種技術是使用**對偶變數**（*antithetic variates*）。這種做法是只抽取理想數量一半的亂數，接著加入同一組亂數的相反數[3]。例如，當亂數產生器（即相應的 Python 函式）抽出 0.5 時，我們就將另一個數字 –0.5 加入集合。這種資料集的均值必定等於 0。

NumPy 的 np.concatenate() 函式已經簡潔地實作這項功能了。下面的程式重複執行之前的練習，但這次使用對偶變數：

```
In [54]: sn = npr.standard_normal(int(10000 / 2))
         sn = np.concatenate((sn, -sn))  ❶

In [55]: np.shape(sn)  ❷
Out[55]: (10000,)

In [56]: sn.mean()  ❸
Out[56]: 2.842170943040401e-18
```

2 這種做法的靈感來自大數法則。

3 這種方法只適用於對稱中位數為 0 的隨機變數，例如標準常態分布的隨機變數，本書自始至終都使用這種變數。

```
In [57]: print('%15s %15s' % ('Mean', 'Std.Deviation'))
         print(31 * "-")
         for i in range(1, 31, 2):
             npr.seed(1000)
             sn = npr.standard_normal(i ** 2 * int(10000 / 2))
             sn = np.concatenate((sn, -sn))
             print("%15.12f %15.12f" % (sn.mean(), sn.std()))
                    Mean  Std. Deviation
         -------------------------------
          0.000000000000  1.009653753942
         -0.000000000000  1.000413716783
          0.000000000000  1.002925061201
         -0.000000000000  1.000755212673
          0.000000000000  1.001636910076
         -0.000000000000  1.000726758438
         -0.000000000000  1.001621265149
          0.000000000000  1.001203722778
         -0.000000000000  1.000556669784
         -0.000000000000  1.000113464185
         -0.000000000000  0.999435175324
         -0.000000000000  0.999356961431
         -0.000000000000  0.999641436845
         -0.000000000000  0.999642768905
         -0.000000000000  0.999638303451
```

❶ 將兩個 ndarray 物件串接 …

❷ … 以取得所需的亂數數量。

❸ 產生的均值是 0（在標準浮點算數誤差之內）。

你立刻就可以看到，這種做法完美地更正第一動差，這個結果應該在你的意料之中，因為你已經知道資料集的構造了。但是，這種做法無法對第二動差、標準差造成任何影響。我們可以使用另一種變異數縮減技術，稱為**動差配適法**（*moment matching*），來以一個步驟同時修正第一與第二動差：

```
In [58]: sn = npr.standard_normal(10000)

In [59]: sn.mean()
Out[59]: -0.001165998295162494

In [60]: sn.std()
Out[60]: 0.991255920204605

In [61]: sn_new = (sn - sn.mean()) / sn.std()  ❶
```

```
In [62]: sn_new.mean()
Out[62]: -2.3803181647963357e-17

In [63]: sn_new.std()
Out[63]: 0.9999999999999999
```

❶ 用一個步驟修正第一與第二動差。

藉著將每個亂數減去平均值，並將每一個亂數除以標準差，我們可以確保亂數集合（幾乎）完全符合標準常態分布的第一與第二動差。

下面的函式利用變異數縮減技術，並使用兩個、一個或無變異數縮減技術，來產生標準常態亂數，用來模擬過程：

```
In [64]: def gen_sn(M, I, anti_paths=True, mo_match=True):
             ''' Function to generate random numbers for simulation.

             Parameters
             ==========
             M: int
                 number of time intervals for discretization
             I: int
                 number of paths to be simulated
             anti_paths: boolean
                 use of antithetic variates
             mo_math: boolean
                 use of moment matching
             '''
             if anti_paths is True:
                 sn = npr.standard_normal((M + 1, int(I / 2)))
                 sn = np.concatenate((sn, -sn), axis=1)
             else:
                 sn = npr.standard_normal((M + 1, I))
             if mo_match is True:
                 sn = (sn - sn.mean()) / sn.std()
             return sn
```

向量化與模擬

使用 Python，以 NumPy 的向量化來實作蒙地卡羅模擬演算法是自然、簡潔且高效的做法。但是使用 NumPy 向量化通常需要使用大量的記憶體，如果你想要使用一樣快的替代方案，可參考第 10 章。

估價

蒙地卡羅模擬最重要的用途是評估**未定權益**（*contingent claim*）的價值（選擇權、衍生商品、混合商品等）。簡單來說，在風險中立的世界中，未定權益的價值就是在風險中立（鞅）之下的期望折現收益。它是讓所有風險因子（股票、指數等）偏離無風險短期收益率，使得折現過程成為鞅的機率。根據資產定價基本理論（Fundamental Theorem of Asset Pricing），有這種機率值的存在相當於沒有套利機會。

金融選擇權可讓一個人有權利在指定的到期日（**歐式**）或指定的一段時間內（**美式**），以指定的價格（**履約價**）購買（**看漲選擇權**）或賣出（**看跌選擇權**）指定金融商品。我們先來看一個簡單的歐式選擇權估價案例。

歐式選擇權

在到期日根據指數來計算歐式看漲選擇權報酬的公式是 $h(S_T) \equiv \max(S_T - K, 0)$，其中 S_T 是到期日 T 的指數，K 是履約價。根據相關隨機過程（例如幾何布朗運動）的風險中立量值，這種選擇權的價格可以用公式 12-10 算出。

公式 12-10 風險中立期望定價

$$C_0 = e^{-rT}\mathbf{E}_0^Q\left(h(S_T)\right) = e^{-rT}\int_0^\infty h(s)q(s)ds$$

第 11 章曾經介紹如何用蒙地卡羅模擬來計算積分。我們在下面採取這種做法，並套用到公式 12-10。公式 12-11 是歐式選擇權的蒙地卡羅估算式，其中的 $\tilde{S}_T^i$ 是在到期日的第 T 個模擬指數值。

公式 12-11 風險中立蒙地卡羅估算式

$$\widetilde{C_0} = e^{-rT}\frac{1}{I}\sum_{i=1}^{I} h\left(\tilde{S}_T^i\right)$$

考慮下列的幾何布朗運動的參數以及估價函式 `gbm_mcs_stat()`，這個函式只有履約價參數。我們只模擬到期日的指數值。我們參考履約價 $K = 105$ 的案例：

```
In [65]: S0 = 100.
         r = 0.05
         sigma = 0.25
         T = 1.0
         I = 50000
```

```
In [66]: def gbm_mcs_stat(K):
             ''' Valuation of European call option in Black-Scholes-Merton
             by Monte Carlo simulation (of index level at maturity)

             Parameters
             ==========
             K: float
                 (positive) strike price of the option
             Returns
             =======
             C0: float
                 estimated present value of European call option
             '''
             sn = gen_sn(1, I)
             # 模擬到期日的指數
             ST = S0 * np.exp((r - 0.5 * sigma ** 2) * T
                          + sigma * math.sqrt(T) * sn[1])
             # 計算到期日的報酬
             hT = np.maximum(ST - K, 0)
             # 計算 MCS 估計式
             C0 = math.exp(-r * T) * np.mean(hT)
             return C0

In [67]: gbm_mcs_stat(K=105.)  ❶
Out[67]: 10.044221852841922
```

❶ 用蒙地卡羅估計式算出來的歐式看漲選擇權價格。

接下來，我們採用動態模擬，它除了可以處理看漲選擇權之外，也可以處理歐式看跌選擇權。gbm_mcs_dyna() 是實作這個演算法的函式，這段程式也比較同一個履約價的看漲與看跌履約估計價格：

```
In [68]: M = 50  ❶

In [69]: def gbm_mcs_dyna(K, option='call'):
             ''' Valuation of European options in Black-Scholes-Merton
             by Monte Carlo simulation (of index level paths)

             Parameters
             ==========
             K: float
                 (positive) strike price of the option
             option : string
                 type of the option to be valued ('call', 'put')
```

```
        Returns
        =======
        C0: float
            estimated present value of European call option
        '''
        dt = T / M
        # 模擬指數走勢
        S = np.zeros((M + 1, I))
        S[0] = S0
        sn = gen_sn(M, I)
        for t in range(1, M + 1):
            S[t] = S[t - 1] * np.exp((r - 0.5 * sigma ** 2) * dt
                    + sigma * math.sqrt(dt) * sn[t])
        # 按照案例來計算報酬
        if option == 'call':
            hT = np.maximum(S[-1] - K, 0)
        else:
            hT = np.maximum(K - S[-1], 0)
        # 計算 MCS 估計式
        C0 = math.exp(-r * T) * np.mean(hT)
        return C0

In [70]: gbm_mcs_dyna(K=110., option='call')  ❷
Out[70]: 7.950008525028434

In [71]: gbm_mcs_dyna(K=110., option='put')  ❸
Out[71]: 12.629934942682004
```

❶ 離散化的時段數量。

❷ 歐式**看漲**選擇權的蒙地卡羅模擬價值。

❸ 歐式**看跌**選擇權的蒙地卡羅模擬價值。

問題是，與使用 Black-Scholes-Merton 估價公式算出的基準值相較之下，這些模擬的估價方法表現如何？為了瞭解差異，下面的程式使用 `bsm_functions.py` 模組的歐式看漲選擇權定價公式（見第 411 頁的“Python 腳本”），產生一個履約價範圍對應的選擇權價值 / 估計值。

首先，我們拿靜態模擬方法的結果來與精確分析值做比較：

```
In [72]: from bsm_functions import bsm_call_value

In [73]: stat_res = []  ❶
         dyna_res = []  ❶
```

```
        anal_res = []  ❶
        k_list = np.arange(80., 120.1, 5.)  ❷
        np.random.seed(100)

In [74]: for K in k_list:
             stat_res.append(gbm_mcs_stat(K))  ❸
             dyna_res.append(gbm_mcs_dyna(K))  ❸
             anal_res.append(bsm_call_value(S0, K, T, r, sigma))  ❸

In [75]: stat_res = np.array(stat_res)  ❹
         dyna_res = np.array(dyna_res)  ❹
         anal_res = np.array(anal_res)  ❹
```

❶ 實例化空的 list，來收集結果。

❷ 建立含有履約價範圍的 ndarray 物件。

❸ 模擬 / 計算與收集所有選擇權履約價。

❹ 將 list 物件轉換成 ndarray 物件。

圖 12-15 是執行結果，所有的估價差異都小於 1%，正負差異都有：

```
In [76]: plt.figure(figsize=(10, 6))
         fig, (ax1, ax2) = plt.subplots(2, 1, sharex=True, figsize=(10, 6))
         ax1.plot(k_list, anal_res, 'b', label='analytical')
         ax1.plot(k_list, stat_res, 'ro', label='static')
         ax1.set_ylabel('European call option value')
         ax1.legend(loc=0)
         ax1.set_ylim(bottom=0)
         wi = 1.0
         ax2.bar(k_list - wi / 2, (anal_res - stat_res) / anal_res * 100, wi)
         ax2.set_xlabel('strike')
         ax2.set_ylabel('difference in %')
         ax2.set_xlim(left=75, right=125);
Out[76]: <Figure size 720x432 with 0 Axes>
```

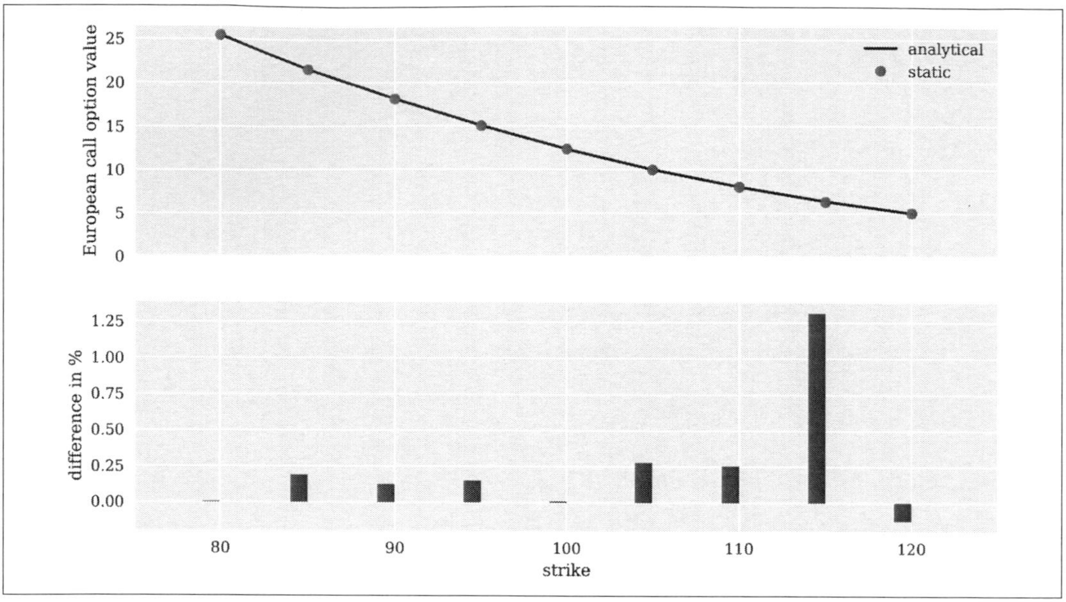

圖 12-15 分析選擇權價值 vs. 蒙地卡羅估計式（靜態模擬）

動態模擬與估價方法也可以得到類似的情況，見圖 12-16 的報告。同樣的，所有的估價差異都小於絕對值 1%，正負差異都有。一般來說，你可以控制蒙地卡羅估計式的品質，做法是調整所使用的時段數量 M，以及（或）模擬的走勢數量 I：

```
In [77]: fig, (ax1, ax2) = plt.subplots(2, 1, sharex=True, figsize=(10, 6))
         ax1.plot(k_list, anal_res, 'b', label='analytical')
         ax1.plot(k_list, dyna_res, 'ro', label='dynamic')
         ax1.set_ylabel('European call option value')
         ax1.legend(loc=0)
         ax1.set_ylim(bottom=0)
         wi = 1.0
         ax2.bar(k_list - wi / 2, (anal_res - dyna_res) / anal_res * 100, wi)
         ax2.set_xlabel('strike')
         ax2.set_ylabel('difference in %')
         ax2.set_xlim(left=75, right=125);
```

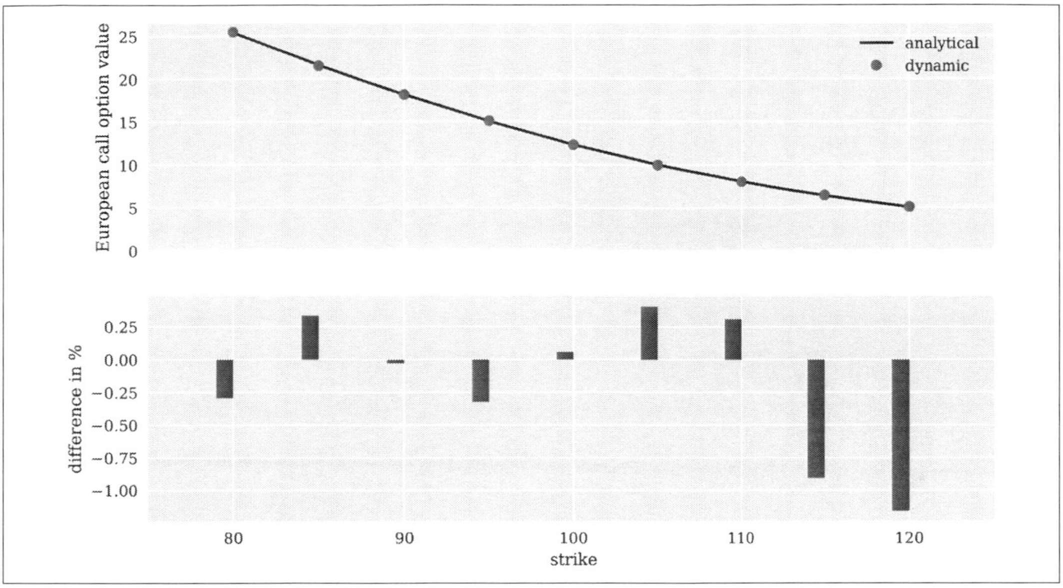

圖 12-16 分析選擇權價值 vs. 蒙地卡羅估計式（動態模擬）

美式選擇權

估計美式選擇權的價格比估計歐式選擇權還要複雜，此時我們必須解決**最佳停止問題**，才能找出選擇權的公道價格。公式 12-12 將“估算美式選擇權價格”這個問題寫成公式，這個問題公式已經使用離散時間網格，以方便執行數值模擬了。因此，在某種意義上，更準確地說，這是**百慕達**選擇權的估價公式。在時段收斂至 0 長度時，百慕達選擇權的價值會收斂至美式選擇權的價值。

公式 12-12 以最佳停止問題來估計美式選擇權的價格

$$V_0 = \sup_{\tau \in \{0, \Delta t, 2\Delta t, \ldots, T\}} e^{-rT} \mathbf{E}_0^Q\left(h_\tau(S_\tau)\right)$$

接下來的演算法稱為 *Least-Squares Monte Carlo*（LSM），出自 Longstaff 與 Schwartz（2001）發表的論文。我們可以用 $V_t(s) = \max\left(h_t(s), C_t(s)\right)$ 來算出美式（百慕達）選擇權在日期 t 的價格，其中 $C_t(s) = \mathbf{E}_t^Q\left(e^{-r\Delta t}V_{t+\Delta t}(S_{t+\Delta t}) \middle| S_t = s\right)$ 是在 S_t 指數值 $= s$ 時，選擇權的**延續價值**（*continuation value*）。

假設我們已經在 M 個長度同樣是 Δt 的時段模擬 I 條指數走勢了。我們將走勢 i 在時間 t 的模擬延續價值定義成 $Y_{t,i} \equiv e^{-r\Delta t}V_{t+\Delta t,i}$。我們不能直接使用這個數字，因為這樣就是完美預料了。但是，我們可以使用所有模擬延續價值的截面（cross section），以最小平方回歸來估計（期望的）延續價值。

當我們有一組基底函數 b_d、$d=1, \cdots, D$ 時，可以用回歸估計式 $\hat{C}_{t,i} = \Sigma_{d=1}^{D} \alpha_{d,t}^{*} \cdot b_d(S_{t,i})$ 來算出延續價值，其中最佳回歸參數 α* 是公式 12-13 中的最小平方問題的解。

公式 12-13 計算美式選擇權價值的最小平方回歸

$$\min_{\alpha_{1,t}, \ldots, \alpha_{D,t}} \frac{1}{I} \sum_{i=1}^{I} \left(Y_{t,i} - \sum_{d=1}^{D} \alpha_{d,t} \cdot b_d(S_{t,i}) \right)^2$$

`gbm_mcs_amer()` 函式是看漲與看跌選擇權 LSM 演算法的實作 [4]：

```
In [78]: def gbm_mcs_amer(K, option='call'):
             ''' Valuation of American option in Black-Scholes-Merton
             by Monte Carlo simulation by LSM algorithm

         Parameters
         ==========
         K : float
             (positive) strike price of the option
         option : string
             type of the option to be valued ('call', 'put')

         Returns
         =======
         C0 : float
             estimated present value of European call option
         '''
         dt = T / M
         df = math.exp(-r * dt)
         # 模擬指數
         S = np.zeros((M + 1, I))
         S[0] = S0
         sn = gen_sn(M, I)
         for t in range(1, M + 1):
             S[t] = S[t - 1] * np.exp((r - 0.5 * sigma ** 2) * dt
                     + sigma * math.sqrt(dt) * sn[t])
         # 根據案例計算報酬
         if option == 'call':
             h = np.maximum(S - K, 0)
         else:
```

4 要瞭解演算法的細節，可參考 Hilpisch（2015）。

```
            h = np.maximum(K - S, 0)
        # LSM 演算法
        V = np.copy(h)
        for t in range(M - 1, 0, -1):
            reg = np.polyfit(S[t], V[t + 1] * df, 7)
            C = np.polyval(reg, S[t])
            V[t] = np.where(C > h[t], V[t + 1] * df, h[t])
        # MCS 估計式
        C0 = df * np.mean(V[1])
        return C0

In [79]: gbm_mcs_amer(110., option='call')
Out[79]: 7.721705606305352

In [80]: gbm_mcs_amer(110., option='put')
Out[80]: 13.609997625418051
```

歐式選擇權的價值是美式選擇權的價值的下限。它們之間的差異通常稱為**提前執行溢酬**（*early exercise premium*）。接著與之前一樣，我們比較同一個履約價範圍內的歐式與美式選擇權價值，來估計提前執行溢酬，這次計算看跌選擇權[5]：

```
In [81]: euro_res = []
         amer_res = []

In [82]: k_list = np.arange(80., 120.1, 5.)

In [83]: for K in k_list:
             euro_res.append(gbm_mcs_dyna(K, 'put'))
             amer_res.append(gbm_mcs_amer(K, 'put'))

In [84]: euro_res = np.array(euro_res)
         amer_res = np.array(amer_res)
```

從圖 12-17 可以看到，根據我們選擇的履約價範圍，提前執行溢酬可能高達 10%：

```
In [85]: fig, (ax1, ax2) = plt.subplots(2, 1, sharex=True, figsize=(10, 6))
         ax1.plot(k_list, euro_res, 'b', label='European put')
         ax1.plot(k_list, amer_res, 'ro', label='American put')
         ax1.set_ylabel('call option value')
         ax1.legend(loc=0)
wi = 1.0
```

5 因為我們假設不配息（因為它是指數），一般來說，看漲選擇權沒有提前執行溢酬（也就是沒有提前行使選擇權的動機）。

```
ax2.bar(k_list - wi / 2, (amer_res - euro_res) / euro_res * 100, wi)
ax2.set_xlabel('strike')
ax2.set_ylabel('early exercise premium in %')
ax2.set_xlim(left=75, right=125);
```

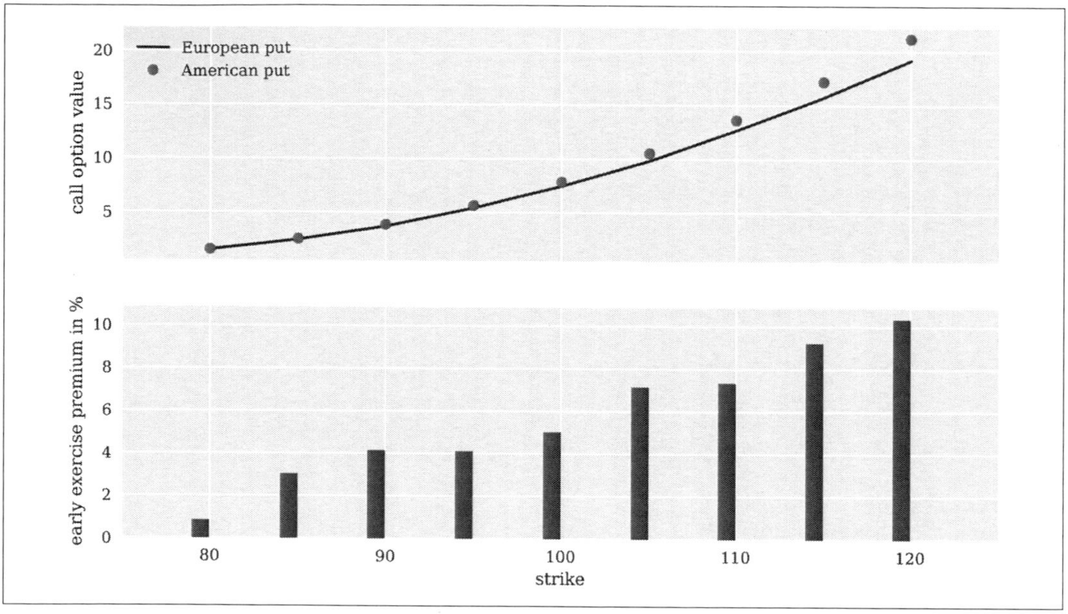

圖 12-17 歐式 vs. 美式蒙地卡羅估計式

風險評估

除了評估價格之外，**風險管理**是隨機分析與模擬方法的另一項重要的應用領域。本節將介紹現今的金融產業最常用的兩項風險指標的計算 / 估計方式。

風險值

風險值（*Value-at-risk*，VaR）是最流行的風險量值之一，但也是備受爭議的一種。許多從業者都喜歡它的直觀性，但也有很多人批評它—主要是理論上，它捕捉所謂的**尾端風險**（*tail risk*）的能力有限（很快就會更深入說明）。換句話說，VaR 是一種以貨幣單位（例如美元、歐元、日元）表示的數字，代表在一段時間內，在某個信心水準（機率）之下，投資組合或單一部位的虧損不會超過多少。

假設有一個股票部位，它今天價值 100 萬美元，在 30 日（一個月）之內，信心水準 99% 的情況下，VaR 是 50,000 美元。這個 Var 數據的意思是在 30 天之內，它的虧損有 99% 的機率（也就是 100 個案例中有 99 個案例）*不超過* 50,000 美元。但是它並未指出當虧損超過 50,000 美元時會到達怎樣的規模，也就是說，如果說最大虧損是 100,000 或 500,000 美元，那麼這一個"高於 VaR 虧損"的機率有多大。這個指標只指出投資的虧損有 1% 的機率*最少 50,000 美元以上*。

假設我們使用 Black-Scholes-Merton 模型，並考慮下面的參數，來模擬未來日期 T = 30/365（為期 30 日）的指數值。為了估計 VaR 數據，我們要模擬相對於今日倉位價值的絕對損益，並加以排序，從最嚴重的虧損排到最大的利潤。圖 12-18 是模擬出來的絕對績效值：

```
In [86]: S0 = 100
         r = 0.05
         sigma = 0.25
         T = 30 / 365.
         I = 10000

In [87]: ST = S0 * np.exp((r - 0.5 * sigma ** 2) * T +
                 sigma * np.sqrt(T) * npr.standard_normal(I))  ❶

In [88]: R_gbm = np.sort(ST - S0)  ❷

In [89]: plt.figure(figsize=(10, 6))
         plt.hist(R_gbm, bins=50)
         plt.xlabel('absolute return')
         plt.ylabel('frequency');
```

❶ 模擬幾何布朗運動的到期價值。

❷ 計算每一個模擬的絕對損益並加以排序。

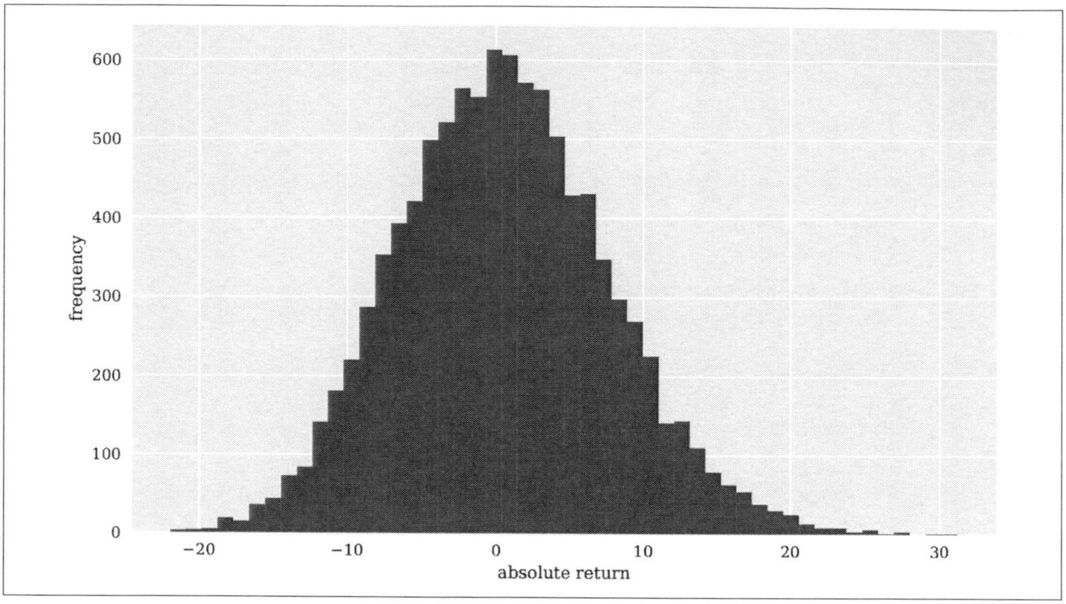

圖 12-18 模擬出來的絕對損益（幾何布朗運動）

有了存有排序結果的 `ndarray` 物件之後，我們就可以用 `scs.scoreatpercentile()` 函式來完成工作了，我們只要定義感興趣的百分比（以百分值表示）即可。在 `list` 物件 `percs` 裡面，`0.1` 代表信心水準 100% – 0.1% = 99.9%。這個例子在 99.9% 的信心水準之下，30 日 VaR 是 18.8 個貨幣單位，在 90% 的信心水準之下則是 8.5：

```
In [91]: percs = [0.01, 0.1, 1., 2.5, 5.0, 10.0]
         var = scs.scoreatpercentile(R_gbm, percs)
         print('%16s %16s' % ('Confidence Level', 'Value-at-Risk'))
         print(33 * '-')
         for pair in zip(percs, var):
             print('%16.2f %16.3f' % (100 - pair[0], -pair[1]))
         Confidence Level    Value-at-Risk
         ---------------------------------
                    99.99           21.814
                    99.90           18.837
                    99.00           15.230
                    97.50           12.816
                    95.00           10.824
                    90.00            8.504
```

第二個例子使用 Merton 跳躍擴散模型來動態模擬。這個例子的跳躍元素的均值是負的，所以圖 12-19 的模擬損益分布類似雙峰分布。從常態分布的角度來看，我們可以看到一個明顯的左肥尾（*fat tail*）：

```
In [92]: dt = 30. / 365 / M
         rj = lamb * (math.exp(mu + 0.5 * delta ** 2) - 1)

In [93]: S = np.zeros((M + 1, I))
         S[0] = S0
         sn1 = npr.standard_normal((M + 1, I))
         sn2 = npr.standard_normal((M + 1, I))
         poi = npr.poisson(lamb * dt, (M + 1, I))
         for t in range(1, M + 1, 1):
             S[t] = S[t - 1] * (np.exp((r - rj - 0.5 * sigma ** 2) * dt
                                + sigma * math.sqrt(dt) * sn1[t])
                                + (np.exp(mu + delta * sn2[t]) - 1)
                                * poi[t])
             S[t] = np.maximum(S[t], 0)

In [94]: R_jd = np.sort(S[-1] - S0)

In [95]: plt.figure(figsize=(10, 6))
         plt.hist(R_jd, bins=50)
         plt.xlabel('absolute return')
         plt.ylabel('frequency');
```

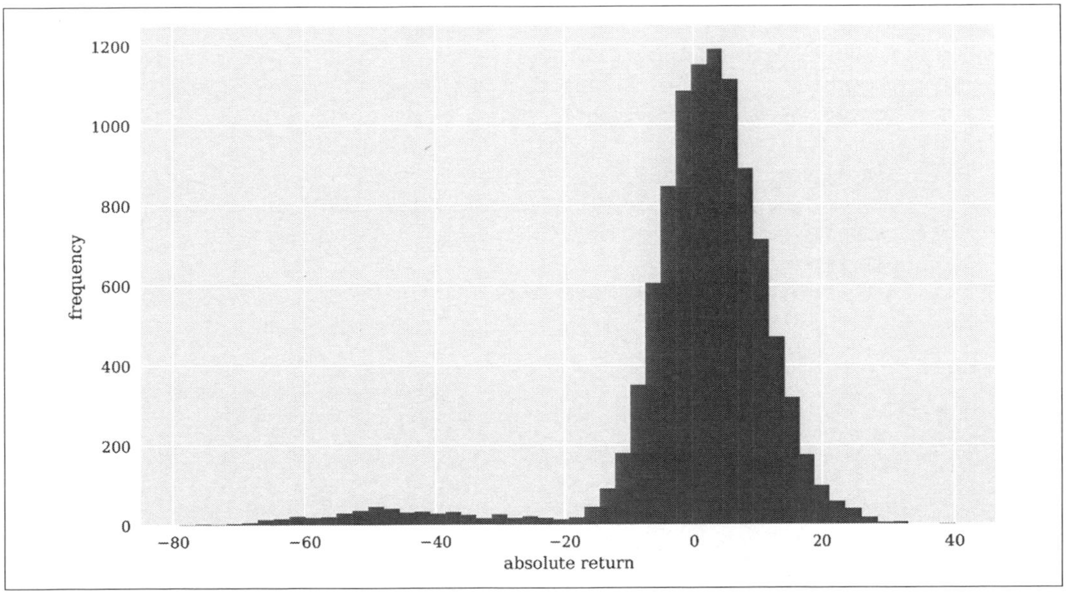

圖 12-19 模擬出來的絕對損益（跳躍擴散）

根據這個過程與參數，信心水準 90% 的 30 日 VaR 幾乎與幾何布朗運動一模一樣，但是信心水準 99.9% 則高出三倍多（70 vs. 18.8 貨幣單位）：

```
In [96]: percs = [0.01, 0.1, 1., 2.5, 5.0, 10.0]
         var = scs.scoreatpercentile(R_jd, percs)
         print('%16s %16s' % ('Confidence Level', 'Value-at-Risk'))
         print(33 * '-')
         for pair in zip(percs, var):
             print('%16.2f %16.3f' % (100 - pair[0], -pair[1]))
         Confidence Level    Value-at-Risk
         ---------------------------------
                    99.99           76.520
                    99.90           69.396
                    99.00           55.974
                    97.50           46.405
                    95.00           24.198
                    90.00            8.836
```

這個例子展示標準 VaR 量值在捕捉金融市場經常出現的尾部風險方面的問題。

為了進一步說明這一點，最後我們用圖 12-20 來直接比較這兩種案例的 VaR 量值。如圖所示，在一個典型的信心水準範圍之內，VaR 量值有完全不同的表現：

```
In [97]: percs = list(np.arange(0.0, 10.1, 0.1))
         gbm_var = scs.scoreatpercentile(R_gbm, percs)
         jd_var = scs.scoreatpercentile(R_jd, percs)

In [98]: plt.figure(figsize=(10, 6))
         plt.plot(percs, gbm_var, 'b', lw=1.5, label='GBM')
         plt.plot(percs, jd_var, 'r', lw=1.5, label='JD')
         plt.legend(loc=4)
         plt.xlabel('100 - confidence level [%]')
         plt.ylabel('value-at-risk')
         plt.ylim(ymax=0.0);
```

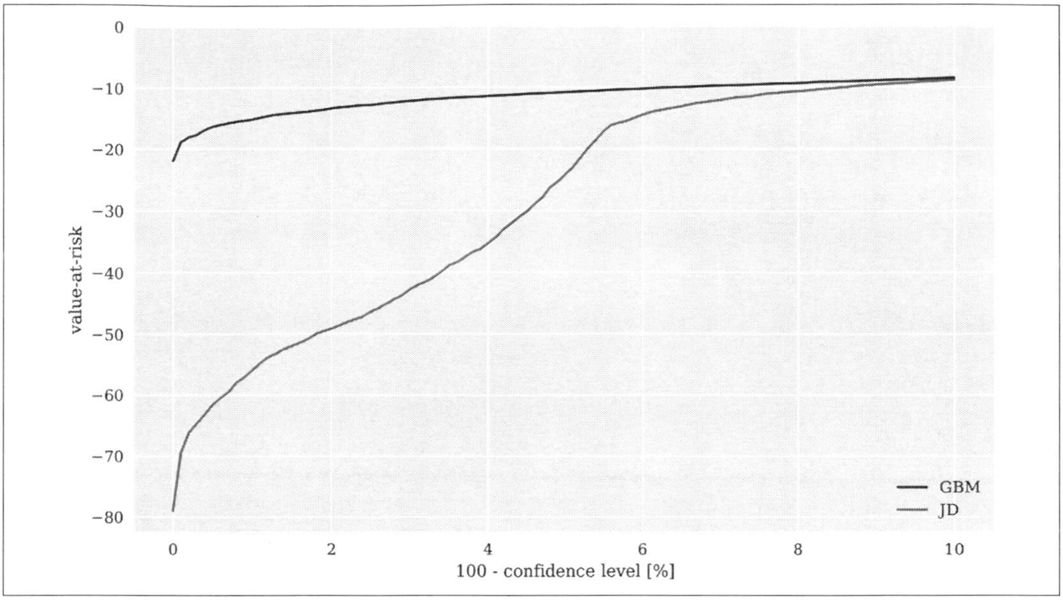

圖 12-20 幾何布朗運動與跳躍擴散的風險值

信用評價調整

信用風險值（credit value-at-risk，CVaR）與信用評價調整（credit valuation adjustment，CVA）是另一類重要的風險數值，CVA 是從 CVaR 衍生出來的。粗略地說，CVaR 衡量的是交易對象可能無法履行義務引發的風險，例如，交易對象破產了。在這種情況下，有兩個主要的假設：**違約機率**，以及（平均）**虧損程度**。

為了具體說明，我們在下面的程式中，再次使用 Black-Scholes-Merton 基準模型，並設定一些參數。在最簡單的情況下，我們考慮一個固定的（平均）虧損程度 L，以及交易對象（每年）違約的固定機率 p。我們使用帕松分布產生下面的違約情況，並假設違約只發生一次：

```
In [99]: S0 = 100.
         r = 0.05
         sigma = 0.2
         T = 1.
         I = 100000

In [100]: ST = S0 * np.exp((r - 0.5 * sigma ** 2) * T
                   + sigma * np.sqrt(T) * npr.standard_normal(I))
```

```
In [101]: L = 0.5  ❶

In [102]: p = 0.01  ❷

In [103]: D = npr.poisson(p * T, I)  ❸

In [104]: D = np.where(D > 1, 1, D)  ❹
```

❶ 定義虧損程度。

❷ 定義違約機率。

❸ 模擬違約事件。

❹ 將違約限制為一個這種事件。

如果沒有違約，未來指數值的風險中立價值應該等於資產的當日價值（頂多有數值誤差造成的差異）。下面的程式考慮信用風險進行調整，算出 CVaR 與資產的現值：

```
In [105]: math.exp(-r * T) * np.mean(ST)  ❶
Out[105]: 99.94767178982691

In [106]: CVaR = math.exp(-r * T) * np.mean(L * D * ST)  ❷
          CVaR  ❷
Out[106]: 0.4883560258963962

In [107]: S0_CVA = math.exp(-r * T) * np.mean((1 - L * D) * ST)  ❸
          S0_CVA  ❸
Out[107]: 99.45931576393053

In [108]: S0_adj = S0 - CVaR  ❹
          S0_adj  ❹
Out[108]: 99.5116439741036
```

❶ 資產在 T 時刻的折現平均模擬價值。

❷ CVaR 是違約時，未來虧損的折現平均價值。

❸ 資產在 T 時刻的模擬折現平均價值，考慮模擬的違約虧損進行調整。

❹ 用模擬的 CVaR 來調整資產現價。

在這個模擬案例中，由於信用風險引起的虧損大約有 1,000 次，這是假設違約機率是 1%，在 100,000 個模擬走勢之下的預期結果。圖 12-21 是因為違約引起虧損的完整頻率分布圖。當然，大部分的案例沒有虧損（也就是 100,000 個例子裡面的 99,000 個例子）：

```
In [109]: np.count_nonzero(L * D * ST)  ❶
Out[109]: 978

In [110]: plt.figure(figsize=(10, 6))
          plt.hist(L * D * ST, bins=50)
          plt.xlabel('loss')
          plt.ylabel('frequency')
          plt.ylim(ymax=175);
```

❶ 違約事件及相應的虧損事件的數量。

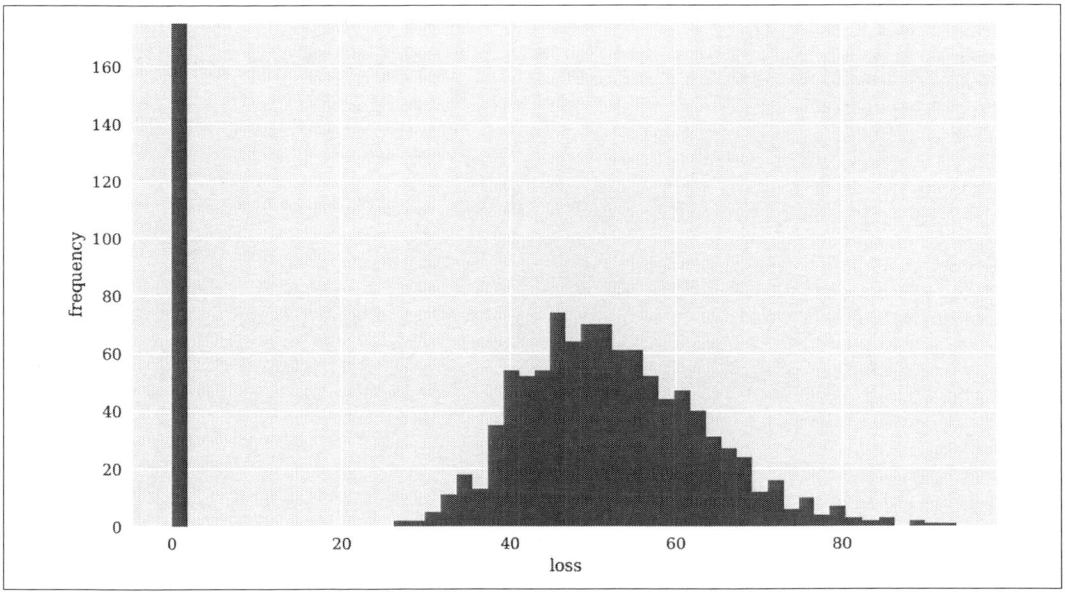

圖 12-21 因為風險中立的預期違約（股票）造成的虧損

我們接著來考慮歐式看漲選擇權的情況。它的價值在履約價為 100 時，大約是 10.4 現金單位。假設在有相同的違約機率與虧損程度的情況下，CVaR 大約是 5 美分：

```
In [111]: K = 100.
          hT = np.maximum(ST - K, 0)

In [112]: C0 = math.exp(-r * T) * np.mean(hT)  ❶
          C0  ❶
```

```
Out[112]: 10.396916492839354

In [113]: CVaR = math.exp(-r * T) * np.mean(L * D * hT)  ❷
          CVaR  ❷
Out[113]: 0.05159099858923533

In [114]: C0_CVA = math.exp(-r * T) * np.mean((1 - L * D) * hT)  ❸
          C0_CVA  ❸
Out[114]: 10.34532549425012
```

❶ 用蒙地卡羅估計式算出來的歐式看漲選擇權價格。

❷ CVaR 是在違約的情況下，未來虧損的折現平均值。

❸ 用蒙地卡羅估計式來算出歐式看漲選擇權的價值，考慮模擬的違約虧損進行調整。

選擇權的情況與一般的資產相較之下有不同的特性。我們只看到略高於 500 次因為違約造成的虧損，但是仍然總共有大約 1,000 次違約。這是因為選擇權在到期時，報酬有很大的機率是 0。圖 12-22 展示與一般的資產相較之下，選擇權的 CVaR 有完全不同的頻率分布：

```
In [115]: np.count_nonzero(L * D * hT)  ❶
Out[115]: 538

In [116]: np.count_nonzero(D)  ❷
Out[116]: 978

In [117]: I - np.count_nonzero(hT)  ❸
Out[117]: 44123

In [118]: plt.figure(figsize=(10, 6))
          plt.hist(L * D * hT, bins=50)
          plt.xlabel('loss')
          plt.ylabel('frequency')
          plt.ylim(ymax=350);
```

❶ 違約虧損次數。

❷ 違約次數。

❸ 選擇權到期時無價值的案例數量。

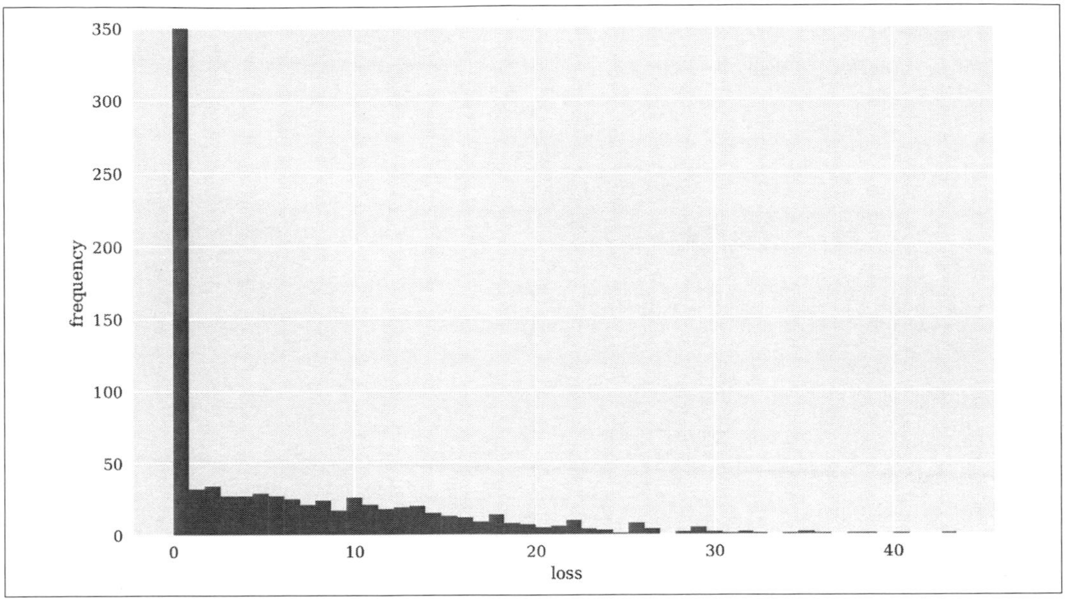

圖 12-22 因為風險中立期望違約（看漲選擇權）造成的虧損

Python 腳本

下面是與 Black-Scholes-Merton 模型有關的核心函式的實作，它的功能是為歐式（看漲）選擇權進行分析定價。若要詳細瞭解這個模型，可參考 Black 與 Scholes（1973）以及 Merton（1973）。附錄 B 有另一種使用 Python 類別的做法。

```
#
# 評估歐式看漲選擇權的價值
# 使用 Black-Scholes-Merton 模型
# 包含 vega 函數與隱含波動率估計
# bsm_functions.py
#
# (c) Dr.Yves J. Hilpisch
# Python for Finance, 2nd ed.
#


def bsm_call_value(S0, K, T, r, sigma):
    ''' Valuation of European call option in BSM model.
    Analytical formula.

    Parameters
```

```
    ==========
    S0: float
        initial stock/index level
    K: float
        strike price
    T: float
        maturity date (in year fractions)
    r: float
        constant risk-free short rate
    sigma: float
        volatility factor in diffusion term

    Returns
    =======
    value: float
        present value of the European call option
    '''
    from math import log, sqrt, exp
    from scipy import stats

    S0 = float(S0)
    d1 = (log(S0 / K) + (r + 0.5 * sigma ** 2) * T) / (sigma * sqrt(T))
    d2 = (log(S0 / K) + (r - 0.5 * sigma ** 2) * T) / (sigma * sqrt(T))
    # stats.norm.cdf --> 常態分布的
    #                    累積分布函數
    value = (S0 * stats.norm.cdf(d1, 0.0, 1.0) -
             K * exp(-r * T) * stats.norm.cdf(d2, 0.0, 1.0))
    return value


def bsm_vega(S0, K, T, r, sigma):
    ''' Vega of European option in BSM model.

    Parameters
    ==========
    S0: float
        initial stock/index level
    K: float
        strike price
    T: float
        maturity date (in year fractions)
    r: float
        constant risk-free short rate
    sigma: float
        volatility factor in diffusion term

    Returns
```

```
    =======
    vega: float
        partial derivative of BSM formula with respect
        to sigma, i.e. vega

    '''
    from math import log, sqrt
    from scipy import stats
    S0 = float(S0)
    d1 = (log(S0 / K) + (r + 0.5 * sigma ** 2) * T) / (sigma * sqrt(T))
    vega = S0 * stats.norm.pdf(d1, 0.0, 1.0) * sqrt(T)
    return vega

# 隱含波動率函式

def bsm_call_imp_vol(S0, K, T, r, C0, sigma_est, it=100):
    ''' Implied volatility of European call option in BSM model.

    Parameters
    ==========
    S0: float
        initial stock/index level
    K: float
        strike price
    T: float
        maturity date (in year fractions)
    r: float
        constant risk-free short rate
    sigma_est: float
        estimate of impl. volatility
    it: integer
        number of iterations

    Returns
    =======
    simga_est: float
        numerically estimated implied volatility
    '''
    for i in range(it):
        sigma_est -= ((bsm_call_value(S0, K, T, r, sigma_est) - C0) /
                      bsm_vega(S0, K, T, r, sigma_est))
    return sigma_est
```

小結

本章介紹在金融領域應用蒙地卡羅模擬的重要方法與技術。具體來說，本章先展示如何用不同的分布規則來產生偽亂數，接著介紹在許多金融領域都很重要的隨機變數與隨機過程模擬。本章深入討論兩個應用領域：評估歐式及美式選擇權的價值，以及估計風險量值，例如風險值，與信用評價調整。

本章提到 Python 與 NumPy 的組合很適合實作耗費大量計算資源的工作，例如使用蒙地卡羅模擬來評估美式選擇權的價值，主要的原因是 NumPy 大部分的函式與類別都是用 C 實作的，因此速度通常比純 Python 程式碼快很多，另一個好處是可以進行向量化操作，讓程式碼更緊湊且更易讀。

其他資源

介紹財金領域蒙地卡羅模擬的原始文章是：

- Boyle, Phelim (1977).“Options: A Monte Carlo Approach.”*Journal of Financial Economics*, Vol. 4, No. 4, pp. 322–338.

本章引用的其他原始論文包括（亦見第 18 章）：

- Black, Fischer, and Myron Scholes (1973). “The Pricing of Options and Corporate Liabilities.” *Journal of Political Economy*, Vol. 81, No. 3, pp. 638–659.
- Cox, John, Jonathan Ingersoll, and Stephen Ross (1985). “A Theory of the Term Structure of Interest Rates.” *Econometrica,* Vol. 53, No. 2, pp. 385–407.
- Heston, Steven (1993). “A Closed-Form Solution for Options with Stochastic Volatility with Applications to Bond and Currency Options.” *The Review of Financial Studies*, Vol. 6, No. 2, 327–343.
- Merton, Robert (1973). “Theory of Rational Option Pricing.” *Bell Journal of Economics and Management Science,* Vol. 4, pp. 141–183.
- Merton, Robert (1976). “Option Pricing When the Underlying Stock Returns Are Discontinuous.” *Journal of Financial Economics*, Vol. 3, No. 3, pp. 125–144.

下面是更詳細介紹本章主題的書籍（但是第一本不涵蓋技術實作細節）：

- Glasserman, Paul (2004). *Monte Carlo Methods in Financial Engineering.* New York: Springer.

- Hilpisch, Yves (2015). *Derivatives Analytics with Python* (*http://dawp.tpq.io*). Chichester, England: Wiley Finance.

用蒙地卡羅模擬來有效評估美式選擇權的方法直到世紀之交才終於有人發表：

- Longstaff, Francis, and Eduardo Schwartz (2001). "Valuing American Options by Simulation: A Simple Least Squares Approach." *Review of Financial Studies*, Vol. 14, No. 1, pp. 113–147.

這篇文章廣泛且深入地處理信用風險：

- Duffie, Darrell, and Kenneth Singleton (2003). *Credit Risk—Pricing, Measurement, and Management.* Princeton, NJ: Princeton University Press.

第十三章

統計學

我可以用統計學證明一切，但不包含真相。

—George Canning

統計學是個廣闊的領域，但它提供的工具與結果，已經成為金融領域中不可或缺的要素了，這也是 R（*https://www.r-project.org/*）這類的領域專用語言風行金融產業的原因。統計模型越精密與複雜，就越需要易用且高性能的計算解決方案。

我無法只用一章的篇幅來涵蓋豐富且廣博的統計學領域，因此，與許多其他章節一樣，我把重點放在比較重要的主題上，或是提供很好的起點，讓你使用 Python 來處理眼前的特定工作。本章有四個重點：

"常態性檢定"，第 418 頁

許多重要的金融模型，例如平均數 - 變異數投資組合理論（MPT）以及資本資產定價模型（CAPM）都假設證券的報酬是常態分布的。因此，本章提供一些方法來檢定時間序列的報酬常態性。

"投資組合優化"，第 436 頁

MPT 可謂財金領域最成功的統計技術之一。從 1950 年代開始，由於前驅 Harry Markowitz 的努力，這個理論開始用嚴格的數學及統計方法來取代人們投資金融市場時，對於判斷及經驗的依賴。在這個意義上，它應該是金融界的第一種真正的量化模型與方法。

"貝氏統計"，第 450 頁

在概念層面上，貝氏統計在統計學中引入了行動者**信念**以及**信念更新**的概念。例如，在進行線性回歸時，可能會取得回歸參數的統計分布，而不是進行單點估計（例如，回歸線的截距與斜率）。現今的金融業廣泛使用貝氏方法，所以本節用幾個例子來說明貝氏方法。

"機器學習"，第 466 頁

機器學習（或統計學習）的基礎是進階的統計方法，它是人工智慧（AI）的分支。如同統計學本身，機器學習提供一組豐富的方法與模型，可從資料集學習知識，並根據學到的東西進行預測。機器學習可分成各種不同的學習演算法，例如**監督學習**與**無監督學習**。各種演算法處理的問題種類也各有不同，例如**估計**與**分類**。本章的範例屬於**分類監督學習**。

本章的許多層面都與日期及時間資訊有關，你可以參考附錄 A，瞭解如何使用 Python、NumPy 與 pandas 來處理這種資料。

常態性檢定

常態分布可謂財金領域最重要的分布，也是財金理論最主要的統計元素之一。以下的金融理論在很大程度上都假設金融商品的報酬是常態分布的[1]：

投資組合理論

當股票的報酬呈常態分布時，我們可以用這種方式選出最佳的投資組合：只選出（期望）**平均報酬**、**報酬的變異數**（或波動率），以及不同股票間的**共變異數**都與某個投資決策有關（也就是最佳投資組合）的股票。

資本資產定價模型

同樣的，如果股票的報酬呈常態分布，我們可以用單一股價與廣泛的市場指數之間的線性關係，來優雅地表達單一股價；這種關係通常以單一股價與市場指數的聯動指標（beta 或 β）來表達。

1 另一種核心假設是**線性的**。例如，金融市場通常假設，（對於股票的股份的）需求與股份的價格之間有線性關係。換句話說，一般假設市場是完全流動的，因此不斷變化的需求不會對金融商品的單位價格造成任何影響。

效率市場假說

效率市場就是商品價格能夠反應所有可取得的資訊的市場，其中的“所有”可以用狹隘或廣泛的方式來定義（例如，“所有可公開取得”的資訊，或是也包含“只有私人可取得”的資訊）。如果這個假說是正確的，股票的價格就會隨機波動，且報酬呈常態分布。

選擇權定價理論

布朗運動是金融商品價格隨機變動的基準模型；著名的 Black-Scholes-Merton 選擇權定價公式，使用幾何布朗運動作為股價隨著時間隨機波動的模型，產生對數常態分布的價格，與常態分布的報酬。

這幾個理論就足以證明常態性假設在金融領域的重要性了。

基準案例

為了奠定後續分析工作的基礎，我們先來分析建立金融模型時，最常用的經典隨機過程—幾何布朗運動。我們可以這樣子描述幾何布朗運動 S 的走勢的特性：

常態對數的報酬

在兩個時間點 $0 < s < t$ 之間的對數報酬 $\log \frac{S_t}{S_s} = \log S_t - \log S_s$ 呈常態分布。

對數常態的價值

在任何時間點 $t > 0$，價值 S_t 都呈對數常態分布。

下面的程式先設定繪圖，接著匯入一些 Python 程式包，包括 `scipy.stats`（*http://docs.scipy.org/doc/scipy/reference/stats.html*）與 `statsmodels.api`（*http://statsmodels.sourceforge.net/stable/*）：

```
In [1]: import math
        import numpy as np
        import scipy.stats as scs
        import statsmodels.api as sm
        from pylab import mpl, plt

In [2]: plt.style.use('seaborn')
        mpl.rcParams['font.family'] = 'serif'
        %matplotlib inline
```

下面的程式使用函式 gen_paths() 來產生幾何布朗運動的蒙地卡羅走勢樣本（亦見第 12 章）：

```
In [3]: def gen_paths(S0, r, sigma, T, M, I):
            ''' Generate Monte Carlo paths for geometric Brownian motion.

        Parameters
        ==========
        S0: float
            initial stock/index value
        r: float
            constant short rate
        sigma: float
            constant volatility
        T: float
            final time horizon
        M: int
            number of time steps/intervals
        I: int
            number of paths to be simulated

        Returns
        =======
        paths: ndarray, shape (M + 1, I)
            simulated paths given the parameters
        '''
        dt = T / M
        paths = np.zeros((M + 1, I))
        paths[0] = S0
        for t in range(1, M + 1):
            rand = np.random.standard_normal(I)
            rand = (rand - rand.mean()) / rand.std()  ❶
            paths[t] = paths[t - 1] * np.exp((r - 0.5 * sigma ** 2) * dt +
                                     sigma * math.sqrt(dt) * rand)  ❷
        return paths
```

❶ 匹配第一與第二動差。

❷ 將幾何布朗運動向量歐拉離散化。

這個模擬使用下面的蒙地卡羅模擬參數，結合函式 gen_paths() 產生 250,000 條走勢，每條有 50 個時步。圖 13-1 是前 10 條模擬走勢：

```
In [4]: S0 = 100.  ❶
        r = 0.05  ❷
        sigma = 0.2  ❸
        T = 1.0  ❹
        M = 50  ❺
        I = 250000  ❻
        np.random.seed(1000)

In [5]: paths = gen_paths(S0, r, sigma, T, M, I)

In [6]: S0 * math.exp(r * T)  ❼
Out[6]: 105.12710963760242

In [7]: paths[-1].mean()  ❼
Out[7]: 105.12645392478755

In [8]: plt.figure(figsize=(10, 6))
        plt.plot(paths[:, :10])
        plt.xlabel('time steps')
        plt.ylabel('index level');
```

❶ 即將模擬過程的初始值。

❷ 固定短期利率。

❸ 固定波動因子。

❹ 以年為單位的時段。

❺ 時段數量。

❻ 模擬的過程的數量。

❼ 期望值與平均模擬值。

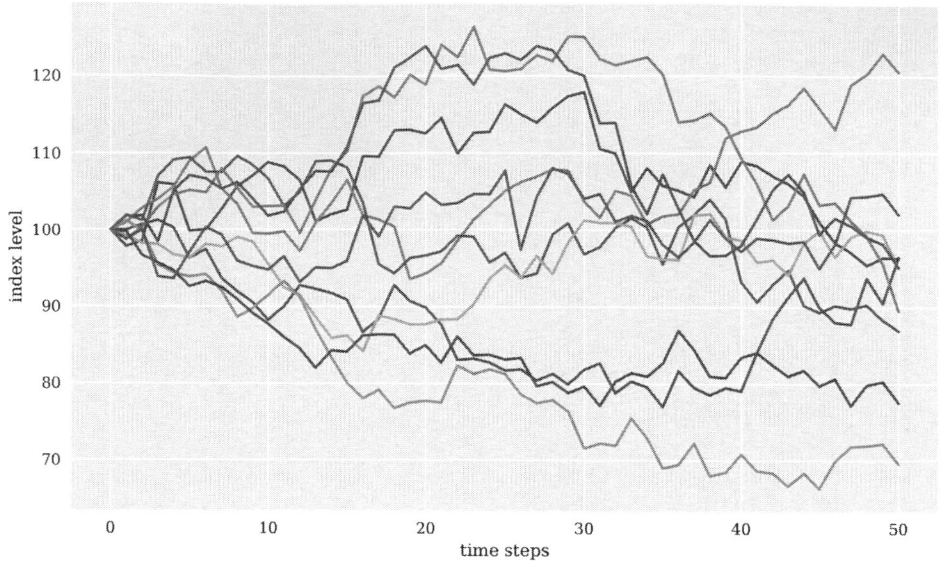

圖 13-1 十條幾何布朗運動模擬走勢

我們感興趣的主要是對數報酬率的分布。為此，我們根擬模擬的走勢來建立一個存有所有對數報酬率的 ndarray 物件，並顯示單一模擬走勢與對數報酬率結果：

```
In [9]: paths[:, 0].round(4)
Out[9]: array([100.    ,  97.821 ,  98.5573, 106.1546, 105.899 ,  99.8363,
               100.0145, 102.6589, 105.6643, 107.1107, 108.7943, 108.2449,
               106.4105, 101.0575, 102.0197, 102.6052, 109.6419, 109.5725,
               112.9766, 113.0225, 112.5476, 114.5585, 109.942 , 112.6271,
               112.7502, 116.3453, 115.0443, 113.9586, 115.8831, 117.3705,
               117.9185, 110.5539, 109.9687, 104.9957, 108.0679, 105.7822,
               105.1585, 104.3304, 108.4387, 105.5963, 108.866 , 108.3284,
               107.0077, 106.0034, 104.3964, 101.0637,  98.3776,  97.135 ,
                95.4254,  96.4271,  96.3386])

In [10]: log_returns = np.log(paths[1:] / paths[:-1])

In [11]: log_returns[:, 0].round(4)
Out[11]: array([-0.022 ,  0.0075,  0.0743, -0.0024, -0.059 ,  0.0018,  0.0261,
                 0.0289,  0.0136,  0.0156, -0.0051, -0.0171, -0.0516,  0.0095,
                 0.0057,  0.0663, -0.0006,  0.0306,  0.0004, -0.0042,  0.0177,
                -0.0411,  0.0241,  0.0011,  0.0314, -0.0112, -0.0095,  0.0167,
                 0.0128,  0.0047, -0.0645, -0.0053, -0.0463,  0.0288, -0.0214,
                -0.0059, -0.0079,  0.0386, -0.0266,  0.0305, -0.0049, -0.0123,
                -0.0094, -0.0153, -0.0324, -0.0269, -0.0127, -0.0178,  0.0104,
                -0.0009])
```

經常有人在金融市場經歷同一件事：在某幾天的投資獲得**正報酬**，但是在其他的日子裡，相較於最近的財富狀況，則是處於**虧損**狀態。

`print_statistics()` 是 `scipy.stats` 程式包的 `scs.describe()` 的包裝函式。它的主要功能是產生更容易讓人類瞭解的統計輸出，包括（歷史或模擬）資料集的平均值、偏斜度（skewness）或峰度（kurtosis）：

```
In [13]: def print_statistics(array):
             ''' Prints selected statistics.

         Parameters
         ==========
         array: ndarray
             object to generate statistics on
         '''
         sta = scs.describe(array)
         print('%14s %15s' % ('statistic', 'value'))
         print(30 * '-')
         print('%14s %15.5f' % ('size', sta[0]))
         print('%14s %15.5f' % ('min', sta[1][0]))
         print('%14s %15.5f' % ('max', sta[1][1]))
         print('%14s %15.5f' % ('mean', sta[2]))
         print('%14s %15.5f' % ('std', np.sqrt(sta[3])))
         print('%14s %15.5f' % ('skew', sta[4]))
         print('%14s %15.5f' % ('kurtosis', sta[5]))

In [14]: print_statistics(log_returns.flatten())
              statistic           value
         ------------------------------
                   size  12500000.00000
                    min        -0.15664
                    max         0.15371
                   mean         0.00060
                    std         0.02828
                   skew         0.00055
               kurtosis         0.00085

In [15]: log_returns.mean() * M + 0.5 * sigma ** 2  ❶
Out[15]: 0.05000000000000005

In [16]: log_returns.std() * math.sqrt(M)  ❷
Out[16]: 0.20000000000000015
```

❶ 在修正 Itô 項之後的年化平均對數報酬率[2]。

2 關於在這個情況下使用的隨機分析與 Itô 微積分，可參考 Glasserman（2004）。

❷ 年化波動率；也就是年化對數報酬率的標準差。

這個例子的資料集包含 12,500,000 個資料點，它們的值主要位於 +/– 0.15 之間。我們可以預期年化平均報酬為 0.05（在修正 Itô 項之後），標準差（波動率）為 0.2。這些年化值幾乎吻合這些值（將均值乘以 50，並修正 Itô 項；將標準差乘以 $\sqrt{50}$）。這麼吻合的原因之一，就是我們在抽取亂數時，使用動差配適法來做變異數縮減（variance reduction）（見第 390 頁的"變異數縮減"）。

圖 13-2 使用 `scipy.stats` 程式包的 `norm.pdf()` 函數來比較"對數報酬率的頻率分布"與"常態分布機率密度函數（PDF）"（使用了 `r` 與 `sigma` 參數），它們顯然非常吻合：

```
In [17]: plt.figure(figsize=(10, 6))
         plt.hist(log_returns.flatten(), bins=70, normed=True,
                  label='frequency', color='b')
         plt.xlabel('log return')
         plt.ylabel('frequency')
         x = np.linspace(plt.axis()[0], plt.axis()[1])
         plt.plot(x, scs.norm.pdf(x, loc=r / M, scale=sigma / np.sqrt(M)),
                  'r', lw=2.0, label='pdf')  ❶
         plt.legend();
```

❶ 將假設的參數調整至間隔長度，並畫出其 PDF。

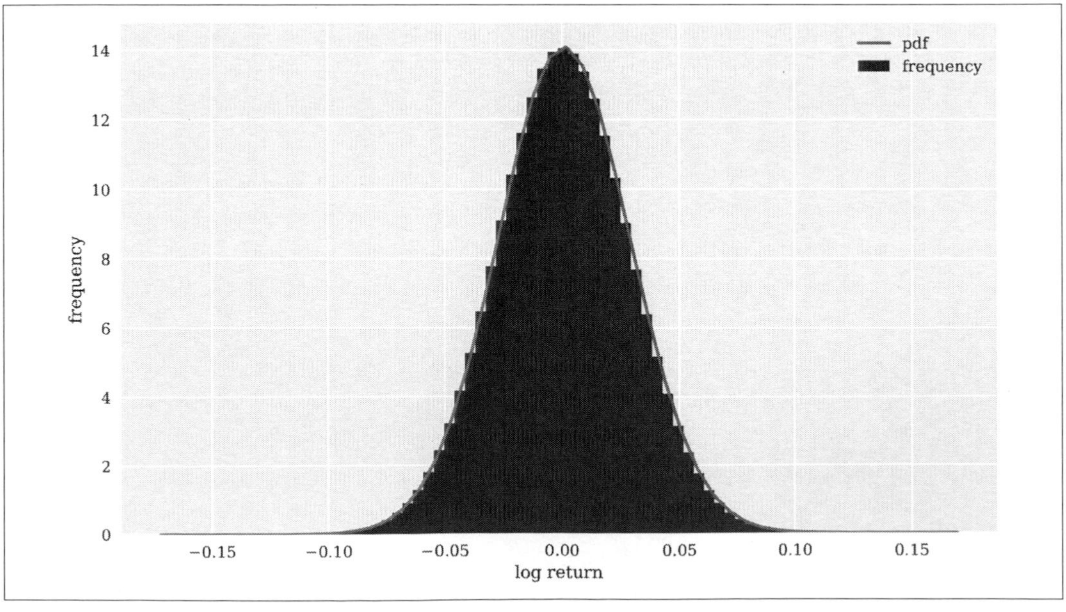

圖 13-2 幾何布朗運動的對數報酬率與常態密度函數的直方圖

除了拿頻率分布（直方圖）來與理論上的 PDF 進行比較之外，我們也可以用其他方式以圖表“測試”常態性。所謂的分位（*quantile-quantile*，*QQ*）圖也很適合用來處理這項工作，這種圖是拿樣本的分位數與理論的分位數對比。以常態分布的樣本資料集畫出來的圖表長得像圖 13-3，絕大多數的分位數值（點）都位於一條直線上：

```
In [18]: sm.qqplot(log_returns.flatten()[::500], line='s')
         plt.xlabel('theoretical quantiles')
         plt.ylabel('sample quantiles');
```

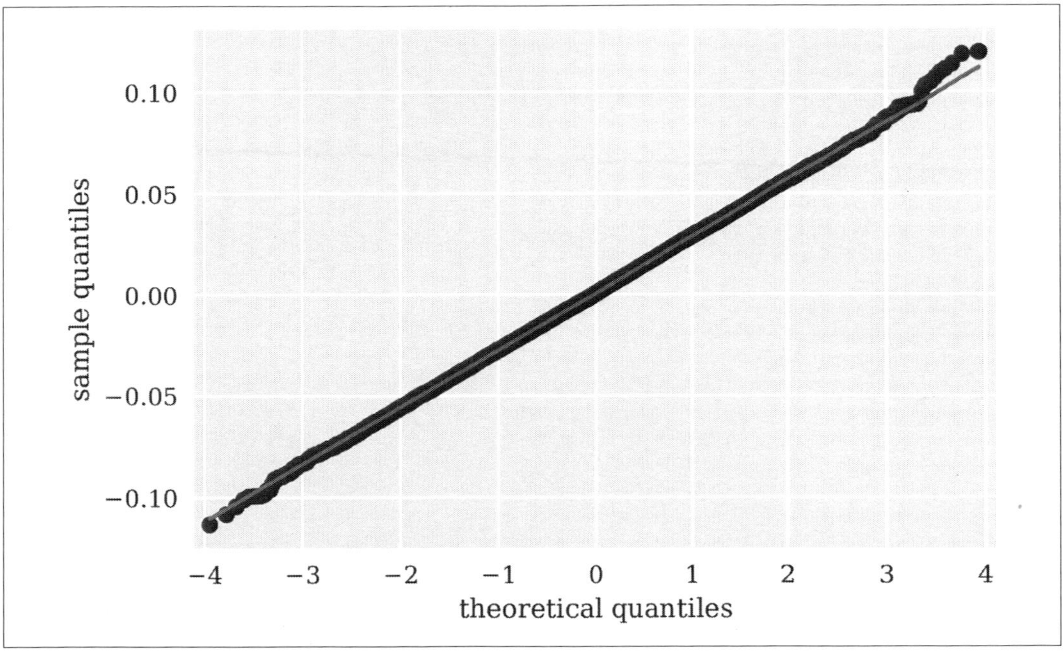

圖 13-3 幾何布朗運動的對數報酬率分位圖

無論圖表如何誘人，它們往往無法取代更嚴格的測試過程。接下來的範例使用的 `normality_tests()` 函式結合三種不同的統計檢定：

偏斜度檢定（`skewtest()`）
: 檢定樣本資料的偏斜度是否“正常”（也就是值夠接近 0）。

峰度檢定（`kurtosistest()`）
: 檢定樣本資料的峰度是否“正常”（同樣是否夠接近 0）。

常態性檢定（normaltest()）

結合另外兩項測試方法來檢定常態性。

從檢定值可以看到，幾何布朗運動的對數報酬率確實呈常態分布，也就是它們的 p 值是 0.05 或更高：

```
In [19]: def normality_tests(arr):
             ''' Tests for normality distribution of given data set.

             Parameters
             ==========
             array: ndarray
                 object to generate statistics on
             '''
             print('Skew of data set  %14.3f' % scs.skew(arr))
             print('Skew test p-value %14.3f' % scs.skewtest(arr)[1])
             print('Kurt of data set  %14.3f' % scs.kurtosis(arr))
             print('Kurt test p-value %14.3f' % scs.kurtosistest(arr)[1])
             print('Norm test p-value %14.3f' % scs.normaltest(arr)[1])

In [20]: normality_tests(log_returns.flatten())  ❶
         Skew of data set            0.001
         Skew test p-value           0.430
         Kurt of data set            0.001
         Kurt test p-value           0.541
         Norm test p-value           0.607
```

❶ 所有的 p 值都大於 0.05。

最後，我們檢查到期值是否真的呈常態分布，這項工作也歸根於常態性檢定，因為我們只要對資料執行對數函數，得到常態分布的值（也可能得不到）即可。圖 13-4 畫出對數常態分布的期末值，以及轉換出來的值（“對數指數值”）：

```
In [21]: f, (ax1, ax2) = plt.subplots(1, 2, figsize=(10, 6))
         ax1.hist(paths[-1], bins=30)
         ax1.set_xlabel('index level')
         ax1.set_ylabel('frequency')
         ax1.set_title('regular data')
         ax2.hist(np.log(paths[-1]), bins=30)
         ax2.set_xlabel('log index level')
         ax2.set_title('log data')
```

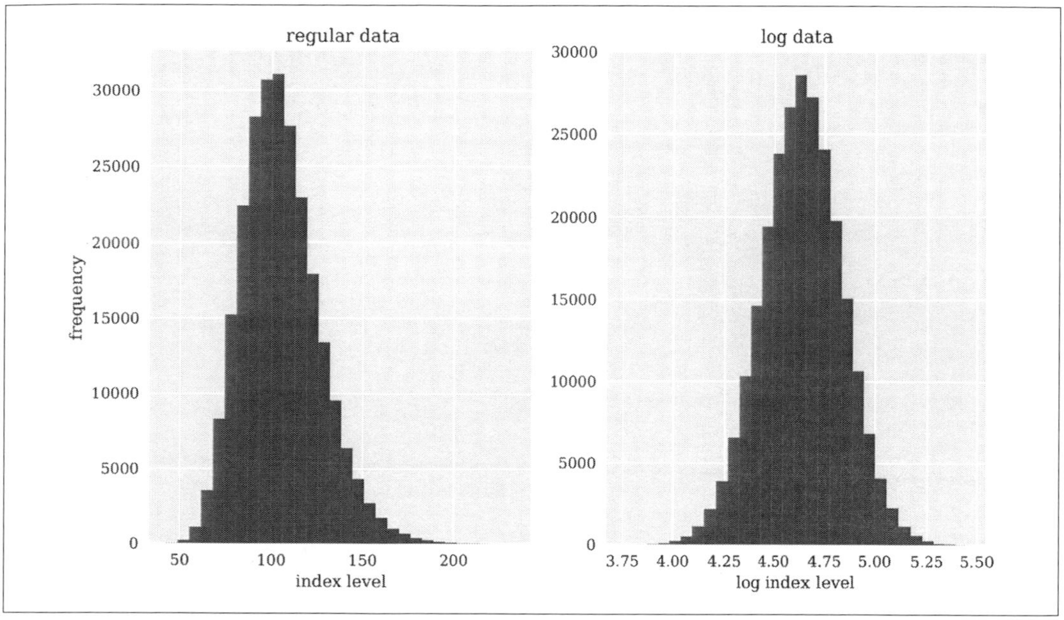

圖 13-4 以幾何布朗運動模擬的期末指數直方圖

這個資料集的統計數據呈現預期的行為，例如，均值接近 105，且對數指數值的偏斜度與峰度都接近 0，並且有高 p 值，強烈支持常態分布假說：

```
In [22]: print_statistics(paths[-1])
              statistic           value
         ------------------------------
                   size    250000.00000
                    min        42.74870
                    max       233.58435
                   mean       105.12645
                    std        21.23174
                   skew         0.61116
               kurtosis         0.65182

In [23]: print_statistics(np.log(paths[-1]))
              statistic           value
         ------------------------------
                   size    250000.00000
                    min         3.75534
                    max         5.45354
                   mean         4.63517
                    std         0.19998
                   skew        -0.00092
               kurtosis        -0.00327
```

```
In [24]: normality_tests(np.log(paths[-1]))
         Skew of data set          -0.001
         Skew test p-value          0.851
         Kurt of data set          -0.003
         Kurt test p-value          0.744
         Norm test p-value          0.931
```

圖 13-5 再次比較頻率分布與常態分布的 PDF，兩者相當吻合（當然，這在意料之中）：

```
In [25]: plt.figure(figsize=(10, 6))
         log_data = np.log(paths[-1])
         plt.hist(log_data, bins=70, normed=True,
                  label='observed', color='b')
         plt.xlabel('index levels')
         plt.ylabel('frequency')
         x = np.linspace(plt.axis()[0], plt.axis()[1])
         plt.plot(x, scs.norm.pdf(x, log_data.mean(), log_data.std()),
                  'r', lw=2.0, label='pdf')
         plt.legend();
```

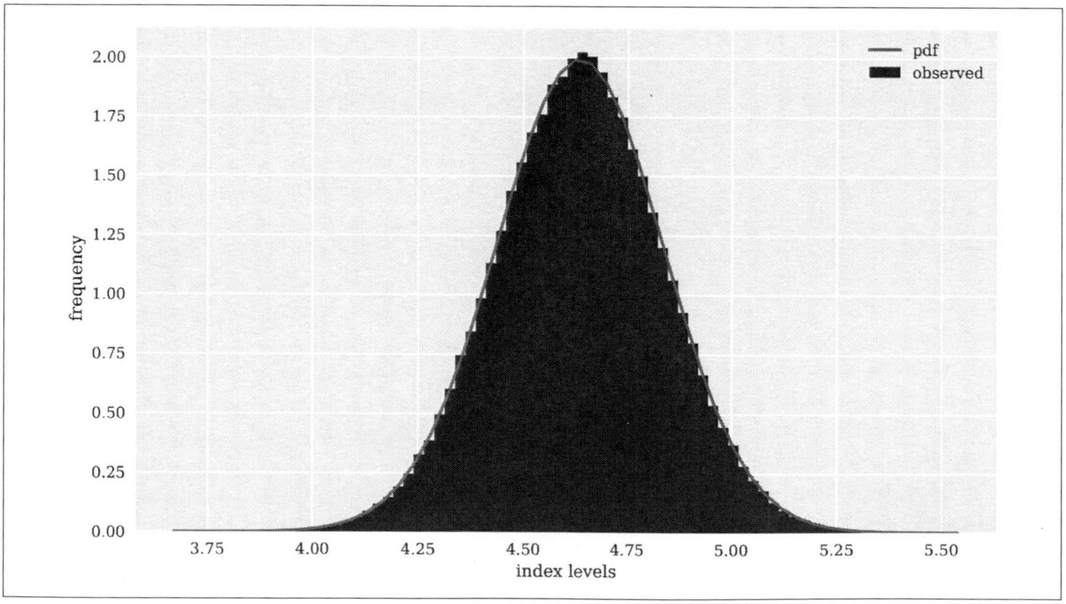

圖 13-5 幾何布朗運動與常態密度函數的對數指數直方圖

圖 13-6 也支持對數指數常態分布的假設：

```
In [26]: sm.qqplot(log_data, line='s')
         plt.xlabel('theoretical quantiles')
         plt.ylabel('sample quantiles');
```

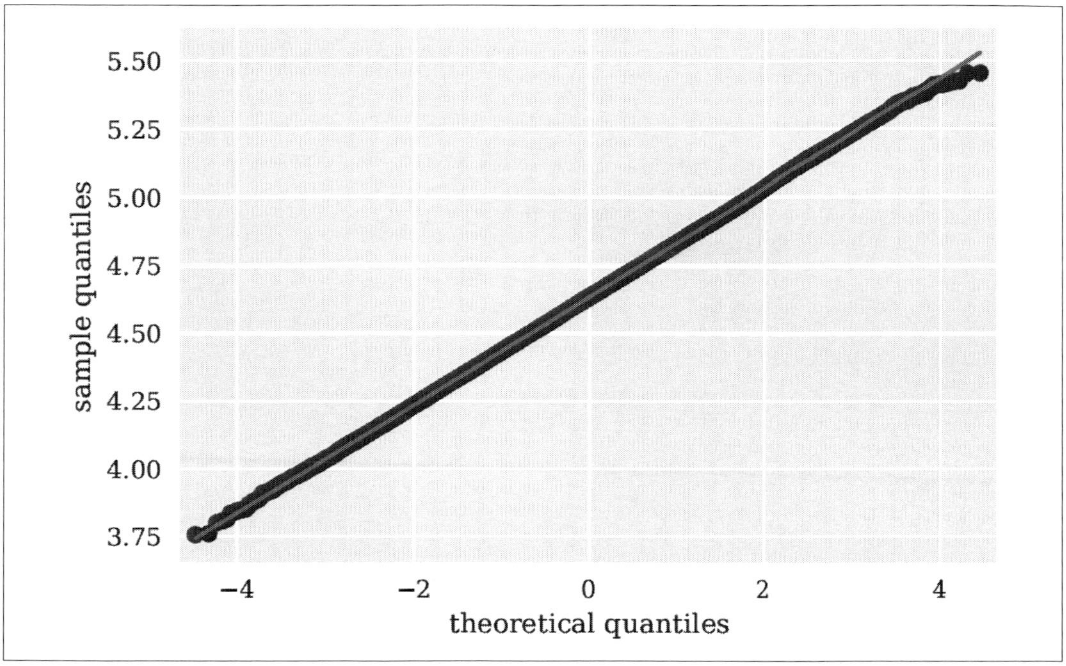

圖 13-6 以幾何布朗運動模擬的對數指數分位圖

> **常態性**
>
> 許多金融理論都假設金融商品的收益有常態性。Python 有許多高效的統計與繪圖工具，可用來測試時間序列資料是否呈常態分布。

真實的資料

本節要分析四個歷史財金時間序列，其中兩項是科技類股，兩項是指數型股票基金（ETF）：

- `APPL.O`：蘋果公司的股價
- `MSFT.O`：微軟公司的股價
- `SPY`：SPDR 標準普爾 500 指數 ETF
- `GLD`：SPDR 黃金信託

pandas 是資料管理工具的首選（見第 8 章）。圖 13-7 是隨著時間波動的標準化價格：

```
In [27]: import pandas as pd

In [28]: raw = pd.read_csv('../../source/tr_eikon_eod_data.csv',
                           index_col=0, parse_dates=True).dropna()

In [29]: symbols = ['SPY', 'GLD', 'AAPL.O', 'MSFT.O']

In [30]: data = raw[symbols]
         data = data.dropna()

In [31]: data.info()
         <class 'pandas.core.frame.DataFrame'>
         DatetimeIndex: 2138 entries, 2010-01-04 to 2018-06-29
         Data columns (total 4 columns):
         SPY       2138 non-null float64
         GLD       2138 non-null float64
         AAPL.O    2138 non-null float64
         MSFT.O    2138 non-null float64
         dtypes: float64(4)
         memory usage: 83.5 KB

In [32]: data.head()
Out[32]:                SPY     GLD     AAPL.O  MSFT.O
         Date
         2010-01-04  113.33  109.80  30.572827  30.950
         2010-01-05  113.63  109.70  30.625684  30.960
         2010-01-06  113.71  111.51  30.138541  30.770
         2010-01-07  114.19  110.82  30.082827  30.452
         2010-01-08  114.57  111.37  30.282827  30.660

In [33]: (data / data.iloc[0] * 100).plot(figsize=(10, 6))
```

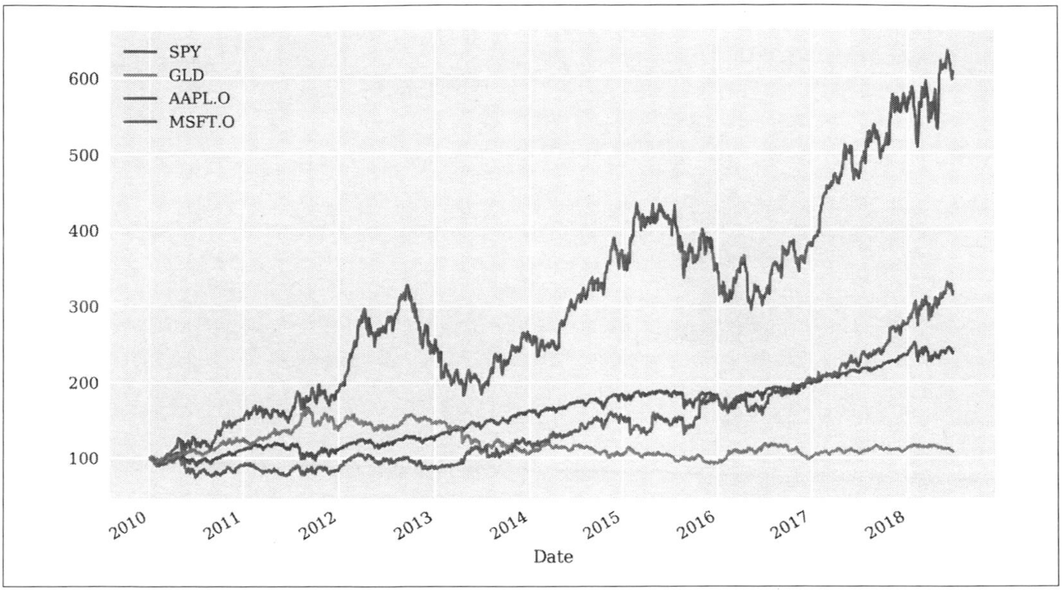

圖 13-7 標準化的金融商品價格隨著時間波動

圖 13-8 是金融商品的對數報酬率直方圖：

```
In [34]: log_returns = np.log(data / data.shift(1))
         log_returns.head()
Out[34]:                   SPY        GLD     AAPL.O     MSFT.O
         Date
         2010-01-04        NaN        NaN        NaN        NaN
         2010-01-05   0.002644  -0.000911   0.001727   0.000323
         2010-01-06   0.000704   0.016365  -0.016034  -0.006156
         2010-01-07   0.004212  -0.006207  -0.001850  -0.010389
         2010-01-08   0.003322   0.004951   0.006626   0.006807

In [35]: log_returns.hist(bins=50, figsize=(10, 8));
```

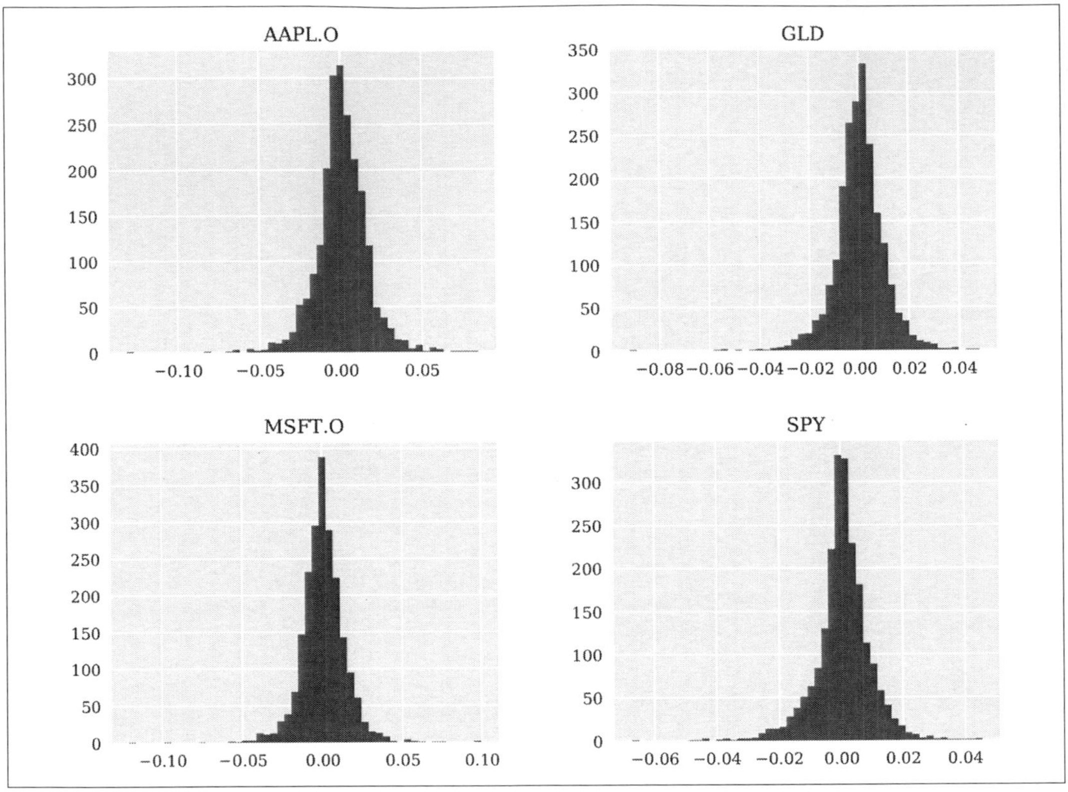

圖 13-8 金融商品的對數報酬率直方圖

我們接著來考慮時間序列資料集的各種統計數據，這四個資料集的峰度都與常態分布的要求相去甚遠：

```
In [36]: for sym in symbols:
             print('\nResults for symbol {}'.format(sym))
             print(30 * '-')
             log_data = np.array(log_returns[sym].dropna())
             print_statistics(log_data)  ❶

         Results for symbol SPY
         ------------------------------
              statistic           value
         ------------------------------
                   size      2137.00000
                    min        -0.06734
                    max         0.04545
                   mean         0.00041
```

```
        std        0.00933
       skew       -0.52189
   kurtosis        4.52432

Results for symbol GLD
------------------------------
     statistic           value
------------------------------
          size      2137.00000
           min        -0.09191
           max         0.04795
          mean         0.00004
           std         0.01020
          skew        -0.59934
      kurtosis         5.68423

Results for symbol AAPL.O
------------------------------
     statistic           value
------------------------------
          size      2137.00000
           min        -0.13187
           max         0.08502
          mean         0.00084
           std         0.01591
          skew        -0.23510
      kurtosis         4.78964

Results for symbol MSFT.O
------------------------------
     statistic           value
------------------------------
          size      2137.00000
           min        -0.12103
           max         0.09941
          mean         0.00054
           std         0.01421
          skew        -0.09117
      kurtosis         7.29106
```

❶ 金融商品時間序列的統計數據。

圖 13-9 是 SPY ETF 的 QQ 圖，從圖中可看到，樣本的分位數值顯然不在同一條直線上，也就是有“非常態性”。圖的左右兩邊分別有許多值位於直線的下方與上方，換句話說，時間序列資料有**肥尾**（*fat tail*）的情況，肥尾的意思是在頻率分布中，正負異常值遠多於常態分布應有的情況。圖 13-10 的 Microsoft 股票資料也呈肥尾分布：

```
In [37]: sm.qqplot(log_returns['SPY'].dropna(), line='s')
         plt.title('SPY')
         plt.xlabel('theoretical quantiles')
         plt.ylabel('sample quantiles');
In [38]: sm.qqplot(log_returns['MSFT.O'].dropna(), line='s')
         plt.title('MSFT.O')
         plt.xlabel('theoretical quantiles')
         plt.ylabel('sample quantiles');
```

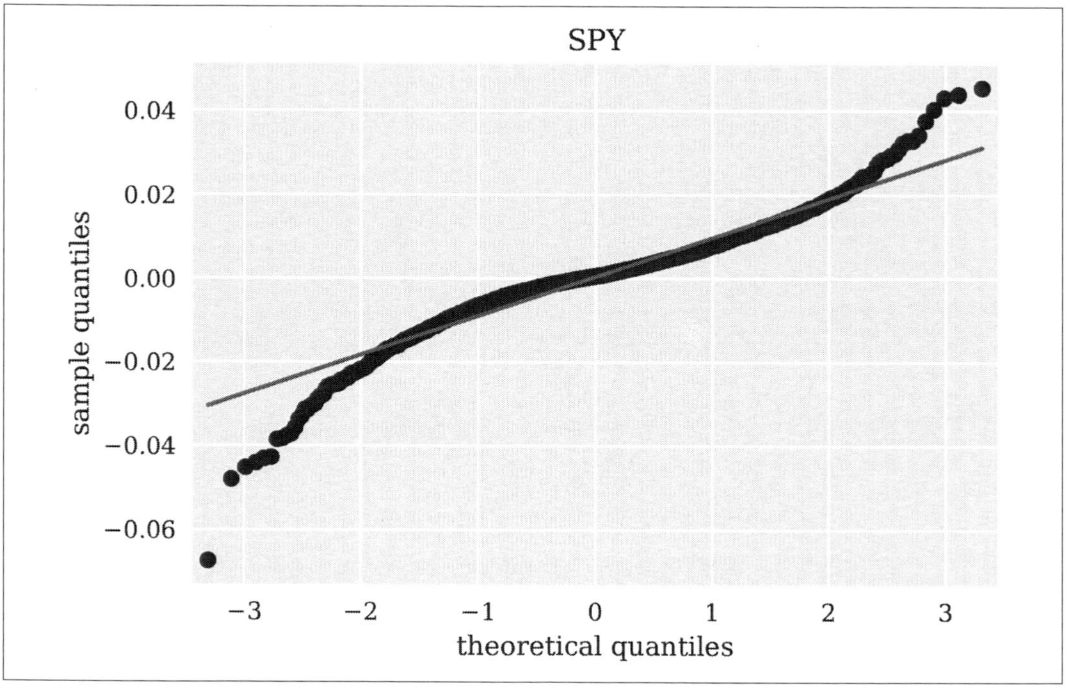

圖 13-9 SPY 對數報酬率的 QQ 圖

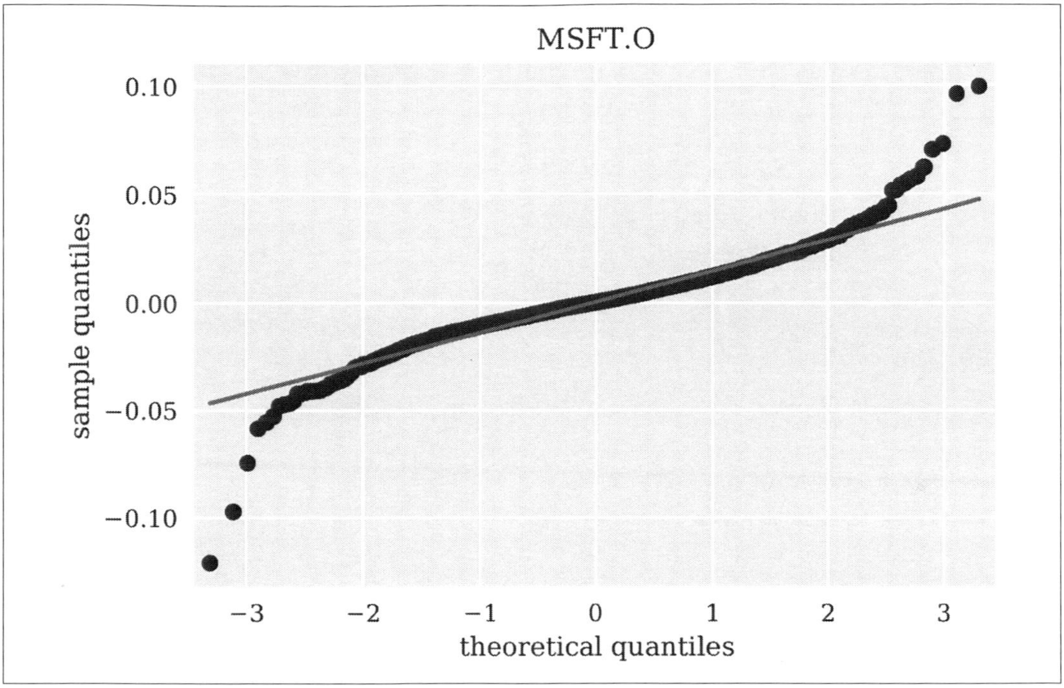

圖 13-10 MSFT.O 對數報酬率的 QQ 圖

最後，用上述的結果進行正式的常態性檢定：

```
In [39]: for sym in symbols:
             print('\nResults for symbol {}'.format(sym))
             print(32 * '-')
             log_data = np.array(log_returns[sym].dropna())
             normality_tests(log_data)  ❶

         Results for symbol SPY
         --------------------------------
         Skew of data set         -0.522
         Skew test p-value         0.000
         Kurt of data set          4.524
         Kurt test p-value         0.000
         Norm test p-value         0.000

         Results for symbol GLD
         --------------------------------
         Skew of data set         -0.599
         Skew test p-value         0.000
         Kurt of data set          5.684
```

```
Kurt test p-value           0.000
Norm test p-value           0.000

Results for symbol AAPL.O
--------------------------------
Skew of data set           -0.235
Skew test p-value           0.000
Kurt of data set            4.790
Kurt test p-value           0.000
Norm test p-value           0.000

Results for symbol MSFT.O
--------------------------------
Skew of data set           -0.091
Skew test p-value           0.085
Kurt of data set            7.291
Kurt test p-value           0.000
Norm test p-value           0.000
```

❶ 金融商品時間序列的常態性檢定結果。

所有測試的 p 值都是 0，強烈反駁“各種樣本資料集都呈常態分布”這個測試假設。這代表，股市報酬與其他資產類別的常態分布假設（例如幾何布朗模型之中的假設）通常無法被證實，我們可能需要使用能夠產生肥尾的模型（例如跳躍擴散模型或是有隨機波動率的模型）。

投資組合優化

平均數 - 變異數（現代）投資組合理論是金融理論的基石。這個突破性理論的發明者 Harry Markowitz 因為它，在 1990 年獲得諾貝爾經濟學獎。雖然這個理論在 1950 年代就成形了，但它仍然是財金系學生必學的理論，也被實際應用（通常會或多或少做一些修改）[3]。本節將說明這個理論的基本原理。

Copeland、Weston 與 Shastri（2005）的著作的第 5 章很好地介紹與 MPT 有關的主題，如前所述，這個理論假設報酬呈常態分布：

> 只要看一下平均值與變異數，我們就必然會假設不需要使用其他的統計數據來描述到期財富的分布。除非投資者有特殊類型的效用函數（二次效用函數），否則假設報酬呈常態分布是必要的，而常態分布可以用平均值與變異數完整地描述。

3 見 Markowitz（1952）。

資料

下面的分析與範例使用與之前一樣的金融商品。MPT 的基本思想是利用**分散投資**，在指定報酬目標之下，將投資組合風險最小化，或是在指定風險程度之下，將投資組合報酬最大化。人們認為正確地組合大量的資產，並且讓資產有一些多樣性，就可望得到上述的多樣化效應。但是，我們只要使用四種金融商品就可以傳達基本的理念，並展示典型的效果了。圖 13-11 是金融商品的對數報酬率的頻率分布：

```
In [40]: symbols = ['AAPL.O', 'MSFT.O', 'SPY', 'GLD']  ❶

In [41]: noa = len(symbols)  ❷

In [42]: data = raw[symbols]

In [43]: rets = np.log(data / data.shift(1))

In [44]: rets.hist(bins=40, figsize=(10, 8));
```

❶ 在投資組合內的四種金融商品。

❷ 所定義的金融商品數量。

在投資組合的選取過程中，金融商品的**共變異數矩陣**是最重要工具。pandas 有內建的方法可產生共變異數矩陣，並使用同樣的比例係數。

```
In [45]: rets.mean() * 252  ❶
Out[45]: AAPL.O    0.212359
         MSFT.O    0.136648
         SPY       0.102928
         GLD       0.009141
         dtype: float64

In [46]: rets.cov() * 252  ❷
Out[46]:           AAPL.O    MSFT.O       SPY       GLD
         AAPL.O  0.063773  0.023427  0.021039  0.001513
         MSFT.O  0.023427  0.050917  0.022244 -0.000347
         SPY     0.021039  0.022244  0.021939  0.000062
         GLD     0.001513 -0.000347  0.000062  0.026209
```

❶ 年化平均報酬。

❷ 年化共變異數矩陣。

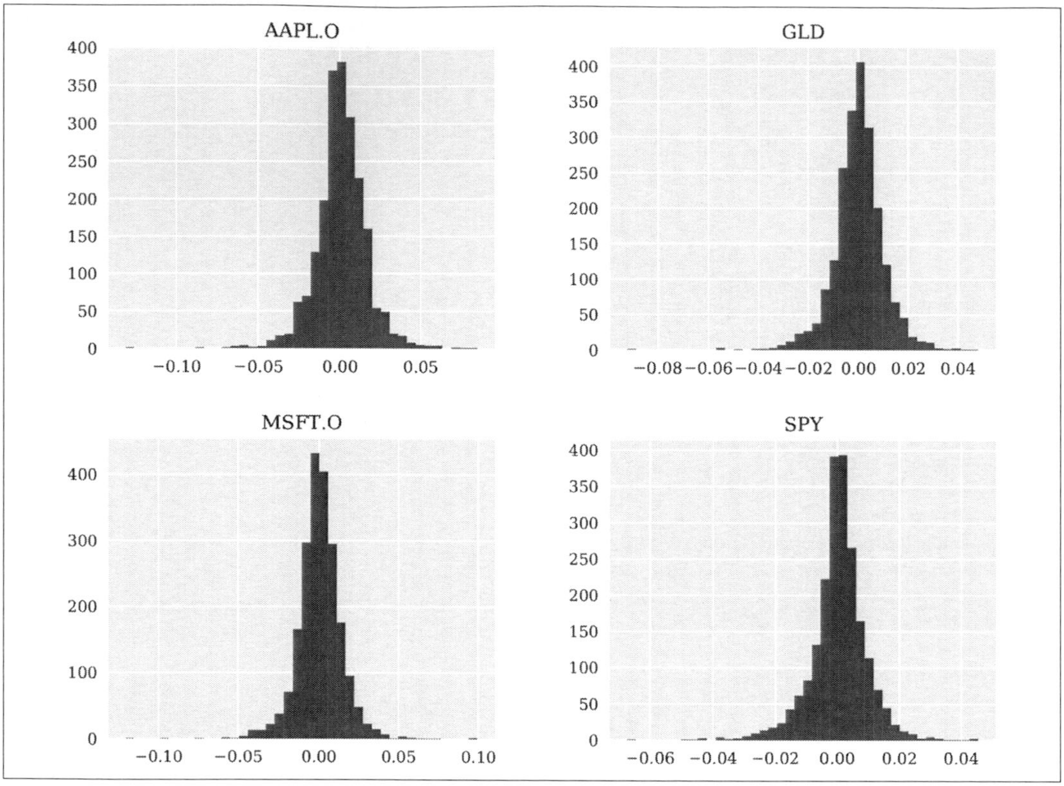

圖 13-11 金融商品的對數報酬率直方圖

基本理論

接下來的內容假設投資者不能建立金融商品的空頭部位，只能建立多頭部位，這意味著投資者必須將 100% 的資金分配給可用的金融商品，所有的部位都是多頭的（正的），而且加起來等於 100%。舉例而言，如果有四項金融商品，你可以平均投資各項金融商品，也就是對每項商品各投資 25% 的資金。下面的程式產生四個介於 0 與 1 之間的隨機分布亂數，接著將值標準化，讓所有值的總和等於 1：

```
In [47]: weights = np.random.random(noa)  ❶
         weights /= np.sum(weights)  ❷

In [48]: weights
Out[48]: array([0.07650728, 0.06021919, 0.63364218, 0.22963135])

In [49]: weights.sum()
Out[49]: 1.0
```

❶ 隨機的投資組合權重 …

❷ … 標準化為 1 或 100%。

程式驗證了所有權重加起來確實等於 1，也就是 $\Sigma_I w_i = 1$，其中 I 是金融商品的數量，$w_i > 0$ 是金融商品 i 的權重。公式 13-1 是用各項商品的權重計算**投資組合期望報酬**的公式，它之所以是投資組合**期望報酬**，原因是我們假設歷史平均績效是最適合用來估計未來（期望）績效的東西。在這裡，r_i 是狀態相關未來報酬（以假設是常態分布的報酬值組成的向量），μ_i 是商品 i 的期望報酬。最後，w^T 是權重向量的轉置，μ 是期望證券報酬向量。

公式 13-1 期望投資組合報酬的一般公式

$$\begin{aligned}\mu_p &= \mathbf{E}\left(\sum_I w_i r_i\right)\\ &= \sum_I w_i \mathbf{E}(r_i)\\ &= \sum_I w_i \mu_i\\ &= w^T \mu\end{aligned}$$

我們只要用一行程式就可以將它轉換成 Python，並進行年化：

```
In [50]: np.sum(rets.mean() * weights) * 252  ❶
Out[50]: 0.09179459482057793
```

❶ 根據投資組合權重算出來的年化投資組合報酬。

MPT 的第二項重要物件是**期望投資組合變異數**。這是兩種證券之間的共變異數的定義：$\sigma_{ij} = \sigma_{ji} = \mathbf{E}(r_i - \mu_i)(r_j - \mu_j)$。證券的變異數是它與自身的共變異數：$\sigma_i^2 = \mathbf{E}\left((r_i - \mu_i)^2\right)$。公式 13-2 是證券投資組合的共變異數矩陣（假設每一種證券的權重都是 1）。

公式 13-2 投資組合共變異數矩陣

$$\Sigma = \begin{bmatrix}\sigma_1^2 & \sigma_{12} & \cdots & \sigma_{1I}\\ \sigma_{21} & \sigma_2^2 & \cdots & \sigma_{2I}\\ \vdots & \vdots & \ddots & \vdots\\ \sigma_{I1} & \sigma_{I2} & \cdots & \sigma_I^2\end{bmatrix}$$

公式 13-3 是使用投資組合共變異數矩陣，來計算期望投資組合變異數的公式。

公式 13-3 投資組合期望變異數公式

$$\begin{aligned}\sigma_p^2 &= \mathbf{E}\left((r-\mu)^2\right)\\ &= \sum_{i \in I}\sum_{j \in I} w_i w_j \sigma_{ij}\\ &= w^T \Sigma w\end{aligned}$$

我們同樣可以充分使用 NumPy 的向量化功能，用 Python 將它全部寫成一行程式。np.dot() 函式可算出兩個向量 / 矩陣的內積。T 屬性或 transpose() 方法可以提供向量或矩陣的轉置。有了投資組合變異數之後，只要計算一次平方根就可以算出（期望）投資組合標準差或波動率 $\sigma_p = \sqrt{\sigma_p^2}$ 了：

```
In [51]: np.dot(weights.T, np.dot(rets.cov() * 252, weights))  ❶
Out[51]: 0.014763288666485574

In [52]: math.sqrt(np.dot(weights.T, np.dot(rets.cov() * 252, weights)))  ❷
Out[52]: 0.12150427427249452
```

❶ 根據投資組合權重來算出年化的投資組合變異數。

❷ 根據投資組合權重來算出年化的投資組合波動率。

Python 與向量化

從 MPT 例子可以看到，用 Python 將數學概念（例如投資組合報酬或變異數）轉換成可執行、向量化的程式有多麼快速（如第 1 章所述）。

以上大致上就是用來選擇平均數 - 變異數投資組合的工具組。投資者最感興趣的數據，就是投資組合的風險報酬均衡性及其統計特性。為此，我們要實作一個蒙地卡羅模擬（見第 12 章），來產生大規模的隨機投資組合權重向量。這段程式會幫每一個投資組合記錄它產生的期望報酬與變異數。為了簡化程式，我們定義兩個函式，port_ret() 與 port_vol()：

```
In [53]: def port_ret(weights):
             return np.sum(rets.mean() * weights) * 252

In [54]: def port_vol(weights):
             return np.sqrt(np.dot(weights.T, np.dot(rets.cov() * 252, weights)))

In [55]: prets = []
         pvols = []
         for p in range (2500):  ❶
```

```
        weights = np.random.random(noa)  ❶
        weights /= np.sum(weights)  ❶
        prets.append(port_ret(weights))  ❷
        pvols.append(port_vol(weights))  ❷
    prets = np.array(prets)
    pvols = np.array(pvols)
```

❶ 用蒙地卡羅來模擬投資組合權重。

❷ 將產生的統計數據存入 list 物件。

圖 13-12 是蒙地卡羅模擬結果。它也提供 Sharpe 指數（其定義為 $SR \equiv \frac{\mu_p - r_f}{\sigma_p}$），也就是投資報酬率超過無風險短期利率 r_f 的部分除以期望投資組合標準差。為了簡化，我們假設 $r_f \equiv 0$：

```
In [56]: plt.figure(figsize=(10, 6))
         plt.scatter(pvols, prets, c=prets / pvols,
                     marker='o', cmap='coolwarm')
         plt.xlabel('expected volatility')
         plt.ylabel('expected return')
         plt.colorbar(label='Sharpe ratio');
```

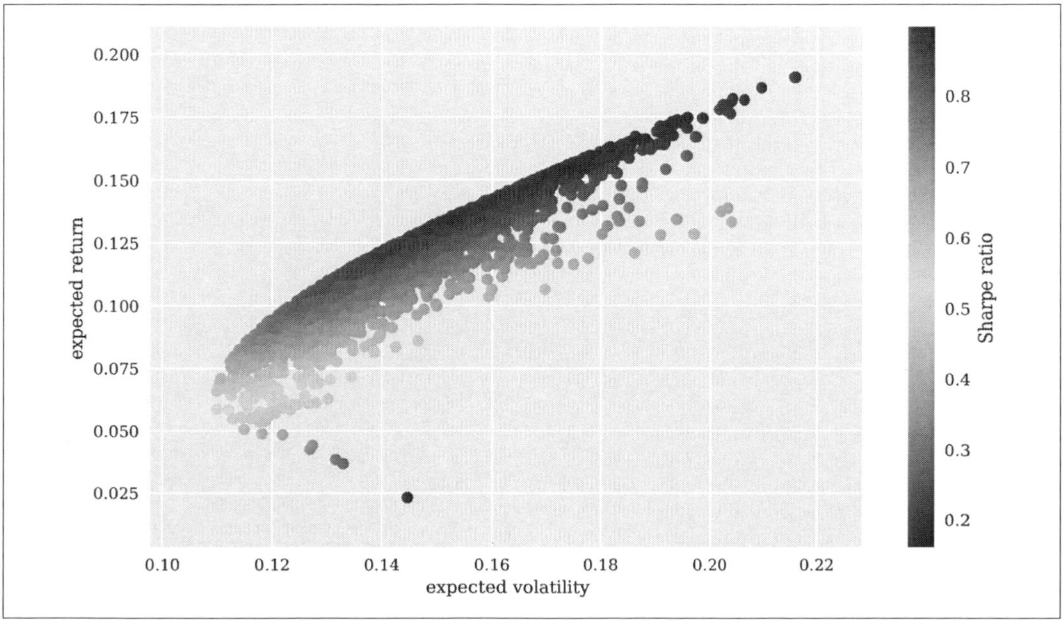

圖 13-12 隨機投資組合權重的期望報酬與波動率

從圖 13-12 可以明顯看到，考慮平均值與波動率，並非所有權重分布都有很好的表現。例如，在風險程度固定 15% 的情況下，許多投資組合都有不同的報酬。身為投資者，我們感興趣的通常是風險程度固定時的最大報酬，或預期報酬固定時的最小風險。這些投資組合構成所謂的**有效邊界**（*efficient frontier*）。本節稍後會推導它。

最佳投資組合

這個**最小化**函式很通用，而且可以讓參數使用等式約束、不等式約束，以及數值約束。

首先，我們將 ***Sharpe* 指數最大化**。形式上，我們將 Sharpe 指數的負值最小化，以求得最大價值，以及最佳投資組合。約束條件是所有參數（權重）加起來等於 1。我們可以用 `minimize()` 函式（*http://bit.ly/using_minimize*）來將上述工作寫成以下的程式[4]。我們也將參數值（權重）限制成 0 與 1 之間，並且用一個以多個 tuple 組成的 tuple 來將這些值傳給最小化函式。

為了呼叫優化函式，我們還缺少一項輸入：初始參數串列（權重向量的初始猜測）。我們可以使用平均分布的權重：

```
In [57]: import scipy.optimize as sco

In [58]: def min_func_sharpe(weights):  ❶
             return -port_ret(weights) / port_vol(weights)  ❶

In [59]: cons = ({'type': 'eq', 'fun': lambda x: np.sum(x) - 1})  ❷

In [60]: bnds = tuple((0, 1) for x in range(noa))  ❸

In [61]: eweights = np.array(noa * [1. / noa,])  ❹
         eweights  ❹
Out[61]: array([0.25, 0.25, 0.25, 0.25])

In [62]: min_func_sharpe(eweights)
Out[62]: -0.8436203363155397
```

❶ 想要最小化的函式。

❷ 相等約束。

4 除了 `np.sum(x) - 1` 之外的另一種做法是 `np.sum(x) == 1`，考慮在 Python 中，布林 `True` 值等於 1，`False` 值等於 0。

❸ 參數邊界。

❹ 相等的權重向量。

這個函式不只回傳最佳參數值，也回傳許多其他資訊。我們將結果儲存在一個 opts 物件裡面。我們感興趣的是取得最佳投資組合，為此，我們可以提供感興趣的鍵來讀取結果物件，在這個例子中，它是 x：

```
In [63]: %%time
         opts = sco.minimize(min_func_sharpe, eweights,
                             method='SLSQP', bounds=bnds,
                             constraints=cons)  ❶
         CPU times: user 67.6 ms, sys: 1.94 ms, total: 69.6 ms
         Wall time: 75.2 ms

In [64]: opts  ❷
Out[64]:      fun: -0.8976673894052725
         jac: array([ 8.96826386e-05, 8.30739737e-05, -2.45958567e-04,
          1.92895532e-05])
          message: 'Optimization terminated successfully.'
             nfev: 36
              nit: 6
             njev: 6
           status: 0
          success: True
                x: array([0.51191354, 0.19126414, 0.25454109, 0.04228123])

In [65]: opts['x'].round(3)  ❸
Out[65]: array([0.512, 0.191, 0.255, 0.042])

In [66]: port_ret(opts['x']).round(3)  ❹
Out[66]: 0.161

In [67]: port_vol(opts['x']).round(3)  ❺
Out[67]: 0.18

In [68]: port_ret(opts['x']) / port_vol(opts['x'])  ❻
Out[68]: 0.8976673894052725
```

❶ 優化（也就是將 min_func_sharpe() 函式最小化）。

❷ 優化的結果。

❸ 最佳投資組合權重。

❹ 產生的投資組合報酬。

❺ 產生的投資組合波動率。

❻ 最大 Sharpe 指數。

接下來，我們將投資組合的**變異數最小化**，做法與將波動率最小化一樣：

```
In [69]: optv = sco.minimize(port_vol, eweights,
                             method='SLSQP', bounds=bnds,
                             constraints=cons)  ❶

In [70]: optv
Out[70]:      fun: 0.1094215526341138
             jac: array([0.11098004, 0.10948556, 0.10939826, 0.10944918])
         message: 'Optimization terminated successfully.'
            nfev: 54
             nit: 9
            njev: 9
          status: 0
         success: True
        x: array([1.62630326e-18, 1.06170720e-03, 5.43263079e-01,
         4.55675214e-01])

In [71]: optv['x'].round(3)
Out[71]: array([0.   , 0.001, 0.543, 0.456])

In [72]: port_vol(optv['x']).round(3)
Out[72]: 0.109

In [73]: port_ret(optv['x']).round(3)
Out[73]: 0.06

In [74]: port_ret(optv['x']) / port_vol(optv['x'])
Out[74]: 0.5504173653075624
```

❶ 將投資組合波動率最小化。

這一次，投資組合只有三項金融商品。這個投資組合可產生所謂的**最小波動率**或**最小變異數投資組合**。

有效邊界

推導所有最佳投資組合—也就是針對特定的報酬目標有最小波動率的所有投資組合（或針對特定的風險程度，有最大報酬的所有投資組合）—這項工作很像之前的優化工作，唯一的區別是，我們必須迭代多個起始條件。

我們採取的做法是固定報酬程度，並且為每一個程度找出可產生最小波動率的投資組合權重。這種優化採用兩種條件：一個是目標報酬程度，另一個與之前一樣，投資組合權重總和。每一個參數的邊界值保持不變。當我們迭代各種不同的目標報酬程度（**trets**）時，都會改變一個最小化條件。這就是我們在每次執行迴圈時更新條件字典的原因：

```
In [75]: cons = ({'type': 'eq', 'fun': lambda x: port_ret(x) - tret},
                 {'type': 'eq', 'fun': lambda x: np.sum(x) - 1})  ❶

In [76]: bnds = tuple((0, 1) for x in weights)

In [77]: %%time
         trets = np.linspace(0.05, 0.2, 50)
         tvols = []
         for tret in trets:
             res = sco.minimize(port_vol, eweights, method='SLSQP',
                                bounds=bnds, constraints=cons)  ❷
             tvols.append(res['fun'])
         tvols = np.array(tvols)
         CPU times: user 2.6 s, sys: 13.1 ms, total: 2.61 s
         Wall time: 2.66 s
```

❶ 有效邊界的兩個約束條件。

❷ 針對各種目標報酬，將投資組合波動率最小化。

圖 13-13 是優化的結果。打叉代表給定目標報酬的最佳投資組合，點與之前一樣，是隨機的投資組合。這張圖有兩個大星號，一個是波動率 / 變異數最小的投資組合（最左邊的投資組合），另一個是 Sharpe 指數最大的投資組合：

```
In [78]: plt.figure(figsize=(10, 6))
         plt.scatter(pvols, prets, c=prets / pvols,
                     marker='.', alpha=0.8, cmap='coolwarm')
         plt.plot(tvols, trets, 'b', lw=4.0)
         plt.plot(port_vol(opts['x']), port_ret(opts['x']),
                  'y*', markersize=15.0)
         plt.plot(port_vol(optv['x']), port_ret(optv['x']),
                  'r*', markersize=15.0)
         plt.xlabel('expected volatility')
```

```
plt.ylabel('expected return')
plt.colorbar(label='Sharpe ratio')
```

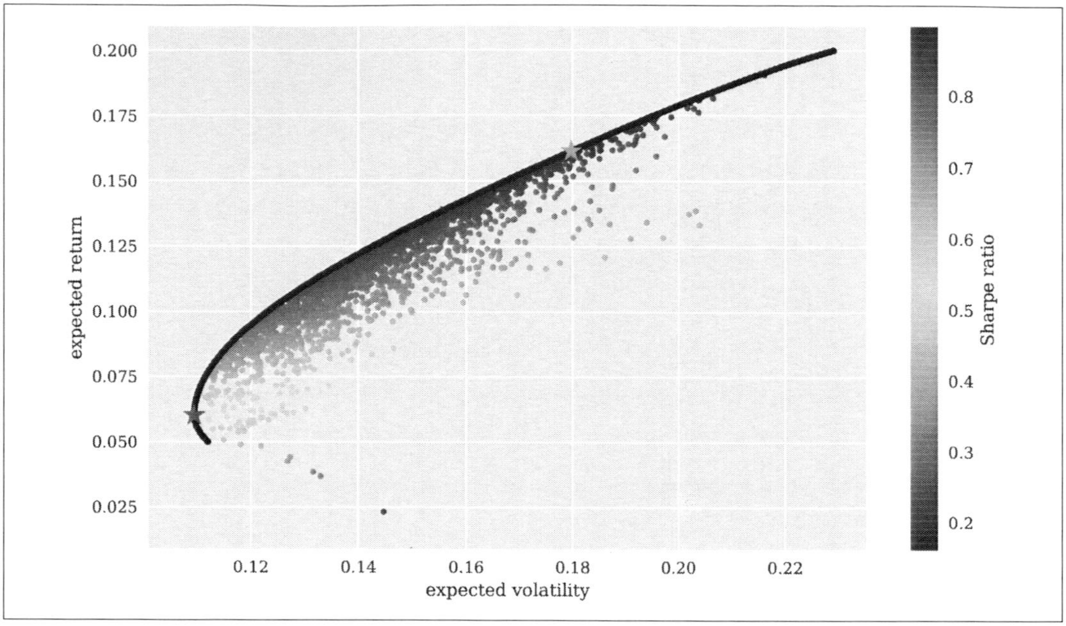

圖 13-13 根據指定的報酬程度（有效邊界）算出來的最小風險投資組合

*有效邊界*是由報酬率高於絕對最小變異數投資組合的所有最佳投資組合組成的。這些組合在給定的風險程度之下，期望報酬都遠超過其他投資組合。

資本市場線

除了有風險的金融商品，例如股票或大宗商品（例如金子）之外，市場還有一種普遍的、無風險的投資機會：*現金或現金帳戶*。在理想化的世界中，存放在大銀行的現金帳戶裡面的金錢可視為無風險的（例如，公共存款保險計畫）。這種無風險投資的缺點是，它們通常只產生少量的報酬，有時接近 0。

但是將這種無風險資產列入考慮，可以大幅提升投資者實現有效投資的機會。基本的思路是，投資者要先找出一個高風險資產的有效投資組合，再將無風險資產加入這個組合。藉著調整無風險資產的投資比例，投資者或許可以實現風險報酬均衡性，這種配置座落於（風險 / 報酬空間內的）無風險資產與有效投資組合之間的直線上。

在眾多選擇中，哪一種投資組合的效率最高？它是讓有效邊界的切線穿越無風險投資組合風險報酬點的那個投資組合。例如，在無風險利率 $r_f = 0.01$ 之下，該投資組合就是讓有效邊界的切線穿過風險報酬空間內的 $\left(\sigma_f, r_f\right)$=(0, 0.01) 點的那一個投資組合。

為了進行接下來的計算，我們要使用函數近似與有效邊界的一階導數。為此，我們使用三次樣條插值（見第 11 章）。我們只用有效邊界上的投資組合來做樣條插值。透過這種數值方法，我們可以為有效邊界定義一個連續可微函數 f(x)，及其對應的一階導數函數 df(x)：

```
In [79]: import scipy.interpolate as sci

In [80]: ind = np.argmin(tvols)  ❶
         evols = tvols[ind:]  ❷
         erets = trets[ind:]  ❷

In [81]: tck = sci.splrep(evols, erets)  ❸

In [82]: def f(x):
             ''' Efficient frontier function (splines approximation). '''
             return sci.splev(x, tck, der=0)
         def df(x):
             ''' First derivative of efficient frontier function. '''
             return sci.splev(x, tck, der=1)
```

❶ 最小波動投資組合的指數位置。

❷ 相關投資組合波動率與報酬值。

❸ 對這些值進行三次樣條插值。

我們要尋找的是函數 $t(x) = a + b \cdot x$，它是在風險報酬空間內，穿過無風險資產，並且與有效邊界相切的直線。公式 13-4 是 $t(x)$ 必須滿足的全部三項條件。

公式 13-4 資本市場線的數學條件

$$
\begin{aligned}
t(x) &= a + b \cdot x \\
t(0) &= r_f & \Leftrightarrow \quad a &= r_f \\
t(x) &= f(x) & \Leftrightarrow \quad a + b \cdot x &= f(x) \\
t'(x) &= f'(x) & \Leftrightarrow \quad b &= f'(x)
\end{aligned}
$$

因為我們沒有有效邊界的封閉公式或它的一階導數，所以必須以數值化的方式，來求解公式 13-4 的方程組。為此，我們定義一個 Python 函式，讓它接收參數組合 $p = (a, b, x)$ 之後，回傳三個方程式的值。

`scipy.optimize` 的 `sco.fsolve()` 函式可以求出這種方程組的解。除了函式 `equations()` 之外，我們也提供初始參數。注意，優化成功與否可能與初始參數有關，因此你必須小心地選擇它—通常要做合理的猜測，並反復試驗：

```
In [83]: def equations(p, rf=0.01):
             eq1 = rf - p[0]  ❶
             eq2 = rf + p[1] * p[2] - f(p[2])  ❶
             eq3 = p[1] - df(p[2])  ❶
             return eq1, eq2, eq3

In [84]: opt = sco.fsolve(equations, [0.01, 0.5, 0.15])  ❷

In [85]: opt  ❸
Out[85]: array([0.01      , 0.84470952, 0.19525391])

In [86]: np.round(equations(opt), 6)  ❹
Out[86]: array([ 0.,  0., -0.])
```

❶ 描述資本市場線（CML）的公式。

❷ 用初始值來求出這些公式的解。

❸ 最佳參數值。

❹ 公式值都是 0。

圖 13-14 是結果圖；星號代表在有效邊界上的最佳投資組合，從它畫出的切線穿越無風險資產點 $\left(0, r_f = 0.01\right)$：

```
In [87]: plt.figure(figsize=(10, 6))
         plt.scatter(pvols, prets, c=(prets - 0.01) / pvols,
                     marker='.', cmap='coolwarm')
         plt.plot(evols, erets, 'b', lw=4.0)
         cx = np.linspace(0.0, 0.3)
         plt.plot(cx, opt[0] + opt[1] * cx, 'r', lw=1.5)
         plt.plot(opt[2], f(opt[2]), 'y*', markersize=15.0)
         plt.grid(True)
         plt.axhline(0, color='k', ls='--', lw=2.0)
         plt.axvline(0, color='k', ls='--', lw=2.0)
         plt.xlabel('expected volatility')
         plt.ylabel('expected return')
         plt.colorbar(label='Sharpe ratio')
```

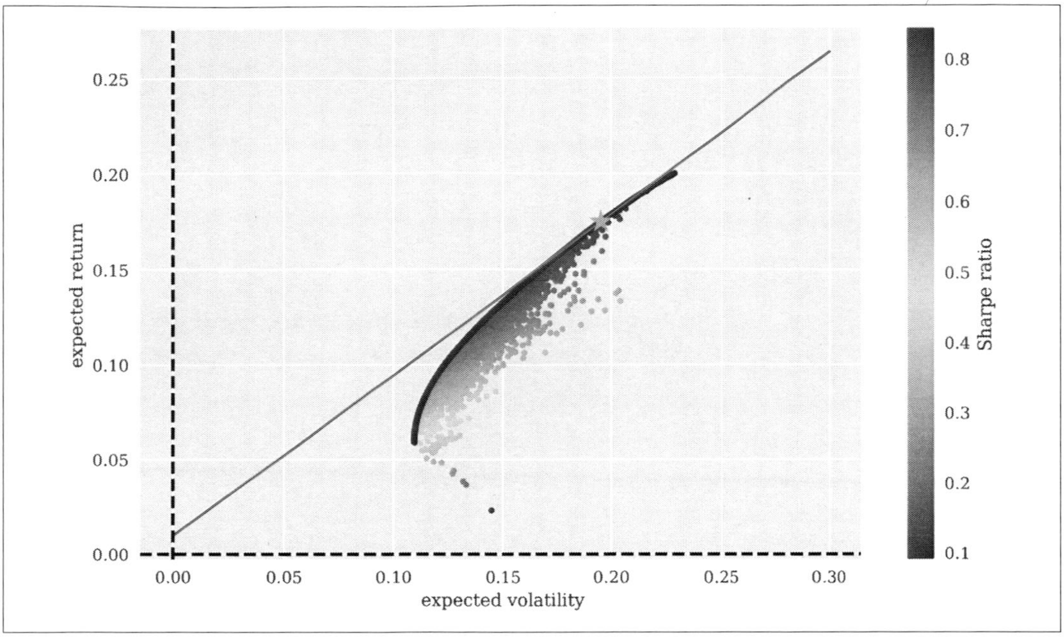

圖 13-14 無風險利率為 1% 時的資本市場線與切線投資組合（星號）

下面是最佳（切線）投資組合的投資組合權重，其中只有四個資產之中的三個資產：

```
In [88]: cons = ({'type': 'eq', 'fun': lambda x: port_ret(x) - f(opt[2])},
                 {'type': 'eq', 'fun': lambda x: np.sum(x) - 1})  ❶
         res = sco.minimize(port_vol, eweights, method='SLSQP',
                            bounds=bnds, constraints=cons)

In [89]: res['x'].round(3)  ❷
Out[89]: array([0.59 , 0.221, 0.189, 0.  ])

In [90]: port_ret(res['x'])
Out[90]: 0.1749328414905194

In [91]: port_vol(res['x'])
Out[91]: 0.19525371793918325

In [92]: port_ret(res['x']) / port_vol(res['x'])
Out[92]: 0.8959257899765407
```

❶ 指定切線投資組合的限制（圖 13-14 中的金色星星）。

❷ 這個投資組合的權重。

貝氏統計

近來，實證金融學已經廣泛地使用貝氏統計了。本章無法為讀者奠定這個領域的所有基礎概念，因此如果需要，可以參考 Geweke（2005）來瞭解一般介紹，或 Rachev（2008）來瞭解它在金融背景下的用法。

貝氏公式

在金融領域中，貝氏公式經常被解釋為**歷時解讀**（*diachronic interpretation*），主要的意思是，隨著時間的推進，我們會得到關於某些變數或參數的新資訊，例如時間序列的平均報酬。公式 13-5 是這個理論的正式描述。

公式 13-5 貝氏公式

$$p(H|D) = \frac{p(H) \cdot p(D|H)}{p(D)}$$

其中，H 是某個事件（假設），D 代表實驗或真實世界提供的資料[5]。根據這些基本概念，我們可以取得：

$p(H)$

先驗機率

$p(D)$

在任何假設之下，該資料的機率，稱為**標準化常數**

$p(D|H)$

在 H 假設之下，資料的**可能性**（即機率）

$p(H|D)$

後驗機率，也就是我們看過資料之後得到的機率

考慮一個簡單的範例。假設有兩個箱子，B_1 與 B_2，B_1 裡面有 30 顆黑球與 60 顆紅球，B_2 有 60 顆黑球與 30 顆紅球。我們從其中一個箱子隨機取出一顆球，假設那顆球是黑色的。“H_1：這顆球來自 B_1”，以及“H_2：這顆球來自 B_2”這兩個假設的機率分別是多少？

5 要瞭解如何在 Python 中實作它們，以及貝氏統計的其他基本概念，可參考 Downey（2013）。

在隨機取球之前，這兩個假設的機率是相同的。但是當我們發現球是黑的之後，就必須根據貝氏公式來更新這兩個假設的機率。考慮假設 H_1：

- 後驗機率：$p(H_1) = \frac{1}{2}$
- 標準化常數：$p(D) = \frac{1}{2} \cdot \frac{1}{3} + \frac{1}{2} \cdot \frac{2}{3} = \frac{1}{2}$
- 可能性：$p(D|H_1) = \frac{1}{3}$

所以來自 H_1 的機率 $p(H_1|D) = \frac{\frac{1}{2} \cdot \frac{1}{3}}{\frac{1}{2}} = \frac{1}{3}$。

這個結果也有直觀的意義。從 B_2 拿出黑球的機率是從 B_1 拿出黑球的兩倍。因此，拿出一個黑球之後，H_2 的機率變成 $p(H_2|D) = \frac{2}{3}$，它是更新後的 H_1 的機率的兩倍。

貝氏回歸

Python 生態系統的全方位程式包 PyMC3 可讓你用程式來實作貝氏統計與機率。

考慮下列範例，其中有一條直線，周圍有許多雜訊資料[6]。首先，我們用資料集來做線性普通最小平方回歸（見第 11 章），圖 13-15 是視覺化的結果：

```
In [1]: import numpy as np
        import pandas as pd
        import datetime as dt
        from pylab import mpl, plt

In [2]: plt.style.use('seaborn')
        mpl.rcParams['font.family'] = 'serif'
        np.random.seed(1000)
        %matplotlib inline

In [3]: x = np.linspace(0, 10, 500)
        y = 4 + 2 * x + np.random.standard_normal(len(x)) * 2

In [4]: reg = np.polyfit(x, y, 1)

In [5]: reg
Out[5]: array([2.03384161, 3.77649234])

In [6]: plt.figure(figsize=(10, 6))
```

6 這些範例來自 Thomas Wiecki，他是 PyMC3 程式包的主要作者之一。

```
plt.scatter(x, y, c=y, marker='v', cmap='coolwarm')
plt.plot(x, reg[1] + reg[0] * x, lw=2.0)
plt.colorbar()
plt.xlabel('x')
plt.ylabel('y')
```

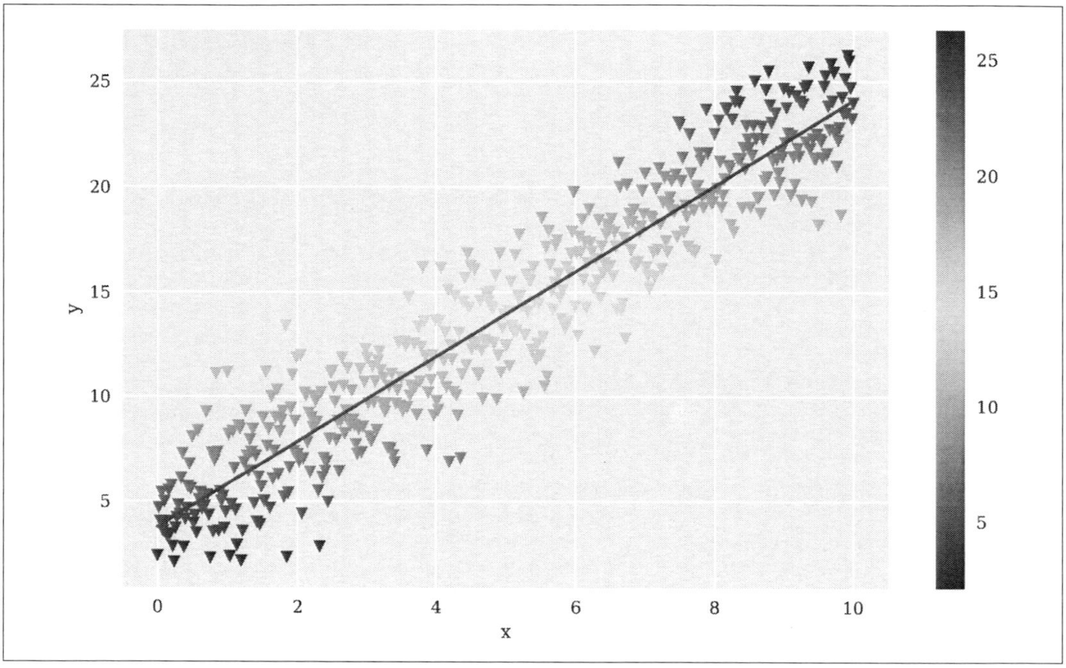

圖 13-15 樣本資料點與回歸線

使用 OLS 回歸法可得到回歸線的兩個固定參數值（截距與斜率）。請注意，最高階單項因子（在這個例子是回歸線的斜率）在索引位置 0，截距在索引位置 1。原始參數 2 與 4 並未完好地恢復，這當然是因為資料包含雜訊。

接下來使用 PyMC3 程式包進行貝氏回歸。我們假設參數呈某種分布。例如，考慮描述回歸線的公式 $\hat{y}(x) = \alpha + \beta \cdot x$。假設現在有下列的**先驗**：

- α 呈常態分布，其均值為 0，標準差為 20。
- β 呈常態分布，其均值為 0，標準差為 10。

為了計算**可能性**，假設它呈常態分布，平均值是 $\hat{y}(x)$，標準差呈均勻分布，介於 0 與 10 之間。

貝氏回歸的主要元素是**馬可夫鏈蒙地卡羅**（*MCMC*）**抽樣法**（*https://en.wikipedia.org/wiki/Markov_chain_Monte_Carlo*）[7]。原則上，這與上一節的例子中從箱子裡面拿球一樣，只不過它的做法比較系統化、自動化。

我們呼叫三個不同的函式來做技術抽樣：

- 用 `find_MAP()` 找出**局部最大後驗點**，來尋找抽樣演算法的起點。
- 用 `NUTS()` 實作所謂的 "efficient No-U-Turn Sampler with dual averaging"（NUTS）演算法，用假設的先驗進行 MCMC 抽樣。
- `sample()` 用 `find_MAP()` 提供的開始值，以及 NUTS 演算法提供的最佳步幅來抽取一些樣本。

它們都被包在 `PyMC3 Model` 物件裡面，並且在 `with` 陳述式裡面執行：

```
In [8]: import pymc3 as pm

In [9]: %%time
        with pm.Model() as model:
            # 模型
            alpha = pm.Normal('alpha', mu=0, sd=20)  ❶
            beta = pm.Normal('beta', mu=0, sd=10)  ❶
            sigma = pm.Uniform('sigma', lower=0, upper=10)  ❶
            y_est = alpha + beta * x  ❷
            likelihood = pm.Normal('y', mu=y_est, sd=sigma,
                                   observed=y)  ❸

            # 推斷
            start = pm.find_MAP()  ❹
            step = pm.NUTS()  ❺
            trace = pm.sample(100, tune=1000, start=start,
                              progressbar=True, verbose=False)  ❻
        logp = -1,067.8, ||grad|| = 60.354: 100%|██████████| 28/28 [00:00<00:00,
         474.70it/s]
        Only 100 samples in chain.
        Auto-assigning NUTS sampler...
        Initializing NUTS using jitter+adapt_diag...
        Multiprocess sampling (2 chains in 2 jobs)
        NUTS: [sigma, beta, alpha]
        Sampling 2 chains: 100%|██████████| 2200/2200 [00:03<00:00,
         690.96draws/s]
```

---

7 例如，本書經常使用，並且在第 12 章詳細分析過的的蒙地卡羅演算法都會產生所謂的**馬可夫鏈**，因為下一步或下一個值只跟過程中的目前狀態有關，與任何其他歷史狀態或值無關。

```
    CPU times: user 6.2 s, sys: 1.72 s, total: 7.92 s
    Wall time: 1min 28s

In [10]: pm.summary(trace)  ❼
Out[10]:
              mean        sd  mc_error   hpd_2.5  hpd_97.5       n_eff      Rhat
    alpha  3.764027  0.174796  0.013177  3.431739  4.070091  152.446951  0.996281
    beta   2.036318  0.030519  0.002230  1.986874  2.094008  106.505590  0.999155
    sigma  2.010398  0.058663  0.004517  1.904395  2.138187  188.643293  0.998547

In [11]: trace[0]  ❽
Out[11]: {'alpha': 3.9303300798212444,
          'beta': 2.0020264758995463,
          'sigma_interval__': -1.3519315719461853,
          'sigma': 2.0555476283253156}
```

❶ 定義先驗。

❷ 指定線性回歸。

❸ 定義可能性。

❹ 用優化來尋找開始值。

❺ 將 MCMC 演算法實例化。

❻ 用 NUTS 抽出後驗樣本。

❼ 顯示抽樣的統計摘要。

❽ 用第一個樣本估計。

這裡的三個估計都相當接近原始值 (4, 2, 2)。但是，整個過程會產生更多估計值，描述它們最好的方式是使用**追蹤圖**，如圖 13-16 所示。追蹤圖顯示的是各種參數的後驗分布，以及每個樣本的單一估計值。後驗分布可以幫助我們直觀地瞭解估計的不確定性：

```
In [12]: pm.traceplot(trace, lines={'alpha': 4, 'beta': 2, 'sigma': 2});
```

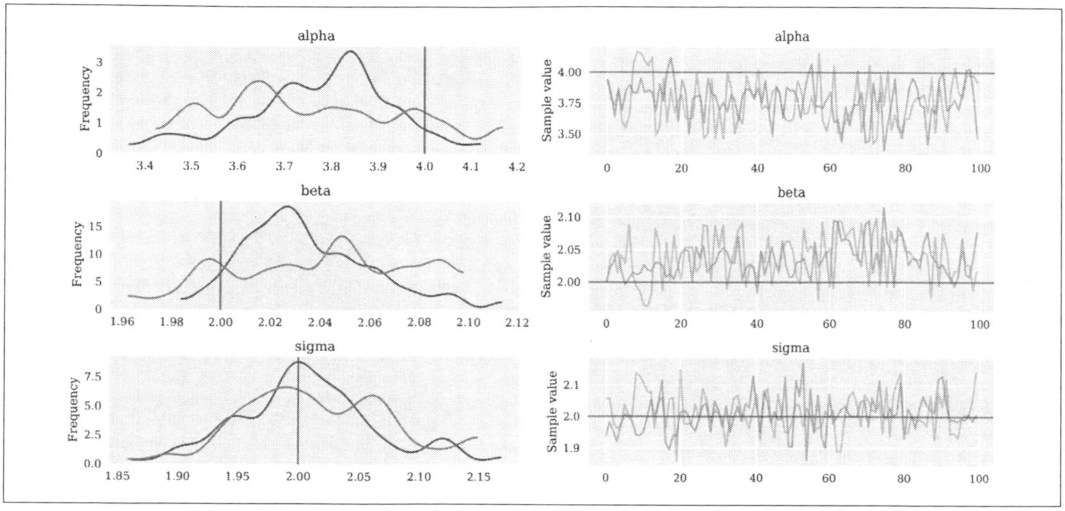

圖 13-16 後驗分布與追蹤圖

我們只要使用以回歸取得的 alpha 與 beta 值就可以畫出所有的回歸線，如圖 13-17 所示：

```
In [13]: plt.figure(figsize=(10, 6))
         plt.scatter(x, y, c=y, marker='v', cmap='coolwarm')
         plt.colorbar()
         plt.xlabel('x')
         plt.ylabel('y')
         for i in range(len(trace)):
             plt.plot(x, trace['alpha'][i] + trace['beta'][i] * x)  ❶
```

❶ 畫出單一回歸線。

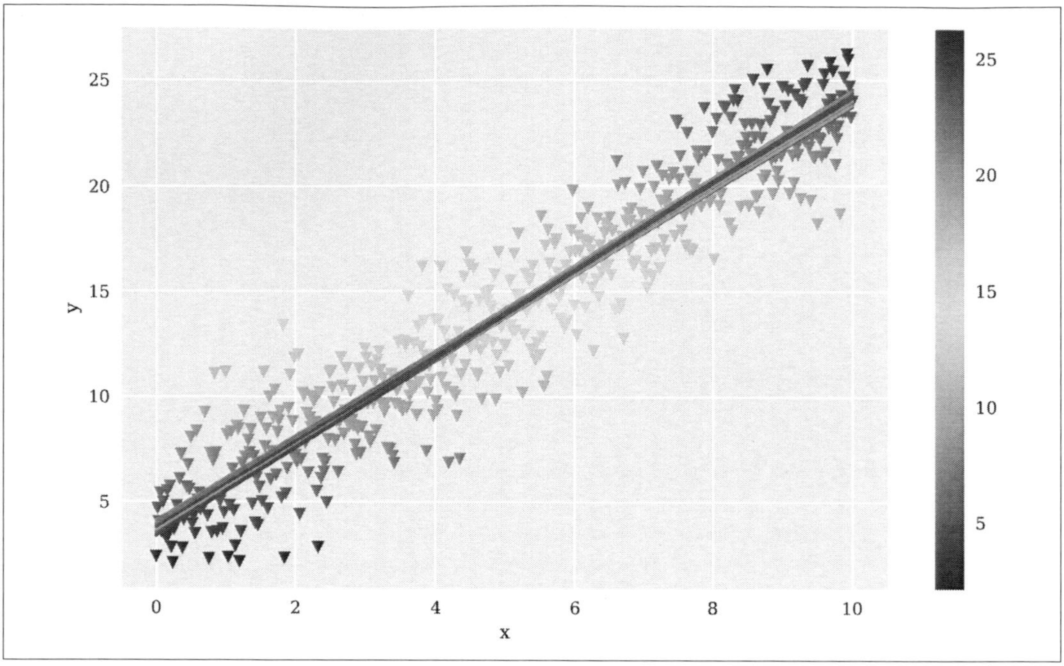

圖 13-17 根據不同的估計畫出回歸線

兩項金融商品

瞭解如何使用 PyMC3 與虛擬資料來做貝氏回歸之後，處理真正的金融資料就很簡單了。這個範例使用兩種指數型股票基金（ETF）GLD 與 GDX 的金融時間序列資料（見圖 13-18）：

```
In [14]: raw = pd.read_csv('../../source/tr_eikon_eod_data.csv',
                           index_col=0, parse_dates=True)

In [15]: data = raw[['GDX', 'GLD']].dropna()

In [16]: data = data / data.iloc[0]  ❶

In [17]: data.info()
         <class 'pandas.core.frame.DataFrame'>
         DatetimeIndex: 2138 entries, 2010-01-04 to 2018-06-29
         Data columns (total 2 columns):
         GDX    2138 non-null float64
         GLD    2138 non-null float64
         dtypes: float64(2)
```

```
        memory usage: 50.1 KB

In [18]: data.ix[-1] / data.ix[0] - 1  ❷
Out[18]: GDX   -0.532383
         GLD    0.080601
         dtype: float64

In [19]: data.corr()  ❸
Out[19]:          GDX      GLD
         GDX  1.00000  0.71539
         GLD  0.71539  1.00000

In [20]: data.plot(figsize=(10, 6));
```

❶ 將資料標準化，讓開始值為 1。

❷ 計算相對績效。

❸ 計算兩種商品之間的相關性。

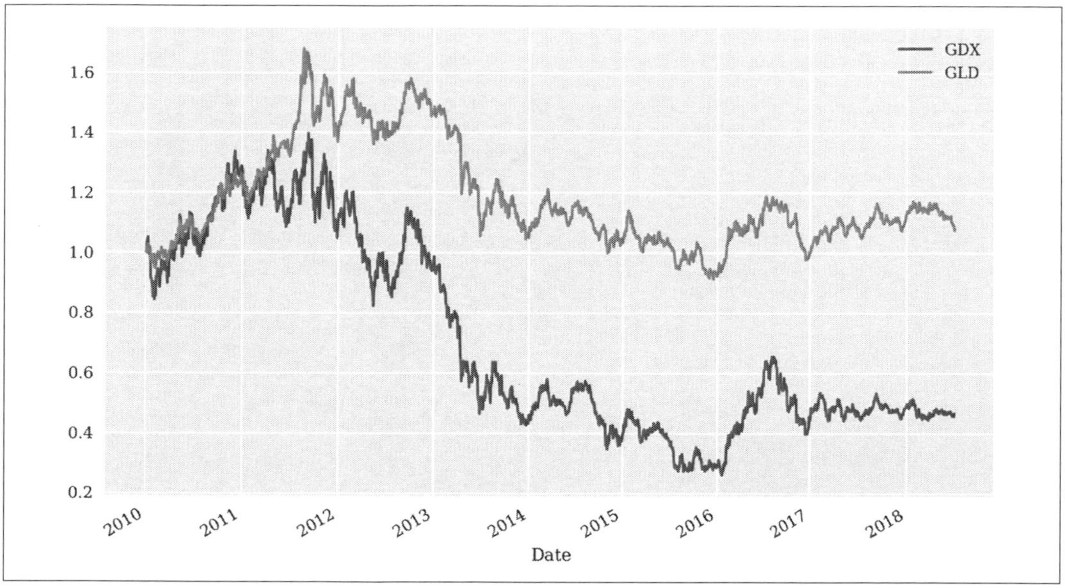

圖 13-18 隨著時間變化的 GLD 與 GDX 的標準化價格

接下來要在散布圖裡面，將單一資料點的日期視覺化。為此，我們將 DataFrame 的 DatetimeIndex 物件轉換成 matplotlib 日期。圖 13-19 是時間序列資料的散布圖，畫出 GLD 價格對應 GDX 價格的情況，並使用不同的顏色描述每一對資料的日期[8]：

```
In [21]: data.index[:3]
Out[21]: DatetimeIndex(['2010-01-04', '2010-01-05', '2010-01-06'],
          dtype='datetime64[ns]', name='Date', freq=None)

In [22]: mpl_dates = mpl.dates.date2num(data.index.to_pydatetime())  ❶
         mpl_dates[:3]
Out[22]: array([733776., 733777., 733778.])

In [23]: plt.figure(figsize=(10, 6))
         plt.scatter(data['GDX'], data['GLD'], c=mpl_dates,
                     marker='o', cmap='coolwarm')
         plt.xlabel('GDX')
         plt.ylabel('GLD')
         plt.colorbar(ticks=mpl.dates.DayLocator(interval=250),
                      format=mpl.dates.DateFormatter('%d %b %y'));  ❷
```

❶ 將 DatetimeIndex 物件轉換成 matplotlib 日期。

❷ 設定日期的顏色條。

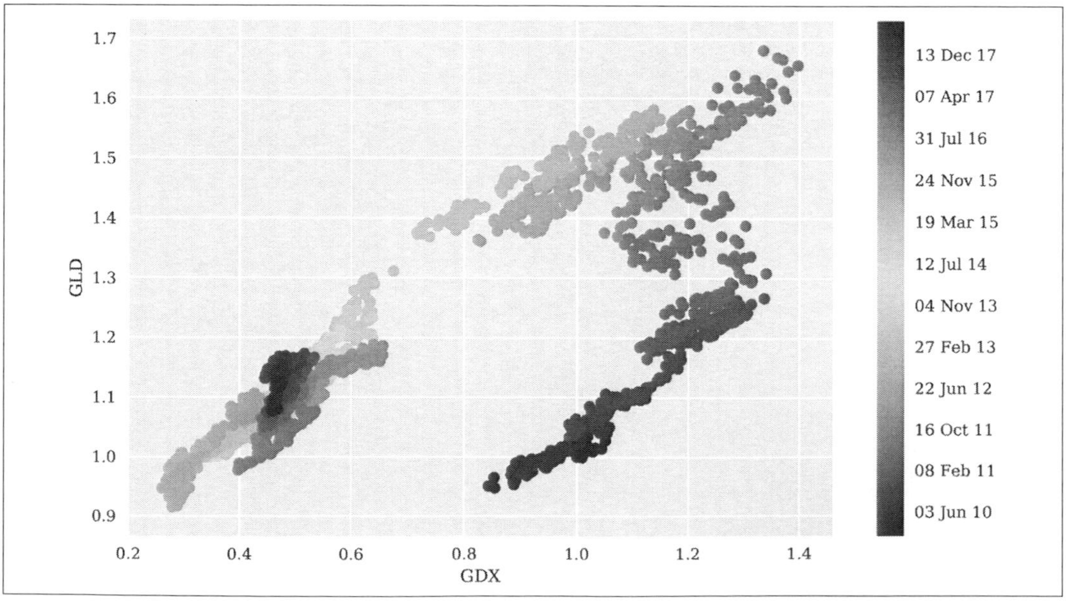

圖 13-19 GLD 價格對應 GDX 價格的散布圖

8 注意，這裡所有的視覺化都採用標準化的價格資料，而不是在實際應用時，可能更好的（舉例）報酬資料。

下面的程式用這兩個時間序列來實作貝氏回歸。這個例子的參數基本上與上一個使用虛擬資料的範例一樣。圖 13-20 是假設三個參數的先驗機率分布，採取 MCMC 抽樣程序的結果：

```
In [24]: with pm.Model() as model:
             alpha = pm.Normal('alpha', mu=0, sd=20)
             beta = pm.Normal('beta', mu=0, sd=20)
             sigma = pm.Uniform('sigma', lower=0, upper=50)
             y_est = alpha + beta * data['GDX'].values

             likelihood = pm.Normal('GLD', mu=y_est, sd=sigma,
                                    observed=data['GLD'].values)

             start = pm.find_MAP()
             step = pm.NUTS()
             trace = pm.sample(250, tune=2000, start=start,
                               progressbar=True)
         logp = 1,493.7, ||grad|| = 188.29: 100%|██████████| 27/27 [00:00<00:00,
          1609.34it/s]
         Only 250 samples in chain.
         Auto-assigning NUTS sampler...
         Initializing NUTS using jitter+adapt_diag...
         Multiprocess sampling (2 chains in 2 jobs)
         NUTS: [sigma, beta, alpha]
         Sampling 2 chains: 100%|██████████| 4500/4500 [00:09<00:00,
          465.07draws/s]
         The estimated number of effective samples is smaller than 200 for some
          parameters.

In [25]: pm.summary(trace)
Out[25]:
                mean        sd  mc_error   hpd_2.5  hpd_97.5       n_eff      Rhat
    alpha   0.913335  0.005983  0.000356  0.901586  0.924714  184.264900  1.001855
    beta    0.385394  0.007746  0.000461  0.369154  0.398291  215.477738  1.001570
    sigma   0.119484  0.001964  0.000098  0.115305  0.123315  312.260213  1.005246

In [26]: fig = pm.traceplot(trace)
```

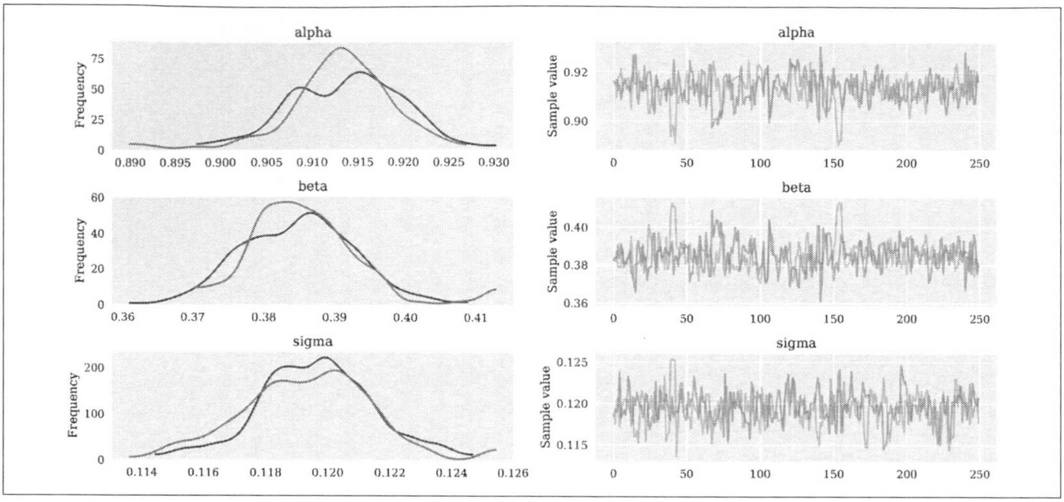

圖 13-20 後驗分布與 GDX 及 GLD 資料的追蹤圖

圖 13-21 將所有回歸線加入之前的散布圖。但是回歸線彼此都很接近：

```
In [27]: plt.figure(figsize=(10, 6))
         plt.scatter(data['GDX'], data['GLD'], c=mpl_dates,
                     marker='o', cmap='coolwarm')
         plt.xlabel('GDX')
         plt.ylabel('GLD')
         for i in range(len(trace)):
             plt.plot(data['GDX'],
                      trace['alpha'][i] + trace['beta'][i] * data['GDX'])
         plt.colorbar(ticks=mpl.dates.DayLocator(interval=250),
                      format=mpl.dates.DateFormatter('%d %b %y'));
```

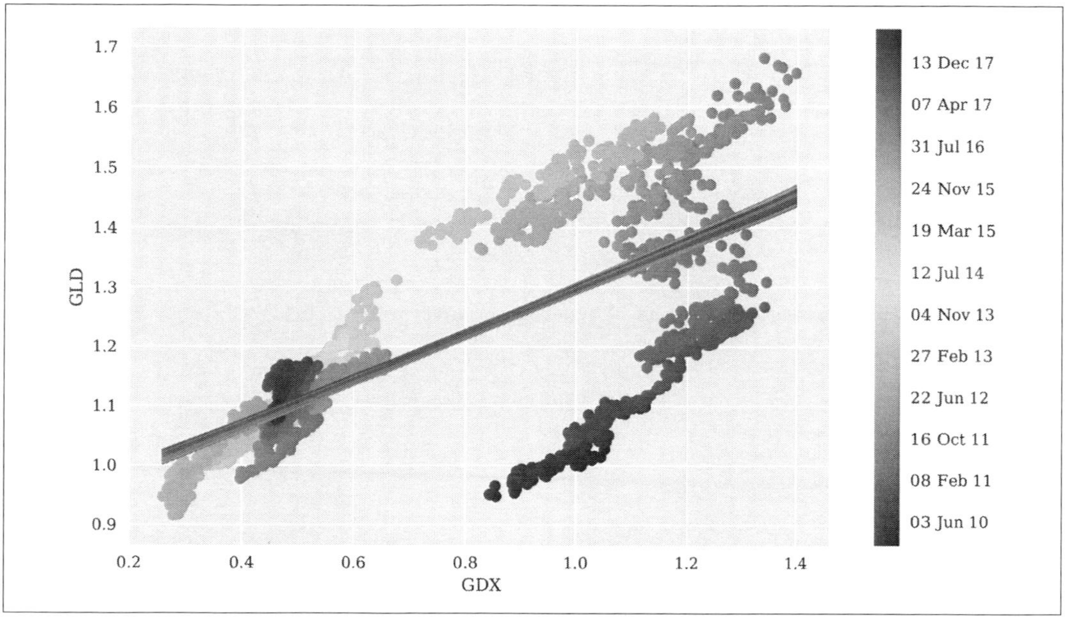

圖 13-21 用 GDX 與 GLD 資料畫出多條貝氏回歸線

這張圖顯示回歸方法的主要缺點：這種方法不考慮隨著時間演變的過程，也就是說，它處理最近的資料與最久之前的資料，其方式是一樣的。

隨著時間更新估計

如前所述，在金融界中，以歷時性的方式來使用貝氏方法可以讓它發揮最大的功效，也就是說，使用隨著時間過去而出現的新資料，透過更新或學習，來更好地進行回歸與估計。

為了在目前的範例中納入這個概念，我們假設回歸參數不但是隨機的、呈某種分布的，也假設它們會隨著時間過去而遵循某種隨機漫步。當我們在金融理論中，從隨機變數轉移成推計過程時（基本上它是有序的隨機變數序列），也採取同樣的泛化方式。

為此，我們定義一個新的 `PyMC3` 模型，這一次將參數值設定為隨機漫步。指定隨機漫步參數的分布之後，我們將 `alpha` 與 `beta` 設為隨機漫步。為了讓整個程序更有效率，我們每次讓 50 個資料點共享同一組係數：

```
In [28]: from pymc3.distributions.timeseries import GaussianRandomWalk

In [29]: subsample_alpha = 50
         subsample_beta = 50
```

```
In [30]: model_randomwalk = pm.Model()
         with model_randomwalk:
             sigma_alpha = pm.Exponential('sig_alpha', 1. / .02, testval=.1)  ❶
             sigma_beta = pm.Exponential('sig_beta', 1. / .02, testval=.1)  ❶
             alpha = GaussianRandomWalk('alpha', sigma_alpha ** -2,
                                        shape=int(len(data) / subsample_alpha))  ❷
             beta = GaussianRandomWalk('beta', sigma_beta ** -2,
                                        shape=int(len(data) / subsample_beta))  ❷
             alpha_r = np.repeat(alpha, subsample_alpha)  ❸
             beta_r = np.repeat(beta, subsample_beta)  ❸
             regression = alpha_r + beta_r * data['GDX'].values[:2100]  ❹
             sd = pm.Uniform('sd', 0, 20)  ❺
             likelihood = pm.Normal('GLD', mu=regression, sd=sd,
                                    observed=data['GLD'].values[:2100])  ❻
```

❶ 定義隨機漫步參數的先驗。

❷ 隨機漫步模型。

❸ 讓參數向量有區間長度。

❹ 定義回歸模型。

❺ 標準差的先驗。

❻ 用回歸結果 mu 來定義可能性。

這些定義比之前複雜，因為我們使用隨機漫步，而不是單一隨機變數。但是，採用 MCMC 抽樣法的推理步驟實質上是相同的。不過，這種做法的計算量會顯著增加，因為演算法必須為每一個隨機漫步樣本估計參數，也就是說，在這個例子中，總共有 1,950 / 50 = 39 個參數組合（而不是之前的 1 個）：

```
In [31]: %%time
         import scipy.optimize as sco
         with model_randomwalk:
             start = pm.find_MAP(vars=[alpha, beta],
                                 fmin=sco.fmin_l_bfgs_b)
             step = pm.NUTS(scaling=start)
             trace_rw = pm.sample(250, tune=1000, start=start,
                                  progressbar=True)
         logp = -6,657:   2%||          | 82/5000 [00:00<00:08, 550.29it/s]
         Only 250 samples in chain.
         Auto-assigning NUTS sampler...
         Initializing NUTS using jitter+adapt_diag...
         Multiprocess sampling (2 chains in 2 jobs)
```

```
        NUTS: [sd, beta, alpha, sig_beta, sig_alpha]
        Sampling 2 chains: 100%|██████████| 2500/2500 [02:48<00:00, 8.59draws/s]

        CPU times: user 27.5 s, sys: 3.68 s, total: 31.2 s
        Wall time: 5min 3s

In [32]: pm.summary(trace_rw).head()  ❶
Out[32]:
                 mean        sd  mc_error  hpd_2.5  hpd_97.5        n_eff \
    alpha__0 0.673846  0.040224  0.001376 0.592655  0.753034  1004.616544
    alpha__1 0.424819  0.041257  0.001618 0.348102  0.509757   804.760648
    alpha__2 0.456817  0.057200  0.002011 0.321125  0.553173   800.225916
    alpha__3 0.268148  0.044879  0.001725 0.182744  0.352197   724.967532
    alpha__4 0.651465  0.057472  0.002197 0.544076  0.761216   978.073246

                 Rhat
    alpha__0 0.998637
    alpha__1 0.999540
    alpha__2 0.998075
    alpha__3 0.998995
    alpha__4 0.998060
```

❶ 每個區間的統計摘要（只有前五個與 alpha）。

圖 13-22 將估計結果的子集合畫出，描述回歸參數 alpha 與 beta 隨著時間而演變的情況：

```
In [33]: sh = np.shape(trace_rw['alpha'])  ❶
         sh  ❶
Out[33]: (500, 42)

In [34]: part_dates = np.linspace(min(mpl_dates),
                                  max(mpl_dates), sh[1])  ❷

In [35]: index = [dt.datetime.fromordinal(int(date)) for
                 date in part_dates]  ❷

In [36]: alpha = {'alpha_%i' % i: v for i, v in
                  enumerate(trace_rw['alpha']) if i < 20}  ❸

In [37]: beta = {'beta_%i' % i: v for i, v in
                  enumerate(trace_rw['beta']) if i < 20}  ❸

In [38]: df_alpha = pd.DataFrame(alpha, index=index)  ❸

In [39]: df_beta = pd.DataFrame(beta, index=index)  ❸
```

```
In [40]: ax = df_alpha.plot(color='b', style='-.', legend=False,
                            lw=0.7, figsize=(10, 6))
         df_beta.plot(color='r', style='-.', legend=False,
                      lw=0.7, ax=ax)
         plt.ylabel('alpha/beta');
```

❶ 含有估計參數的物件的外形。

❷ 建立一個日期串列，以匹配區間數量。

❸ 在兩個 DataFrame 物件中收集相關參數時間序列。

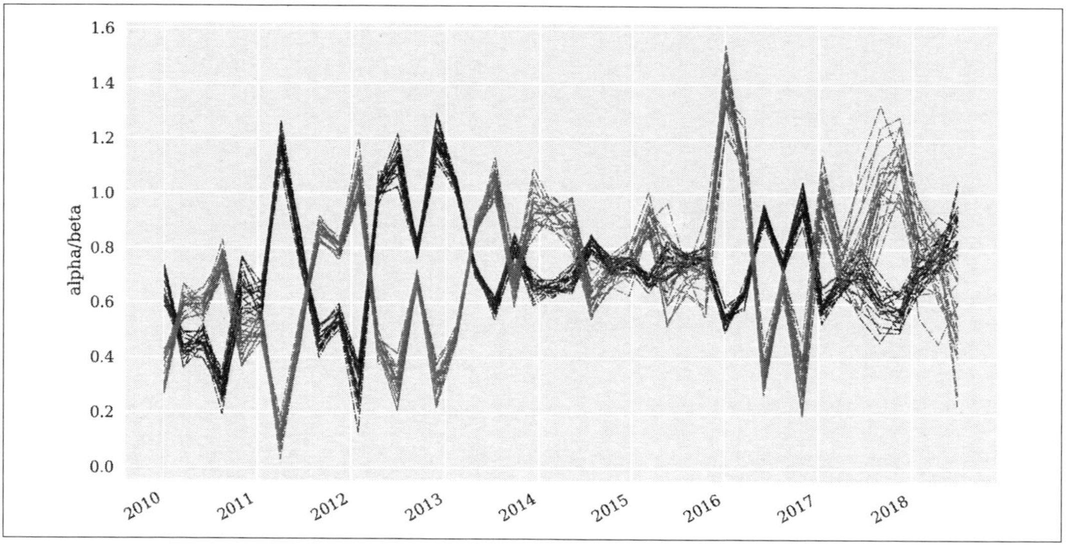

圖 13-22 隨著時間推進的參數估計

> **絕對價格資料 vs. 相對報酬資料**
>
> 本節的分析採用標準化的價格資料是為了方便說明，因為使用個別的圖形結果比較方便瞭解與解讀（它們在視覺上“更有吸引力”）。當你在執行真正的金融工作時，必須改用報酬資料，（舉例）以確保時間序列資料的穩定性。

圖 13-23 使用平均 alpha 與 beta 來描述回歸如何隨著時間的推進而更新，裡面有 39 條以平均 alpha 與 beta 值產生的回歸線。顯然隨著時間而更新可以明顯改善回歸擬合（目前的 / 最近的資料），換句話說，“每一個時段都需要執行它自己的回歸”：

```
In [41]: plt.figure(figsize=(10, 6))
         plt.scatter(data['GDX'], data['GLD'], c=mpl_dates,
                     marker='o', cmap='coolwarm')
         plt.colorbar(ticks=mpl.dates.DayLocator(interval=250),
                      format=mpl.dates.DateFormatter('%d %b %y'))
         plt.xlabel('GDX')
         plt.ylabel('GLD')
         x = np.linspace(min(data['GDX']), max(data['GDX']))
         for i in range(sh[1]):  ❶
             alpha_rw = np.mean(trace_rw['alpha'].T[i])
             beta_rw = np.mean(trace_rw['beta'].T[i])
             plt.plot(x, alpha_rw + beta_rw * x, '--', lw=0.7,
                     color=plt.cm.coolwarm(i / sh[1]))
```

❶ 為所有長度為 50 的時段畫出回歸線。

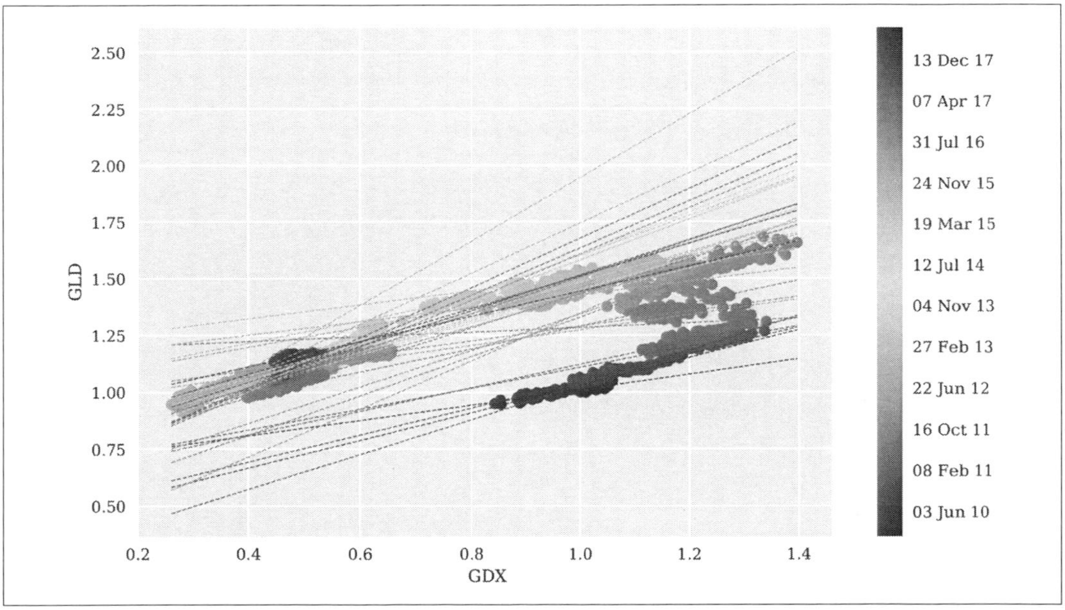

圖 13-23 含有時間相關回歸線的散布圖（更新的估計）

以上就是關於貝氏統計的介紹。Python 提供完整的 PyMC3 程式包來協助你實作各種貝氏統計與機率編程方法（*https://oreil.ly/2PApqqL*）。其中的貝氏回歸更是在現代的量化金融領域中，相當流行且重要的工具。

機器學習

在今日的金融及許多其他領域中，**機器學習**（ML）是真正的“王道”，正如這句話所述：

> 經濟學或許足以讓你在金融學術界取得成功（目前），但是要在實務面取得成功，你就需要 ML。
>
> —Marcos López de Prado（2018）

機器學習包含各種不同的演算法，基本上，它可以從原始資料**自行學習**特定的關係、模式等等。第 486 頁的“其他資源”列出許多可參考的書籍，它們介紹機器學習方法與演算法的數學與統計層面，及其實作與實際應用的主題。例如，Alpaydin（2016）以平易近人的方式介紹這個領域，並且用非技術性的方式，簡介經常使用的演算法種類。

本節將使用非常實用的方法，並且特別關注某些實作層面，也會介紹第 15 章使用的一些技術。本節介紹的演算法與技術可以用在許多不同的金融領域，而非只能用於演算法交易。本節將介紹兩種演算法：**無監督**和**監督學習**演算法。

在 Python 領域中，`scikit-learn` 是最流行的機器學習程式包之一（*http://scikit-learn.org*），它不但提供大量 ML 演算法的實作，也提供許多好用的工具，可讓你預先及後續處理 ML 相關的工作。本節主要使用這個程式包，也會在介紹深度神經網路（DNN）時，使用 `TensorFlow`（*http://tensorflow.org*）。

VanderPlas（2016）用簡潔的方式介紹如何以 Python 與 `scikit-learn` 實作各種 ML 演算法。Albon（2018）提供許多用來處理 ML 典型工作的具體做法，其中大部分都使用 Python 與 `scikit-learn`。

無監督學習

無監督學習這種機器學習演算法的概念，就是在不需要任何指導的情況下，從原始資料學習東西。*k-means* 分群法屬於這種演算法，它可將原始資料集分成幾個子集合，並且幫這些子集合指派標籤（“群體 0”、“群體 1” 等等）。**高斯混合**（*Gaussian mixture*）是另一種演算法[9]。

---

9 要進一步瞭解 `scikit-learn` 提供的無監督學習演算法，可參考文件（*http://scikit-learn.org/stable/unsupervised_learning.html*）。

資料

`scikit-learn` 可協助你為各種 ML 問題建立樣本資料集。下面的程式建立一組適合說明 *k*-means 分群法的樣本資料。

我們先做一些標準的匯入與設定：

```
In [1]: import numpy as np
        import pandas as pd
        import datetime as dt
        from pylab import mpl, plt

In [2]: plt.style.use('seaborn')
        mpl.rcParams['font.family'] = 'serif'
        np.random.seed(1000)
        np.set_printoptions(suppress=True, precision=4)
        %matplotlib inline
```

接著建立樣本資料集。圖 13-24 是將樣本資料視覺化的情形：

```
In [3]: from sklearn.datasets.samples_generator import make_blobs

In [4]: X, y = make_blobs(n_samples=250, centers=4,
                          random_state=500, cluster_std=1.25)  ❶

In [5]: plt.figure(figsize=(10, 6))
        plt.scatter(X[:, 0], X[:, 1], s=50);
```

❶ 使用 250 個樣本與 4 個中心建立樣本資料集，稍後要對它執行分群。

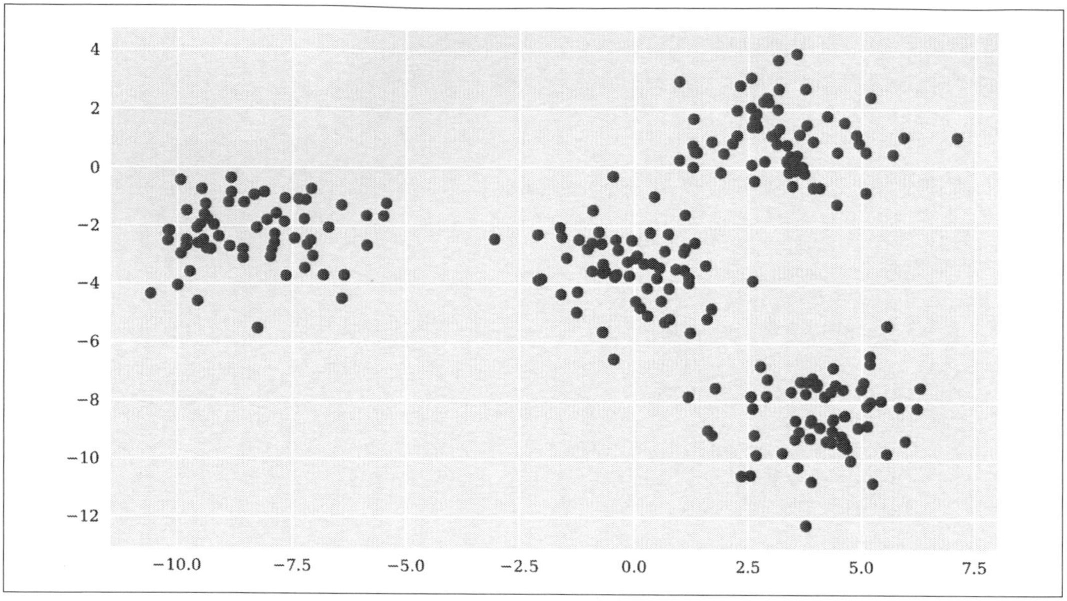

圖 13-24 即將用分群演算法來處理的樣本資料

k-means 分群法

`scikit-learn` 有一個很方便的特性，它提供標準的 API 來讓你應用各種不同的演算法。下面的程式展示 *k*-means 分群法的基本步驟，後續的其他模型也會執行它們：

- 匯入模型類別
- 實例化模型物件
- 用資料來調適模型物件
- 用調適過的模型來預測某些資料的結果

圖 13-25 是結果：

```
In [6]: from sklearn.cluster import KMeans  ❶

In [7]: model = KMeans(n_clusters=4, random_state=0)  ❷

In [8]: model.fit(X)  ❸
Out[8]: KMeans(algorithm='auto', copy_x=True, init='k-means++', max_iter=300,
            n_clusters=4, n_init=10, n_jobs=None, precompute_distances='auto',
            random_state=0, tol=0.0001, verbose=0)

In [9]: y_kmeans = model.predict(X)  ❹
```

```
In [10]: y_kmeans[:12] ❺
Out[10]: array([1, 1, 0, 3, 0, 1, 3, 3, 3, 0, 2, 2], dtype=int32)

In [11]: plt.figure(figsize=(10, 6))
         plt.scatter(X[:, 0], X[:, 1], c=y_kmeans, cmap='coolwarm');
```

❶ 從 scikit-learn 匯入模型類別。

❷ 用一些參數來實例化模型物件，使用關於樣本資料的知識來實例化。

❸ 用原始資料來調適模型物件。

❹ 預測原始資料的群體（號碼）。

❺ 展示一些預測的群體號碼。

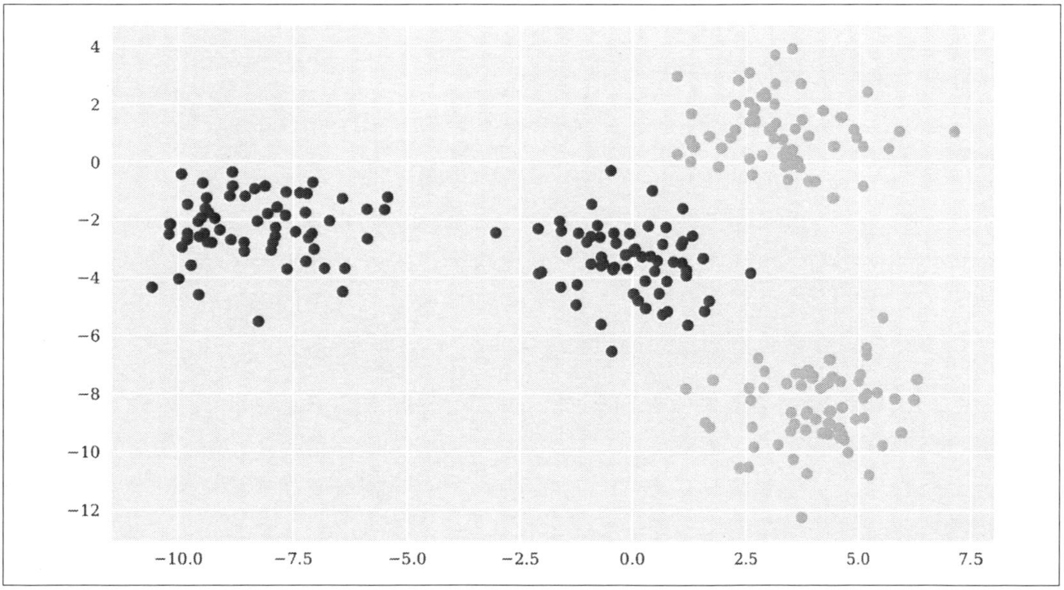

圖 13-25 樣本資料與辨識出來的群體

高斯混合

接著來看另一種分群方法，高斯混合。應用它的方式與之前一樣，當你使用適當的參數時，結果也會一樣：

```
In [12]: from sklearn.mixture import GaussianMixture

In [13]: model = GaussianMixture(n_components=4, random_state=0)

In [14]: model.fit(X)
Out[14]: GaussianMixture(covariance_type='full', init_params='kmeans',
          max_iter=100,
         means_init=None, n_components=4, n_init=1, precisions_init=None,
                 random_state=0, reg_covar=1e-06, tol=0.001, verbose=0,
                 verbose_interval=10, warm_start=False, weights_init=None)

In [15]: y_gm = model.predict(X)

In [16]: y_gm[:12]
Out[16]: array([1, 1, 0, 3, 0, 1, 3, 3, 3, 0, 2, 2])

In [17]: (y_gm == y_kmeans).all()  ❶
Out[17]: True
```

❶ *k*-means 分群法與高斯混合的結果是一樣的。

監督學習

監督學習是用已知的結果或觀察到的資料來進行某種指導的機器學習方法，也就是說，原始資料裡面已經有 ML 演算法將要學習的東西了。所以這種學習方式處理的重點是**分類問題**，而不是**預測問題**。預測問題一般都在預測實值，分類問題則是將一組類別（整數值）裡面的某個類別（整數值）指派給某個特徵集合。

從上一節的無監督學習範例中，你可以看到演算法會幫辨識出來的群體生成它自己的分類標籤，當群體有四個時，標籤是 0、1、2 與 3。在監督學習中，這種分類標籤是本來就有的，演算法學習的是特徵與類別之間的**關係**，換句話說，在調適過程中，演算法會**知道**特徵值組合的正確類別是什麼。

本節將說明如何應用下列分類演算法：高斯單純貝氏（Gaussian Naive Bayes）、羅吉斯回歸（logistic regression）、決策樹（decision trees）、深度神經網路（deep neural networks），以及支援向量機（support vector machines）[10]。

10 要瞭解 scikit-learn 提供的監督學習分類演算法，可參考文件（*http://scikit-learn.org/stable/supervised_learning.html*）。其中有許多演算法也可用來預測，而非只能分類。

資料

同樣的，`scikit-learn` 可讓你建立適當的樣本資料集，來運用分類演算法。為了將結果視覺化，樣本資料裡面只有兩個實值的、提示性的特徵，以及一個二元標籤（二元標籤只有兩個不同的類別，0 與 1）。下面是建立樣本資料的程式，它顯示其中的一些資料，並將資料視覺化（見圖 13-26）：

```
In [18]: from sklearn.datasets import make_classification

In [19]: n_samples = 100

In [20]: X, y = make_classification(n_samples=n_samples, n_features=2,
                                    n_informative=2, n_redundant=0,
                                    n_repeated=0, random_state=250)

In [21]: X[:5]  ❶
Out[21]: array([[ 1.6876, -0.7976],
                [-0.4312, -0.7606],
                [-1.4393, -1.2363],
                [ 1.118 , -1.8682],
                [ 0.0502,  0.659 ]])

In [22]: X.shape  ❶
Out[22]: (100, 2)

In [23]: y[:5]  ❷
Out[23]: array([1, 0, 0, 1, 1])

In [24]: y.shape  ❷
Out[24]: (100,)

plt.figure(figsize=(10, 6))
plt.hist(X);
In [25]: plt.figure(figsize=(10, 6))
         plt.scatter(x=X[:, 0], y=X[:, 1], c=y, cmap='coolwarm');
```

❶ 兩個提示性、實值的特徵。

❷ 一個二元標籤。

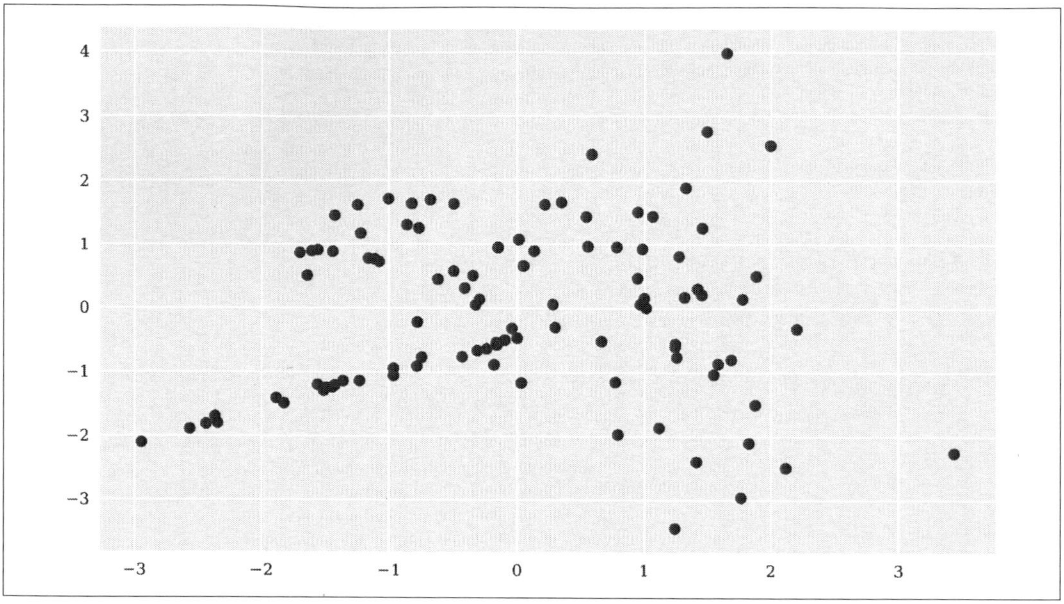

圖 13-26 用來執行分類演算法的樣本資料

高斯單純貝氏

高斯單純貝氏（GNB）通常被當成其他分類問題的基準演算法。它的用法與第 468 頁的“k-means 分群法”談到的步驟一樣：

```
In [26]: from sklearn.naive_bayes import GaussianNB
         from sklearn.metrics import accuracy_score

In [27]: model = GaussianNB()

In [28]: model.fit(X, y)
Out[28]: GaussianNB(priors=None, var_smoothing=1e-09)

In [29]: model.predict_proba(X).round(4)[:5]  ❶
Out[29]: array([[0.0041, 0.9959],
                [0.8534, 0.1466],
                [0.9947, 0.0053],
                [0.0182, 0.9818],
                [0.5156, 0.4844]])

In [30]: pred = model.predict(X)  ❷

In [31]: pred  ❷
```

```
Out[31]: array([1, 0, 0, 1, 0, 0, 1, 1, 1, 0, 0, 0, 0, 0, 1, 1, 0, 1, 0, 1, 1,
          0,
         0, 0, 1, 0, 0, 0, 0, 0, 1, 0, 1, 1, 0, 0, 0, 1, 1, 0, 1, 0, 0, 0,
         0, 1, 1, 1, 0, 0, 1, 0, 0, 1, 1, 1, 1, 1, 0, 0, 0, 1, 1, 1, 1, 0,
         0, 0, 1, 0, 0, 1, 1, 1, 1, 1, 1, 0, 0, 1, 0, 0, 0, 1, 0, 0, 0, 1,
                0, 1, 1, 1, 1, 1, 0, 0, 0, 0, 0, 0])

In [32]: pred == y  ❸
Out[32]: array([ True,  True,  True, True, False,  True,  True, True,  True,
                True, False,  True, True,  True,  True,  True, True,  True,
                True,  True,  True, True, False, False, False, True,  True,
                True,  True,  True, True,  True,  True, False, True,  True,
                True,  True,  True, True,  True,  True,  True, True,  True,
                True,  True,  True, True,  True,  True, False, True, False,
                True,  True,  True, True,  True,  True,  True, True,  True,
                True,  True, False, True,  True,  True,  True, True,  True,
                True,  True,  True, True,  True,  True, False, True, False,
                True,  True,  True, True,  True,  True,  True, True,  True,
                True,  True, False, True, False,  True,  True, True,  True,
                True])

In [33]: accuracy_score(y, pred)  ❹
Out[33]: 0.87
```

❶ 顯示在調適之後，演算法指派給各個類別的機率。

❷ 根據機率，預測資料集的二元類別。

❸ 比較預測的類別與實際的類別。

❹ 用預測值來計算準確率。

圖 13-27 將 GNB 正確與錯誤的預測視覺化：

```
In [34]: Xc = X[y == pred]  ❶
         Xf = X[y != pred]  ❷

In [35]: plt.figure(figsize=(10, 6))
         plt.scatter(x=Xc[:, 0], y=Xc[:, 1], c=y[y == pred],
                     marker='o', cmap='coolwarm')  ❶
         plt.scatter(x=Xf[:, 0], y=Xf[:, 1], c=y[y != pred],
                     marker='x', cmap='coolwarm')  ❷
```

❶ 選擇正確的預測並畫出它們。

❷ 選擇錯誤的預測並畫出它們。

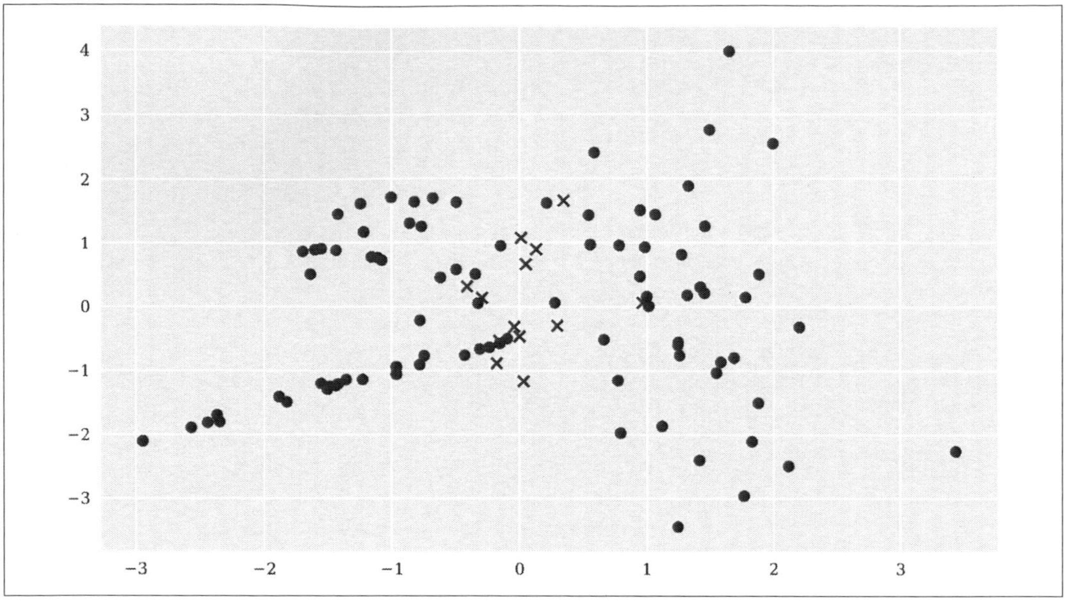

圖 13-27 GNB 的正確（點）與錯誤（打叉）預測

羅吉斯回歸

羅吉斯回歸（LR）是一種快速且可縮放的分類演算法，它處理這個案例的準確度比 GNB 好一些：

```
In [36]: from sklearn.linear_model import LogisticRegression

In [37]: model = LogisticRegression(C=1, solver='lbfgs')

In [38]: model.fit(X, y)
Out[38]: LogisticRegression(C=1, class_weight=None, dual=False,
          fit_intercept=True,
                   intercept_scaling=1, max_iter=100, multi_class='warn',
                   n_jobs=None, penalty='l2', random_state=None, solver='lbfgs',
                   tol=0.0001, verbose=0, warm_start=False)

In [39]: model.predict_proba(X).round(4)[:5]
Out[39]: array([[0.011 , 0.989 ],
              [0.7266, 0.2734],
              [0.971 , 0.029 ],
              [0.04 ,  0.96  ],
              [0.4843, 0.5157]])
```

```
In [40]: pred = model.predict(X)

In [41]: accuracy_score(y, pred)
Out[41]: 0.9

In [42]: Xc = X[y == pred]
         Xf = X[y != pred]

In [43]: plt.figure(figsize=(10, 6))
         plt.scatter(x=Xc[:, 0], y=Xc[:, 1], c=y[y == pred],
                     marker='o', cmap='coolwarm')
         plt.scatter(x=Xf[:, 0], y=Xf[:, 1], c=y[y != pred],
                     marker='x', cmap='coolwarm');
```

決策樹

決策樹（DT）是另一種很有擴展性的分類演算法。當我們將最大深度設為 1 時，這種演算法的表現就已經比 GNB 及 LR 還要好一些了（見圖 13-28）：

```
In [44]: from sklearn.tree import DecisionTreeClassifier

In [45]: model = DecisionTreeClassifier(max_depth=1)

In [46]: model.fit(X, y)
Out[46]: DecisionTreeClassifier(class_weight=None, criterion='gini',
          max_depth=1,
                     max_features=None, max_leaf_nodes=None,
                     min_impurity_decrease=0.0, min_impurity_split=None,
                     min_samples_leaf=1, min_samples_split=2,
         min_weight_fraction_leaf=0.0, presort=False, random_state=None,
                     splitter='best')

In [47]: model.predict_proba(X).round(4)[:5]
Out[47]: array([[0.08, 0.92],
                [0.92, 0.08],
                [0.92, 0.08],
                [0.08, 0.92],
                [0.08, 0.92]])

In [48]: pred = model.predict(X)

In [49]: accuracy_score(y, pred)
Out[49]: 0.92

In [50]: Xc = X[y == pred]
         Xf = X[y != pred]
```

```
In [51]: plt.figure(figsize=(10, 6))
         plt.scatter(x=Xc[:, 0], y=Xc[:, 1], c=y[y == pred],
                     marker='o', cmap='coolwarm')
         plt.scatter(x=Xf[:, 0], y=Xf[:, 1], c=y[y != pred],
                     marker='x', cmap='coolwarm');
```

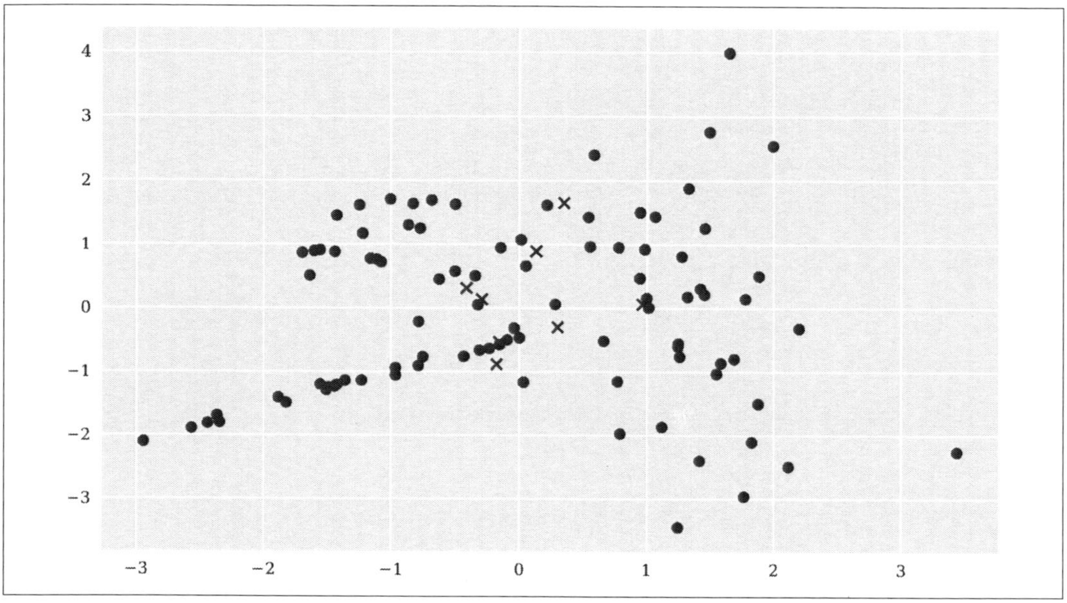

圖 13-28 DT 的正確（點）與錯誤（打叉）預測（max_depth=1）

但是，增加決策樹的最大深度參數可以得到完美的結果：

```
In [52]: print('{:>8s} | {:8s}'.format('depth', 'accuracy'))
         print(20 * '-')
         for depth in range(1, 7):
             model = DecisionTreeClassifier(max_depth=depth)
             model.fit(X, y)
             acc = accuracy_score(y, model.predict(X))
             print('{:8d} | {:8.2f}'.format(depth, acc))
            depth | accuracy
         --------------------
                1 |     0.92
                2 |     0.92
                3 |     0.94
                4 |     0.97
                5 |     0.99
                6 |     1.00
```

深度神經網路

一般認為***深度神經網路***（DNN）是最強大的預測與分類演算法，但它也需要大量的計算資源。Google 的 `TensorFlow` 開放原始碼程式包已經是成功的典範了，這也是它如此流行的原因之一。DNN 可以學習複雜的非線性關係並建立模型。雖然它們的起源可以追溯至 1970 年代，但由於硬體的進步（CPU、GPU、TPU），以及出現了數值演算法及相關的軟體實作，直到最近，它們才受到大規模地應用。

雖然其他的 ML 演算法（例如 LR 之類的線性模型）也可以有效地擬合標準的優化問題，但 DNN 依靠***深度學習***，通常需要用大量的重複步驟來調整某些參數（權重），以及拿結果來與資料做比較。在這個意義上，深度學習可以和數學金融領域的蒙地卡羅模擬比擬，蒙地卡羅模擬可以用 100,000 個標的物模擬走勢來估價歐式看漲選擇權。另一方面，Black-Scholes-Merton 選擇權定價公式是封閉形式的方案，可以用分析的方式求值。

雖然蒙地卡羅模擬在數學金融領域是最靈活且最強大的數學技術，但它需要使用大量的計算資源與記憶體空間，深度學習也是如此，它通常比許多其他 ML 演算法靈活，但需要更多計算資源。

用 scikit-learn 來實作 DNN。雖然這種技術的性質有很大的不同，但 `scikit-learn` 也將 `MLPClassifier` 演算法類別[11]（DNN 模型）的 API 做得與之前看過的其他 ML 演算法一樣。它只要使用兩個所謂的***隱藏層***就可以用測試資料取得完美的結果（隱藏層是區分深度學習與簡單的學習技術（例如，在線性回歸背景下使用"學習"權重，而不是直接用 OLS 回歸來推導它們）的要素）：

```
In [53]: from sklearn.neural_network import MLPClassifier

In [54]: model = MLPClassifier(solver='lbfgs', alpha=1e-5,
                               hidden_layer_sizes=2 * [75], random_state=10)

In [55]: %time model.fit(X, y)
         CPU times: user 537 ms, sys: 14.2 ms, total: 551 ms
         Wall time: 340 ms

Out[55]: MLPClassifier(activation='relu', alpha=1e-05, batch_size='auto',
          beta_1=0.9,
         beta_2=0.999, early_stopping=False, epsilon=1e-08,
         hidden_layer_sizes=[75, 75], learning_rate='constant',
```

11 要進一步瞭解有哪些參數可用，可參考多層感知分類器的文件（*http://scikit-learn.org/stable/modules/generated/sklearn.neural_network.MLPClassifier.html*）。

```
        learning_rate_init=0.001, max_iter=200, momentum=0.9,
        n_iter_no_change=10, nesterovs_momentum=True, power_t=0.5,
        random_state=10, shuffle=True, solver='lbfgs', tol=0.0001,
        validation_fraction=0.1, verbose=False, warm_start=False)

In [56]: pred = model.predict(X)
         pred
Out[56]: array([1, 0, 0, 1, 1, 0, 1, 1, 1, 0, 1, 0, 0, 0, 1, 1, 0, 1, 0, 1, 1,
          0,
         1, 1, 0, 0, 0, 0, 0, 0, 1, 0, 1, 0, 0, 0, 0, 1, 1, 0, 1, 0, 0, 0,
         0, 1, 1, 1, 0, 0, 1, 1, 0, 0, 1, 1, 1, 1, 0, 0, 0, 1, 1, 1, 1, 1,
         0, 0, 1, 0, 0, 1, 1, 1, 1, 1, 1, 0, 1, 1, 1, 0, 0, 1, 0, 0, 0, 1,
                0, 1, 1, 1, 0, 1, 1, 0, 0, 0, 0, 0])

In [57]: accuracy_score(y, pred)
Out[57]: 1.0
```

使用 TensorFlow 來實作 DNN。TensorFlow 的 API 與 scikit-learn 的標準 API 不同，但是使用 DNNClassifier 類別同樣非常簡單：

```
In [58]: import tensorflow as tf
         tf.logging.set_verbosity(tf.logging.ERROR)  ❶

In [59]: fc = [tf.contrib.layers.real_valued_column('features')]  ❷

In [60]: model = tf.contrib.learn.DNNClassifier(hidden_units=5 * [250],
                                                n_classes=2,
                                                feature_columns=fc)  ❸

In [61]: def input_fn():  ❹
             fc = {'features': tf.constant(X)}
             la = tf.constant(y)
             return fc, la

In [62]: %time model.fit(input_fn=input_fn, steps=100)  ❺
         CPU times: user 7.1 s, sys: 1.35 s, total: 8.45 s
         Wall time: 4.71 s

Out[62]: DNNClassifier(params={'head':
          <tensorflow.contrib.learn.python.learn ... head._BinaryLogisticHead
          object at 0x1a3ee692b0>, 'hidden_units': [250, 250, 250, 250, 250],
          'feature_columns': (_RealValuedColumn(column_name='features',
          dimension=1, default_value=None, dtype=tf.float32, normalizer=None),),
          'optimizer': None, 'activation_fn': <function relu at 0x1a3aa75b70>,
          'dropout': None, 'gradient_clip_norm': None,
          'embedding_lr_multipliers': None, 'input_layer_min_slice_size': None})
```

```
In [63]: model.evaluate(input_fn=input_fn, steps=1)  ❺
Out[63]: {'loss': 0.18724777,
          'accuracy': 0.91,
          'labels/prediction_mean': 0.5003989,
          'labels/actual_label_mean': 0.5,
          'accuracy/baseline_label_mean': 0.5,
          'auc': 0.9782,
          'auc_precision_recall': 0.97817385,
          'accuracy/threshold_0.500000_mean': 0.91,
          'precision/positive_threshold_0.500000_mean': 0.9019608,
          'recall/positive_threshold_0.500000_mean': 0.92,
          'global_step': 100}

In [64]: pred = np.array(list(model.predict(input_fn=input_fn)))  ❻
         pred[:10]  ❻
Out[64]: array([1, 0, 0, 1, 1, 0, 1, 1, 1, 1])

In [65]: %time model.fit(input_fn=input_fn, steps=750)  ❼
         CPU times: user 29.8 s, sys: 7.51 s, total: 37.3 s
         Wall time: 13.6 s

Out[65]: DNNClassifier(params={'head':
          <tensorflow.contrib.learn.python.learn ... head._BinaryLogisticHead
          object at 0x1a3ee692b0>, 'hidden_units': [250, 250, 250, 250, 250],
          'feature_columns': (_RealValuedColumn(column_name='features',
          dimension=1, default_value=None, dtype=tf.float32, normalizer=None),),
          'optimizer': None, 'activation_fn': <function relu at 0x1a3aa75b70>,
          'dropout': None, 'gradient_clip_norm': None,
          'embedding_lr_multipliers': None, 'input_layer_min_slice_size': None})

In [66]: model.evaluate(input_fn=input_fn, steps=1)  ❽
Out[66]: {'loss': 0.09271307,
          'accuracy': 0.94,
          'labels/prediction_mean': 0.5274486,
          'labels/actual_label_mean': 0.5,
          'accuracy/baseline_label_mean': 0.5,
          'auc': 0.99759996,
          'auc_precision_recall': 0.9977609,
          'accuracy/threshold_0.500000_mean': 0.94,
          'precision/positive_threshold_0.500000_mean': 0.9074074,
          'recall/positive_threshold_0.500000_mean': 0.98,
          'global_step': 850}
```

❶ 設定 log 哪些 TensorFlow 訊息。

❷ 抽象地定義實值特徵。

❸ 將模型物件實例化。

❹ 用函式來提供特徵與標籤資料。

❺ 用學習來擬合模型，並評估它。

❻ 用特徵值預測標籤值。

❼ 用更多學習步驟重新訓練模型，將之前的結果當成起點。

❽ 重新訓練之後，準確度提高了。

上述範例只觸及 TensorFlow 的表面而已，許多高需求的使用案例都使用這個程式庫，例如 Alphabet 公司的自駕車。在速度方面，使用專用的硬體（例如 GPU 與 TPU，而非 CPU）通常可讓 TensorFlow 模型的訓練速度顯著提升。

特徵轉換

出於許多原因，轉換實值的特徵可能帶來很多好處，有時甚至是必要的。下面的程式示範一些典型的轉換，並且將結果視覺化來方便比較，見圖 13-29：

```
In [67]: from sklearn import preprocessing

In [68]: X[:5]
Out[68]: array([[ 1.6876, -0.7976],
                [-0.4312, -0.7606],
                [-1.4393, -1.2363],
                [ 1.118 , -1.8682],
                [ 0.0502,  0.659 ]])

In [69]: Xs = preprocessing.StandardScaler().fit_transform(X)  ❶
         Xs[:5]
Out[69]: array([[ 1.2881, -0.5489],
                [-0.3384, -0.5216],
                [-1.1122, -0.873 ],
                [ 0.8509, -1.3399],
                [ 0.0312,  0.5273]])

In [70]: Xm = preprocessing.MinMaxScaler().fit_transform(X)  ❷
         Xm[:5]
Out[70]: array([[0.7262, 0.3563],
                [0.3939, 0.3613],
                [0.2358, 0.2973],
                [0.6369, 0.2122],
                [0.4694, 0.5523]])
```

```
In [71]: Xn1 = preprocessing.Normalizer(norm='l1').transform(X)  ❸
         Xn1[:5]
Out[71]: array([[ 0.6791, -0.3209],
                [-0.3618, -0.6382],
                [-0.5379, -0.4621],
                [ 0.3744, -0.6256],
                [ 0.0708,  0.9292]])

In [72]: Xn2 = preprocessing.Normalizer(norm='l2').transform(X)  ❸
         Xn2[:5]
Out[72]: array([[ 0.9041, -0.4273],
                [-0.4932, -0.8699],
                [-0.7586, -0.6516],
                [ 0.5135, -0.8581],
                [ 0.076 ,  0.9971]])

In [73]: plt.figure(figsize=(10, 6))
         markers = ['o', '.', 'x', '^', 'v']
         data_sets = [X, Xs, Xm, Xn1, Xn2]
         labels = ['raw', 'standard', 'minmax', 'norm(1)', 'norm(2)']
         for x, m, l in zip(data_sets, markers, labels):
             plt.scatter(x=x[:, 0], y=x[:, 1], c=y,
                     marker=m, cmap='coolwarm', label=l)
         plt.legend();
```

❶ 將特徵資料轉換成標準常態分布的資料，其平均值與單位標準差為 0。

❷ 為每一個特徵定義最小與最大值，轉換特徵資料，讓每個特徵都有指定的範圍。

❸ 個別縮放特徵資料，將它們變成單位範數（L1 或 L2）。

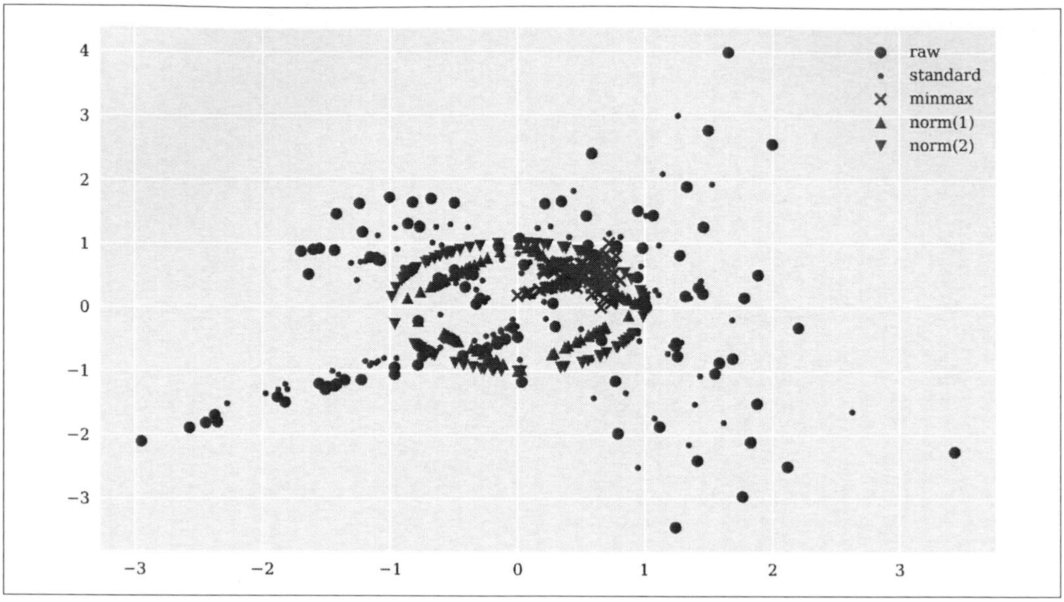

圖 13-29 比較原始資料與轉換過的資料

在進行模式辨識時，轉換分類特徵通常很有幫助，有時甚至必須這樣做才能取得理想的成果。我們將特徵的實值對映至有限的、固定數量的可能整數值（類別）：

```
In [74]: X[:5]
Out[74]: array([[ 1.6876, -0.7976],
                [-0.4312, -0.7606],
                [-1.4393, -1.2363],
                [ 1.118 , -1.8682],
                [ 0.0502,  0.659 ]])

In [75]: Xb = preprocessing.Binarizer().fit_transform(X)  ❶
         Xb[:5]
Out[75]: array([[1., 0.],
                [0., 0.],
                [0., 0.],
                [1., 0.],
                [1., 1.]])

In [76]: 2 ** 2  ❷
Out[76]: 4

In [77]: Xd = np.digitize(X, bins=[-1, 0, 1])  ❸
         Xd[:5]
Out[77]: array([[3, 1],
```

```
              [1, 1],
              [0, 0],
              [3, 0],
              [2, 2]])

In [78]: 4 ** 2  ❹
Out[78]: 16
```

❶ 將特徵轉換成二元特徵。

❷ 可用兩個二元特徵實現的特徵值組合數量。

❸ 用 `list` 內的值（用來進行 binning 的）來將特徵轉換成類別特徵。

❹ 特徵值可能產生的組合數量，用來 binning 兩個特徵的值有三個。

拆開訓練組與測試組：支援向量機

此時，經驗豐富的 ML 研究員或實作者可能會發現本節的實作有一個特點：它們都使用同一組資料來訓練、學習與預測。如果我們用一組資料（子）集來訓練與學習，用另一組來測試，絕對可以更準確地判斷 ML 演算法的品質，也更接近現實世界的應用方式。

`scikit-learn` 同樣提供一個函式，可讓你高效地採取這種做法。`train_test_split()` 函式可以用隨機但可重複的方式，將資料集拆成訓練與測試資料。

下面的程式使用另一種分類演算法：*支援向量機*（SVM）。它先用訓練資料來擬合 SVM 模型：

```
In [79]: from sklearn.svm import SVC
         from sklearn.model_selection import train_test_split

In [80]: train_x, test_x, train_y, test_y = train_test_split(X, y, test_size=0.33,
                                                              random_state=0)

In [81]: model = SVC(C=1, kernel='linear')

In [82]: model.fit(train_x, train_y)  ❶
Out[82]: SVC(C=1, cache_size=200, class_weight=None, coef0=0.0,
           decision_function_shape='ovr', degree=3, gamma='auto_deprecated',
           kernel='linear', max_iter=-1, probability=False, random_state=None,
           shrinking=True, tol=0.001, verbose=False)

In [83]: pred_train = model.predict(train_x)  ❷
```

```
In [84]: accuracy_score(train_y, pred_train)  ❸
Out[84]: 0.9402985074626866
```

❶ 用訓練資料來擬合模型。

❷ 預測訓練資料的標籤值。

❸ 預測訓練資料的準確度（“in-sample”）。

接下來，用測試資料來測試擬合好的模型。圖 13-30 是這個模型用測試資料來進行預測的情況。這個模型預測測試資料的準確度比預測訓練資料低（這是意料中的事情）：

```
In [85]: pred_test = model.predict(test_x)  ❶

In [86]: test_y == pred_test  ❷
Out[86]: array([ True,  True,  True,  True,  True, True, True,  True,  True,
                 True, False, False, False,  True, True, True, False, False,
                False,  True,  True,  True,  True, True, True,  True,  True,
                 True,  True,  True,  True, False, True])

In [87]: accuracy_score(test_y, pred_test)  ❷
Out[87]: 0.7878787878787878

In [88]: test_c = test_x[test_y == pred_test]
         test_f = test_x[test_y != pred_test]

In [89]: plt.figure(figsize=(10, 6))
         plt.scatter(x=test_c[:, 0], y=test_c[:, 1], c=test_y[test_y == pred_test],
                     marker='o', cmap='coolwarm')
         plt.scatter(x=test_f[:, 0], y=test_f[:, 1], c=test_y[test_y != pred_test],
                     marker='x', cmap='coolwarm');
```

❶ 用測試資料來預測測試資料標籤值。

❷ 用擬合好的模型以及測試資料來評估準確度（“out-of-sample”）。

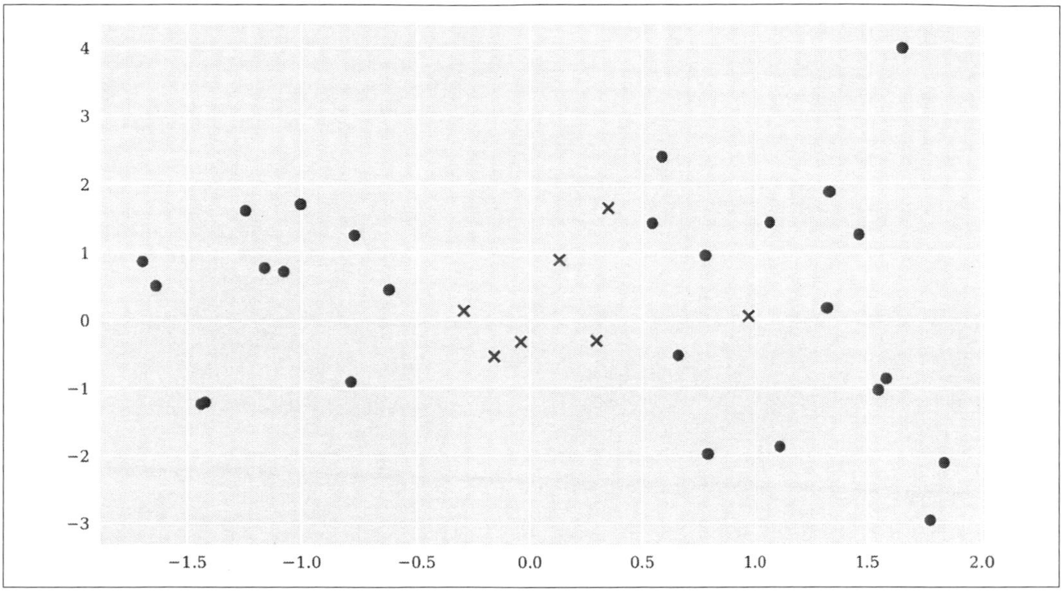

圖 13-30 用 SVM 來預測測試資料時，正確的（點）與錯誤的（打叉）預測結果

SVM 分類演算法提供許多 kernel（核）選項，用不同的 kernel 來處理問題可能產生全然不同的結果（即準確度分數），如下列分析所示，它先將實值特徵轉換成分類特徵：

```
In [90]: bins = np.linspace(-4.5, 4.5, 50)

In [91]: Xd = np.digitize(X, bins=bins)

In [92]: Xd[:5]
Out[92]: array([[34, 21],
                [23, 21],
                [17, 18],
                [31, 15],
                [25, 29]])

In [93]: train_x, test_x, train_y, test_y = train_test_split(Xd, y, test_size=0.33,
                                                              random_state=0)

In [94]: print('{:>8s} | {:8s}'.format('kernel', 'accuracy'))
         print(20 * '-')
         for kernel in ['linear', 'poly', 'rbf', 'sigmoid']:
             model = SVC(C=1, kernel=kernel, gamma='auto')
             model.fit(train_x, train_y)
             acc = accuracy_score(test_y, model.predict(test_x))
             print('{:>8s} | {:8.3f}'.format(kernel, acc))
```

```
   kernel | accuracy
--------------------
   linear |    0.848
     poly |    0.758
      rbf |    0.788
  sigmoid |    0.455
```

小結

統計學本身就是一門重要的學科，也是許多其他學科不可或缺的工具，例如金融與社會科學，我不可能用一個章節來全面介紹這麼廣泛的主題，因此這一章把焦點放在四個重要的主題上，用實際的範例來介紹如何使用 Python 與各種統計程式庫：

常態性

許多金融理論與應用都假設金融市場的報酬具有常態性，因此，檢定時間序列資料是否符合這個假設非常重要。如第 418 頁的“常態性檢定”（透過圖表與統計方法）所述，真實世界的報酬資料通常**不是**常態分布的。

投資組合優化

MPT 把重心放在報酬的平均值與變異性 / 波動性，它不僅可視為統計學在金融領域最早出現的成功案例，也是主要的成功概念之一；在這個背景下，我們漂亮地描述了投資**多樣化**這個重要的概念。

貝氏統計

貝氏統計（尤其是貝氏統計）已經成為金融領域中的熱門工具了，因為這種方法克服了其他方法的一些缺點，如第 11 章所述；即使它的數學與形式比較複雜，但基本概念很容易瞭解（例如隨著時間的推進而更改機率 / 分布的想法）。

機器學習

機器學習已經在金融領域建立自己的地位了，與傳統的統計方法及技術不分軒輊。本章介紹無監督學習（例如 *k*-means 分群法）與監督學習（例如 DNN 分類法）等 ML 演算法，並說明一些相關的主題，例如特徵轉換與訓練 / 測試組的拆分等等。

其他資源

要進一步瞭解本章介紹的主題與程式包，可參考下列的線上資源：

- 關於 `SciPy` 的統計函式的文件（*http://docs.scipy.org/doc/scipy/reference/stats.html*）
- `statsmodels` 程式庫的文件（*http://statsmodels.sourceforge.net/stable/*）
- 本章使用的優化函式的細節（*http://docs.scipy.org/doc/scipy/reference/optimize.html*）
- `PyMC3` 的文件（*http://docs.pymc.io*）
- `scikit-learn` 的文件（*http://scikit-learn.org*）

實用的背景知識書籍有：

- Albon, Chris (2018). *Machine Learning with Python Cookbook.* Sebastopol, CA:O'Reilly.
- Alpaydin, Ethem (2016). *Machine Learning.* Cambridge, MA: MIT Press.
- Copeland, Thomas, Fred Weston, and Kuldeep Shastri (2005). *Financial Theory and Corporate Policy.* Boston, MA: Pearson.
- Downey, Allen (2013). *Think Bayes.* Sebastopol, CA: O'Reilly.
- Geweke, John (2005). *Contemporary Bayesian Econometrics and Statistics.* Hoboken, NJ: John Wiley & Sons.
- Hastie, Trevor, Robert Tibshirani, and Jerome Friedman (2009). *The Elements of Statistical Learning: Data Mining, Inference, and Prediction.* New York: Springer.
- James, Gareth, et al. (2013). *An Introduction to Statistical Learning—With Applications in R.* New York: Springer.
- López de Prado, Marcos (2018). *Advances in Financial Machine Learning.* Hoboken, NJ: John Wiley & Sons.
- Rachev, Svetlozar, et al. (2008). *Bayesian Methods in Finance.* Hoboken, NJ: John Wiley & Sons.
- VanderPlas, Jake (2016). *Python Data Science Handbook.* Sebastopol, CA: O'Reilly.

這是介紹現代投資組合理論的論文：

Markowitz, Harry (1952). "Portfolio Selection." Journal of Finance, Vol. 7, pp. 77–91.

第四部分

演算法交易

這個部分介紹如何使用 Python 來做演算法交易。越來越多交易平台與券商提供（舉例）REST API，讓他們的顧客可以用程式來取得歷史資料、串流資料，或下單。演算法交易長期以來一直是大型金融機構的領域，如今連散戶也可以使用它。在這個領域中，Python 這種程式語言與技術平台已經取得龍頭寶座，原因之一是許多交易平台，例如 FXCM Forex Capital Markets 的平台，都為他們的 REST API 提供容易使用的 Python 包裝程式包了。

這個部分包含三章：

- 第 14 章介紹 FXCM 交易平台、它的 REST API，以及 `fxcmpy` 包裝程式包。
- 第 15 章介紹如何使用統計與機器學習方法來推導演算法交易策略，並展示如何使用向量化回測。
- 第 16 章介紹如何部署自動化的演算法交易策略，處理資本管理、回測績效與風險、執行線上演算法，以及進行部署。

第十四章

FXCM 交易平台

金融機構喜歡將他們工作稱為交易，坦白說，那不是交易，而是賭博。

—Graydon Carter

本章介紹交易 FXCM Group 提供的 LLC（之後稱之為“FXCM”）平台、它的 RESTful 與串流應用程式設計介面（API），以及 Python 包裝程式包 fxcmpy。FXCM 為散戶與機構交易員提供大量的金融商品，你可以用傳統的交易應用程式來交易這些商品，也可以透過 API 進行程式交易。這些商品主要是外匯、主要的股票指數，以及大宗商品的價差契約（CFD）等。

風險免責聲明

用保證金來交易外匯 / CFD 有很高的風險，可能不適合所有投資者，因為可能導致超出存款的虧損。槓桿可能會造成不利的後果。這些商品的對象是散戶與專業客戶。受當地法規約束，住在德國的散戶可承受的虧損是存款總額，若虧損超過存款，可不受後續付款義務的約束。請認知並充分瞭解與市場及交易有關的所有風險。在交易任何產品之前，請謹慎地考量你的財務狀況與經驗。你應該將任何意見、新聞、研究、分析、價格或其資訊視為一般的市場評論，不足以構成投資建議。有些法律是為了促進研究的獨立性而制定的，但市場評論不是按照這種法律的要求來編寫的，因此不受“禁止在資訊公開之前進行交易”的約束。FXCM 與本書作者不承擔任何造成虧損或損害的責任，包括但不限於直接或間接引用或依賴這些資訊造成的任何虧損。

FXCM 的交易平台甚至可讓個別的交易者用較小規模的資金部位來實作與部署演算法交易策略。

本章將介紹 FXCM 交易 API 的基本功能，以及實作自動演算法交易策略所需的 Python 程式包 fxcmpy。本章的結構如下：

入門

FXCM API 的詳細文件可在 *https://fxcm.github.io/rest-api-docs* 找到。請在 shell 執行這個命令來安裝 Python 包裝程式包 fxcmpy：

```
pip install fxcmpy
```

fxcmpy 程式包的文件在 *http://fxcmpy.tpq.io*。

你只要在 FXCM 建立一個免費的 demo 帳號（*https://www.fxcm.com/uk/forex-trading-demo/*），就可以開始使用 FXCM 交易 API 與 fxcmpy 程式包了[1]。下一個步驟是在 demo 帳號中建立專屬的 API 權杖（假設是 YOUR_FXCM_API_TOKEN）。接著建立與 API 的連結，例如，用：

```
import fxcmpy
api = fxcmpy.fxcmpy(access_token=YOUR_FXCM_API_TOKEN, log_level='error')
```

或是用一個組態檔（假設是 *fxcm.cfg*）來連結 API。這個檔案的內容是：

```
[FXCM]
log_level = error
log_file = PATH_TO_AND_NAME_OF_LOG_FILE
access_token = YOUR_FXCM_API_TOKEN
```

1 注意，FXCM dmeo 帳號只供一些國家使用。

接著你可以這樣子連接 API：

```
import fxcmpy
api = fxcmpy.fxcmpy(config_file='fxcm.cfg')
```

在預設情況下，fxcmpy 類別會連結 demo 伺服器。但是，藉著使用 server 參數，你可以連接實際運作中的交易伺服器（如果這個帳號存在的話）：

```
api = fxcmpy.fxcmpy(config_file='fxcm.cfg', server='demo')  ❶
api = fxcmpy.fxcmpy(config_file='fxcm.cfg', server='real')  ❷
```

❶ 連接 demo 伺服器。

❷ 連接實際運作中的交易伺服器。

取得資料

FXCM 可讓你讀取包裝形式的歷史市場價格資料，例如 tick 資料，也就是說（舉例），你可以從 FXCM 伺服器取得一個裡面有 2018 年第 26 週的歐元 / 美元匯率 tick 資料的壓縮檔，下一節將會說明做法，後續的小節也會介紹如何用 API 取得歷史 K 線資料。

取得 tick 資料

FXCM 提供許多雙貨幣匯率的歷史 tick 資料。你可以使用方便的 fxcmpy 程式包來取得這種 tick 資料並使用它。首先，匯入一些程式包：

```
In [1]: import time
        import numpy as np
        import pandas as pd
        import datetime as dt
        from pylab import mpl, plt

In [2]: plt.style.use('seaborn')
        mpl.rcParams['font.family'] = 'serif'
        %matplotlib inline
```

接著查看可提供 tick 資料的代號（雙貨幣）有哪些：

```
In [3]: from fxcmpy import fxcmpy_tick_data_reader as tdr

In [4]: print(tdr.get_available_symbols())
        ('AUDCAD', 'AUDCHF', 'AUDJPY', 'AUDNZD', 'CADCHF', 'EURAUD', 'EURCHF',
         'EURGBP', 'EURJPY', 'EURUSD', 'GBPCHF', 'GBPJPY', 'GBPNZD', 'GBPUSD',
```

```
'GBPCHF', 'GBPJPY', 'GBPNZD', 'NZDCAD', 'NZDCHF', 'NZDJPY', 'NZDUSD',
'USDCAD', 'USDCHF', 'USDJPY')
```

用下面的程式來取得單一代號的一週 tick 資料。取出來的 pandas DataFrame 物件有超過 150 萬列資料：

```
In [5]: start = dt.datetime(2018, 6, 25)  ❶
        stop = dt.datetime(2018, 6, 30)  ❶

In [6]: td = tdr('EURUSD', start, stop)  ❶

In [7]: td.get_raw_data().info()  ❷
        <class 'pandas.core.frame.DataFrame'>
        Index: 1963779 entries, 06/24/2018 21:00:12.290 to 06/29/2018
         20:59:00.607
        Data columns (total 2 columns):
        Bid    float64
        Ask    float64
        dtypes: float64(2)
        memory usage: 44.9+ MB

In [8]: td.get_data().info()  ❸
        <class 'pandas.core.frame.DataFrame'>
        DatetimeIndex: 1963779 entries, 2018-06-24 21:00:12.290000 to 2018-06-29
         20:59:00.607000
        Data columns (total 2 columns):
        Bid    float64
        Ask    float64
        dtypes: float64(2)
        memory usage: 44.9 MB

In [9]: td.get_data().head()
Out[9]:                             Bid      Ask
        2018-06-24 21:00:12.290  1.1662  1.16660
        2018-06-24 21:00:16.046  1.1662  1.16650
        2018-06-24 21:00:22.846  1.1662  1.16658
        2018-06-24 21:00:22.907  1.1662  1.16660
        2018-06-24 21:00:23.441  1.1662  1.16663
```

❶ 取得資料檔，拆開包裝，並將原始資料存入 DataFrame 物件（成為結果物件的一個屬性）。

❷ td.get_raw_data() 方法回傳含有原始資料的 DataFrame 物件；索引值仍然是 str 物件。

❸ td.get_data() 方法回傳 DataFrame 物件，其中的索引已經被轉換成 DatetimeIndex 了。

因為 tick 資料被存放在 DataFrame 物件裡面，所以從中選出子集合，並用它們來進行典型的金融分析工作很簡單。圖 14-1 是用子集合算出來的中間價，以及簡單移動平均（SMA）：

```
In [10]: sub = td.get_data(start='2018-06-29 12:00:00',
                           end='2018-06-29 12:15:00')  ❶

In [11]: sub.head()
Out[11]:                                Bid      Ask
         2018-06-29 12:00:00.011  1.16497  1.16498
         2018-06-29 12:00:00.071  1.16497  1.16497
         2018-06-29 12:00:00.079  1.16497  1.16498
         2018-06-29 12:00:00.091  1.16495  1.16498
         2018-06-29 12:00:00.205  1.16496  1.16498

In [12]: sub['Mid'] = sub.mean(axis=1)  ❷

In [13]: sub['SMA'] = sub['Mid'].rolling(1000).mean()  ❸

In [14]: sub[['Mid', 'SMA']].plot(figsize=(10, 6), lw=0.75);
```

❶ 選出完整資料集的子集合。

❷ 計算買盤（bid）與賣盤（ask）的中間價。

❸ 算出 1,000 個 tick 區間的 SMA 值。

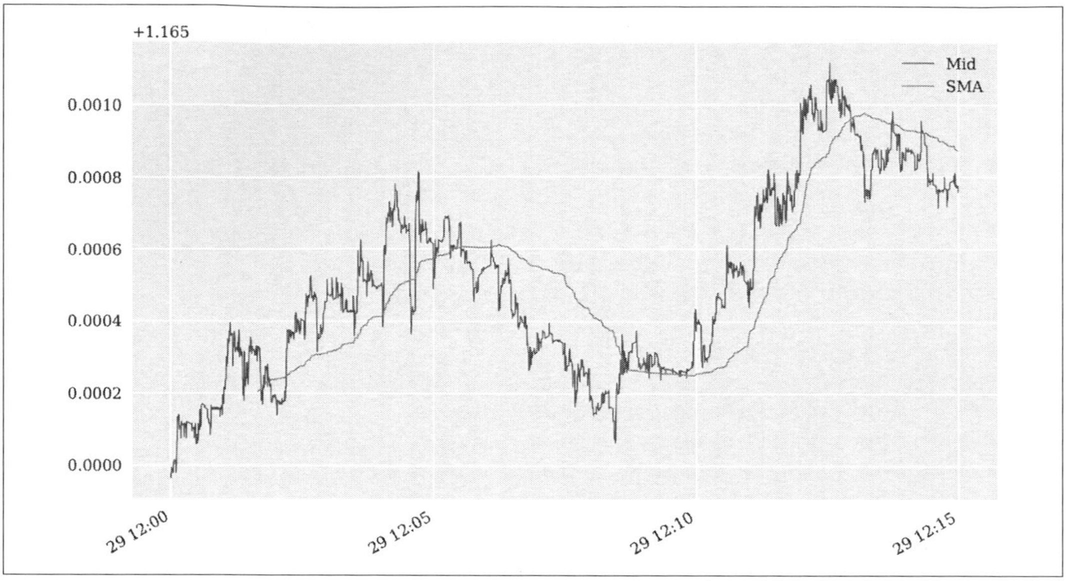

圖 14-1 歐元 / 美元的歷史 tick 中間價與 SMA

取得 K 線資料

你也可以從 FXCM 取得歷史 K 線資料（candles data）（不需要 API），也就是內含固定時段（"長條"）的買盤及賣盤的開、高、低、收價格的資料[譯註]。

我們先查看有哪些代號具備 K 線資料：

```
In [15]: from fxcmpy import fxcmpy_candles_data_reader as cdr

In [16]: print(cdr.get_available_symbols())
         ('AUDCAD', 'AUDCHF', 'AUDJPY', 'AUDNZD', 'CADCHF', 'EURAUD', 'EURCHF',
          'EURGBP', 'EURJPY', 'EURUSD', 'GBPCHF', 'GBPJPY', 'GBPNZD', 'GBPUSD',
          'GBPCHF', 'GBPJPY', 'GBPNZD', 'NZDCAD', 'NZDCHF', 'NZDJPY', 'NZDUSD',
          'USDCAD', 'USDCHF', 'USDJPY')
```

接著取得資料，做法與取得 tick 資料很像，唯一的差異是此時必須指定時段值（也就是長條的長度）（例如，`m1` 代表一分鐘，`H1` 代表一小時，`D1` 代表一天）：

譯註 candles data 直譯為"蠟燭線資料"，因為西方將以開、高、低、收的價格畫出來的線圖稱為"蠟燭線"，但台灣的金融界習慣將它稱為"K 線"，因此本書將這種資料稱為 K 線資料。

```
In [17]: start = dt.datetime(2018, 5, 1)
         stop = dt.datetime(2018, 6, 30)

In [18]: period = 'H1'  ❶

In [19]: candles = cdr('EURUSD', start, stop, period)

In [20]: data = candles.get_data()

In [21]: data.info()
         <class 'pandas.core.frame.DataFrame'>
         DatetimeIndex: 1080 entries, 2018-04-29 21:00:00 to 2018-06-29 20:00:00
         Data columns (total 8 columns):
         BidOpen     1080 non-null float64
         BidHigh     1080 non-null float64
         BidLow      1080 non-null float64
         BidClose    1080 non-null float64
         AskOpen     1080 non-null float64
         AskHigh     1080 non-null float64
         AskLow      1080 non-null float64
         AskClose    1080 non-null float64
         dtypes: float64(8)
         memory usage: 75.9 KB

In [22]: data[data.columns[:4]].tail()  ❷
Out[22]:                      BidOpen  BidHigh   BidLow BidClose
         2018-06-29 16:00:00  1.16768  1.16820  1.16731  1.16769
         2018-06-29 17:00:00  1.16769  1.16826  1.16709  1.16781
         2018-06-29 18:00:00  1.16781  1.16816  1.16668  1.16684
         2018-06-29 19:00:00  1.16684  1.16792  1.16638  1.16774
         2018-06-29 20:00:00  1.16774  1.16904  1.16758  1.16816

In [23]: data[data.columns[4:]].tail()  ❸
Out[23]:                      AskOpen  AskHigh   AskLow AskClose
         2018-06-29 16:00:00  1.16769  1.16820  1.16732  1.16771
         2018-06-29 17:00:00  1.16771  1.16827  1.16711  1.16782
         2018-06-29 18:00:00  1.16782  1.16817  1.16669  1.16686
         2018-06-29 19:00:00  1.16686  1.16794  1.16640  1.16775
         2018-06-29 20:00:00  1.16775  1.16907  1.16760  1.16861
```

❶ 指定時段值。

❷ 買盤的開、高、低、收價。

❸ 賣盤的開、高、低、收價。

本節的最後一段程式計算中間收盤價與兩個 SMA，並畫出結果（見圖 14-2）：

```
In [24]: data['MidClose'] = data[['BidClose', 'AskClose']].mean(axis=1)  ❶

In [25]: data['SMA1'] = data['MidClose'].rolling(30).mean()  ❷
         data['SMA2'] = data['MidClose'].rolling(100).mean()  ❷

In [26]: data[['MidClose', 'SMA1', 'SMA2']].plot(figsize=(10, 6));
```

❶ 用買賣盤的收盤價來計算中間收盤價。

❷ 計算兩個 SMA，一個短時段，一個長時段。

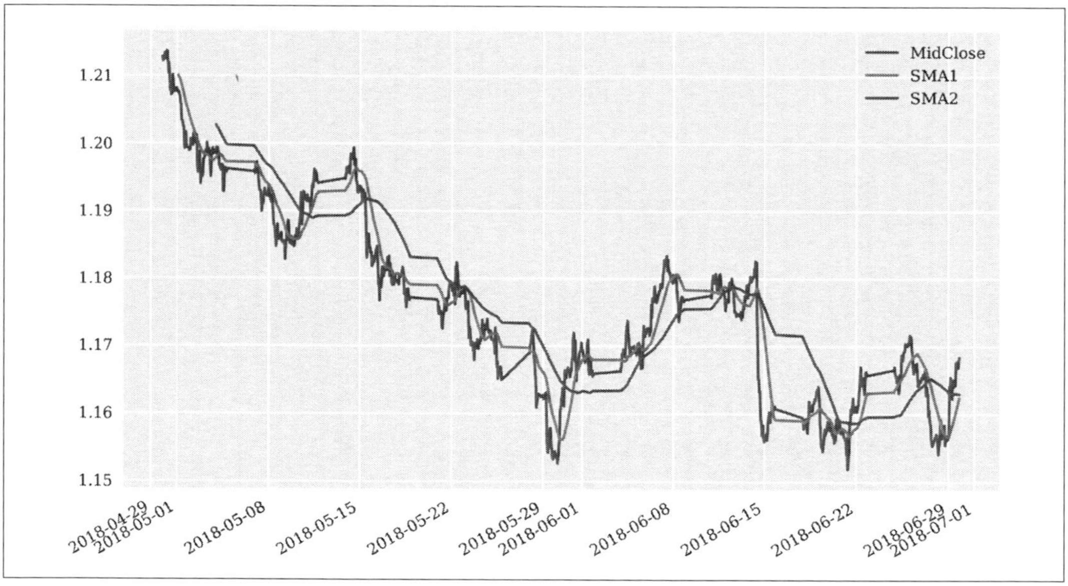

圖 14-2 歐元 / 美元的歷史小時中間收盤價與兩條 SMA

使用 API

上一節展示如何從 FXCM 取得打包的歷史 tick 資料與 K 線資料，本節將介紹如何用 API 取得歷史資料。為此，你需要一個連接 FXCM API 的物件。先匯入 fxcmpy 程式包，連接 API（使用專屬的 API 權杖），並查看可用的商品有哪些：

```
In [27]: import fxcmpy

In [28]: fxcmpy.__version__
```

```
Out[28]:'1.1.33'

In [29]: api = fxcmpy.fxcmpy(config_file='../fxcm.cfg')  ❶

In [30]: instruments = api.get_instruments()

In [31]: print(instruments)
         ['EUR/USD', 'XAU/USD', 'GBP/USD', 'UK100', 'USDOLLAR', 'XAG/USD', 'GER30',
          'FRA40', 'USD/CNH', 'EUR/JPY', 'USD/JPY', 'CHN50', 'GBP/JPY', 'AUD/JPY',
          'CHF/JPY', 'USD/CHF', 'GBP/CHF', 'AUD/USD', 'EUR/AUD', 'EUR/CHF',
          'EUR/CAD', 'EUR/GBP', 'AUD/CAD', 'NZD/USD', 'USD/CAD', 'CAD/JPY',
          'GBP/AUD', 'NZD/JPY', 'US30', 'GBP/CAD', 'SOYF', 'GBP/NZD', 'AUD/NZD',
          'USD/SEK', 'EUR/SEK', 'EUR/NOK', 'USD/NOK', 'USD/MXN', 'AUD/CHF',
          'EUR/NZD', 'USD/ZAR', 'USD/HKD', 'ZAR/JPY', 'BTC/USD', 'USD/TRY',
          'EUR/TRY', 'NZD/CHF', 'CAD/CHF', 'NZD/CAD', 'TRY/JPY', 'AUS200',
          'ESP35', 'HKG33', 'JPN225', 'NAS100', 'SPX500', 'Copper', 'EUSTX50',
          'USOil', 'UKOil', 'NGAS', 'Bund']
```

❶ 連接 API；調整路徑 / 檔名。

取得歷史資料

連接之後，你只要進行一次呼叫就可以取得特定時段的資料了。get_candles() 方法的參數 period 可以使用 m1、m5、m15、m30、H1、H2、H3、H4、H6、H8、D1、W1 或 M1，見以下的例子。圖 14-3 是歐元 / 美元（雙貨幣）的一分鐘 K 線賣盤收盤價。

```
In [32]: candles = api.get_candles('USD/JPY', period='D1', number=10)  ❶

In [33]: candles[candles.columns[:4]]  ❶
Out[33]:                      bidopen bidclose  bidhigh   bidlow
         date
         2018-10-08 21:00:00  113.760  113.219  113.937  112.816
         2018-10-09 21:00:00  113.219  112.946  113.386  112.863
         2018-10-10 21:00:00  112.946  112.267  113.281  112.239
         2018-10-11 21:00:00  112.267  112.155  112.528  111.825
         2018-10-12 21:00:00  112.155  112.200  112.491  111.873
         2018-10-14 21:00:00  112.163  112.130  112.270  112.109
         2018-10-15 21:00:00  112.130  111.758  112.230  111.619
         2018-10-16 21:00:00  112.151  112.238  112.333  111.727
         2018-10-17 21:00:00  112.238  112.636  112.670  112.009
         2018-10-18 21:00:00  112.636  112.168  112.725  111.942

In [34]: candles[candles.columns[4:]]  ❶
```

```
Out[34]:                      askopen askclose  askhigh   asklow tickqty
         date
         2018-10-08 21:00:00  113.840  113.244  113.950  112.827  184835
         2018-10-09 21:00:00  113.244  112.970  113.399  112.875  321755
         2018-10-10 21:00:00  112.970  112.287  113.294  112.265  329174
         2018-10-11 21:00:00  112.287  112.175  112.541  111.835  568231
         2018-10-12 21:00:00  112.175  112.243  112.504  111.885  363233
         2018-10-14 21:00:00  112.219  112.181  112.294  112.145     581
         2018-10-15 21:00:00  112.181  111.781  112.243  111.631  322304
         2018-10-16 21:00:00  112.163  112.271  112.345  111.740  253420
         2018-10-17 21:00:00  112.271  112.664  112.682  112.022  542166
         2018-10-18 21:00:00  112.664  112.237  112.738  111.955  369012

In [35]: start = dt.datetime(2017, 1, 1)  ❷
         end = dt.datetime(2018, 1, 1)  ❷

In [36]: candles = api.get_candles('EUR/GBP', period='D1',
                                   start=start, stop=end)  ❷

In [37]: candles.info()  ❷
         <class 'pandas.core.frame.DataFrame'>
         DatetimeIndex: 309 entries, 2017-01-03 22:00:00 to 2018-01-01 22:00:00
         Data columns (total 9 columns):
         bidopen     309 non-null float64
         bidclose    309 non-null float64
         bidhigh     309 non-null float64
         bidlow      309 non-null float64
         askopen     309 non-null float64
         askclose    309 non-null float64
         askhigh     309 non-null float64
         asklow      309 non-null float64
         tickqty     309 non-null int64
         dtypes: float64(8), int64(1)
         memory usage: 24.1 KB

In [38]: candles = api.get_candles('EUR/USD', period='m1', number=250)  ❸

In [39]: candles['askclose'].plot(figsize=(10, 6))
```

❶ 取得 10 個最近的日收盤價。

❷ 取得整年的日收盤價。

❸ 取得最近的一分鐘 K 線價。

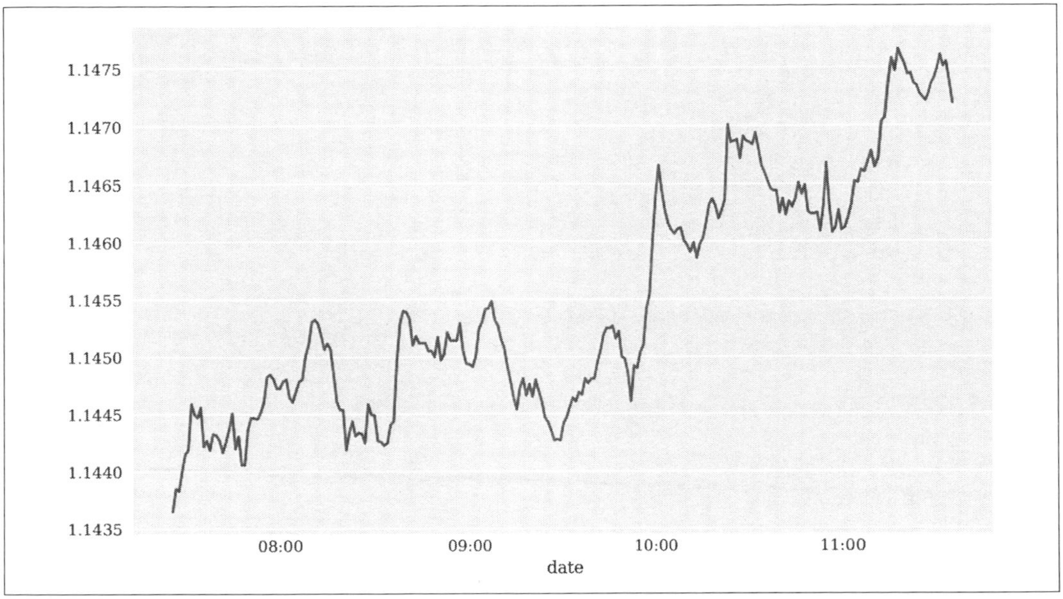

圖 14-3 歐元 / 美元的歷史賣盤收盤價（分鐘線）

取得串流資料

雖然**歷史**資料對演算法交易策略回測而言十分重要，但是如果你要部署演算法交易策略或自動執行它，你就必須在開市期間讀取**即時**或**串流**資料。FXCM API 可讓你訂閱所有商品的即時資料串流，它用 `fxcmpy` 包裝程式包來支援這項功能，可讓使用者提供自訂的函式（即所謂的**回呼函式**）來處理即時資料串流。

下面的程式是個簡單的回呼函式（只印出資料集的一些元素），並且在訂閱金融商品（在此是歐元 / 美元）之後，用它即時處理取得的資料：

```
In [40]: def output(data, dataframe):
             print('%3d | %s | %s | %6.5f, %6.5f'
                   % (len(dataframe), data['Symbol'],
                      pd.to_datetime(int(data['Updated']), unit='ms'),
                      data['Rates'][0], data['Rates'][1]))  ❶

In [41]: api.subscribe_market_data('EUR/USD', (output,))  ❷
           1 | EUR/USD | 2018-10-19 11:36:39.735000 | 1.14694, 1.14705
           2 | EUR/USD | 2018-10-19 11:36:39.776000 | 1.14694, 1.14706
           3 | EUR/USD | 2018-10-19 11:36:40.714000 | 1.14695, 1.14707
           4 | EUR/USD | 2018-10-19 11:36:41.646000 | 1.14696, 1.14708
           5 | EUR/USD | 2018-10-19 11:36:41.992000 | 1.14696, 1.14709
```

```
             6 | EUR/USD | 2018-10-19 11:36:45.131000 | 1.14696, 1.14708
             7 | EUR/USD | 2018-10-19 11:36:45.247000 | 1.14696, 1.14709

In [42]: api.get_last_price('EUR/USD')  ❸
Out[42]: Bid      1.14696
         Ask      1.14709
         High     1.14775
         Low      1.14323
         Name: 2018-10-19 11:36:45.247000, dtype: float64

In [43]: api.unsubscribe_market_data('EUR/USD')  ❹
           8 | EUR/USD | 2018-10-19 11:36:48.239000 | 1.14696, 1.14708
```

❶ 回呼函式，可印出取得的資料集的某些元素。

❷ 訂閱特定的即時資料串流；只要沒有 "unsubscribe（不可訂閱）" 事件，就非同步地處理資料。

❸ 在訂閱期間，可用 `.get_last_price()` 方法取得最後一組可用的資料。

❹ 取消訂閱即時資料串流。

> **回呼函式**
>
> 回呼函式是一種靈活的工具，可以利用一個 Python 函式（甚至多個）來處理即時串流資料。它們可用來處理簡單的工作，例如印出收到的資料，也可以處理複雜的工作，例如使用線上交易演算法產生交易訊號（見第 16 章）。

下單

你可以用 FXCM API 來送出各式各樣的買賣單，以及管理它們，也可以用 FXCM 的交易應用程式來執行這些工作（例如進場單與停損單）[2]。下面的程式先展示基本的市場買賣單，它們已經足以讓你開始進行演算法交易了。程式先確認沒有持倉部位，接著建立各種倉位（使用 `create_market_buy_order()` 方法）：

```
In [44]: api.get_open_positions()  ❶
Out[44]: Empty DataFrame
         Columns: []
```

2 詳情見文件（*http://fxcmpy.tpq.io*）。

```
        Index: []

In [45]: order = api.create_market_buy_order('EUR/USD', 10) ❷

In [46]: sel = ['tradeId', 'amountK', 'currency',
                'grossPL', 'isBuy'] ❸

In [47]: api.get_open_positions()[sel] ❸
Out[47]:      tradeId  amountK currency  grossPL  isBuy
         0  132607899       10  EUR/USD  0.17436   True

In [48]: order = api.create_market_buy_order('EUR/GBP', 5) ❹

In [49]: api.get_open_positions()[sel]
Out[49]:      tradeId  amountK currency  grossPL  isBuy
         0  132607899       10  EUR/USD  0.17436   True
         1  132607928        5  EUR/GBP -1.53367   True
```

❶ 顯示連結（內定）的帳號的持倉部位。

❷ 買入 EUR/USD 100,000 個單位[3]。

❸ 顯示所選擇的元素的持倉部位。

❹ 買入 EUR/GBP 50,000 個單位。

create_market_buy_order() 函式可用來建倉或增加部位，create_market_sell_order() 函式可以用來平倉或減少部位。你也可以用更通用的方法來平倉：

```
In [50]: order = api.create_market_sell_order('EUR/USD', 3) ❶

In [51]: order = api.create_market_buy_order('EUR/GBP', 5) ❷

In [52]: api.get_open_positions()[sel] ❸
Out[52]:     tradeId  amountK currency  grossPL  isBuy
         0 132607899       10  EUR/USD  0.17436   True
         1 132607928        5  EUR/GBP -1.53367   True
         2 132607930        3  EUR/USD -1.33369  False
         3 132607932        5  EUR/GBP -1.64728   True
```

3 匯率商品的成交量是以千為單位。另外，請注意，不同的帳號可能有不同的槓桿比率（*https://www.fxcm.com/uk/accounts/forex-cfd-leverage/*）。也就是說，取決於槓桿比率，你可能要用更多或更少的權益（保證金）來購買同一個部位。請在必要時，調低範例的交易量。

```
In [53]: api.close_all_for_symbol('EUR/GBP')  ❹

In [54]: api.get_open_positions()[sel]
Out[54]:       tradeId  amountK currency  grossPL  isBuy
         0  132607899       10  EUR/USD  0.17436   True
         1  132607930        3  EUR/USD -1.33369  False

In [55]: api.close_all()  ❺

In [56]: api.get_open_positions()
Out[56]: Empty DataFrame
         Columns: []
         Index: []
```

❶ 減少 EUR/USD 的部位。

❷ 增加 EUR/GBP 的部位。

❸ 現在 EUR/GBP 有兩個多頭倉位；相較於 EUR/USD 的倉位，它還沒有結算。

❹ 用 `close_all_for_symbol()` 方法將指定的代號全部平倉。

❺ 用 `close_all()` 方法將所有倉位平倉。

帳號資訊

除了建倉之外，你也可以用 FXCM API 來取得一般帳號資訊。例如，你可以查看內定帳號（如果你有多個帳號）或權益及保證金的概況：

```
In [57]: api.get_default_account()  ❶
Out[57]: 1090495

In [58]: api.get_accounts().T  ❷
Out[58]:                         0
         accountId         1090495
         accountName      01090495
         balance            4915.2
         dayPL              -41.97
         equity             4915.2
         grossPL                 0
         hedging                 Y
         mc                      N
         mcDate
         ratePrecision           0
         t                       6
```

```
usableMargin          4915.2
usableMargin3         4915.2
usableMargin3Perc        100
usableMarginPerc         100
usdMr                      0
usdMr3                     0
```

❶ 顯示預設的 `accountId` 值。

❷ 顯示所有帳號的財務狀況與一些參數。

小結

本章介紹可進行演算法交易的 FXCM REST API，以及下列主題：

- 設定所有事項以便使用 API
- 取得歷史 tick 資料
- 取得歷史 K 線資料
- 取得即時串流資料
- 下市場買賣單
- 查看帳號資訊

FXCM API 與 `fxcmpy` 包裝程式包提供許多功能，它們都是進行演算法交易的基本要素。

其他資源

要進一步瞭解 FXCM 交易 API 與 Python 包裝程式包，可參考文件：

- Trading API（*https://fxcm.github.io/rest-api-docs*）
- `fxcmpy` 程式包（*http://fxcmpy.tpq.io*）

在 *http://certificate.tpq.io* 有詳盡的 Python 程式交易線上培訓計畫。

第十五章

交易策略

他們竟然蠢到認為你可以用過去預測未來！

—經濟學人 [1]

本章介紹演算法交易策略的向量化回測。**演算法交易策略**指的是任何一種根據演算法執行的金融交易策略，這種演算法的設計理念是在不需人為干預的情況下，建立金融商品的多頭、空頭或中性部位。“每五分鐘切換 Apple 股票的多頭與中性部位”這種簡單的演算法即符合這個定義。為了本章的目的，並且增加一些技術性，我會用 Python 程式來表示演算法交易策略，它可以根據新資料來決定是否買入或賣出金融商品，以建立多頭、空頭或中性部位。

本章的目的不是介紹演算法交易策略（第 543 頁的“其他資源”有許多詳細說明演算法交易策略的參考資料），而是把重心放在一些這種策略的**向量化回測**的技術層面上。採取這種做法時，我們通常會整體性地操作金融資料，對儲存金融資料的 `NumPy ndarray` 與 `pandas DataFrame` 執行向量化操作 [2]。

1 出自“Does the Past Predict the Future?” Economist.com，2009 年 9 月 23 日，可參考 *https://www.economist.com/free-exchange/2009/09/23/does-the-past-predict-the-future*。

2 另一種做法是事件式交易策略回測，這種做法會明確地迭代每一個新資料點，來模擬新市場資料的到來。

本章的另一個重點是運用**機器與深度學習演算法**來產生演算法交易策略。我們會用歷史資料來訓練分類演算法，藉以預測未來市場走勢方向。這項工作通常要將實值的金融資料轉換成較少量的類別值[3]，以便利用這些演算法的模式辨識能力。

本章包含這些小節：

簡單移動平均

用簡單移動平均（SMA）來進行交易已經有一個世紀的歷史了（例如，見 Brock 等人（1992）的論文）。許多交易者都用 SMA 來進行自由交易，但 SMA 也可以用來產生演算法交易策略。本節使用 SMA，以第 8 章的技術分析範例來介紹演算法交易策略的向量化回測。

---

3 請注意，當你使用實值時，每一個模式可能都是獨特或很罕見的，因此難以訓練演算法，以及從觀察到的模式做出結論。

匯入資料

我們先匯入一些程式包：

```
In [1]: import numpy as np
        import pandas as pd
        import datetime as dt
        from pylab import mpl, plt

In [2]: plt.style.use('seaborn')
        mpl.rcParams['font.family'] = 'serif'
        %matplotlib inline
```

第二步是讀取原始資料，並選擇 Apple, Inc 股票（AAPL.O）的金融時間序列。本節使用日收盤資料來分析，後續的小節將使用盤中資料：

```
In [3]: raw = pd.read_csv('../../source/tr_eikon_eod_data.csv',
                          index_col=0, parse_dates=True)

In [4]: raw.info()
        <class 'pandas.core.frame.DataFrame'>
        DatetimeIndex: 2216 entries, 2010-01-01 to 2018-06-29
        Data columns (total 12 columns):
        AAPL.O    2138 non-null float64
        MSFT.O    2138 non-null float64
        INTC.O    2138 non-null float64
        AMZN.O    2138 non-null float64
        GS.N      2138 non-null float64
        SPY       2138 non-null float64
        .SPX      2138 non-null float64
        .VIX      2138 non-null float64
        EUR=      2216 non-null float64
        XAU=      2211 non-null float64
        GDX       2138 non-null float64
        GLD       2138 non-null float64
        dtypes: float64(12)
        memory usage: 225.1 KB

In [5]: symbol = 'AAPL.O'

In [6]: data = (
            pd.DataFrame(raw[symbol])
            .dropna()
        )
```

交易策略

第三步是計算兩個不同的移動窗口大小的 SMA 值。圖 15-1 將三個時間序列視覺化：

```
In [7]: SMA1 = 42  ❶
        SMA2 = 252  ❷

In [8]: data['SMA1'] = data[symbol].rolling(SMA1).mean()  ❶
        data['SMA2'] = data[symbol].rolling(SMA2).mean()  ❷

In [9]: data.plot(figsize=(10, 6));
```

❶ 計算較短期的 SMA 值。

❷ 計算較長期的 SMA 值。

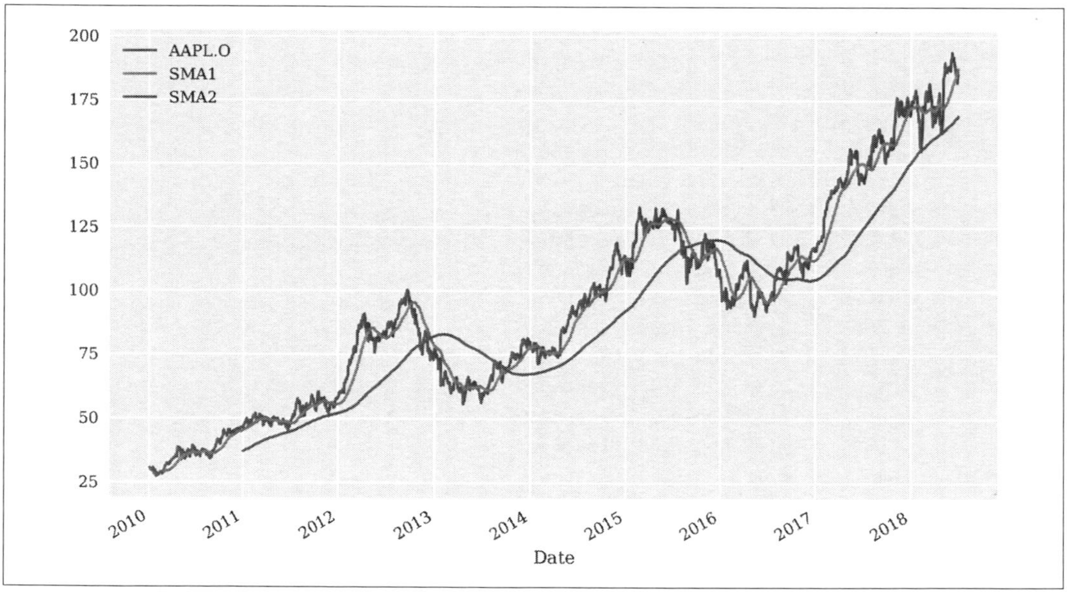

圖 15-1 Apple 的股價與兩條簡單的移動平均線

第四步是推導部位。我們的交易規則是：

- 當短期 SMA 在長期 SMA 上面時，做多（= +1）。
- 當短期 SMA 在長期 SMA 下面時，放空（= -1）[4]。

4 如果只做多，你要在做多位置使用 +1，在中性位置使用 0。

圖 15-2 是將部位視覺化的情況：

```
In [10]: data.dropna(inplace=True)

In [11]: data['Position'] = np.where(data['SMA1'] > data['SMA2'], 1, -1)  ❶

In [12]: data.tail()
Out[12]:             AAPL.O        SMA1        SMA2  Position
         Date
         2018-06-25  182.17  185.606190  168.265556         1
         2018-06-26  184.43  186.087381  168.418770         1
         2018-06-27  184.16  186.607381  168.579206         1
         2018-06-28  185.50  187.089286  168.736627         1
         2018-06-29  185.11  187.470476  168.901032         1

In [13]: ax = data.plot(secondary_y='Position', figsize=(10, 6))
         ax.get_legend().set_bbox_to_anchor((0.25, 0.85));
```

❶ `np.where(cond, a, b)` 會逐元素評估條件 `cond`，並在 `True` 時回傳 `a`，否則回傳 `b`。

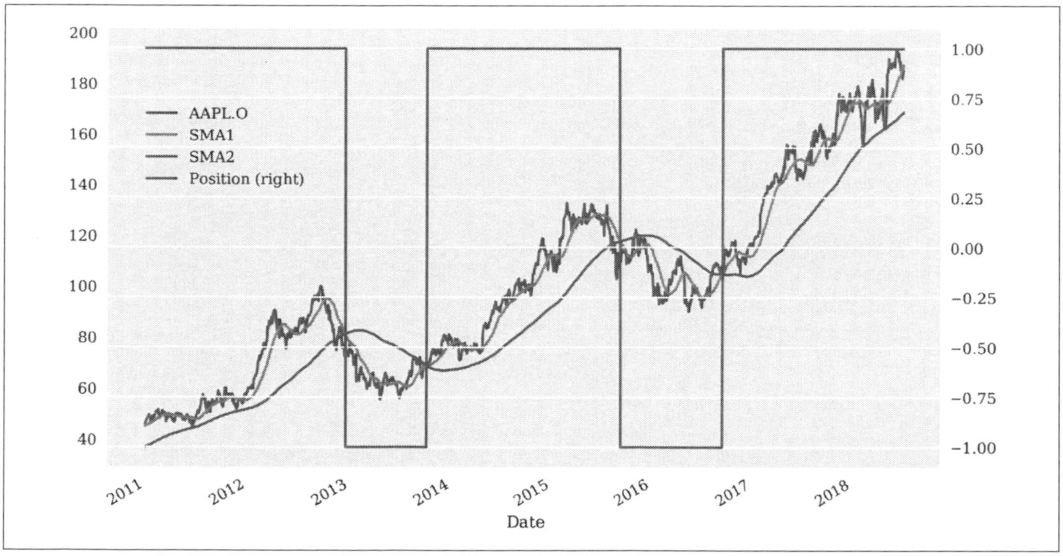

圖 15-2 Apple 股價，兩條 SMA，以及建立的部位

這個結果與第 8 章推導的一樣，但我們還不知道遵守這些交易規則（也就是實作演算法交易策略）的績效是否比“在整個期間做多 Apple 股票”這個基準做法還要好。由於這個策略只有兩段放空 Apple 股票的期間，績效的差異只與這兩段時間有關。

向量化回測

我們用下列方式進行向量化回測，先計算對數報酬率，再計算部位，以 **+1** 或 **-1** 來表示它們，接著乘以相關的對數報酬率。因為多頭部位可得到 Apple 股票的報酬，空頭部位可得到 Apple 股票的負報酬，所以這個簡單的計算是可行的。最後，將 Apple 股價與 SMA 演算法交易策略的對數報酬率相加，並套用指數函數，來取得績效值：

```
In [14]: data['Returns'] = np.log(data[symbol] / data[symbol].shift(1))  ❶

In [15]: data['Strategy'] = data['Position'].shift(1) * data['Returns']  ❷

In [16]: data.round(4).head()
Out[16]:              AAPL.O     SMA1     SMA2  Position  Returns  Strategy
         Date
         2010-12-31  46.0800  45.2810  37.1207         1      NaN       NaN
         2011-01-03  47.0814  45.3497  37.1862         1   0.0215    0.0215
         2011-01-04  47.3271  45.4126  37.2525         1   0.0052    0.0052
         2011-01-05  47.7142  45.4661  37.3223         1   0.0081    0.0081
         2011-01-06  47.6757  45.5226  37.3921         1  -0.0008   -0.0008

In [17]: data.dropna(inplace=True)

In [18]: np.exp(data[['Returns', 'Strategy']].sum())  ❸
Out[18]: Returns     4.017148
         Strategy    5.811299
         dtype: float64

In [19]: data[['Returns', 'Strategy']].std() * 252 ** 0.5  ❹
Out[19]: Returns     0.250571
         Strategy    0.250407
         dtype: float64
```

❶ 計算 Apple 股票的對數報酬率（即基準投資法）。

❷ 將 Apple 股票的對數報酬率乘以位移（shift）一天的部位值，這是為了避免預見偏差[5]。

❸ 將策略以及基準投資法的對數報酬率相加，並計算指數值，來取得絕對績效。

❹ 計算策略與基準投資法的年化波動率。

---

5 基本概念是，這個演算法只能在取得**今日的市場資料**之後建立 Apple 股票的部位（例如在收盤的前一刻），讓這個部位獲得**明日的報酬**。

從數字來看，演算法交易策略的績效確實優於被動持有 Apple 股票的基準投資法。由於策略的類型與特性的關係，這兩種方法的年化波動率是一樣的，因此在調整風險（risk-adjusted）的基礎上，它也勝過基準投資法。

為了更瞭解整體的績效，我們畫出 Apple 股價與演算法交易策略隨著時間而改變的績效，見圖 15-3：

```
In [20]: ax = data[['Returns', 'Strategy']].cumsum(
                 ).apply(np.exp).plot(figsize=(10, 6))
         data['Position'].plot(ax=ax, secondary_y='Position', style='--')
         ax.get_legend().set_bbox_to_anchor((0.25, 0.85));
```

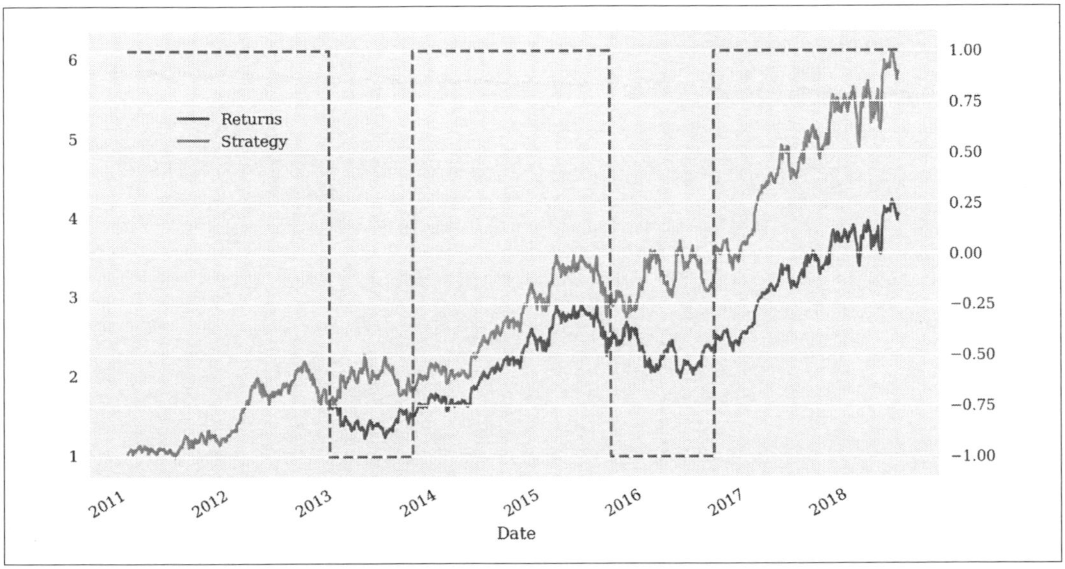

圖 15-3 Apple 股票與 SMA 交易策略隨著時間改變的績效

簡化

本節介紹向量化回測方法時，做了一些假設來簡化整個過程，例如不考慮交易成本（固定的手續費、買賣價差、借貸成本等）。如果交易策略在許多年之間只進行少量的交易，不考慮交易成本是合理的。本節也假設所有的買賣都以 Apple 股票的日收盤價來交易，比較務實的回測方法可將這些及其他（市場微觀結構）因素都列入考慮。

優化

有人可能會問，我們選擇的參數 SMA1=42 與 SMA2=252 到底是不是“正確”的？一般來說，在其他條件都不變的情況下，投資者比較喜歡高報酬，而不是低報酬，因此，我們往往會尋找可在相關的期間內，讓報酬最大化的參數。為此，我們可以使用蠻力法，直接用不同的參數組合來重複執行整個向量化回測程序並記錄結果，最後再排名。下面這段程式就是在做這件事：

```
In [21]: from itertools import product

In [22]: sma1 = range(20, 61, 4)  ❶
         sma2 = range(180, 281, 10)  ❷

In [23]: results = pd.DataFrame()
         for SMA1, SMA2 in product(sma1, sma2):  ❸
             data = pd.DataFrame(raw[symbol])
             data.dropna(inplace=True)
             data['Returns'] = np.log(data[symbol] / data[symbol].shift(1))
             data['SMA1'] = data[symbol].rolling(SMA1).mean()
             data['SMA2'] = data[symbol].rolling(SMA2).mean()
             data.dropna(inplace=True)
             data['Position'] = np.where(data['SMA1'] > data['SMA2'], 1, -1)
             data['Strategy'] = data['Position'].shift(1) * data['Returns']
             data.dropna(inplace=True)
             perf = np.exp(data[['Returns', 'Strategy']].sum())
             results = results.append(pd.DataFrame(
                         {'SMA1': SMA1, 'SMA2': SMA2,
                          'MARKET': perf['Returns'],
                          'STRATEGY': perf['Strategy'],
                          'OUT': perf['Strategy'] - perf['Returns']},
                          index=[0]), ignore_index=True)  ❹
```

❶ 指定 SMA1 的參數值。

❷ 指定 SMA2 的參數值。

❸ 組合所有的 SMA1 與 SMA2 的參數值。

❹ 在 DataFrame 物件內記錄向量化的回測結果。

我們用下面的程式來展示整體結果，並顯示用來回測的所有參數組合中，七個績效最好的組合。我們根據與基準投資法相較之下的演算法交易策略的表現來排名。基準投資法的績效各不相同，因為 SMA2 參數會影響時段的長度以及向量化回測所使用的資料集：

```
In [24]: results.info()
         <class 'pandas.core.frame.DataFrame'>
         RangeIndex: 121 entries, 0 to 120
         Data columns (total 5 columns):
         SMA1        121 non-null int64
         SMA2        121 non-null int64
         MARKET      121 non-null float64
         STRATEGY    121 non-null float64
         OUT         121 non-null float64
         dtypes: float64(3), int64(2)
         memory usage: 4.8 KB

In [25]: results.sort_values('OUT', ascending=False).head(7)
Out[25]:      SMA1  SMA2    MARKET  STRATEGY       OUT
         56     40   190  4.650342  7.175173  2.524831
         39     32   240  4.045619  6.558690  2.513071
         59     40   220  4.220272  6.544266  2.323994
         46     36   200  4.074753  6.389627  2.314874
         55     40   180  4.574979  6.857989  2.283010
         70     44   220  4.220272  6.469843  2.249571
         101    56   200  4.074753  6.319524  2.244772
```

根據蠻力優化法，`SMA1=40` 與 `SMA2=190` 是最佳參數，產生約 230 個百分點的優異表現。但是這個結果與所使用的資料集有密切的關係，而且很容易過適。比較嚴謹的方法是用一個資料集（in-sample 或訓練資料集）進行優化，用另一個資料集（out-of-sample 或測試資料集）來測試它。

過適

一般來說，在演算法交易策略的背景之下，任何類型的優化、擬合或訓練都容易遇到所謂的過適（*overfitting*）。它的意思是，你選出來的參數在處理使用過的資料集時有（異常）良好的表現，但是在處理其他的資料集，或實際執行時，有（異常）糟糕的表現。

隨機漫步假說

上一節將向量化回測視為有效回測演算法交易策略的工具。我們用一個金融時間（Apple 股票的日收盤價）序列來回測一項策略，發現它的績效優於基準投資法（單純在一段時間內持有 Apple 股票的多頭部位）。

雖然這些結果相當具體，但它違反**隨機漫步假說**（RWH）的預測，也就是說，這種預測方法，根本不應該產生任何出色的表現。RWH 假設金融市場的價格是隨機漫步的，或者在連續的時間內，是一個無偏差（drift）的算術布朗運動。無偏差的算術布朗運動在未來任何時間點的期望值都等於它的當今價值[6]。因此，如果 RWH 是真的，在最小平方的意義上，預測明日價格最好的做法就是直接使用今日的價格。

我以這段話來總結這個概念：

> 多年來，經濟學家、統計學家與金融教師對開發與測試股價行為的模型有濃厚的興趣，隨機漫步理論是從這些研究中發展出來的一項重要模型。這個理論強烈質疑許多其他描述與預測股價行為的方法，那些方法在學術界之外的領域十分流行。例如，接下來會展示，如果隨機漫步理論準確地描述事實，那麼各種預測股價的"技術"或"股線分析"程序就一文不值。
>
> —Eugene F. Fama（1965）

RWH 與**效率市場假說**（EMH）是一致的，以非技術性的方式來說，EMH 的意思是：市場價格會反應"所有可取得的資訊"。效率通常會被分成各種程度，例如**弱**效率、**半強**效率與**強**效率，來更具體地定義"所有可取得的資訊"的意思。我們可以用理論上的資訊集合概念來正式地描述這個定義，也可以用程式設計用途的資料集，如這段話所述：

> 若你無法根據資訊集合 *S* 進行交易並獲得經濟利潤，則代表市場可以有效地反應資訊集合 *S*。
>
> —Michael Jensen（1978）

我們可以用 Python 來測試 RWH，如下所示。我們使用一個歷史市場價格時間序列，並建立一些**延後**的版本，假設有五個版本。接著使用 OLS 回歸，以及之前建立的延後版的市場價格來預測市場價格。基本上，我們認為，我們可以用昨天或四天之前的市場價格來預測今日的市場價格。

下面的程式實作這個概念，建立五個延後版的 S&P 500 股票指數歷史日收盤指數值：

```
In [26]: symbol = '.SPX'

In [27]: data = pd.DataFrame(raw[symbol])
```

6 要瞭解隨機漫步與布朗運動程序的正式定義及更深入的討論，可參考 Baxter 與 Rennie（1996）。

```
In [28]: lags = 5
         cols = []
         for lag in range(1, lags + 1):
             col = 'lag_{}'.format(lag)  ❶
             data[col] = data[symbol].shift(lag)  ❷
             cols.append(col)  ❸

In [29]: data.head(7)
Out[29]:               .SPX    lag_1    lag_2    lag_3    lag_4    lag_5
         Date
         2010-01-01      NaN      NaN      NaN      NaN      NaN      NaN
         2010-01-04  1132.99      NaN      NaN      NaN      NaN      NaN
         2010-01-05  1136.52  1132.99      NaN      NaN      NaN      NaN
         2010-01-06  1137.14  1136.52  1132.99      NaN      NaN      NaN
         2010-01-07  1141.69  1137.14  1136.52  1132.99      NaN      NaN
         2010-01-08  1144.98  1141.69  1137.14  1136.52  1132.99      NaN
         2010-01-11  1146.98  1144.98  1141.69  1137.14  1136.52  1132.99

In [30]: data.dropna(inplace=True)
```

❶ 定義當前的 `lag` 值的欄位名稱。

❷ 幫當前的 `lag` 值建立延後版的市場價格。

❸ 收集欄位名稱，在稍後參考。

使用 NumPy 來實作 OLS 回歸很簡單。從程式展示的最佳回歸參數可以知道，`lag_1` 是以 OLS 回歸來預測市場價格最重要的參數，它的值接近 1。其他的四個值接近 0。圖 15-4 是視覺化的最佳回歸參數值。

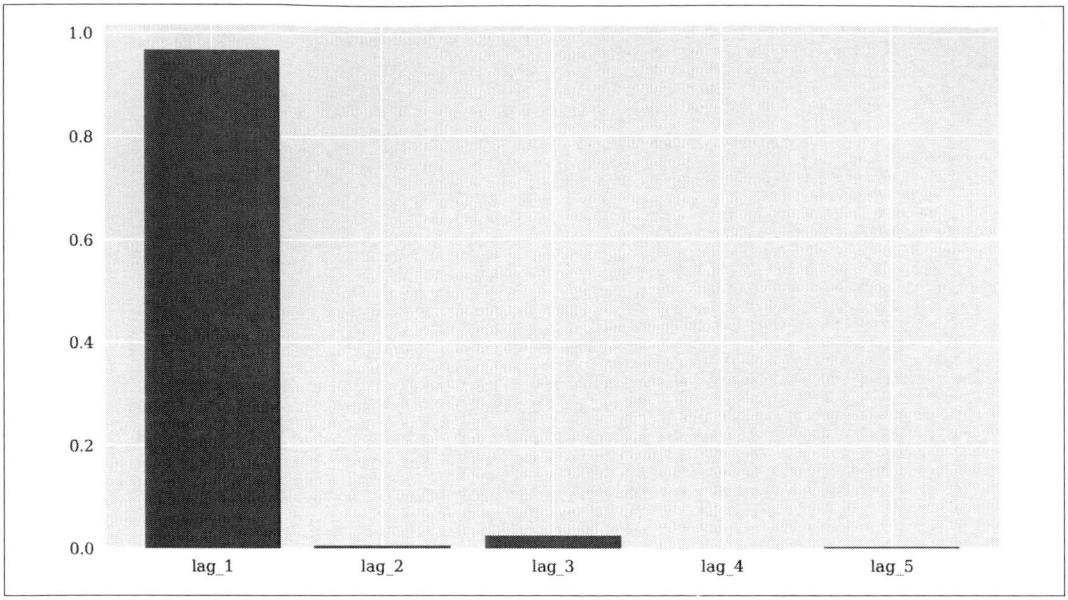

圖 15-4 用 OLS 回歸來預測價格的最佳回歸參數

像圖 15-5 一樣，使用優化的結果以視覺化的方式比較 S&P 500 的預測值與原始指數值時，我們可以清楚地看到 `lag_1` 基本上就是用來產生預測值的東西。從圖 15-5 看來，prediction 線就是原始的時間序列右移一天的結果（有稍微調整）。

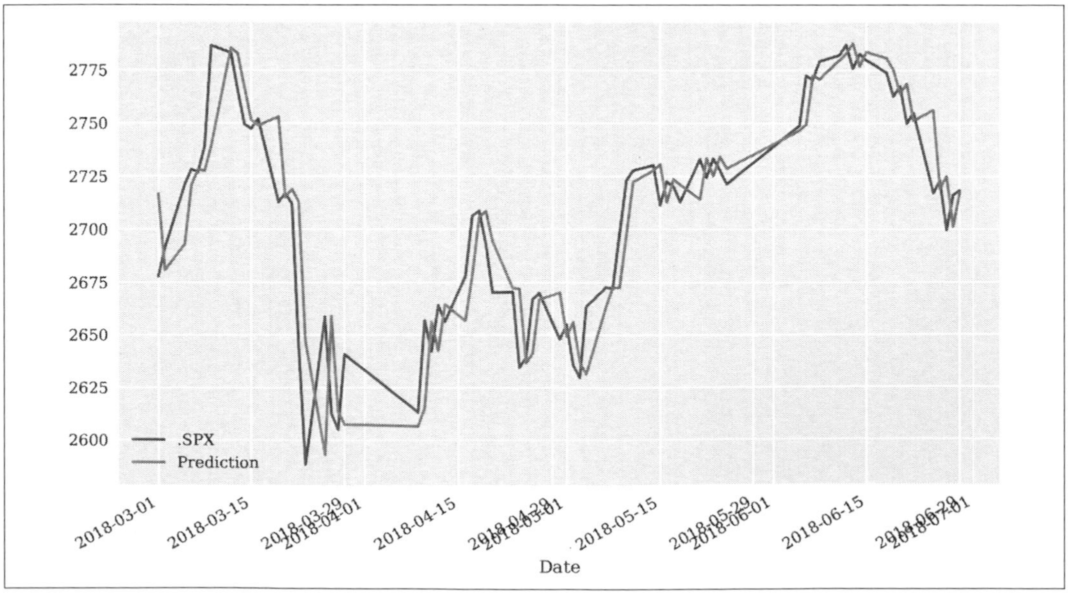

圖 15-5 比較 S&P 500 指數與 OLS 回歸的預測值

總之，本節的簡要分析為 RWH 與 EMH 提供一些支持。當然，我們的分析只針對一個股票指數，並使用相當具體的參數，但我們也可以輕鬆地使用各種資產類別的金融商品、各種延後數量等等。一般來說，你會發現結果從品質上講或多或少是相同的，畢竟 RWH 與 EMH 是廣受實證支持的金融理論之一。在這個意義上，每一種演算法交易策略都必須證明 RWH 對它而言經常是失敗的，才能證明它的價值，但這肯定不是件容易的事。

線性 OLS 回歸

本節使用*線性 OLS 回歸*與歷史對數報酬率來預測市場的移動方向。為了簡化工作，我們只用兩個特徵，第一個特徵（`lag_1`）是金融時間序列延後*一天*的對數報酬率，第二個特徵（`lag_2`）則是將對數報酬率延後*兩天*。對數報酬率（相較於價格）通常是*固定的*，它往往是使用統計與 ML 演算法時的必要條件。

將延後的對數報酬率當成特徵的基本思路是，它們或許可以提供預測未來報酬的資訊。例如，有人可能假定股價經歷兩次下跌之後，比較可能出現上漲（“均值回歸”），或是相反的情況，比較可能再次下跌（“動量” 或 “趨勢”）。應用回歸技術可將這種非正式的推理正式化。

資料

我們先匯入與準備資料集。圖 15-6 是歐元 / 美元匯率的日歷史對數報酬率的頻率分布，它們是接下來要使用的特徵與標籤的基礎：

```
In [3]: raw = pd.read_csv('../../source/tr_eikon_eod_data.csv',
                          index_col=0, parse_dates=True).dropna()

In [4]: raw.columns
Out[4]: Index(['AAPL.O', 'MSFT.O', 'INTC.O', 'AMZN.O', 'GS.N', 'SPY', '.SPX',
               '.VIX', 'EUR=', 'XAU=', 'GDX', 'GLD'],
              dtype='object')

In [5]: symbol = 'EUR='

In [6]: data = pd.DataFrame(raw[symbol])

In [7]: data['returns'] = np.log(data / data.shift(1))

In [8]: data.dropna(inplace=True)

In [9]: data['direction'] = np.sign(data['returns']).astype(int)
```

```
In [10]: data.head()
Out[10]:              EUR=   returns  direction
         Date
         2010-01-05  1.4368 -0.002988         -1
         2010-01-06  1.4412  0.003058          1
         2010-01-07  1.4318 -0.006544         -1
         2010-01-08  1.4412  0.006544          1
         2010-01-11  1.4513  0.006984          1

In [11]: data['returns'].hist(bins=35, figsize=(10, 6));
```

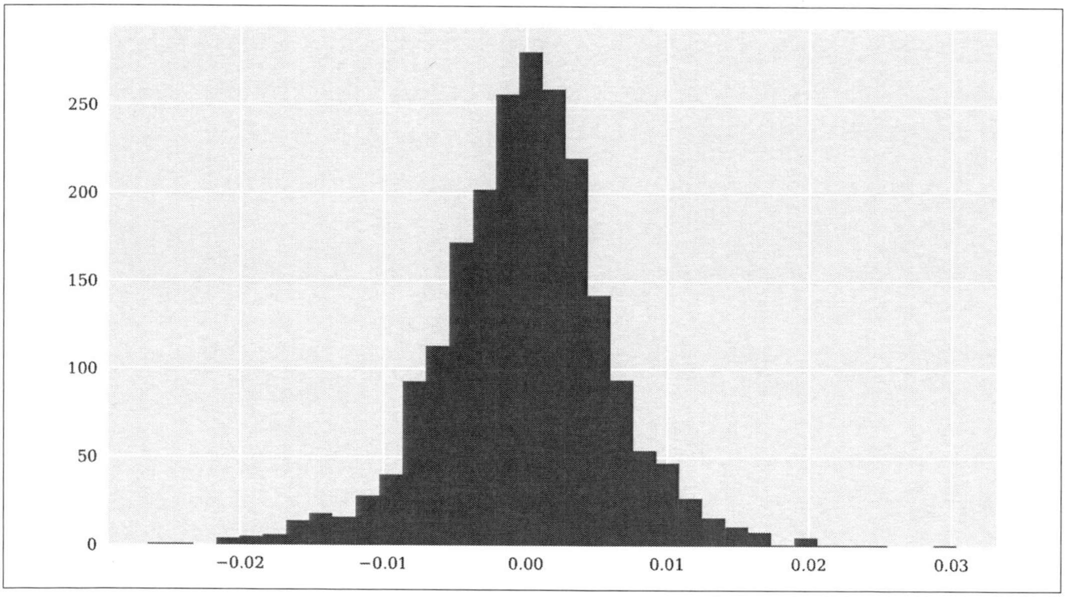

圖 15-6 歐元 / 美元匯率的對數報酬率直方圖

接下來，我們將對數報酬率延後來建立特徵資料，並將它與報酬資料視覺化（見圖 15-7）：

```
In [12]: lags = 2

In [13]: def create_lags(data):
             global cols
             cols = []
             for lag in range(1, lags + 1):
                 col = 'lag_{}'.format(lag)
                 data[col] = data['returns'].shift(lag)
                 cols.append(col)
```

```
In [14]: create_lags(data)

In [15]: data.head()
Out[15]:               EUR=   returns  direction     lag_1     lag_2
         Date
         2010-01-05  1.4368 -0.002988         -1       NaN       NaN
         2010-01-06  1.4412  0.003058          1 -0.002988       NaN
         2010-01-07  1.4318 -0.006544         -1  0.003058 -0.002988
         2010-01-08  1.4412  0.006544          1 -0.006544  0.003058
         2010-01-11  1.4513  0.006984          1  0.006544 -0.006544

In [16]: data.dropna(inplace=True)

In [17]: data.plot.scatter(x='lag_1', y='lag_2', c='returns',
                           cmap='coolwarm', figsize=(10, 6), colorbar=True)
         plt.axvline(0, c='r', ls='--')
         plt.axhline(0, c='r', ls='--');
```

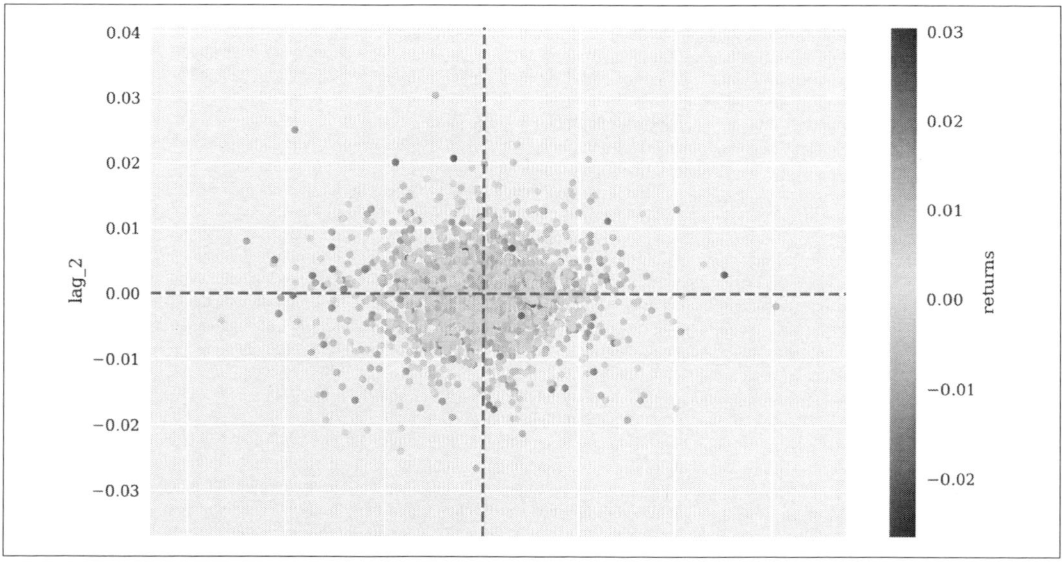

圖 15-7 用特徵與標籤資料畫出來的散布圖

回歸

完成資料集之後，我們開始用線性 OLS 回歸來學習潛在（線性）的關係，用特徵來預測市場的動向，並且回測交易策略。我們可以使用兩種基本方法：在回歸期間使用**對數報酬率**，或使用**方向資料**作為因變數。無論採取哪種做法，預測結果都是實值的，因此要轉換成 **+1** 或 **-1** 方向值：

```
In [18]: from sklearn.linear_model import LinearRegression  ❶

In [19]: model = LinearRegression()  ❶

In [20]: data['pos_ols_1'] = model.fit(data[cols],
                                       data['returns']).predict(data[cols])  ❷

In [21]: data['pos_ols_2'] = model.fit(data[cols],
                                       data['direction']).predict(data[cols])  ❸

In [22]: data[['pos_ols_1', 'pos_ols_2']].head()
Out[22]:             pos_ols_1  pos_ols_2
         Date
         2010-01-07  -0.000166  -0.000086
         2010-01-08   0.000017   0.040404
         2010-01-11  -0.000244  -0.011756
         2010-01-12  -0.000139  -0.043398
         2010-01-13  -0.000022   0.002237

In [23]: data[['pos_ols_1', 'pos_ols_2']] = np.where(
                     data[['pos_ols_1', 'pos_ols_2']] > 0, 1, -1)  ❹

In [24]: data['pos_ols_1'].value_counts()  ❺
Out[24]: -1    1847
          1     288
         Name: pos_ols_1, dtype: int64

In [25]: data['pos_ols_2'].value_counts()  ❺
Out[25]:  1    1377
         -1     758
         Name: pos_ols_2, dtype: int64

In [26]: (data['pos_ols_1'].diff() != 0).sum()  ❻
Out[26]: 555

In [27]: (data['pos_ols_2'].diff() != 0).sum()  ❻
Out[27]: 762
```

❶ 使用 `scikit-learn` 的 OLS 回歸實作。

❷ 直接用對數報酬率來回歸 …

❸ … 以及將方向資料當成最重要的因素來回歸。

❹ 將實值的預測結果轉換成方向值（`+1, -1`）。

❺ 這兩種做法大致上預測不同的方向。

❻ 但是，它們都會隨著時間的過去進行相對大量的交易。

完成預測方向的程式後，我們進行向量化回測，來衡量交易策略的績效。在這個階段，我們做一些簡化的假設來分析，例如“零交易成本”，以及使用同樣的資料集來訓練與測試。在這些假設之下，兩種回歸策略都優於被動的基準投資法，但只有用市場方向訓練的策略呈現正的整體績效（圖 15-8）：

```
In [28]: data['strat_ols_1'] = data['pos_ols_1'] * data['returns']

In [29]: data['strat_ols_2'] = data['pos_ols_2'] * data['returns']

In [30]: data[['returns', 'strat_ols_1', 'strat_ols_2']].sum().apply(np.exp)
Out[30]: returns        0.810644
         strat_ols_1    0.942422
         strat_ols_2    1.339286
         dtype: float64

In [31]: (data['direction'] == data['pos_ols_1']).value_counts()  ❶
Out[31]: False    1093
         True     1042
         dtype: int64

In [32]: (data['direction'] == data['pos_ols_2']).value_counts()  ❶
Out[32]: True     1096
         False    1039
         dtype: int64

In [33]: data[['returns', 'strat_ols_1', 'strat_ols_2']].cumsum(
                 ).apply(np.exp).plot(figsize=(10, 6));
```

❶ 顯示各種策略正確與錯誤的預測數量。

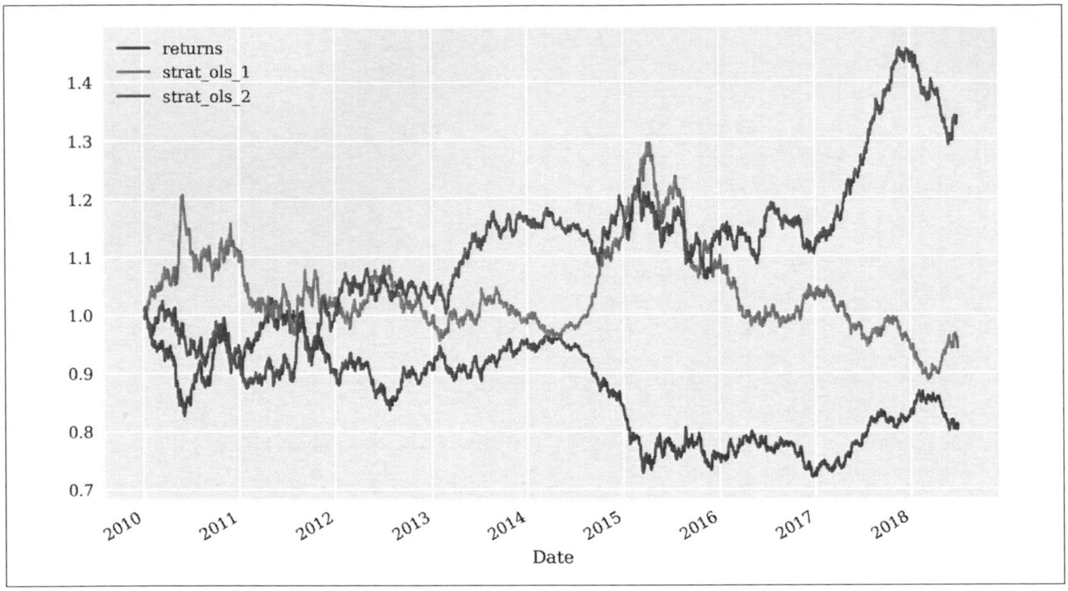

圖 15-8 隨著時間變動的歐元 / 美元與回歸策略績效

分群法

本節使用第 466 頁 “機器學習” 介紹的 *k*-means 分群法來處理金融時間序列資料，以自動產生群體，並用來形成交易策略。我們希望用演算法來辨識兩個分別預測上漲或下跌的特徵值群體。

下面的程式對之前用過的兩個特徵執行 *k*-means 演算法。圖 15-9 將兩個群體視覺化：

```
In [34]: from sklearn.cluster import KMeans

In [35]: model = KMeans(n_clusters=2, random_state=0)  ❶

In [36]: model.fit(data[cols])
Out[36]: KMeans(algorithm='auto', copy_x=True, init='k-means++', max_iter=300,
             n_clusters=2, n_init=10, n_jobs=None, precompute_distances='auto',
             random_state=0, tol=0.0001, verbose=0)

In [37]: data['pos_clus'] = model.predict(data[cols])

In [38]: data['pos_clus'] = np.where(data['pos_clus'] == 1, -1, 1)  ❷

In [39]: data['pos_clus'].values
```

```
Out[39]: array([-1,  1, -1, ...,  1,  1, -1])

In [40]: plt.figure(figsize=(10, 6))
         plt.scatter(data[cols].iloc[:, 0], data[cols].iloc[:, 1],
                     c=data['pos_clus'], cmap='coolwarm');
```

❶ 選擇讓演算法處理的兩個群體。

❷ 根據群體值來選擇位置。

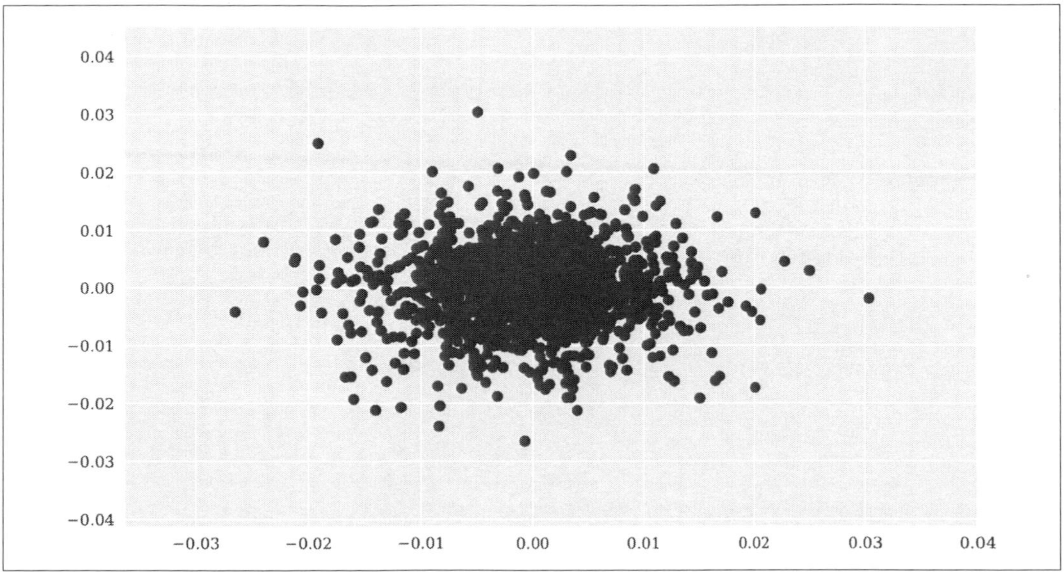

圖 15-9 用 k-means 演算法來辨識兩個群體

不可否認的是，這種做法很輕率一畢竟，演算法怎麼知道我們想要尋求什麼？但是，它最終產生的交易策略稍優於被動的基準投資法（見圖 15-10）。值得注意的是，我們沒有提供任何指導（監督），而且命中率（也就是正確的預測量占所有預測量的百分比）小於 50%：

```
In [41]: data['strat_clus'] = data['pos_clus'] * data['returns']

In [42]: data[['returns', 'strat_clus']].sum().apply(np.exp)
Out[42]: returns       0.810644
         strat_clus    1.277133
         dtype: float64

In [43]: (data['direction'] == data['pos_clus']).value_counts()
```

```
Out[43]: True     1077
         False    1058
         dtype: int64

In [44]: data[['returns', 'strat_clus']].cumsum(
                   ).apply(np.exp).plot(figsize=(10, 6));
```

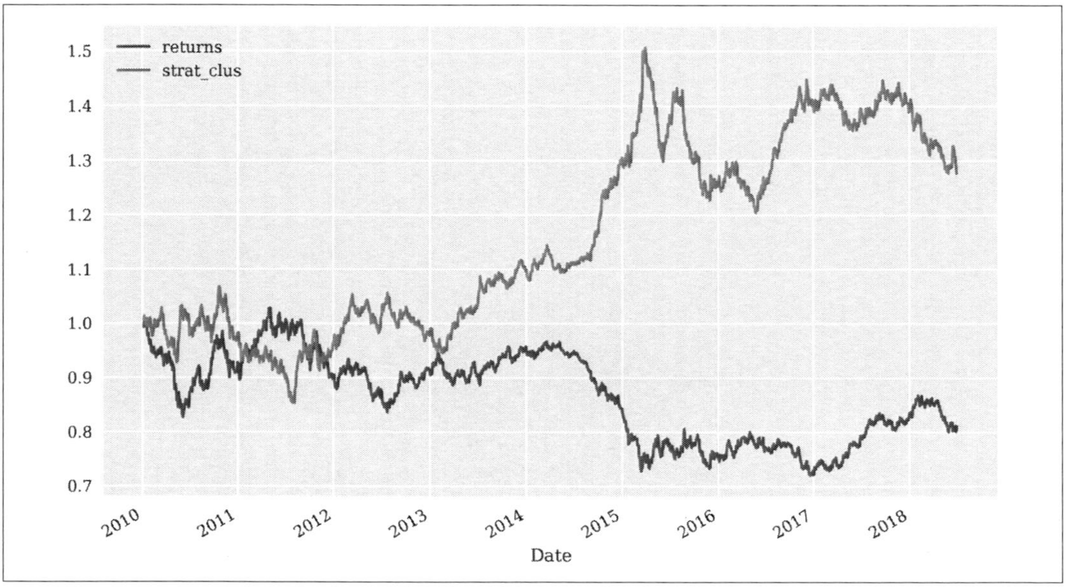

圖 15-10 歐元 / 美元與 k-means 策略隨著時間變化的績效

頻率法

除了複雜的演算法與技術之外，有人可能會直接用頻率來預測金融市場的動向，將兩個實值特徵轉換成二元的特徵，根據從歷史觀察的結果，分別評估上漲與下跌的機率，兩個二元特徵可能有四個組合 ((0, 0), (0, 1), (1, 0), (1, 1))。

使用 pandas 的資料分析功能很容易實作這種做法：

```
In [45]: def create_bins(data, bins=[0]):
             global cols_bin
             cols_bin = []
             for col in cols:
                 col_bin = col + '_bin'
                 data[col_bin] = np.digitize(data[col], bins=bins)  ❶
                 cols_bin.append(col_bin)
```

```
In [46]: create_bins(data)

In [47]: data[cols_bin + ['direction']].head()  ❷
Out[47]:             lag_1_bin  lag_2_bin  direction
         Date
         2010-01-07          1          0         -1
         2010-01-08          0          1          1
         2010-01-11          1          0          1
         2010-01-12          1          1         -1
         2010-01-13          0          1          1

In [48]: grouped = data.groupby(cols_bin + ['direction'])
         grouped.size()  ❸
Out[48]: lag_1_bin  lag_2_bin  direction
         0          0          -1           239
                                0             4
                                1           258
                    1          -1           262
                                1           288
         1          0          -1           272
                                0             1
                                1           278
                    1          -1           278
                                0             4
                                1           251
         dtype: int64

In [49]: res = grouped['direction'].size().unstack(fill_value=0)  ❹

In [50]: def highlight_max(s):
             is_max = s == s.max()
             return ['background-color: yellow' if v else '' for v in is_max]  ❺

In [51]: res.style.apply(highlight_max, axis=1)  ❺
Out[51]: <pandas.io.formats.style.Styler at 0x1a194216a0>
```

❶ 提供 bins 參數，將特徵值數字化。

❷ 顯示數字化的特徵值與標籤值。

❸ 顯示特徵值組合可能移動的狀況的頻率。

❹ 轉換 DataFrame 物件，加入頻率欄位。

❺ 突顯每一個特徵值組合的最高頻率值。

從頻率資料可以看到，有三個特徵值組合提示下跌，一個組合提示比較可能上漲。將它轉換成交易策略之後，圖 15-11 是它的績效：

```
In [52]: data['pos_freq'] = np.where(data[cols_bin].sum(axis=1) == 2, -1, 1)  ❶

In [53]: (data['direction'] == data['pos_freq']).value_counts()
Out[53]: True     1102
         False    1033
         dtype: int64

In [54]: data['strat_freq'] = data['pos_freq'] * data['returns']

In [55]: data[['returns', 'strat_freq']].sum().apply(np.exp)
Out[55]: returns       0.810644
         strat_freq    0.989513
         dtype: float64

In [56]: data[['returns', 'strat_freq']].cumsum(
                 ).apply(np.exp).plot(figsize=(10, 6));
```

❶ 從頻率發現事實，並將它轉換成交易策略。

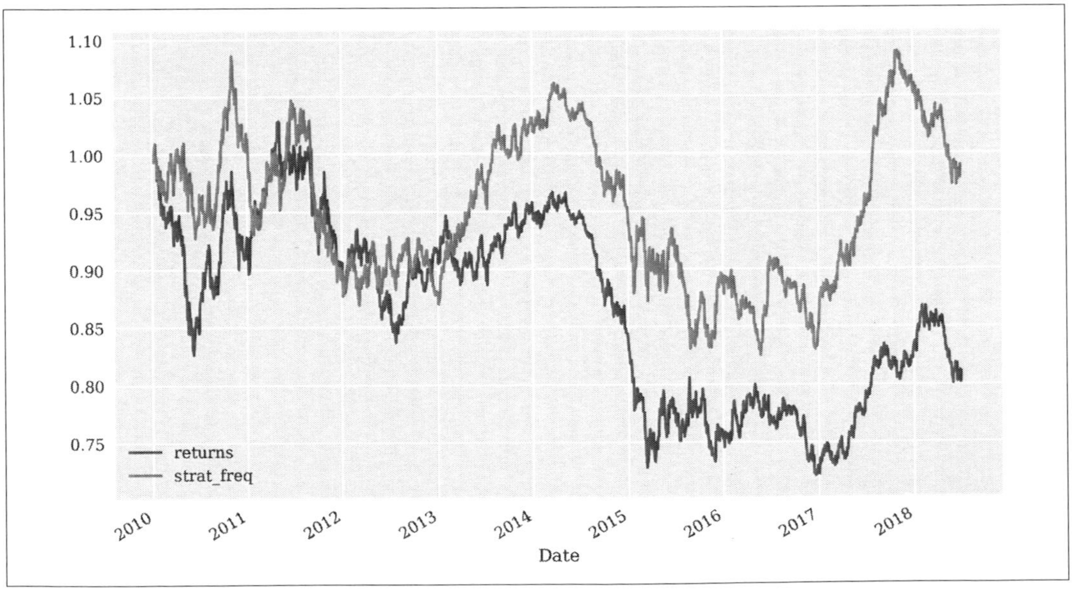

圖 15-11 歐元 / 美元與頻率交易策略隨著時間改變的績效

分類法

本節使用 ML（見第 466 頁介紹的“機器學習”）的分類演算法來預測金融市場價格的動向。瞭解前面幾節的背景知識與範例之後，使用羅吉斯回歸、高斯單純貝氏，以及支援向量機就很簡單了，你只要直接將它們應用在較小規模的樣本資料集即可。

兩個二元特徵

我們先用二元特徵值來擬合模型，並推導出部位值：

```
In [57]: from sklearn import linear_model
         from sklearn.naive_bayes import GaussianNB
         from sklearn.svm import SVC

In [58]:C = 1

In [59]: models = {
             'log_reg': linear_model.LogisticRegression(C=C),
             'gauss_nb': GaussianNB(),
             'svm': SVC(C=C)
         }

In [60]: def fit_models(data):  ❶
             mfit = {model: models[model].fit(data[cols_bin],
                                              data['direction'])
                     for model in models.keys()}

In [61]: fit_models(data)

In [62]: def derive_positions(data):  ❷
             for model in models.keys():
                 data['pos_' + model] = models[model].predict(data[cols_bin])

In [63]: derive_positions(data)
```

❶ 擬合所有模型的函式。

❷ 用擬合的模型推導所有部位值的函式。

接著，用產生的交易策略進行向量化回測。圖 15-12 將績效隨著時間的變化視覺化：

```
In [64]: def evaluate_strats(data):  ❶
             global sel
             sel = []
             for model in models.keys():
```

```
            col = 'strat_' + model
            data[col] = data['pos_' + model] * data['returns']
            sel.append(col)
        sel.insert(0, 'returns')

In [65]: evaluate_strats(data)

In [66]: sel.insert(1, 'strat_freq')

In [67]: data[sel].sum().apply(np.exp)  ❷
Out[67]: returns          0.810644
         strat_freq       0.989513
         strat_log_reg    1.243322
         strat_gauss_nb   1.243322
         strat_svm        0.989513
         dtype: float64

In [68]: data[sel].cumsum().apply(np.exp).plot(figsize=(10, 6));
```

❶ 這個函式可評估所有產生的交易策略。

❷ 有些策略可能產生一模一樣的績效。

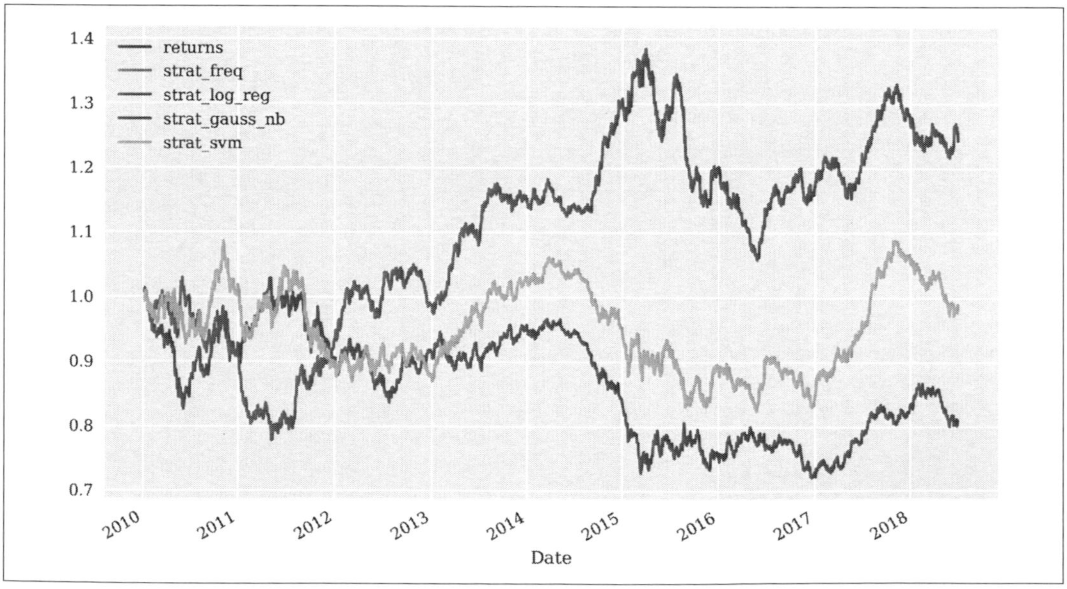

圖 15-12 歐元 / 美元與分類交易策略（兩個二元特徵）隨著時間改變的績效

五個二元特徵

為了改善策略的績效，接下來的程式使用五個二元特徵，而非只有兩個。你可以看到 SVM 策略的績效有明顯的改善（圖 15-13），LR 與 GNB 策略的績效則變差了：

```
In [69]: data = pd.DataFrame(raw[symbol])

In [70]: data['returns'] = np.log(data / data.shift(1))

In [71]: data['direction'] = np.sign(data['returns'])

In [72]: lags = 5  ❶
         create_lags(data)
         data.dropna(inplace=True)

In [73]: create_bins(data)  ❷
         cols_bin
Out[73]: ['lag_1_bin', 'lag_2_bin', 'lag_3_bin', 'lag_4_bin', 'lag_5_bin']

In [74]: data[cols_bin].head()
Out[74]:             lag_1_bin  lag_2_bin  lag_3_bin  lag_4_bin  lag_5_bin
         Date
         2010-01-12          1          1          0          1          0
         2010-01-13          0          1          1          0          1
         2010-01-14          1          0          1          1          0
         2010-01-15          0          1          0          1          1
         2010-01-19          0          0          1          0          1

In [75]: data.dropna(inplace=True)

In [76]: fit_models(data)

In [77]: derive_positions(data)

In [78]: evaluate_strats(data)

In [79]: data[sel].sum().apply(np.exp)
Out[79]: returns           0.805002
         strat_log_reg     0.971623
         strat_gauss_nb    0.986420
         strat_svm         1.452406
         dtype: float64

In [80]: data[sel].cumsum().apply(np.exp).plot(figsize=(10, 6));
```

❶ 現在使用五個對數報酬率 lag。

❷ 將實值的特徵資料轉換成二元資料。

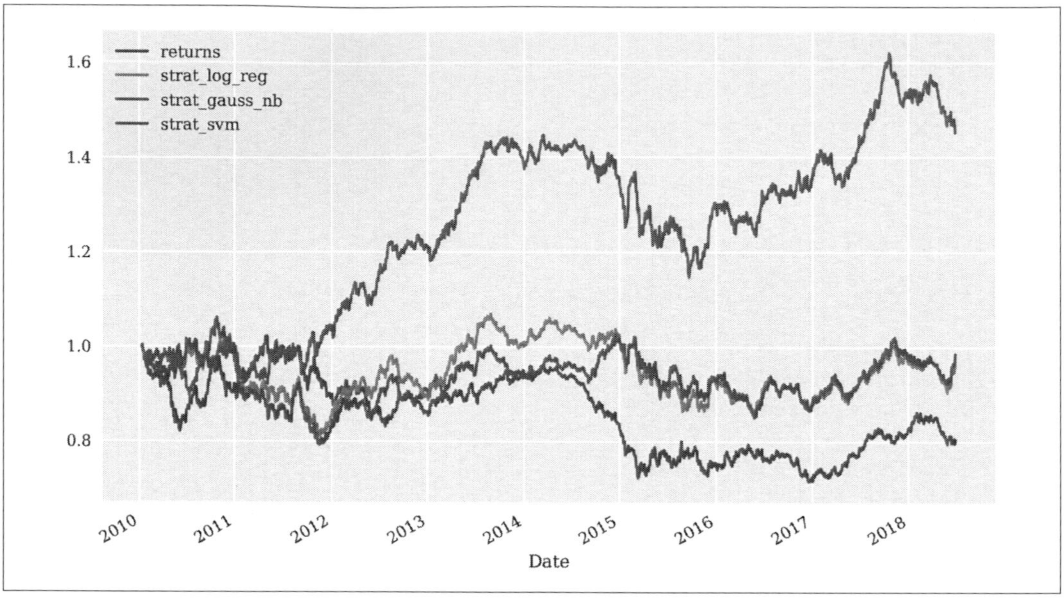

圖 15-13 歐元 / 美元與分類交易策略（五個二元延後）隨著時間而改變的績效

五個數字化的特徵

最後，下面的程式使用歷史對數報酬率的第一與第二動差，來將特徵資料數字化，以產生更多特徵值組合。這可以改善之前用過的所有分類演算法的績效，不過它也同樣明顯地改善 SVM 的績效（見圖 15-14）：

```
In [81]: mu = data['returns'].mean()  ❶
         v = data['returns'].std()  ❷

In [82]: bins = [mu - v, mu, mu + v]  ❸
         bins  ❸
Out[82]: [-0.006033537040418665, -0.00010174015279231306, 0.005830056734834039]

In [83]: create_bins(data, bins)

In [84]: data[cols_bin].head()
Out[84]:             lag_1_bin  lag_2_bin  lag_3_bin  lag_4_bin  lag_5_bin
         Date
         2010-01-12          3          3          0          2          1
         2010-01-13          1          3          3          0          2
         2010-01-14          2          1          3          3          0
         2010-01-15          1          2          1          3          3
         2010-01-19          0          1          2          1          3
```

```
In [85]: fit_models(data)

In [86]: derive_positions(data)

In [87]: evaluate_strats(data)

In [88]: data[sel].sum().apply(np.exp)
Out[88]: returns           0.805002
         strat_log_reg     1.431120
         strat_gauss_nb    1.815304
         strat_svm         5.653433
         dtype: float64

In [89]: data[sel].cumsum().apply(np.exp).plot(figsize=(10, 6));
```

❶ 使用平均對數報酬率與 …

❷ … 標準差來 …

❸ … 將特徵資料數字化。

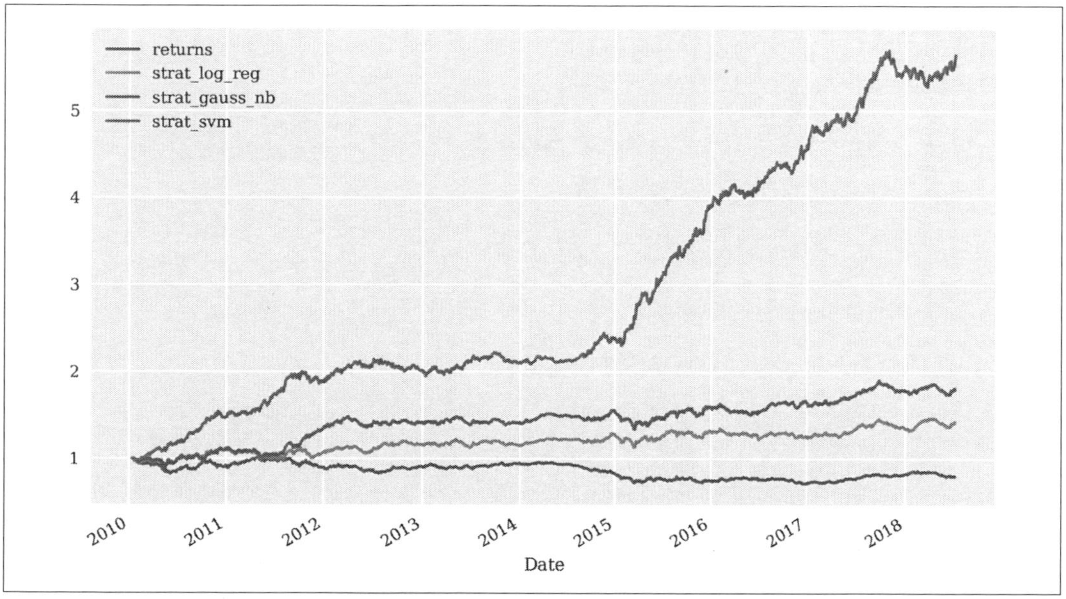

圖 15-14 歐元 / 美元與分類交易策略（五個數字化的 lag）隨著時間改變的績效

特徵的類型

本章只使用延後的報酬資料作為特徵資料，幾乎都是二元或數字化形式，這種做法主要是為了方便，因為這種特徵資料可以從金融時間序列本身衍生出來。但是，在實際應用時，你可以從許多不同的資料來源取得特徵資料，或許可以納入其他金融時間序列及其衍生的統計數據、宏觀經濟數據、公司財務指標或新聞文章。你可以參考 López de Prado（2018）的文章來更深入瞭解這個主題，此外還有許多 Python 程式包可將時間序列特徵擷取的工作自動化，例如 `tsfresh`（*https://github.com/blue-yonder/tsfresh*）。

循序拆開訓練 / 測試組

為了更好地評估分類演算法的績效，我們用下面的程式碼來*循序*拆開訓練與測試組。我們希望模擬這種情況—只用特定的時間點之前的資料來訓練 ML 演算法。因此在即時訓練過程中，演算法會面臨它從未看過的資料，讓演算法證明它的價值。在這個例子中，所有分類演算法的表現都優於被動投資法（在之前提過的簡化假設之下），但只有 GNB 與 LR 演算法得到正的絕對績效（圖 15-15）：

```
In [90]: split = int(len(data) * 0.5)

In [91]: train = data.iloc[:split].copy()  ❶

In [92]: fit_models(train)  ❶

In [93]: test = data.iloc[split:].copy()  ❷

In [94]: derive_positions(test)  ❷

In [95]: evaluate_strats(test)  ❷

In [96]: test[sel].sum().apply(np.exp)
Out[96]: returns            0.850291
         strat_log_reg      0.962989
         strat_gauss_nb     0.941172
         strat_svm          1.048966
         dtype: float64

In [97]: test[sel].cumsum().apply(np.exp).plot(figsize=(10, 6));
```

❶ 用訓練資料來訓練所有分類演算法。

❷ 用測試資料來測試所有分類演算法。

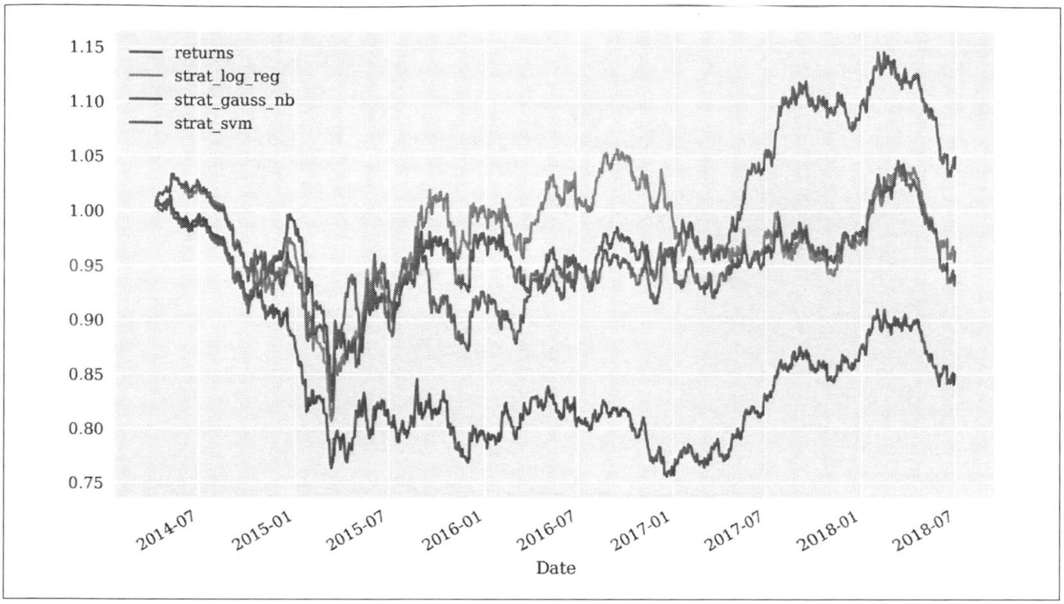

圖 15-15 歐元 / 美元與分類交易策略的績效（循序拆開訓練與測試集合）

隨機拆開訓練與測試集合

我們用二元或數字化的特徵資料來訓練與測試分類演算法的原因是，我們認為可以用特徵值的模式來預測未來的市場動態，且準確率超過 50%。我們假設模式的預測能力可以不斷延續下去。在這個意義上，演算法的表現不應該隨著訓練與測試所使用的資料部分而有太多差異—這意味著你可以將資料的時間序列拆成用來訓練與測試的部分。

這種策略的典型做法是隨機拆開訓練與測試集合，以 out-of-sample 的方式來測試分類演算法的績效—同樣試著模擬實際情況，讓演算法在交易時，面對持續出現的新資料。我們採取的做法與第 483 頁的“拆開訓練組與測試組：支援向量機” 一樣。採取這種做法時，SVM 演算法再次展現最佳的 out-of-sample 績效（見圖 15-16）：

```
In [98]: from sklearn.model_selection import train_test_split

In [99]: train, test = train_test_split(data, test_size=0.5,
                                        shuffle=True, random_state=100)

In [100]: train = train.copy().sort_index()  ❶

In [101]: train[cols_bin].head()
```

```
Out[101]:             lag_1_bin  lag_2_bin  lag_3_bin  lag_4_bin  lag_5_bin
          Date
          2010-01-12          3          3          0          2          1
          2010-01-13          1          3          3          0          2
          2010-01-14          2          1          3          3          0
          2010-01-15          1          2          1          3          3
          2010-01-20          1          0          1          2          1

In [102]: test = test.copy().sort_index()  ❶

In [103]: fit_models(train)

In [104]: derive_positions(test)

In [105]: evaluate_strats(test)

In [106]: test[sel].sum().apply(np.exp)
Out[106]: returns           0.878078
          strat_log_reg     0.735893
          strat_gauss_nb    0.765009
          strat_svm         0.695428
          dtype: float64

In [107]: test[sel].cumsum().apply(np.exp).plot(figsize=(10, 6));
```

❶ 按照時間順序複製與回傳訓練與測試資料集。

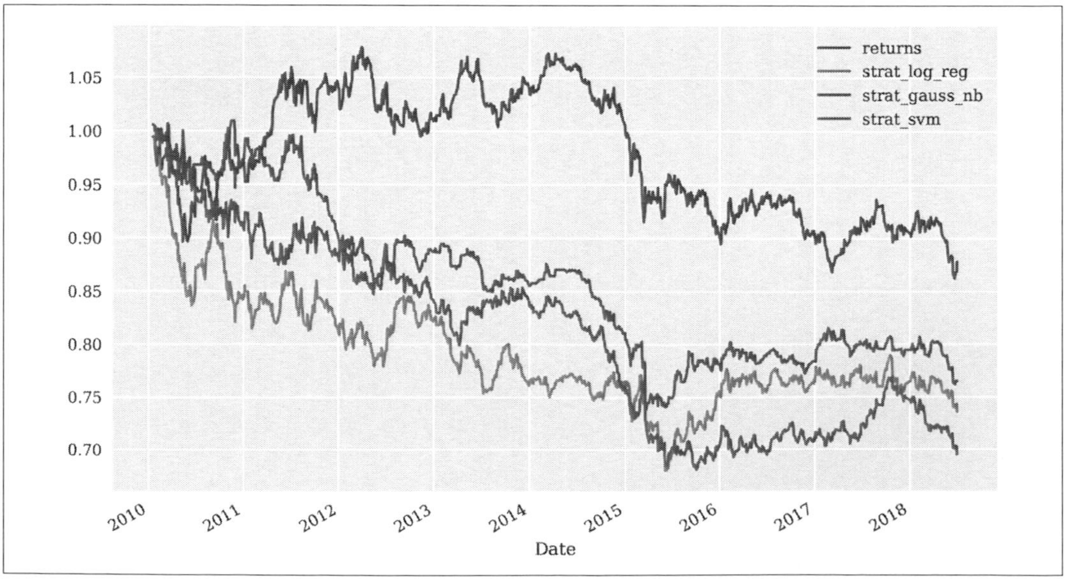

圖 15-16 歐元 / 美元與分類交易策略的績效（隨機拆開訓練與測試集合）

深度神經網路

深度神經網路（DNN）試著模擬人類大腦的運作方式，通常包含輸入層（特徵）、輸出層（標籤）與一些隱藏層。隱藏層是讓神經網路具備*深度*的原因，可讓網路學習更複雜的關係，並且在面對某些問題種類時，有更好的表現。當我們使用 DNN 時，通常將這項工作稱為*深度學習*，而不是機器學習。關於這個領域的簡介，可參考 Géron（2017）或 Gibson 與 Patterson（2017）。

使用 scikit-learn 的 DNN

本節使用第 477 頁“深度神經網路”介紹過的 scikit-learn MLPClassifier 演算法，我們會先用整個資料集的數字化特徵來訓練與測試它。這個演算法有優異的 in-sample 績效（見圖 15-17），說明 DNN 在處理這類問題時有強大的威力，但這也暗示有很大的過擬，因為績效好得誇張：

```
In [108]: from sklearn.neural_network import MLPClassifier

In [109]: model = MLPClassifier(solver='lbfgs', alpha=1e-5,
                                hidden_layer_sizes=2 * [250],
                                random_state=1)

In [110]: %time model.fit(data[cols_bin], data['direction'])
          CPU times: user 16.1 s, sys: 156 ms, total: 16.2 s
          Wall time: 9.85 s

Out[110]: MLPClassifier(activation='relu', alpha=1e-05, batch_size='auto',
           beta_1=0.9,
                 beta_2=0.999, early_stopping=False, epsilon=1e-08,
                 hidden_layer_sizes=[250, 250], learning_rate='constant',
                 learning_rate_init=0.001, max_iter=200, momentum=0.9,
                 n_iter_no_change=10, nesterovs_momentum=True, power_t=0.5,
                 random_state=1, shuffle=True, solver='lbfgs', tol=0.0001,
                 validation_fraction=0.1, verbose=False, warm_start=False)

In [111]: data['pos_dnn_sk'] = model.predict(data[cols_bin])

In [112]: data['strat_dnn_sk'] = data['pos_dnn_sk'] * data['returns']

In [113]: data[['returns', 'strat_dnn_sk']].sum().apply(np.exp)
Out[113]: returns          0.805002
          strat_dnn_sk    35.156677
          dtype: float64

In [114]: data[['returns', 'strat_dnn_sk']].cumsum().apply(
                    np.exp).plot(figsize=(10, 6));
```

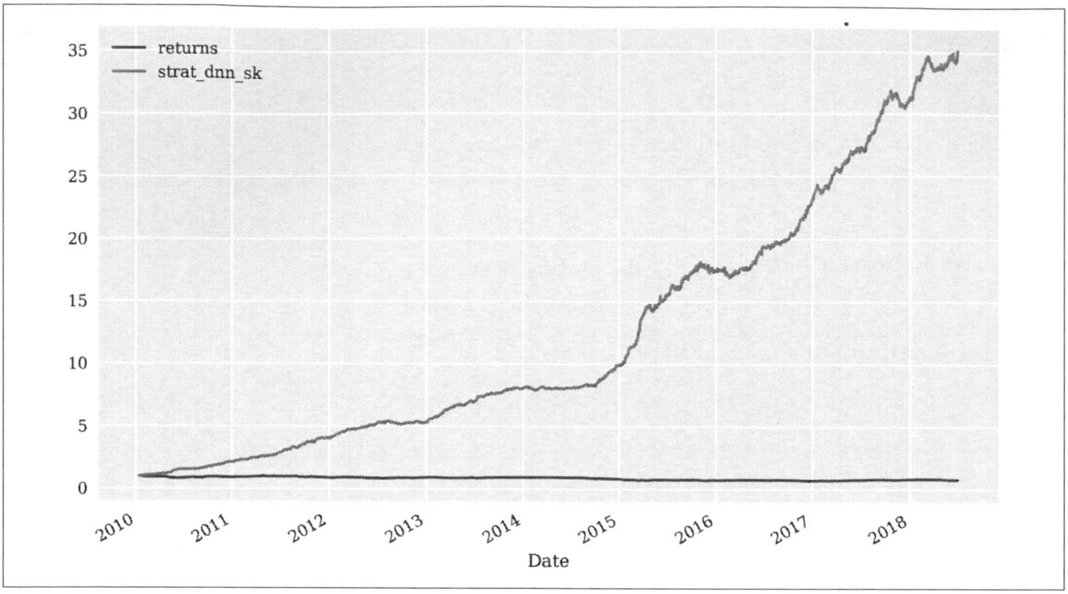

圖 15-17 歐元 / 美元與 DNN 交易策略的績效（scikit-learn，in-sample）

為了避免 DNN 模型過擬，我們接下來要隨機拆開訓練與測試集合。這個演算法再次優於被動基準投資法，取得正的絕對績效（圖 15-18），不過，現在的結果看起來比較實際了：

```
In [115]: train, test = train_test_split(data, test_size=0.5,
                                         random_state=100)

In [116]: train = train.copy().sort_index()

In [117]: test = test.copy().sort_index()

In [118]: model = MLPClassifier(solver='lbfgs', alpha=1e-5, max_iter=500,
                        hidden_layer_sizes=3 * [500], random_state=1)  ❶

In [119]: %time model.fit(train[cols_bin], train['direction'])
          CPU times: user 2min 26s, sys: 1.02 s, total: 2min 27s
          Wall time: 1min 31s

Out[119]: MLPClassifier(activation='relu', alpha=1e-05, batch_size='auto',
           beta_1=0.9,
                  beta_2=0.999, early_stopping=False, epsilon=1e-08,
                  hidden_layer_sizes=[500, 500, 500], learning_rate='constant',
                  learning_rate_init=0.001, max_iter=500, momentum=0.9,
                  n_iter_no_change=10, nesterovs_momentum=True, power_t=0.5,
```

```
                 random_state=1, shuffle=True, solver='lbfgs', tol=0.0001,
                 validation_fraction=0.1, verbose=False, warm_start=False)

In [120]: test['pos_dnn_sk'] = model.predict(test[cols_bin])

In [121]: test['strat_dnn_sk'] = test['pos_dnn_sk'] * test['returns']

In [122]: test[['returns', 'strat_dnn_sk']].sum().apply(np.exp)
Out[122]: returns         0.878078
          strat_dnn_sk    1.242042
          dtype: float64

In [123]: test[['returns', 'strat_dnn_sk']].cumsum(
                  ).apply(np.exp).plot(figsize=(10, 6));
```

❶ 增加隱藏層與隱藏單元的數量。

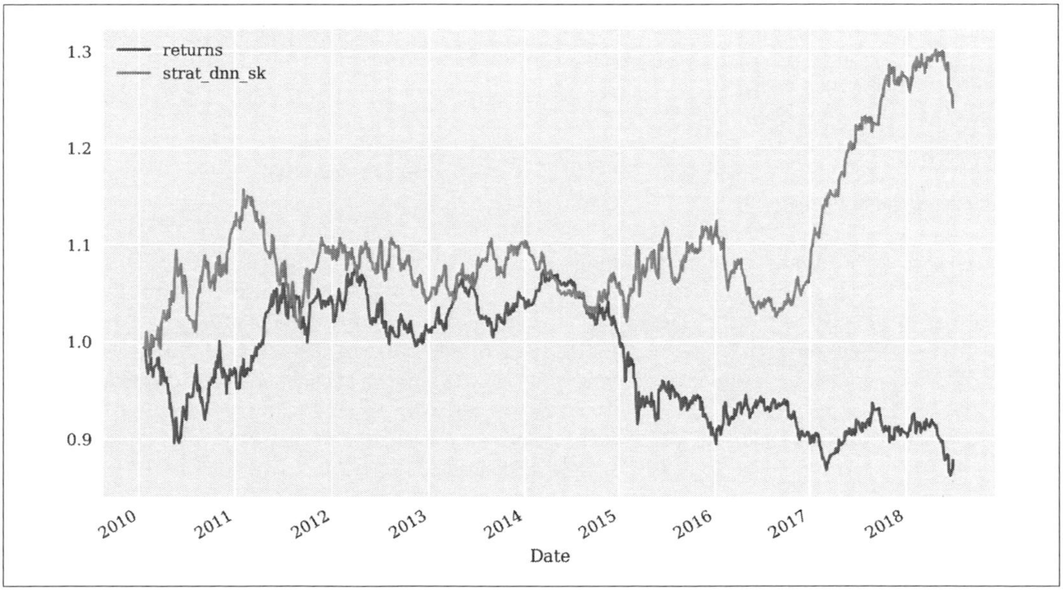

圖 15-18 歐元 / 美元與 DNN 交易策略的績效（scikit-learn，隨機拆開訓練與測試集合）

使用 TensorFlow 的 DNN

TensorFlow 是一種流行的深度學習程式包，它是 Google 開發並支援的程式包，Google 也用它來處理各式各樣的機器學習問題。Zedah 與 Ramsundar（2018）深入地介紹 TensorFlow。

如同 scikit-learn，瞭解第 477 頁的“深度神經網路”之後，使用 TensorFlow 的 DNNClassifier 演算法來推導交易策略是一件簡單的工作。我們使用與之前一樣的訓練與測試資料，首先，我們訓練模型。這個演算法的 in-sample 績效優於被動投資法，也再次展現相當可觀的絕對報酬（見圖 15-19），暗示有過擬的情況：

```
In [124]: import tensorflow as tf
          tf.logging.set_verbosity(tf.logging.ERROR)

In [125]: fc = [tf.contrib.layers.real_valued_column('lags', dimension=lags)]

In [126]: model = tf.contrib.learn.DNNClassifier(hidden_units=3 * [500],
                                                 n_classes=len(bins) + 1,
                                                 feature_columns=fc)

In [127]: def input_fn():
              fc = {'lags': tf.constant(data[cols_bin].values)}
              la = tf.constant(data['direction'].apply(
                              lambda x: 0 if x < 0 else 1).values,
                              shape=[data['direction'].size, 1])
              return fc, la

In [128]: %time model.fit(input_fn=input_fn, steps=250)  ❶
          CPU times: user 2min 7s, sys: 8.85 s, total: 2min 16s
          Wall time: 49 s

Out[128]: DNNClassifier(params={'head':
           <tensorflow.contrib.learn.python.learn.estimators.head._MultiClassHead
           object at 0x1a19acf898>, 'hidden_units': [500, 500, 500],
           'feature_columns': (_RealValuedColumn(column_name='lags', dimension=5,
           default_value=None, dtype=tf.float32, normalizer=None),), 'optimizer':
           None, 'activation_fn': <function relu at 0x1161441e0>, 'dropout':
           None, 'gradient_clip_norm': None, 'embedding_lr_multipliers': None,
           'input_layer_min_slice_size': None})

In [129]: model.evaluate(input_fn=input_fn, steps=1)  ❷
Out[129]: {'loss': 0.6879357, 'accuracy': 0.5379925, 'global_step': 250}

In [130]: pred = np.array(list(model.predict(input_fn=input_fn)))  ❷
          pred[:10]  ❷
Out[130]: array([0, 0, 0, 0, 0, 1, 0, 1, 1, 0])

In [131]: data['pos_dnn_tf'] = np.where(pred > 0, 1, -1)  ❸

In [132]: data['strat_dnn_tf'] = data['pos_dnn_tf'] * data['returns']

In [133]: data[['returns', 'strat_dnn_tf']].sum().apply(np.exp)
Out[133]: returns         0.805002
```

```
        strat_dnn_tf    2.437222
        dtype: float64

In [134]: data[['returns', 'strat_dnn_tf']].cumsum(
                      ).apply(np.exp).plot(figsize=(10, 6));
```

❶ 訓練時間可能會很長。

❷ 將二元預測（0，1）…

❸ … 轉換成市場部位（-1，+1）

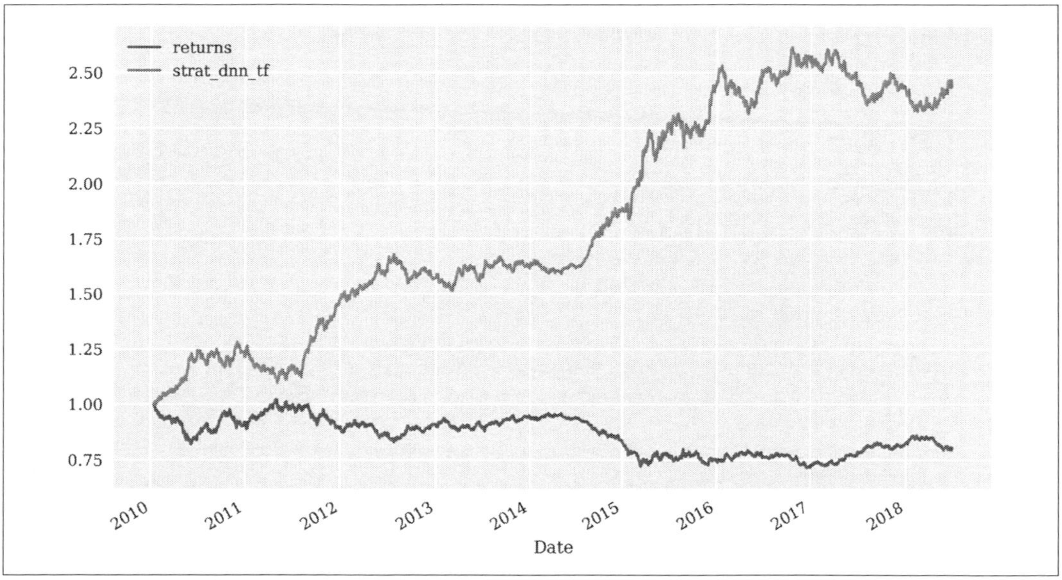

圖 15-19 歐元 / 美元與 DNN 交易策略的績效（TensorFlow，in-sample）

下面的程式再次隨機拆開訓練與測試集合，以更務實的方式，檢視 DNN 交易策略的績效。一如預期，out-of-sample 績效變差了（見圖 15-20）。此外，使用特定的參數時，TensorFlow DNNClassifier 劣於 scikit-learn MLPClassifier 演算法幾個百分點：

```
In [135]: model = tf.contrib.learn.DNNClassifier(hidden_units=3 * [500],
                                                 n_classes=len(bins) + 1,
                                                 feature_columns=fc)

In [136]: data = train

In [137]: %time model.fit(input_fn=input_fn, steps=2500)
          CPU times: user 11min 7s, sys: 1min 7s, total: 12min 15s
          Wall time: 4min 27s
```

```
Out[137]: DNNClassifier(params={'head':
           <tensorflow.contrib.learn.python.learn.estimators.head._MultiClassHead
           object at 0x116828cc0>, 'hidden_units': [500, 500, 500],
           'feature_columns': (_RealValuedColumn(column_name='lags', dimension=5,
           default_value=None, dtype=tf.float32, normalizer=None),), 'optimizer':
           None, 'activation_fn': <function relu at 0x1161441e0>, 'dropout':
           None, 'gradient_clip_norm': None, 'embedding_lr_multipliers': None,
           'input_layer_min_slice_size': None})

In [138]: data = test

In [139]: model.evaluate(input_fn=input_fn, steps=1)
Out[139]: {'loss': 0.82882184, 'accuracy': 0.48968107, 'global_step': 2500}

In [140]: pred = np.array(list(model.predict(input_fn=input_fn)))

In [141]: test['pos_dnn_tf'] = np.where(pred > 0, 1, -1)

In [142]: test['strat_dnn_tf'] = test['pos_dnn_tf'] * test['returns']

In [143]: test[['returns', 'strat_dnn_sk', 'strat_dnn_tf']].sum().apply(np.exp)
Out[143]: returns         0.878078
          strat_dnn_sk    1.242042
          strat_dnn_tf    1.063968
          dtype: float64

In [144]: test[['returns', 'strat_dnn_sk', 'strat_dnn_tf']].cumsum(
                      ).apply(np.exp).plot(figsize=(10, 6));
```

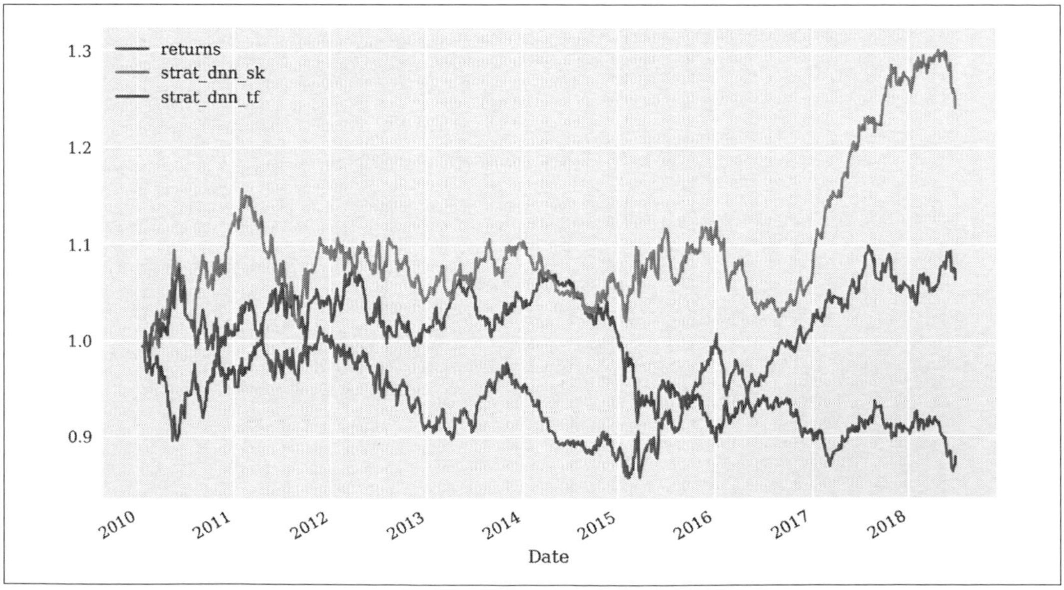

圖 15-20 歐元 / 美元與 DNN 交易策略的績效（TensorFlow，隨機拆開訓練與測試集合）

績效結果

本章展示的演算法交易策略的向量回測績效都僅供說明，除了假設沒有交易成本之外，結果也與一些其他的（大部分都是任意選擇的）參數有關。它們處理的歐元 / 美元匯率資料也是規模相對較小的日收盤價。本章的重點是說明如何使用各種方法與 ML 演算法來處理金融資料，而不是推導可實際部署且穩健的演算法交易策略。下一章將處理其中的一些問題。

小結

本章介紹演算法交易策略，並且用向量化回測來評估它們的績效。本章從相當簡單的演算法交易策略開始介紹，使用兩條簡單的移動平均線，這是一種著名，而且被實際運用數十年的策略。我們用這種策略來說明向量化回測，大量使用 NumPy 與 pandas 的向量化功能來分析資料。

本章也使用 OLS 回歸與實際的金融時間序列來說明隨機漫步理論。我們將它當成基準，用來證明各種演算法交易策略的價值。

本章的核心是使用第 466 頁“機器學習”介紹的機器學習演算法。我們以幾乎相同的“節奏”來應用多種演算法（大部分都屬於分類演算法）。我們在一些演算法中，將延後的對數報酬率資料當成特徵（儘管這項限制肯定不是必要的），主要是為了方便與簡化。此外，我們根據一些簡化的假設來進行分析，因為我們關注的重點是“將機器學習演算法應用在金融時間序列資料來預測金融市場動向”的技術層面。

其他資源

本章引用的論文有：

- Brock, William, Josef Lakonishok, and Blake LeBaron (1992). “Simple Technical Trading Rules and the Stochastic Properties of Stock Returns.” *Journal of Finance,* Vol. 47, No. 5, pp. 1731–1764.
- Fama, Eugene (1965). “Random Walks in Stock Market Prices.” Selected Papers, No. 16, Graduate School of Business, University of Chicago.
- Jensen, Michael (1978). “Some Anomalous Evidence Regarding Market Efficiency.” *Journal of Financial Economics,* Vol. 6, No. 2/3, pp. 95–101.

探討本章相關主題的財金書籍有：

- Baxter, Martin, and Andrew Rennie (1996). *Financial Calculus*. Cambridge, England: Cambridge University Press.
- Chan, Ernest (2009). *Quantitative Trading*. Hoboken, NJ: John Wiley & Sons.
- Chan, Ernest (2013). *Algorithmic Trading*. Hoboken, NJ: John Wiley & Sons.
- Chan, Ernest (2017). *Machine Trading*. Hoboken, NJ: John Wiley & Sons.
- López de Prado, Marcos (2018). *Advances in Financial Machine Learning*. Hoboken, NJ: John Wiley & Sons.

介紹本章相關主題的技術書籍有：

- Albon, Chris (2018). *Machine Learning with Python Cookbook*. Sebastopol, CA: O'Reilly.
- Géron, Aurélien (2017). *Hands-On Machine Learning with Scikit-Learn and Tensorflow*. Sebastopol, CA: O'Reilly.
- Gibson, Adam, and Josh Patterson (2017). *Deep Learning*. Sebastopol, CA: O'Reilly.
- VanderPlas, Jake (2016). *Python Data Science Handbook*. Sebastopol, CA: O'Reilly.
- Zadeh, Reza Bosagh, and Bharath Ramsundar (2018). *TensorFlow for Deep Learning*. Sebastopol, CA: O'Reilly.

在 *http://certificate.tpq.io* 有詳盡的 Python 程式交易線上培訓計畫。

第十六章

自動交易

很多人擔心電腦會太聰明，進而主宰世界，但真正的問題在於，它們太笨了，以致於早就主宰世界了。

—Pedro Domingos

“下一步是什麼？”你可能會問。我們已經有一個交易平台可以取得歷史資料與串流資料、下買賣單、檢查帳戶狀態，也有許多方法可以預測市場價格的動向，推導交易策略了，該如何將它們整合起來，以自動化的形式運作？這是一個需要具體回答的問題。不過，本章要先處理一些對這個問題而言很重要的主題。本章假設只部署一個自動化的演算法交易策略，這可以簡化資本、風險管理等諸多面向。

本章介紹下列主題：

“資本管理”，第 546 頁

根據策略特徵與可用的交易資本，用 Kelly 準則來決定交易規模。

“基於 *ML* 的交易策略”，第 556 頁

若要信任演算法交易策略，我們必須仔細地回測策略，以瞭解其性能與風險特性；本節使用第 15 章介紹的分類演算法作為示範策略。

“線上演算法”，第 567 頁

為了部署演算法交易策略來自動交易，我們必須將它轉換成線上演算法，讓它即時處理串流資料。

"基礎設施與部署"，第 570 頁

為了穩健且可靠地運行自動化演算法交易策略，從妥善性、性能與安全的角度來看，在雲端部署是最好的做法。

"記錄與監控"，第 571 頁

要在部署自動化交易策略期間分析歷史與某些事件，記錄（logging）扮演非常重要的角色；我們可以藉由監控 socket 的通訊，在遠端即時觀察事件。

資本管理

演算法交易的核心問題在於，該讓演算法交易策略使用總資本的多少百分比進行交易？這個問題的答案取決於演算法交易的主要目標是什麼。多數人與金融機構都同意，將**長期財富最大化**是很好的目標，這也是 Edward Thorpe 在推導 *Kelly* 投資準則（見 Rotando 與 Thorp（1992））時期望的目標。

二項條件下的 Kelly 準則

很多人使用"丟硬幣"或二項條件（只有兩種結果的條件）來介紹 Kelly 投資準則的理論，本節也採取這種做法。假設有位賭客與一個擁有無限財富的銀行或賭場對賭丟硬幣，假設丟出人頭的機率是 p，且 $\frac{1}{2} < p < 1$，丟出數字的機率是 $q = 1 - p < \frac{1}{2}$。賭客可以下注任意資金 $b > 0$，當他猜對時贏錢，猜錯時輸錢。從假設的機率來看，賭客當然會猜人頭，因此，只丟一次硬幣時，這場賭局 B 的期望值（也就是代表這場賭局的隨機變數）是：

$$\mathbf{E}[B] = p \cdot b - q \cdot b = (p - q) \cdot b > 0$$

擁有無限資金的風險中立賭客應該會盡可能地下注大量的資金，因為這樣子可以將期望收益最大化。但是，金融市場交易通常不是一次性的，而是重複性的。因此，假設 b_i 代表在 i 日下注的金額，c_0 代表初始資本。在第 1 天結束時的資本數量 c_1 取決於該日的下注成果，可能是 $c_0 + b_1$ 或 $c_0 - b_1$。所以重複 n 次的賭局期望值是：

$$\mathbf{E}\left[B^n\right] = c_0 + \sum_{i=1}^{n} (p - q) \cdot b_i$$

根據古典經濟學理論，在風險中立、預期效用最大化的情況下，賭客會試著將這個運算式最大化。可想而知，將它最大化的方式是押注所有可用的資金，也就是 $b_i = c_{i-1}$，類似一次性下注的情況。但是，這也意味著賭輸一次就會失去所有可用的資金，導致破產（除非可以無數次借貸），因此，這個策略無法將長期財富最大化。

押注最大的可用資本可能會導致突發性的破產，雖然完全不押注可以避免任何虧損，但也無法從有優勢的賭局中獲取利益。此時就是 Kelly 準則發揮作用的地方，這個準則可以算出每一輪投注的可用資本**最佳比例**（f^*）。假設 $n = h + t$，其中 h 代表在 n 回合賭局期間，人頭出現的次數，t 代表數字出現的次數。根據這個定義，在 n 回合之後可用的資本是：

$$c_n = c_0 \cdot (1+f)^h \cdot (1-f)^t$$

在這種情況下，將長期財富最大化的做法，就是將每一次下注的平均幾何增長率最大化，即：

$$\begin{aligned} r^g &= \log\left(\frac{c_n}{c_0}\right)^{1/n} \\ &= \log\left(\frac{c_0 \cdot (1+f)^h \cdot (1-f)^t}{c_0}\right)^{1/t} \\ &= \log\left((1+f)^h \cdot (1-f)^t\right)^{1/n} \\ &= \frac{h}{n}\log(1+f) + \frac{t}{n}\log(1-f) \end{aligned}$$

接下來的問題是如何選擇最佳的 f 來將期望平均增長率最大化。因為 $\mathbf{E}[h] = n \cdot p$ 且 $\mathbf{E}[t] = n \cdot q$，所以：

$$\begin{aligned} \mathbf{E}\left[r^g\right] &= \mathbf{E}\left[\frac{h}{n}\log(1+f) + \frac{t}{n}\log(1-f)\right] \\ &= \mathbf{E}[p\log(1+f) + q\log(1-f)] \\ &= p\log(1+f) + q\log(1-f) \\ &\equiv G(f) \end{aligned}$$

接下來我們可以根據一階條件，選擇最佳比率 f^*，將式子最大化。一階導數是：

$$\begin{aligned} G'(f) &= \frac{p}{1+f} - \frac{q}{1-f} \\ &= \frac{p - pf - q - qf}{(1+f)(1-f)} \\ &= \frac{p - q - f}{(1+f)(1-f)} \end{aligned}$$

從一階條件，我們得到：

$$G'(f) \stackrel{!}{=} 0 \Rightarrow f^* = p - q$$

如果你相信這是最大值（不是最小值），這個結果代表每回合投資百分比 $f^* = p - q$ 是最好的。例如，當 $p = 0.55$ 時，$f^* = 0.55 - 0.45 = 0.1$，代表最佳百分比是 10%。

接下來我們用 Python 來模擬，將這些概念與結果形式化。我們先做一些匯入與設定：

```
In [1]: import math
        import time
        import numpy as np
        import pandas as pd
        import datetime as dt
        import cufflinks as cf
        from pylab import plt
In [2]: np.random.seed(1000)
        plt.style.use('seaborn')
        %matplotlib inline
```

舉例而言，我們想要模擬 50 個序列，每一個序列丟 100 次硬幣。用 Python 程式做這件事很簡單：

```
In [3]: p = 0.55  ❶

In [4]: f = p - (1 - p)  ❷

In [5]: f  ❷
Out[5]: 0.10000000000000009

In [6]: I = 50  ❸

In [7]: n = 100  ❹
```

❶ 固定丟出人頭的機率。

❷ 根據 Kelly 準則計算最佳百分比。

❸ 要模擬的序列數目。

❹ 每一個序列的試驗次數。

這段程式的主要部分是 `run_simulation()` 函式，它根據先驗假設來進行模擬。圖 16-1 是模擬的結果：

```
In [8]: def run_simulation(f):
            c = np.zeros((n, I))  ❶
            c[0] = 100  ❷
            for i in range(I):  ❸
                for t in range(1, n):  ❹
                    o = np.random.binomial(1, p)  ❺
                    if o > 0:  ❻
                        c[t, i] = (1 + f) * c[t - 1, i]  ❼
                    else:  ❽
                        c[t, i] = (1 - f) * c[t - 1, i]  ❾
                return c

In [9]: c_1 = run_simulation(f)  ❿

In [10]: c_1.round(2)
Out[10]: array([[100.  , 100.  , 100.  , ..., 100.  ,  100. , 100.  ],
                [ 90.  , 110.  ,  90.  , ..., 110.  ,   90. , 110.  ],
                [ 99.  , 121.  ,  99.  , ..., 121.  ,   81. , 121.  ],
                ...,
                [226.35, 338.13, 413.27, ..., 123.97, 123.97, 123.97],
                [248.99, 371.94, 454.6 , ..., 136.37, 136.37, 136.37],
                [273.89, 409.14, 409.14, ..., 122.73, 150.01, 122.73]])

In [11]: plt.figure(figsize=(10, 6))
         plt.plot(c_1, 'b', lw=0.5)  ⓫
         plt.plot(c_1.mean(axis=1), 'r', lw=2.5);  ⓬
```

❶ 將 ndarray 實例化，來儲存模擬結果。

❷ 將初始資本設為 100。

❸ 用來模擬序列的外部迴圈。

❹ 代表序列本身的內部迴圈。

❺ 模擬丟硬幣。

❻ 若出現 1，也就是人頭 …

❼ … 則將獲利加入資本。

❽ 若出現 0，也就是數字 …

❾ … 則從資本扣除虧損。

❿ 執行模擬。

⓫ 畫出全部的 50 個序列。

⓬ 畫出全部 50 個序列的平均值

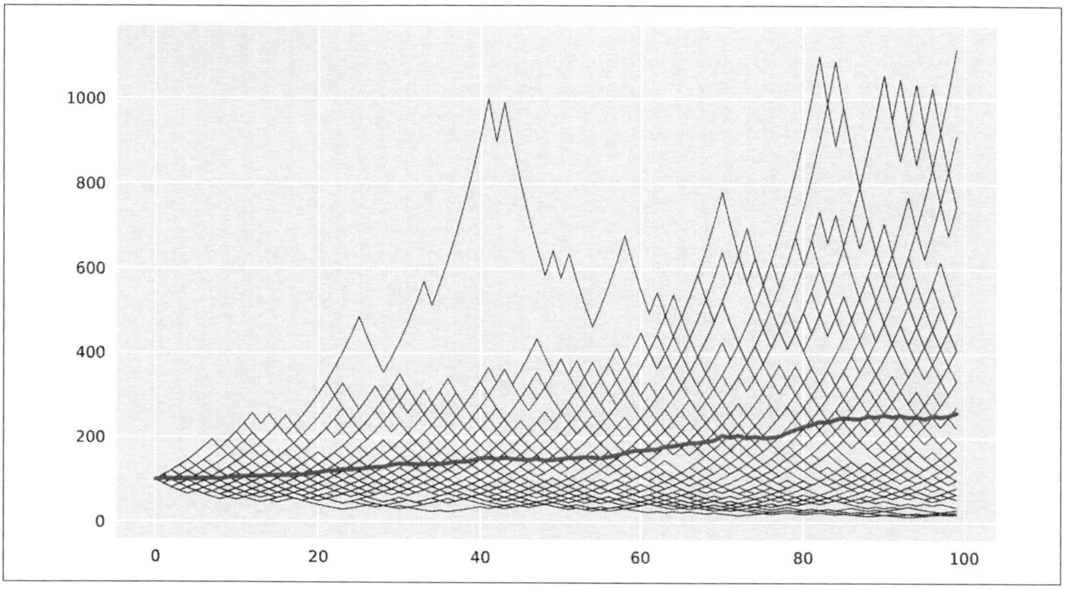

圖 16-1 50 個模擬序列，每一個有 100 次試驗（紅線 = 平均值）

接下來的程式用不同的 f 值來重複模擬。如圖 16-2 所示，較低的百分比大致上產生較低的資本平均成長率。較高的值可能在模擬結束時產生較高的平均資本（$f = 0.25$）或低很多的平均資本（$f = 0.5$）。這兩種情況的百分比 f 都比較高，且波動率明顯增加：

```
In [12]: c_2 = run_simulation(0.05)  ❶

In [13]: c_3 = run_simulation(0.25)  ❷

In [14]: c_4 = run_simulation(0.5)  ❸

In [15]: plt.figure(figsize=(10, 6))
         plt.plot(c_1.mean(axis=1), 'r', label='$f^*=0.1$')
         plt.plot(c_2.mean(axis=1), 'b', label='$f=0.05$')
         plt.plot(c_3.mean(axis=1), 'y', label='$f=0.25$')
         plt.plot(c_4.mean(axis=1), 'm', label='$f=0.5$')
         plt.legend(loc=0);
```

❶ 模擬 $f = 0.05$。

❷ 模擬 $f = 0.25$。

❸ 模擬 $f = 0.5$。

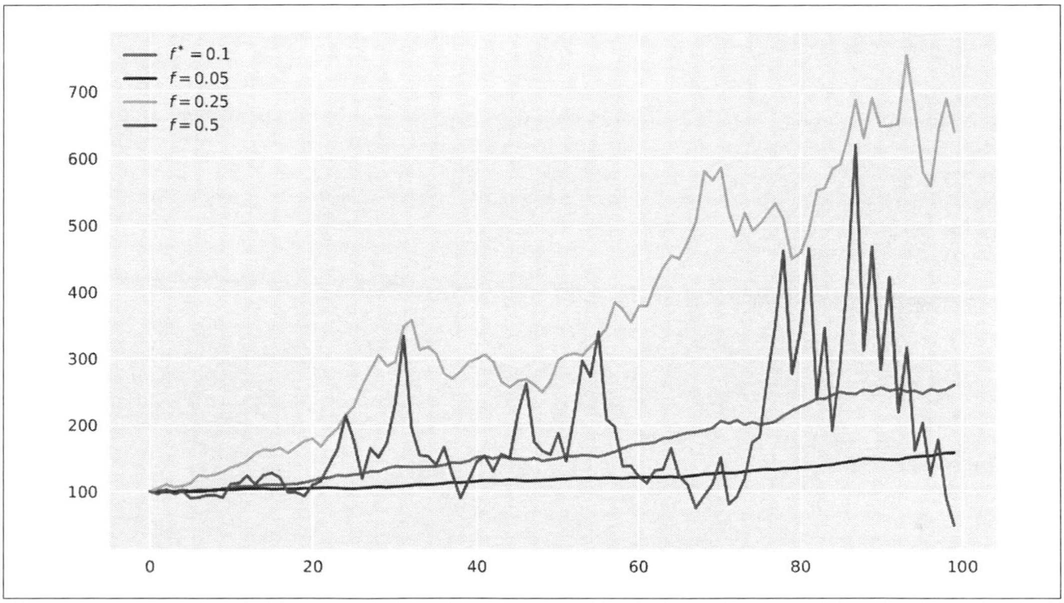

圖 16-2 使用不同百分比時，平均資本隨著時間變化的情況

用 Kelly 準則來投資股票與指數

假設有一個股市的規則是它的股票（指數）從今天算起一年之後只能有兩種價格。這個規則同樣是二項的，但這一次的模型比較接近真正的股市 [1]。具體來說，假設：

$$P\left(r^S = \mu + \sigma\right) = P\left(r^S = \mu - \sigma\right) = \frac{1}{2}$$

$\mathbf{E}\left[r^S\right] = \mu > 0$ 是股票在一年之後的期望報酬，$\sigma > 0$ 是報酬的標準差（波動率）。在單週期的規則之下，一年之後可用的資本（c_0 和 f 的定義與之前一樣）是：

$$c(f) = c_0 \cdot \left(1 + (1 - f) \cdot r + f \cdot r^S\right)$$

1 這個例子來自 Hung（2010）。

其中，r 是以未投資股票的現金賺到的固定短期利率。將幾何增長率最大化的意思就是將這個式子最大化：

$$G(f) = \mathbf{E}\left[\log \frac{c(f)}{c_0}\right]$$

假設在一年中有 n 個交易日，因此對於每一個交易日 i：

$$P\left(r_i^S = \frac{\mu}{n} + \frac{\sigma}{\sqrt{n}}\right) = P\left(r_i^S = \frac{\mu}{n} - \frac{\sigma}{\sqrt{n}}\right) = \frac{1}{2}$$

注意，波動率會隨著交易日數量的平方根而變化。在這些假設之下，我們將以日為單位的值擴展成以年為單位的值，得到：

$$c_n(f) = c_0 \cdot \prod_{i=1}^{n}\left(1 + (1-f)\cdot\frac{r}{n} + f\cdot r_i^S\right)$$

為了透過投資股票獲得最大的長期財富，我們將這個量最大化：

$$\begin{aligned}
G_n(f) &= \mathbf{E}\left[\log \frac{c_n(f)}{c_0}\right] \\
&= \mathbf{E}\left[\sum_{i=1}^{n} \log\left(1 + (1-f)\cdot\frac{r}{n} + f\cdot r_i^S\right)\right] \\
&= \frac{1}{2}\sum_{i=1}^{n} \log\left(1 + (1-f)\cdot\frac{r}{n} + f\cdot\left(\frac{\mu}{n} + \frac{\sigma}{\sqrt{n}}\right)\right) \\
&+ \log\left(1 + (1-f)\cdot\frac{r}{n} + f\cdot\left(\frac{\mu}{n} - \frac{\sigma}{\sqrt{n}}\right)\right) \\
&= \frac{n}{2}\log\left(\left(1 + (1-f)\cdot\frac{r}{n} + f\cdot\frac{\mu}{n}\right)^2 - \frac{f^2\sigma^2}{n}\right)
\end{aligned}$$

使用泰勒級數展開，我們最後得到：

$$G_n(f) = r + (\mu - r)\cdot f - \frac{\sigma^2}{2}\cdot f^2 + \mathcal{O}\left(\frac{1}{\sqrt{n}}\right)$$

或者，當交易時間點無限多，也就是不斷進行交易時：

$$G_\infty(f) = r + (\mu - r)\cdot f - \frac{\sigma^2}{2}\cdot f^2$$

接著我們可以用一階條件，用這個運算式得到最佳百分比 f^*：

$$G(f) = \mathbf{E}\left[\log \frac{c(f)}{c_0}\right]$$

也就是說，股票期望報酬減去無風險利率除以報酬的變異數。這個運算式很像 Sharpe 指數（見第 436 頁的“投資組合優化”），但它們是不相同的。

我們用真實的案例來說明如何應用這些公式，以及它們如何在交易策略中，部署槓桿權益[譯註]。我們考慮的交易策略只是**被動持有 *S&P* 500 指數的多頭部位**。我們快速取得基礎資料，並算出所需的統計數據：

```
In [16]: raw = pd.read_csv('../../source/tr_eikon_eod_data.csv',
                           index_col=0, parse_dates=True)

In [17]: symbol = '.SPX'

In [18]: data = pd.DataFrame(raw[symbol])

In [19]: data['returns'] = np.log(data / data.shift(1))

In [20]: data.dropna(inplace=True)

In [21]: data.tail()
Out[21]:                .SPX   returns
         Date
         2018-06-25  2717.07 -0.013820
         2018-06-26  2723.06  0.002202
         2018-06-27  2699.63 -0.008642
         2018-06-28  2716.31  0.006160
         2018-06-29  2718.37  0.000758
```

從 S&P 500 指數在這段期間的統計特性可以看到，投資這個指數多頭部位的最佳比率在 4.5 左右。換句話說，如果你有一美元，就要投資 4.5 美元，這意味著根據最佳 Kelly “比率”（或者在這個例子，它是“倍數”），你要使用 4.5 的槓桿比率。**在其他條件都不變的情況下**，Kelly 準則指出使用較高的槓桿可獲得較高的期望報酬與較低的波動率（變異數）：

譯註　權益是無任何負債的情況下，對一項資產的所有權。在槓桿保證金交易中，權益是在倉的總價值減去用於開倉的總負債金額。

```
In [22]: mu = data.returns.mean() * 252  ❶

In [23]: mu  ❶
Out[23]: 0.09898579893004976

In [24]: sigma = data.returns.std() * 252 ** 0.5  ❷

In [25]: sigma  ❷
Out[25]: 0.1488567510081967

In [26]: r = 0.0  ❸

In [27]: f = (mu - r) / sigma ** 2  ❹

In [28]: f  ❹
Out[28]: 4.4672043679706865
```

❶ 計算年化報酬。

❷ 計算年化波動率。

❸ 將無風險利率設為 0（為了簡化）。

❹ 計算投資策略的最佳 Kelly 比率。

下面的程式模擬 Kelly 準則以及最佳槓桿比率的應用。為了簡化與進行比較，我們將初始權益設為 1，初始投資總資本設為 $1 \cdot f^*$。我們根據部署的資本所產生的績效，以及可用的權益，逐日調整總資本，在虧損之後減少資本，在獲利之後增加資本。圖 16-3 是投資部位相較於指數本身的演變過程：

```
In [29]: equs = []

In [30]: def kelly_strategy(f):
             global equs
             equ = 'equity_{:.2f}'.format(f)
             equs.append(equ)
             cap = 'capital_{:.2f}'.format(f)
             data[equ] = 1  ❶
             data[cap] = data[equ] * f  ❷
             for i, t in enumerate(data.index[1:]):
                 t_1 = data.index[i]  ❸
                 data.loc[t, cap] = data[cap].loc[t_1] * \
                                    math.exp(data['returns'].loc[t])  ❹
                 data.loc[t, equ] = data[cap].loc[t] - \
                                    data[cap].loc[t_1] + \
```

```
                                         data[equ].loc[t_1]  ❺
                    data.loc[t, cap] = data[equ].loc[t] * f  ❻

In [31]: kelly_strategy(f * 0.5)  ❼

In [32]: kelly_strategy(f * 0.66)  ❽

In [33]: kelly_strategy(f)  ❾

In [34]: print(data[equs].tail())
                     equity_2.23  equity_2.95  equity_4.47
         Date
         2018-06-25     4.707070     6.367340     8.794342
         2018-06-26     4.730248     6.408727     8.880952
         2018-06-27     4.639340     6.246147     8.539593
         2018-06-28     4.703365     6.359932     8.775296
         2018-06-29     4.711332     6.374152     8.805026

In [35]: ax = data['returns'].cumsum().apply(np.exp).plot(legend=True,
                                                   figsize=(10, 6))
         data[equs].plot(ax=ax, legend=True);
```

❶ 加入 equity 新欄位，並將初始值設為 1

❷ 加入 capital 新欄位，並將初始值設為 $1 \cdot f^*$。

❸ 為之前的值選出正確的 DatetimeIndex 值。

❹ 用報酬來計算新的資本部位。

❺ 根據資本部位績效調整權益值。

❻ 根據新的權益值與固定槓桿比率調整投資部位。

❼ 用 f 的一半模擬使用 Kelly 準則的策略 …

❽ ... 用 2/3 的 f…

❾ … 以及用 f 本身。

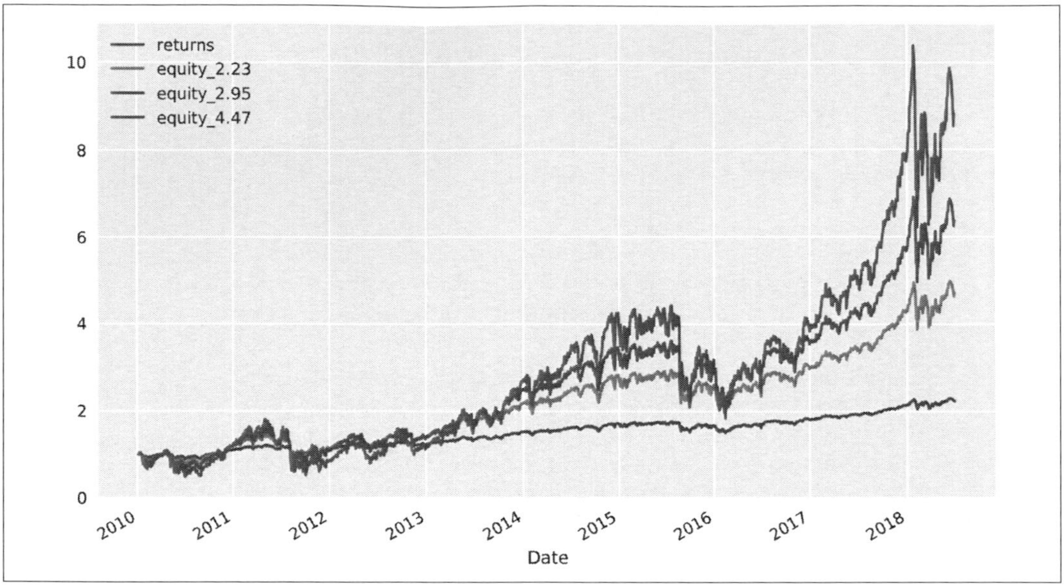

圖 16-3 S&P 500 與使用不同的 f 值的權益的累計績效

如圖 16-3 所示，使用最佳 Kelly 槓桿（在槓桿比率是 4.47 的情況下）會讓權益部位相當不穩定地變化（高波動率），在直覺上，這是合理的結果。權益部位的波動率應該會隨著槓桿的增加而增加。因此，投資者經常將槓桿減少至（舉例）"半 Kelly"，就目前的範例而言，就是 $\frac{1}{2} \cdot f^* \approx 2.23$。圖 16-3 也展示低於 "全 Kelly" 的權益部位的演變。使用較低的 f 值確實可以減少風險。

基於 ML 的交易策略

第 14 章介紹過 FXCM 交易平台、它的 REST API，以及 Python 包裝程式包 `fxcmpy`。本節結合預測股價動向的 ML 方法，以及 FXCM REST API 提供的歷史資料，來回測歐元 / 美元匯率的演算法交易策略。本節使用向量化的回測，這次考慮買賣價差會隨著交易成本而增減的情況。對比第 15 章介紹過的一般向量化回測方法，本節將更深入地分析交易策略的風險特性。

向量化回測

我們的回測使用盤中資料，5 分 K 線。下面的程式會連接 FXCM REST API 並取回整月的五分鐘 K 線資料。圖 16-4 將取回資料的期間之內的中間收盤價視覺化：

```
In [36]: import fxcmpy

In [37]: fxcmpy.__version__
Out[37]: '1.1.33'

In [38]: api = fxcmpy.fxcmpy(config_file='../fxcm.cfg')  ❶

In [39]: data = api.get_candles('EUR/USD', period='m5',
                                start='2018-06-01 00:00:00',
                                stop='2018-06-30 00:00:00')  ❶

In [40]: data.iloc[-5:, 4:]
Out[40]:                      askopen askclose  askhigh   asklow tickqty
         date
         2018-06-29 20:35:00  1.16862  1.16882  1.16896  1.16839     601
         2018-06-29 20:40:00  1.16882  1.16853  1.16898  1.16852     387
         2018-06-29 20:45:00  1.16853  1.16826  1.16862  1.16822     592
         2018-06-29 20:50:00  1.16826  1.16836  1.16846  1.16819     842
         2018-06-29 20:55:00  1.16836  1.16861  1.16876  1.16834     540

In [41]: data.info()
         <class 'pandas.core.frame.DataFrame'>
         DatetimeIndex: 6083 entries, 2018-06-01 00:00:00 to 2018-06-29 20:55:00
         Data columns (total 9 columns):
         bidopen     6083 non-null float64
         bidclose    6083 non-null float64
         bidhigh     6083 non-null float64
         bidlow      6083 non-null float64
         askopen     6083 non-null float64
         askclose    6083 non-null float64
         askhigh     6083 non-null float64
         asklow      6083 non-null float64
         tickqty     6083 non-null int64
         dtypes: float64(8), int64(1)
         memory usage: 475.2 KB

In [42]: spread = (data['askclose'] - data['bidclose']).mean()  ❷
         spread  ❷
Out[42]:2.6338977478217845e-05

In [43]: data['midclose'] = (data['askclose'] + data['bidclose']) / 2  ❸

In [44]: ptc = spread / data['midclose'].mean()  ❹
         ptc  ❹
Out[44]: 2.255685318140426e-05

In [45]: data['midclose'].plot(figsize=(10, 6), legend=True);
```

❶ 連接 API 並取得資料。

❷ 計算平均買賣價差。

❸ 用買盤與賣盤的收盤價來計算中間收盤價。

❹ 用平均買賣價差與平均中間收盤價來計算平均比例交易成本。

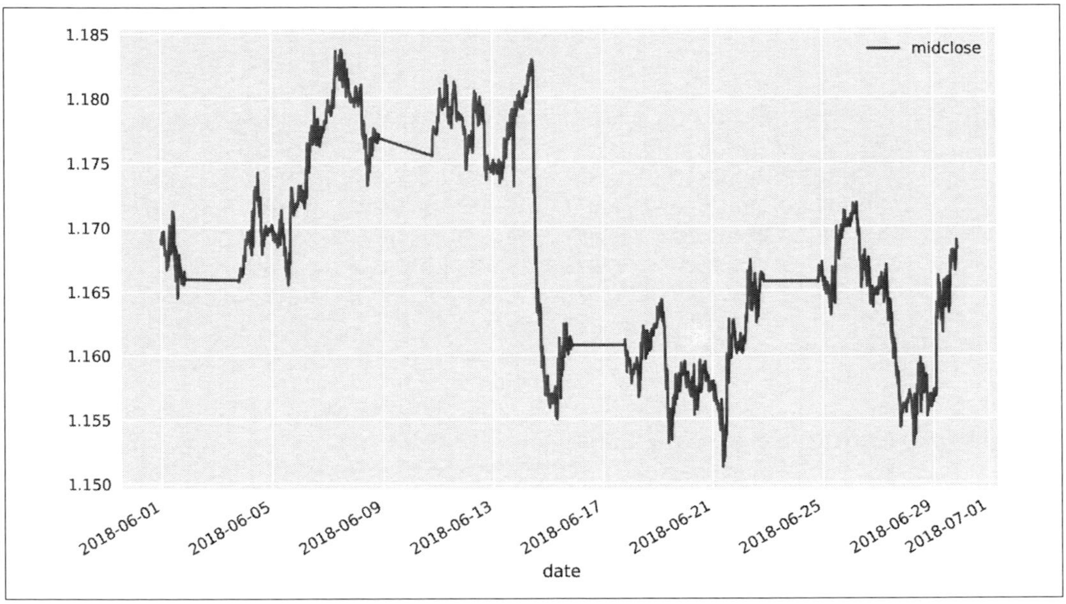

圖 16-4 歐元 / 美元匯率（五分線）

ML 策略使用二元化的滯後報酬資料。換句話說，ML 演算法會學習過往歷史的上漲與下跌模式，來判斷比較可能出現朝上或朝下的走勢。下面的程式建立值為 0 與 1 的特徵資料，以及值為 +1 與 -1 的標籤資料，代表在所有情況下觀察到的市場方向：

```
In [46]: data['returns'] = np.log(data['midclose'] / data['midclose'].shift(1))

In [47]: data.dropna(inplace=True)

In [48]: lags = 5

In [49]: cols = []
         for lag in range(1, lags + 1):
         col = 'lag_{}'.format(lag)
         data[col] = data['returns'].shift(lag)  ❶
         cols.append(col)
```

```
In [50]: data.dropna(inplace=True)

In [51]: data[cols] = np.where(data[cols] > 0, 1, 0)  ❷

In [52]: data['direction'] = np.where(data['returns'] > 0, 1, -1)  ❸

In [53]: data[cols + ['direction']].head()
Out[53]:                      lag_1  lag_2  lag_3  lag_4  lag_5  direction
         date
         2018-06-01 00:30:00      1      0      1      0      1          1
         2018-06-01 00:35:00      1      1      0      1      0          1
         2018-06-01 00:40:00      1      1      1      0      1          1
         2018-06-01 00:45:00      1      1      1      1      0          1
         2018-06-01 00:50:00      1      1      1      1      1         -1
```

❶ 用 lags 數字來建立滯後的報酬資料。

❷ 將特徵值轉換成二元資料。

❸ 將報酬資料轉換成方向標籤資料。

有了特徵與標籤資料之後，我們來應用各種監督學習演算法。接下來的程式使用 scikit-learn ML 程式包的支援向量機演算法進行分類。這段程式會循序拆分訓練 / 測試組合來訓練與測試演算法交易策略。這個模型處理訓練與測試資料時，都得到稍微大於 50% 的準確度分數，它處理測試資料得到的分數甚至比較高。金融交易領域也經常探討交易策略的**命中率**，也就是獲利交易與所有交易的比率，而不是準確度分數。命中率大於 50% 可能代表（在 Kelly 準則的背景下）它與隨機漫步相較之下稍有優勢：

```
In [54]: from sklearn.svm import SVC
         from sklearn.metrics import accuracy_score

In [55]: model = SVC(C=1, kernel='linear', gamma='auto')

In [56]: split = int(len(data) * 0.80)

In [57]: train = data.iloc[:split].copy()

In [58]: model.fit(train[cols], train['direction'])
Out[58]: SVC(C=1, cache_size=200, class_weight=None, coef0=0.0,
         decision_function_shape='ovr', degree=3, gamma='auto', kernel='linear',
           max_iter=-1, probability=False, random_state=None, shrinking=True,
           tol=0.001, verbose=False)

In [59]: accuracy_score(train['direction'], model.predict(train[cols]))  ❶
Out[59]: 0.5198518823287389
```

```
In [60]: test = data.iloc[split:].copy()

In [61]: test['position'] = model.predict(test[cols])

In [62]: accuracy_score(test['direction'], test['position'])  ❷
Out[62]: 0.5419407894736842
```

❶ 用訓練好的模型進行 *in-sample*（使用訓練資料）預測的準確度。

❷ 用訓練好的模型進行 *out-of-sample*（使用測試資料）預測的準確度。

眾所周知，在金融交易中，命中率只不過是成功的一個面向而已。除此之外，交易策略帶來的交易成本，以及正確地進行重要的交易也至關重要[2]。因此，我們只能用向量化的回測方式來評估交易策略的品質。下面的程式考慮隨著買賣盤平均價差比例縮放的交易成本。圖 16-5 拿演算法交易策略的績效（使用與不使用縮放的交易成本）來與被動投資法的績效做比較：

```
In [63]: test['strategy'] = test['position'] * test['returns']  ❶

In [64]: sum(test['position'].diff() != 0)  ❷
Out[64]: 660

In [65]: test['strategy_tc'] = np.where(test['position'].diff() != 0,
                                        test['strategy'] - ptc,  ❸
                                        test['strategy'])

In [66]: test[['returns', 'strategy', 'strategy_tc']].sum(
                 ).apply(np.exp)
Out[66]: returns        0.999324
         strategy       1.026141
         strategy_tc    1.010977
         dtype: float64

In [67]: test[['returns', 'strategy', 'strategy_tc']].cumsum(
                 ).apply(np.exp).plot(figsize=(10, 6));
```

❶ 計算 ML 演算法交易策略的對數報酬率。

❷ 計算交易策略根據部位的變動執行的交易數量。

2 掌握市場最大的動向（也就是最大的上漲與下跌幅度）對投資與交易績效而言至關重要，這是個典型的經驗事實，圖 16-5 與 16-7 清楚地描述這個層面，顯示交易策略錯誤地猜測標的商品大幅上揚，導致交易策略的獲利大幅下跌。

❸ 有交易發生時，將策略在該日的對數報酬率減去彈性縮放的交易成本。

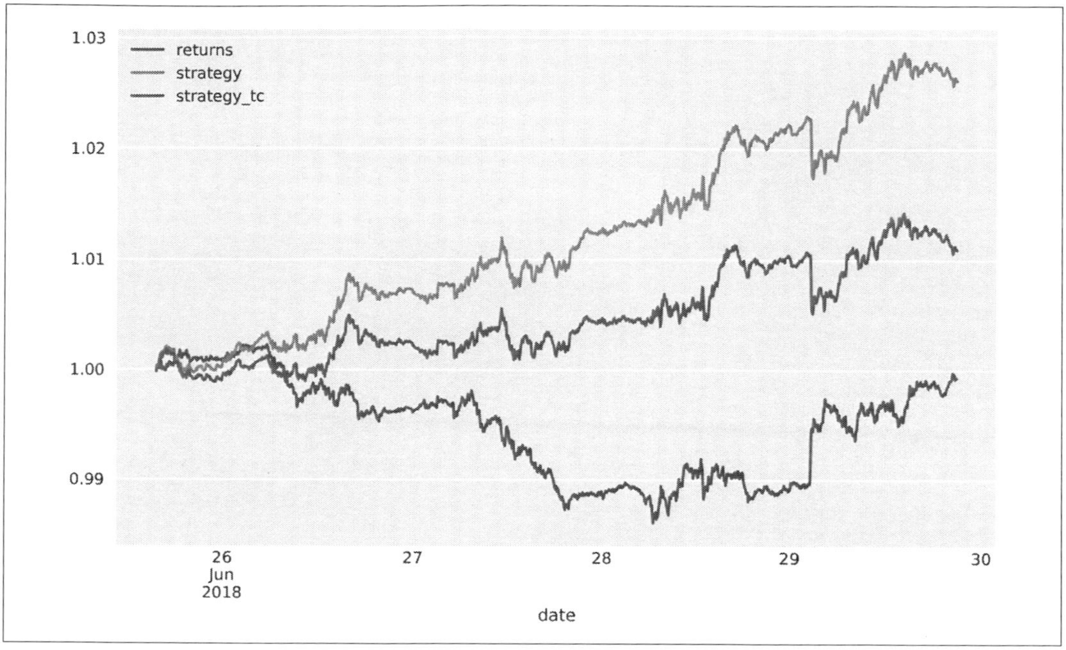

圖 16-5 歐元 / 美元匯率與演算法交易策略的績效

向量化回測的限制

向量化回測的限制在於它無法緊密地測試實際的市場情況，例如，它不允許直接納入每筆交易的固定交易成本，你可以用近似的方式，將多個平均比例交易成本（根據平均部位規模）來間接納入固定的交易成本，但是這種做法通常不準確。如果你需要更高的準確度，就必須採取別的做法，例如事件式回測，並且明確地迭代價格資料的每一根 K 線。

最佳槓桿

取得交易策略的對數報酬資料之後，我們可以計算平均值與變異數，用 Kelly 準則來推導最佳槓桿。下面的程式將數字調整為年化值，不過這個動作不會改變用 Kelly 準則算出來的最佳槓桿值，因為平均報酬與變異數也會按照同樣的比例縮放：

```
In [68]: mean = test[['returns', 'strategy_tc']].mean() * len(data) * 12  ❶
         mean
Out[68]: returns        -0.040535
         strategy_tc     0.654711
```

```
        dtype: float64

In [69]: var = test[['returns', 'strategy_tc']].var() * len(data) * 12  ❷
         var
Out[69]: returns        0.007861
         strategy_tc    0.007837
         dtype: float64

In [70]: vol = var ** 0.5  ❸
         vol
Out[70]: returns        0.088663
         strategy_tc    0.088524
         dtype: float64

In [71]: mean / var  ❹
Out[71]: returns        -5.156448
         strategy_tc    83.545792
         dtype: float64

In [72]: mean / var * 0.5  ❺
Out[72]: returns        -2.578224
         strategy_tc    41.772896
         dtype: float64
```

❶ 年化平均報酬。

❷ 年化變異數。

❸ 年化波動率。

❹ 用 Kelly 準則算出來的最佳槓桿（“全 Kelly”）。

❺ 用 Kelly 準則算出來的最佳槓桿（“半 Kelly”）。

使用“半 Kelly”準則時，這個交易策略的最佳槓桿大約是 40。對許多券商（例如 FXCM）與金融商品（例如外匯與價格合約（CFD））來說，這種槓桿比率是可行的，即使對散戶而言也是如此[3]。圖 16-6 比較各種槓桿值的交易策略績效（包含交易成本）：

3 槓桿會明顯增加交易策略的風險。交易者應該仔細閱讀風險免責聲明與規則。即使回測績效是正的，也不能保證未來的績效會如何。我們展示的結果只是為了說明如何運用程式設計與分析方法。在德國等一些司法管轄區，散戶的槓桿率上限是根據不同金融商品類別制定的。

```
In [73]: to_plot = ['returns', 'strategy_tc']

In [74]: for lev in [10, 20, 30, 40, 50]:
             label = 'lstrategy_tc_%d' % lev
             test[label] = test['strategy_tc'] * lev  ❶
             to_plot.append(label)

In [75]: test[to_plot].cumsum().apply(np.exp).plot(figsize=(10, 6));
```

❶ 調整不同槓桿值的策略報酬。

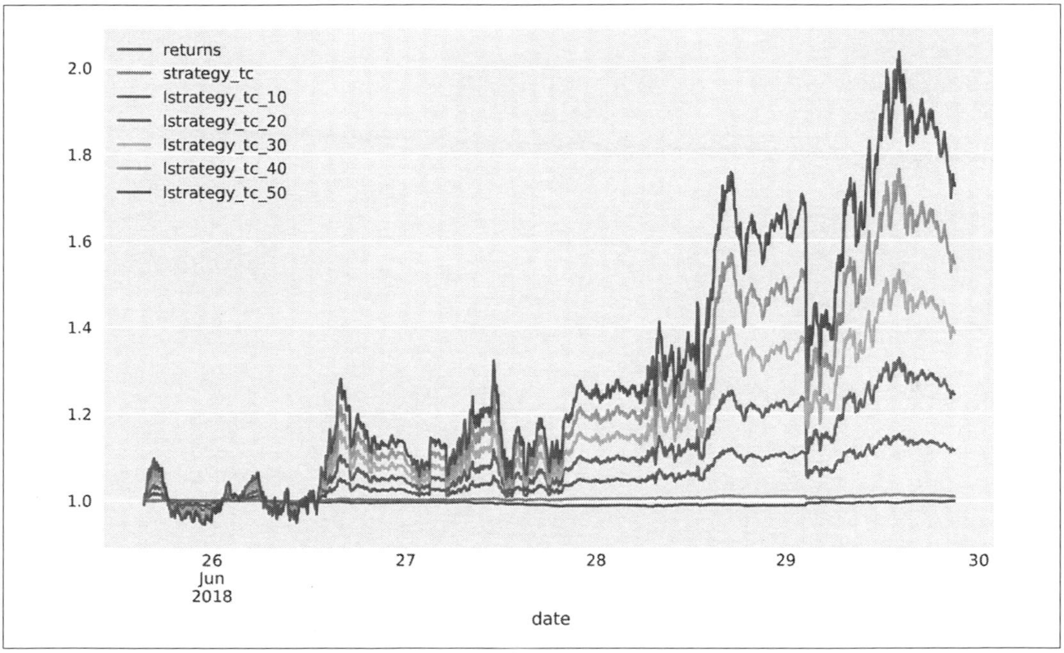

圖 16-6 使用不同槓桿值時的演算法交易績效

風險分析

因為槓桿會增加交易策略的風險，我們應該更深入地分析風險。接下來的風險分析假設槓桿比率是 30。我們先計算最大跌幅與最長下跌期間，**最大跌幅**是在近期高點之後出現的最大虧損（下跌），因此，**最長下跌期**就是交易策略回到近期高點所需的最長時間。這個分析假設初始權益部位是 3,333 歐元，在槓桿率為 30 的情況下，初始部位規模是 100,000，並且假設無論績效如何，權益都不會隨著時間而調整：

```
In [76]: equity = 3333  ❶

In [77]: risk = pd.DataFrame(test['lstrategy_tc_30'])  ❷

In [78]: risk['equity'] = risk['lstrategy_tc_30'].cumsum(
                 ).apply(np.exp) * equity  ❸

In [79]: risk['cummax'] = risk['equity'].cummax()  ❹

In [80]: risk['drawdown'] = risk['cummax'] - risk['equity']  ❺

In [81]: risk['drawdown'].max()  ❻
Out[81]: 781.7073602069818

In [82]: t_max = risk['drawdown'].idxmax()  ❼
         t_max  ❼
Out[82]: Timestamp('2018-06-29 02:45:00')
```

❶ 初始權益。

❷ 相關的對數報酬 …

❸ … 根據初始權益縮放。

❹ 隨著時間累積的最大價值。

❺ 隨著時間下跌的價值。

❻ 最大跌幅。

❼ 發生的時間點。

從技術上說，（新）高點可以用下跌值 0 來表示。下跌期是兩個這種高點之間的時間。圖 16-7 將最大跌幅與下跌期視覺化：

```
In [83]: temp = risk['drawdown'][risk['drawdown'] == 0]  ❶

In [84]: periods = (temp.index[1:].to_pydatetime() -
                    temp.index[:-1].to_pydatetime())  ❷

In [85]: periods[20:30]  ❷
Out[85]: array([datetime.timedelta(seconds=68700),
                datetime.timedelta(seconds=72000),
         datetime.timedelta(seconds=1800), datetime.timedelta(seconds=300),
         datetime.timedelta(seconds=600), datetime.timedelta(seconds=300),
                datetime.timedelta(seconds=17400),
```

```
        datetime.timedelta(seconds=4500), datetime.timedelta(seconds=1500),
               datetime.timedelta(seconds=900)], dtype=object)

In [86]: t_per = periods.max()  ❸

In [87]: t_per  ❸
Out[87]: datetime.timedelta(seconds=76500)

In [88]: t_per.seconds / 60 / 60  ❹
Out[88]: 21.25

In [89]: risk[['equity', 'cummax']].plot(figsize=(10, 6))
         plt.axvline(t_max, c='r', alpha=0.5);
```

❶ 找出下跌為 0 的高點。

❷ 計算所有高點之間的 `timedelta` 值。

❸ 最長下跌期，以秒為單位 …

❹ … 以及以時間為單位。

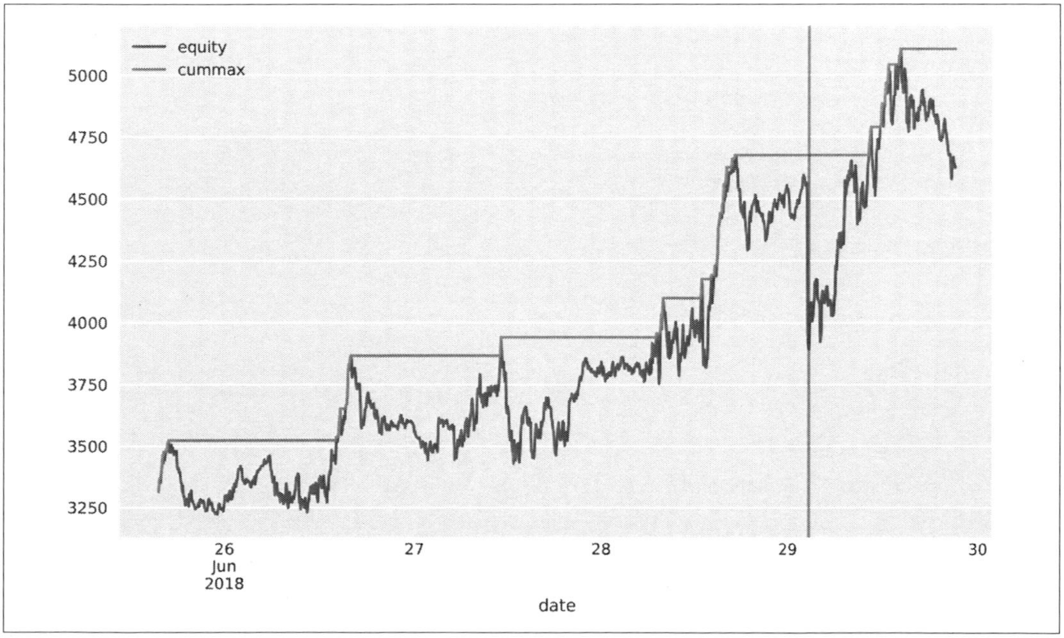

圖 16-7 最大跌幅（直線）與下跌期（橫線）

另一個重要的風險數值是風險值（VaR），它是以貨幣金額來表示的，代表在特定一段時間與信心水準之下，預計的最大虧損。下面的程式使用各種信心水準，根據槓桿交易策略的權益部位隨著時間的前進而獲得的對數報酬來推導 VaR，並將時段固定為 K 線長度五分鐘：

```
In [91]: import scipy.stats as scs

In [92]: percs = np.array([0.01, 0.1, 1., 2.5, 5.0, 10.0])  ❶

In [93]: risk['returns'] = np.log(risk['equity'] /
                                  risk['equity'].shift(1))

In [94]: VaR = scs.scoreatpercentile(equity * risk['returns'], percs)  ❷

In [95]: def print_var():
             print('%16s %16s' % ('Confidence Level', 'Value-at-Risk'))
             print(33 * '-')
             for pair in zip(percs, VaR):
                 print('%16.2f %16.3f' % (100 - pair[0], -pair[1]))  ❸

In [96]: print_var()  ❸
         Confidence Level    Value-at-Risk
         ---------------------------------
                    99.99          400.854
                    99.90          175.932
                    99.00           88.139
                    97.50           60.485
                    95.00           45.010
                    90.00           32.056
```

❶ 定義要使用的百分位數。

❷ 用百分位數來計算 VaR 值。

❸ 將百分位數轉換成信心水準，並且將 VaR 值（負值）轉換成正值，以便印出。

最後，下面的程式對原始的 `DataFrame` 物件進行再抽樣，計算一小時期間的 VaR 值。事實上，所有信心水準的 VaR 值都增加了，除了最高的 VaR 值之外：

```
In [97]: hourly = risk.resample('1H', label='right').last()  ❶

In [98]: hourly['returns'] = np.log(hourly['equity'] /
                                    hourly['equity'].shift(1))

In [99]: VaR = scs.scoreatpercentile(equity * hourly['returns'], percs)  ❷
```

```
In [100]: print_var()
          Confidence Level    Value-at-Risk
          ---------------------------------
                     99.99          389.524
                     99.90          372.657
                     99.00          205.662
                     97.50          186.999
                     95.00          164.869
                     90.00          101.835
```

❶ 再抽樣，從五分鐘變成一小時 K 線。

❷ 用再抽樣的資料重新計算 VaR 值。

保存模型物件

當你認為演算法交易策略已經通過回測、槓桿，與風險分析的考驗，並且願意“接受”它之後，必須將模型物件保存起來，以便在稍後部署時使用，也就是將 ML 交易策略或交易演算法具體化：

```
In [101]: import pickle

In [102]: pickle.dump(model, open('algorithm.pkl', 'wb'))
```

線上演算法

我們到目前為止測試的交易演算法都是*離線演算法*。這種演算法使用完整的資料集來解決眼前的問題。之前的問題使用二元化的特徵資料與方向標籤資料來訓練 SVM 演算法，在實務上，當你在金融市場部署交易演算法時，它必須逐段接收資料，並預測下一個時段（K 線）的市場動向。本節要將上一節保存的模型物件嵌入串流資料環境。

將離線交易演算法轉換成線上交易演算法的程式主要處理的問題有：

tick 資料

tick 資料會即時到達，並且要即時處理。

再抽樣

根據交易演算法，將 tick 資料再抽樣為適當的 K 線大小。

預測

讓交易演算法預測市場在未來時段的走向。

下單

根據目前的部位與演算法產生的預測（“訊號”）進行下單或持倉。

第 501 頁的“取得串流資料”曾經介紹如何從 FXCM REST API 即時取得 tick 資料，基本的做法是訂閱市場資料串流，並傳遞一個處理資料的回呼函式。

首先，你要載入之前存起來的交易演算法，它代表將要遵守的交易邏輯。我們可以定義一個方便的輔助函式，在交易演算法進行交易時，印出建倉部位：

```
In [103]: algorithm = pickle.load(open('algorithm.pkl', 'rb'))

In [104]: algorithm
Out[104]: SVC(C=1, cache_size=200, class_weight=None, coef0=0.0,
          decision_function_shape='ovr', degree=3, gamma='auto',
          kernel='linear', max_iter=-1, probability=False,
          random_state=None, shrinking=True, tol=0.001, verbose=False)

In [105]: sel = ['tradeId', 'amountK', 'currency',
                 'grossPL', 'isBuy']  ❶

In [106]: def print_positions(pos):
              print('\n\n' + 50 * '=')
              print('Going {}.\n'.format(pos))
              time.sleep(1.5)  ❷
              print(api.get_open_positions()[sel])  ❸
              print(50 * '=' + '\n\n')
```

❶ 定義要顯示的 DataFrame 欄位。

❷ 等待訂單被處理，並且反應為建倉部位。

❸ 印出建倉部位。

在定義與開始執行線上演算法之前，我們要設定一些參數值：

```
In [107]: symbol = 'EUR/USD'  ❶
          bar = '15s'  ❷
          amount = 100  ❸
          position = 0  ❹
          min_bars = lags + 1  ❺
          df = pd.DataFrame()  ❻
```

❶ 要交易的商品代號。

❷ 再抽樣的 K 線長度，為了方便測試，K 線的長度可能要比實際部署的長度還要短（例如 15 秒，而不是 5 分鐘）。

❸ 交易量，以千為單位。

❹ 初始部位（“中性”）。

❺ 可以開始進行第一次預測與交易的最小再抽樣 K 線數。

❻ 稍後供再抽樣資料使用的空 DataFrame 物件。

下面的 automated_strategy() 回呼函式可將交易演算法轉換成即時背景：

```
In [108]: def automated_strategy(data, dataframe):
              global min_bars, position, df
              ldf = len(dataframe)  ❶
              df = dataframe.resample(bar, label='right').last().ffill()  ❷
              if ldf % 20 == 0:
                  print('%3d' % len(dataframe), end=',')

              if len(df) > min_bars:
                  min_bars = len(df)
                  df['Mid'] = df[['Bid', 'Ask']].mean(axis=1)
                  df['Returns'] = np.log(df['Mid'] / df['Mid'].shift(1))
                  df['Direction'] = np.where(df['Returns'] > 0, 1, -1)
                  features = df['Direction'].iloc[-(lags + 1):-1]  ❸
                  features = features.values.reshape(1, -1)  ❹
                  signal = algorithm.predict(features)[0]  ❺

                  if position in [0, -1] and signal == 1:  ❻
                      api.create_market_buy_order(
                          symbol, amount - position * amount)
                      position = 1
                      print_positions('LONG')

                  elif position in [0, 1] and signal == -1:  ❼
                      api.create_market_sell_order(
                          symbol, amount + position * amount)
                      position = -1
                      print_positions('SHORT')

              if len(dataframe) > 350:  ❽
                  api.unsubscribe_market_data('EUR/USD')
                  api.close_all()
```

❶ 取得含有 tick 資料的 `DataFrame` 物件的長度。

❷ 將 tick 資料再抽樣成預定的 K 線長度。

❸ 選出所有 lag 的特徵值 …

❹ … 並將它們重塑成可讓模型用來預測的形式。

❺ 產生預測值（`+1` 或 `-1`）。

❻ 建立（或繼續持有）多頭部位的條件。

❼ 建立（或繼續持有）空頭部位的條件。

❽ 停止交易並平倉所有部位的條件（這是隨便定義的，根據收到的 tick 數量）。

基礎設施與部署

我們必須有適當的基礎設施，才有辦法部署能夠自動使用真正的資金進行演算法交易的程式，這種基礎設施至少要滿足以下的條件：

可靠

用來部署演算法交易策略的基礎設施應該有高妥善率（例如 > 99.9%），否則應該注意可靠性（自動備份、有多個磁碟或 web 連結等）。

性能

根據資料量與演算法的計算需求，基礎設施必須有足夠的 CPU 核心、記憶體（RAM）、儲存空間（SSD），此外，網路連線必須夠快。

安全

使用夠強的密碼與 SSL 加密來保護作業系統，以及在它上面執行的應用程式；並且防止硬體被火災、水禍，以及未經授權的物理訪問破壞。

基本上，滿足這些需求的唯一方式，就是向專業資料中心或雲端供應商租用適當的基礎設施。除非你是較大甚至最大規模的金融市場參與者，否則投資實體設施來滿足上述的需求不太合理。

從開發與測試的角度來看，即使是 DigitalOcean 提供的最小的 Droplet（雲端實例）也足以讓你開始工作了。在寫這本書時，這種 Droplet 每月只收費 5 美元；費用是以小時計費的，你可以在幾分鐘之內建立伺服器，並且在幾秒鐘之內銷毀它[4]。

第 51 頁的“使用雲端實例”已經介紹如何在 DigitalOcean 設定 Droplet 了，你可以調整 bash 腳本來滿足關於 Python 程式包的需求。

> **運維風險**
>
> 雖然你可以在本地電腦（桌機、筆電等）開發與測試自動化演算法交易策略，但本地電腦不適合部署即時策略以真正的金錢進行交易，因為只要單純的網路連線中斷或短暫的停電就會讓整個演算法崩潰，可能會讓你留下不想要持倉的部位，或造成資料集損壞（因為缺少即時的 tick 資料）、可能產生錯誤的訊號，與不想要的交易 / 部位。

記錄與監控

假設我們已經將自動演算法交易策略部署在遠端伺服器（雲端實例、租用伺服器等），而且安裝所有必須的 Python 程式包（見第 51 頁的“使用雲端實例”），而且（舉例），安全地運行 Jupyter Notebook（*http://bit.ly/2A8jkDx*）了。從演算法交易者的角度來看，如果他們不想要在登入伺服器之後，坐在螢幕前面一整天的話，還需要考慮哪些事項？

本節處理兩個這方面的重要主題：**記錄**（*logging*）與**即時監控**。記錄可將資訊與事件保存在磁碟裡面，以供稍後檢視，它是軟體應用程式開發與部署的標準做法。但是，現在的重點是記錄重要的金融資料與事件資訊，以備後續檢視及分析。即時監控 socket 通訊也是如此。我們可以透過 socket 建立持續傳來的重要財金即時串流，接著在本地電腦擷取並處理它，即使我們是在雲端上部署的。

第 574 頁的“自動化交易策略”有一個 Python 腳本實作了所有層面，並使用第 567 頁“線上演算法”的所有程式。這個腳本可讓你（舉例）在遠端伺服器使用之前保存的演算法物件來部署演算法交易策略。它也使用 ZeroMQ（*http://zeromq.org*）來進行 socket 通訊，並使用自訂函式加入 *log* 與**監控**功能。結合第 577 頁“策略監控”的短腳本，你可以即時監控遠端伺服器的活動。

---

4 當你在 DigitalOcean 註冊新帳號時，可使用連結 *http://bit.ly/do_sign_up* 來取得 10 美元紅利。

無論你在本地還是在遠端執行第 574 頁“自動化交易策略”的腳本，透過 socket 來 log 與傳送的輸出長這樣：

```
2018-07-25 09:16:15.568208
=================================================================
NUMBER OF BARS: 24

=================================================================
MOST RECENT DATA
                          Mid   Returns  Direction
2018-07-25 07:15:30  1.168885 -0.000009         -1
2018-07-25 07:15:45  1.168945  0.000043          1
2018-07-25 07:16:00  1.168895 -0.000051         -1
2018-07-25 07:16:15  1.168895 -0.000009         -1
2018-07-25 07:16:30  1.168885 -0.000017         -1

=================================================================
features: [[ 1 -1  1 -1 -1]]
position: -1
signal:   -1


2018-07-25 09:16:15.581453
=================================================================
no trade placed

****END OF CYCLE***


2018-07-25 09:16:30.069737
=================================================================
NUMBER OF BARS: 25

=================================================================
MOST RECENT DATA
                          Mid   Returns  Direction
2018-07-25 07:15:45  1.168945  0.000043          1
2018-07-25 07:16:00  1.168895 -0.000051         -1
2018-07-25 07:16:15  1.168895 -0.000009         -1
2018-07-25 07:16:30  1.168950  0.000034          1
2018-07-25 07:16:45  1.168945 -0.000017         -1

=================================================================
features: [[-1  1 -1 -1  1]]
position: -1
signal:    1
```

```
2018-07-25 09:16:33.035094
=================================================================

==================================================
Going LONG.

    tradeId  amountK  currency  grossPL  isBuy
0  61476318      100   EUR/USD       -2   True
==================================================


****END OF CYCLE***
```

在本地執行第 577 頁“策略監控”的腳本可讓你即時擷取資訊，並處理它們。當然，你可以按需求調整 log 與串流資料[5]。你也可以保存在執行交易腳本的期間建立的 DataFrame 物件，或調整交易腳本與整個邏輯，加入以程式來停損或停利等元素。或者，你可以透過 FXCM 交易 API（*http://fxcmpy.tpq.io*），使用更複雜的訂單類型。

考慮所有風險

交易匯率與 CFD 都有金融風險，用演算法來交易這些商品會自動引來一些額外的風險，其中包括交易與執行邏輯的缺陷，以及技術風險，例如 socket 通訊的問題，或是在部署期間太晚取得甚至遺漏 tick 資料。因此，在你部署自動化交易策略之前，應確認、評估與處理相關的市場、執行、運維、技術與其他風險。本章程式碼的目的，只是為了講解技術。

小結

本章討論如何以自動化的方式部署演算法交易策略，使用機器學習的分類演算法來預測市場的動向。本章處理一些重要的主題，包括資本管理（根據 Kelly 準則）、向量化回測績效與風險、將離線交易演算法轉換成線上、適合部署的基礎設施，以及在部署期間進行記錄與監控。

---

5 注意，這兩個腳本實作的 socket 通訊並未加密，而且是透過網路傳送明文，也就是說，它在生產環境有安全防護方面的風險。

本章的主題相當複雜，演算法交易實作者必須掌握廣泛的技術。但是如果你有演算法交易 REST API 可用，例如 FXCM 提供的，就可以大幅簡化自動化工作，如此一來，核心的工作就只剩下使用 Python 包裝程式包 fxcmpy 來取得 tick 資料與下單。你要圍繞著這個核心，盡可能地增加可減輕運維與技術風險的要素。

Python 腳本

自動化交易策略

下面是實作自動化演算法交易策略的 Python 腳本，包括 log 與監控。

```
#
# 在 FXCM 上使用的自動化 ML 交易策略
# 線上演算法、log、監控
#
# Python for Finance, 2nd ed.
# (c) Dr.Yves J. Hilpisch
#
import zmq
import time
import pickle
import fxcmpy
import numpy as np
import pandas as pd
import datetime as dt

sel = ['tradeId', 'amountK', 'currency',
       'grossPL', 'isBuy']

log_file = 'automated_strategy.log'

# 載入之前保存的演算法物件
algorithm = pickle.load(open('algorithm.pkl', 'rb'))

# 用 ZeroMQ 設定 socket 通訊（在此："發布者"）
context = zmq.Context()
socket = context.socket(zmq.PUB)

# 將 socket 通訊綁定機器的所有 IP 位址
socket.bind('tcp://0.0.0.0:5555')


def logger_monitor(message, time=True, sep=True):
    ''' Custom logger and monitor function.
```

```
    '''
    with open(log_file, 'a') as f:
        t = str(dt.datetime.now())
        msg = ''
        if time:
            msg += '\n' + t + '\n'
        if sep:
            msg += 66 * '=' + '\n'
        msg += message + '\n\n'
        # 用 socket 傳送訊息
        socket.send_string(msg)
        # 將訊息寫入 log 檔
        f.write(msg)


def report_positions(pos):
    ''' Prints, logs and sends position data.
    '''
    out = '\n\n' + 50 * '=' + '\n'
    out += 'Going {}.\n'.format(pos) + '\n'
    time.sleep(2) # 等待買賣單的執行
    out += str(api.get_open_positions()[sel]) + '\n'
    out += 50 * '=' + '\n'
    logger_monitor(out)
    print(out)


def automated_strategy(data, dataframe):
    ''' Callback function embodying the trading logic.
    '''
    global min_bars, position, df
    # 再抽樣 tick 資料
    df = dataframe.resample(bar, label='right').last().ffill()

    if len(df) > min_bars:
        min_bars = len(df)
        logger_monitor('NUMBER OF TICKS: {} | '.format(len(dataframe)) +
                       'NUMBER OF BARS: {}'.format(min_bars))
        # 處理資料與準備特徵
        df['Mid'] = df[['Bid', 'Ask']].mean(axis=1)
        df['Returns'] = np.log(df['Mid'] / df['Mid'].shift(1))
        df['Direction'] = np.where(df['Returns'] > 0, 1, -1)
        # 選出相關的點
        features = df['Direction'].iloc[-(lags + 1):-1]
        # 必要的 reshape
        features = features.values.reshape(1, -1)
        # 產生訊號（+1 或 -1）
```

```
        signal = algorithm.predict(features)[0]

        # log 並傳送主要財金資訊
        logger_monitor('MOST RECENT DATA\n' +
                       str(df[['Mid', 'Returns', 'Direction']].tail()),
                       False)
        logger_monitor('features: ' + str(features) + '\n' +
                       'position: ' + str(position) + '\n' +
                       'signal:   ' + str(signal), False)

        # 交易邏輯
        if position in [0, -1] and signal == 1: # 作多?
            api.create_market_buy_order(
                symbol, size - position * size) # 下買單
            position = 1 # 將部位改成作多
            report_positions('LONG')

        elif position in [0, 1] and signal == -1: # 作空?
            api.create_market_sell_order(
                symbol, size + position * size) # 下賣單
            position = -1 # 將部位改成放空
            report_positions('SHORT')
        else: # 不交易
            logger_monitor('no trade placed')

        logger_monitor('****END OF CYCLE***\n\n', False, False)

    if len(dataframe) > 350: # 停止條件
            api.unsubscribe_market_data('EUR/USD') # 取消訂閱資料串流
            report_positions('CLOSE OUT')
            api.close_all() # 平倉所有部位
            logger_monitor('***CLOSING OUT ALL POSITIONS***')


    if __name__ == '__main__':
        symbol = 'EUR/USD' # 要交易的代號
        bar = '15s' # bar 長度,為了測試與部署而調整
        size = 100 # 部位規模,以千元為單位
        position = 0 # 初始部位
        lags = 5 # 特徵資料的滯後數
        min_bars = lags + 1 # 再抽樣的 DataFrame 的最小長度
        df = pd.DataFrame()
        # 調整組態檔位置
        api = fxcmpy.fxcmpy(config_file='../fxcm.cfg')
        # 使用回呼函式的主要非同步迴圈
        api.subscribe_market_data(symbol, (automated_strategy,))
```

策略監控

下面是透過 socket 通訊，對自動化演算法交易策略進行本地或遠端監控的 Python 腳本。

```
#
# 在 FXCM 上使用的自動化 ML 交易策略
# 透過 Socket 通訊進行策略監控
#
# Python for Finance, 2nd ed.
# (c) Dr. Yves J. Hilpisch
#
import zmq

# 用 ZeroMQ 設定 socket 通訊（在此："訂閱者"）
context = zmq.Context()
socket = context.socket(zmq.SUB)

# 調整 IP 位址來反映遠端位置
socket.connect('tcp://REMOTE_IP_ADDRESS:5555')

# 設置 socket 來取得每一個訊息
socket.setsockopt_string(zmq.SUBSCRIBE, '')

while True:
    msg = socket.recv_string()
    print(msg)
```

其他資源

本章引用的論文有：

- Rotando, Louis, and Edward Thorp (1992). “The Kelly Criterion and the Stock Market.” *The American Mathematical Monthly,* Vol. 99, No. 10, pp. 922–931.
- Hung, Jane (2010): “Betting with the Kelly Criterion.” *http://bit.ly/betting_with_kelly.*

- *http://certificate.tpq.io* 提供詳細的線上培訓課程，指導以 Python 進行演算法交易。

第五部分

衍生商品分析

這個部分要用蒙地卡羅模擬來開發較小規模，但功能依然強大的選擇權與衍生商品定價應用程式[1]。我們的目標是寫出一組 Python 類別（稱為 DX 的定價程式庫，名稱代表 Derivatives analytiX），其用途是：

建模

建立用於折現的短期利率模型、建立歐式與美式選擇權的模型，包括標的物的風險因子，以及相關的市場環境、甚至建立複雜的投資組合模型，包含多個選擇權與多個（可能是相關的）標的物風險因子。

模擬

用幾何布朗運動與跳躍擴散以及平方根擴散來模擬風險因子，以及同時且一致地模擬一些風險因子，無論它們是否相關。

估價

用風險中立估價法來評估歐式與美式選擇權的價值與任意報酬；以一致、整合的方式來評估包含這種選擇權的投資組合的價值（“總體估價”）。

風險管理

獨立於標的物風險因子與行使類型，估計最重要的希臘字母數值（也就是選擇權 / 衍生商品的 delta 與 vega）。

1 Bittman（2009）介紹選擇權交易與相關主題，例如市場基本面，以及所謂的希臘字母（Greeks）避險參數的作用。

應用

使用程式包，以符合市場的方式，用 DAX 30 股票指數來估價與管理非交易（non-traded）美式選擇權投資組合。

這個部分使用作者與 The Python Quants GmbH（可以透過 Quant Platform（*http://pqp.io*）訪問）一起開發與維護的 DX 分析程式包（*http://dx-analytics.com*）。完整的版本可對複雜的多風險衍生商品及其組成的交易帳簿（trading book）進行建模、定價，以及風險管理。

這個部分包含下列各章：

- 第 17 章以理論與技術形式介紹估價框架。理論層面的核心是資產定價基本理論與風險中立估價方法。技術上，本章展示一些用於風險中立折現與市場環境的 Python 類別。
- 第 18 章使用幾何布朗運動、跳躍擴散與平方根擴散程序來模擬風險因子，並介紹一個通用類別與三個專用類別。
- 第 19 章根據單一標的物風險因子來對歐式或美式行使法的衍生商品進行估價；同樣使用一個通用類別與兩個專用類別來代表主要的元素。通用類別可用來評估 delta 與 vega，無論選擇權的類型是什麼。
- 第 20 章使用多個可能相關的標的物，來評估可能很複雜的衍生商品投資組合的價值。本章提供一個衍生商品部位建模類別，以及一個較複雜的一致性投資組合估價類別。
- 第 21 章使用其他章節開發的 DX 程式庫，用 DAX 30 股票指數來評估美式看跌選擇權投資組合的價值並進行風險管理。

第十七章

估價框架

複利是史上最偉大的數學發現。

—Albert Einstein

本章將介紹最基礎的概念，提供開發 DX 程式庫所需的框架。本章先簡單地回顧資產定價基本理論，提供模擬與估價的理論背景。接著介紹**日期處理**與**風險中立折現**的基本概念。本章的折現只考慮最簡單的案例，也就是固定短期利率，但你也可以輕鬆地將更複雜與務實的模型加入程式庫。本章也介紹**市場環境**的概念，它們是實例化幾乎所有後續章節的類別所需的常數、串列與曲線。

本章包含下列小節：

資產定價基本理論

資產定價基本理論是現代金融理論與數學的基石與成功案例之一[1]。這個理論的核心概念是鞅（*martingale*）值，也就是將折現後的風險因子（隨機過程）的漂移移除的機率，換句話說，在鞅量值之下，所有風險因子都會隨著無風險短期收益率而漂移，不隨著任何其他市場利率（與無風險短期收益率之間存在某種風險溢酬）而漂移。

簡單的例子

假設在今天與明天有一個簡單的經濟體，它有"股票"這種具風險資產，與"債券"這種無風險資產。債券今日成本為 10 美元，明日會支付 10 美元（零利率）。股票今日成本為 10 美元，明日分別有 60% 與 40% 的機會支付 20 美元與 0 美元。債券的無風險報酬率是 0。股票的期望報酬率是 $\frac{0.6 \cdot 20 + 0.4 \cdot 0}{10} - 1 = 0.2$ 或 20%，這是以風險換來的風險溢酬。

假設有一檔看漲選擇權的履約價是 15 美元。如果它的未定權益有 60 % 的機率支付 5 美元，40 % 的機率支付 0 美元，它的公道價格是多少？舉例而言，你可以將期望的結果折現（在此使用零利率），用這種方法算出來的價值是 $0.6 \bullet 5 = 3$ 美元，因為當股價漲至 20 美元時，選擇權的報酬是 5 美元，其他情況下的報酬則為 0。

但是，還有一種方法已經成功地用在選擇權定價問題上：用可交易證券的組合來**複製**選擇權收益。你可以輕鬆地驗證，購買 0.25 份股票就可以完美地重現選擇權的報酬（在 60% 的機率之下，得到的報酬是 $0.25 \bullet 20 = 5$ 美元）。四分之一的股票成本只有 2.5 美元，而不是 3 美元，用真實世界的機率值來計算期望價值會**高估**選擇權的價值。

為什麼會這樣？真實世界的量值隱含 20% 的股票風險溢酬，因為股票隱含的風險（獲利 100% 或虧損 100%）是"如假包換的"，無法靠著多樣化或對沖來消除。另一方面，有一種投資組合可以無風險地重現選擇權的報酬。這也意味著，賣出這種選擇權可以完全消除任何風險[2]。這種以選擇權與對沖部位組成的完美對沖投資組合必須產生無風險利率，以避免套利機會（也就是不花錢可以賺到錢的機率是正的）。

---

1 Delbaen 與 Schachermayer（2004）全面回顧並詳細地列出牽涉其中的數學機制。你也可以參考 Hilpisch（2015），它提供較精簡的介紹，特別是它介紹了離散時間版本。

2 這個策略包括以 2.5 美元賣出選擇權，並且以 2.5 美元購買 0.25 股的股票。無論這個簡單的經濟環境出現什麼情形，這個組合的報酬均為 0。

我們能否不藉著期望值來評估看漲選擇權的價值？可以。我們“只”要改變機率，讓具風險資產（股票）隨著無風險短期收益率 0 波動。顯然，對兩種情況使用 50% 的鞅可以實現這一點，計算式為 $\frac{0.5 \cdot 20 + 0.5 \cdot 0}{10} - 1 = 0$。接下來，使用新的鞅值來計算選擇權收益，可以得到正確的（無套利）公道價值：$0.5 \bullet 5 + 0.5 \bullet 0 = 2.5$ 美元。

一般結果

上述方法的迷人之處在於，它甚至可以應用在最複雜的經濟環境之中，例如連續時間模型（考慮連續的時間點）、大量具風險資產、複雜的衍生商品的報酬等。

因此，我們考慮離散時間之下的一般市場模型 [3]：

在離散時間之下的**一般市場模型** $\mathcal{M}$ 是以下元素的集合：

- 有限狀態空間 Ω
- 過濾因數 $\mathbb{F}$
- 在 $\wp(\Omega)$ 上定義的嚴格正機率量值 P
- 終止日期 $T \in \mathbb{N}, T < \infty$
- $K + 1$ 個嚴格正數證券價格過程的集合 $\mathbb{S} \equiv \left\{ \left(S_t^k\right)_{t \in \{0, \ldots, T\}} : k \in \{0, \ldots, K\} \right\}$

結合以上元素，模型為 $\mathcal{M} = \{(\Omega, \wp(\Omega), \mathbb{F}, P), T, \mathbb{S}\}$。

根據上述的一般市場模型，我們可以這樣描述資產定價基本理論 [4]：

考慮一般市場模型 $\mathcal{M}$。根據**資產定價基本理論**，下面的三句話是等效的：

- 在市場模型 $\mathcal{M}$ 裡面沒有套利機會。
- P 相等的鞅量值的集合 $\mathbb{Q}$ 不是空的。
- 一致線性定價系統的集合 $\mathbb{P}$ 不是空的。

這個理論對於未定權益（即選擇權、衍生商品、期貨、遠期契約、交換契約）的估價與定價的重要性可以用下面的推論來描述：

---

3 機率概念見 Williams（1991）。

4 見 Delbaen 與 Schachermayer（2004）。

> 如果市場模型 $\mathcal{M}$ 是無套利的，任何可獲得的（即可重現的）未定權益（選擇權、衍生商品等）V_T 都有一個**唯一價格** V_0。它滿足 $\forall Q \in \mathbb{Q}: V_0 = \mathbf{E}_0^Q\left(e^{-rT} V_T\right)$，其中 e^{-rT} 是固定短期利率 r 的風險中立折現因子。

這個結果說明此定理的重要性，並指出上述的推論確實適用於一般的市場模型。

由於鞅量值的作用，這種估價方法經常被稱為**鞅方法**，或者，因為在鞅量值之下，所有具風險資產都會隨著無風短期利率波動，它也被稱為**風險中立估價法**。對我們來說，第二個名稱比較好，因為在數值方法中，我們"直接"讓風險因子（隨機過程）隨著風險中立短期利率波動。我們的用法不需要直接處理機率量值，但是它們可從理論上證明我們運用的核心理論結果以及實施的技術方法是正確的。

最後，考慮一般市場模型中的市場完整性：

> 如果市場模型 $\mathcal{M}$ 是無套利的，而且每一個未定權益（選擇權、衍生商品等）都是可達成的（即可重見的），它就是**完全**的。
>
> 假設市場模型是無套利的，若且唯若市場模型 $\mathcal{M}$ 是單例（singleton，即存在唯一的 P 等值的鞅量值），它就是完全的。

以上大致上就是後續內容的理論背景。若要更深入研究這些概念、定義與結果，可參考 Hilpisch（2015）的第 4 章。

風險中立折現

顯然，風險中立折現是風險中立估價法的核心。因此本節要開發一個進行風險中立折現的 Python 類別，不過在那之前，我們要先仔細地瞭解估價時的**相關日期**的建模與處理。

日期建模與處理

折現的必要前提之一是建立日期模型（見附錄 A）。為了估價，我們通常要將今日與一般市場模型 T 的最終日之間的時間分成離散的時段。我們可以將這些時段分為等長，也可以分為不等長。我們可以用估價程式庫來處理較常見的不等長時段案例，如此一來，我們就可以自動納入較簡單的情況。因此，程式將處理日期串列，假設最小的時段是**一天**。這代表我們不在乎在一日之內發生的事件，如果要處理這些事件，你就必須建立**時間**模型（除了日期之外）[5]。

5 加入時間元素其實很簡單，為了方便說明，在此不做這件事。

我們基本上可以採取兩種做法來組成相關日期串列：用具體**日期**建構串列（即使用 Python 的 `datetime` 物件），或是用**一年的百分比**（理論文章常用的十進制數字）。

我們先做一些匯入：

```
In [1]: import numpy as np
        import pandas as pd
        import datetime as dt

In [2]: from pylab import mpl, plt
        plt.style.use('seaborn')
        mpl.rcParams['font.family'] = 'serif'
        %matplotlib inline

In [3]: import sys
        sys.path.append('../dx')
```

例如，下面的兩個日期與年分數的定義（大致上）是等效的：

```
In [4]: dates = [dt.datetime(2020, 1, 1), dt.datetime(2020, 7, 1),
                 dt.datetime(2021, 1, 1)]

In [5]: (dates[1] - dates[0]).days / 365.
Out[5]: 0.4986301369863014

In [6]: (dates[2] - dates[1]).days / 365.
Out[6]: 0.5041095890410959


In [7]: fractions = [0.0, 0.5, 1.0]
```

它們**大致上**是等效的，因為年分數幾乎不會等於一日的開始時間（0 a.m.）。你只要想一下，將一年除以 50 的結果就明白了。

有時我們必須根據日期 list 取出年分數。我們用 `get_year_deltas()` 來做這件事：

```
#
# DX 程式包
#
# 框架 -- 輔助函式
#
# get_year_deltas.py
#
# Python for Finance, 2nd ed.
# (c) Dr. Yves J. Hilpisch
#
```

```
import numpy as np

def get_year_deltas(date_list, day_count=365.):
    ''' Return vector of floats with day deltas in year fractions.
    Initial value normalized to zero.

    Parameters
    ==========
    date_list: list or array
        collection of datetime objects
    day_count: float
        number of days for a year
        (to account for different conventions)

    Results
    =======
    delta_list: array
        year fractions
    '''

    start = date_list[0]
    delta_list = [(date - start).days / day_count
                  for date in date_list]
    return np.array(delta_list)
```

這個函式的用法是：

```
In [8]: from get_year_deltas import get_year_deltas

In [9]: get_year_deltas(dates)
Out[9]: array([0.        , 0.49863014, 1.00273973])
```

當你建立短期利率的模型時，就可以看到這個函式的好處。

固定短期利率

我們把焦點放在最簡單的案例—短期利率折現，也就是短期利率一直保持不變的情況。許多選擇權定價模型，例如 Black-Scholes-Merton（1973）、Merton（1976）或 Cox-Ross-Rubinstein（1979）都採取這個假設[6]。我們假設連續折現（continuous discounting），因為這是常見的選擇權定價方式。如果我們有個未來日期 t，固定短期利

6 例如，要定價短期選擇權，這個假設在許多情況下都滿足。

率 r，今日的一般折現因子可以用 $D_0(t) = e^{-rt}$ 算出。當然，在結束日有個特例 $D_0(T) = e^{-rT}$。注意，t 與 T 都是年分數。

折現因子也可以解釋成分別在 t 與 T 到期[7]的單位零息債券（ZCB）。若 $t \geq s \geq 0$，從 t 到 s 的折現因子可以用這個公式計算：$D_s(t) = D_0(t)/D_0(s) = e^{-rt}/e^{-rs} = e^{-rt} \cdot e^{rs} = e^{-r(t-s)}$。

下面的程式將上述內容轉換成 Python 類別[8]：

```
#
# DX Library
#
# 框架 -- 固定短期利率類別
#
# constant_short_rate.py
#
# Python for Finance, 2nd ed.
# (c) Dr. Yves J. Hilpisch
#
from get_year_deltas import *


class constant_short_rate(object):
    ''' Class for constant short rate discounting.

    Attributes
    ==========
    name: string
        name of the object
    short_rate: float (positive)
        constant rate for discounting

    Methods
    =======
    get_discount_factors:
        get discount factors given a list/array of datetime objects
        or year fractions
    '''
```

7 單位零息債券會在到期時償付一個貨幣單位，在今日與到期日之間沒有利息。

8 見第 6 章介紹的 Python 物件導向程式設計（OOP）基本知識。在此與本部分其餘的內容中，類別的命名方式都與標準的 PEP 8 規範不同。PEP 8 建議使用 “CapWords” 或 “CamelCase” 格式來為 Python 類別命名，但是這個部分的程式碼所使用的**函式命名**規範是 PEP 8 提到的 “在介面被寫成文件，並且主要當成 callable 來使用的情況下” 的替代方案。

```
    def __init__(self, name, short_rate):
        self.name = name
        self.short_rate = short_rate
        if short_rate < 0:
            raise ValueError('Short rate negative.')
            # 考慮市場現況，這是有爭議的

    def get_discount_factors(self, date_list, dtobjects=True):
        if dtobjects is True:
            dlist = get_year_deltas(date_list)
        else:
            dlist = np.array(date_list)
        dflist = np.exp(self.short_rate * np.sort(-dlist))
        return np.array((date_list, dflist)).T
```

我們用一個簡單、具體的範例來說明如何應用 `dx.constant_short_rate` 類別。它的結果主要是一個二維的 `ndarray` 物件，裡面有一對 `datetime` 物件，以及相關的折現因子。這個類別（具體來說是物件 `csr`）也可以處理年分數：

```
In [10]: from constant_short_rate import constant_short_rate

In [11]: csr = constant_short_rate('csr', 0.05)

In [12]: csr.get_discount_factors(dates)
Out[12]: array([[datetime.datetime(2020, 1, 1, 0, 0), 0.9510991280247174],
                [datetime.datetime(2020, 7, 1, 0, 0), 0.9753767163648953],
                [datetime.datetime(2021, 1, 1, 0, 0), 1.0]], dtype=object)

In [13]: deltas = get_year_deltas(dates)
         deltas
Out[13]: array([0.        , 0.49863014, 1.00273973])

In [14]: csr.get_discount_factors(deltas, dtobjects=False)
Out[14]: array([[0.        , 0.95109913],
                [0.49863014, 0.97537672],
                [1.00273973, 1.        ]])
```

其他類別將會用這個類別來進行所有的折現運算。

市場環境

市場環境“只是”代表一組其他資料與 Python 物件的名稱，但是這個抽象相當方便，因為它可以簡化許多運算，也可以讓你幫反復出現的層面建立一致的模型[9]。市場環境主要是以三個字典組成的，用來儲存下列的資料與 Python 物件：

常數

例如模型參數或選擇權到期日。

list

通常是物件的集合，例如（具風險）證券模型的物件串列。

曲線

用來折現的物件，例如 dx.constant_short_rate 類別的實例。

下面是 dx.market_environment 類別的程式。關於處理 dict 物件的方式，可參考第 3 章：

```
#
# DX 程式包
#
# 框架 -- 市場環境類別
#
# market_environment.py
#
# Python for Finance, 2nd ed.
# (c) Dr. Yves J. Hilpisch
#

class market_environment(object):
    ''' Class to model a market environment relevant for valuation.

    Attributes
    ==========
    name: string
        name of the market environment
    pricing_date: datetime object
        date of the market environment

    Methods
    =======
```

9 關於這個概念可參考 Fletcher 與 Gardner（2009），它廣泛地使用市場環境。

```
    add_constant:
        adds a constant (e.g. model parameter)
    get_constant:
        gets a constant
    add_list:
        adds a list (e.g. underlyings)
    get_list:
        gets a list
    add_curve:
        adds a market curve (e.g. yield curve)
    get_curve:
        gets a market curve
    add_environment:
        adds and overwrites whole market environments
        with constants, lists, and curves
    '''

    def __init__(self, name, pricing_date):
        self.name = name
        self.pricing_date = pricing_date
        self.constants = {}
        self.lists = {}
        self.curves = {}

    def add_constant(self, key, constant):
        self.constants[key] = constant

    def get_constant(self, key):
        return self.constants[key]

    def add_list(self, key, list_object):
        self.lists[key] = list_object

    def get_list(self, key):
        return self.lists[key]

    def add_curve(self, key, curve):
        self.curves[key] = curve

    def get_curve(self, key):
        return self.curves[key]

    def add_environment(self, env):
        # 如果有既有的值，覆寫它們
        self.constants.update(env.constants)
        self.lists.update(env.lists)
        self.curves.update(env.curves)
```

dx.market_environment 類別沒有什麼特別的地方，但我用一個簡單的範例來說明這個類別的實例多麼方便：

```
In [15]: from market_environment import market_environment

In [16]: me = market_environment('me_gbm', dt.datetime(2020, 1, 1))

In [17]: me.add_constant('initial_value', 36.)

In [18]: me.add_constant('volatility', 0.2)

In [19]: me.add_constant('final_date', dt.datetime(2020, 12, 31))

In [20]: me.add_constant('currency', 'EUR')

In [21]: me.add_constant('frequency', 'M')

In [22]: me.add_constant('paths', 10000)

In [23]: me.add_curve('discount_curve', csr)

In [24]: me.get_constant('volatility')
Out[24]: 0.2

In [25]: me.get_curve('discount_curve').short_rate
Out[25]: 0.05
```

以上就是處理這個相當通用的“儲存”類別的基本方式。在實際應用時，你要先取得市場資料與其他資料，以及 Python 物件，接著實例化 dx.market_environment 物件，並填入相關的資料與物件。接著只要用一個步驟，就可以將這個物件傳給需要它裡面的資料與物件的其他類別了。

這種物件導向建模法的主要優點是，（舉例）dx.constant_short_rate 類別的實例可以存在於多個環境之中（見第 6 章的聚合）。當實例被更改時（例如，被設定新的固定短期利率），含有這個折現類別實例的所有 dx.market_environment 類別實例都會被自動更新。

彈性

本節介紹的市場環境類別可以靈活地建模與儲存與選擇權、衍生商品及其投資組合的定價有關的數量與輸入資料。但是這種靈活性也會導致運維方面的風險，因為在實例化期間，你容易就會將無意義的資料、物件等傳給類別，這種情況有可能在實例化期間被發現，也有可能不會被發現。在生產環境中，你至少要做一些檢查，來找出明顯的錯誤情況。

小結

本章製作一個基本的框架，準備將來建構 Python 程式庫，以蒙地卡羅模擬來估計選擇權與其他衍生商品的價值。本章介紹資產定價基本理論，用一個相當簡單的數值化範例來解釋它，並且為離散時間的一般市場模型提供重要的成果。

本章也開發了一個 Python 類別來進行風險中立折現，可以用數值形式來運用資產定價基本理論的數學機制。`dx.constant_short_rate` 類別的實例可以使用 Python 的 `datetime` 物件串列，或代表年分數的浮點數物件串列，來提供對應的折現因子（單位零息債券的現值）。

本章的最後介紹相當通用的 `dx.market_environment` 類別，可用來收集相關的資料與 Python 物件，以進行建模、模擬、估價及其他工作。

為了簡化未來的匯入工作，我們使用一個稱為 *dx_frame.py* 的包裝模組：

```
#
# DX Analytics 程式包
#
# 框架函式 & 類別
#
# dx_frame.py
#
# Python for Finance, 2nd ed.
# (c) Dr. Yves J. Hilpisch
#
import datetime as dt

from get_year_deltas import get_year_deltas
from constant_short_rate import constant_short_rate
from market_environment import market_environment
```

你可以用下面的這一行 `import` 陳述式，以一個步驟來匯入所有的框架元素：

```
import dx_frame
```

你也可以將所有相關的 Python 模組放入一個資料夾，並且在裡面放入特殊的 *__init__.py* 檔案，用它來做所有的匯入。例如，如果你將所有模組存放在 *dx* 資料夾，可用下面的檔案來完成工作。但是請注意這個檔案的命名規範：

```
#
# DX 程式包
# 包裝檔
# __init__.py
```

```
#
import datetime as dt

from get_year_deltas import get_year_deltas
from constant_short_rate import constant_short_rate
from market_environment import market_environment
```

你可以直接使用資料夾的名稱來一次完成所有匯入：

```
from dx import *
```

或是用另一種做法：

```
import dx
```

其他資源

與本章談論的主題有關的參考書籍有：

- Bittman, James (2009). *Trading Options as a Professional*. New York: McGraw Hill.
- Delbaen, Freddy, and Walter Schachermayer (2004). *The Mathematics of Arbitrage*. Berlin, Heidelberg: Springer-Verlag.
- Fletcher, Shayne, and Christopher Gardner (2009). *Financial Modelling in Python*. Chichester, England: Wiley Finance.
- Hilpisch, Yves (2015). *Derivatives Analytics with Python* (*http://dawp.tpq.io*). Chichester, England: Wiley Finance.
- Williams, David (1991). *Probability with Martingales*. Cambridge, England: Cambridge University Press.

本章引用一些模型，若要參考定義它們的原始研究論文，可參考後續章節的“其他資源”。

第十八章

模擬金融模型

科學的目的不是為了進行分析或描述，而是製作實用的模型。

—Edward de Bono

第 12 章介紹使用 Python 與 NumPy 來實作蒙地卡羅模擬的隨機過程的一些細節。本章使用前面介紹的基本技術來實作模擬類別，它們是 DX 程式包的核心元素。本章將焦點放在三個流行的隨機過程，包含下列各節：

本節開發一個函式，來以變異數縮減技術產生標準常態分布的亂數[1]。

本節開發一個通用的模擬類別，可讓另一個具體的模擬類別繼承其基本屬性與方法。

本節討論 Black 與 Scholes（1973）與 Merton（1973）的開創性選擇權定價文獻提出的幾何布朗運動（GBM）；本書已經多次提到它了（雖然它有一些缺點，而且有越來越多的經驗證據證實這些缺點），目前它仍然是評估選擇權與衍生商品的價值的基準過程。

1 本書談到的"亂"數只是一般的"偽亂數"。

"跳躍擴散"，第 607 頁

Merton（1976）提出的跳躍擴散為 GBM 添加對數常態分布的跳躍成分。它可讓我們考慮更多情況，例如短期價外（OTM）選擇權的定價往往需要考慮暴漲的可能性，換句話說，只將 GBM 當成金融模型往往無法充分解釋這種 OTM 的市場價值，而跳躍擴散有機會做到。

"平方根擴散"，第 612 頁

由於 Cox、Ingersoll 和 Ross（1985），金融界流行使用平方根擴散來建立利率與波動率等均值回歸（mean-reverting）量模型，它除了是均值回歸之外，也保持正數，這通常是理想的特性。

要進一步瞭解本章介紹的模型模擬，可參考 Hilpisch（2015），那本書有完整的案例研究使用 Merton（1976）的跳躍擴散。

亂數生成

亂數生成是蒙地卡羅模擬的核心工作[2]。第 12 章曾經介紹如何使用 Python 與 `numpy.random` 等程式包來生成以各種形式分布的亂數。對目前的專案而言，最重要的亂數是標準常態分布的。所以我們可以寫一個方便的 `sn_random_numbers()` 函式，來產生這種類型的亂數：

```
#
# DX 程式包
#
# 框架 -- 亂數生成
#
# sn_random_numbers.py
#
# Python for Finance, 2nd ed.
# (c) Dr. Yves J. Hilpisch
#
import numpy as np

def sn_random_numbers(shape, antithetic=True, moment_matching=True,
                      fixed_seed=False):
    ''' Returns an ndarray object of shape shape with (pseudo)random numbers
    that are standard normally distributed.
```

2 關於亂數與隨機變數的生成，可參考 Glasserman（2004）的第 2 章。

```
    Parameters
    ==========
    shape: tuple (o, n, m)
        generation of array with shape (o, n, m)
    antithetic: Boolean
        generation of antithetic variates
    moment_matching: Boolean
        matching of first and second moments
    fixed_seed: Boolean
        flag to fix the seed

    Results
    =======
    ran: (o, n, m) array of (pseudo)random numbers
    '''
    if fixed_seed:
        np.random.seed(1000)
    if antithetic:
        ran = np.random.standard_normal(
            (shape[0], shape[1], shape[2] // 2))
        ran = np.concatenate((ran, -ran), axis=2)
    else:
        ran = np.random.standard_normal(shape)
    if moment_matching:
        ran = ran - np.mean(ran)
        ran = ran / np.std(ran)
    if shape[0] == 1:
        return ran[0]
    else:
        return ran
```

第 12 章也曾經介紹這個函式使用的變異數縮減技術，**對偶走勢**（*antithetic path*）與**動差擬合法**[3]。這個函式很容易使用：

```
In [26]: from sn_random_numbers import *

In [27]: snrn = sn_random_numbers((2, 2, 2), antithetic=False,
                                  moment_matching=False, fixed_seed=True)
         snrn
Out[27]: array([[[-0.8044583 ,  0.32093155],
                 [-0.02548288,  0.64432383]],

                [[-0.30079667,  0.38947455],
```

3 Glasserman（2004）的第 4 章概述各種變異數縮減技術，及其理論細節。

```
                 [-0.1074373 , -0.47998308]]])

In [28]: round(snrn.mean(), 6)
Out[28]: -0.045429

In [29]: round(snrn.std(), 6)
Out[29]: 0.451876

In [30]: snrn = sn_random_numbers((2, 2, 2), antithetic=False,
                                  moment_matching=True, fixed_seed=True)
         snrn
Out[30]: array([[[-1.67972865,  0.81075283],
                 [ 0.04413963,  1.52641815]],

                [[-0.56512826,  0.96243813],
                 [-0.13722505, -0.96166678]]])

In [31]: round(snrn.mean(), 6)
Out[31]: -0.0

In [32]: round(snrn.std(), 6)
Out[32]: 1.0
```

這個函式將會是後續的模擬類別的主要工具。

通用模擬類別

物件導向建模（見第 6 章）可讓我們繼承屬性與方法。接下來的程式在建立模擬類別時也會使用這些功能，我們會先寫出一個**通用**的模擬類別，在裡面加入將要與所有其他模擬類別共享的屬性與方法，接著把焦點放在其他類別上，將它們寫成準備模擬的隨機過程的特定元素。

我們只要提供三個屬性就可以將任何一個模擬類別實例化：

`name`
: 代表模型模擬物件的名稱的 `str` 物件

`mar_env`
: `dx.market_environment` 類別的實例

`corr`
: 代表物件是否相關的旗標（`bool`）

這再次說明**市場環境**的功用：用一個步驟提供模擬與估價所需的所有資料與物件。泛用類別的方法有：

`generate_time_grid()`
: 產生用來模擬的相關日期的時間網格（time grid）；每個模擬類別的這項工作都相同

`get_instrument_values()`
: 每一個模擬類別都必須回傳 `ndarray` 物件，裡面有模擬的商品價值（例如模擬的股價、大宗商品價格、波動率）。

下面是通用模型模擬類別的程式，裡面的方法使用了模型訂製類別將會提供的其他方法，例如 `self.generate_paths()`。當你全面瞭解專用的、非通用的模擬類別之後，就可以明白這方面的細節了。首先是基礎類別：

```
#
# DX 程式包
#
# 模擬類別 -- 基礎類別
#
# simulation_class.py
#
# Python for Finance, 2nd ed.
# (c) Dr. Yves J. Hilpisch
#
import numpy as np
import pandas as pd

class simulation_class(object):
    ''' Providing base methods for simulation classes.

    Attributes
    ==========
    name: str
        name of the object
    mar_env: instance of market_environment
        market environment data for simulation
    corr: bool
        True if correlated with other model object

    Methods
    =======
    generate_time_grid:
        returns time grid for simulation
    get_instrument_values:
```

```
        returns the current instrument values (array)
    '''

    def __init__(self, name, mar_env, corr):
        self.name = name
        self.pricing_date = mar_env.pricing_date
        self.initial_value = mar_env.get_constant('initial_value')
        self.volatility = mar_env.get_constant('volatility')
        self.final_date = mar_env.get_constant('final_date')
        self.currency = mar_env.get_constant('currency')
        self.frequency = mar_env.get_constant('frequency')
        self.paths = mar_env.get_constant('paths')
        self.discount_curve = mar_env.get_curve('discount_curve')
        try:
            # 如果 time_grid 在 mar_env 裡面，取得那個物件
            #（用來評估投資組合的價值）
            self.time_grid = mar_env.get_list('time_grid')
        except:
            self.time_grid = None
        try:
            # 如果有特殊日期，加入它們
            self.special_dates = mar_env.get_list('special_dates')
        except:
            self.special_dates = []
        self.instrument_values = None
        self.correlated = corr
        if corr is True:
            # 唯有在投資組合的背景之下，
            # 而且風險因子是相關時才需要
            self.cholesky_matrix = mar_env.get_list('cholesky_matrix')
            self.rn_set = mar_env.get_list('rn_set')[self.name]
            self.random_numbers = mar_env.get_list('random_numbers')

    def generate_time_grid(self):
        start = self.pricing_date
        end = self.final_date
        # pandas date_range 函式
        # 例如，freq = 'B' 代表營業日，
        # 'W' 代表每週，'M' 代表每月
        time_grid = pd.date_range(start=start, end=end,
                                  freq=self.frequency).to_pydatetime()
        time_grid = list(time_grid)
        # 為 time_grid 增加 start、end 與 special_dates
        if start not in time_grid:
            time_grid.insert(0, start)
            # 插入開始日期，如果它不在串列內的話
        if end not in time_grid:
```

```
            time_grid.append(end)
            # 插入結束日期，如果它不在串列內的話
        if len(self.special_dates) > 0:
            # 加入所有特殊日期
            time_grid.extend(self.special_dates)
            # 刪除重複
            time_grid = list(set(time_grid))
            # 排序串列
            time_grid.sort()
        self.time_grid = np.array(time_grid)

    def get_instrument_values(self, fixed_seed=True):
        if self.instrument_values is None:
            # 唯有在沒有商品價值時，才啟動模擬
            self.generate_paths(fixed_seed=fixed_seed, day_count=365.)
        elif fixed_seed is False:
        # 當 fixed_seed 是 False 時也重新啟動模擬
        self.generate_paths(fixed_seed=fixed_seed, day_count=365.)
    return self.instrument_values
```

解析市場環境的程式在 `__init__()` 裡面，我們會在實例化的時候呼叫它。為了維持程式的簡潔，我們未實作合理性檢查，例如，下面的程式被視為"成功"的，無論內容是否真的是個折現類別的實例。因此，當你編譯並傳遞 `dx.market_environment` 物件給任何模擬類別時，必須相當小心。

```
self.discount_curve = mar_env.get_curve('discount_curve')
```

表 18-1 是 `dx.market_environment` 物件為了實現通用性，讓所有其他模擬類別可以使用而必須擁有的所有元素。

表 18-1 所有模擬類別的市場環境元素

元素	類型	必要性	說明
`initial_value`	常數	是	`pricing_date` 的過程的初始值
`volatility`	常數	是	過程的波動係數
`final_date`	常數	是	模擬時段
`currency`	常數	是	金融機構的貨幣
`frequency`	常數	是	日期頻率，當成 pandas `freq` 參數
`paths`	常數	是	要模擬的走勢數
`discount_curve`	曲線	是	`dx.constant_short_rate` 的實例
`time_grid`	串列	否	相關日期的時間網格（在投資組合的背景下）
`random_numbers`	串列	否	亂數 `np.ndarray` 物件（相關物件的）
`cholesky_matrix`	串列	否	Cholesky 矩陣（相關物件的）
`rn_set`	串列	否	`dict` 物件，含有指向相關亂數集合的指標

後續的章節會解釋與模型模擬物件的關聯有關的所有元素。本章的重點是模擬單一、無關聯的過程。傳遞 `time_grid` 的選項只適用於投資組合的背景，稍後將會解釋。

幾何布朗運動

幾何布朗運動是一種隨機過程，如公式 18-1 所示（亦可見第 12 章的公式 12-2，特別是參數與變數的含義）。這個過程的波動已經被設為等於無風險、固定的短期利率 r，意味著我們是在等價的鞅量值之下運算（見第 17 章）。

公式 18-1 幾何布朗運動的隨機微分公式

$$dS_t = rS_t dt + \sigma S_t dZ_t$$

公式 18-2 是上述的隨機微分方程式的歐拉離散化格式（細節見第 12 章的公式 12-3），以供模擬。我們使用的框架通常是離散時間市場模型，例如第 17 章的一般市場模型 $\mathcal{M}$，使用有限的相關日期集合 $0 < t_1 < t_2 < \cdots < T$。

公式 18-2 模擬幾何布朗運動的微分方程式

$$S_{t_{m+1}} = S_{t_m} \exp\left(\left(r - \frac{\sigma^2}{2}\right)(t_{m+1} - t_m) + \sigma\sqrt{t_{m+1} - t_m} z_t\right)$$
$$0 \le t_m < t_{m+1} \le T$$

模擬類別

下面是 GBM 模型的專用類別：

```
#
# DX 程式包
#
# 模擬類別 -- 幾何布朗運動
#
# geometric_brownian_motion.py
#
# Python for Finance, 2nd ed.
# (c) Dr. Yves J. Hilpisch
#
import numpy as np

from sn_random_numbers import sn_random_numbers
from simulation_class import simulation_class
```

```
class geometric_brownian_motion(simulation_class):
    ''' Class to generate simulated paths based on
    the Black-Scholes-Merton geometric Brownian motion model.

    Attributes
    ==========
    name: string
        name of the object
    mar_env: instance of market_environment
        market environment data for simulation
    corr: Boolean
        True if correlated with other model simulation object

    Methods
    =======
    update:
        updates parameters
    generate_paths:
        returns Monte Carlo paths given the market environment
    '''

    def __init__(self, name, mar_env, corr=False):
        super(geometric_brownian_motion, self).__init__(name, mar_env, corr)

    def update(self, initial_value=None, volatility=None, final_date=None):
        if initial_value is not None:
            self.initial_value = initial_value
        if volatility is not None:
            self.volatility = volatility
        if final_date is not None:
            self.final_date = final_date
        self.instrument_values = None

    def generate_paths(self, fixed_seed=False, day_count=365.):
        if self.time_grid is None:
            # 來自通用模擬類別的方法
            self.generate_time_grid()
        # 時間網格的日期數量
        M = len(self.time_grid)
        # 走勢數量
        I = self.paths
        # 將 ndarray 初始化，以便模擬走勢
        paths = np.zeros((M, I))
        # 將第一天設為初始值 initial_value
        paths[0] = self.initial_value
        if not self.correlated:
            # 如果不相關，產生亂數
```

```
            rand = sn_random_numbers((1, M, I),
                                     fixed_seed=fixed_seed)
        else:
            # 如果相關，使用市場環境
            # 提供的亂數物件
            rand = self.random_numbers
        short_rate = self.discount_curve.short_rate
        # 取得過程的波動的短期利率
        for t in range(1, len(self.time_grid)):
            # 從相關亂數集合選出
            # 正確的時間 slice
            if not self.correlated:
                ran = rand[t]
            else:
                ran = np.dot(self.cholesky_matrix, rand[:, t, :])
                ran = ran[self.rn_set]
            dt = (self.time_grid[t] - self.time_grid[t - 1]).days / day_count
            # 兩天的年分數之間的差
            paths[t] = paths[t - 1] * np.exp((short_rate - 0.5 *
                                              self.volatility ** 2) * dt +
                                              self.volatility * np.sqrt(dt) * ran)
            # 為個別日期產生模擬值
        self.instrument_values = paths
```

在這個例子中，`dx.market_environment` 物件只能容納表 18-1 的資料與物件，也就是最小的元素集合。

`update()` 的作用與它的名稱一樣：更新模型的重要參數。當然，`generate_paths()` 方法比較複雜，但是它有一些行內註解，可讓你明白最重要的層面。理論上，考慮不同的模型模擬物件之間的關聯會讓方法更複雜，稍後你會更清楚這樣做的目的，特別是在第 20 章。

使用案例

你可以從下面的互動式 IPython 對話看到 GBM 模擬類別的用法。首先，你要用所有必要的元素來產生 `dx.market_environment` 物件：

```
In [33]: from dx_frame import *

In [34]: me_gbm = market_environment('me_gbm', dt.datetime(2020, 1, 1))

In [35]: me_gbm.add_constant('initial_value', 36.)
         me_gbm.add_constant('volatility', 0.2)
         me_gbm.add_constant('final_date', dt.datetime(2020, 12, 31))
```

```
         me_gbm.add_constant('currency', 'EUR')
         me_gbm.add_constant('frequency', 'M')  ❶
         me_gbm.add_constant('paths', 10000)

In [36]: csr = constant_short_rate('csr', 0.06)

In [37]: me_gbm.add_curve('discount_curve', csr)
```

❶ 以月為頻率，預設使用月底。

接下來，你要實例化模型模擬物件來使用：

```
In [38]: from geometric_brownian_motion import geometric_brownian_motion

In [39]: gbm = geometric_brownian_motion('gbm', me_gbm)  ❶

In [40]: gbm.generate_time_grid()  ❷

In [41]: gbm.time_grid  ❸
Out[41]: array([datetime.datetime(2020, 1, 1, 0, 0),
                datetime.datetime(2020, 1, 31, 0, 0),
                datetime.datetime(2020, 2, 29, 0, 0),
                datetime.datetime(2020, 3, 31, 0, 0),
                datetime.datetime(2020, 4, 30, 0, 0),
                datetime.datetime(2020, 5, 31, 0, 0),
                datetime.datetime(2020, 6, 30, 0, 0),
                datetime.datetime(2020, 7, 31, 0, 0),
                datetime.datetime(2020, 8, 31, 0, 0),
                datetime.datetime(2020, 9, 30, 0, 0),
                datetime.datetime(2020, 10, 31, 0, 0),
                datetime.datetime(2020, 11, 30, 0, 0),
                datetime.datetime(2020, 12, 31, 0, 0)], dtype=object)

In [42]: %time paths_1 = gbm.get_instrument_values()  ❹
         CPU times: user 21.3 ms, sys: 6.74 ms, total: 28.1 ms
         Wall time: 40.3 ms

In [43]: paths_1.round(3)  ❹
Out[43]: array([[36.   , 36.   , 36.   , ..., 36.   , 36.   , 36.   ],
                [37.403, 38.12 , 34.4  , ..., 36.252, 35.084, 39.668],
                [39.562, 42.335, 32.405, ..., 34.836, 33.637, 37.655],
                ...,
                [40.534, 33.506, 23.497, ..., 37.851, 30.122, 30.446],
                [42.527, 36.995, 21.885, ..., 36.014, 30.907, 30.712],
                [43.811, 37.876, 24.1  , ..., 36.263, 28.138, 29.038]])

In [44]: gbm.update(volatility=0.5)  ❺
```

```
In [45]: %time paths_2 = gbm.get_instrument_values()  ❺
         CPU times: user 27.8 ms, sys: 3.91 ms, total: 31.7 ms
         Wall time: 19.8 ms
```

❶ 將模擬物件實例化。

❷ 產生時間網格 …

❸ … 並顯示它；注意初始日期被加入了。

❹ 用參數模擬走勢。

❺ 更改波動率參數並重複模擬。

圖 18-1 是使用兩組不同的參數來模擬的 10 個走勢。你一眼就可以看到增加波動率參數值的效果：

```
In [46]: plt.figure(figsize=(10, 6))
         p1 = plt.plot(gbm.time_grid, paths_1[:, :10], 'b')
         p2 = plt.plot(gbm.time_grid, paths_2[:, :10], 'r-.')
         l1 = plt.legend([p1[0], p2[0]],
                         ['low volatility', 'high volatility'], loc=2)
         plt.gca().add_artist(l1)
         plt.xticks(rotation=30);
```

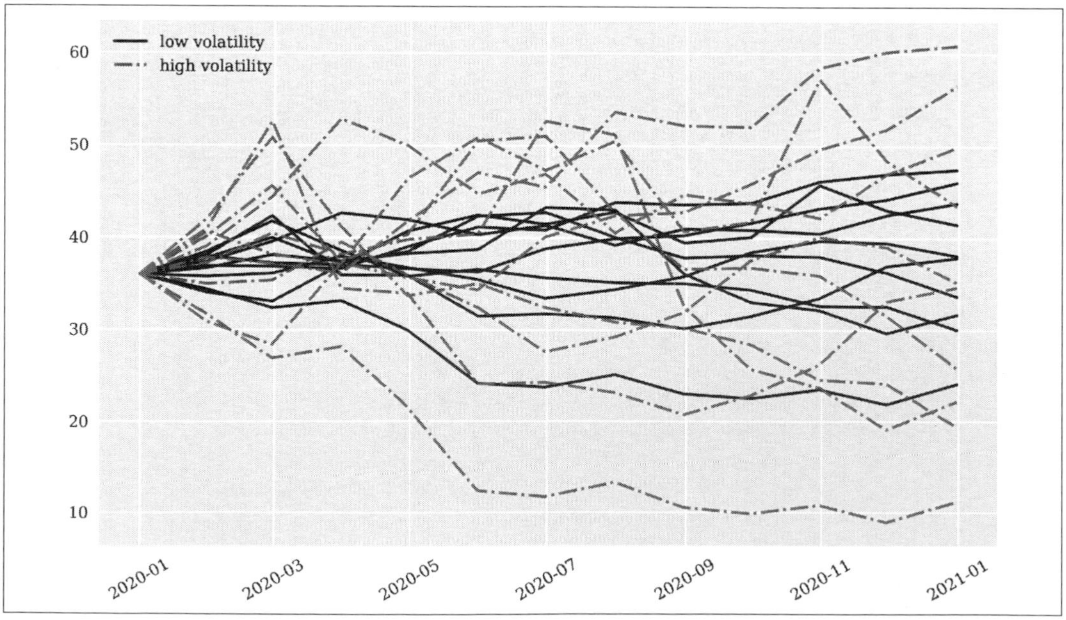

圖 18-1 以 GBM 模擬類別產生的模擬走勢

模擬的向量化

如第 12 章所述，NumPy 與 pandas 的向量化功能非常適合用來編寫簡明且高性能的模擬程式。

跳躍擴散

有了 dx.geometric_brownian_motion 類別裡面的背景知識之後，用一個類別來實作 Merton（1976）提出的跳躍擴散就非常簡單了。公式 18-3 是跳躍擴散模型的隨機微分方程式（亦見第 12 章的公式 12-8，特別是參數與變數的意義）。

公式 18-3 *Merton* 跳躍擴散模型的隨機微分公式

$$dS_t = \left(r - r_J\right)S_t dt + \sigma S_t dZ_t + J_t S_t dN_t$$

公式 18-4 是用來模擬的歐拉離散化（亦見第 12 章的公式 12-9，那裡有詳細的說明）。

公式 18-4 將 *Merton* 跳躍擴散模型歐拉離散化

$$S_{t_{m+1}} = S_{t_m}\left(\exp\left(\left(r - r_J - \frac{\sigma^2}{2}\right)\left(t_{m+1} - t_m\right) + \sigma\sqrt{t_{m+1} - t_m}\,z_t^1\right) + \left(e^{\mu_J + \delta z_t^2} - 1\right)y_t\right)$$

$$0 \leq t_m < t_{m+1} \leq T$$

模擬類別

下面是 dx.jump_diffusion 模擬類別的 Python 程式。這個類別的內容應該不出你的意料，當然，這個模型是不一樣的，但它的設計與方法本質上是相同的：

```
#
# DX 程式包
#
# 模擬類別 -- 跳躍擴散
#
# jump_diffusion.py
#
# Python for Finance, 2nd ed.
# (c) Dr. Yves J. Hilpisch
#
import numpy as np
```

```
from sn_random_numbers import sn_random_numbers
from simulation_class import simulation_class


class jump_diffusion(simulation_class):
    ''' Class to generate simulated paths based on
    the Merton (1976) jump diffusion model.

    Attributes
    ==========
    name: str
        name of the object
    mar_env: instance of market_environment
        market environment data for simulation
    corr: bool
        True if correlated with other model object

    Methods
    =======
    update:
        updates parameters
    generate_paths:
        returns Monte Carlo paths given the market environment
    '''

    def __init__(self, name, mar_env, corr=False):
        super(jump_diffusion, self).__init__(name, mar_env, corr)
        # 需要額外的參數
        self.lamb = mar_env.get_constant('lambda')
        self.mu = mar_env.get_constant('mu')
        self.delt = mar_env.get_constant('delta')

    def update(self, initial_value=None, volatility=None, lamb=None,
               mu=None, delta=None, final_date=None):
        if initial_value is not None:
            self.initial_value = initial_value
        if volatility is not None:
            self.volatility = volatility
        if lamb is not None:
            self.lamb = lamb
        if mu is not None:
            self.mu = mu
        if delta is not None:
            self.delt = delta
        if final_date is not None:
            self.final_date = final_date
        self.instrument_values = None
```

```
def generate_paths(self, fixed_seed=False, day_count=365.):
    if self.time_grid is None:
        # 來自通用模擬類別的方法
        self.generate_time_grid()
    # 時間網格的日期數量
    M = len(self.time_grid)
    # 走勢數量
    I = self.paths
    # 將 ndarray 初始化，以便模擬走勢
    paths = np.zeros((M, I))
    # 將第一天設為初始值 initial_value
    paths[0] = self.initial_value
    if self.correlated is False:
        # 如果不相關，產生亂數
        sn1 = sn_random_numbers((1, M, I),
                                fixed_seed=fixed_seed)
    else:
        # 如果相關，使用市場環境
        # 提供的亂數物件
        sn1 = self.random_numbers

    # 標準常態分布的偽亂數
    # 供跳躍元素使用
    sn2 = sn_random_numbers((1, M, I),
                            fixed_seed=fixed_seed)
    rj = self.lamb * (np.exp(self.mu + 0.5 * self.delt ** 2) - 1)

    short_rate = self.discount_curve.short_rate
    for t in range(1, len(self.time_grid)):
        # 從相關亂數集合選出
        # 正確的時間 slice
        if self.correlated is False:
            ran = sn1[t]
        else:
            # 在投資組合的背景之下才有相關性
            ran = np.dot(self.cholesky_matrix, sn1[:, t, :])
            ran = ran[self.rn_set]
        dt = (self.time_grid[t] - self.time_grid[t - 1]).days / day_count
        # 兩天的年分數之間的差
        poi = np.random.poisson(self.lamb * dt, I)
        # 供跳躍元素使用的帕松分布偽亂數
        paths[t] = paths[t - 1] * (
            np.exp((short_rate - rj -
                    0.5 * self.volatility ** 2) * dt +
                   self.volatility * np.sqrt(dt) * ran) +
            (np.exp(self.mu + self.delt * sn2[t]) - 1) * poi)
    self.instrument_values = paths
```

當然，因為這是不一樣的模型，所以 dx.market_environment 物件需要不一樣的元素集合。除了通用模擬類別需要的參數之外（見表 18-1），它還需要三個參數，如表 18-2 所示，即對數常態跳躍元素 lambda、mu 與 delta。

表 18-2 dx.jump_diffusion 類別的市場環境專屬元素

元素	類型	必要性	說明
lambda	常數	是	跳躍強度（機率，每年）
mu	常數	是	預期跳躍規模
delta	常數	是	跳躍規模的標準差

為了生成走勢，由於跳躍元素的存在，這個類別需要其他的亂數。你可以從 generate_paths() 方法的行內註解知道產生這些額外的亂數的位置。你也可以在第 12 章瞭解如何產生帕松分布的亂數。

使用案例

下面的互動式對話說明如何使用模疑類別 dx.jump_diffusion。我們將為了 GBM 物件而定義的 dx.market_environment 物件當成基礎物件來使用：

```
In [47]: me_jd = market_environment('me_jd', dt.datetime(2020, 1, 1))

In [48]: me_jd.add_constant('lambda', 0.3)  ❶
         me_jd.add_constant('mu', -0.75)  ❶
         me_jd.add_constant('delta', 0.1)  ❶

In [49]: me_jd.add_environment(me_gbm)  ❷

In [50]: from jump_diffusion import jump_diffusion

In [51]: jd = jump_diffusion('jd', me_jd)

In [52]: %time paths_3 = jd.get_instrument_values()  ❸
         CPU times: user 28.6 ms, sys: 4.37 ms, total: 33 ms
         Wall time: 49.4 ms

In [53]: jd.update(lamb=0.9)  ❹

In [54]: %time paths_4 = jd.get_instrument_values()  ❺
         CPU times: user 29.7 ms, sys: 3.58 ms, total: 33.3 ms
         Wall time: 66.7 ms
```

❶ dx.jump_diffusion 物件額外的三個參數。它們是這個模擬類別特有的。

❷ 在既有的環境加入完整的環境。

❸ 用基本參數模擬走勢。

❹ 提升跳躍強度參數。

❺ 用更改過的參數來模擬走勢。

圖 18-2 比較來自兩個集合的一些模擬走勢，分別使用低與高強度（跳躍機率）。你可以從圖中看到，低強度有少量的跳躍，而高強度有多次跳躍：

```
In [55]: plt.figure(figsize=(10, 6))
         p1 = plt.plot(gbm.time_grid, paths_3[:, :10], 'b')
         p2 = plt.plot(gbm.time_grid, paths_4[:, :10], 'r-.')
         l1 = plt.legend([p1[0], p2[0]],
                         ['low intensity', 'high intensity'], loc=3)
         plt.gca().add_artist(l1)
         plt.xticks(rotation=30);
```

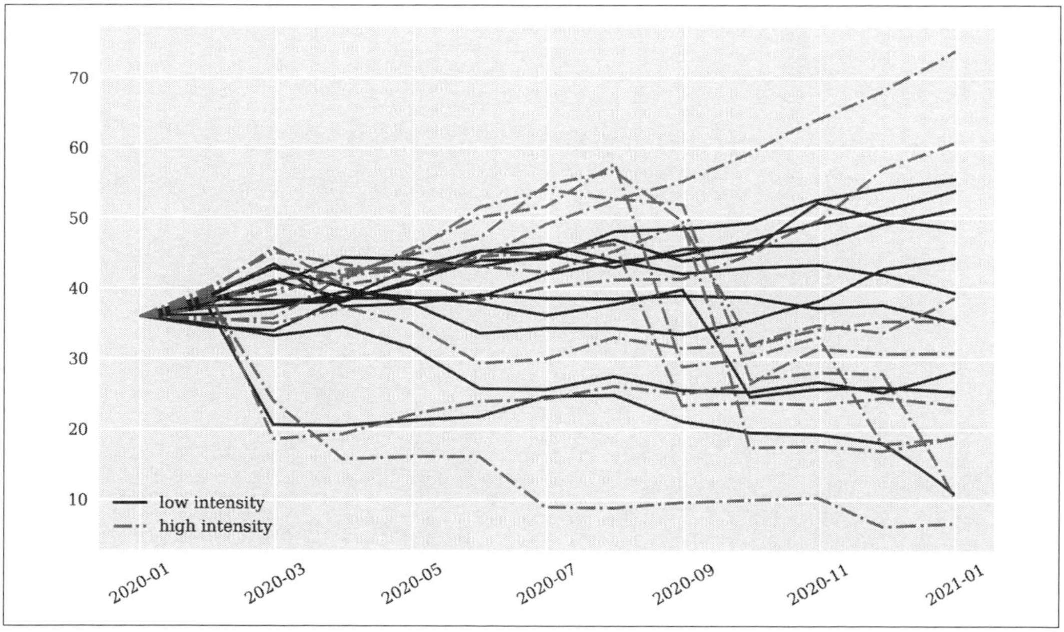

圖 18-2 跳躍擴散模擬類別產生的模擬走勢

平方根擴散

我們要模擬的第三種隨機過程是平方根擴散，舉例而言，Cox、Ingersoll 和 Ross（1985）曾經用它來建立隨機短期利率的模型。公式 18-5 是這種過程的隨機微分方程式（詳情可參考第 12 章的公式 12-4）。

公式 18-5 平方根擴散的隨機微分方程式

$$dx_t = \kappa(\theta - x_t)dt + \sigma\sqrt{x_t}dZ_t$$

我們的程式使用公式 18-6 的離散化格式（亦見第 12 章的公式 12-5，以及替代公式 12-6）。

公式 18-6 平方根擴散的歐拉離散化（完全截斷法）

$$\tilde{x}_{t_{m+1}} = \tilde{x}_{t_m} + \kappa(\theta - \tilde{x}_s^+)(t_{m+1} - t_m) + \sigma\sqrt{\tilde{x}_s^+}\sqrt{t_{m+1} - t_m}z_t$$

$$x_{t_{m+1}} = \tilde{x}^{`}_{t_{m`1}}$$

模擬類別

下面是 `dx.square_root_diffusion` 模擬類別的 Python 程式，它是第三個，也是最後一個類別。當然，除了模型與離散化格式不同之外，這個類別與其他兩個專用類別沒有什麼不同：

```
#
# DX 程式包
#
# 模擬類別 -- 平方根擴散
#
# square_root_diffusion.py
#
# Python for Finance, 2nd ed.
# (c) Dr. Yves J. Hilpisch
#
import numpy as np

from sn_random_numbers import sn_random_numbers
from simulation_class import simulation_class

class square_root_diffusion(simulation_class):
    ''' Class to generate simulated paths based on
    the Cox-Ingersoll-Ross (1985) square-root diffusion model.
```

```
    Attributes
    ==========
    name : string
        name of the object
    mar_env : instance of market_environment
        market environment data for simulation
    corr : Boolean
        True if correlated with other model object

    Methods
    =======
    update :
        updates parameters
    generate_paths :
        returns Monte Carlo paths given the market environment
    '''

    def __init__(self, name, mar_env, corr=False):
        super(square_root_diffusion, self).__init__(name, mar_env, corr)
        # 需要額外的參數
        self.kappa = mar_env.get_constant('kappa')
        self.theta = mar_env.get_constant('theta')

    def update(self, initial_value=None, volatility=None, kappa=None,
               theta=None, final_date=None):
        if initial_value is not None:
            self.initial_value = initial_value
        if volatility is not None:
            self.volatility = volatility
        if kappa is not None:
            self.kappa = kappa
        if theta is not None:
            self.theta = theta
        if final_date is not None:
            self.final_date = final_date
        self.instrument_values = None

def generate_paths(self, fixed_seed=True, day_count=365.):
    if self.time_grid is None:
        self.generate_time_grid()
    M = len(self.time_grid)
    I = self.paths
    paths = np.zeros((M, I))
    paths_ = np.zeros_like(paths)
    paths[0] = self.initial_value
    paths_[0] = self.initial_value
    if self.correlated is False:
```

```
            rand = sn_random_numbers((1, M, I),
                                     fixed_seed=fixed_seed)

        else:
            rand = self.random_numbers

        for t in range(1, len(self.time_grid)):
            dt = (self.time_grid[t] - self.time_grid[t - 1]).days / day_count
            if self.correlated is False:
                ran = rand[t]
            else:
                ran = np.dot(self.cholesky_matrix, rand[:, t, :])
                ran = ran[self.rn_set]

            # 完全截斷歐拉離散化
            paths_[t] = (paths_[t - 1] + self.kappa *
                         (self.theta - np.maximum(0, paths_[t - 1, :])) * dt +
                         np.sqrt(np.maximum(0, paths_[t - 1, :])) *
                         self.volatility * np.sqrt(dt) * ran)
            paths[t] = np.maximum(0, paths_[t])
        self.instrument_values = paths
```

表 18-3 是這個類別特有的兩個市場環境元素。

表 18-3 dx.square_root_diffusion 類別特有的市場環境元素

元素	類型	必要性	說明
kappa	常數	是	均值回歸因子
theta	常數	是	過程的長期均值

使用案例

我用下面這個相當簡短的範例來說明這個模擬類別的用法。與之前一樣，我們需要用市場環境來建立波動率（指數）過程的模型：

```
In [56]: me_srd = market_environment('me_srd', dt.datetime(2020, 1, 1))  ❶

In [57]: me_srd.add_constant('initial_value', .25)
         me_srd.add_constant('volatility', 0.05)
         me_srd.add_constant('final_date', dt.datetime(2020, 12, 31))
         me_srd.add_constant('currency', 'EUR')
         me_srd.add_constant('frequency', 'W')
         me_srd.add_constant('paths', 10000)
```

```
In [58]: me_srd.add_constant('kappa', 4.0)
         me_srd.add_constant('theta', 0.2)

In [59]: me_srd.add_curve('discount_curve', constant_short_rate('r', 0.0))  ❷

In [60]: from square_root_diffusion import square_root_diffusion

In [61]: srd = square_root_diffusion('srd', me_srd)  ❸

In [62]: srd_paths = srd.get_instrument_values()[:, :10]  ❹
```

❶ dx.square_root_diffusion 物件的額外參數。

❷ discount_curve 物件是預設需要的，但是在模擬時不需要。

❸ 將物件實例化 …

❹ … 模擬走勢並選擇 10。

你可以從圖 18-3 看到均值回歸特性，它顯示模擬走勢的均值回歸至長期均值 theta（虛線），假設它是 0.2：

```
In [55]: plt.figure(figsize=(10, 6))
         p1 = plt.plot(gbm.time_grid, paths_3[:, :10], 'b')
         p2 = plt.plot(gbm.time_grid, paths_4[:, :10], 'r-.')
         l1 = plt.legend([p1[0], p2[0]],
                         ['low intensity', 'high intensity'], loc=3)
         plt.gca().add_artist(l1)
         plt.xticks(rotation=30);
```

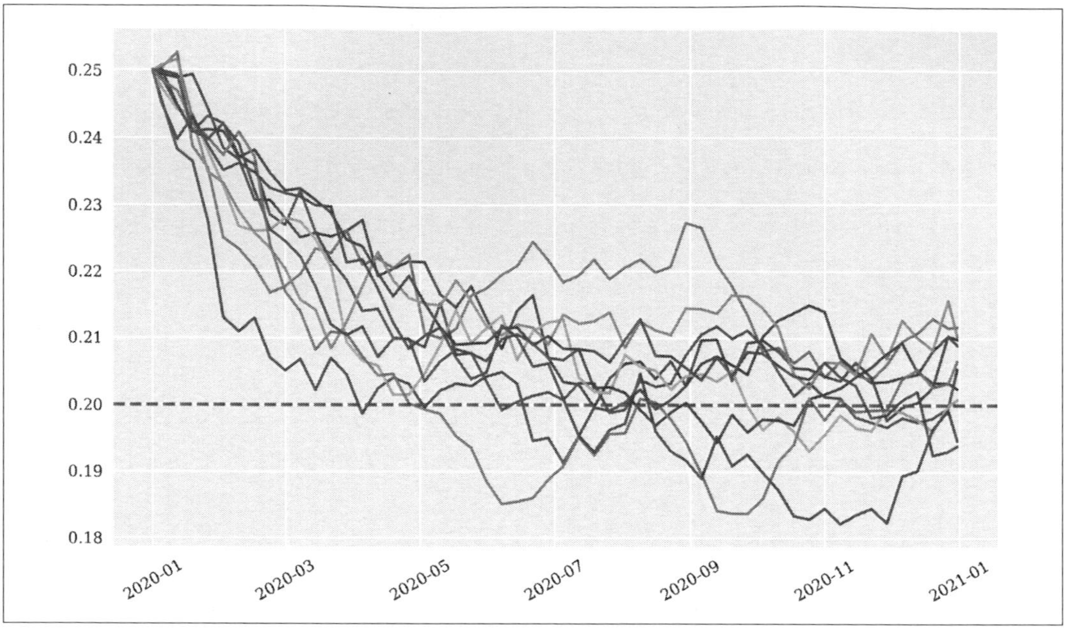

圖 18-3 平方根擴散模擬類別產生的模擬走勢（虛線 = 長期均值 theta）

小結

本章開發了我們感興趣的 3 種隨機過程（幾何布朗運動、跳躍擴散、平方根擴散）模擬工作所需的所有工具與類別，也介紹一個用來產生標準常態分布亂數的方便函式。接著介紹一個通用的模型模擬類別。根據這個類別，本章介紹三個專用的模擬類別，並展示這些類別的使用案例。

為了簡化將來的匯入程序，你同樣也可以使用包裝模組，這個稱為 *dx_simulation.py*：

```
#
# DX 程式包
#
# 模擬函式 & 類別
#
# dx_simulation.py
#
# Python for Finance, 2nd ed.
# (c) Dr. Yves J. Hilpisch
#
import numpy as np
import pandas as pd
```

```
from dx_frame import *
from sn_random_numbers import sn_random_numbers
from simulation_class import simulation_class
from geometric_brownian_motion import geometric_brownian_motion
from jump_diffusion import jump_diffusion
from square_root_diffusion import square_root_diffusion
```

與第一個包裝模組 *dx_frame.py* 一樣，它的好處是，你只要用一個匯入陳述式就可以讓所有模擬元件就緒了：

```
from dx_simulation import *
```

因為 *dx_simulation.py* 也會匯入 *dx_frame.py* 的所有東西，這一個匯入動作其實會公開我們到目前為止開發的**所有功能**。在 *dx* 資料夾裡面的加強版 *__init__.py* 檔案也是如此：

```
#
# DX 程式包
# 包裝檔
# __init__.py
#
import numpy as np
import pandas as pd
import datetime as dt

# 框架
from get_year_deltas import get_year_deltas
from constant_short_rate import constant_short_rate
from market_environment import market_environment

# 模擬
from sn_random_numbers import sn_random_numbers
from simulation_class import simulation_class
from geometric_brownian_motion import geometric_brownian_motion
from jump_diffusion import jump_diffusion
from square_root_diffusion import square_root_diffusion
```

其他資源

與本章談論的主題有關的參考書籍有：

- Glasserman, Paul (2004). *Monte Carlo Methods in Financial Engineering*. New York: Springer.
- Hilpisch, Yves (2015): *Derivatives Analytics with Python (http://dawp.tpq.io/)*. Chichester, England: Wiley Finance.

本章引用的原始論文：

- Black, Fischer, and Myron Scholes (1973). "The Pricing of Options and Corporate Liabilities." *Journal of Political Economy*, Vol. 81, No. 3, pp. 638–659.
- Cox, John, Jonathan Ingersoll, and Stephen Ross (1985). "A Theory of the Term Structure of Interest Rates." *Econometrica,* Vol. 53, No. 2, pp. 385–407.
- Merton, Robert (1973). "Theory of Rational Option Pricing." *Bell Journal of Economics and Management Science,* Vol. 4, pp. 141–183.
- Merton, Robert (1976). "Option Pricing When the Underlying Stock Returns Are Discontinuous." *Journal of Financial Economics,* Vol. 3, No. 3, pp. 125–144.

第十九章

衍生商品估價

衍生商品是個龐大且複雜的問題。

—Judd Gregg

長久以來，選擇權與衍生商品估價在華爾街都是所謂的**火箭科學家**（物理學博士，或高度需要數學的學科博士）專屬的領域。然而，透過蒙地卡羅模擬等數值方法，運用這些模型通常比瞭解模型本身的理論簡單。

當我們評估**歐式行使法**（只能在某個預定的日期行使權利）選擇權與衍生商品的價值時更是如此。但評估**美式行使法**（可以隨時在預定的時段之內行使權利）選擇權與衍生商品的價值比較複雜。本章將介紹與使用**最小平方蒙地卡羅**（LSM）演算法，這種演算法是以蒙地卡羅模擬來估價美式選擇權時的基準演算法。

本章的結構類似第 18 章，將會先介紹一個通用的估價類別，再提供兩個專用的估價類別，一個處理歐式行使法，另一個處理美式行使法。通用估價類別裡面有一些方法可以用數值來估計選擇權最重要的希臘字母數值：*delta* 與 *vega*。因此，這些重要的估價類別不但可以用來估價，也可以用來**管理風險**。

本章的結構是：

"美式行使法"，第 631 頁
本節介紹美式選擇權與衍生商品的估價類別。

通用估價類別

如同通用估模擬類別，你只要提供一些參數（四個）就可以實例化一個估價類別了：

`name`
str 物件，模型模擬物件的名稱

`underlying`
代表標的物的模擬類別實例

`mar_env`
`dx.market_environment` 類別的實例

`payoff_func`
Python `str` 物件，含有選擇權 / 衍生商品的報酬函數

通用類別有三個方法：

`update()`
更新所選擇的估價參數（屬性）

`delta()`
計算選擇權 / 衍生商品的 delta 數值

`vega()`
計算選擇權 / 衍生商品的 vega

具備之前章節的 DX 程式包的背景知識之後，你可以輕鬆地瞭解這個通用估價類別，必要時，你也可以從行內註解知道來龍去脈。我一樣先展示整個類別，再說明細節：

```
#
# DX 程式包
#
# 估價 -- 基礎類別
#
# valuation_class.py
#
```

```
# Python for Finance, 2nd ed.
# (c) Dr. Yves J. Hilpisch
#

class valuation_class(object):
    ''' Basic class for single-factor valuation.

    Attributes
    ==========
    name: str
        name of the object
    underlying: instance of simulation class
        object modeling the single risk factor
    mar_env: instance of market_environment
        market environment data for valuation
    payoff_func: str
        derivatives payoff in Python syntax
        Example: 'np.maximum(maturity_value - 100, 0)'
        where maturity_value is the NumPy vector with
        respective values of the underlying
        Example: 'np.maximum(instrument_values - 100, 0)'
        where instrument_values is the NumPy matrix with
        values of the underlying over the whole time/path grid

    Methods
    =======
    update:
        updates selected valuation parameters
    delta:
        returns the delta of the derivative
    vega:
        returns the vega of the derivative
    '''

    def __init__(self, name, underlying, mar_env, payoff_func=''):
        self.name = name
        self.pricing_date = mar_env.pricing_date
        try:
            # 可選擇履約與否
            self.strike = mar_env.get_constant('strike')
        except:
            pass
        self.maturity = mar_env.get_constant('maturity')
        self.currency = mar_env.get_constant('currency')
        # 來自模擬物件的模擬參數與折現曲線
        self.frequency = underlying.frequency
        self.paths = underlying.paths
```

```
        self.discount_curve = underlying.discount_curve
        self.payoff_func = payoff_func
        self.underlying = underlying
        # 提供 pricing_date 與到期日給 underlying
        self.underlying.special_dates.extend([self.pricing_date,
                                              self.maturity])

    def update(self, initial_value=None, volatility=None,
               strike=None, maturity=None):
        if initial_value is not None:
            self.underlying.update(initial_value=initial_value)
        if volatility is not None:
            self.underlying.update(volatility=volatility)
        if strike is not None:
            self.strike = strike
        if maturity is not None:
            self.maturity = maturity
            # 如果不在 time_grid 之內，加入新的到期日
            if maturity not in self.underlying.time_grid:
                self.underlying.special_dates.append(maturity)
                self.underlying.instrument_values = None

    def delta(self, interval=None, accuracy=4):
        if interval is None:
            interval = self.underlying.initial_value / 50.
        # 向前差（forward-difference）近似法
        # 計算左邊的值，以計算 delta
        value_left = self.present_value(fixed_seed=True)
        # 右邊值的 underlying 值
        initial_del = self.underlying.initial_value + interval
        self.underlying.update(initial_value=initial_del)
        #  計算右邊的值，以計算 delta
        value_right = self.present_value(fixed_seed=True)
        # 重設模擬物件的 initial_value
        self.underlying.update(initial_value=initial_del - interval)
        delta = (value_right - value_left) / interval
        # 修正可能的數值錯誤
        if delta < -1.0:
            return -1.0
        elif delta > 1.0:
            return 1.0
        else:
            return round(delta, accuracy)

    def vega(self, interval=0.01, accuracy=4):
        if interval < self.underlying.volatility / 50.:
            interval = self.underlying.volatility / 50.
```

```
        # 向前差（forward-difference）近似法
        # 計算左邊的值，以計算 vega
        value_left = self.present_value(fixed_seed=True)
        # 右邊值的波動值
        vola_del = self.underlying.volatility + interval
        # 更新模擬物件
        self.underlying.update(volatility=vola_del)
        # 計算右邊的值，以計算 vega
        value_right = self.present_value(fixed_seed=True)
        # 重設模擬物件的波動值
        self.underlying.update(volatility=vola_del - interval)
        vega = (value_right - value_left) / interval
        return round(vega, accuracy)
```

估計希臘字母數值是 `dx.valuation_class` 通用類別的主要任務之一，所以我們仔細地探討這個部分。假設有個代表選擇權現值的連續可微函數 $V(S_0, \sigma_0)$。選擇權的 *delta* 值就是標的物現價 S_0 的一階偏導數；也就是 $\Delta = \frac{\partial V(\cdot)}{\partial S_0}$。

假設我們用蒙地卡羅估價法（見第 12 章與本章後續小節）得到一個可估價選擇權的蒙地卡羅估價式 $\bar{V}(S_0, \sigma_0)$。公式 19-1 是選擇權的 delta 的數值近似公式[1]，這就是通用估價類別的 `delta()` 方法實作的東西。該方法假設有個 `present_value()` 方法，可根據一組參數值回傳蒙地卡羅估計式。

公式 19-1 選擇權的數值 *delta*

$$\bar{\Delta} = \frac{\bar{V}(S_0 + \Delta S, \sigma_0) - \bar{V}(S_0, \sigma_0)}{\Delta S}, \Delta S > 0$$

類似的情況，金融商品的 *vega* 的定義是：在當前（瞬時）波動率 σ_0 下，現值的一階偏導數，也就是 $\mathbf{V} = \frac{\partial V(\cdot)}{\partial \sigma_0}$。我們同樣假設有個估計選擇權價值的蒙地卡羅估計式，公式 19-2 是 vega 的數值近似式。這就是 `dx.valuation_class` 類別的 `vega()` 方法實作的內容。

公式 19-2 選擇權的 *vega* 公式

$$\mathbf{V} = \frac{\bar{V}(S_0, \sigma_0 + \Delta\sigma) - \bar{V}(S_0, \sigma_0)}{\Delta\sigma}, \Delta\sigma > 0$$

---

1 要更詳細瞭解如何用蒙地卡羅模擬，以數值化方式估計希臘字母數值，可參考 Glasserman（2004）的第 7 章。本程式之所以使用**向前差**（*forward-difference*）近似法，只是因為這樣只會造成一次額外的模擬與重新估價。舉例而言，**中央差**（*central-difference*）近似法會造成**兩次**重新估價，因此計算成本較高。

注意，以上關於 delta 與 vega 的討論，都只基於有個可微函數或選擇權現值的蒙地卡羅估計式。這就是我們可以定義方法來以數值化的方式估計這些數字，而不需要瞭解蒙地卡羅估計式的準確定義及數值實作的原因。

歐式行使法

首先，我們以通用估價類別製作專門處理歐式行使法的類別。考慮下列產生選擇權價值蒙地卡羅估計式的簡化步驟：

1. 模擬風險中立時標的物的風險因子 S，進行 I 次，得到 I 個選擇權 T 到期時，標的物的模擬價值，即 $\bar{S}_T(i), i \in \{1, 2, ..., I\}$。
2. 計算在到期日時，對應每一個模擬出來的標的物價值的選擇權報酬 h_T，即 $h_T\left(\bar{S}_T(i)\right), i \in \{1, 2, ..., I\}$。
3. 導出選擇權現值的蒙地卡羅估計式 $\bar{V}_0 \equiv e^{-rT}\frac{1}{I}\sum_{i=1}^{I} h_T\left(\bar{S}_T(i)\right)$。

估值類別

下面的類別根據這個步驟實作 present_value() 方法。此外，它也有個 generate_payoff() 方法，可產生模擬走勢，以及根據模擬走勢得到的選擇權報酬。這是蒙地卡羅估計式的基礎：

```
#
# DX 程式包
#
# 估價 -- 歐式行使法類別
#
# valuation_mcs_european.py
#
# Python for Finance, 2nd ed.
# (c) Dr. Yves J. Hilpisch
#
import numpy as np

from valuation_class import valuation_class


class valuation_mcs_european(valuation_class):
    ''' Class to value European options with arbitrary payoff
    by single-factor Monte Carlo simulation.
```

```
    Methods
    =======
    generate_payoff:
        returns payoffs given the paths and the payoff function
    present_value:
        returns present value (Monte Carlo estimator)
    '''

    def generate_payoff(self, fixed_seed=False):
        '''
        Parameters
        ==========
        fixed_seed: bool
            use same/fixed seed for valuation
        '''
        try:
            # 可選擇履約與否
            strike = self.strike
        except:
            pass
        paths = self.underlying.get_instrument_values(fixed_seed=fixed_seed)
        time_grid = self.underlying.time_grid
        try:
            time_index = np.where(time_grid == self.maturity)[0]
            time_index = int(time_index)
        except:
            print('Maturity date not in time grid of underlying.')
        maturity_value = paths[time_index]
        # 整條走勢的均值
        mean_value = np.mean(paths[:time_index], axis=1)
        # 整條走勢的最大值
        max_value = np.amax(paths[:time_index], axis=1)[-1]
        # 整條走勢的最小值
        min_value = np.amin(paths[:time_index], axis=1)[-1]
        try:
            payoff = eval(self.payoff_func)
            return payoff
        except:
            print('Error evaluating payoff function.')

    def present_value(self, accuracy=6, fixed_seed=False, full=False):
        '''
        Parameters
        ==========
        accuracy: int
            number of decimals in returned result
        fixed_seed: bool
```

```
            use same/fixed seed for valuation
        full: bool
            return also full 1d array of present values
        '''
        cash_flow = self.generate_payoff(fixed_seed=fixed_seed)
        discount_factor = self.discount_curve.get_discount_factors(
            (self.pricing_date, self.maturity))[0, 1]
        result = discount_factor * np.sum(cash_flow) / len(cash_flow)
        if full:
            return round(result, accuracy), discount_factor * cash_flow
        else:
            return round(result, accuracy)
```

generate_payoff() 方法提供一些特殊物件，可用來定義選擇權的報酬：

- strike 是選擇權的履約價。
- maturity_value 是個 1D ndarray 物件，裡面有標的物在選擇權到期時的模擬價格。
- mean_value 是標的物從今日到到期日的整個走勢的均價。
- max_value 是標的物整個走勢的最高價。
- min_value 是標的物整個走勢的最低價。

最後三個物件可讓你高效地處理亞洲式（回顧式，或走勢相關）特徵。

彈性的報酬

我們用來估價歐式選擇權與衍生商品的方法非常靈活，因為我們定義了一個靈活的報酬函式，可用來建立有條件行使法（例如選擇權）與無條件行使法（例如遠期契約）的衍生商品的模型，也可以加入奇特的報酬元素，例如回顧式特徵。

使用案例

使用特定的使用案例來說明 dx.valuation_mcs_european 估價類別的用法比較容易，但是，在將估價類別實例化之前，我們要先實例化一個模擬物件（也就是要估價的選擇權的標的物）。我們用第 18 章的 dx.geometric_brownian_motion 類別來建立標的物模型：

```
In [64]: me_gbm = market_environment('me_gbm', dt.datetime(2020, 1, 1))

In [65]: me_gbm.add_constant('initial_value', 36.)
```

```
         me_gbm.add_constant('volatility', 0.2)
         me_gbm.add_constant('final_date', dt.datetime(2020, 12, 31))
         me_gbm.add_constant('currency', 'EUR')
         me_gbm.add_constant('frequency', 'M')
         me_gbm.add_constant('paths', 10000)

In [66]: csr = constant_short_rate('csr', 0.06)

In [67]: me_gbm.add_curve('discount_curve', csr)

In [68]: gbm = geometric_brownian_motion('gbm', me_gbm)
```

除了模擬物件之外，你也要為選擇權本身定義市場環境，它至少要有 `maturity` 與 `currency`。你也可以選擇提供 `strike` 參數的值：

```
In [69]: me_call = market_environment('me_call', me_gbm.pricing_date)

In [70]: me_call.add_constant('strike', 40.)
         me_call.add_constant('maturity', dt.datetime(2020, 12, 31))
         me_call.add_constant('currency', 'EUR')
```

當然，報酬函式是核心元素，在此用一個內含 Python 程式碼，可讓 `eval()` 函式處理的 `str` 物件來提供。我們要建立歐式*看漲*選擇權，這種選擇權的報酬是 $h_T = \max(S_T - K, 0)$，其中 S_T 是標的物在到期日的價格，K 是選擇權的履約價。以下是以 Python 與 NumPy 來表示的形式（以向量化的方式儲存所有模擬值）：

```
In [71]: payoff_func = 'np.maximum(maturity_value - strike, 0)'
```

取得所有元素之後，接下來可以用 `dx.valuation_mcs_european` 類別實例化一個物件。建立估價物件之後，只要呼叫方法一次，就可以取得所有感興趣的值了：

```
In [72]: from valuation_mcs_european import valuation_mcs_european

In [73]: eur_call = valuation_mcs_european('eur_call', underlying=gbm,
                                mar_env=me_call, payoff_func=payoff_func)

In [74]: %time eur_call.present_value()  ❶
         CPU times: user 14.8 ms, sys: 4.06 ms, total: 18.9 ms
         Wall time: 43.5 ms

Out[74]: 2.146828

In [75]: %time eur_call.delta()  ❷
         CPU times: user 12.4 ms, sys: 2.68 ms, total: 15.1 ms
         Wall time: 40.1 ms
```

```
Out[75]: 0.5155

In [76]: %time eur_call.vega()  ❸
         CPU times: user 21 ms, sys: 2.72 ms, total: 23.7 ms
         Wall time: 89.9 ms

Out[76]: 14.301
```

❶ 估計歐式看漲選擇權的現價。

❷ 估計選擇權的 delta，看漲的 delta 是正的。

❸ 估計選擇權的 vega，無論選擇權是看漲還是看跌，vega 都是正的。

將估價物件實例化之後，我們就可以輕鬆地全面分析現價與希臘字母數值了。下面是計算現價、delta 與 vega 的程式，標的物初始價格的範圍是 34 至 46 歐元。圖 19-1 是視覺化的執行結果：

```
In [77]: %%time
        s_list = np.arange(34., 46.1, 2.)
        p_list = []; d_list = []; v_list = []
        for s in s_list:
            eur_call.update(initial_value=s)
            p_list.append(eur_call.present_value(fixed_seed=True))
            d_list.append(eur_call.delta())
            v_list.append(eur_call.vega())
        CPU times: user 374 ms, sys: 8.82 ms, total: 383 ms
        Wall time: 609 ms

In [78]: from plot_option_stats import plot_option_stats

In [79]: plot_option_stats(s_list, p_list, d_list, v_list)
```

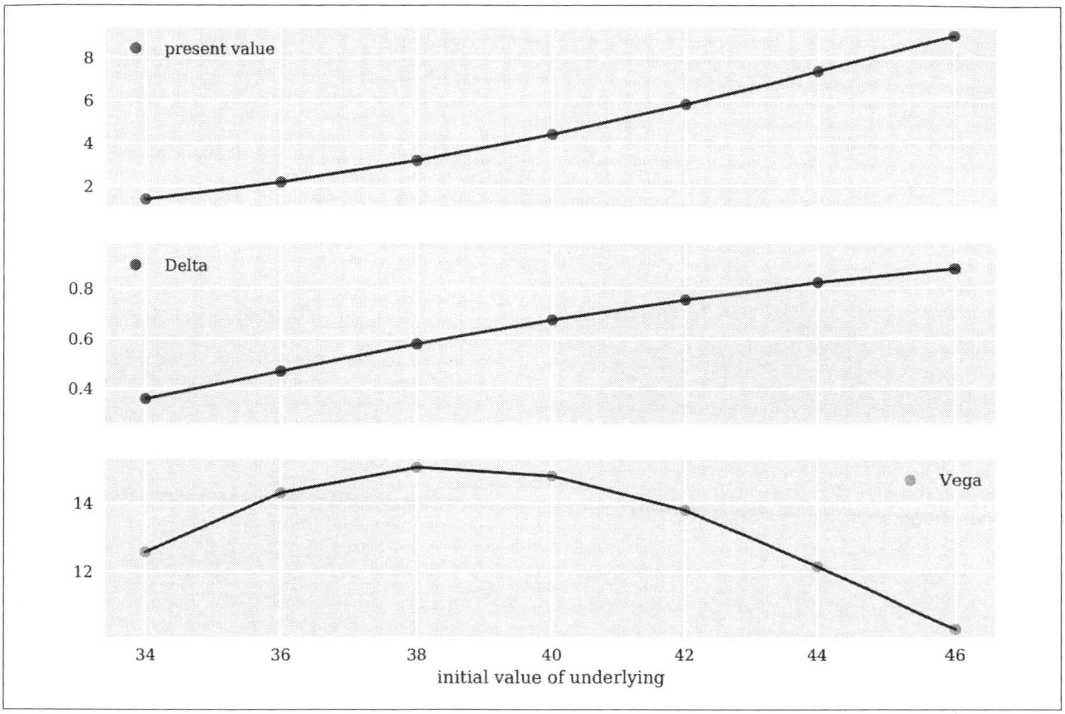

圖 19-1 估計歐式看漲選擇權的現價、delta 與 vega

我們用輔助函式 `plot_option_stats()` 來進行視覺化：

```
#
# DX 程式包
#
# 估價 -- 畫出選擇權的統計數據
#
# plot_option_stats.py
#
# Python for Finance, 2nd ed.
# (c) Dr. Yves J. Hilpisch
#
import matplotlib.pyplot as plt


def plot_option_stats(s_list, p_list, d_list, v_list):
    ''' Plots option prices, deltas, and vegas for a set of
    different initial values of the underlying.

    Parameters
    ==========
```

```
    s_list: array or list
        set of initial values of the underlying
    p_list: array or list
        present values
    d_list: array or list
        results for deltas
    v_list: array or list
        results for vegas
    '''
    plt.figure(figsize=(10, 7))
    sub1 = plt.subplot(311)
    plt.plot(s_list, p_list, 'ro', label='present value')
    plt.plot(s_list, p_list, 'b')
    plt.legend(loc=0)
    plt.setp(sub1.get_xticklabels(), visible=False)
    sub2 = plt.subplot(312)
    plt.plot(s_list, d_list, 'go', label='Delta')
    plt.plot(s_list, d_list, 'b')
    plt.legend(loc=0)
    plt.ylim(min(d_list) - 0.1, max(d_list) + 0.1)
    plt.setp(sub2.get_xticklabels(), visible=False)
    sub3 = plt.subplot(313)
    plt.plot(s_list, v_list, 'yo', label='Vega')
    plt.plot(s_list, v_list, 'b')
    plt.xlabel('initial value of underlying')
    plt.legend(loc=0)
```

這個例子說明，DX 程式包的用法相當於使用封閉式選擇權定價公式，只不過它涉及大量的數字運算。但是這種做法並非只適用於目前的這些簡單或“陽春”的報酬。你也可以用一樣的方法來處理較複雜的報酬。

考慮下列的報酬，它是一般的與亞式報酬的混合體，它的處理與分析做法是相同的，大部分都與報酬的類型無關。從圖 19-2 可以看到，當標的物的初始價格到達履約價 40 時，delta 變成 1。從這個時間點之後，每當標的物的初始價格（邊際）增加，選擇權的價格也會隨之（邊際）增加：

```
In [80]: payoff_func = 'np.maximum(0.33 * '
         payoff_func += '(maturity_value + max_value) - 40, 0)'  ❶

In [81]: eur_as_call = valuation_mcs_european('eur_as_call', underlying=gbm,
                             mar_env=me_call, payoff_func=payoff_func)

In [82]: %%time
         s_list = np.arange(34., 46.1, 2.)
         p_list = []; d_list = []; v_list = []
         for s in s_list:
```

```
        eur_as_call.update(s)
        p_list.append(eur_as_call.present_value(fixed_seed=True))
        d_list.append(eur_as_call.delta())
        v_list.append(eur_as_call.vega())
    CPU times: user 319 ms, sys: 14.2 ms, total: 333 ms
    Wall time: 488 ms

In [83]: plot_option_stats(s_list, p_list, d_list, v_list)
```

❶ 報酬是由模擬出來的到期日價格，以及模擬走勢的最高價格來決定的。

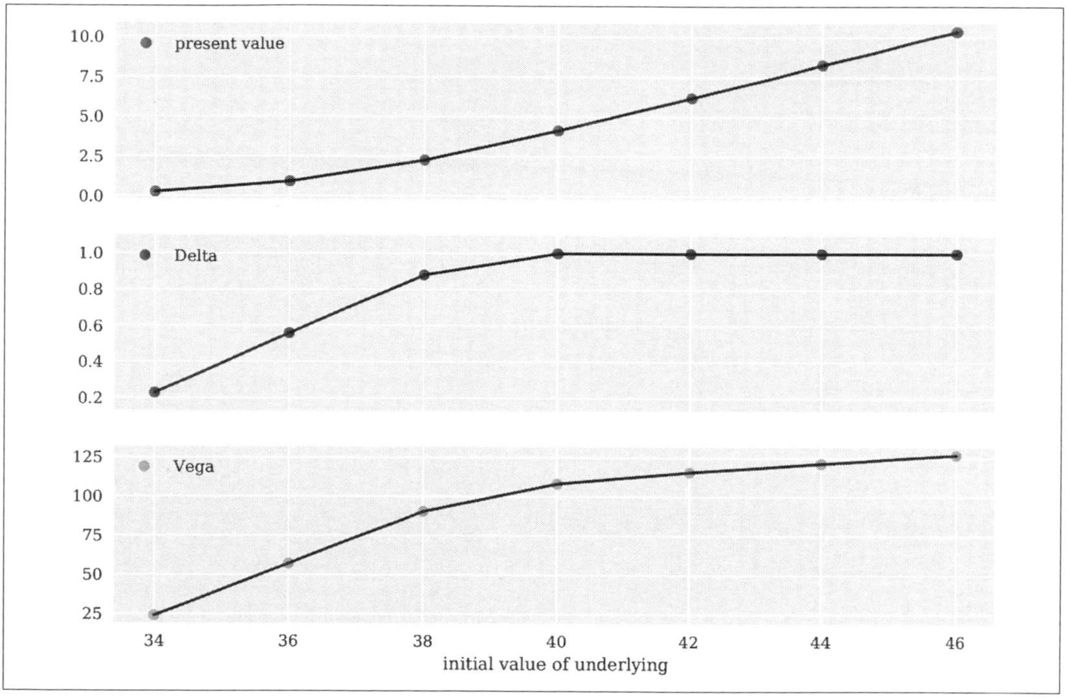

圖 19-2 估計具備亞式特徵的選擇權的現價、delta 與 vega

美式行使法

評估美式或百慕達選擇權的價格比評估歐式選擇權還要複雜許多[2]。因此，在介紹估價類別之前，我要先說明一些估價理論。

---

2 美式行使法的意思是你可以在一個固定時段（至少在可交易的幾小時）的任何時間點行使權利。**百慕達行使法**通常有多個分散的行使日期。在數值應用中，美式行使法是用百慕達行使法來近似的，在極限的情況下，可能不限制行使日期的數量。

最小平方蒙地卡羅

雖然 Cox、Ross 和 Rubinstein（1979）用二項模型來提出一個簡單的數值方法，用同一個框架來評估歐式與美式選擇權，但只有 Longstaff-Schwartz（2001）的方法令人滿意地解決以蒙地卡羅模擬（MCS）來估價美式選擇權的問題。主要的問題在於，MCS 本身是一種前移式演算法，而美式選擇權的估價通常採取回溯推導，從到期日開始**回溯**到今日，估計美式選擇權的延續價值。

Longstaff-Schwartz（2001）模型的主要觀點是使用普通最小平方回歸，根據所有模擬值的交叉點來估計延續價值[3]。這個演算法考慮每一個走勢的：

- 標的物模擬值
- 選擇權的內在價值
- 特定走勢的實際延續價值

在離散的時間中，百慕達選擇權的價值（以及極限情況下的美式選擇權）是用**最佳停止問題**算出來的，如公式 19-3 所示，假設在時間 $0 < t_1 < t_2 < \cdots < T$ 之內有限的點集合[4]。

公式 19-3 百慕達選擇權的離散時間最佳停止問題

$$V_0 = \sup_{\tau \in \{0, t_1, t_2, ..., T\}} e^{-r\tau} \mathbf{E}_0^Q\left(h_\tau(S_\tau)\right)$$

公式 19-4 是美式選擇權在日期 $0 \leq t_m < T$ 的延續價值。它是在日期 t_m 時的風險中立期望值，是根據後續日期的美式選擇權價值的鞅值 $V_{t_{m+1}}$ 算出來的。

公式 19-4 美式選擇權的延續價值

$$C_{t_m}(s) = e^{-r\left(t_{m+1} - t_m\right)} \mathbf{E}_{t_m}^Q\left(V_{t_{m`1}}\left(S_{t_{m`1}}\right) \middle| S_{t_m} = s\right)$$

美式選擇權 V_{t_m} 在日期 t_m 的價值也可以用公式 19-5 來表示，也就是立即行使（內在價值）與不行使的期望報酬（延續價值）兩者的最大值。

---

3 這就是他們的演算法經常被縮寫為 LSM，即 *Least-Squares Monte Carlo* 的原因。

4 Kohler（2010）簡單地介紹美式選擇權的估價原理，特別是它用了回歸方法。

公式 19-5 美式選擇權在任何日期的價值

$$V_{t_m} = \max\left(h_{t_m}(s), C_{t_m}(s)\right)$$

在公式 19-5 中，內在價值當然很容易計算，延續價值則稍有難度。Longstaff-Schwartz（2001）演算法用回歸來近似這個值，見公式 19-6。其中，i 代表目前的模擬走勢，D 是回歸基本函數的數量，α^* 是最佳回歸參數，b_d 是編號為 d 的回歸函數。

公式 19-6 以回歸來近似延續價值

$$\bar{C}_{t_m,i} = \sum_{d=1}^{D} \alpha^{*}_{d,t_m} \cdot b_d\left(S_{t_m,i}\right)$$

最佳回歸參數是公式 19-7 這個最小平方回歸問題的解。在此，$Y_{t_m,i} \equiv e^{-r\left(t_{m+1}-t_m\right)}V_{t_{m+1}}$ 是走勢 i 在日期 t_m 的實際延續價值（而不是回歸 / 估計出來的）。

公式 19-7 普通最小平方回歸

$$\min_{\alpha_{1,t_m},\ldots,\alpha_{D,t_m}} \frac{1}{I}\sum_{i=1}^{I}\left(Y_{t_m,i} - \sum_{d=1}^{D}\alpha_{d,t_m}\cdot b_d\left(S_{t_m,i}\right)\right)^2$$

以上就是用 MCS 來評估美式選擇權價值的基本數學工具組。

估價類別

下面是一個評估美式選擇權與衍生商品的價值的類別。`present_value()` 方法實作 LSM 演算法的過程中，有一個值得注意的步驟（也有行內註解）：**最佳決策步驟**。這裡的重點是，LSM 演算法會根據做出的決策，採用內在價值或實際延續價值，而不是估計出來的延續價值[5]：

```
#
# DX 程式包
#
# 估價 -- 美式行使類別
#
# valuation_mcs_american.py
#
# Python for Finance, 2nd ed.
```

5 亦見 Hilpisch（2015）的第 6 章。

```
# (c) Dr. Yves J. Hilpisch
#
import numpy as np

from valuation_class import valuation_class


class valuation_mcs_american(valuation_class):
    ''' Class to value American options with arbitrary payoff
    by single-factor Monte Carlo simulation.

    Methods
    =======
    generate_payoff:
        returns payoffs given the paths and the payoff function
    present_value:
        returns present value (LSM Monte Carlo estimator)
        according to Longstaff-Schwartz (2001)
    '''

    def generate_payoff(self, fixed_seed=False):
        '''
        Parameters
        ==========
        fixed_seed:
            use same/fixed seed for valuation
        '''
        try:
            # strike is optional
            strike = self.strike
        except:
            pass
        paths = self.underlying.get_instrument_values(fixed_seed=fixed_seed)
        time_grid = self.underlying.time_grid
        time_index_start = int(np.where(time_grid == self.pricing_date)[0])
        time_index_end = int(np.where(time_grid == self.maturity)[0])
        instrument_values = paths[time_index_start:time_index_end + 1]
        payoff = eval(self.payoff_func)
        return instrument_values, payoff, time_index_start, time_index_end

    def present_value(self, accuracy=6, fixed_seed=False, bf=5, full=False):
        '''
        Parameters
        ==========
        accuracy: int
            number of decimals in returned result
        fixed_seed: bool
```

```
        use same/fixed seed for valuation
    bf: int
        number of basis functions for regression
    full: bool
        return also full 1d array of present values
    '''
    instrument_values, inner_values, time_index_start, time_index_end = \
        self.generate_payoff(fixed_seed=fixed_seed)
    time_list = self.underlying.time_grid[
        time_index_start:time_index_end + 1]
    discount_factors = self.discount_curve.get_discount_factors(
        time_list, dtobjects=True)
    V = inner_values[-1]
    for t in range(len(time_list) - 2, 0, -1):
        # derive relevant discount factor for given time interval
        df = discount_factors[t, 1] / discount_factors[t + 1, 1]
        # 回歸步驟
        rg = np.polyfit(instrument_values[t], V * df, bf)
        # 計算每個走勢的延續價值
        C = np.polyval(rg, instrument_values[t])
        # 最佳決策步驟：
        # 若條件滿足（內在價值 > 回歸的延續價值）
        # 則採用內在價值，否則採用實際的延續價值
        V = np.where(inner_values[t] > C, inner_values[t], V * df)
    df = discount_factors[0, 1] / discount_factors[1, 1]
    result = df * np.sum(V) / len(V)
    if full:
        return round(result, accuracy), df * V
    else:
        return round(result, accuracy)
```

使用案例

這裡再次以使用案例讓你知道如何使用 `dx.valuation_mcs_american` 類別。這個使用案例重複使用 Longstaff 與 Schwartz（2001） 論文的表 1 展示的所有美式選擇權價值，與之前一樣，標的物是 `dx.geometric_brownian_motion` 物件，初始參數是：

```
In [84]: me_gbm = market_environment('me_gbm', dt.datetime(2020, 1, 1))

In [85]: me_gbm.add_constant('initial_value', 36.)
         me_gbm.add_constant('volatility', 0.2)
         me_gbm.add_constant('final_date', dt.datetime(2021, 12, 31))
         me_gbm.add_constant('currency', 'EUR')
         me_gbm.add_constant('frequency', 'W')
         me_gbm.add_constant('paths', 50000)
```

```
In [86]: csr = constant_short_rate('csr', 0.06)

In [87]: me_gbm.add_curve('discount_curve', csr)

In [88]: gbm = geometric_brownian_motion('gbm', me_gbm)

In [89]: payoff_func = 'np.maximum(strike - instrument_values, 0)'

In [90]: me_am_put = market_environment('me_am_put', dt.datetime(2020, 1, 1))

In [91]: me_am_put.add_constant('maturity', dt.datetime(2020, 12, 31))
         me_am_put.add_constant('strike', 40.)
         me_am_put.add_constant('currency', 'EUR')
```

下一個步驟是根據數值假設將估價物件實例化，以及開始估價。評估美式看跌選擇權的價值所花費的時間可能比評估歐式選擇權還要長一些，這是因為走勢數量與時段增加了，而且每一個推導步驟都要進行回溯推導與回歸，所以演算法需要更多計算資源。用數值方法估計第一個選擇權的結果與原始論文的準確值 4.478 相當接近：

```
In [92]: from valuation_mcs_american import valuation_mcs_american

In [93]: am_put = valuation_mcs_american('am_put', underlying=gbm,
                             mar_env=me_am_put, payoff_func=payoff_func)

In [94]: %time am_put.present_value(fixed_seed=True, bf=5)
         CPU times: user 1.57 s, sys: 219 ms, total: 1.79 s
         Wall time: 2.01 s

Out[94]: 4.472834
```

因為 LSM 蒙地卡羅估計式的構造，它代表美式選擇權的正確價值的**下限**[6]。因此，你可以預期，這種數值化估算的結果將低於任何數值化實例的真實值。我們可以用另一種對偶估計式來算出**上限值**[7]，將兩種不同的估計式結合，可定義美式選擇權真實價值的區間。

6 主要的原因是，以回歸的方式估計延續價值的"最佳"做法事實上只是"次佳"的。

7 計算上限的對偶演算法及 Python 實作可參考 Hilpisch（2015）的第 6 章。

這個使用案例的主要目標是重現原始論文的表 1 的所有美式選擇權價值。我們只要結合估價物件與嵌套迴圈就可以完成這件事了。在最裡面的迴圈執行期間，估價物件必須根據當時的參數進行更新：

```
In [95]: %%time
         ls_table = []
         for initial_value in (36., 38., 40., 42., 44.):
             for volatility in (0.2, 0.4):
                 for maturity in (dt.datetime(2020, 12, 31),
                                  dt.datetime(2021, 12, 31)):
                     am_put.update(initial_value=initial_value,
                                   volatility=volatility,
                                   maturity=maturity)
                     ls_table.append([initial_value,
                                      volatility,
                                      maturity,
                                      am_put.present_value(bf=5)])
         CPU times: user 41.1 s, sys: 2.46 s, total: 43.5 s
         Wall time: 1min 30s

In [96]: print('S0 | Vola | T | Value')
         print(22 * '-')
         for r in ls_table:
             print('%d  | %3.1f  | %d | %5.3f' %
                   (r[0], r[1], r[2].year - 2019, r[3]))
         S0  | Vola | T | Value
         ----------------------
         36  | 0.2  | 1 | 4.447
         36  | 0.2  | 2 | 4.773
         36  | 0.4  | 1 | 7.006
         36  | 0.4  | 2 | 8.377
         38  | 0.2  | 1 | 3.213
         38  | 0.2  | 2 | 3.645
         38  | 0.4  | 1 | 6.069
         38  | 0.4  | 2 | 7.539
         40  | 0.2  | 1 | 2.269
         40  | 0.2  | 2 | 2.781
         40  | 0.4  | 1 | 5.211
         40  | 0.4  | 2 | 6.756
         42  | 0.2  | 1 | 1.556
         42  | 0.2  | 2 | 2.102
         42  | 0.4  | 1 | 4.466
         42  | 0.4  | 2 | 6.049
         44  | 0.2  | 1 | 1.059
         44  | 0.2  | 2 | 1.617
         44  | 0.4  | 1 | 3.852
         44  | 0.4  | 2 | 5.490
```

這些結果是 Longstaff 與 Schwartz（2001）論文的表 1 的簡化版本。整體來說，算出來的數值很接近論文的數值，論文使用一些不同的參數（例如，它們使用雙倍的走勢數量）。

最後，請注意，估算美式選擇權的希臘字母數值在形式上與歐式選擇權相同，這是我們的做法比其他數值做法（例如二項模型）優秀的地方之一：

```
In [97]: am_put.update(initial_value=36.)
         am_put.delta()
Out[97]: -0.4631

In [98]: am_put.vega()
Out[98]: 18.0961
```

最小平方蒙地卡羅

Longstaff 和 Schwartz（2001）的 LSM 估價演算法是一種在數值方面極高效的演算法，可評估選擇權，甚至具有美式或百慕達行使法特徵的複雜衍生商品。你可以結合 OLS 回歸步驟與有效的數值方法來近似最佳行使策略。因為 OLS 回歸可以輕鬆地處理高維資料，它是個靈活的衍生商品定價方法。

小結

本章介紹如何使用蒙地卡羅模擬，來對歐式與美式選擇權進行數值化估價。本章介紹了通用的估價類別 `dx.valuation_class`，這個類別的方法可以估計兩種選擇權最重要的希臘字母數值（delta 與 vega），無論使用哪種模擬物件（即風險因子或隨機過程）來估價。

接著本章基於通用估價類別展示兩個專用類別，`dx.valuation_mcs_european` 與 `dx.valuation_mcs_american`。評估歐式選擇權價值的類別直接實作第 17 章的風險中立估價法，再結合期望項數值的估計（如第 11 章所述，它是蒙地卡羅模擬的積分）。

美式選擇權估價類別使用一種回歸估價演算法，稱為最小平方蒙地卡羅（LSM）。這是因為，為了評估美式選擇權的價格，我們必須推導出最佳行使策略。這在理論上與數值化方面比較複雜。但是，這個類別相應的 `present_value()` 方法仍然很簡潔。

衍生商品分析程式包 DX 非常方便，你不需要付出太多精力，就可以用下列特徵來評估相對大量的選擇權種類：

- 單一風險因子
- 歐式或美式行使法
- 任意報酬

你也可以評估對這類選擇權而言最重要的希臘字母數值。為了節省未來的匯入工作，我們再次使用包裝模組，這次將它稱為 *dx_valuation.py*：

```
#
# DX 程式包
#
# 估價類別
#
# dx_valuation.py
#
# Python for Finance, 2nd ed.
# (c) Dr. Yves J. Hilpisch
#
import numpy as np
import pandas as pd

from dx_simulation import *
from valuation_class import valuation_class
from valuation_mcs_european import valuation_mcs_european
from valuation_mcs_american import valuation_mcs_american
```

我們也相應地更改 *dx* 資料夾裡面的 *__init__.py* 檔案：

```
#
# DX 程式包
# 包裝檔
# __init__.py
#
import numpy as np
import pandas as pd
import datetime as dt

# 框架
from get_year_deltas import get_year_deltas
from constant_short_rate import constant_short_rate
from market_environment import market_environment
from plot_option_stats import plot_option_stats
```

```
# 模擬
from sn_random_numbers import sn_random_numbers
from simulation_class import simulation_class
from geometric_brownian_motion import geometric_brownian_motion
from jump_diffusion import jump_diffusion
from square_root_diffusion import square_root_diffusion

# 估價
from valuation_class import valuation_class
from valuation_mcs_european import valuation_mcs_european
from valuation_mcs_american import valuation_mcs_american
```

其他資源

本章的主題有這些參考書籍：

- Glasserman, Paul (2004). *Monte Carlo Methods in Financial Engineering.* New York: Springer.
- Hilpisch, Yves (2015). *Derivatives Analytics with Python* (*http://dawp.tpq.io/*). Chichester, England: Wiley Finance.

本章引用的原始論文如下：

- Cox, John, Stephen Ross, and Mark Rubinstein (1979). "Option Pricing: A Simplified Approach." *Journal of Financial Economics,* Vol. 7, No. 3, pp. 229–263.
- Kohler, Michael (2010). "A Review on Regression-Based Monte Carlo Methods for Pricing American Options." In Luc Devroye et al. (eds.): *Recent Developments in Applied Probability and Statistics* (pp. 37–58). Heidelberg: Physica-Verlag.
- Longstaff, Francis, and Eduardo Schwartz (2001). "Valuing American Options by Simulation: A Simple Least Squares Approach." *Review of Financial Studies,* Vol. 14, No. 1, pp. 113–147.

第二十章

投資組合估價

價格是你付出的東西。價值是你得到的東西。

—華倫•巴菲特

現在你應該已經明白建構 DX 衍生商品分析程式包的完整做法，以及它的好處了。這種做法將蒙地卡羅模擬當成唯一的數值方法來使用，幾乎已經完成分析程式包的模組化工作了：

折現

用 dx.constant_short_rate 類別的實例來處理相關的風險中立折現。

相關資料

將相關資料、參數與其他輸入，存放在（幾個）dx.market_environment 類別的實例裡面。

模擬物件

用三種模擬類別之一的實例來建立（標的物）風險因子的模型：

- dx.geometric_brownian_motion
- dx.jump_diffusion
- dx.square_root_diffusion

估價物件

我們用兩種估價類別之一的實例來建立待估價的選擇權與衍生商品的模型：

- `dx.valuation_mcs_european`
- `dx.valuation_mcs_american`

我們還有最後一個步驟需要完成：估價過程可能是相當複雜的選擇權及衍生商品**投資組合**。為此，我們要滿足以下需求：

不重複

每一個（標的物）風險因子只建模一次，可能讓多個估價物件使用。

相關性

必須考慮風險因子之間的相關性。

部位

舉例而言，選擇權部位是由一些選擇權合約組成的。

雖然原則上我們可以（事實上，甚至是必要的）提供模擬與估價物件的幣種，但接下來的程式假設投資組合只用**一種貨幣**標價，所以我們不需要考慮匯率與貨幣風險，可以大幅簡化在投資組合中匯總價值的工作。

本章介紹兩個新類別：建立**衍生商品部位**的模型的簡單類別，以及建立**衍生商品投資組合**模型並進行估價的複雜類別。本章的結構如下：

衍生商品部位

理論上，衍生商品部位只是估價物件與被建模的商品量的組合。

類別

下面的程式是幫衍生商品部位建模的類別。它的內容主要是資料與物件。此外，它也提供一個 `get_info()` 方法，可印出類別實例儲存的資料與物件資訊：

```
#
# DX 程式包
#
# 投資組合 -- 衍生商品部位類別
#
# derivatives_position.py
#
# Python for Finance, 2nd ed.
# (c) Dr. Yves J. Hilpisch
#


class derivatives_position(object):
    ''' Class to model a derivatives position.

    Attributes
    ==========

    name: str
        name of the object
    quantity: float
        number of assets/derivatives making up the position
    underlying: str
        name of asset/risk factor for the derivative
    mar_env: instance of market_environment
        constants, lists, and curves relevant for valuation_class
    otype: str
        valuation class to use
    payoff_func: str
        payoff string for the derivative

    Methods
    =======
    get_info:
        prints information about the derivatives position
    '''

    def __init__(self, name, quantity, underlying, mar_env,
                 otype, payoff_func):
        self.name = name
        self.quantity = quantity
```

```
            self.underlying = underlying
            self.mar_env = mar_env
            self.otype = otype
            self.payoff_func = payoff_func

        def get_info(self):
            print('NAME')
            print(self.name, '\n')
            print('QUANTITY')
            print(self.quantity, '\n')
            print('UNDERLYING')
            print(self.underlying, '\n')
            print('MARKET ENVIRONMENT')
            print('\n**Constants**')
            for key, value in self.mar_env.constants.items():
                print(key, value)
            print('\n**Lists**')
            for key, value in self.mar_env.lists.items():
                print(key, value)
            print('\n**Curves**')
            for key in self.mar_env.curves.items():
                print(key, value)
            print('\nOPTION TYPE')
            print(self.otype, '\n')
            print('PAYOFF FUNCTION')
            print(self.payoff_func)
```

我們需要提供下列資訊來定義衍生商品部位，它們幾乎與實例化估價類別時使用的一樣：

`name`
: `str` 物件，代表部位名稱

`quantity`
: 選擇權 / 衍生商品的數量

`underlying`
: 當成風險因子的模擬物件實例

`mar_env`
: `dx.market_environment` 的實例

`otype`
: `str`，`"European"` 與 `"American"` 之一

payoff_func
    str 物件，代表報酬

使用案例

我用下面的互動對話說明這個類別的用法。我們必須先定義一個模擬物件（但不是完整的，只需要最重要、物件專屬的資訊）：

```
In [99]: from dx_valuation import *

In [100]: me_gbm = market_environment('me_gbm', dt.datetime(2020, 1, 1))  ❶

In [101]: me_gbm.add_constant('initial_value', 36.)  ❶
          me_gbm.add_constant('volatility', 0.2)  ❶
          me_gbm.add_constant('currency', 'EUR')  ❶

In [102]: me_gbm.add_constant('model', 'gbm')  ❷
```

❶ 標的物的 dx.market_environment 物件。

❷ 必須在此指定模型類型。

同樣的，定義衍生商品部位時，我們不需要“完整”的 dx.market_environment 物件，我們會在實例化模擬物件時，提供缺少的資訊（在做投資組合估價期間）：

```
In [103]: from derivatives_position import derivatives_position

In [104]: me_am_put = market_environment('me_am_put', dt.datetime(2020, 1, 1))  ❶

In [105]: me_am_put.add_constant('maturity', dt.datetime(2020, 12, 31))  ❶
          me_am_put.add_constant('strike', 40.)  ❶
          me_am_put.add_constant('currency', 'EUR')  ❶

In [106]: payoff_func = 'np.maximum(strike - instrument_values, 0)'  ❷

In [107]: am_put_pos = derivatives_position(
                      name='am_put_pos',
                      quantity=3,
                      underlying='gbm',
                      mar_env=me_am_put,
                      otype='American',
                      payoff_func=payoff_func)  ❸

In [108]: am_put_pos.get_info()
          NAME
```

```
am_put_pos

QUANTITY
3

UNDERLYING
gbm

MARKET ENVIRONMENT

**Constants**
maturity 2020-12-31 00:00:00
strike 40.0
currency EUR

**Lists**

**Curves**

OPTION TYPE
American

PAYOFF FUNCTION
np.maximum(strike - instrument_values, 0)
```

❶ 衍生商品的 `dx.market_environment` 物件。

❷ 衍生商品的報酬函數。

❸ 將 `derivatives_position` 物件實例化。

衍生商品投資組合

從投資組合的角度來看，**相關市場**主要是由相關風險因子（標的物）與它們之間的相關性，及其相應的待估價衍生商品及衍生商品部位組成的。理論上，接下來的分析要處理第 17 章定義的一般市場模型 $\mathscr{M}$，並且對它應用資產定價基本理論（及其推論）[1]。

1 在實務上，這裡選擇的做法有時稱為**總體估價**，而不是**特定商品估價**。見 Albanese、Gimonet 和 White（2010a）。

類別

下面這個有點複雜的 Python 類別根據資產定價基本理論（考慮多個相關的風險因子與多個衍生商品部位）進行**投資組合估價**。這個類別有許多行內的說明，特別是在實作特定功能的段落裡面：

```
#
# DX 程式包
#
# 投資組合 -- 衍生商品投資組合類別
#
# derivatives_portfolio.py
#
# Python for Finance, 2nd ed.
# (c) Dr. Yves J. Hilpisch
#
import numpy as np
import pandas as pd

from dx_valuation import *

# 可用的風險因子模型
models = {'gbm': geometric_brownian_motion,
          'jd': jump_diffusion,
          'srd': square_root_diffusion}

# 可用的行使類型
otypes = {'European': valuation_mcs_european,
          'American': valuation_mcs_american}

class derivatives_portfolio(object):
    ''' Class for modeling and valuing portfolios of derivatives positions.

    Attributes
    ==========
    name: str
        name of the object
    positions: dict
        dictionary of positions (instances of derivatives_position class)
    val_env: market_environment
        market environment for the valuation
    assets: dict
        dictionary of market environments for the assets
    correlations: list
        correlations between assets
    fixed_seed: bool
```

```
        flag for fixed random number generator seed

    Methods
    =======
    get_positions:
        prints information about the single portfolio positions
    get_statistics:
        returns a pandas DataFrame object with portfolio statistics
    '''

    def __init__(self, name, positions, val_env, assets,
                 correlations=None, fixed_seed=False):
        self.name = name
        self.positions = positions
        self.val_env = val_env
        self.assets = assets
        self.underlyings = set()
        self.correlations = correlations
        self.time_grid = None
        self.underlying_objects = {}
        self.valuation_objects = {}
        self.fixed_seed = fixed_seed
        self.special_dates = []
        for pos in self.positions:
            # 決定最早的 starting_date
            self.val_env.constants['starting_date'] = \
                min(self.val_env.constants['starting_date'],
                    positions[pos].mar_env.pricing_date)
            # 決定最晚的相關日期
            self.val_env.constants['final_date'] = \
                max(self.val_env.constants['final_date'],
                    positions[pos].mar_env.constants['maturity'])
            # 取得所有標的物並
            # 加入集合(避免重複)
            self.underlyings.add(positions[pos].underlying)

        # 產生一般時間網格
        start = self.val_env.constants['starting_date']
        end = self.val_env.constants['final_date']
        time_grid = pd.date_range(start=start, end=end,
                                  freq=self.val_env.constants['frequency']
                                  ).to_pydatetime()
        time_grid = list(time_grid)
        for pos in self.positions:
            maturity_date = positions[pos].mar_env.constants['maturity']
            if maturity_date not in time_grid:
                time_grid.insert(0, maturity_date)
```

```
            self.special_dates.append(maturity_date)
    if start not in time_grid:
        time_grid.insert(0, start)
    if end not in time_grid:
        time_grid.append(end)
    # 刪除重複的項目
    time_grid = list(set(time_grid))
    # 排序 time_grid 內的日期
    time_grid.sort()
    self.time_grid = np.array(time_grid)
    self.val_env.add_list('time_grid', self.time_grid)

    if correlations is not None:
        # 注意相關性
        ul_list = sorted(self.underlyings)
        correlation_matrix = np.zeros((len(ul_list), len(ul_list)))
        np.fill_diagonal(correlation_matrix, 1.0)
        correlation_matrix = pd.DataFrame(correlation_matrix,
                                          index=ul_list, columns=ul_list)
        for i, j, corr in correlations:
            corr = min(corr, 0.999999999999)
            # 填寫相關性矩陣
            correlation_matrix.loc[i, j] = corr
            correlation_matrix.loc[j, i] = corr
        # 取得 Cholesky 矩陣
        cholesky_matrix = np.linalg.cholesky(np.array(correlation_matrix))
        # 具有相應標的物
        # 使用的亂數陣列的
        # 索引位置的字典
        rn_set = {asset: ul_list.index(asset)
                  for asset in self.underlyings}

        # 亂數陣列，讓所有標的物
        # 使用（如果有相關性）
        random_numbers = sn_random_numbers((len(rn_set),
                                            len(self.time_grid),
                                            self.val_env.constants['paths']),
                                           fixed_seed=self.fixed_seed)

        # 全部加到讓每一個標的物
        # 使用的估價環境
        self.val_env.add_list('cholesky_matrix', cholesky_matrix)
        self.val_env.add_list('random_numbers', random_numbers)
        self.val_env.add_list('rn_set', rn_set)

    for asset in self.underlyings:
        # 選擇資產的市場環境
```

```
            mar_env = self.assets[asset]
            # 將估價環境加入市場環境
            mar_env.add_environment(val_env)
            # 選擇正確的模擬類別
            model = models[mar_env.constants['model']]
            # 實例化模擬物件
            if correlations is not None:
                self.underlying_objects[asset] = model(asset, mar_env,
                                                       corr=True)
            else:
                self.underlying_objects[asset] = model(asset, mar_env,
                                                       corr=False)

        for pos in positions:
            # 選擇正確的估價類別（European、American）
            val_class = otypes[positions[pos].otype]
            # 選擇市場環境，並加入估價環境
            mar_env = positions[pos].mar_env
            mar_env.add_environment(self.val_env)
            # 將估價類別實例化
            self.valuation_objects[pos] = \
                val_class(name=positions[pos].name,
                          mar_env=mar_env,
                          underlying=self.underlying_objects[
                      positions[pos].underlying],
                payoff_func=positions[pos].payoff_func)

    def get_positions(self):
        ''' Convenience method to get information about
        all derivatives positions in a portfolio. '''
        for pos in self.positions:
            bar = '\n' + 50 * '-'
            print(bar)
            self.positions[pos].get_info()
            print(bar)

    def get_statistics(self, fixed_seed=False):
        ''' Provides portfolio statistics. '''
        res_list = []
        # 迭代投資組合的所有部位
        for pos, value in self.valuation_objects.items():
            p = self.positions[pos]
            pv = value.present_value(fixed_seed=fixed_seed)
            res_list.append([
                p.name,
                p.quantity,
                # 計算單一商品的所有現值
```

```
                pv,
                value.currency,
                # 單一商品價值乘以數量
                pv * p.quantity,
                # 計算部位的 delta
                value.delta() * p.quantity,
                # 計算部位的 vega
                value.vega() * p.quantity,
            ])
        # 用所有結果產生 pandas DataFrame 物件
        res_df = pd.DataFrame(res_list,
                              columns=['name', 'quant.', 'value', 'curr.',
                                       'pos_value', 'pos_delta', 'pos_vega'])
        return res_df
```

> **物件導向**
>
> dx.derivatives_portfolio 類別展現了許多第 6 章介紹過的物件導向優點，乍看之下，它是個複雜的 Python 程式，但是它處理的是相當複雜的金融問題，而且可以靈活地處理許多不同的使用案例。很難想像如果沒有物件導向與 Python 類別的話，我該如何完成這項工作。

使用案例

DX 分析程式包的建模功能，就高層次而言，不出一個模擬類別與一個估價類別的組合，可能的組合總共有六種：

```
models = {'gbm' : geometric_brownian_motion,
          'jd'  : jump_diffusion
          'srd': square_root_diffusion}

otypes = {'European' : valuation_mcs_european,
          'American' : valuation_mcs_american}
```

下面的互動式使用案例結合這些元素來定義兩個不同的衍生商品部位，再放入投資組合。

我們使用上一節的 derivatives_position 類別，以及 gbm 與 am_put_pos 物件。為了說明如何使用 derivatives_portfolio 類別，我們要定義額外的標的物與選擇權部位。首先是一個 dx.jump_diffusion 物件：

```
In [109]: me_jd = market_environment('me_jd', me_gbm.pricing_date)

In [110]: me_jd.add_constant('lambda', 0.3)  ❶
```

```
         me_jd.add_constant('mu', -0.75)
         me_jd.add_constant('delta', 0.1)
         me_jd.add_environment(me_gbm)  ❷

In [111]: me_jd.add_constant('model', 'jd')  ❸
```

❶ 加入跳躍擴散專用參數。

❷ 加入來自 gbm 的其他參數。

❸ 用來評估投資組合價值。

接著，用這個新的模擬物件，建立歐式看漲選擇權：

```
In [112]: me_eur_call = market_environment('me_eur_call', me_jd.pricing_date)

In [113]: me_eur_call.add_constant('maturity', dt.datetime(2020, 6, 30))
          me_eur_call.add_constant('strike', 38.)
          me_eur_call.add_constant('currency', 'EUR')

In [114]: payoff_func = 'np.maximum(maturity_value - strike, 0)'

In [115]: eur_call_pos = derivatives_position(
                      name='eur_call_pos',
                      quantity=5,
                      underlying='jd',
                      mar_env=me_eur_call,
                      otype='European',
                      payoff_func=payoff_func)
```

從投資組合的角度來看，相關市場是接下來的 underlyings 與 positions。目前的定義並未包含標的物之間的相關性。在實例化 derivatives_portfolio 物件之前，最後一個步驟是為投資組合估價編寫 dx.market_environment：

```
In [116]: underlyings = {'gbm': me_gbm, 'jd' : me_jd}  ❶
          positions = {'am_put_pos' : am_put_pos,
                       'eur_call_pos' : eur_call_pos}  ❷

In [117]: csr = constant_short_rate('csr', 0.06)  ❸

In [118]: val_env = market_environment('general', me_gbm.pricing_date)
          val_env.add_constant('frequency', 'W')
          val_env.add_constant('paths', 25000)
          val_env.add_constant('starting_date', val_env.pricing_date)
          val_env.add_constant('final_date', val_env.pricing_date)  ❹
          val_env.add_curve('discount_curve', csr)  ❸
```

```
In [119]: from derivatives_portfolio import derivatives_portfolio

In [120]: portfolio = derivatives_portfolio(
                         name='portfolio',
                         positions=positions,
                         val_env=val_env,
                         assets=underlyings,
                         fixed_seed=False)  ❺
```

❶ 相關風險因子。

❷ 相關投資組合部位。

❸ 投資組合估價用的唯一折現物件。

❹ 現在還不知道 `final_date`，因此，先設為 `pricing_date`。

❺ 實例化 `derivatives_portfolio` 物件。

現在我們可以利用估價類別取得剛才定義的 `derivatives_portfolio` 的統計數據。計算部位價值、delta 與 vega 的總和也相當簡單。這個投資組合的 delta（幾乎中立）與 vega 稍微大一些：

```
In [121]: %time portfolio.get_statistics(fixed_seed=False)
          CPU times: user 4.68 s, sys: 409 ms, total: 5.09 s
          Wall time: 14.5 s

Out[121]:
               name  quant.     value curr.  pos_value  pos_delta  pos_vega
    0    am_put_pos       3  4.458891   EUR  13.376673    -2.0430   31.7850
    1  eur_call_pos       5  2.828634   EUR  14.143170     3.2525   42.2655

In [122]: portfolio.get_statistics(fixed_seed=False)[
              ['pos_value', 'pos_delta', 'pos_vega']].sum()  ❶
Out[122]: pos_value    27.502731
          pos_delta     1.233500
          pos_vega     74.050500
          dtype: float64

In [123]: portfolio.get_positions()  ❷

          ...

In [124]: portfolio.valuation_objects['am_put_pos'].present_value()  ❸
Out[124]: 4.453187
```

```
In [125]: portfolio.valuation_objects['eur_call_pos'].delta()  ❹
Out[125]: 0.6514
```

❶ 匯總單一部位價值。

❷ 這個方法呼叫式會建立關於所有部位的冗長輸出。

❸ 估計單一部位的現值。

❹ 估計單一部位的 delta。

在評估衍生商品投資組合的價值時，我們假設風險因子是不相關的。只要查看兩條模擬走勢（見圖 20-1），每一個模擬物件一條，就可以驗證這一點：

```
In [126]: path_no = 888
          path_gbm = portfolio.underlying_objects[
              'gbm'].get_instrument_values()[:, path_no]
          path_jd = portfolio.underlying_objects[
              'jd'].get_instrument_values()[:, path_no]

In [127]: plt.figure(figsize=(10,6))
          plt.plot(portfolio.time_grid, path_gbm, 'r', label='gbm')
          plt.plot(portfolio.time_grid, path_jd, 'b', label='jd')
          plt.xticks(rotation=30)
          plt.legend(loc=0)
```

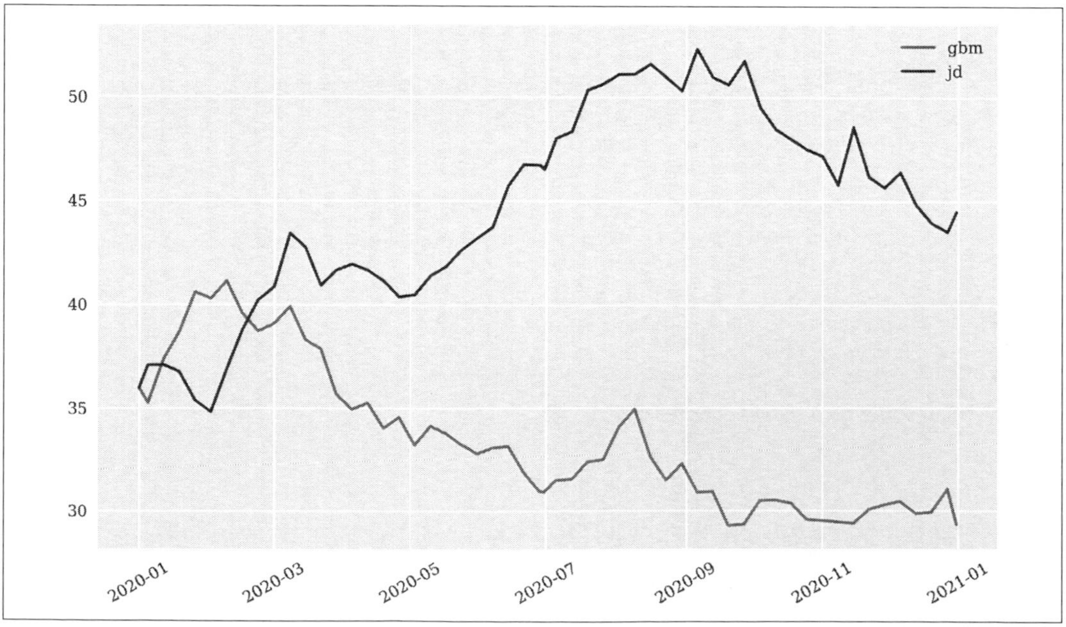

圖 20-1 不相關的風險因子（兩個走勢樣本）

接著考慮兩個風險因子有高度正相關的情況。在這個例子中，對於投資組合中的單一部位的價值沒有直接影響：

```
In [128]: correlations = [['gbm', 'jd', 0.9]]

In [129]: port_corr = derivatives_portfolio(
                              name='portfolio',
                              positions=positions,
                              val_env=val_env,
                              assets=underlyings,
                              correlations=correlations,
                              fixed_seed=True)

In [130]: port_corr.get_statistics()
Out[130]:
              name  quant.     value  curr.  pos_value  pos_delta  pos_vega
   0    am_put_pos       3  4.458556    EUR  13.375668    -2.0376   30.8676
   1  eur_call_pos       5  2.817813    EUR  14.089065     3.3375   42.2340
```

但是相關性在幕後發揮作用。圖 20-2 使用與之前一樣的走勢。現在這兩條走勢幾乎平行移動：

```
In [131]: path_gbm = port_corr.underlying_objects['gbm'].\
                     get_instrument_values()[:, path_no]
          path_jd = port_corr.underlying_objects['jd'].\
                     get_instrument_values()[:, path_no]

In [132]: plt.figure(figsize=(10, 6))
          plt.plot(portfolio.time_grid, path_gbm, 'r', label='gbm')
          plt.plot(portfolio.time_grid, path_jd, 'b', label='jd')
          plt.xticks(rotation=30)
          plt.legend(loc=0);
```

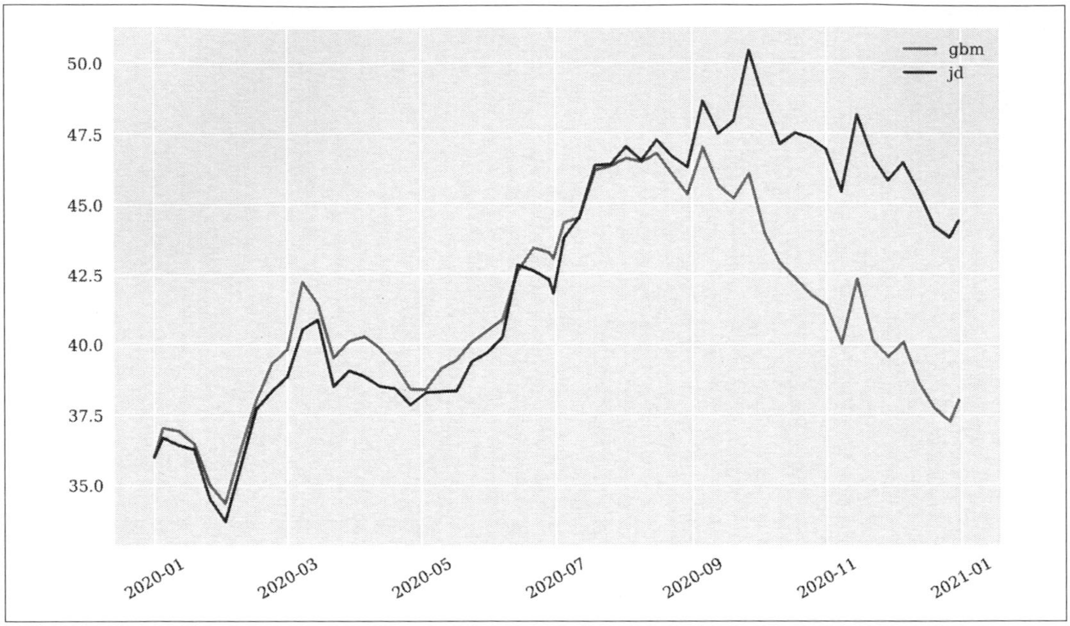

圖 20-2 相關的風險因子（兩個走勢樣本）

接下來是最後一個數值化與概念性範例，考慮投資組合現值的頻率分布。這是採用其他方法（例如使用分析公式，或二項選擇權定價模型）不太可能產生的東西。設定參數 `full=True` 會讓函式在估價現值之後，回傳每個選擇權部位的所有現值的集合。

```
In [133]: pv1 = 5 * port_corr.valuation_objects['eur_call_pos'].\
                    present_value(full=True)[1]
          pv1
Out[133]: array([ 0.        , 39.71423714, 24.90720272, ..., 0.         ,
                  6.42619093,  8.15838265])

In [134]: pv2 = 3 * port_corr.valuation_objects['am_put_pos'].\
                    present_value(full=True)[1]
          pv2
Out[134]: array([21.31806027, 10.71952869, 19.89804376, ..., 21.39292703,
                 17.59920608, 0.         ])
```

首先，比較兩個部位的頻率分布。在圖 20-3 中，兩個部位的報酬數據有很大的差異。注意，為了更容易解讀，我們限制 x 與 y 軸的值：

```
In [135]: plt.figure(figsize=(10, 6))
          plt.hist([pv1, pv2], bins=25,
                   label=['European call', 'American put']);
```

```
plt.axvline(pv1.mean(), color='r', ls='dashed',
            lw=1.5, label='call mean = %4.2f' % pv1.mean())
plt.axvline(pv2.mean(), color='r', ls='dotted',
            lw=1.5, label='put mean = %4.2f' % pv2.mean())
plt.xlim(0, 80); plt.ylim(0, 10000)
plt.legend();
```

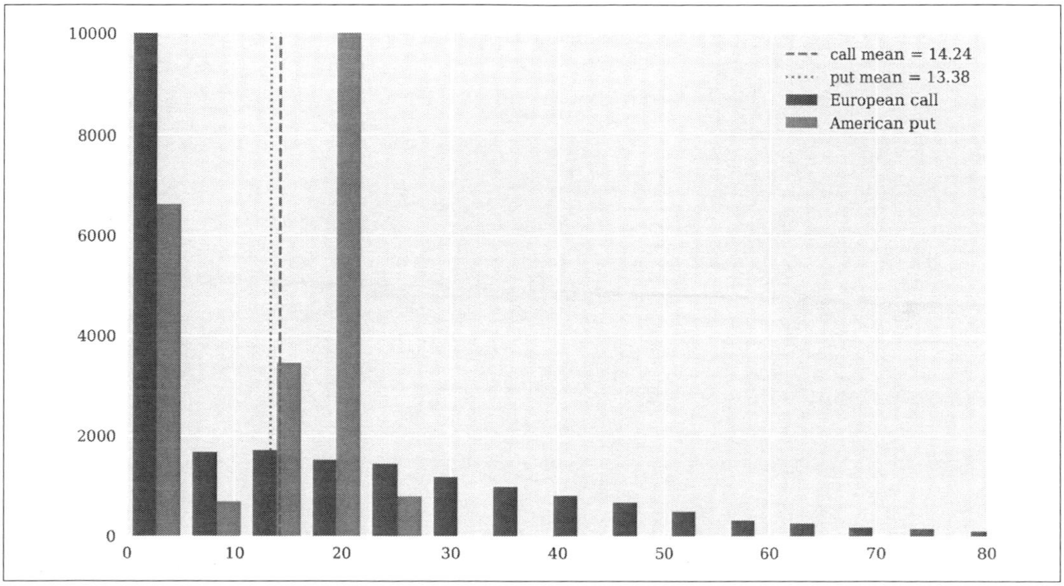

圖 20-3 兩個部位的現值頻率分布

圖 20-4 是投資組合現值的完整頻率分布。你可以清楚地看到，將看漲與看跌選擇權放在一起產生的多樣化抵消效應。

```
In [136]: pvs = pv1 + pv2
          plt.figure(figsize=(10, 6))
          plt.hist(pvs, bins=50, label='portfolio');
          plt.axvline(pvs.mean(), color='r', ls='dashed',
                      lw=1.5, label='mean = %4.2f' % pvs.mean())
          plt.xlim(0, 80); plt.ylim(0, 7000)
          plt.legend();
```

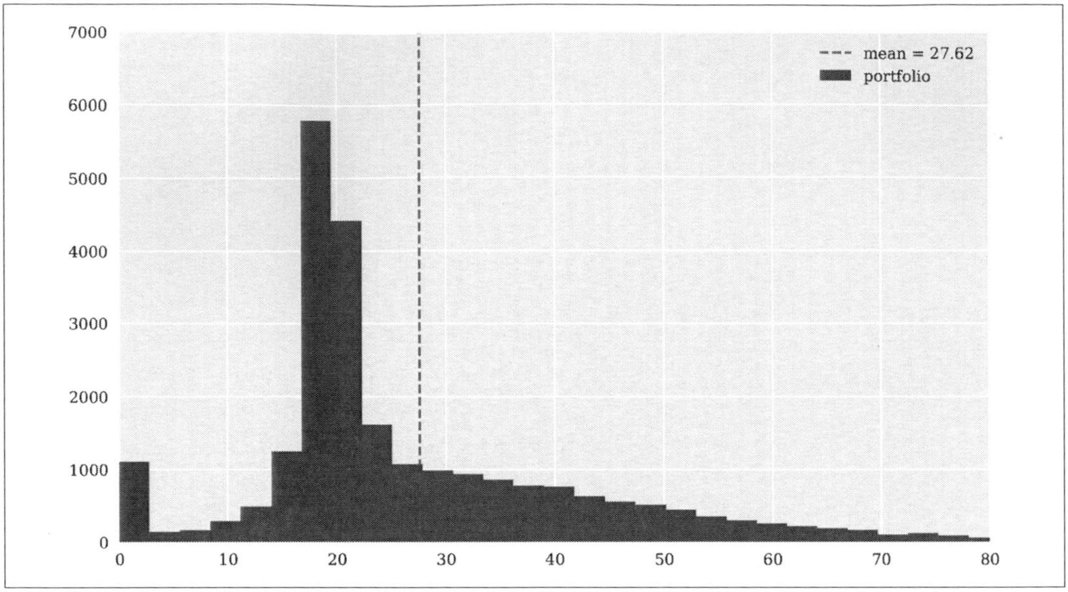

圖 20-4 投資組合現值頻率分布

兩個風險因子之間的相關性對投資組合的風險有什麼影響（以現值的標準差來衡量）？下面的兩個估計可以回答這個問題：

```
In [137]: pvs.std()  ❶
Out[137]: 16.723724772741118

In [138]: pv1 = (5 * portfolio.valuation_objects['eur_call_pos'].
                     present_value(full=True)[1])
          pv2 = (3 * portfolio.valuation_objects['am_put_pos'].
                     present_value(full=True)[1])
          (pv1 + pv2).std()  ❷
Out[138]: 21.80498672323975
```

❶ 有相關性的投資組合價值的標準差。

❷ 無相關性的投資組合價值的標準差。

雖然均值維持固定（忽略數值化誤差），但是在這種評估方式之下，有相關性顯然減少投資組合的風險。同樣的，這種見解是無法用其他的數值化方法或估價方法獲得的。

小結

投資組合可能有多個衍生商品部位，而且它們都與多個（可能相關的）風險因子有關，本章討論如何評估這種投資組合的價值，以及管理它的風險。我們用新類別 derivatives_position 來建立選擇權或衍生商品部位的模型。然而，真正的主角是實作了一些複雜工作的 derivatives_portfolio 類別。例如，這個類別可處理：

- 風險因子之間的**相關性**（這個類別可產生一組一致的亂數，可用來模擬所有風險因子）
- 用單一市場環境與一般估價環境，以及衍生商品部位來**實例化模擬物件**
- 根據所有假設、有關的風險因子，以及衍生商品部位來**產生投資組合統計數據**

本章的範例只使用截至目前為止開發出來的 DX 程式包與 derivatives_portfolio 類別，來管理與估價簡單的衍生商品投資組合，你可以擴展 DX 程式包，加入更複雜的金融模型（例如隨機波動模型），以及多風險估價類別，來建模與估價與多個風險因子有關的衍生商品（例如歐式組合式選擇權，或美式最大看漲選擇權）。在這個階段，使用 OOP 來進行模組化建模，以及應用資產定價基本理論（或"總體估價"）等常見的估價框架有很大的優勢：不重複地建立風險因子模型，以及考慮它們之間的相關性，也會直接影響多風險衍生商品的價值與希臘字母數值。

下面是最後一個包裝模組，它將 DX 分析程式包的所有元件整合起來，讓你只要使用一個 import 陳述式：

```
#
# DX 程式包
#
# 所有元件
#
# dx_package.py
#
# Python for Finance, 2nd ed.
# (c) Dr. Yves J. Hilpisch
#
from dx_valuation import *
from derivatives_position import derivatives_position
from derivatives_portfolio import derivatives_portfolio
```

這是在 *dx* 資料夾內，完整的 *__init__.py* 檔案：

```
#
# DX 程式包
# 包裝檔
```

```
# __init__.py
#
import numpy as np
import pandas as pd
import datetime as dt

# 框架
from get_year_deltas import get_year_deltas
from constant_short_rate import constant_short_rate
from market_environment import market_environment
from plot_option_stats import plot_option_stats

# 模擬
from sn_random_numbers import sn_random_numbers
from simulation_class import simulation_class
from geometric_brownian_motion import geometric_brownian_motion
from jump_diffusion import jump_diffusion
from square_root_diffusion import square_root_diffusion

# 估價
from valuation_class import valuation_class
from valuation_mcs_european import valuation_mcs_european
from valuation_mcs_american import valuation_mcs_american

# 投資組合
from derivatives_position import derivatives_position
from derivatives_portfolio import derivatives_portfolio
```

其他資源

與之前介紹 DX 程式包的幾章一樣，Glasserman（2004）是全面性的資源，介紹金融工程與應用的背景之下的蒙地卡羅模擬。Hilpisch（2015）也提供最重要的蒙地卡羅演算法的 Python 實作：

- Glasserman, Paul (2004). *Monte Carlo Methods in Financial Engineering*. New York: Springer.
- Hilpisch, Yves (2015). *Derivatives Analytics with Python* (*http://dawp.tpq.io*). Chichester, England: Wiley Finance.

但是關於（複雜的）衍生商品投資組合估價，目前幾乎沒有像蒙地卡羅模擬那樣，以一致、不重複的風格撰寫的研究文獻。值得注意的例外（至少在概念上）是 Albanese、Gimonet 和 White（2010a）的短文。同一群作者也發表了更詳細的研究報告：

- Albanese, Claudio, Guillaume Gimonet and Steve White (2010a). "Towards a Global Valuation Model" (*http://bit.ly/risk_may_2010*). *Risk Magazine,* Vol. 23, No. 5, pp. 68–71.
- Albanese, Claudio, Guillaume Gimonet and Steve White (2010b). "Global Valuation and Dynamic Risk Management" (*http://bit.ly/global_valuation*). Working paper.

第二十一章

根據市場進行估價

我們正面臨劇烈的波動。

—Carlos Ghosn

衍生商品分析的主要工作是根據市場狀況來評估未流動性交易（liquidly traded）的選擇權與衍生商品的價值。為此，人們通常會用流動性交易的選擇權的市場價格來調校估價模型，並使用調校後的模型來為非交易選擇權定價[1]。

本章的案例研究將使用 DX 程式包，你將可以看到這個程式包（在前面的四章中逐步開發的）很適合用來根據市場進行估價。這個案例研究使用 DAX 30 股票指數，它是藍籌股市場指數，包含 30 個大型德國公司的股票。歐式看漲與看跌選擇權可以根據這個指數進行流動性交易。

本章的小節實作下列的主要工作：

"選擇權資料"，第 664 頁

我們需要兩種資料，即 DAX 30 指數本身，以及根據指數進行流動性交易的歐式選擇權。

"模型調校"，第 667 頁

為了在評估非交易選擇權時與市場保持一致，我們通常要先根據選擇權的市價調校模型，讓模型的參數盡可能重現市場價格。

1 細節請參考 Hilpisch（2015）。

"投資組合估價"，第 678 頁

有了 DAX 30 指數的資料與根據市場調校的模型之後，最後一項任務是建立非交易選擇權的模型並對它進行估價；我們也會在部位與投資組合層面上估計重要的風險因子。

本章使用的指數與選擇權資料來自 Thomson Reuters Eikon Data API（見第 680 頁的"Python 程式"）。

選擇權資料

我們先進行必要的匯入與設定：

```
In [1]: import numpy as np
        import pandas as pd
        import datetime as dt

In [2]: from pylab import mpl, plt
        plt.style.use('seaborn')
        mpl.rcParams['font.family'] = 'serif'
        %matplotlib inline

In [3]: import sys
        sys.path.append('../')
        sys.path.append('../dx')
```

資料檔案是在第 680 頁的"Python 程式"中建立的，我們用 pandas 來讀取與處理選擇權資料，用 pd.Timestamp 物件來提供日期資訊：

```
In [4]: dax = pd.read_csv('../../source/tr_eikon_option_data.csv',
                          index_col=0)  ❶

In [5]: for col in ['CF_DATE', 'EXPIR_DATE']:
            dax[col] = dax[col].apply(lambda date: pd.Timestamp(date))  ❷

In [6]: dax.info()  ❸
        <class 'pandas.core.frame.DataFrame'>
        Int64Index: 115 entries, 0 to 114
        Data columns (total 7 columns):
        Instrument     115 non-null object
        CF_DATE        115 non-null datetime64[ns]
        EXPIR_DATE     114 non-null datetime64[ns]
        PUTCALLIND     114 non-null object
        STRIKE_PRC     114 non-null float64
```

```
        CF_CLOSE      115 non-null float64
        IMP_VOLT      114 non-null float64
        dtypes: datetime64[ns](2), float64(3), object(2)
        memory usage: 7.2+ KB

In [7]: dax.set_index('Instrument').head(7)  ❸
Out[7]:
                  CF_DATE EXPIR_DATE PUTCALLIND STRIKE_PRC  CF_CLOSE \
Instrument
.GDAXI         2018-04-27        NaT        NaN        NaN  12500.47
GDAX105000G8.EX 2018-04-27 2018-07-20      CALL    10500.0   2040.80
GDAX105000S8.EX 2018-04-27 2018-07-20      PUT     10500.0     32.00
GDAX108000G8.EX 2018-04-27 2018-07-20      CALL    10800.0   1752.40
GDAX108000S8.EX 2018-04-26 2018-07-20      PUT     10800.0     43.80
GDAX110000G8.EX 2018-04-27 2018-07-20      CALL    11000.0   1562.80
GDAX110000S8.EX 2018-04-27 2018-07-20      PUT     11000.0     54.50

                 IMP_VOLT
Instrument
.GDAXI                NaN
GDAX105000G8.EX     23.59
GDAX105000S8.EX     23.59
GDAX108000G8.EX     22.02
GDAX108000S8.EX     22.02
GDAX110000G8.EX     21.00
GDAX110000S8.EX     21.00
```

❶ 用 `pd.read_csv()` 讀取資料。

❷ 處理存有日期資訊的兩個欄位。

❸ 產生的 `DataFrame` 物件。

下面的程式將 DAX 30 的相關指數存入一個變數，並建立兩個新的 `DataFrame` 物件，一個是看漲的，一個是看跌的。圖 21-1 是看漲與它們的市價，以及它們的隱含波動率[2]：

```
In [8]: initial_value = dax.iloc[0]['CF_CLOSE']  ❶

In [9]: calls = dax[dax['PUTCALLIND'] == 'CALL'].copy()  ❷
        puts = dax[dax['PUTCALLIND'] == 'PUT '].copy()  ❷
```

2 選擇權的隱含波動率是在其他條件都不變的情況下，將選擇權的市價代入 Black-Scholes-Merton（1973）選擇權定價公式之後得到的波動值。

```
In [10]: calls.set_index('STRIKE_PRC')[['CF_CLOSE', 'IMP_VOLT']].plot(
             secondary_y='IMP_VOLT', style=['bo', 'rv'], figsize=(10, 6));
```

❶ 將相關指數指派給 initial_value 變數。

❷ 將看漲與 put 選擇權資料分成兩個新的 DataFrame 物件。

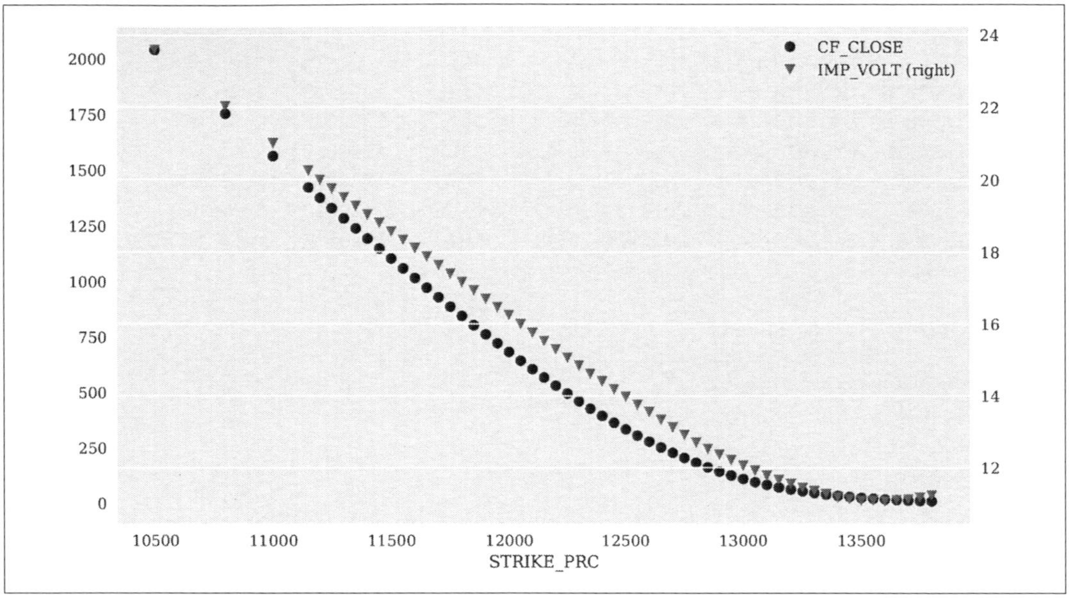

圖 21-1 DAX 30 的歐式看漲選擇權的市價與隱含波動率

圖 21-2 是看跌選擇權的市價與它們的隱含波動率：

```
In [11]: ax = puts.set_index('STRIKE_PRC')[['CF_CLOSE', 'IMP_VOLT']].plot(
             secondary_y='IMP_VOLT', style=['bo', 'rv'], figsize=(10, 6))
         ax.get_legend().set_bbox_to_anchor((0.25, 0.5));
```

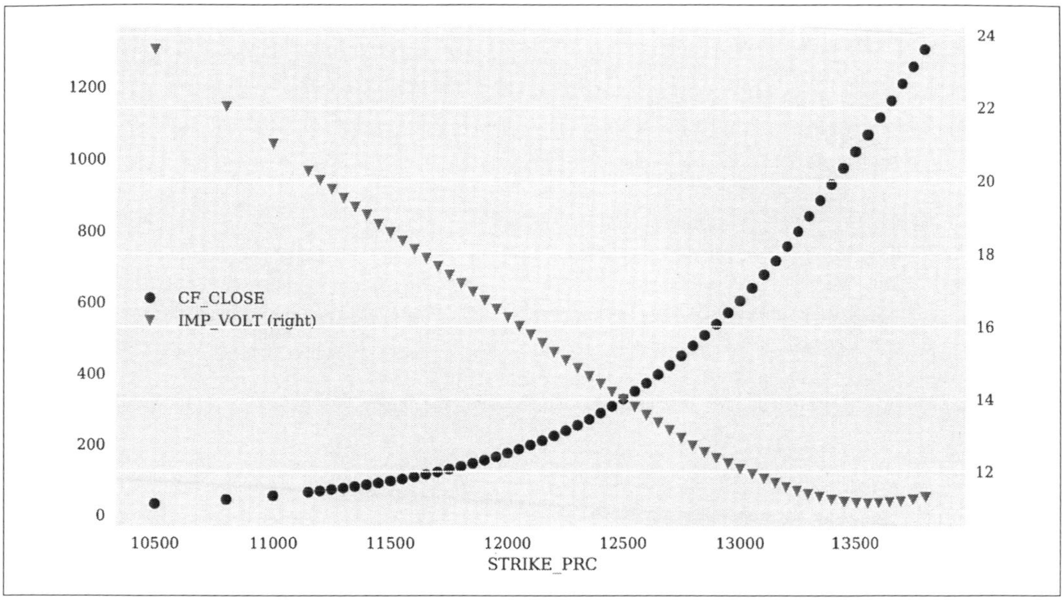

圖 21-2 DAX 30 歐式看跌選擇權的市價與隱含波動率

模型調校

本節將選擇相關市場資料、建立 DAX 30 指數的歐式選擇權的模型，以及實作調校程序本身。

相關市場資料

許多人會用可取得的選擇權市價的子集合來調校模型[3]。因此，下面的程式只選擇履約價相對接近當前指數的歐式看漲選擇權（見圖 21-3），換句話說，我們只選出距離價內或價外不太遠的歐式看漲選擇權：

```
In [12]: limit = 500  ❶

In [13]: option_selection = calls[abs(calls['STRIKE_PRC'] - initial_value)
                                  < limit].copy()  ❷

In [14]: option_selection.info()  ❸
```

3 詳情見 Hilpisch（2015），第 11 章。

```
<class 'pandas.core.frame.DataFrame'>
Int64Index: 20 entries, 43 to 81
Data columns (total 7 columns):
Instrument    20 non-null object
CF_DATE       20 non-null datetime64[ns]
EXPIR_DATE    20 non-null datetime64[ns]
PUTCALLIND    20 non-null object
STRIKE_PRC    20 non-null float64
CF_CLOSE      20 non-null float64
IMP_VOLT      20 non-null float64
dtypes: datetime64[ns](2), float64(3), object(2)
memory usage: 1.2+ KB
```

```
In [15]: option_selection.set_index('Instrument').tail()  ❸
Out[15]:
                  CF_DATE EXPIR_DATE PUTCALLIND  STRIKE_PRC  CF_CLOSE \
 Instrument
 GDAX128000G8.EX 2018-04-27 2018-07-20       CALL     12800.0     182.4
 GDAX128500G8.EX 2018-04-27 2018-07-20       CALL     12850.0     162.0
 GDAX129000G8.EX 2018-04-25 2018-07-20       CALL     12900.0     142.9
 GDAX129500G8.EX 2018-04-27 2018-07-20       CALL     12950.0     125.4
 GDAX130000G8.EX 2018-04-27 2018-07-20       CALL     13000.0     109.4

                 IMP_VOLT
 Instrument
 GDAX128000G8.EX     12.70
 GDAX128500G8.EX     12.52
 GDAX129000G8.EX     12.36
 GDAX129500G8.EX     12.21
 GDAX130000G8.EX     12.06

In [16]: option_selection.set_index('STRIKE_PRC')[['CF_CLOSE', 'IMP_VOLT']].plot(
             secondary_y='IMP_VOLT', style=['bo', 'rv'], figsize=(10, 6));
```

❶ 設定以目前的指數值計算的履約價的 `limit` 值（涉價比率條件）。

❷ 用 `limit` 值選擇在調校時要納入的歐式看漲選擇權。

❸ 含有調校用的歐式看漲選擇權的 `DataFrame`。

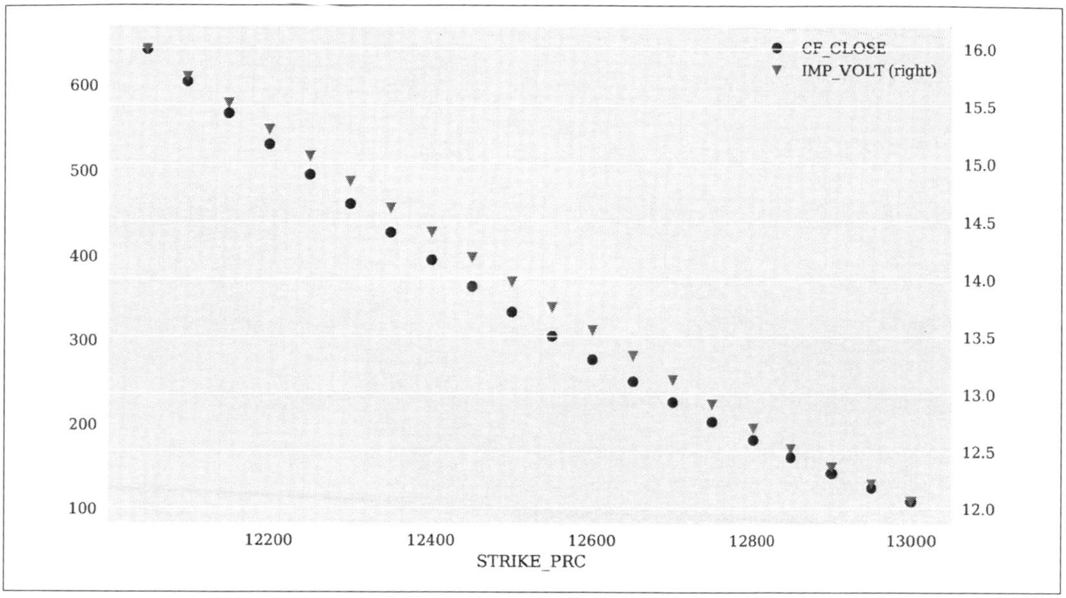

圖 21-3 用來調校模型的 DAX 30 歐式看漲選擇權

建立選擇權模型

定義相關的市場資料之後，我們可以用 DX 程式包來建立歐式看漲選擇權的模型。我們用 `dx.market_environment` 物件來建立 DAX 30 指數的模型，它的定義類似前面幾章的範例：

```
In [17]: import dx

In [18]: pricing_date = option_selection['CF_DATE'].max()  ❶

In [19]: me_dax = dx.market_environment('DAX30', pricing_date)  ❷

In [20]: maturity = pd.Timestamp(calls.iloc[0]['EXPIR_DATE'])  ❸

In [21]: me_dax.add_constant('initial_value', initial_value)  ❹
         me_dax.add_constant('final_date', maturity)  ❹
         me_dax.add_constant('currency', 'EUR')  ❹

In [22]: me_dax.add_constant('frequency', 'B')  ❺
         me_dax.add_constant('paths', 10000)  ❺

In [23]: csr = dx.constant_short_rate('csr', 0.01)  ❻
         me_dax.add_curve('discount_curve', csr)  ❻
```

❶ 用選擇權資料來定義初始或定價資料。

❷ 實例化 dx.market_environment 物件。

❸ 用選擇權資料來定義到期日資料。

❹ 加入基本模型參數。

❺ 加入模擬相關參數。

❻ 定義並加入 dx.constant_short_rate 物件。

接著將模型專用參數傳給 dx.jump_diffusion 類別，並實例化模擬物件：

```
In [24]: me_dax.add_constant('volatility', 0.2)
         me_dax.add_constant('lambda', 0.8)
         me_dax.add_constant('mu', -0.2)
         me_dax.add_constant('delta', 0.1)

In [25]: dax_model = dx.jump_diffusion('dax_model', me_dax)
```

這是歐式看漲選擇權，在下面的參數中，我們將履約價設成目前的 DAX 30 指數值，這樣就可以用蒙地卡羅模擬來做第一次估價：

```
In [26]: me_dax.add_constant('strike', initial_value)  ❶
         me_dax.add_constant('maturity', maturity)

In [27]: payoff_func = 'np.maximum(maturity_value - strike, 0)'  ❷

In [28]: dax_eur_call = dx.valuation_mcs_european('dax_eur_call',
                                  dax_model, me_dax, payoff_func)  ❸

In [29]: dax_eur_call.present_value()  ❹
Out[29]: 654.298085
```

❶ 將 strike 的值設成 initial_value。

❷ 定義歐式看漲選擇權的報酬函數。

❸ 實例化估價物件。

❹ 開始模擬與估價。

我們同樣可以為所有相關的 DAX 30 指數歐式看漲選擇權定義估價物件，唯一不同的參數是履約價：

```
In [30]: option_models = {}  ❶
         for option in option_selection.index:
             strike = option_selection['STRIKE_PRC'].loc[option]  ❷
             me_dax.add_constant('strike', strike)  ❷
             option_models[strike] = dx.valuation_mcs_european(
                                         'eur_call_%d' % strike,
                                         dax_model,
                                         me_dax,
                                         payoff_func)
```

❶ 將估價物件放入 `dict` 物件。

❷ 選擇相關履約價，並且在 `dx.market_environment` 物件裡面（重新）定義它。

接著，根據所有選擇權的相關估價物件，函式 `calculate_model_values()` 接收一組模型專用參數值 `p0`，並回傳所有選擇權的模型值：

```
In [32]: def calculate_model_values(p0):
             ''' Returns all relevant option values.

             Parameters
             ===========
             p0: tuple/list
                 tuple of kappa, theta, volatility

             Returns
             =======
             model_values: dict
                 dictionary with model values
             '''
             volatility, lamb, mu, delta = p0
             dax_model.update(volatility=volatility, lamb=lamb,
                              mu=mu, delta=delta)
             return {
                     strike: model.present_value(fixed_seed=True)
                     for strike, model in option_models.items()
                 }

In [33]: calculate_model_values((0.1, 0.1, -0.4, 0.0))
Out[33]: {12050.0: 611.222524,
          12100.0: 571.83659,
          12150.0: 533.595853,
          12200.0: 496.607225,
          12250.0: 460.863233,
          12300.0: 426.543355,
          12350.0: 393.626483,
```

```
             12400.0: 362.066869,
             12450.0: 331.877733,
             12500.0: 303.133596,
             12550.0: 275.987049,
             12600.0: 250.504646,
             12650.0: 226.687523,
             12700.0: 204.550609,
             12750.0: 184.020514,
             12800.0: 164.945082,
             12850.0: 147.249829,
             12900.0: 130.831722,
             12950.0: 115.681449,
             13000.0: 101.917351}
```

我們在調校的過程中使用 `calculate_model_values()` 函式，接下來將介紹調校程序。

調校程序

調校選擇權定價模型通常是個凸優化問題。最流行的調校（也就是將一些誤差函數值最小化）函數是均方誤差（MSE），以選擇權的市價來建立選擇權價值模型[4]。假設有 N 個相關的選擇權，以及模型與市價。公式 21-1 是用 MSE 來將選擇權定價模型調校成市價的問題。其中，C_n^* 與 C_n^{mod} 分別是第 n 個選擇權的市價與模型價格，p 是傳給選擇權定價模型的參數集合。

公式 21-1 用來調校模型的均方誤差

$$\min_p \frac{1}{N} \sum_{n=1}^{N} \left(C_n^* - C_n^{mod}(p) \right)^2$$

Python 函式 `mean_squared_error()` 實作這個方法，在技術上建立調校模型。我們用一個全域變數 `i` 來控制中間參數 `tuple` 物件與結果 MSE 的輸出：

```
In [34]: i = 0
         def mean_squared_error(p0):
             ''' Returns the mean-squared error given
             the model and market values.

             Parameters
             ===========
             p0: tuple/list
```

4 此外還有許多方式可定義調校程序的目標函數，關於這個主題，可參考 Hilpisch（2015），第 11 章。

```
            tuple of kappa, theta, volatility

        Returns
        =======
        MSE: float
            mean-squared error
        '''
        global i
        model_values = np.array(list(
                calculate_model_values(p0).values()))  ❶
        market_values = option_selection['CF_CLOSE'].values  ❷
        option_diffs = model_values - market_values  ❸
        MSE = np.sum(option_diffs ** 2) / len(option_diffs)  ❹
        if i % 75 == 0:
            if i == 0:
                print('%4s  %6s  %6s  %6s  %6s --> %6s' %
                     ('i', 'vola', 'lambda', 'mu', 'delta', 'MSE'))
            print('%4d  %6.3f  %6.3f  %6.3f  %6.3f --> %6.3f' %
                   (i, p0[0], p0[1], p0[2], p0[3], MSE))
        i += 1
        return MSE

In [35]: mean_squared_error((0.1, 0.1, -0.4, 0.0))  ❺
            i    vola  lambda       mu   delta -->    MSE
            0   0.100   0.100   -0.400   0.000 --> 728.375

Out[35]: 728.3752973715275
```

❶ 估計模型值集合。

❷ 選出市價。

❸ 逐元素計算兩者的差。

❹ 計算均方誤差值。

❺ 根據樣本參數來描述這個計算。

我們用第 11 章介紹過的兩個函式（spo.brute() 與 spo.fmin()）來實作調校程序。首先，我們根據四個模型專用參數值的範圍來做總體最小化。在*以蠻力法進行最小化*的過程中，我們檢查所有參數組合，找出一個最佳參數組合：

```
In [36]: import scipy.optimize as spo

In [37]: %%time
         i = 0
```

```
        opt_global = spo.brute(mean_squared_error,
                          ((0.10, 0.201, 0.025), # 波動範圍
                           (0.10, 0.80, 0.10), # 跳躍強度範圍
                           (-0.40, 0.01, 0.10), # 平均跳躍規模範圍
                           (0.00, 0.121, 0.02)), # 跳躍變化性範圍
                         finish=None)
          i   vola lambda         mu    delta -->   MSE
          0  0.100  0.100     -0.400   0.000 --> 728.375
         75  0.100  0.300     -0.400   0.080 --> 5157.513
        150  0.100  0.500     -0.300   0.040 --> 12199.386
        225  0.100  0.700     -0.200   0.000 --> 6904.932
        300  0.125  0.200     -0.200   0.100 --> 855.412
        375  0.125  0.400     -0.100   0.060 --> 621.800
        450  0.125  0.600      0.000   0.020 --> 544.137
        525  0.150  0.100      0.000   0.120 --> 3410.776
        600  0.150  0.400     -0.400   0.080 --> 46775.769
        675  0.150  0.600     -0.300   0.040 --> 56331.321
        750  0.175  0.100     -0.200   0.000 --> 14562.213
        825  0.175  0.300     -0.200   0.100 --> 24599.738
        900  0.175  0.500     -0.100   0.060 --> 19183.167
        975  0.175  0.700      0.000   0.020 --> 11871.683
       1050  0.200  0.200      0.000   0.120 --> 31736.403
       1125  0.200  0.500     -0.400   0.080 --> 130372.718
       1200  0.200  0.700     -0.300   0.040 --> 126365.140
       CPU times: user 1min 45s, sys: 7.07 s, total: 1min 52s
       Wall time: 1min 56s

In [38]: mean_squared_error(opt_global)
Out[38]: 17.946670038040985
```

opt_global 值只是中間結果。我們將它們當成局部最小化的開始值。根據我們使用的參數，opt_local 值在一定的假設容忍度之下，是最終且最佳的參數：

```
In [39]: %%time
         i = 0
         opt_local = spo.fmin(mean_squared_error, opt_global,
                              xtol=0.00001, ftol=0.00001,
                              maxiter=200, maxfun=550)
           i     vola  lambda      mu    delta -->    MSE
           0    0.100   0.200  -0.300    0.000 --> 17.947
          75    0.098   0.216  -0.302   -0.001 -->  7.885
         150    0.098   0.216  -0.300   -0.001 -->  7.371
         Optimization terminated successfully.
                  Current function value: 7.371163
                  Iterations: 100
                  Function evaluations: 188
         CPU times: user 15.6 s, sys: 1.03 s, total: 16.6 s
```

```
        Wall time: 16.7 s

In [40]: i = 0
         mean_squared_error(opt_local)  ❶
            i    vola   lambda      mu    delta -->    MSE
            0   0.098    0.216  -0.300   -0.001 -->  7.371

Out[40]: 7.371162645265256

In [41]: calculate_model_values(opt_local)  ❷
Out[41]: {12050.0: 647.428189,
          12100.0: 607.402796,
          12150.0: 568.46137,
          12200.0: 530.703659,
          12250.0: 494.093839,
          12300.0: 458.718401,
          12350.0: 424.650128,
          12400.0: 392.023241,
          12450.0: 360.728543,
          12500.0: 330.727256,
          12550.0: 302.117223,
          12600.0: 274.98474,
          12650.0: 249.501807,
          12700.0: 225.678695,
          12750.0: 203.490065,
          12800.0: 182.947468,
          12850.0: 163.907583,
          12900.0: 146.259349,
          12950.0: 129.909743,
          13000.0: 114.852425}
```

❶ 用最佳參數值算出來的均方誤差。

❷ 用最佳參數值得到的模型值。

接著，我們將以最佳參數值得到的模型值與市價相比。我們計算模型值與市價的絕對差量，以及絕對差量占市價多少百分比，來決定絕對誤差：

```
In [42]: option_selection['MODEL'] = np.array(list(calculate_model_values(
                                               opt_local).values()))
         option_selection['ERRORS_EUR'] = (option_selection['MODEL'] -
                                           option_selection['CF_CLOSE'])
         option_selection['ERRORS_%'] = (option_selection['ERRORS_EUR'] /
                                         option_selection['CF_CLOSE']) * 100

In [43]: option_selection[['MODEL', 'CF_CLOSE', 'ERRORS_EUR', 'ERRORS_%']]
```

```
Out[43]:          MODEL  CF_CLOSE  ERRORS_EUR  ERRORS_%
         43  647.428189     642.6    4.828189  0.751352
         45  607.402796     604.4    3.002796  0.496823
         47  568.461370     567.1    1.361370  0.240058
         49  530.703659     530.4    0.303659  0.057251
         51  494.093839     494.8   -0.706161 -0.142716
         53  458.718401     460.3   -1.581599 -0.343602
         55  424.650128     426.8   -2.149872 -0.503719
         57  392.023241     394.4   -2.376759 -0.602627
         59  360.728543     363.3   -2.571457 -0.707805
         61  330.727256     333.3   -2.572744 -0.771900
         63  302.117223     304.8   -2.682777 -0.880176
         65  274.984740     277.5   -2.515260 -0.906400
         67  249.501807     251.7   -2.198193 -0.873338
         69  225.678695     227.3   -1.621305 -0.713289
         71  203.490065     204.1   -0.609935 -0.298841
         73  182.947468     182.4    0.547468  0.300147
         75  163.907583     162.0    1.907583  1.177520
         77  146.259349     142.9    3.359349  2.350839
         79  129.909743     125.4    4.509743  3.596286
         81  114.852425     109.4    5.452425  4.983935

In [44]: round(option_selection['ERRORS_EUR'].mean(), 3)  ❶
Out[44]: 0.184

In [45]: round(option_selection['ERRORS_%'].mean(), 3)  ❷
Out[45]: 0.36
```

❶ 平均定價誤差，以歐元為單位。

❷ 平均定價誤差，以百分比為單位。

圖 21-4 將估價結果與誤差視覺化：

```
In [46]: fix, (ax1, ax2, ax3) = plt.subplots(3, sharex=True, figsize=(10, 10))
         strikes = option_selection['STRIKE_PRC'].values
         ax1.plot(strikes, option_selection['CF_CLOSE'], label='market quotes')
         ax1.plot(strikes, option_selection['MODEL'], 'ro', label='model values')
         ax1.set_ylabel('option values')
         ax1.legend(loc=0)
         wi = 15
         ax2.bar(strikes - wi / 2., option_selection['ERRORS_EUR'], width=wi)
         ax2.set_ylabel('errors [EUR]')
         ax3.bar(strikes - wi / 2., option_selection['ERRORS_%'], width=wi)
         ax3.set_ylabel('errors [%]')
         ax3.set_xlabel('strikes');
```

調校速度

將選擇權定價模型調校為市價時，通常需要重新計算上百甚至上千個選擇權價格，因此經常用分析定價公式來完成這項工作。這裡的調校程序使用蒙地卡羅模擬作為定價方法，與分析方法相較之下，它需要更多計算資源，儘管如此，即使在一般的筆電上，調校程序也不會“太久”。舉例而言，使用平行化技術可以顯著提升調校速度。

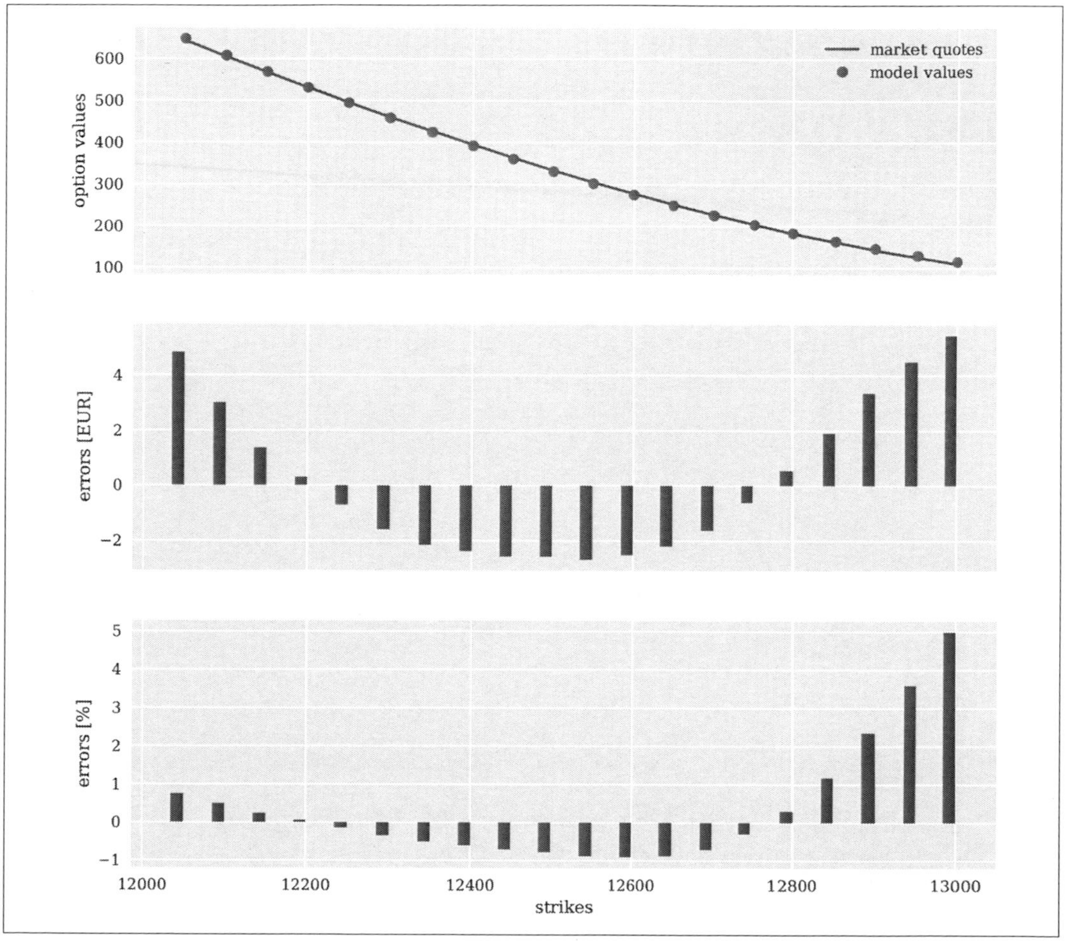

圖 21-4 調校後的模型值與市價

投資組合估價

如果調校過的模型可以反映以流動交易的選擇權市價為代表的金融市場現況，它就可以用來建立非交易選擇權與衍生商品的模型，並對它們進行估價。主要的概念是，調校可透過最佳參數，將正確的風險中立鞅值“注入”模型。我們可以透過這個鞅值，將資產定價基本理論的機制應用在未定權益上面（不是用來調校的）。

本節將考慮 DAX 30 指數美式看跌選擇權的投資組合，沒有任何交易所可以流動性地交易這種選擇權。為了簡化，我們假設美式看跌選擇權的到期日與用來調校的歐式看漲選擇權一樣，並且假設它們的履約價也一樣。

建立選擇權部位的模型

首先，我們用調校時用過的最佳參數來建立標的物風險因子的市場環境（DAX 30 股票指數）模型：

```
In [47]: me_dax = dx.market_environment('me_dax', pricing_date)
         me_dax.add_constant('initial_value', initial_value)
         me_dax.add_constant('final_date', pricing_date)
         me_dax.add_constant('currency', 'EUR')

In [48]: me_dax.add_constant('volatility', opt_local[0])  ❶
         me_dax.add_constant('lambda', opt_local[1])  ❶
         me_dax.add_constant('mu', opt_local[2])  ❶
         me_dax.add_constant('delta', opt_local[3])  ❶

In [49]: me_dax.add_constant('model', 'jd')
```

❶ 加入調校得到的最佳參數。

接著，我們定義選擇權部位與相關環境，並將它們存入兩個不同的 `dict` 物件：

```
In [50]: payoff_func = 'np.maximum(strike - instrument_values, 0)'

In [51]: shared = dx.market_environment('share', pricing_date)  ❶
         shared.add_constant('maturity', maturity)  ❶
         shared.add_constant('currency', 'EUR')  ❶

In [52]: option_positions = {}
         option_environments = {}
         for option in option_selection.index:
             option_environments[option] = dx.market_environment(
                 'am_put_%d' % option, pricing_date)  ❷
```

```
strike = option_selection['STRIKE_PRC'].loc[option]  ❸
option_environments[option].add_constant('strike', strike)  ❸
option_environments[option].add_environment(shared)  ❹
option_positions['am_put_%d' % strike] = \
                dx.derivatives_position(
                    'am_put_%d' % strike,
                    quantity=np.random.randint(10, 50),
                    underlying='dax_model',
                    mar_env=option_environments[option],
                    otype='American',
                    payoff_func=payoff_func)  ❺
```

❶ 定義共享的 `dx.market_environment` 物件，當成所有選擇權專用環境的基礎。

❷ 為相關美式看跌選擇權定義並儲存新的 `dx.market_environment` 物件。

❸ 為選擇權定義並儲存履約價參數。

❹ 將共享的 `dx.market_environment` 物件的元素加到選擇權專用的物件。

❺ 用隨機的量來定義 `dx.derivatives_position` 物件。

選擇權投資組合

為了評估全部以美式看跌選擇權組成的投資組合，我們需要一個估價環境。它裡面有估計部位價值與風險數據的主要參數：

```
In [53]: val_env = dx.market_environment('val_env', pricing_date)
         val_env.add_constant('starting_date', pricing_date)
         val_env.add_constant('final_date', pricing_date)  ❶
         val_env.add_curve('discount_curve', csr)
         val_env.add_constant('frequency', 'B')
         val_env.add_constant('paths', 25000)

In [54]: underlyings = {'dax_model' : me_dax}  ❷

In [55]: portfolio = dx.derivatives_portfolio('portfolio', option_positions,
                                              val_env, underlyings)  ❸

In [56]: %time results = portfolio.get_statistics(fixed_seed=True)
         CPU times: user 1min 5s, sys: 2.91 s, total: 1min 8s
         Wall time: 38.2 s

In [57]: results.round(1)
```

```
Out[57]:             name  quant.  value  curr.  pos_value  pos_delta  pos_vega
          0  am_put_12050      33  151.6    EUR     5002.8       -4.7   38206.9
          1  am_put_12100      38  161.5    EUR     6138.4       -5.7   51365.2
          2  am_put_12150      20  171.3    EUR     3426.8       -3.3   27894.5
          3  am_put_12200      12  183.9    EUR     2206.6       -2.2   18479.7
          4  am_put_12250      37  197.4    EUR     7302.8       -7.3   59423.5
          5  am_put_12300      37  212.3    EUR     7853.9       -8.2   65911.9
          6  am_put_12350      36  228.4    EUR     8224.1       -9.0   70969.4
          7  am_put_12400      16  244.3    EUR     3908.4       -4.3   32871.4
          8  am_put_12450      17  262.7    EUR     4465.6       -5.1   37451.2
          9  am_put_12500      16  283.4    EUR     4534.8       -5.2   36158.2
         10  am_put_12550      38  305.3    EUR    11602.3      -13.3   86869.9
         11  am_put_12600      10  330.4    EUR     3303.9       -3.9   22144.5
         12  am_put_12650      38  355.5    EUR    13508.3      -16.0   89124.8
         13  am_put_12700      40  384.2    EUR    15367.5      -18.6   90871.2
         14  am_put_12750      13  413.5    EUR     5375.7       -6.5   28626.0
         15  am_put_12800      49  445.0    EUR    21806.6      -26.3  105287.3
         16  am_put_12850      30  477.4    EUR    14321.8      -17.0   60757.2
         17  am_put_12900      33  510.3    EUR    16840.1      -19.7   69163.6
         18  am_put_12950      40  544.4    EUR    21777.0      -24.9   80472.3
         19  am_put_13000      35  582.3    EUR    20378.9      -22.9   66522.6

In [58]: results[['pos_value','pos_delta','pos_vega']].sum().round(1)
Out[58]: pos_value     197346.2
         pos_delta       -224.0
         pos_vega     1138571.1
         dtype: float64
```

❶ 之後會將 `final_date` 參數重設為投資組合裡面所有選擇權的最終到期日。

❷ 我們用同一個標的物風險因子，即 DAX 30 股票指數，來編寫投資組合裡面的所有美式看跌選擇權。

❸ 實例化 `dx.derivatives_portfolio` 物件。

估計所有統計數據需要花一點時間，因為它完全使用蒙地卡羅模擬。由於使用最小平方蒙地卡羅（LSM）演算法，這種估計方式對美式選擇權來說特別耗費計算資源。因為我們只處理美式看跌選擇權的多頭部位，這個投資組合有短 delta 與長 vega。

Python 程式

下面是從 Eikon Data API 取得德國 DAX 30 股票指數的選擇權資料的程式：

```
In [1]: import eikon as ek  ❶
```

```
        import pandas as pd
        import datetime as dt
        import configparser as cp

In [2]: cfg = cp.ConfigParser()  ❷
        cfg.read('eikon.cfg')  ❷
Out[2]: ['eikon.cfg']

In [3]: ek.set_app_id(cfg['eikon']['app_id'])  ❷

In [4]: fields = ['CF_DATE', 'EXPIR_DATE', 'PUTCALLIND',
                  'STRIKE_PRC', 'CF_CLOSE', 'IMP_VOLT']  ❸

In [5]: dax = ek.get_data('0#GDAXN8*.EX', fields=fields)[0]  ❹

In [6]: dax.info()  ❹

        <class 'pandas.core.frame.DataFrame'>
        RangeIndex: 115 entries, 0 to 114
        Data columns (total 7 columns):
        Instrument    115 non-null object
        CF_DATE       115 non-null object
        EXPIR_DATE    114 non-null object
        PUTCALLIND    114 non-null object
        STRIKE_PRC    114 non-null float64
        CF_CLOSE      115 non-null float64
        IMP_VOLT      114 non-null float64
        dtypes: float64(3), object(4)
        memory usage: 6.4+ KB

In [7]: dax['Instrument'] = dax['Instrument'].apply(
            lambda x: x.replace('/', ''))  ❺

In [8]: dax.set_index('Instrument').head(10)
Out[8]:                   CF_DATE  EXPIR_DATE  PUTCALLIND  STRIKE_PRC  CF_CLOSE \
        Instrument
        .GDAXI          2018-04-27        None        None         NaN  12500.47
        GDAX105000G8.EX  2018-04-27  2018-07-20        CALL     10500.0   2040.80
        GDAX105000S8.EX  2018-04-27  2018-07-20        PUT      10500.0     32.00
        GDAX108000G8.EX  2018-04-27  2018-07-20        CALL     10800.0   1752.40
        GDAX108000S8.EX  2018-04-26  2018-07-20        PUT      10800.0     43.80
        GDAX110000G8.EX  2018-04-27  2018-07-20        CALL     11000.0   1562.80
        GDAX110000S8.EX  2018-04-27  2018-07-20        PUT      11000.0     54.50
        GDAX111500G8.EX  2018-04-27  2018-07-20        CALL     11150.0   1422.50
        GDAX111500S8.EX  2018-04-27  2018-07-20        PUT      11150.0     64.30
        GDAX112000G8.EX  2018-04-27  2018-07-20        CALL     11200.0   1376.10
```

```
                   IMP_VOLT
Instrument
.GDAXI                  NaN
GDAX105000G8.EX       23.59
GDAX105000S8.EX       23.59
GDAX108000G8.EX       22.02
GDAX108000S8.EX       22.02
GDAX110000G8.EX       21.00
GDAX110000S8.EX       21.00
GDAX111500G8.EX       20.24
GDAX111500S8.EX       20.25
GDAX112000G8.EX       19.99

In [9]: dax.to_csv('../../source/tr_eikon_option_data.csv')  ❻
```

❶ 匯入 eikon Python 包裝程式包。

❷ 讀取 Eikon Data API 的登入憑證。

❸ 定義想要提取的資料欄位。

❹ 提取 2018 年 7 月到期的選擇權資料。

❺ 替換商品名稱裡面的斜線字元 /。

❻ 將資料寫為 CSV 檔。

小結

本章用 DX 分析程式包來處理一個較大型且實際的使用案例，評估德國 DAX 30 指數的非交易美式選擇權投資組合的價值。本章處理三項經常在真實世界的衍生商品分析之中進行的工作：

取得資料

即時、正確的市場資料是建模與估價衍生商品的基礎，我們需要 DAX 30 的指數資料與選擇權資料。

模型調校

要與市場保持一致地估價、管理與對沖非交易選擇權與衍生商品，你必須將模型（模擬物件）的參數調整為相關選擇權市價（與到期日與履約價有關）。跳躍擴散模型是很好的模型，它有時很適合用來建立股票指數的模型；雖然這個模型只提供三個自由度（跳躍強度 `lambda`、期望跳躍規模 `mu`、跳躍規模的變化性 `delta`），但它的調校結果很好。

投資組合估價

我們用市場資料與調校過的模型，來為 DAX 30 指數美式看跌選擇權投資組合建模，並估計其主要統計數據（部位價值、delta 與 vega）。

本章的使用案例展示了 `DX` 程式包的彈性與威力，它可以用來實際處理衍生商品的主要分析工作。這種做法與架構可應用的地方，在很大程度上，可以和 Black-Scholes-Merton 歐式選擇權基準分析公式並駕齊驅。當你定義估價物件之後，就可以像使用分析公式一樣使用它們，只不過在幕後，它使用的是需要計算資源與記憶體空間的演算法。

其他資源

下列書籍是關於本章主題的優秀參考書，尤其是關於選擇權定價模型的調校：

- Hilpisch, Yves (2015). *Derivatives Analytics with Python* (*http://dawp.tpq.io*). Chichester, England: Wiley Finance.

關於一致地估價與管理衍生商品投資組合，可參考第 20 章結尾列舉的資源。

附錄 A

日期與時間

如同多數的科學學科，日期與時間在財金界扮演重要的角色，本附錄介紹這個主題在 Python 編程中的各種面向，雖然不可能面面俱到，但你會學到在 Python 生態系統中，支援日期與時間資訊建模的主要部分。

Python

Python 標準程式庫的 datetime 模組（*https://docs.python.org/3/library/datetime.html*）可讓你進行最重要的日期時間相關工作：

```
In [1]: from pylab import mpl, plt
        plt.style.use('seaborn')
        mpl.rcParams['font.family'] = 'serif'
        %matplotlib inline

In [2]: import datetime as dt

In [3]: dt.datetime.now()  ❶
Out[3]: datetime.datetime(2018, 10, 19, 15, 17, 32, 164295)

In [4]: to = dt.datetime.today()  ❶
        to
Out[4]: datetime.datetime(2018, 10, 19, 15, 17, 32, 177092)

In [5]: type(to)
Out[5]: datetime.datetime

In [6]: dt.datetime.today().weekday()  ❷
Out[6]: 4
```

❶ 回傳確切的日期與系統時間。

❷ 回傳數字形式的星期幾，0 = 星期一。

你當然可以隨意定義 datetime 物件：

```
In [7]: d = dt.datetime(2020, 10, 31, 10, 5, 30, 500000)  ❶
        d
Out[7]: datetime.datetime(2020, 10, 31, 10, 5, 30, 500000)

In [8]: str(d)  ❷
Out[8]: '2020-10-31 10:05:30.500000'

In [9]: print(d)  ❸
        2020-10-31 10:05:30.500000

In [10]: d.year  ❹
Out[10]: 2020

In [11]: d.month  ❺
Out[11]: 10

In [12]: d.day  ❻
Out[12]: 31

In [13]: d.hour  ❼
Out[13]: 10
```

❶ 自訂 datetime 物件。

❷ 以字串表示。

❸ 印出這個物件。

❹ year …

❺ … month …

❻ … day …

❼ … 與物件的 hour 屬性。

你可以輕鬆地轉換與拆分：

```
In [14]: o = d.toordinal()  ❶
         o
```

```
Out[14]: 737729

In [15]: dt.datetime.fromordinal(o)  ❷
Out[15]: datetime.datetime(2020, 10, 31, 0, 0)

In [16]: t = dt.datetime.time(d)  ❸
         t
Out[16]: datetime.time(10, 5, 30, 500000)

In [17]: type(t)
Out[17]: datetime.time

In [18]: dd = dt.datetime.date(d)  ❹
         dd
Out[18]: datetime.date(2020, 10, 31)

In [19]: d.replace(second=0, microsecond=0)  ❺
Out[19]: datetime.datetime(2020, 10, 31, 10, 5)
```

❶ 轉換為序數。

❷ 將序數轉換成日期。

❸ 拆開時間部分。

❹ 拆開日期部分。

❺ 將指定的值設為 0。

用 `datetime` 物件來進行算術運算（即取得兩個這種物件之間的差）會產生 `timedelta` 物件：

```
In [20]: td = d - dt.datetime.now()  ❶
         td
Out[20]: datetime.timedelta(days=742, seconds=67678, microseconds=169720)

In [21]: type(td)  ❷
Out[21]: datetime.timedelta

In [22]: td.days
Out[22]: 742

In [23]: td.seconds
Out[23]: 67678

In [24]: td.microseconds
```

```
Out[24]: 169720

In [25]: td.total_seconds()  ❸
Out[25]: 64176478.16972
```

❶ 兩個 datetime 物件之間的差 …

❷ … 以 timedelta 物件來提供。

❸ 相差幾秒。

你可以用很多種方式將 datetime 物件轉換成不同的表示方式，以及使用（舉例） str 物件來產生 datetime 物件。詳情請參考 datetime 模組的文件。以下展示一些例子：

```
In [26]: d.isoformat()  ❶
Out[26]: '2020-10-31T10:05:30.500000'

In [27]: d.strftime('%A, %d. %B %Y %I:%M%p')  ❷
Out[27]: 'Saturday, 31.October 2020 10:05AM'

In [28]: dt.datetime.strptime('2017-03-31', '%Y-%m-%d')  ❸
Out[28]: datetime.datetime(2017, 3, 31, 0, 0)

In [29]: dt.datetime.strptime('30-4-16', '%d-%m-%y')  ❸
Out[29]: datetime.datetime(2016, 4, 30, 0, 0)

In [30]: ds = str(d)
         ds
Out[30]: '2020-10-31 10:05:30.500000'

In [31]: dt.datetime.strptime(ds, '%Y-%m-%d %H:%M:%S.%f')  ❸
Out[31]: datetime.datetime(2020, 10, 31, 10, 5, 30, 500000)
```

❶ ISO 格式字串表示法。

❷ 字串表式法的模板。

❸ 使用模板將 str 物件轉換成 datetime 物件。

除了 now() 與 today() 函式之外，你也可以使用 utcnow() 函式來取得精確的 UTC 日期與時間資訊（UTC 是世界標準時間，之前稱為格林威治標準時間（GMT））。它與作者的時區（Central European Time（CET），或 Central European Summer Time（CEST））相差一到兩個小時：

```
In [32]: dt.datetime.now()
Out[32]: datetime.datetime(2018, 10, 19, 15, 17, 32, 438889)

In [33]: dt.datetime.utcnow()  ❶
Out[33]: datetime.datetime(2018, 10, 19, 13, 17, 32, 448897)

In [34]: dt.datetime.now() - dt.datetime.utcnow()  ❷
Out[34]: datetime.timedelta(seconds=7199, microseconds=999995)
```

❶ 回傳目前的 UTC 時間。

❷ 回傳本地時間與 UTC 時間的差。

datetime 模組還有一個 tzinfo 類別，它是個通用的時區類別，裡面有 utcoffset()、dst() 與 tzname() 方法。UTC 與 CEST 時間的定義是：

```
In [35]: class UTC(dt.tzinfo):
             def utcoffset(self, d):
                 return dt.timedelta(hours=0)  ❶
             def dst(self, d):
                 return dt.timedelta(hours=0)  ❶
             def tzname(self, d):
                 return 'UTC'

In [36]: u = dt.datetime.utcnow()

In [37]: u
Out[37]: datetime.datetime(2018, 10, 19, 13, 17, 32, 474585)

In [38]: u = u.replace(tzinfo=UTC())  ❷

In [39]: u
Out[39]: datetime.datetime(2018, 10, 19, 13, 17, 32, 474585, tzinfo=<__main__.UTC
          object at 0x11c9a2320>)

In [40]: class CEST(dt.tzinfo):
             def utcoffset(self, d):
                 return dt.timedelta(hours=2)  ❸
             def dst(self, d):
                 return dt.timedelta(hours=1)  ❸
             def tzname(self, d):
                 return 'CEST'

In [41]: c = u.astimezone(CEST())  ❹
         c
Out[41]: datetime.datetime(2018, 10, 19, 15, 17, 32, 474585,
```

```
          tzinfo=<__main__.CEST object at 0x11c9a2cc0>)

In [42]: c - c.dst()  ❺
Out[42]: datetime.datetime(2018, 10, 19, 14, 17, 32, 474585,
          tzinfo=<__main__.CEST object at 0x11c9a2cc0>)
```

❶ UTC 無偏移值（offset）。

❷ 用 `replace()` 方法附加 `dt.tzinfo` 物件。

❸ CEST 的一般與 DST（日光節約時間）偏移值。

❹ 將 UTC 時區轉換成 CEST 時區。

❺ 算出轉換後的 `datetime` 物件的 DST 時間。

Python 模組 `pytz`（*http://pytz.sourceforge.net*）實作了全世界最重要的時區：

```
In [43]: import pytz

In [44]: pytz.country_names['US']  ❶
Out[44]: 'United States'

In [45]: pytz.country_timezones['BE']  ❷
Out[45]: ['Europe/Brussels']

In [46]: pytz.common_timezones[-10:]  ❸
Out[46]: ['Pacific/Wake',
          'Pacific/Wallis',
          'US/Alaska',
          'US/Arizona',
          'US/Central',
          'US/Eastern',
          'US/Hawaii',
          'US/Mountain',
          'US/Pacific',
          'UTC']
```

❶ 單一國家。

❷ 單一時區。

❸ 一些常見的時區。

有了 `pytz` 之後，通常就不需要自訂 `tzinfo` 物件了：

```
In [47]: u = dt.datetime.utcnow()

In [48]: u = u.replace(tzinfo=pytz.utc)  ❶

In [49]: u
Out[49]: datetime.datetime(2018, 10, 19, 13, 17, 32, 611417, tzinfo=<UTC>)

In [50]: u.astimezone(pytz.timezone('CET'))  ❷
Out[50]: datetime.datetime(2018, 10, 19, 15, 17, 32, 611417, tzinfo=<DstTzInfo
          'CET' CEST+2:00:00 DST>)

In [51]: u.astimezone(pytz.timezone('GMT'))  ❷
Out[51]: datetime.datetime(2018, 10, 19, 13, 17, 32, 611417, tzinfo=<StaticTzInfo
          'GMT'>)

In [52]: u.astimezone(pytz.timezone('US/Central'))  ❷
Out[52]: datetime.datetime(2018, 10, 19, 8, 17, 32, 611417, tzinfo=<DstTzInfo
          'US/Central' CDT-1 day, 19:00:00 DST>)
```

❶ 用 pytz 定義 tzinfo 物件。

❷ 將 datetime 轉換成不同的時區。

NumPy

NumPy 也有一些處理日期與時間資訊的功能：

```
In [53]: import numpy as np

In [54]: nd = np.datetime64('2020-10-31')  ❶
         nd
Out[54]: numpy.datetime64('2020-10-31')

In [55]: np.datetime_as_string(nd)  ❶
Out[55]: '2020-10-31'

In [56]: np.datetime_data(nd)  ❷
Out[56]: ('D', 1)

In [57]: d
Out[57]: datetime.datetime(2020, 10, 31, 10, 5, 30, 500000)

In [58]: nd = np.datetime64(d)  ❸
         nd
Out[58]: numpy.datetime64('2020-10-31T10:05:30.500000')
```

```
In [59]: nd.astype(dt.datetime)  ❹
Out[59]: datetime.datetime(2020, 10, 31, 10, 5, 30, 500000)
```

❶ 用 str 物件與字串表示法來建構。

❷ 資料本身的詮釋資訊（型態、大小）。

❸ 用 datetime 物件來建構。

❹ 轉換成 datetime 物件。

另一種建構這種物件的方式是提供 str 物件，例如含有年、月與頻率資訊的字串。請注意，這個物件的內定值是該月的第一天。你也可以用 list 物件來建構 ndarray 物件：

```
In [60]: nd = np.datetime64('2020-10', 'D')
         nd
Out[60]: numpy.datetime64('2020-10-01')

In [61]: np.datetime64('2020-10') == np.datetime64('2020-10-01')
Out[61]: True

In [62]: np.array(['2020-06-10', '2020-07-10', '2020-08-10'], dtype='datetime64')
Out[62]: array(['2020-06-10', '2020-07-10', '2020-08-10'], dtype='datetime64[D]')

In [63]: np.array(['2020-06-10T12:00:00', '2020-07-10T12:00:00',
                   '2020-08-10T12:00:00'], dtype='datetime64[s]')
Out[63]: array(['2020-06-10T12:00:00', '2020-07-10T12:00:00',
                '2020-08-10T12:00:00'], dtype='datetime64[s]')
```

你也可以使用 np.arange() 函式來產生日期範圍，並且輕鬆地使用不同的頻率（例如日、週或秒）：

```
In [64]: np.arange('2020-01-01', '2020-01-04', dtype='datetime64')  ❶
Out[64]: array(['2020-01-01', '2020-01-02', '2020-01-03'], dtype='datetime64[D]')

In [65]: np.arange('2020-01-01', '2020-10-01', dtype='datetime64[M]')  ❷
Out[65]: array(['2020-01', '2020-02', '2020-03', '2020-04', '2020-05',
                '2020-06', '2020-07', '2020-08', '2020-09'],
                dtype='datetime64[M]')

In [66]: np.arange('2020-01-01', '2020-10-01', dtype='datetime64[W]')[:10]  ❸
Out[66]: array(['2019-12-26', '2020-01-02', '2020-01-09', '2020-01-16',
                '2020-01-23', '2020-01-30', '2020-02-06', '2020-02-13',
                '2020-02-20', '2020-02-27'], dtype='datetime64[W]')

In [67]: dtl = np.arange('2020-01-01T00:00:00', '2020-01-02T00:00:00',
```

```
                    dtype='datetime64[h]')  ❹
         dtl[:10]
Out[67]: array(['2020-01-01T00', '2020-01-01T01', '2020-01-01T02',
                '2020-01-01T03', '2020-01-01T04', '2020-01-01T05', '2020-01-01T06',
                '2020-01-01T07', '2020-01-01T08', '2020-01-01T09'],
               dtype='datetime64[h]')

In [68]: np.arange('2020-01-01T00:00:00', '2020-01-02T00:00:00',
                   dtype='datetime64[s]')[:10]  ❺
Out[68]: array(['2020-01-01T00:00:00', '2020-01-01T00:00:01',
                '2020-01-01T00:00:02', '2020-01-01T00:00:03',
                '2020-01-01T00:00:04', '2020-01-01T00:00:05',
                '2020-01-01T00:00:06', '2020-01-01T00:00:07',
                '2020-01-01T00:00:08', '2020-01-01T00:00:09'],
               dtype='datetime64[s]')

In [69]: np.arange('2020-01-01T00:00:00', '2020-01-02T00:00:00',
                   dtype='datetime64[ms]')[:10]  ❻
Out[69]: array(['2020-01-01T00:00:00.000', '2020-01-01T00:00:00.001',
                '2020-01-01T00:00:00.002', '2020-01-01T00:00:00.003',
                '2020-01-01T00:00:00.004', '2020-01-01T00:00:00.005',
                '2020-01-01T00:00:00.006', '2020-01-01T00:00:00.007',
                '2020-01-01T00:00:00.008', '2020-01-01T00:00:00.009'],
               dtype='datetime64[ms]')
```

❶ 日頻率。

❷ 月頻率。

❸ 週頻率。

❹ 時頻率。

❺ 秒頻率。

❻ 微秒頻率。

因為 `matplotlib` 支援標準 `datetime` 物件，有時畫出日期時間或時間序列資料很麻煩，此時可以將 NumPy `datetime64` 資訊轉換成 Python `datetime` 資訊，見下面的範例，它的結果是圖 A-1：

```
In [70]: import matplotlib.pyplot as plt
         %matplotlib inline

In [71]: np.random.seed(3000)
         rnd = np.random.standard_normal(len(dtl)).cumsum() ** 2
```

```
In [72]: fig = plt.figure(figsize=(10, 6))
         plt.plot(dtl.astype(dt.datetime), rnd)  ❶
         fig.autofmt_xdate();  ❷
```

❶ 將 datetime 資訊當成 *x* 值。

❷ 自動格式化 x 軸的 datetime tick。

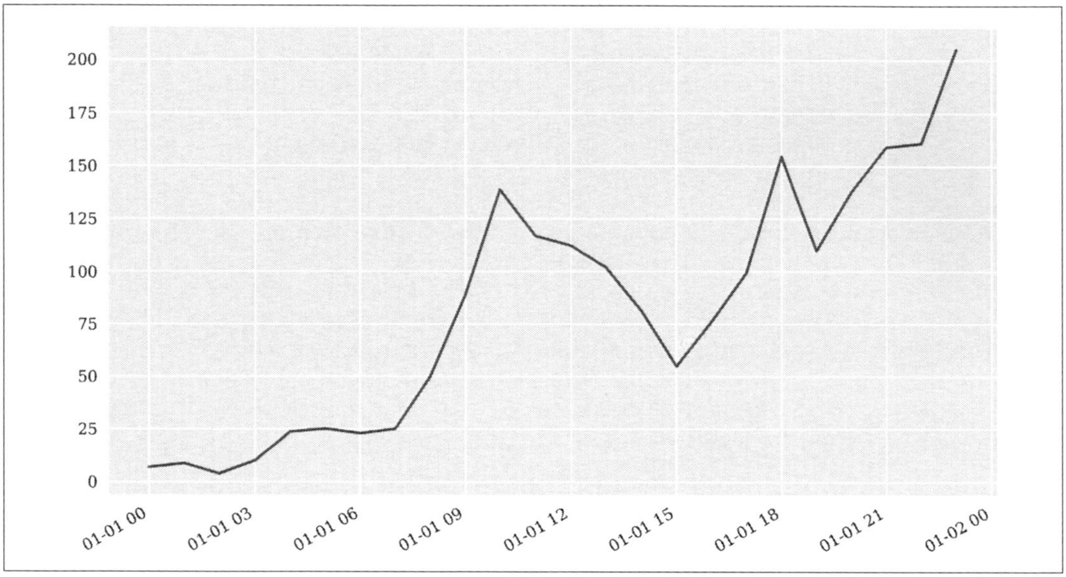

圖 A-1 自動格式化 datetime x-tick 繪製的圖表

pandas

pandas 程式包在設計上已經將時間序列資料列入考量了（至少在某種程度上）。因此，這個程式包有一些類別可以高效地處理日期與時間資訊，例如處理時間索引的 DatetimeIndex 類別（見 *http://bit.ly/timeseries_doc* 的文件）。

pandas 提出 Timestamp 物件來進一步取代 datetime 與 datetime64 物件：

```
In [73]: import pandas as pd

In [74]: ts = pd.Timestamp('2020-06-30')  ❶
         ts
Out[74]: Timestamp('2020-06-30 00:00:00')
```

```
In [75]: d = ts.to_pydatetime()  ❷
         d
Out[75]: datetime.datetime(2020, 6, 30, 0, 0)

In [76]: pd.Timestamp(d)  ❸
Out[76]: Timestamp('2020-06-30 00:00:00')

In [77]: pd.Timestamp(nd)  ❹
Out[77]: Timestamp('2020-10-01 00:00:00')
```

❶ 用 `str` 物件製作的 `Timestamp` 物件。

❷ 用 `Timestamp` 物件製作的 `datetime` 物件。

❸ 用 `datetime` 物件製作的 `Timestamp` 物件。

❹ 用 `datetime64` 物件製作的 `Timestamp` 物件。

另一個重要的類別是上述的 `DatetimeIndex` 類別（*http://bit.ly/datetimeindex_doc*），它是 `Timestamp` 物件的集合，並且包含一些實用的方法。你可以用 `pd.date_range()` 函式（*http://bit.ly/date_range_doc*）來建立 `DatetimeIndex` 物件，它是相當靈活且強大的時間索引建構工具（關於這個函式的細節可見第 8 章）。你也可以做一些典型的轉換：

```
In [78]: dti = pd.date_range('2020/01/01', freq='M', periods=12)  ❶
         dti
Out[78]: DatetimeIndex(['2020-01-31', '2020-02-29', '2020-03-31', '2020-04-30',
                        '2020-05-31', '2020-06-30', '2020-07-31', '2020-08-31',
                        '2020-09-30', '2020-10-31', '2020-11-30', '2020-12-31'],
                       dtype='datetime64[ns]', freq='M')

In [79]: dti[6]
Out[79]: Timestamp('2020-07-31 00:00:00', freq='M')

In [80]: pdi = dti.to_pydatetime()  ❷
         pdi
Out[80]: array([datetime.datetime(2020, 1, 31, 0, 0),
                datetime.datetime(2020, 2, 29, 0, 0),
                datetime.datetime(2020, 3, 31, 0, 0),
                datetime.datetime(2020, 4, 30, 0, 0),
                datetime.datetime(2020, 5, 31, 0, 0),
                datetime.datetime(2020, 6, 30, 0, 0),
                datetime.datetime(2020, 7, 31, 0, 0),
                datetime.datetime(2020, 8, 31, 0, 0),
                datetime.datetime(2020, 9, 30, 0, 0),
                datetime.datetime(2020, 10, 31, 0, 0),
```

```
              datetime.datetime(2020, 11, 30, 0, 0),
              datetime.datetime(2020, 12, 31, 0, 0)], dtype=object)

In [81]: pd.DatetimeIndex(pdi) ❸
Out[81]: DatetimeIndex(['2020-01-31', '2020-02-29', '2020-03-31', '2020-04-30',
                        '2020-05-31', '2020-06-30', '2020-07-31', '2020-08-31',
                        '2020-09-30', '2020-10-31', '2020-11-30', '2020-12-31'],
                       dtype='datetime64[ns]', freq=None)

In [82]: pd.DatetimeIndex(dtl) ❹
Out[82]: DatetimeIndex(['2020-01-01 00:00:00', '2020-01-01 01:00:00',
                        '2020-01-01 02:00:00', '2020-01-01 03:00:00',
                        '2020-01-01 04:00:00', '2020-01-01 05:00:00',
                        '2020-01-01 06:00:00', '2020-01-01 07:00:00',
                        '2020-01-01 08:00:00', '2020-01-01 09:00:00',
                        '2020-01-01 10:00:00', '2020-01-01 11:00:00',
                        '2020-01-01 12:00:00', '2020-01-01 13:00:00',
                        '2020-01-01 14:00:00', '2020-01-01 15:00:00',
                        '2020-01-01 16:00:00', '2020-01-01 17:00:00',
                        '2020-01-01 18:00:00', '2020-01-01 19:00:00',
                        '2020-01-01 20:00:00', '2020-01-01 21:00:00',
                        '2020-01-01 22:00:00', '2020-01-01 23:00:00'],
                       dtype='datetime64[ns]', freq=None)
```

❶ 月頻率，12 週期的 DatetimeIndex 物件。

❷ 將 DatetimeIndex 物件轉換成含有 datetime 物件的 ndarray 物件。

❸ 將含有 datetime 物件的 ndarray 物件轉換成 DatetimeIndex 物件。

❹ 將含有 datetime64 物件的 ndarray 物件轉換成 DatetimeIndex 物件。

pandas 可妥善地畫出日期時間資訊（見圖 A-2 與第 8 章）：

```
In [83]: rnd = np.random.standard_normal(len(dti)).cumsum() ** 2

In [84]: df = pd.DataFrame(rnd, columns=['data'], index=dti)

In [85]: df.plot(figsize=(10, 6));
```

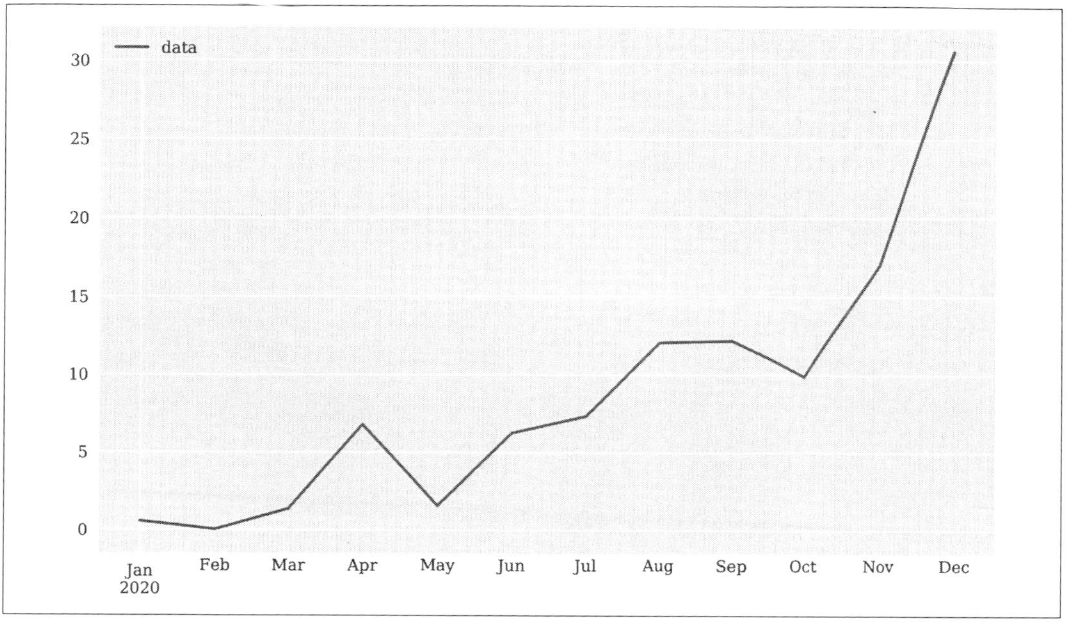

圖 A-2 pandas 以自動格式化的 x-tick 時戳繪製的圖表

pandas 也可以和 pytz 模組整合，一起用來管理時區：

```
In [86]: pd.date_range('2020/01/01', freq='M', periods=12,
                       tz=pytz.timezone('CET'))
Out[86]: DatetimeIndex(['2020-01-31 00:00:00+01:00', '2020-02-29
          00:00:00+01:00',
         '2020-03-31 00:00:00+02:00', '2020-04-30 00:00:00+02:00',
         '2020-05-31 00:00:00+02:00', '2020-06-30 00:00:00+02:00',
         '2020-07-31 00:00:00+02:00', '2020-08-31 00:00:00+02:00',
         '2020-09-30 00:00:00+02:00', '2020-10-31 00:00:00+01:00',
         '2020-11-30 00:00:00+01:00', '2020-12-31 00:00:00+01:00'],
                       dtype='datetime64[ns, CET]', freq='M')

In [87]: dti = pd.date_range('2020/01/01', freq='M', periods=12, tz='US/Eastern')
         dti
Out[87]: DatetimeIndex(['2020-01-31 00:00:00-05:00', '2020-02-29
          00:00:00-05:00',
         '2020-03-31 00:00:00-04:00', '2020-04-30 00:00:00-04:00',
         '2020-05-31 00:00:00-04:00', '2020-06-30 00:00:00-04:00',
         '2020-07-31 00:00:00-04:00', '2020-08-31 00:00:00-04:00',
         '2020-09-30 00:00:00-04:00', '2020-10-31 00:00:00-04:00',
         '2020-11-30 00:00:00-05:00', '2020-12-31 00:00:00-05:00'],
                       dtype='datetime64[ns, US/Eastern]', freq='M')
```

```
In [88]: dti.tz_convert('GMT')
Out[88]: DatetimeIndex(['2020-01-31 05:00:00+00:00', '2020-02-29
          05:00:00+00:00',
         '2020-03-31 04:00:00+00:00', '2020-04-30 04:00:00+00:00',
         '2020-05-31 04:00:00+00:00', '2020-06-30 04:00:00+00:00',
         '2020-07-31 04:00:00+00:00', '2020-08-31 04:00:00+00:00',
         '2020-09-30 04:00:00+00:00', '2020-10-31 04:00:00+00:00',
         '2020-11-30 05:00:00+00:00', '2020-12-31 05:00:00+00:00'],
                      dtype='datetime64[ns, GMT]', freq='M')
```

BSM 選擇權類別

類別定義

下面的類別以 Black-Scholes-Merton（1973）模型來定價歐式看漲選擇權。這種基於類別的做法，是第 411 頁的“Python 腳本”那種使用函式的做法的另一種方案：

```
#
# 用 Black-Scholes-Merton 模型估價歐式看漲選擇權
# 包含 vega 函數與隱含波動率估計
# -- 使用類別的做法
#
# Python for Finance, 2nd ed.
# (c) Dr. Yves J. Hilpisch
#
from math import log, sqrt, exp
from scipy import stats


class bsm_call_option(object):
    ''' Class for European call options in BSM model.

    Attributes
    ==========
    S0: float
        initial stock/index level
    K: float
        strike price
    T: float
        maturity (in year fractions)
    r: float
        constant risk-free short rate
```

```
    sigma: float
        volatility factor in diffusion term

    Methods
    =======
    value: float
        returns the present value of call option
    vega: float
        returns the vega of call option
    imp_vol: float
        returns the implied volatility given option quote
    '''

    def __init__(self, S0, K, T, r, sigma):
        self.S0 = float(S0)
        self.K = K
        self.T = T
        self.r = r
        self.sigma = sigma

    def value(self):
        ''' Returns option value.
        '''
        d1 = ((log(self.S0 / self.K) +
               (self.r + 0.5 * self.sigma ** 2) * self.T) /
              (self.sigma * sqrt(self.T)))
        d2 = ((log(self.S0 / self.K) +
               (self.r - 0.5 * self.sigma ** 2) * self.T) /
              (self.sigma * sqrt(self.T)))
        value = (self.S0 * stats.norm.cdf(d1, 0.0, 1.0) -
                 self.K * exp(-self.r * self.T) * stats.norm.cdf(d2, 0.0, 1.0))
        return value

    def vega(self):
        ''' Returns vega of option.
        '''
        d1 = ((log(self.S0 / self.K) +
               (self.r + 0.5 * self.sigma ** 2) * self.T) /
              (self.sigma * sqrt(self.T)))
        vega = self.S0 * stats.norm.pdf(d1, 0.0, 1.0) * sqrt(self.T)
        return vega

    def imp_vol(self, C0, sigma_est=0.2, it=100):
        ''' Returns implied volatility given option price.
        '''
        option = bsm_call_option(self.S0, self.K, self.T, self.r, sigma_est)
        for i in range(it):
            option.sigma -= (option.value() - C0) / option.vega()
        return option.sigma
```

類別的用法

你可以在 Jupyter Notebook 對話中使用這個類別如下：

```
In [1]: from bsm_option_class import *

In [2]: o = bsm_call_option(100., 105., 1.0, 0.05, 0.2)
        type(o)
Out[2]: bsm_option_class.bsm_call_option

In [3]: value = o.value()
        value
Out[3]: 8.021352235143176

In [4]: o.vega()
Out[4]: 39.67052380842653

In [5]: o.imp_vol(C0=value)
Out[5]: 0.2
```

接著可以用這個選擇權類別來（舉例）將各種的履約價與到期日的選擇權的價值與 vega 視覺化，這是使用分析式選擇權定價公式的主要優點之一。下面的 Python 程式可產生各種到期日與履約價組合的統計數據：

```
In [6]: import numpy as np
        maturities = np.linspace(0.05, 2.0, 20)
        strikes = np.linspace(80, 120, 20)
        T, K = np.meshgrid(strikes, maturities)
        C = np.zeros_like(K)
        V = np.zeros_like(C)
        for t in enumerate(maturities):
            for k in enumerate(strikes):
                o.T = t[1]
                o.K = k[1]
                C[t[0], k[0]] = o.value()
                V[t[0], k[0]] = o.vega()
```

我們先來看選擇權價值。圖 B-1 是歐式看漲選擇權的價值表面：

```
In [7]: from pylab import cm, mpl, plt
        from mpl_toolkits.mplot3d import Axes3D
        mpl.rcParams['font.family'] = 'serif'
        %matplotlib inline

In [8]: fig = plt.figure(figsize=(12, 7))
        ax = fig.gca(projection='3d')
```

```
surf = ax.plot_surface(T, K, C, rstride=1, cstride=1,
            cmap=cm.coolwarm, linewidth=0.5, antialiased=True)
ax.set_xlabel('strike')
ax.set_ylabel('maturity')
ax.set_zlabel('European call option value')
fig.colorbar(surf, shrink=0.5, aspect=5);
```

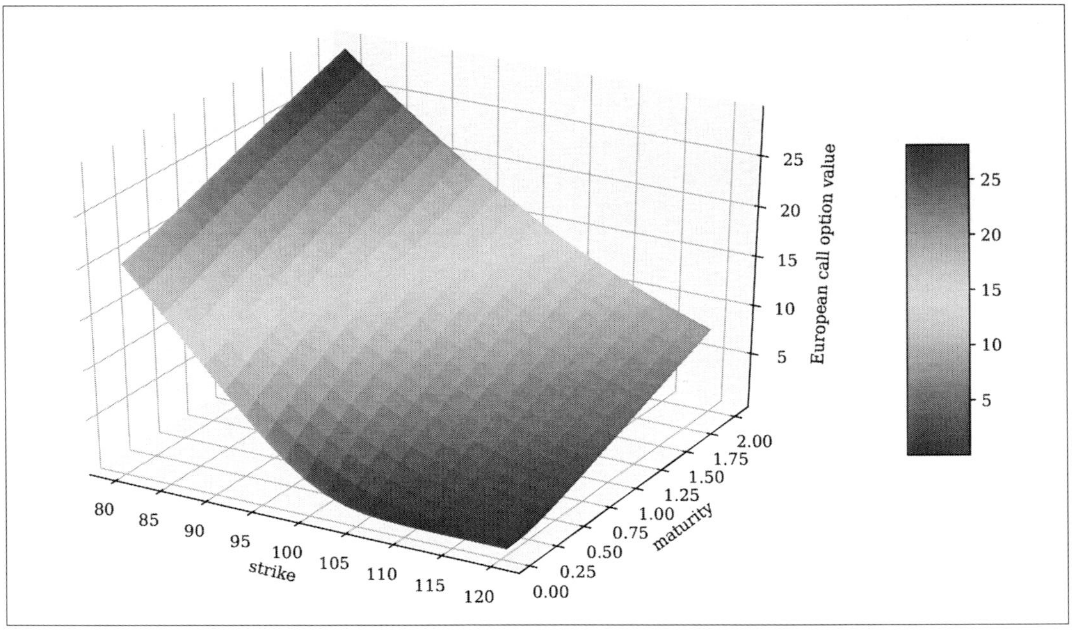

圖 B-1 歐式看漲選擇權的價值表面

接著是 vega 值。圖 B-2 是歐式看漲選擇權的 vega 表面：

```
In [9]: fig = plt.figure(figsize=(12, 7))
        ax = fig.gca(projection='3d')
        surf = ax.plot_surface(T, K, V, rstride=1, cstride=1,
                    cmap=cm.coolwarm, linewidth=0.5, antialiased=True)
        ax.set_xlabel('strike')
        ax.set_ylabel('maturity')
        ax.set_zlabel('Vega of European call option')
        fig.colorbar(surf, shrink=0.5, aspect=5);
```

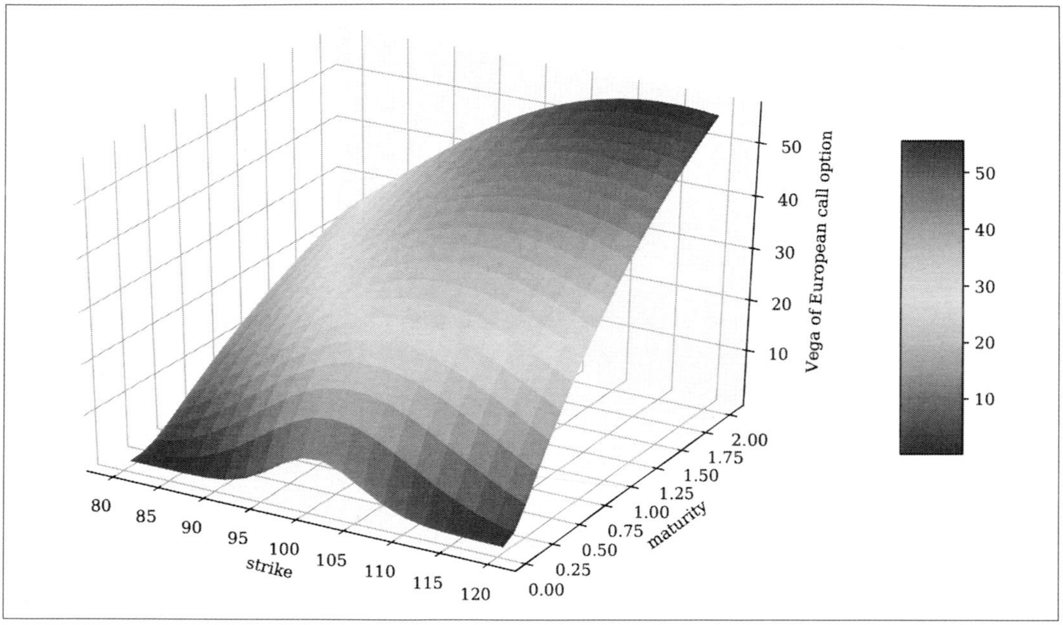

圖 B-2 歐式看漲選擇權的 vega 表面

索引

※提醒您：由於翻譯書排版的關係，部份索引名詞的對應頁碼會和實際頁碼有一頁之差。

符號

A

B

C

E

F

G

H

I

J

K

L

M

N

O

P

Q

R

S

T

U

V

Z

關於作者

Yves J. Hilpisch 博士是 The Python Quants（*http://tpq.io*）的創辦人暨經營團隊成員，The Python Quants 是專門使用開放原始碼技術來研究金融資料科學、演算法交易與計算金融的集團。他也是 The AI Machine（*http://aimachine.io*）的創辦人與 CEO，這間公司利用人工智慧的力量，透過專有的戰略執行平台進行演算法交易。他也是以下這兩本書的作者（*http://books.tpq.io*）：

- *Derivatives Analytics with Python*（Wiley, 2015）
- *Listed Volatility and Variance Derivatives*（Wiley, 2017）

Yves 也會在 CQF Program（*http://cqf.com*）講解計算金融，以及在 EPAT Program 介紹演算法交易（*http://quantinsti.com*）。他也是第一個線上訓練專案的負責人，該專案最後成為 University Certificate in Python for Algorithmic Trading（*http://certificate.tpq.io*）。

Yves 曾經寫過金融分析程式庫 DX Analytics（*http://dx-analytics.com*），也曾經在倫敦、法蘭克福、柏林、巴黎及紐約舉辦關於 Python 量化金融與演算法交易的學術會議（*http://pqf.tpq.io*）以及訓練營（*http://fpq.io*）。他也曾在美國、歐洲與亞洲的技術會議上發表演說。

出版記事

本書封面上的動物是海地溝齒鼩（*Solenodon paradoxus*），這是一種生活在加勒比海的 Hispaniola 島的瀕危哺乳動物。這座島有兩個國家，海地與多明尼加共和國，牠在海地的數量特別稀少，在多明尼加共和國較多一些。

溝齒鼩以節肢動物、蠕蟲、蝸牛和爬蟲類為食，偶爾也會食用根、果實與葉子。溝齒鼩的重量為 1 至 2 磅，頭與身體長 1 英尺，外加 10 英寸長的尾巴。這種古老的哺乳動物看上去很像大鼩鼱，多毛，上面的毛是紅褐色，下面的顏色淺一些，而尾部、腿和突出的鼻子則少毛。

溝齒鼩相當安靜，不易被人看見，牠在外面的行動有點蹣跚，經常在奔跑時絆倒。不過，作為一種夜行性動物，牠進化出敏銳的聽覺、嗅覺與觸覺。傳聞牠的味道很像“小山羊”。

牠的第二顆下門牙的凹槽會分泌有毒的唾液，可麻痺與攻擊無脊椎動物，因此，牠是少數有毒的哺乳類動物之一。有時牠們會在打架時釋出毒液，毒液對溝齒鼩本身也是致命的威脅。牠們通常會在最初的衝突之後建立統治關係，在同一塊區域生活，家族成員往往會長時間同住。牠們只會在洗澡時飲水。

O'Reilly 書籍封面的許多動物都是瀕危的，牠們對這個世界都很重要。要瞭解如何協助牠們，可造訪 *animals.oreilly.com*。

封面圖像來自 Wood 的 *Illustrated Natural History*。

Python 金融分析第二版

作　　者：Yves Hilpisch
譯　　者：賴屹民
企劃編輯：蔡彤孟
文字編輯：江雅鈴
設計裝幀：陶相騰
發 行 人：廖文良

發 行 所：碁峰資訊股份有限公司
地　　址：台北市南港區三重路 66 號 7 樓之 6
電　　話：(02)2788-2408
傳　　真：(02)8192-4433
網　　站：www.gotop.com.tw
書　　號：A579
版　　次：2019 年 11 月初版
2023 年 12 月初版十一刷
建議售價：NT$980

國家圖書館出版品預行編目資料

Python 金融分析 / Yves Hilpisch 原著；賴屹民譯. -- 初版. -- 臺北市：碁峰資訊, 2019.11
面；　公分
譯自：Python for Finance, 2nd Edition
ISBN 978-986-502-297-6(平裝)
1.Python(電腦程式語言)
312.32P97　　108015892